民國建築工程期刊匯編

MINGUO JIANZHU GONGCHENG QIKAN HUIBIAN

20

《民國建築工程期刊匯編》編寫組 編

廣西師范大學出版社
GUANGXI NORMAL UNIVERSITY PRESS
·桂林·

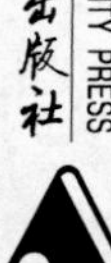

第二十册目録

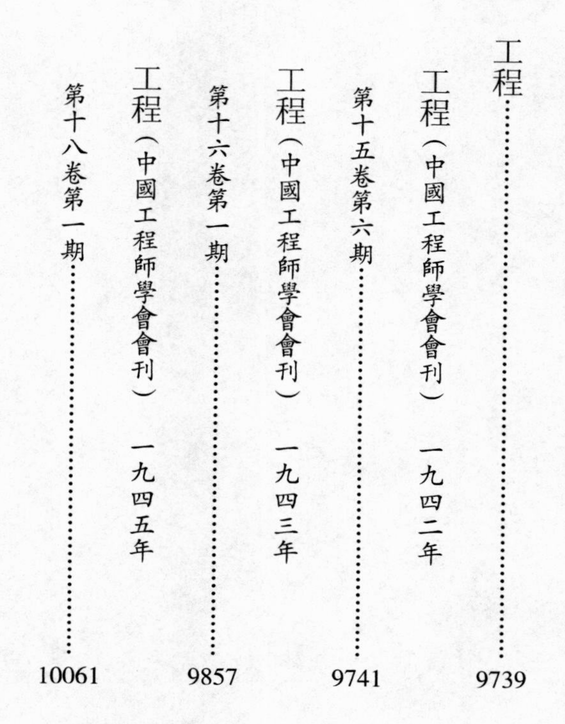

工程 …… 9739
工程（中國工程師學會會刊）　一九四二年
第十五卷第六期 …… 9741
工程（中國工程師學會會刊）　一九四三年
第十六卷第一期 …… 9857
工程（中國工程師學會會刊）　一九四五年
第十八卷第一期 …… 10061

工程

第十五卷 第六期

中華民國三十一年十二月一日出版

西北工程問題特輯三

第十一屆年會榮譽提名論文專號(上)

目錄提要

朱紹良	為工程師聯合年會獻辭
谷正倫	歡迎工程師建設新西北
賴璉	動員工程師建設大西北
蘭州西北日報	祝工程師聯合年會
甘肅民國日報	請工程師到西北來
張國藩	我國北部沙漠之南移問題
張永惠等	老竹紙料製造之研究
趙習恆	自製各種活性炭精煉四川土法白糖之試驗
佘恆睦等	黃土逕流率及冲刷之測定
李爾康等	收集副產品炭罏之試驗報告
趙文欽	剛節構架式鋼筋混凝土橋之圖解設計法
宋恩隆	反饋電路之分析

中國工程師學會發行

無水酒精
ABSOLUTE ALCOHOL
液化碳酸氣
雜醇油
資中酒精廠出品
廠址：西川資中銀山鎮 電報掛號：六八一五
內江電話專線用戶二十六號
重慶接洽處：臨江門大井巷新昌里十四號
電報掛號：六八一五

中國工程師學會會刊

工程

總編輯 吳承洛
副總編輯 羅英

第十五卷第六期目錄

西北工程問題特輯三

第十一屆年會榮譽提名論文專號(上)

(民國三十一年十二月一日出版)

獻辭：朱紹良 為工程師聯合年會獻辭……1
論著：谷正倫 歡迎工程師建設新西北……3
賴璉 動員工程師建設大西北……7
蘭州西北日報 祝工程師聯合年會……9
甘肅民國日報 請工程師到西北來……11
論文：張國藩 我國北部沙漠之南移問題……13
張永惠等 老竹紙料製造之研究……21
趙習恆 自製各種活性炭精煉四川土法白糖之試驗……29
余恆睦等 黃土逕流率及冲刷之測定……37
李爾康等 收集副產品炭霜之試驗報告……41
趙文欽 剛節構架鋼筋混凝土橋之圖解設計法……45
宋恩隆 反饋電路之分析……56
附錄：朱泰信 教育工程與國防建設……57
西北工程問題參考資料……67

中國工程師學會發行

本期廣告目錄

全面：國光牌煤油……外底封面
重慶電力公司……內封裏
恆順機器廠……2
中國工礦銀行……6
中國火柴原料廠……10
中國滑翔總會……56
威遠煤礦公司……版末
川康毛織公司……底封裏
半面：通惠實業銀行……8
大中實業製造公司……12
中央儲蓄會……20
四川復興酒精製造公司……28
大公鐵工廠……35
泰記華興鐵工廠……36
三北輪埠公司……36

補白目錄

總裁語錄……5
徵求永久會員……9
中國工程師信條……40
十二屆年會徵文啓事……81
工程雜誌投稿簡章……82

針車破霧　平土決洪　黃炎大禹　聖武神功
漢製璿璣　周記攷工　羣賢盛會　冉喆最崇
中西兼善　觀厥會通　復興贊朂　建國平戎
實學致用　展施無窮

朱紹良

歡迎工程師建設新西北

谷正倫

抗戰進入第六年以後，令人興奮的，是我們的邊疆要按步就班的開發了，建設西北國防的根據地，已經成爲當前一致提出的課題，今天中國工程師學會第十一屆年會，在僻處西北的蘭州舉行，這個意義最深重歷史最燦爛，而前途最光明的盛會，同時蒙各位工程師專家，不遠千里而來，使甘肅人民，得以瞻仰披荊斬棘，創造中國現代文明的嘉賓的丰采，實在是萬分榮幸，萬分難得的事，詩經上面說「我有嘉賓，鼓瑟吹笙」我們現在雖然沒有舉行這鼓瑟吹笙的歡舞的儀式，但我們是以萬分誠懇的態度，歡迎各位的蒞臨，同時並期待各位給予我們以有力的指導。

現代文明的建立，必須經過工程的階段，亦即是工程師心血的結晶，我們說工程師是現代文明之母，這句話並非過譽，而在工程師當之，自然也毫無愧色，中國工程師學會，自詹天佑先生創始以來，到現在已經有了三十一年的歷史，集合全國工程專家，互相切磋砥礪，不僅學術日益精進，就是事功也有了充分的發揚，尤其是在抗戰發生以後，短短的五年上舉凡土木水利電機機械礦業化學紡織各種工程，都有着一日千里的進步，這顯示了工程師不可磨滅的勞績，而在學會方面，先後在重慶昆明成都貴陽後方各重地，按年舉行過，最有價值的年會，得到了無量寶貴的收穫，這證明了學會領導之有方同時連帶的也說明了工程師的努力，自然取得國家社會的同情和重視，而需感其迫切的需要，同時還有一點值得特別提出來說明的，去年貴會集會於西南中心的貴陽，今年集會於西北中心的蘭州，西北西南都是抗戰的重要根據地，而西北對於工程技術的需要，較之西南更爲迫切，我們相信，在此次年會當中，各位一定集中了英敏的才智和觀感，發揮其對國家民族至高無上的道德與精神，今天一定會在工程學的技術上，在西北工程的實施上，充分而具體的表現出來，我以爲這不僅是西北人士熱烈的希望，而且也是貴會諸位先生引以爲快慰的。

本省物質建設，一向是比較落後，年來積極推進，已逐漸建立相當的基礎，但中華現代化的目標，還是非常遼遠，本市我們從事經濟建設的基本方針，是在促進甘肅成爲工業化的省分，這是因爲我們審愼考慮甘肅的經濟環境以後，認爲祇有求工業化的路線，甘肅的經濟出路，才有前途，同時發展工業的途徑，是包含兩方面，即以重工業充實國防力量以輕工業維持人民生計，其推進的原則是秉承　國父遺教，及本黨政綱的規定，即是凡企業之有獨占性及爲私人能力所不能舉辦者，由國家經營之，至於私人企業，不特表示歡迎並願予以協助，予以保證，根據這原則，決定資金募集的方式，第一、凡有關國家的事業，由中央經營，本省盡力加以協助；第二、凡有關本省人民生計的大規模企業，由省經營，而請中央協助；第三、凡有關民生的一般企業，則以政府與人民合資經營，或僅由人民單獨經營，其規模較小者，則鼓勵人民經營，本省現在所有的各種企業，都是依據這種方式，分途舉辦，我們相信建設之首要在民生，而其推進則繫於民力，惟能配合人力，才能推動建設，以底於成，不過本省民間財力有限，所以對於外來的投資，非常歡迎，而且願意竭盡我們的可能，予以充分的便利和保障，所謂保障是那些項呢，即是第一保障投資安全，即對於投資所創辦的企業一切警衛事宜，都由政府負責，確實保護其安全，使能順利發展，第二保障事業的安全，即以一切既成的事業，無論其利益如何優厚，除于國防民生有絕大的妨害以外，政府決不抑制其發展，或收歸官辦，這是我們根本的態度，古人所謂天時地利人和，是事業成功的基本條件，戰時的甘肅，天然已經形成了最重要的地區，這時候我們如能加以外來的財力人力，則時地人三者俱備，正是我們建設的絕好時機，今天到會的各位先生，倘其能長留本省，或鼓吹國內外事業家，前來投資，共同完成建設西北的使命，我們是絕對的歡迎，而且可以絕對保證其安全和順利。

其次，本省各項工程，目前尚在創舉時期，因得貴會在蘭各位同志的努力，雖然已經建立了少許的根基，可是一切行政上技術上的缺憾，仍恐難於避免，希望各位專家的批評和指導，同時本省正在計劃興辦到許多工程若干技術上的問題，更有待於各位提示解決的方法，現在已由省政府提出四個專題，送請各位研究，其詳細的內容，和實際的材料，由本省負責供給，我現在很簡單的先作一個概括的說明。

第一、隴海鐵路天蘭段經濟路線研究，建設西北，交通第一，這是舉國人士共同的觀感，本省因為交通阻礙，以致開發困難，但交通開發後，緊接發生的，就是貨暢其流的問題，換句話說，本省有些甚麽東西可以運出去，而且我們希望運出省的東西，不但是原料，而能進一步為織造品，因此對於交通線路的抉擇，除單純交通的立場外，並擬顧及經濟立場，我們因為感覺洮河流域富源之無開發，即以農產品來說，如藥材林木與經濟情形較優，所以主張從天水到臨洮而至蘭州，但是鐵路工程處的報告，認為工程浩大，不如經由天水隴西定西甘草店簡捷，究竟應以何者為當，或如何可使雙方條件均能顧及，鐵路當局業已派員勘測，製好了書面說明，在已勘測的路線當中，究竟何捨何從及以何最能發揮輔助本省經濟建設的效能，正需要各位集體研究，宏抒卓見，不過根據總理實業計劃第四計劃中所指示的東方大港塔城線規定，自西安循渭河西行，至寶雞進向秦州，（天水）鞏昌（隴西）洮進（臨洮）及於甘肅省城之蘭州，同時 總理所計劃的蘭州重慶線，也明白的指出，自蘭州起西南行依上述的線路，直至洮進為止，由此分支進入洮河各地，過岷山分水界逕南行，而達階州（武都）及碧口，可見我們主張天水至蘭州之線，應當經過臨洮，正是 總理遺教的規定，切盼各位于研究實業計劃時注意及此，並隨時鼓吹，以促其早日實現。

第二、蘭豐渠及平豐渠工程的研究，本省水利工程，在這一年以前，已經完成的工程，有湟惠溥濟二渠，應加改善的工程，有洮惠渠，現正興辦的工程，有蘭豐肅豐平豐汭豐永樂湧豐臨豐登豐永豐等九渠，其中蘭豐和平豐兩個渠的工程，尚待研究，蘭豐渠起自皋蘭上礪村，止於東崗鎮，全長七十多公里，引黃河之水，以作灌溉，明代以來，屢修屢廢，此次經水利林牧公司派水利查勘隊前往勘測，勘測的結果，在工程上發現四個問題，一為渠口問題，二為崔家崖渠線問題，三為崔家崖水鑵問題，四為蘭州市給水問題，這四個問題，都是非常重要，非常困難的，急待求教於各位專家的指示，至兩縣邊境者，引涇河水以灌田，去年便已成立工程處，開始施工，現在陝西方面，認為涇濟渠之修築，影響涇惠渠水量的供給，正在向中央請示，我們對於這件事的態度，並沒有省境界的觀念，不過對於水量的調劑一點，則確實是一個不容忽視的問題，我們以為任何一個工程，都必須以科學常識和實際情形作為基礎，不能僅憑想像，究竟經濟渠與涇惠的水量，是否會有衝突，應以實際勘測所得的，因之我們已經派遣水利林牧公司切實調查勘測，作成了書面報告，送請各位研究，我們相信集合諸位的經驗才識，加以客觀的論斷，必能使這一問題，得到正確而且合理的解答。

第三、甘肅冶鐵問題研究，鐵爲建立現代文明的主要資源，冶鐵事業的發展，隨着時代的進步，和事實的需要，而日益增進，本省鐵礦蘊藏極富，而冶鐵鎔鑄，尚無成果，抗戰發生，需鐵孔亟。去年度成立礦業公司，統籌礦產的開發，而特別注意於冶鐵事業的推進，以適應目前的需要，和將來的發展，現在已經由公司方面，將各項冶鐵原料冶鐵設備和方法，以及各方面所需要的統計數字，作成書面報告，送達貴會，請各位專家，對此一重要問題，精密研究，提供寶貴的意見，以期加強本省冶鐵工業的生產能力。

第四、西北輕重工業發展之途徑，現代國家，非工業無以發展揺濟，更無以深植立國的根基，我國自古以來，歷代都是以農業立國，工業毫無基礎，西北各省，更爲落後，我們來就西北的經濟背景觀察，認爲輕重工業，都有發展的可能，抑且都有同時併進的必要，這樣西北經濟才會有光明的出路，本省目前的經濟建設，即係以工業化爲爲出發點，惟是西北經濟具有密切的依存性，必須密切配合，打成一片，才能求得工業化的實現，這就是說：惟有西北工業化，甘肅的工業，才能夠建立起來，也惟有西北工業化，中國的工業，才能樹立堅固不拔的基礎，但注重工業的發展，事大體艱，其發展究應採取何種途徑，事關全局，更有賴諸位發抒宏略，共同籌劃。

以上四項，是本省工程上亟待解決的問題，本人對於工程，純粹是一個門外漢，祇能把這四個問題的旨趣，簡單的說一說，至於一切詳細情形，再由主管負責人分別報告，我個人祇是抱着希望的態度，要求各位的指教，期待各位的策勵，務請各位，毫不客氣的，知無不言，言無不盡，那麼受益者，當不只我個人，也就不僅是限於甘肅了。

各位同志，你們不是以大禹誕日爲工程師節嗎，這個節目，我認爲極有意義，尤其是在甘肅，因爲史記上面說，「禹之導河始於積石」，一般的傳說，積石就在本省臨夏縣境內，此時此地，實不啻暗示各位要繼承大禹的功業，必須以甘肅爲努力的基點，各位同志，我們古代有了一位大禹王，就將全國的水患治好了，現在有了六百多位大禹王，我們相信，不僅甘肅的水利事業不成問題，就是全西北的水利事業，也不成問題了，謹以此意敬祝本屆年會成功，並祝諸位的康健。

總裁語錄

特別發展國防科學運動，增加國民的科學知識，普及科學方法的運用，改進生產方法，增加生產總量，使國民經濟迅速地達到工業化，一切工業達到標準化的地步。

動員工程師建設大西北

賴璉

（中國工程師學會年會廣播講演）

中國工程師學會這一次在蘭州舉行了七天年會。今天圓滿閉幕。我們對於各界人士的慇懃款待，表示十分感謝。只怕我們貢獻太少，無以副西北同胞的期望。可是我們在年會裏，自信也有相當的收穫，就是全國工程師的眼光都已轉移到西北來，都已知道西北建設問題的重要。我們記得遠在「九一八」事變以前，政府及國內有識人士，早已注意到西北的建設。當時「開發西北」的口號，盛行一時。不幸，國難當頭，兵連禍結，這個大規模的建設，就遷延了十幾年的光景。

到今天，建設西北的意義，仍然存在。而且比過去更有迫切的需要。我們在這抗戰建國的大時代當中，都知到建國比抗戰還要艱鉅十倍百倍。建國工作，千頭萬緒，而最重要最緊急的，就是要遵照 國父遺教，對於西方的科學，迎頭趕上，使中國成爲三民主義的現代國家。我們要達到這個目的，首先要使中國工業化，要使輕重工業樣樣具備，要使物質文明盡量增進，人民生活水準逐漸提高；尤其是要國防建設和民生建設相提並進，雙方兼顧，並使工業的進步和政治軍事的進步互相配合，互相扶植。

總裁忠誠謀國，宵旰勤勞。一方面提倡新生活運動，實行全國精神總動員。一方面釐定國民經濟建設的方案，興辦各種工礦農林事業，以求中國現代化的迅速完成。七七事變以來，我們因爲科學落後，受盡慘痛深刻的教訓。知道非積極從事工業建設，無以支持長期抗戰，非興辦各種輕重工業，無以爭取民族的生存。我們抗戰五年，備嘗艱苦，仍在敵人飛機大砲的威脅下，努力於生產的增進，工業的建立，以及工程人才的培養，並且到處都有顯著的成績和驚人的進展。這正是因爲我們堅決的相信，中國如不澈底現代化，縱令此次抗戰勝利，這勝利也是無法保障的。

西北各省是中國民族的發祥地。我們的祖宗歌於斯，哭於斯，子孫蕃息於斯。漢唐以後，政治中心東移，一般人重視東南，忽略西北。所以西北的天賦雖然極厚。蘊藏雖然極富。然而沒有人去開發，去利用，遂致造成貨棄於地，偏僻荒涼的現象。這是多麼可悲痛的事！近年國人感於國難的嚴重，漸漸的明白西北關係的重要，和開發西北之不可或緩。可是，因爲交通阻隔，經濟枯竭，雖然叫了許多好聽的口號，還是不能達到理想的期望。這次中國工程師學會特在蘭州舉行年會，全國工程師會萃一堂，集思廣益，貢獻很多意見，決定很多方案。我們正好趁這千載一時的機會，在賢明政府的指導之下，通力合作，實現我們開發西北的志願，不但要在戰事進行中，補充國家的財力物力，還要定一個百年大計，使西北成爲中國現代化的先鋒和民族復興的根據地。

我們來到西北，緬懷周秦漢唐之盛，同時又看見西北是這樣遼闊雄偉，我們都異常感動。我們的祖宗流了多少血汗，經營了這一片雄壯的區域，替我們寫下很光榮的歷史。我們這一代的國民，就應該以恢復舊的光榮，建設新的文化爲已任。就任何方面說，西北絕對不應該如現在一樣荒涼零落地廣人稀的。它有肥沃的土壤，它有青秀的牧場，它更有金銀煤鐵石油等重要資源，旣可建造森林，亦河發展水利。西北不但在建國工作中是一個極重要的基石，就是在軍事形勢上，也是一個戰爭的大本營。我們爲了鞏固反攻的優勢，爭取最後的勝利，也需積極建設西北，發揮西北的潛在力量。西北民性篤厚，果敢，而又身體健康，在戰時「有力出力」，幾乎人人可以做到。今後加緊建設，增進生產，開發各種富源，更可「有錢出錢」，貢獻一切人力和物力給我們的祖國。

建設西北是建國的核心，也是建國的發軔，全國人民都應負起建設西北的使命。西北的人民，不用說，更要担當建設西北的重任。我們工程師自當在國策指導與政府監督之下，供獻一切知識，竭盡一切能力，站在自已的崗位，積極推進西北的建設。工程師並非以功利爲主義，而是以服務爲目的。我們只要做建國隊伍中最勞苦最平凡的一員，就是歷盡艱辛，也是十分願意的。

在中國工程師聯合年會閉幕的今天，我特向同胞提出「建設西北」這個大志願。我們更掬誠要求全國工程師，一致動員，實行國父遺教，加緊建設西北，使西北的寶藏都能開發，使西北人民的生活都能改善。這便是說，要中國富強康樂，獨立自由，定要先使國家工業化、現代化，更要在西北的國防建設和民生建設上，埋頭苦幹，加緊工作。所以我們高呼「動員工程師！建設大西北！」一面是對於我們工程師的自勉，一面也是對於全國同胞的一個殷切的期望和呼籲。

祝工程師聯合年會

蘭州西北日報

隨着中國工程師學會與各專門工程學會第十一屆聯合年會的舉行，全西北普遍發生了一種高度的興奮，這興奮是西北人民久巳衷心渴望的一種企求。

根據歷史的前例，天時地利人和，原來是相輔相成，卽地的建設，必須因時推進，因人推進，而人的成功，亦必有可爲之時與可爲之地，這是一定的道理。抗戰以還，工程師們的表現最爲顯著，且其成績，不在於通都大邑之點綴，而在於窮鄉僻壤之開發，這是說明人以得時得地而充分發揮其才能，同時也是說明地以得人得時而充分盡其利用。西北爲尙未開闢之處女地帶，由於抗戰形勢之開展，其所處地位日形重要，其需要建設日漸迫切，因抗戰推進建設，以建設加強抗戰，固爲甘肅省政當局一貫之施政方針，然橫在前面的艱難，則爲專門人才的缺乏，因之需要工程師，爲全西北人民所同有的一種共感。再就工程師而論，現在西南及內地各省，投資已有相當數量，建設已有相當基礎，惟西北尙爲萌芽時期，工程師之發揮聰明才智，這是最爲適宜的場所，在此相互相需情形之下，我們竭誠的歡迎工程師們踏西北來。

西北有面積廣漠亟待移墾的荒地，有蘊藏豐富亟待掘發的礦產，有滿山的羊羣，有遍野的藥材，這些特產，足以提供國防民生的需要，而就一般狀況觀察，西北尙停滯於人與天爭的時期，舉凡天然的困難必須以技術加以克服，賢明的工程師們必能認識這一個偉大的任務。固然，現階段西北的物資相當艱窘，待遇也非常微薄，然而工程師必不能忘了自已崇高的任務。考之古史，禹治洪水，始於積石，在甘肅寧夏境內，「高山仰止，景行行止，」此景此情，我們想工程師們必油然激發了事業之心而不能自已，必能效法大禹治水精神，共同來完成建設西北的使命。

今天年會正式開幕，讜論宏抒，嘉猷懋展，必能以自已之行，來實現自己之知，不僅西北廣被其惠，卽全國實亦深蒙其益。這裏，我們虔誠的敬祝工程師聯合年會的成功。

請工程師到西北來

甘肅民國日報

第十一屆中國工程師學會及各專門學會聯合年會，在蘭集議一週，將於今晚閉幕。吾人對此西北空前之盛會，既已於閉幕之日，獻其蕪詞，而會議期間，又復本一得之愚，就　國父實業計劃及西北經建原則，致其芻蕘，是則今當盛會閉幕，驪歌將賦之日，又安得不有一言以贈哉！

人生聚散，原屬常事，迎來送往，本爲常例。吾人已以『迎全國工程師』爲題，迎諸君之來矣，今乃復以『工程師到西北來』爲題，送諸君之往，衡諸上述之常事常例，寧非怪誕。然此時此地，此情此景，諸君苟不以吾人之言爲河漢，不以吾人之請爲冒昧，則吾人容有說焉。

吾人前已言之：西北復興，『我西北千萬民衆固應負之，全國才知之士，若我工程師諸君者，亦應負之。』　總裁於本屆年會訓詞中則有云：『我　國父手訂實業計劃，爲國防民生立宏遠之規模，其開發生產與交通着重點，實在於我民族寶庫之西北。諸君親臨斯地，撫先民之偉績，發思古之幽情，務當深切檢討，不厭求詳，作成具體結論，以期付之實施，繼往開來，宜求有裨於抗戰，更有裨於戰後之建設』。又曰，『近世國家之復興與進步，皆賴工業家之盡瘁努力爲先驅，如諸君者，實當如　國父所言，出其智識能力，以服千萬人之務』。今盛會旣將閉幕，博採周諮之餘，諸君且已對省府四大專題及市府專題，作成具體結論，是則繼往開來，具體結論之應如何付諸實施，應由何人負責實施，此事此責，我西北千萬民衆固應負之，國家復興之先驅，如我工程師諸君者，自亦應負之。非然者，具體結論將成紙上空談，繼往開來將成自我而斬，吾人之所以『請工程師到西北來』者，此其一。

吾人嘗旁聽此次年會中省府專題之公開討論矣，一則以喜，一則以懼。所喜者乃因獲覩對於每個專題檢討之詳，計劃之周，所懼者乃因獲悉諸君對於本省資源方面顧慮之多，懷疑之甚，因而鐵道渠道兩題，獲得一致結論，冶鐵及工業兩題，則言人人殊，依違兩可。此種現象，固足以示工程師求眞求是之崇高精神，然不免忽略於此時此地急迫需要之一點事實。蓋以時地言，抗戰中之甘肅，負供應中央調劑西北之重，對全國，必須分物資缺乏之憂，對地方必須籌自給自足之策，此卽張廳長心一所謂最低希望也，故今日之談甘肅冶鐵也，工業也，重在解決當前有無之問題，非必欲考究質與量之好壞多少問題。無中生有，固非工程師所應爲，所能爲，然卽壞而少，亦終較『無』或代用品之爲愈也，爲易也。抑翁部長有言：『西北建設之前途，在今日尙不容作過分確切之估計，蓋尙待吾人於調查勘測方面，痛下工夫也』。此所謂『最低希望』，所謂『痛下工夫』，果誰能滿足之，又誰應實行之，此事此責，我西北千萬民衆固應負之，國家復興之先驅如我工程師諸君者，自亦應負之。非然者，抗戰期中之西北，固將永落於抗戰陣容之後，抗戰以後之西北，亦終將被摒於建國大業之外矣。吾人之所以『請工程師到西北來』者，此其二。

抑尤有進者，西北之衰也久矣，今幸日寇予我以良機，逼我不得不自繁華之平津東南回茲荒漠之先民故土，所幸五年以還，由於求生存求獨立之全民要求，過去西北復興之若干人爲的障礙，心理的畏怯，截至最近，或則業已除去，或則卽將除去。且也由於當前，二次大戰之教訓，空軍及空運嶄露頭角，海洋時代，今後或將成爲陳蹟，前年張溥泉先生來蘭所屢提之「大陸團結」，當時爲吾人所不甚解者，今亦有所領悟矣，是則往昔漢唐絲道交通之繁，中西文化對流之盛，衡情度勢，必將重見於今日。屆時海都南京，陸都蘭州，亦必巍然峙立而成爲中華民國之兩大聖地，是則國家復興先驅之工程師諸君，其從事戰後東南之恢復整理工作者，固將不失其爲國家之「循吏」，而其從事今日西北之披荊斬棘工作者，他日論功行賞，更將媲美於開疆之「大員」而無疑也。乘可爲之時而爲之，擇有爲之地而爲之，此之謂英雄造時勢，時勢造英雄，吾人之所以「請工程師到西北來」者，此其三

一週以來，「請工程師到西北來！」之標語，遍佈蘭州街頭巷尾，「請工程師到西北來！」之呼聲，洋溢金城大小角落，吾人之此題此文，信手拈來，信筆寫來，曾不能代達此間千萬市民本省六百萬同胞之心聲於什一，然區區之意，除欣祝盛會之圓滿閉幕外，尤願於此臨別贈言後之最短期內，吾人得再濡拙管，重寫五日前「迎全國工程師」之文耳。

我國北部沙漠之南移問題

張　國　藩

國立西北工學院

1.引言

吾國北部與蒙古新疆臨界各省，每當北風凜冽、則塵沙瀰漫，日為之赤，令人起置身沙漠之感。此種塵沙大都來自我國北部沙漠平原，隨風飄泊，逐漸南移；其細者可日移千里，其粗者則日移數十哩或數百哩不等。塵沙所至，不但使空氣混濁，氣候乾燥，且掩蓋禾苗，摧敗花草，為害至大。據一部份地質學家意見，若此種情形繼續至數千年之久，則河北，山，陝，甘各省，均將有變成沙漠之虞。現我國北部各省黃土層之形成，即其前例也。欲斷定此種理論是否正確，牽涉問題過多，作者不欲在此詳加論列，現僅就風溜轉運塵沙問題，自流體力學觀點，聊申論之。

塵沙之隨風轉運，可分為滾動(rolling)，雀躍(leaping)與飄移(transport by suspension)三種。大抵顆粒大者隨地面滾動，稍小者隨風雀躍，更小者始可完全脫離地面，隨風飄移也。滾動與雀躍之交合作用復產生沙浪(dunes)，如海洋之波浪然，其轉運之方式與波浪之傳播頗有相似之點，較細粹之滾動與雀躍作用，大有不同，據攸登(Udden)① 之試驗結果，一中等風速(約每點25哩)一次轉運不同子粒之距離有如下表。

表I　塵沙一次飄揚之距離

(風速約為25哩/點)

沙粒直徑(mm)：	$1\to 8$，	$1\to\frac{1}{4}$，	$\frac{1}{8}\to\frac{1}{16}$，	$\frac{1}{16}\to\frac{1}{32}$，	$\frac{1}{32}\to\frac{1}{64}$
飄揚距離(哩)：	數呎，	一哩弱，	數　哩，	200哩	1000哩

塵沙之經滾動，雀躍與沙浪三種方式所轉運者，雖受風溜之間續推移，亦可漸次轉達相當距離，然因受地面上曲折之響影太大，其輸運率似遠不及飄移之強大。且因限於地形，估計過於困難，本文以後所論，僅限於飄移一種，其他數種，姑從略；俟由飄移方式轉運沙量之結果求得後，再將之乘以合理之倍數，斯不難對塵沙輸運率之總和，得一近似之概念也。

2.塵沙在垂立切面之分佈

塵沙之密度遠較空氣密度為大，而能反抗地心吸力，飛揚空中，必有外力使然。此外力非他，即空氣之混動(turbulence)所產生之傳播力也。此種傳播，與氣體或液體分子，因布朗運動(Brownianmovement)，所產生之傳播相類似。流體各個簇團之混動與氣體分子之混動同。因在同時，流體簇團(或分子)由各方所產生之衝擊力(impulse)不平衡，固體子粒即沿所受衝擊力總和之方向運行。行之不遠，因阻力之影響，固體子粒之動量漸次消失，但受另一混動簇團之衝擊，而得繼續前進。如此輾轉推移，假以時刻，子粒之傳播可達之極遠。就各個子粒言，其推移之原動力既係流體之混動，而混動少有方向之軒輊，故子粒之轉移亦無一定之方向。不過合多數子粒之結果，其傳播之方向，則爲由密度較大之處趨向於密度較小之處，此地面塵沙之所以能升揚於空中也。塵沙傳播之概念既明，吾人茲可進而論塵沙在垂立面之分佈。

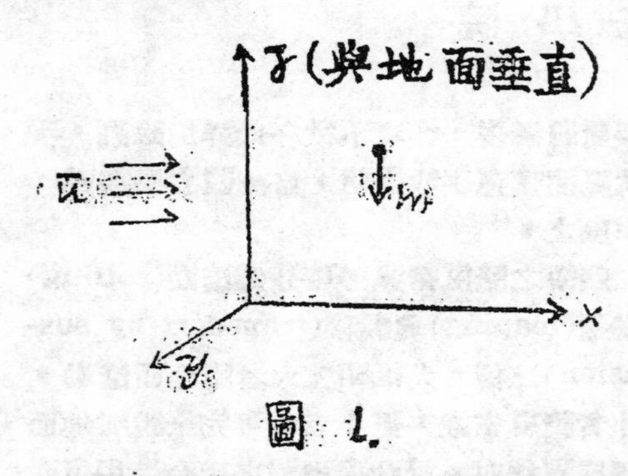

圖 1.

設塵沙之半徑爲 r，其由地心吸力所產生之下墜速率爲 ω_r，其在每單位容積內之子粒數爲 n_r，則經每單位平面之運輸率爲 $n_r w_r$。又設 ℓ 爲「混動徑」(mixing path)，ω 爲空氣沿 z 向之混動速率，則據白蘭都之混動傳播論[2]，經過每單位平均xy向上輸送之子粒數爲 $-\ell\left|\omega\right|\frac{dn_r}{dz}$。在均衡情態下，子粒向上與向下之運輸率相等，故

$$n_r\omega_r=-\ell\left|\omega\right|\frac{dn_r}{dz},$$

或 $$\frac{dn_r}{n_r}=-\frac{\omega_r}{|\omega|}\frac{1}{\ell}dz。\qquad(1)$$

若 τ 爲沿x向之切變力 (shearing stress)，$\bar{u}$ 爲風在z層之平均速率，則依白蘭都之動量傳播論，得書

$$\tau=\rho\ell|\omega|\frac{d\bar{u}}{dz},(\rho=空氣密度),$$

或 $$\ell|\omega|=\tau/(\rho\, d\bar{u}/dz)\qquad(2)$$

將式(2)代入式(1)，得

$$\frac{dn_r}{n_r}=-\frac{\rho\omega_r\frac{d\bar{u}}{dz}}{\tau}dz;$$

積合之，得

$$\log_e\frac{n_{or}}{n_r}=\rho\omega_r\int_0^z\frac{d\bar{u}}{dz}\cdot\frac{dz}{\tau},\qquad(3)$$

其中 n_{or} 爲 r 號子粒，在接近地面時，每單位容積之含量。

設h爲載沙風層之厚度，τ_o 爲接近地面之切變力，則可書 $\tau=\tau_o(1-\frac{z}{h})$。令 $z/h=\zeta$，並書風速在垂立切面之分佈爲 $\bar{u}=Vf(\zeta)$，其中V爲風在垂立切面之最大速率，$f(\zeta)$ 爲速率之分佈函數，則式(3)可簡書爲

$$\log_e\frac{n_{or}}{n_r}=\frac{\rho V\omega_r}{\tau_o}\int_0^\zeta\frac{f'(\zeta)}{1-\zeta}d\zeta=\frac{\rho V\omega_r}{\tau_o}F(\zeta),\qquad(4)$$

其中 $$F(\zeta)=\int_0^\zeta\left[f'(\zeta)/(1-\zeta)\right]d\zeta$$

$$f'(\zeta)=\frac{df(\zeta)}{d\zeta}。$$

$$\therefore n_r=n_{or}e^{-\rho V\omega_r F(\zeta)/\tau_o}\qquad(5)$$

飄移沙量之推計(普通公式)。

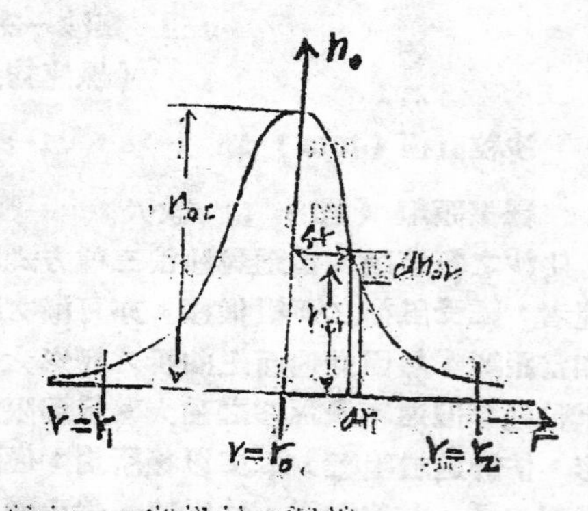

圖2.　沙粒大小之分佈。

設在地面上沙粒之大小係依誤差律分佈，則在半徑 r 與r+dr間之子粒數爲

$$dn_{or}=-n'_{or}\cdot dr,\left(n'_{or}=\frac{dn_{or}}{dr}\right)。$$

依誤差律，$$n_{or}=(n_o)_{ro}e^{-\alpha(\overline{\Delta r})^2},\qquad(7)$$

(見圖2)

$$\therefore\ n'_{0r} = -2\alpha(\Delta r(n_o)_{ro}e^{-\alpha\overline{\Delta r}^2}\frac{d(\Delta r)}{dr}$$

$$= -2\alpha(r-r_o)(n_o)_{ro}e^{-\alpha(r-r_o)^2},\ (\because \Delta r = r-r_o)。\quad (8)$$

在z層，間於r與r+dr半徑之子粒數為

$$dn_r = dn_{or}e^{-\rho\nabla\omega_r F(\zeta)/\tau_o},\quad (見式6)$$

所以 $$dn_r = 2\alpha(r-r_o)(n_o)_{ro}e^{-\alpha(r-r_o)^2}, dr_o e^{-\rho\nabla\omega_r F(\zeta)/\tau_o}\quad (9)$$

若σ為塵沙之密度，則空氣每單位容積所包含之質量為

$$dm = \int_{r_1}^{r_2} dm_r = \int_{r_1}^{r_2} \sigma\frac{4}{3}\pi r^3\, dn_r$$

$$= \frac{8}{3}\pi\sigma\alpha(n_o)_{ro}\int_{r_1}^{r_2}(r-r_o)r^3 e^{-\alpha(r-r_o)^2-\rho\nabla\omega_r F(\zeta)/\tau_o}.dr_o\quad (10)$$

據司托克司(stokes)定律①，一微小子粒之下墜率ω_r

可由式 $$6\pi\mu r\omega_r = \frac{4}{3}\pi r^3(\zeta-\rho)g\quad (11)$$

得之。式中μ為流體之粘性係數，g為地心引力恆數。因普通σ>>ρ，所以式(11)可簡化為

$$\omega_r = \frac{2}{9}\frac{r^2\sigma g}{\mu} = kr^2,\ \left(k = \frac{2}{9}\sigma g/\mu\right),\quad (12)$$

將ω_r之值代入式(10)，則得

$$dm = \frac{8}{3}\pi\sigma\alpha(n_o)_{ro}\int_{r_1}^{r_2}(r-r_o)r^3 e^{-\alpha(r-r_o)^2-\rho\nabla kr^2F(\zeta)/\tau_o}dr.\quad (13)$$

更書 $$\frac{8}{3}\pi\sigma\alpha(n_o)_{ro} = A,\quad \rho\nabla kF(\zeta)/\tau_o = B\quad (14)$$

則式(13)可簡化為

$$dm = A\int_{r_1}^{r_2}(r-r_o)r^3 e^{-[\alpha(r-r_o)^2+Br^2]}.br。\quad (15)$$

設ū為z層之空氣流速，則經過每單位寬度垂立面之塵沙運輸率為

$$Q = \iint \bar{u}\, dm\, dz = \nabla h\iint f(\zeta)dm\, d\zeta,\ (dz = hd\zeta)$$

$$= A\nabla h\int_0^1\int_{r_1}^{r_2}(r-r_o)r^3e^{-[\alpha(r-r_o)^2+Br^2]}.f(\zeta)dr\, d\zeta。\quad (16)$$

若能將式(16)之積合值求得，則塵沙之轉運率當不難算出。

式(16)之積合值可分二步求之，先求

$$\int_{r_1}^{r_2}(r-r_o)r^3e^{-[\alpha(r-r_o)^2+Br^2]}$$

此更可書為 $$\int_{r_1}^{r_2}(r_o-r)r^3e^{-[\alpha(r_o-r)^2+Br^2]}.dr + \int_{r_o}^{r_2}(r-{}_or)r^3x$$

$$e^{-[\alpha(r+r_0)^2+Br^2]} \cdot dr_0 \qquad (17)$$

因精確值不易求得，吾人可用級數法或繪圖法求其近似值。據式(23)所示，B與變數γ之關聯殊不深切，可作一恆數看，式(17)之積合，卽以繪圖法爲宜。書式(17)爲

$$r_0^5 f\left(\frac{r}{r_0}\right) = r_0^5 \int_{\frac{r_1}{r_0}}^{1} \left(1-\frac{r}{r_0}\right)\left(\frac{r}{r_0}\right)^3 e^{-\left[\alpha\left(1-\frac{r}{r_0}\right)^2+B\left(\frac{r}{r_0}\right)^2\right]r_0^2} \cdot d\left(\frac{r}{r_0}\right)$$

$$+ r_0^5 \int_{1}^{\frac{r_2}{r_0}} \left(\frac{r}{r_0}-1\right)\left(\frac{r}{r_0}\right)^3 e^{-\left[\alpha\left(\frac{r}{r_0}-1\right)^2+B\left(\frac{r}{r_0}\right)^2\right]r_0^2} \cdot d\left(\frac{r}{r_0}\right) \qquad (17a)$$

$$f_1\left(\frac{r}{r_0}\right) = \left(1-\frac{r}{r_0}\right)\left(\frac{r}{r_0}\right)^3 e^{-\left[\alpha\left(1-\frac{r}{r_0}\right)^2+B\left(\frac{r}{r_0}\right)^2\right]r_0^2}$$

$$f_2\left(\frac{r}{r_0}\right) = \left(\frac{r}{r_0}-1\right)\left(\frac{r}{r_0}\right)^3 e^{-\left[\alpha\left(\frac{r}{r_0}-1\right)^2+B\left(\frac{r}{r_0}\right)^2\right]r_0^2}$$

$$f\left(\frac{r}{r_0}\right) = \text{面積}(A_1+A_2)$$

$$= 7.7\times10^{-5}.$$

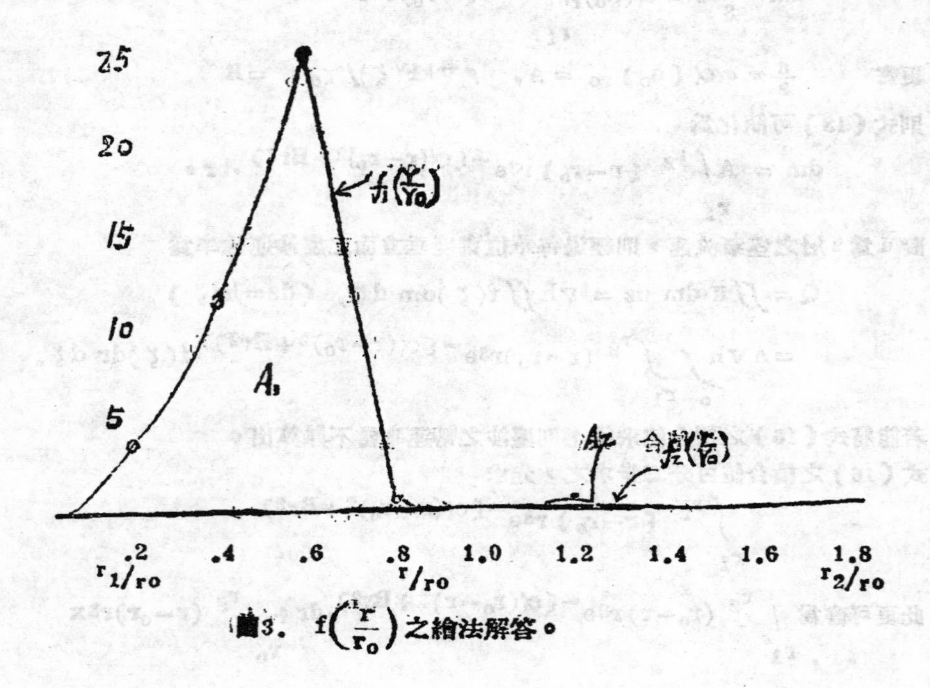

圖3. $f\left(\frac{r}{r_0}\right)$之繪法解答。

然後用繪圖法求 $f\left(\frac{r}{r_0}\right)$ 之值如圖(3)

將 $r_0{}^5 f\left(\frac{r}{r_0}\right)$ 代入式(16),得

$$Q=A\nabla h\int_0^1 r_0{}^5 f\left(\frac{r}{r_0}\right)f(\zeta)d\zeta$$

$$=A\nabla h r_0{}^5 f\left(\frac{r}{r_0}\right)\int_0^1 f(\zeta)d\zeta \text{。} \quad (18)$$

據各國氣象紀載,流速分佈函數 $f(\zeta)$ 與季節,地域,風向皆有關聯,欲確定其為一定之數學函數,殊不可能。無已,只得假設一與事實較為接近之函數而應用之。據泥流試驗所得,流速之分佈率可書為

$$\bar{u}=\nabla\left(\frac{z}{\delta}\right)^{\frac{1}{n}}, \quad (19)$$

其中 δ 為邊層之厚度,n 為一恆數。依白蘭都之流速分佈論[4],n=7;但據蘇騰(Sutton)之實地觀察[5],n之值,可由6增至14。吾國資材缺乏,以後暫取n=7作為初步估計之根據。書

$$\bar{u}=\nabla f(\zeta)=\nabla\left(\frac{z}{h}\cdot\frac{h}{\delta}\right)^{\frac{1}{n}};$$

$$\therefore f(\zeta)=\left(\frac{h}{\delta}\right)^{\frac{1}{n}}\zeta^{\frac{1}{n}}\text{。}$$

由此得 $f'(\zeta)=\frac{d}{d\zeta}f(\zeta)$

$$=\left(\frac{h}{\delta}\right)^{\frac{1}{n}}\cdot\frac{1}{n}\cdot\zeta^{\frac{1}{n}-1}\text{。} \quad (20)$$

於是更得

$$F(\zeta)=\int_6^{\zeta}\frac{f'(\zeta)}{1-\zeta}d\zeta=\frac{1}{n}\left(\frac{h}{\delta}\right)^{\frac{1}{n}}\frac{\zeta^{\frac{1}{n}}}{\zeta(1-\zeta)}\zeta d. \quad (21)$$

因 ζ 普通小於 1,吾人可取會聚級數

$$(1-\zeta)^{-1}=1+\zeta+\zeta^2+\cdots\cdots\cdots\cdots,$$

將之代入式(21),逐項積合之,即得

$$F(\zeta)=\left(\frac{h}{\delta}\right)^{\frac{1}{n}}\left[1+\frac{1}{n+1}\zeta+\frac{1}{n+2}\zeta^2+\cdots\cdots\right]\zeta^{\frac{1}{n}} \quad (22)$$

將 $F(\zeta)$ 之值代入(14),得

$$B=\rho\nabla K\left(\frac{h}{\delta}\right)^{\frac{1}{n}}\left[1+\frac{1}{n+1}\zeta+\frac{1}{n+1}\zeta^2+\cdots\cdots\right]\zeta^{\frac{1}{n}}\Big/\tau\text{。} \quad (23)$$

$$\doteq\rho\nabla K\left(\frac{h}{\delta}\right)^{\frac{1}{n}}\Big/\tau\text{。} \quad (23a)$$

蓋因 $n=\frac{1}{7}$,B隨 ζ 之改變殊為遲緩也。

以 $f(\zeta)$ 之值代入式(18),即得

$$Q=A\nabla h r_0{}^5 f\left(\frac{r}{r_0}\right)\int_0^1\left(\frac{h}{\delta}\right)^{\frac{1}{n}}\zeta^{\frac{1}{n}}d\zeta$$

$$=A\nabla h\left(\frac{h}{\delta}\right)^{\frac{1}{n}}r_0{}^5 f\left(\frac{r}{r_0}\right)\frac{h}{1+n}\text{。} \quad (24)$$

Q即為經過垂立面每單位厚度之塵沙輸運率。

4。塵沙飄移之數量估計。

上式(24)爲一普通公式，欲用之以求塵沙運輸之數量值，非得知式中之各個恆數不可。因吾國關於此種問題之資料缺乏，各種恆數，難知其確切之值量，僅能就他方資料，間接推斷其近似值，至確切情形則可留待他日之考證。茲將決定式中各恆數之方法，略述如後。

1° 風速V。依前面定義，V爲在垂立切面風速之最大值。因地面阻力之影響，離地面愈近，風速愈小，去地面愈遠風速愈大，待至相當高度，地面之阻力減至可以忽略之程度，風速卽達最高值V；其分佈之情態，約如圖(4)。據畢德勒耳在利比亞之觀察[⊕]當風速爲13哩/點時，沙粒卽開始滾動，待

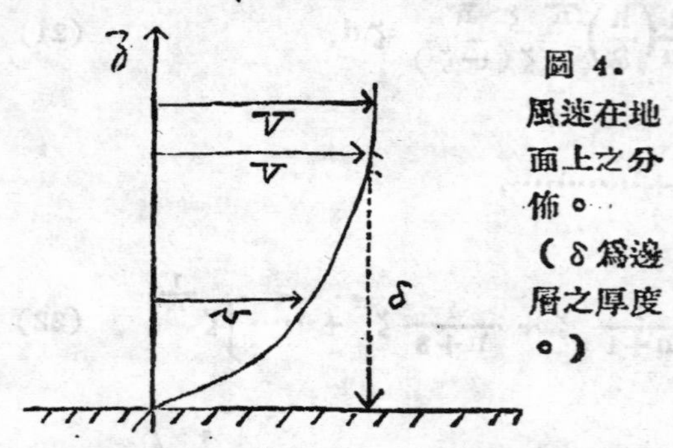

圖 4. 風速在地面上之分佈。（δ爲邊層之厚度。）

風速達至23哩/點時，空中卽見有塵沙飄揚。風速愈大，飄揚塵沙之密度愈增。吾國冬季，北風凜烈，其速率高於23哩/點之時期，頗不在少，取 V = 30 哩/點爲其平均值，似頗合理

2° σ, ρ, μ 與 k。 塵沙子粒大都由矽與石英所磨成，其平均比重約爲 2.5, 故取 $\sigma=156$ 磅/呎^3。當溫度爲 O°C, 氣壓爲 29.92 吋時，空氣之密度 $\rho=0.081$ 磅/呎^3，粘性係數 $\mu=1.21\times10^{-5}$ 磅達秒/呎^2。 $\therefore k=\frac{2}{9}\sigma=g/\mu=0.92\times10^{8}$/呎秒。

3°, h, δ。 塵沙飄揚所可升達之高度，當與流速V有關。當V爲30哩/點時，h之值若何，無實驗資料，可資確定。幸在運輸公式(24)，h之無影響不大，用一粗似值卽屬可行。故吾人取普通氣流混動所達之高度，約5,000呎，爲h之值，似無大過。邊層厚度δ亦與總流速V有關，可由式[⊕]

$$\delta\,V\frac{60}{V}\qquad(25)$$

求之，其中δ之單位爲糎，流速之單位爲糎秒。當V爲30哩點時，可得 $\delta=1.46\times10^{-2}$呎。但此僅就比較光滑地面而言，若地面有樹林草木等障礙物，則δ之値遠較由式(25)所得者爲大。據各家紀載[⊗]，δ之值，鮮有在50呎以下者。以後卽取 $\delta=50$ 呎爲估計之根據。

4°. $(n_0)_{r_0}$，在接近地面時，每立方呎所包含r_0號

（⊗參看 Gregg－Aeronautical Meteovolog, 2nd edition, 86頁）

子粒數當與流速與氣溜之混度有關。據艾狄金之觀察[⊕]，普通塵埃，每立方糎之包含量約自1400至150,000。塵沙子之粒大都較塵埃爲大，每立方糎之含量當難達 15×10^4之數。據作者在西安所作粗略之估計，當風速約爲30哩/點時，地面每立方糎之含量約爲4000。因塵沙子粒半徑之軒輊率多不大，位於$(r_0\pm0.05r_0)$間段之子粒數，每可佔全子數30%，故若取 $(n_0)_{r_0}=1500$/立方糎，卽 4.2×10^7/呎^3，當去事實不遠。

5°. r^0, r_1, r_2, 與α。 據司可樂之之觀察[⊕]，利比亞沙漠子粒之平均直徑約爲0.5mm至2mm。又據攸萃之試驗結果，普通氣溜混動所能浮載之子粒，其直徑多在0.18mm以下。本此事實及第一表所列之原則，吾人當可取 $r_0=0.05$mm$=1.65\times10^{-4}$呎，$r_1=0.01$mm$=0.33\times10^{-4}$呎，$r_2=0.09$mm$=2.97\times10^{-4}$呎。在 r_1, r^2 以外之子粒數

甚少，其對塵沙運輸量之影響，可以忽去。

由式(7)，令$\Delta r=\pm 0.04mm$，$\frac{n_{or}}{(n_o)r_o}=\frac{1}{100}$，

則可得　$\alpha=2.7\times10^8$/呎^2。

6°. τ_o　地面上之阻力τ_o，可由式

$$\tau_o=C_f\frac{1}{2}\rho V^2 \text{（}C_f\text{為無積係數）} \qquad (26)$$

求之。在此式中，若密度ρ一單位為磅/呎^3，V之單位為呎/秒；則τ_o之單位為磅達/呎^2。係數C_f之值與地面之粗糙度有關，若地面為沙礫層，C_f之值當在0.012左右[4]。令$C_f=0.012$，則$\tau_o=0.95$磅達/呎^2。

各恆數值之估計既如上述，今可將之列為下表，以便指査。

表II. 公式(24)中各恆數之值。

V = 30哩/點 = 44呎/秒	δ = 50呎
n = 7	$(n_o)_{ro}$ = 4.2×10^7/呎^3
σ = 156磅/呎^3	r_o = 1.65×10^{-4}呎
ρ = 0.081磅/呎^3	r_1 = $.33\times10^{-4}$呎
μ = 1.21×10^{-5}磅達，秒/呎^2	r_2 = 2.97×10^{-4}呎
k = 9.21×10^7/呎秒	α = 2.7×10^8/呎^3
h = 5,000呎	τ_o = 0.95磅達/呎^2
B = 6.90×10^3/呎^2	

將上表中之恆數及圖(3)$f\left(\frac{r}{r_o}\right)$之值代入式(24)，則得每日經過每呎邊界之塵沙運沙量為

$$Q=5.87\times10\ \text{磅/呎，日。} \qquad (27)$$

此僅為飄移方式所得來者，至由滾動，跳躍等法所得者，因受地面之阻隔，似難超過全運輸量10%。本此原則，可得全運輸量為

$$Q=6.5\times10^5\ \text{磅/呎，日。} \qquad (28)$$

5. 結論

設吾國北部沙漠所亘互之距離為1000哩，即5.3×10^6呎，並設在冬季五月之中，其運沙量等於50天，以每天風速為30哩/點計，所轉運者，則在此時期南移塵沙之總和為7.65×10^{10}噸。此可視為全年之運輸量。設將此沙量分佈於我國北部，如內蒙，新疆之一部，以及甘，山，陝，河南，河北各省，其全面積約1×10^6方哩，則每平方呎所得之沙量為6.1磅。以156磅/呎^{3}密度計，則堆砌之厚度可達0.47吋。至此0.47吋中，經全年雨水之冲刷，風飈之繼續轉移，尚可存餘多少，則殊難言也。此問題與我國北部各河流之移沙量有關，容待他日論之。

上面關於塵沙飄移之數量估計，當不無粗略之處，特別如塵沙飄揚所達之高度h，因無試驗資料可助參考，5000呎之數或與事實相去頗大。總之，因氣象與地質，在現階段中，尚非一純粹之數理科學，關於各種數字之問題，除用合理之估計外，別無他途也。

至公式(24)，則具有數理之精確度，其應用之範圍不僅限於風溜之轉移沙漠，對於河流之輸運沙土，亦可同樣應用也。

著作參考

1. Udden, J.A., "The mechanical composition of wind deposits," 參看 Twenhofel, W. H., Treatise on Sedimentation, (2nd ed.), p68。

2. Prandtl, The Physics of Solids and Fluids, pp 277-83。

3. Lamb, Hydrodynamics, (5th ed.), p567

4. Prandtl - Tietjens, Hydro - und

9765

Aeromechanik, B.II, s87。

5. Sutton, Q.J. Roy. Met, Soc., 58 (1932), 74.

6. Beadnell, H.J.L., Sand dunes of the Libyan Desert, Geog. Jour., 35 (1910), 386.

7. Rrunt, Physical and Dynamical Meteorology, p. 262.

8. Aitkin, J., On the number of dust particles in the Atmospheve etc, Twenhofel, W. H., Treatise on Sedimentation, p. 72.

9. Sokolow, N. A., See Twenhofel, W. H., Treatise on Sedimentation, p. 82.

10. Udden, J. A., Erosion, transportation, and sedimentation by the Atmosphen, Jour. Geol., 2 (1894), 322。

11. Wood, k. D., Technical Aerodynamics, p. 41。

老竹紙料製造之研究

張永惠　李鳴臯

經濟部中央工業試驗所

一　引言

我國利用竹材製紙，爲時極早，晉時即已入書家之選，至宋代則廣用之，迄至現今，中國紙張，大都皆係採用竹材爲原料，其製造竹紙之方法，係採用當年所生出之嫩竹此種方法僅適宜於小規模之手工業，蓋因嫩竹砍下之後必須浸入水或石灰水中否則即易腐爛，故欲大量原料由產竹區運輸至較遠廠家之所在地，異常困難，四川夾江及廣安雖有將嫩竹先晒乾，然後再運輸者，然以其積大量輕，頗不經濟，故砍大規模利用以竹爲造紙原料，則非研究利用老竹不可。

源以往我國造紙，利用嫩竹而不取用老竹者，係因老竹雖經水浸灰淹或在普通大氣壓下用碱蒸煮，其纖維不易散開，故內地各紙槽，直至現在，仍祇能利用嫩竹。

竹爲生長於熱帶及溫帶而繁殖很快之植物，其生長之速度，遠較木材爲快，故三十年前，歐洲在熱帶擁有殖民地之國家，如英、法、德等國，即開始研究利用熱帶盛產之竹材，以代替木材爲原料，蓋因木材之用途，日益增廣，且森林成長緩慢其產量實不能及上砍伐時之所需，而若干年後，木材之供給必生問題，一九〇〇年英國駐印政府，即約請英人新德氏(R.W. Sindall)研究此項問題，於一九〇五年會發表其研究結果，對于蒸煮方面，結果甚佳，然於漂白方面則遇困難，尤以竹節所作之紙料爲最，一九一九年英國特在印度德拉(Dehra)森林研究所中以一萬五千英鎊之資金設立一製料及造紙試驗室，專門研究老竹製紙問題，其機器設備每日可產紙一噸，繼新德之後研究者，有英人銳特氏(W. Raitt)歷時二十餘年，終解決其困難之點而告成功(1)並於一九三一年著一專書(2)詳細敍述利用分級蒸煮法蒸煮老竹之結果，自是乃開老竹製紙之一新紀元，其後屢經改良，而印度政府則按此結果，設立紙廠，成品精良；可與木材並美，與銳特氏同時研究者，尚有德人史麥魯氏(Schmeil)，對於老竹之化學組成，有詳細之研究(3)後因歐戰發生而戰後德國之殖民地喪失，此工作乃告中斷。

我國南部閩浙贛蜀諸省，產竹極豐，其原料集中地點，即如四川梁山每年可產竹二十萬噸，若於各地加以培植管理其量必可倍增，如有合宜之製料方法則老竹製紙之在我國，即可大量採用，然經唐燾源氏(4)史德寬氏(5)及作者研究，以國產毛竹利用一級及銳特氏之分級蒸煮法蒸煮，所得之紙料，仍有不能漂白之困難，此係因中國竹材竹屬與產地不同，故利用分級蒸煮法所得結果亦不能一致，由此則解決國產老竹之製料問題，實不能利用銳乃特氏之方法。根據銳特氏研究印度老竹不能漂白之困難原因係由於竹類含有澱粉及菓膠，如以一級蒸煮法蒸煮時則與碱化合成一棕色化合物，防礙漂白，故利用分級蒸煮法，於第一級時用水或稀碱液蒸煮，將澱粉及菓膠除去，第二級蒸煮則與普通碱法相同，據作者研究，國產竹類含菓膠較木材爲少(6)不足以影響其漂白性，至於其中含少量澱粉，經水煮沸後，亦可除去，而防礙漂白之處，則爲竹外層皮上之一種高分子量膠質(Gutin)，如削去老竹之外皮而採用分級蒸煮法所製之料，則漂白不甚困難，此種方法，實不適於大規模製造，故欲老竹製料漂白問題之解決，則除蘇打及分級蒸煮法外，尚另覓硝酸法，此法以往僅於實驗室中研究，然在一九三七年時德國已利用此法於大規模工廠中 (7) 蓋自空中氮之固定法製造硝酸發明後，硝酸產量大增，成本亦廉，故在製酸工業有基礎之國家利用多餘硝酸製造紙料，希望甚大，我國俟戰後製酸工業基礎建立以後，利用此法頗有可能。

關於老竹製料之研究，前在南京時即已開始，後因抗戰，本所西遷，乃告中斷，二十九年於磐溪恢復工作繼續研究，於三十一年告一段落，茲特將實驗所得，列供吾國製紙工業界之參考。

二 試驗材料

竹之種類甚多，全世界約計四百九十種，其產於我國者，約六十種，而此六十種內繁殖最廣者，凡三種：(一)山竹屬十二類，(二)斑竹屬二十一類，(三)山白竹屬十六類。

我國黃河以南各省均盛產竹，尤以福建江西浙江產量最豐，湖南四川次之，其他各省又次之，其分佈大概，毛竹 (Phyllostachys Puhescens-)產於閩贛浙湘諸省，四川則以慈蒸(Bambusa Beecheyana)及白夾竹(Phyllostachys－其詳名未定）兩種產量最多。

本試驗所用各種材料，毛竹係二十五年由福建福州採購，後因運寄不易故硝酸法中以閩竹(Phyllostachys－其詳名未定）代替之，二者之外形，亦極為相似，白夾竹係由梁山採集，慈竹則取自磐溪，採集之竹，先將其乾燥，經二月之貯藏後，測定其所含水份，並為使其適於蒸煮起見，用斧將竹捶開切斷，令其長度平均為二米厘，寬約0.5至1米厘。

關於竹類之化學組成 (8) 及其纖維之量度 (9)，均業經測定茲列其結果如下，以資參考：

竹 類 之 化 學 成 分 表

種類	水分 %	灰分	溶液浸出物				果膠 Pectin	五炭醣 Pentocsan	纖維素 Cellulose	木質 Lignin
			冷水	熱水	醚	1% Naoh				
	每百分純乾物所含成分									
毛竹	12.14	1.10	2.38	5.96	0.66	30.98	0.72	21.12	45.50	30.67
慈竹	12.56	1.20	2.42	6.78	0.71	31.24	0.87	25.41	44.35	31.28
白夾竹	12.48	1.43	2.13	5.24	0.58	28.65	0.65	22.64	46.47	33.46

竹 類 纖 維 之 量 度 表

纖維名稱	長度 (mm.)			寬度 (mm.)		
	最大	最小	大部分	最大	最小	大部分
毛竹	3.20	0.34	1.52－2.09	0.030	0.006	0.012－0.019
慈竹	2.85	0.34	1.33－1.90	0.028	0.003	0.009－0.019
白夾竹	4.20	0.31	1.50－2.40	0.032	0.006	0.013－0.019
閩竹	3.20	0.38	1.52－2.28	0.031	0.004	0.011－0.021

三、製料試驗

本試驗利用三種方法施行蒸煮：(一)普通蘇打法，(二)分級蒸煮法，(三)硝酸蒸煮法，三法之中除硝酸法係於普通大氣壓下蒸煮外，其餘均在高壓蒸煮器中執行之，茲略述各種方法如下：

(一)普通蘇打法：將竹置於不同濃度之鹹液中，在溫度145°C壓力65%"下蒸煮四小時，冷却後，將料取出，以清水洗淨晒乾。

(二)分級蒸煮法：　此法係分兩級蒸煮，第一級卽將竹置高壓蒸煮器中用1.25至1.5%之鹹液覆過竹面，在115°C下蒸煮二小時，俟冷後取出以水洗淨，再置原器中加5%鹹液將竹面覆過，於145°C溫度下蒸煮三小時，冷後取出洗淨之晒乾。

(三)硝酸蒸煮法：　將竹置於4%硝酸液中於100°C下，煮沸四至五小時後洩酸，以水洗滌，再以2%鹹液於器中煮沸一小時後，將料取出，以清水洗淨，晒乾。

以上諸法中所用化學藥品分量以及計算得獲量時均係對純乾之竹材而言。

關於紙料漂白之試驗法，卽係將紙料置於漂白清水中，於35°C下漂白兩小時，其所用之有效氯，爲百分之三至七（係對紙料之百分比）其漂白後之得獲量爲對純乾竹材言，茲將試驗結果列下：

(1)　毛竹蘇打法蒸煮漂白結果表

試驗號數	一	二	三	四
竹材重量(克)	50	50	50	50
蒸煮液體積(c.c.)	200	200	200	200
氫氧化鈉用量(克)	11	12	13	14
最高溫度(°C)	145	145	145	145
蒸煮時間(小時)	4	4	4	4
蒸煮後之情形	小部份未煮開	全部散開	全部散開	全部散開
得獲量(%)	43.65	41.65	39.85	37.44
漂白情形(7%)有效氯	不能漂白	不能漂白	不能漂白	不能漂白
漂白後之得獲量(%)	41.25	39.36	37.18	36.01

(2)　慈竹蘇打法蒸煮漂白結果表

試驗號數	一	二	三	四
竹材重量(克)	50	50	50	50
蒸煮液體積(c.c.)	200	200	200	200.
氫氧化鈉用量(克)	10	11	12	13
最高溫度(°C)	145	145	145	145

蒸煮時間（小時）	5	5	5	8
蒸煮後情形	小部未煮開	完全煮開	完全煮開	完全煮開
得獲量（%）	42.25	39.88	38.42	35.46
漂白情形（7%有效氯）	不能漂白	不能漂白	不能漂白	不能漂白
漂白後之得獲量（%）	39.12	36.43	35.26	32.61

(3) 白夾竹縣打法蒸煮漂白結果表

試驗號數	一	二	三	四
竹材重量（克）	50	50	50	50
蒸煮液體積（c.c.）	200	200	200	200
氫氧化鈉用量（克）	10	11	12	13
最高溫度（°C）	145	145	145	145
蒸煮時間（小時）	4	4	4	4
蒸煮後情形	小部未散開	完全散開	完全散開	完全散開
得獲量（%）	40.76	39.12	38.78	36.95
漂白情形（7%有效氯）	不能漂白	不能漂白	不能漂白	不能漂白
漂白後之得獲量（%）	37.94	37.00	36.14	34.25

(4) 毛竹分級蒸煮漂白結果表

試驗號數		一	二	三	四
竹材重量（克）		50	50	50	50
第一級蒸煮之條件	溫度（°C）	115	115	115	115
	時間（小時）	2	2	2	2
	1.5% NaoH 液（c.c.）	200	200	200	200
	NaoH 中和量（克）	2.7	2.8	2.6	2.7
第二級蒸煮之條件	溫度（°C）	145	145	145	145
	時間（小時）	3	3	3	3
	5% NaoH 液（c.c.）	150	160	170	180
	NaoH 中和量（克）	6.4	6.5	6.5	6.6

得獲量 (%)	38.12	37.71	36.45	35.53
漂白情形 (7%有效氯)	不能漂白	不能漂白	不能漂白	不能漂白
漂白後之得獲量 (%)	35.04	34.51	34.15	32.68

(5) 慈竹分級蒸煑漂白結果表

試驗號數		一	二	三	四
竹材重量 (克)		50	50	50	50
第一級蒸煑之條件	溫度 (°C)	115	115	115	115
	時間 (小時)	2	2	2	2
	1.5% NaoH 液 (c.c.)	200	200	200	200
	NaoH 中和量 (克)	2.6	2.7	2.5	2.8
第二級蒸煑之條件	溫度 (°C)	145	145	145	145
	時間 (小時)	3	3	3	3
	5% NaoH 液 (c.c.)	150	160	170	180
	NaoH 中和量 (克)	6.6	6.7	6.8	6.8
得獲量 (%)		40.60	37.21	36.25	35.49
漂白情形 (7%有效氯)		不能漂白	不能漂白	不能漂白	不能漂白
漂白後之得獲量 (%)		37.15	33.46	33.11	32.76

(6) 白夾竹分級蒸煑漂白結果表

試驗號數		一	二	三	四
竹材重量 (克)		50	50	50	50
第一級蒸煑之條件	溫度 (°C)	115	115	115	115
	時間 (小時)	2	2	2	2
	1.5% NaoH 液 (c.c.)	200	200	200	200
	NaoH 中和量 (克)	2.6	2.6	2.8	2.7
第二級蒸煑之條件	溫度 (°C)	145	145	145	145
	時間 (小時)	3	3	3	3
	5% NaoH 液 (c.c.)	150	160	170	180

NaoH 中和量(克)	6.5	6.4	6.6	6.7
得獲量(%)	41.13	39.86	35.75	36.96
漂白情形(7%有效氯)	不能漂白	不能漂白	不能漂白	不能漂白
漂白後之得獲量(%)	38.04	36.75	36.90	33.73

(7) 蘭竹硝酸法蒸煑漂白結果表

試驗號數	一	二	三	四
竹材重量(克)	50	50	50	50
4%硝酸容量(c.c.)	300	300	300	300
硝酸蒸煑時間(小時)	4	4	4	4
2%NaoH液容量(c.c.)	200	200	200	200
NaoH液蒸煑時間(小時)	1	1	1	1
得獲量(%)	36.27	36.56	34.12	34.54
蒸煑後之情形	幾完全散開	幾完全散開	完全散開	完全開散
漂白情形(3%有效氯)	雪白	雪白	雪白	雪白
漂白後之得獲量(%)	34.02	34.18	32.18	32.43

(8) 慈竹硝酸法蒸煑漂白結果表

試驗號數	一	二	三	四
竹材重量(克)	50	50	50	50
7%硝酸容量(c.c.)	300	300	300	300
硝酸蒸煑時間(小時)	4	4	4	4
2%NaoH液容量(c.c.)	200	200	200	200
NaoH液蒸煑時間(小時)	1	1	1	1
得獲量(%)	34.85	34.64	33.72	33.68
蒸煑後之情形	完全散開	完全散開	完全散開	完全散開
漂白情形(3%有效氯)	雪白	雪白	雪白	雪白
漂白後之得獲量(%)	32.74	32.55	32.01	32.12

9772

(9) 白夾竹硝酸法蒸煮漂白結果表

試驗號數	一	二	三	四
竹材重量(克)	50	50	50	50
7% 硝酸容量 (c.c.)	300	300	300	300
硝酸蒸煮時間(小時)	4	4	4	4
2%NaoH 液容量(c.c.)	200	200	200	200
NaoH 液蒸煮時間(小時)	1	1	1	1
得獲量 (%)	33.89	33.74	33.12	33.05
蒸煮後之情形	完全散開	完全散開	完全散開	完全散開
漂白情形(3%有效氯)	雪白	雪白	雪白	雪白
漂白後之得獲量(%)	32.18	32.09	31.89	31.74

四 結論

(一)國產竹材之長寬度，界於針葉樹與草類之間，可為獨立之造紙原料，即係以竹材製紙時，無庸加其他之長或短之纖維料入內，其所製出之紙張較之以木草所製者尤為細緻，惟製料時漂白發生困難，本試驗除用普通蘇打法及銳乃特氏分級蒸煮法蒸煮外，特別利用硝酸法，以解決此種困難。

(二)利用蘇打法所製出之料，其在未漂白時為棕黃色，漂白後，仍為黃色，故此法不能適於蒸煮老竹。

(三)應用分級蒸煮法所製出之紙料，未漂白時，其色灰白，漂白以後，仍不能達於潔白程度，故此法只適宜於製造不漂白之竹材紙料。

(四)解決老竹製料漂白問題，本試驗特利用硝酸法執行之，結果甚佳，所製之紙料在未漂白時與普通亞硫酸法製出者無異，漂白後可至雪白程度，所用之有效氯為竹紙料百分之三，頗為經濟，至於其漂白後之得獲量為百分之三十一至百分之三十四，並不為低，故解決老竹製料之漂白問題，硝酸法實為適宜方法。

(五)利用硝酸法蒸煮所製之各種紙料，以闊竹與白夾竹所製出者，其纖維交織緊密，韌力亦強，可成為最優等紙料，而慈竹紙料則較為鬆散，韌力亦較前二者略遜，可為製紙之優等材料

文 獻

(1) W. Raitt. World's Paper Trade Rev. 81, 562-8 618-20. (1925)

(2) W. Raitt. The Degestion of Grasses and Bamboo for Paper Making

(3) W. Schmeil. Zellstoff u. Papeir 1, 153-67 189-200, 210-23 (1921)

(4) 唐濤源. 中央研究院研究專報

(5) 史德寬. 工業中心,第三卷,第十一期, 366-70.

(6) 張永惠. 工業中心,第八卷, 第三、四期, 27-35.

(7) Feldmann G.A. Zellstoff u. Pap-

eir 18, 55 (1938)
(8) 張永惠. 工業中心,第八卷,第三、四期,27—35.
(9) 張永惠 李鳴皋. 中央工業試驗所研究專報第一一一號

自製各種活性炭精煉四川土法白糖之試驗

趙　習　恆

一　六　實　業　公　司

(一)引　言

木炭脫色十五世紀已有人發見，1785年勞氏 (Lowitz) 用以精製酒石酸1714年英國精糖廠用木炭澄清糖液十九世紀初葉發見炭脫色用者甚多二十世紀植物性活性炭在糖界逐漸抬頭大有取炭而代之之勢

活性炭分三大類，脫色用者主爲軟質粉狀，吸收用者主爲硬質粒狀，醫藥用者主爲錠劑粉狀，亦有以其原料而分植物性，動物性及特種活性炭者。

四川土法製白糖，專恃汚泥不潔不白人所共知，本試驗係就藥品設備及環境所可能者，依照各國特許專利方法製成六十種活性炭，而試其對於土糖脫色之效率，玆分述如下。

(二)植物性活性炭之製備

1. 四川土鹼處理各種活性炭

以對原料炭量20％之四川土鹼溶液分別煮沸，各種植物性原料炭取出灼燒，次以鹽酸煮沸5分鐘取出充分水洗至洗液不呈酸性反應爲度。(第一表)

2. 氯化鋅處理核桃殼

將核桃殼在50％氯化鋅液中煮沸取其一部不經水洗烘乾灼燒二小時 (500—700°c.) 編號 201

其餘一部水洗烘乾灼燒二小時 (500—700°c.) 編號 202

另取核桃殼炭在上述用過之氯鋅殘液中煮沸十分鐘水洗烘乾灼燒二小時 (500—700°c.) 研粉編號 203

另取核桃殼炭同上處理惟煮沸時間爲四小時編號 204

3. 硝酸處理杠炭

將黃豆大之杠炭浸稀硝酸中15小時灼燒1小時者編號 301(67—180°c)

同上處理而灼燒二小時者編號 302

另取杠炭細末浸稀硝酸中20小時灼燒二小時(400—700°c)編號 303

4. 氯化鋅處理鋸屑

以70％氯化鋅液浸漬鋸屑數十分鐘壓去殘液而灼燒之(340—436°c)編號401

第　一　表

原　料　炭	在20％土鹼液中煮沸時間(分)	灼燒溫度	灼燒後之收得率	編　號
核桃殼炭	20	626—722°c	96％	101
稻殼炭	20	626—722°c	76％	102
核桃殼炭	40	636—818°c	79.6％	103
稻殼炭	40	636—818°c	73.6％	104
蔗毛甘蔗渣炭	20	690—882°c	66.66％	105
洋紅甘蔗渣炭	20	690—882°c	67.72％	106

蘆毛甘蔗渣炭	60	690—88$_2$°c	45.75%	107
洋紅甘蔗渣炭	60	690—88$_2$°c	30.40%	108

5. 氫氧化鈉處理各種炭及炭渣：——

原料	重量（公分）	使用氫氧化鈉量（公分）	水量（公撮）	各種原料在氫氧化鈉液中浸漬時間（分）	灼燒時間（小時）	灼燒溫度°c	收得率	編號
燒一次煤炭渣	200	40	250	20	3	600—800	83%	501
燒二次煤炭渣	100	20	200	20	3	600—800	83%	502
落花生殼炭	100	20	350	20	3	600—800	68%	503
蘆毛甘蔗渣炭	100	20	800	20	3	600—800	64%	504
稻殼炭	100	20	300	20	3	600—800	54%	505
玉蜀黍軸炭	100	20	400	20	3	600—800	34%	506

6. 廢糖蜜處理各種煤炭及炭渣：——

原料及重量（公分）	廢糖蜜用量（公分）	混和乾燥研粉後之重量（公分）	灼燒用重量（公分）	灼燒時間（小時）	灼燒裝置	收得量（公分）	編號
燒鍋爐炭渣 339	190	358	200	4	在密閉鐵管中	179	601
稻殼炭 200	200	210	150	4	”	128	602
烟煤 200	200	264	200	4	”	157	603
燒鍋爐炭渣	用糖蜜揑和烘乾研粉同 601		158	2	在開蓋砂鍋中	110	604
稻殼炭	用糖蜜揑和烘乾研粉同 602		60	1	”	26	605
烟煤	用糖蜜揑和烘乾研粉同 603		64	1	”	4	606

7. 脫脂豆乳處理鋸屑

先以40°Be 氫氧化鈉液 100 公分與鋸屑50公分混和炭化研粉另加脫脂豆乳及鋸屑各 40 公分分別處理如次：

灼燒裝置	灼燒時間	混合物重量（公分）	灼燒後之重量（公分）	水洗乾燥後之重量（公分）	編號
鐵管中	5小時	310	47	27	701
鐵管中	4.5小時	279	43	25	702
砂鍋中	4小時	341	33	4	703

附註 703 於灼燒時鍋底生裂內容物巳灰化砂。

8. 氯化鋅處理鋸屑

以廢乾電池外殼製備42°Be 氯化錳鋅液取其300公撮與鋸屑200公分混和等分爲二部納入密閉鐵管中灼燒之

混和物量（公分）	灼燒時間	收得量（公分）		鹽酸浸漬	過濾水洗乾燥後收得量	編號
316	2小時	86				801
316	3.5小時	89				802
			取灼燒後801號40公分	2小時	15公分	803
			取灼燒後802號40公分	2小時	14.5公分	804

9. 氯化鈣處理鋸屑

以自製氯化鈣55公分與鹽酸15公撮鋸屑100公分攪和均勻等分爲二部每部88公分而灼燒之

灼燒時間（小時）	水洗乾燥後收得量（公分）	編號
5	18	901
4	18	902

10. 氯化鋅處理甘蔗渣

以自製氯化鋅液和洋紅甘蔗渣炭粉爲泥狀乾燥後灼燒二小時研碎分爲二部一部烘乾編號 1001

另一部以鹽酸洗滌次以水洗至洗液不呈酸性烘乾編號 1002

11. 氯化鈣處理甘蔗渣

以鹽酸及自製氯化鈣液和洋紅甘蔗渣炭粉爲小粒狀物等分爲二部一部灼燒二小時半編號爲 1101 另取一部灼燒三小時水洗烘乾編號 1102

12. 石灰處理鋸屑蔗炭

取石灰粉加水與柏木鋸屑或蔗蔗渣炭分別混和乾燥而灼燒之水洗納入 60°c 糖液中片刻過濾水洗乾燥研粉用鋸屑者編號 1201 用蔗炭者編號 1202

13. 酸鹼處理糖蜜

加鹽酸於內江產二泥水(含糖 55.20%)使起沉澱以氫氧化鈉溶解之加氯化鈣再使沉澱灼燒此沉澱物先以鹽酸洗次以水洗過濾烘乾編號 1301

14. 硫酸處理蔗炭

以55°Be 硫酸與蔗蔗渣炭混和浸漬蒸乾而灼燒之水洗烘乾研粉編號1401以60°Be 硫酸同上處理編號1402

15. 硫酸磷酸處理鋸屑

以磷酸60公分66°Be 硫酸40公分蒸餾水110 公分加柏木鋸屑34公分蒸發皿中加熱變深褐色壓去水分烘乾納入鐵管中灼燒一小時半研碎分爲二部一部編號1501另一部水洗烘乾編號1502

16. 氯化鋅處理黃豆渣及菜餅

取鹽酸水解黃豆粉殘餘之黑渣以自製42°Be 氯化鋅液浸漬加熱煮沸過濾乾燥在鐵管中灼燒一小時半研粉酸洗水洗烘乾編號1601

同上處理鹽酸水解菜籽餅所殘餘之黑渣編號1602

17. 氯化鈣處理黃豆渣及菜餅渣

處理方法同前惟以自製25°Be 氯化鈣液代氯化鋅液

處理黃豆渣者編號1701

處理菜餅渣者編號1702

18. 氯化鋅處理桐木

將豆大桐木塊浸漬於25°Be 之自製氯化鋅液中數日取出裝入密閉鐵管中灼燒之編號1801

另將浸漬桐木卽在浸漬液中煑沸二小時及四小時分別晒乾灼燒編號 1802,1803

三者灼燒後搗碎以稀鹽酸洗次以水洗至洗液不呈酸性晒乾取其粉狀物。

（三）植物性活性炭對於土糖脫色之效率

以土糖四份頭號糖蜜一份水五份配成濃度47.6°Brix 之糖液取此糖液 100 公撮加熱至80°c加硅藻土0.2—0.3公分將德國怡默克廠之骨炭粉納入密閉鐵管中灼燒（900°c）經一小時放冷秤取此炭五公分加入上述熱糖液中保持液溫 80°—90°c 十分鐘過濾以此濾液爲標準次以自製各成品如法試之濾液之色務與標準濾液色相等視其所需之炭量而決定其脫色效率之優劣。

編號	糖液量（公撮）	硅藻土量（公分）	保溫時間（分）	糖液溫度（°c）	加炭量（公分）
101	100	0.235	20	80—90	8
102	,,	,,	,,	,,	3
103	,,	,,	,,	,,	8
104	,,	,,	,,	,,	3
105	,,	,,	,,	,,	6
106	,,	,,	,,	,,	6
107	,,	,,	,,	,,	3
108	,,	,,	,,	,,	8
201	,,	,,	,,	,,	3
202	,,	,,	,,	,,	13
203	,,	,,	,,	,,	3
204	,,	,,	,,	,,	15
301	,,	,,	,,	,,	13
302	,,	,,	,,	,,	12
303	,,	,,	,,	,,	12
401	,,	,,	,,	,,	1
501	,,	0.23	,,	,,	7
502	,,	,,	,,	,,	7
503	,,	,,	,,	,,	5
504	,,	,,	,,	,,	7
505	,,	,,	,,	,,	3
506	,,	,,	,,	,,	5
601	,,	,,	,,	,,	6
602	,,	,,	,,	,,	7
603	,,	,,	,,	,,	4

604	100	0.23	20	80—90	5
605	,,	,,	,,	,,	9
606	,,	,,	,,	,,	9
701	,,	,,	,,	,,	6
702	,,	,,	,,	,,	6
703	,,	,,	,,	,,	10
801	,,	,,	10	84—90	5
802	,,	,,	,,	,,	5
803	,,	,,	,,	,,	4
804	,,	,,	,,	,,	4
901	,,	,,	,,	,,	4
902	,,	,,	,,	,,	4
1001	,,	0.25	,,	80—90	4
1002	,,	,,	,,	,,	4
1101	,,	,,	,,	,,	6
1102	,,	,,	,,	,,	6
1201	,,	,,	,,	,,	6
1202	,,	,,	,,	,,	8
1301	,,	,,	,,	,,	0.3
1401	,,	,,	,,	,,	5
1402	,,	,,	,,	,,	6
1501	,,	,,	,,	,,	2
1502	,,	,,	,,	,,	3
1601	,,	,,	,,	,,	3
1602	,,	,,	,,	,,	4
1701	,,	,,	,,	,,	5
1702	,,	,,	,,	,,	5
1891	,,	0.3	20	,,	6
1802	,,	0.3	,,	,,	5
1803	,,	0.3	,,	,,	4
德國炭	,,	0.235	,,	,,	5

綜合各種方法所得五〇五種製品之脫色試驗就其效率分爲七級每糖液 100 公撮使用德國炭五公分之脫色液爲標準凡自製品之用炭量在一公分以內卽能與標準濾液之色相等者爲甲級用炭量爲二公分者爲乙級三公分者爲丙級四公分者爲丁級五公分者爲戊級六公分者爲己級七公分以上者爲庚級茲列表如下：

級	自製品編號	類數
甲	1301　401	2
乙	1501	1

丙	102 505	104 1502	107 1601	201	203	8
丁	603 1001	802 1002	804 1602	901 1803	902	9
戊	503 1401	506 1701	604 1702	801 1802	803	9
己	105 1101	106 1102	601 1201	701 1402	702 1801	10
庚	101 301 504 1202	103 302 602	108 303 605	202 501 606	204 502 703	16

(四)動物性活性炭之製備

將瀘州骨粉廠之脫脂骨粉納入鐵管中灼燒之以絹篩取其粗粒編號1901

將市販牛骨納入木甑中蒸四小時搗碎納入鐵管中灼燒五小時編號1902

將市販牛骨搗碎在鐵管中灼燒四小時編號1903

將 1901 之細粉以稀鹽酸浸漬數日攪拌過濾加水煮沸水洗至洗液不呈酸性烘乾編號1904

將1902號之細粉以稀鹽酸浸漬數日煮沸以後處理同上編號1905

(五)動物性活炭性對於土糖脫色之效率

將下等白糖及水 600 公分，加熱溶解得 975 公撮取此液 800 公撮等分為八份每份加等量之炭視其濾液之呈色深淺而決定其脫色效率之優劣

編號	說明	糖液量(公撮)	硅藻土量(公分)	加炭量(公分)	保溫時間(分)	糖液溫度(°c)	呈色比較
1901	高粱大之粒狀	100	0.4	10	10	80—90	＋＋＋＋＋
1902	由粉狀至黃豆大粒狀	,,	,,	,,	,,	,,	＋＋＋＋＋
1903	,,	,,	,,	,,	,,	,,	＋＋＋＋＋＋＋
1904	粉狀	,,	,,	,,	,,	,,	＋
1905	粉狀	,,	,,	,,	,,	,,	＋
1901 之細粉		,,	,,	,,	,,	,,	＋＋＋＋＋
德國怡默克廠骨炭粉		,,	,,	,,	,,	,,	＋＋
對照		,,			,,	,,	＋＋＋＋＋＋＋

附注「＋」愈多表示呈色愈深

(六)土糖脫色精製之試驗

取最下等土白糖溶解水中先以豆渣（製豆腐所剩之渣）石灰乳澄清次以自製動物性或植物性活性炭施行脫色以濾袋濾過開蓋萎蒸濃納入土法製糖之漏鉢中按時施以適當之攪拌使之結晶以離心機分蜜乾燥即得精糖其品質色質較舶來品毫無遜色。

(七)結　論

植物性活性炭脫色力大其用量對糖液之含糖分僅需2—3%脫色時間僅一二十分鐘糖之轉化機會極少但製造所需之藥品缺少灼燒尤非特殊鋼爐不可是其難點動物性活性炭用量以等於糖液之含糖分爲常脫色時間需三四小時在不用蒸氣之小糖廠糖液保溫匪易溫度降低則微生物繁殖迅速過濾困難但製造容易且可反覆使用是其優點。

本試驗所參考之各項專利文獻均抄自太原西北實業公司圖書室特此聲明。

黄土逕流率及冲刷之測定

余恆睦　蔣克紹

國立西北農學院

I　黄土逕流率及冲刷測定之重要

一般估計洪水量之公式，概係根據流域狀况，作多次雨量及流量之觀測後歸納而求得者，而流域中土壤之性質與洪水量之關係，最為密切，影響甚大；故於推演公式之先，對於土壤之性質，則須詳為測驗。黄河流域之土壤，多屬黄土，其性質較一般土壤為特殊；故求黄河之洪水量公式之先，則對於黄土之逕流率，必有精確之測定，以為理論之根據。

研究黄土之逕流率，並同時觀察降雨對於黄土之冲刷情形，以及逕流之挾泥量，再參證水力學之原理與河工學上之方法，對於水土保持工事之設計及黄河泥沙淤移問題之解决，不無補益。

II　試驗目的

影響逕流率及冲刷之因子繁多，如土壤之性質與結構，地面坡度與平度，雨量強度，面積大小，降雨時間之久暫，地面植物之有無，此外溫度，濕度等情形，處處均有關係；諸因子間之聯繫，又至為複雜，故在試驗過程中，若所有之因子，皆欲同時顧及，雖於學理之探討，可得精確結果，但對於實際應用，並無多大裨益，徒增試驗之麻繁。

本試驗所能控制之因子，僅擇其重要者研究之；且僅在光整之地面上加以試驗，至於地面植物狀況，皆未計及。

本試驗係在同一土質（張家崗黄土原）等面積排水區中，作逕流率及冲刷之測定，其目的有三：

1. 求雨量強度，地面坡度，與逕流率及冲刷之關係。
2. 求連續降雨與逕流率之關係。
3. 求逕流率公式。

III　試驗經過

一、試驗之設計

本試驗所採用之雨量強度，計有四種 90，120，150，180 $^{mm}/_{hr.}$（西北區域之雨量強度，鮮有超過 170 $^{mm}/_{hr.}$ 者），選用地坡有七種：0%，5%，10%，15%，20%，40%，60%，試區每邊長 1.5 公尺，面積為 2.25 平方公尺；若每試區僅供作一次試驗之用，則共需 4×7=28 試區，試區之佈置，詳示於第一圖，試區地面均加修剷，求其光整，蟲蟻洞穴，亦填塞之，免有漏失。

關於逕流試驗雨水之供給，多採用人工淋雨方法，其雨量強度及降雨時間，均可任意調整，合乎試驗需用。本試驗雨水之供給，係用噴雨方法；水源來自一固定水壓之水箱中，由橡皮管連至噴頭，再由人力節制，平均降落於試區中，噴頭共有四種，其上鑽有直徑 0.8^{mm}. 之小孔甚多，按雨量強度之大小，增減小孔數目；事先均在規定水頭（2公尺）下，精確測定其噴水量，（參閱第一圖），此外有匯集逕流之集水槽，水桶，泥水取樣瓶等，事先均準備妥當。

降雨時間，均定為五分鐘；連續降雨試驗，則定為十三分鐘，選定雨量強度為 120

mm/hr。地面坡度爲15%。隔相當時間，測定其逕流量。

二、試驗之手續

試場準備既妥，開始噴水試驗，以跑錶計時間；雨水落於地面，一部分爲土壤吸收，餘則變成逕流，挾帶泥土，順坡流至集水簷，下注水桶中，噴水畢，用彈簧稱衡逕流之重要而記錄之(逕流量包括泥重)，並盛取泥水水樣，作含泥量之分析；各組均按照設計，依同一手續試驗之。

Ⅳ　記錄分析

一、計算

試驗之記錄，載於第一表，第二表 A．B(B表中各項數値，係由A表累積得來)，其計算方法，分述於下：

1. 水佔百分數×逕流總量(水與泥)＝逕流量(淨水)
2. 逕流量÷排水量面積＝逕流高
3. 逕流高÷噴水高＝逕流率
4. 逕流總量－逕流量＝冲刷泥量
5. 冲刷泥量÷排水區面積＝單位面積內冲刷之泥量
6. 噴水高－逕流高＝消失高（蒸發，滲透損失）

二、繪製曲綫

根據計算所得各値，繪製下列各曲線（第二，三，四圖）：

1. 雨量強度 — 逕流率曲線（地面坡度不變）
2. 地面坡度 — 逕流率曲線（雨量強度不變）
3. 連續降雨：　時間 — 逕流率曲線（地坡，雨量強度均不變）
4. 連續降雨：　降雨，逕流及消失諸曲線
5. 雨量強度 — 冲刷曲線（地面坡度不變）
6. 地面坡度 — 冲刷曲線（雨量強度不變
7. 連續降雨：　時間冲刷曲線（地坡，雨量強度均不變）

三、現象之觀察與探討

1. 雨量微小時，各種坡度地面之逕流均甚小，因土壤能充分吸收此小雨量，雨量強度漸增，逕流率亦隨之加大。

2. 地面坡度漸增，逕流率亦加大；惟地坡在 15% 以上之逕流量，反有減弱現象，此或因地坡甚陡時，逕流流速較快，挾泥之能力亦強；地面上爲雨水掀起之細泥，均被其冲下，下層土壤孔隙外露，滲漏之量增大，逕流減弱矣。

3. 冲刷泥量與地面坡度，雨量強度成正比例增加，其中尤以雨量強度響影最大。

4. 連續降雨試驗中，首先因雨水被土壤吸收之故，其逕流甚小；殆至表層土壤吸水飽和後，逕流漸次增加而變爲一常數。

5. 冲刷之泥量，有隨降雨時間之延長而加大之勢。

6. 本試驗所定之降雨時間爲五分鐘，與天然降雨之時間相比較，似乎太短，然由連續降雨試驗中觀察結果，知土壤吸水飽和後(消失量成一常數)，逕流率卽變爲一常數，不復增大，換言之，若再繼續降雨，則所有雨量，除消失量外，均由逕流排出。

四、逕流率公式之研究

影響逕流之因子既多，已如前述；而本試驗所控制之因子，僅爲地面坡度與雨量強度，其他均未計及，故決定逕流率公式，亦以此二點爲根據；卽視逕流率之大小，與地面坡度及雨量強度直接成正比例，又雨量強度，在 150mm/hr. 以上時，因地面遭劇烈之冲刷，滲透水量甚大，其逕流情形特殊，故擯棄之，茲擇雨量強度 60，120mm/hr. 及地面坡度5%，10%，15%，20%，40%，爲標準，推演逕流率公式，此外尚求一無坡度之逕流公式，以便比較。

設　C＝逕流率(%)　　R＝雨量強度(m.m./hr.)

　　S＝地面坡度(%)　　X＝R之指數

　　y＝S之指數　　K＝係數

則　$C = K \cdot R^{x} \cdot S^{y}$ ……………………………………(1)

在一定坡度地面上，S^{y}直不變，則(1)式化為

$C = K_1 \cdot R^{x}$ ……………………………………(2)

$K_1 = K \cdot S^{y}$ ……………………………………(3)

由第二圖，檢得各種坡度及雨量強度之逕流率表如下表：

S ＼ R(m.m./hr.)	逕流率(%) 0%	5%	10%	15%	20%	40%
60	1.0	16.0	19.6	14.2	16.2	17.2
70	7.2	22.0	30.0	22.4	28.2	26.7
80	12.7	28.2	40.0	30.4	38.8	36.0
90	17.4	34.0	48.6	38.4	47.6	44.8
100	21.4	40.0	55.4	45.3	56.0	52.2
110	24.4	45.2	60.6	51.2	62.4	58.6
120	26.2	52.0	62.7	55.6	67.1	63.5

根據上表於對數紙上繪雨量強度(橫軸)逕流率(縱軸)線，每一坡度得繪一線(如第五圖)，再由(2)式，以定X之值：

S＝0%　　$C = 0.0137 R^{1.59}$

5%　　$C = 0.0223 R^{1.58}$

10%　　$C = 0.0372 R^{1.60}$

15%　　$C = 0.0300 R^{1.60}$

20%　　$C = 0.0415 R^{1.60}$

40%　　$C = 0.0356 R^{1.60}$

取X平均值：　$X_a = \frac{1}{6}(1.59 + 158 + 4 \times 1.60) = 1.60$

將X_a值，代上列諸式中之X，令R之指數均為1.60則得

S＝0%　　$C = 0.0131 R^{1.60}$

5%　　$C = 0.0208 R^{1.60}$

10%　　$C = 0.0372 R^{1.60}$

15%　　$C = 0.0300 R^{1.60}$

20%　　$C = 0.0415 R^{1.60}$

40%　　$C = 0.0356 R^{1.60}$

根據上列諸式中K_1-S值，與其相應之地坡S，於同一對數紙上，繪K_1-S線，以定y值，得

$K_1 = 0.0156\ S^{0.225}$

故得逕流率公式

$C = 0.0156 \cdot R^{1.60} \cdot S^{0.225}$

無坡度之地面$S=0$，其逕流率公式

$C_0 = 0.0131 \cdot R^{1.60}$

各將試驗所得各值與由逕流率公式計算所得各值，列表於下，以資比較：

		逕流率（%）					
	R \ S	0%	5%	10%	15%	20%	40%
試驗所得	$60^{mm}/hr.$	1.0	16.0	19.6	14.2	16.2	17.2
	120 ,,	26.2	52.0	62.7	55.6	67.1	63.5
公式計算	60 ,,	9.6	15.7	18.3	20.5	21.4	25.1
	120 ,,	28.6	47.6	55.7	62.5	65.1	76.2

V 結論

1. 無隱蔽之地面，短時間之降雨，其逕流率與雨量強度，地面坡度成正比例，但雨量強度超過 $150^{mm}/hr$，地面坡度超過 15% 時，其逕流都反而減小，最大逕流率可至 70%。

2. 連續之降雨，逕流率與時俱增；但俟表層土壤吸水飽和後，逕流率增至 90%，即固定不變，消失率爲 10%，若雨量強度爲 $120^{mm}/hr.$ 降雨約十分鐘，表層黃土即吸水飽和，（聯續降雨之時間爲十三分鐘，雨量強度爲 $120^{mm}/hr.$ 地坡爲 15%，地面未有顯著之冲刷現象）。

3. 無隱蔽之地面，其冲刷泥量隨逕流量而增減，雨量強度超過 $150^{mm}/hr.$，地面坡度超過 15% 時，地面均發生顯著之冲刷現象，最大含泥量約 50%，連續降雨，地面被冲刷繼續進行。

4. 地面發現有較劇之冲刷現象時，其逕流率便不再增大。

5. 無隱蔽之坡地逕流率公式：

$S=1\%\sim40\%$，$R=60\sim120^{mm}/hr$

$C=0.0156\cdot R^{1.60}\cdot S^{0.225}$

平地逕流率公式：

$S=0\%$，$R=60\sim120^{mm}/hr.$

$C=0.0131\cdot R^{1.60}$

中國工程師信條

（一） 遵從國家之國防經濟建設政策實現 國父之實業計劃
（二） 認識國家民族之利益高於一切願犧牲自由貢獻能力
（三） 促進國家工業化力謀主要物資之自給
（四） 推行工業標準化配合國防民生之需求
（五） 不慕虛名不爲物誘維持職業尊嚴遵守服務道德
（六） 實事求是精益求精努力獨立創造注重集體成就
（七） 勇於任事忠於職守更須有互切互磋親愛精誠之合作精神
（八） 嚴以律己恕以待人並養成整潔樸素迅速確實之生活習慣

15%				20%				40%				60%			
60	120	150	180	60	120	150	180	60	120	150	180	60	120	150	180
5	5	5	5	5	5	5	5	5	5	5	5	5	5	5	5
2.25	2.25	2.25	2.25	2.25	2.25	2.25	2.25	2.25	2.25	2.25	2.25	2.25	2.25	2.25	2.25
11.25	22.25	28.13	33.75	11.25	22.25	28.13	33.75	11.25	22.25	28.13	33.75	11.25	22.25	28.13	33.75
5	10	12.5	15	5	10	12.5	15	5	10	12.5	15	5	10	12.5	15
1.7	15.0	20.3	30.0	2.25	20.7	22.4	29.25	2.80	20.38	21.5	31.0	2.40	19.20	23.1	32.55
94.5	83.6	80.0	76.6	80.6	73.0	73.2	71.6	69.2	70.2	69.2	68.8	74.9	72.2	53.7	65.3
1.6	12.5	16.2	23.0	1.81	15.1	16.4	20.9	1.94	14.3	14.9	21.3	1.80	13.9	12.4	21.2
0.71	5.56	7.20	10.20	0.81	6.71	7.29	9.27	0.86	6.35	6.62	9.47	0.80	6.19	5.52	9.43
14.2	55.6	57.6	68.0	16.2	67.1	58.3	62.0	17.2	63.5	52.9	63.0	16.0	61.8	44.2	62.8
0.10	2.50	4.10	7.00	0.44	5.60	6.00	8.35	0.86	6.08	6.60	9.70	0.60	5.30	10.70	11.35
0.044	1.110	1.820	3.110	0.196	2.490	2.670	3.710	0.382	2.700	2.930	4.310	0.266	2.360	4.760	5.050

地面坡度 =15%

3.0-4.0	4.0-5.0	5.0-7.0	7.0-9.0	9.0-11.0	11.0-13.0
2.25	2.25	2.25	2.25	2.25	2.25
4.50	4.50	9.00	9.00	9.00	9.00
2.00	2.00	4.00	4.00	4.00	4.00
4.10	4.65	10.40	9.75	10.40	11.80
84.00	84.00	80.70	81.00	80.20	76.20
3.44	3.90	8.40	7.90	8.34	9.00
1.53	1.73	3.73	3.51	3.71	4.00
76.50	86.50	93.20	87.80	92.80	100.00
0.47	0.27	0.27	0.49	0.29	0.00
0.66	0.75	2.00	1.85	2.06	2.80
0.293	0.333	0.889	0.823	0.916	1.245

0-4.0	0-5.0	0-7.0	0-9.0	0-11.0	0-13.0
8.00	10.00	14.00	18.00	22.00	26.00
3.79	5.52	9.25	12.76	16.47	20.47
4.21	4.48	4.75	5.24	5.53	5.53

第一表

地面坡度	0%				5%				10%			
雨量強度 m.m/hr.	60	120	150	180	60	120	150	180	60	120	150	180
噴水時間 (min)	5	5	5	5	5	5	5	5	5	5	5	5
噴水面積 (m^2)	2.25	2.25	2.25	2.25	2.25	2.25	2.25	2.25	2.25	2.25	2.25	2.25
噴水量 (Liter)	11.25	22.25	28.13	33.75	11.25	22.25	28.13	33.75	11.25	22.25	28.13	33.75
噴水高 (m.m.)	5	10	12.5	15	5	10	12.5	15	5	10	12.5	15
逕流總量 (Kg)	0.10	6.05	15.8	7.00	1.90	12.2	18.3	28.2	2.4	15.9	23.9	31.3
水佔百分數	99.2	97.8	94.7	96.9	92.8	95.7	91.3	87.0	93.0	88.9	79.9	82.7
逕流量 (Kg)	0.09	5.91	15.0	6.78	1.8	11.7	16.7	24.5	2.2	14.1	19.1	25.8
逕流高 (m.m.)	0.05	2.62	6.68	3.01	0.80	5.20	7.43	10.90	0.98	6.27	8.49	11.45
逕流率 (%)	1.00	26.2	53.5	20.1	16.9	52.0	59.4	72.7	19.6	62.7	67.9	76.4
冲刷泥量 (Kg)	0.01	0.14	0.80	0.22	0.10	0.50	1.60	3.70	0.20	1.80	4.80	5.50
單位面積內冲刷之泥量 (Kg/m^2)	0.044	0.062	0.355	0.098	0.044	0.222	0.712	1.645	0.089	0.800	2.130	2.440

第二表A　連續降雨：　雨量強度 ＝120 mm./hr.

連續時間	0－0.5	0.5－1.0	1.0－2.0	2.0－3.0
噴水面積 (m^2)	2.25	2.25	2.25	2.25
噴水量 (Liter)	2.25	2.25	4.50	4.50
噴水高 (m.m.)	1.00	1.00	2.00	2.00
逕流總量 (Kg)	0.00	0.10	2.25	3.90
水佔百分數	0.00	85.20	93.00	74.20
逕流量 (Kg)	0.00	0.09	2.09	2.89
逕流高 (m.m.)	0.00	0.04	0.93	1.29
逕流率 (%)	0.00	4.00	46.50	64.50
消失高 (m.m.)	1.00	0.96	1.07	0.71
冲刷泥量 (Kg)	0.00	0.01	0.16	1.01
單位面積內冲刷之泥量 (Kg/m^2)	0.000	0.044	0.071	0.448

第二表B

連續時間 (min)	0－0.5	0－1.0	0－2.0	0－3.0
噴水高 (m.m.)	1.00	2.00	4.00	6.00
逕流高 (m.m.)	0.00	0.04	0.97	2.26
消失高 (m.m.)	1.00	1.96	3.03	3.74

第二圖

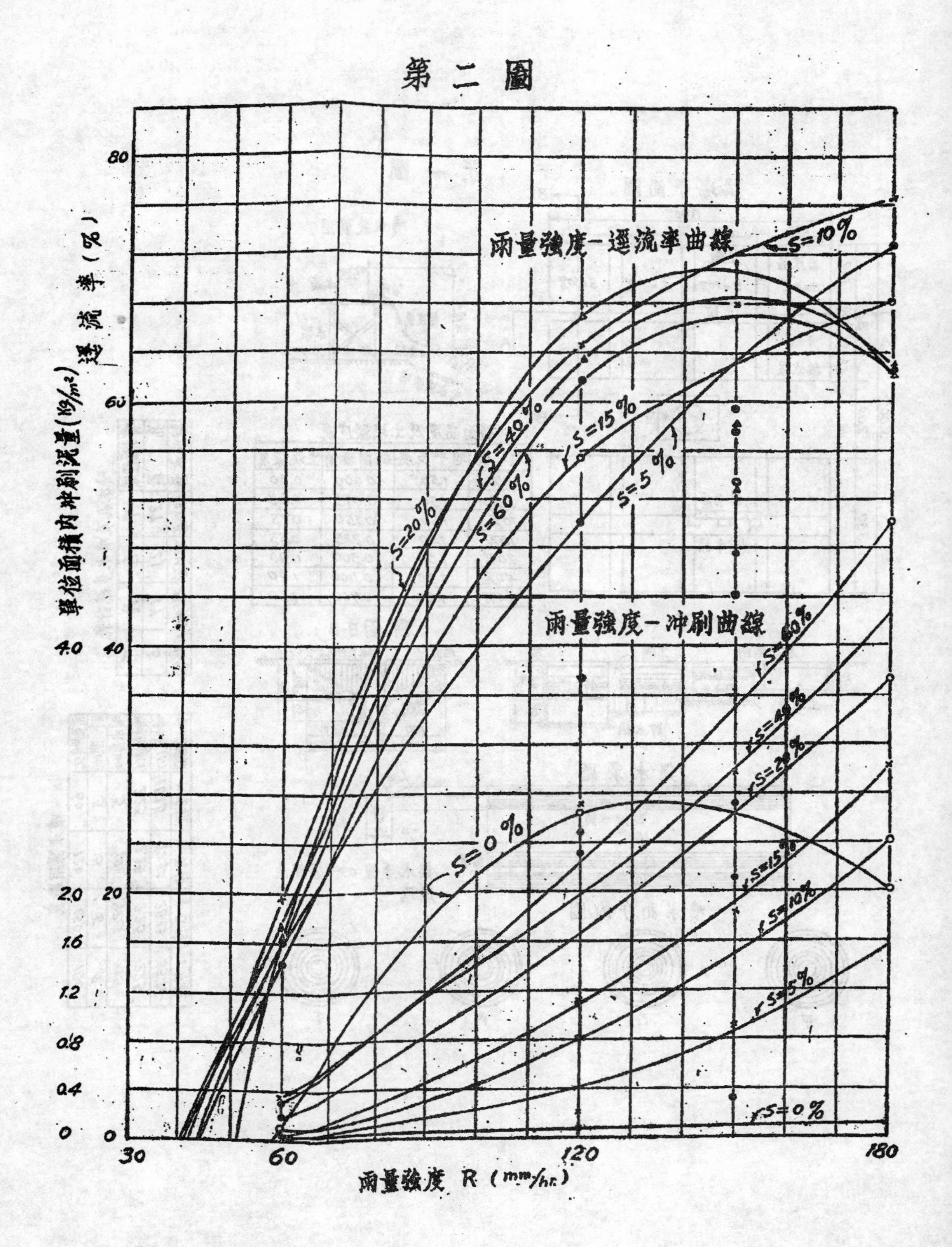

雨量強度—逕流率曲線
S=10%
S=20%
S=40%
S=60%
S=15%
S=5%
雨量強度—沖刷曲線
S=60%
S=40%
S=20%
S=0%
S=15%
S=10%
S=5%
S=0%
單位面積內沖刷泥量(kg/m²)
逕流率(%)
雨量強度 R (mm/hr.)
0
0.4
0.8
1.2
1.6
2.0
4.0
20
40
60
80
30
60
120
180

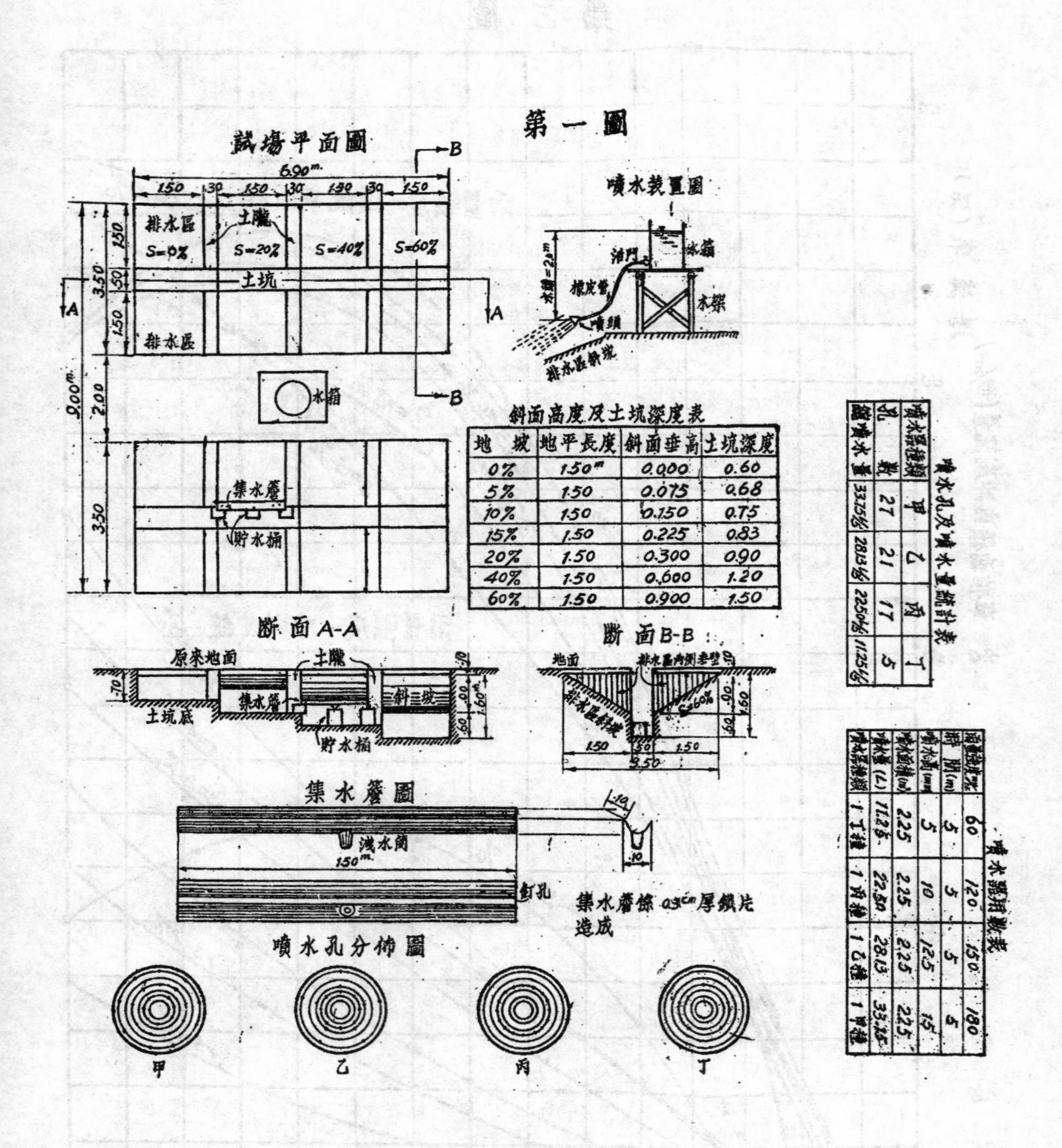

斜面高度及土坑深度表

地坡	地平長度	斜面垂高	土坑深度
0%	1.50m	0.000	0.60
5%	1.50	0.075	0.68
10%	1.50	0.150	0.75
15%	1.50	0.225	0.83
20%	1.50	0.300	0.90
40%	1.50	0.600	1.20
60%	1.50	0.900	1.50

噴水孔及噴水量統計表

噴水器種類	甲	乙	丙	丁
孔數	27	21	17	5
總噴水量	33.75l/s	28.13l/s	22.50l/s	11.25l/s

噴水器用數表

雨量強度mm/hr	60	120	150	180
歷時(m)	5	5	5	5
噴水高(mm)	5	10	12.5	15
噴水面積(m²)	2.25	2.25	2.25	2.25
噴水量(L)	11.25	22.50	28.13	33.75
噴水器種類	1丁種	1丙種	1乙種	1甲種

第五圖

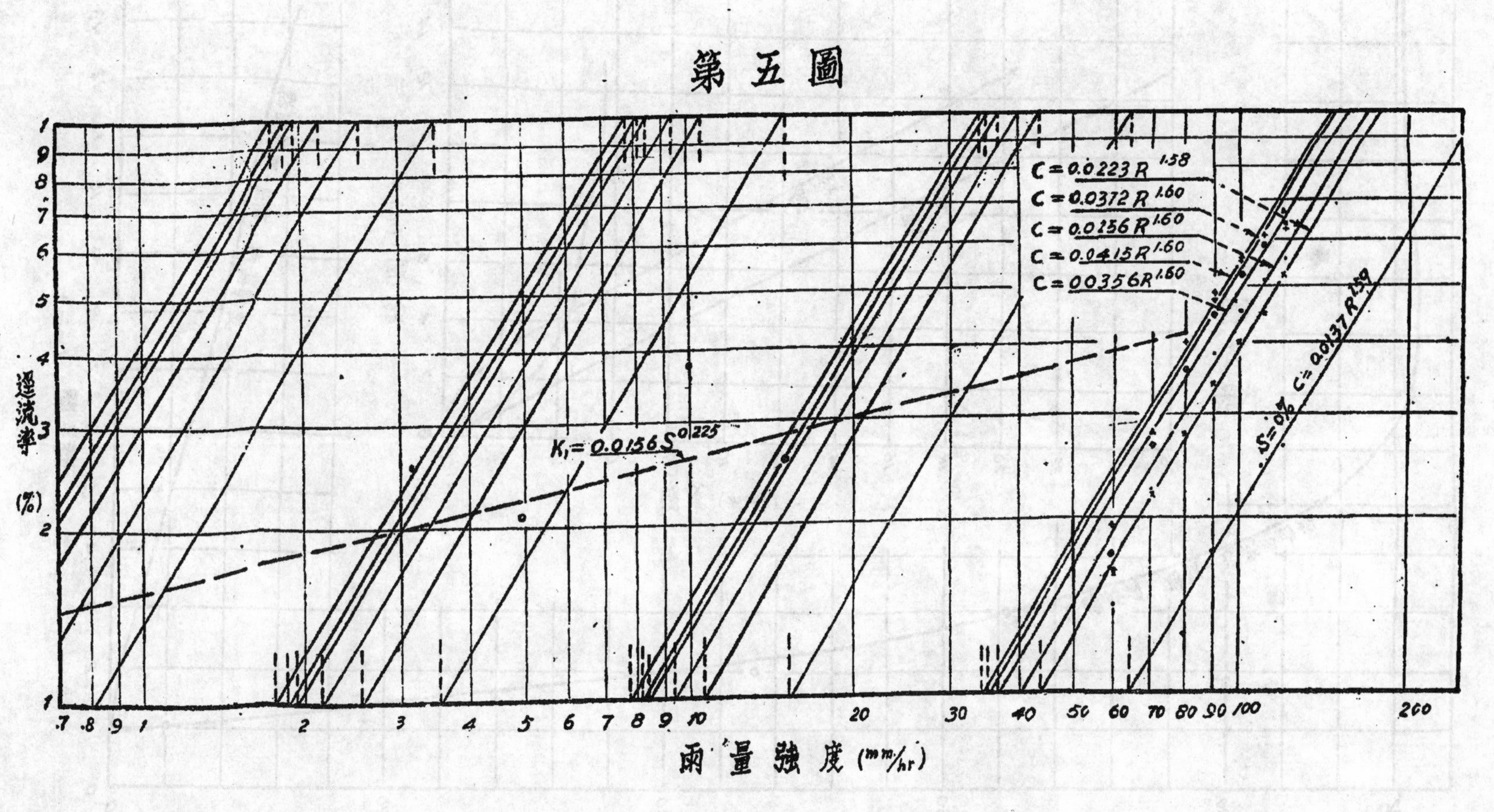
逕流率 (%)
雨量強度 (mm/hr)
C = 0.0223 R^1.58
C = 0.0372 R^1.60
C = 0.0156 R^1.60
C = 0.0415 R^1.60
C = 00356R^1.60
S = 0% C = 0.0137 R^1.59
K1 = 0.0156 S^0.225
.7 .8 .9 1 2 3 4 5 6 7 8 9 10 20 30 40 50 60 70 80 90 100 200
1 2 3 4 5 6 7 8 9 1

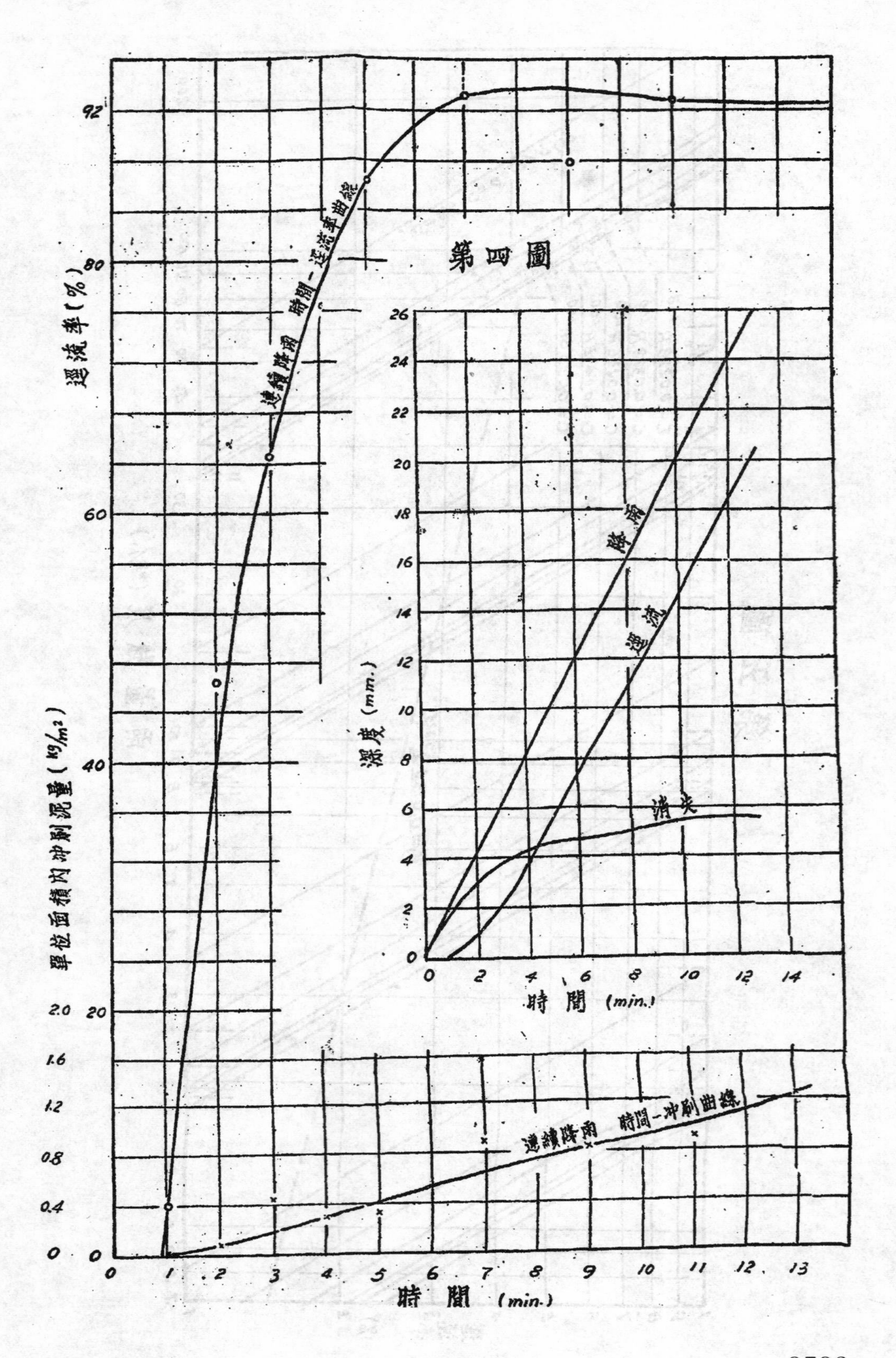
第四圖
逕流率（%）
單位面積內沖刷泥量（kg/m²）
連續降雨 時間－逕流率曲線
連續降雨 時間－沖刷曲線
時間 (min.)
深度 (mm.)
降雨
逕流
消失
92
80
60
40
20
0
2.0
1.6
1.2
0.8
0.4
0
0 1 2 3 4 5 6 7 8 9 10 11 12 13
0 2 4 6 8 10 12 14
0 2 4 6 8 10 12 14 16 18 20 22 24 26

第三圖

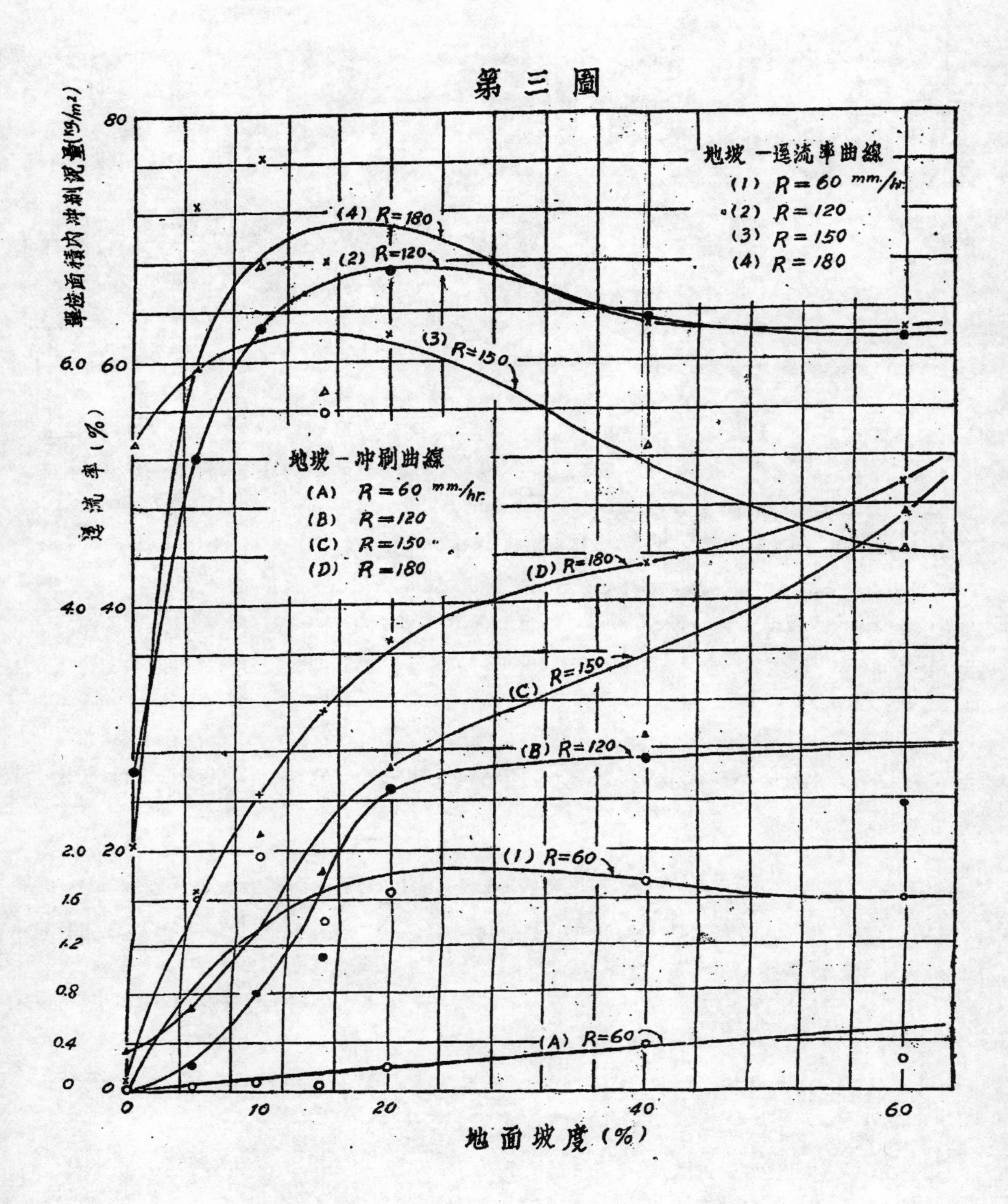

單位面積內沖刷泥量(kg/m²)
逕流率(%)
地面坡度(%)
地坡—逕流率曲線
(1) R=60 mm./hr.
(2) R=120
(3) R=150
(4) R=180
地坡—沖刷曲線
(A) R=60 mm./hr.
(B) R=120
(C) R=150
(D) R=180
(4) R=180
(2) R=120
(3) R=150
(D) R=180
(C) R=150
(B) R=120
(1) R=60
(A) R=60

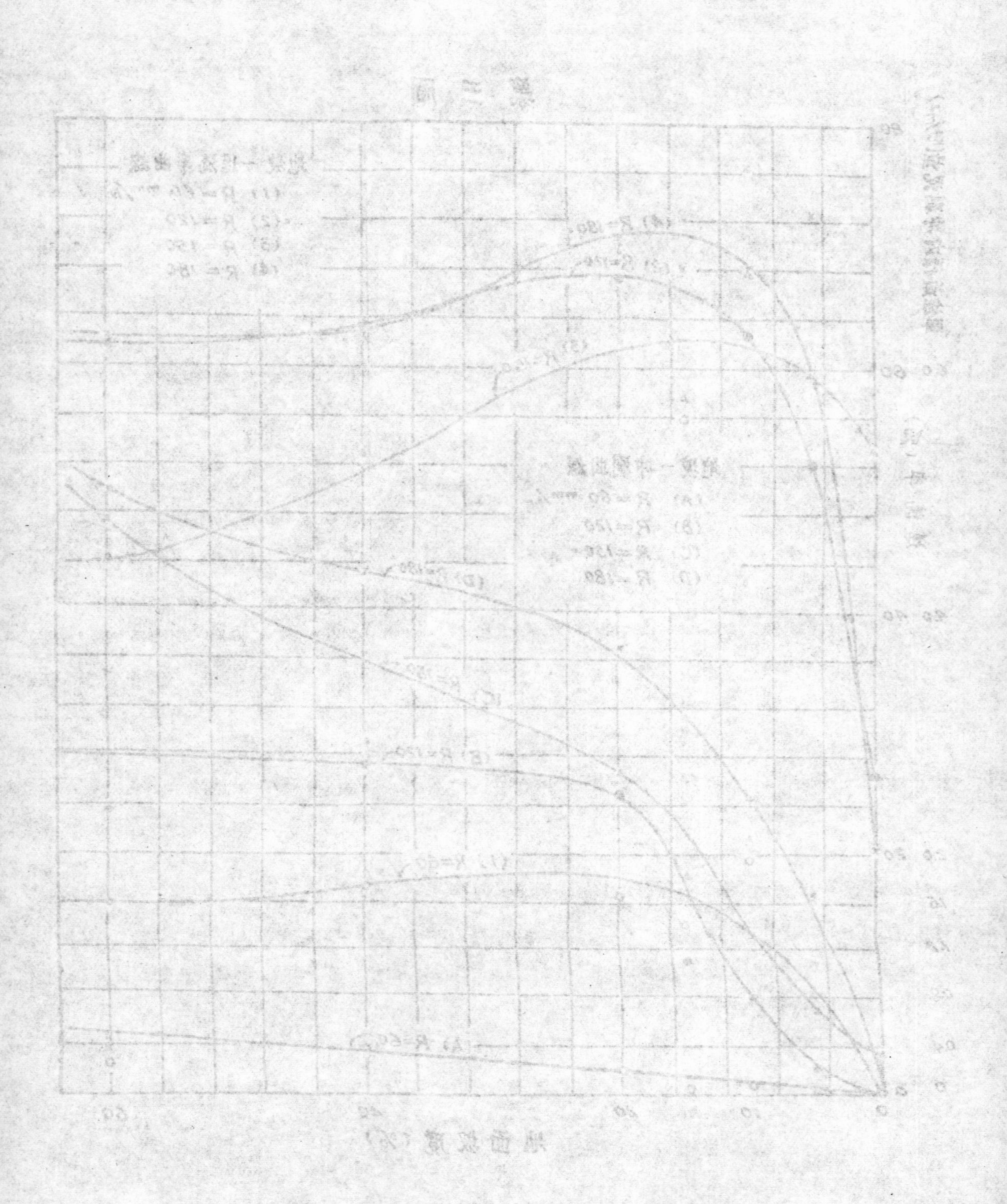

收集副產品炭窰之試驗報告

李爾康　沈增祚　郭益達

經濟部中央工業試驗所純粹化學藥品製造實驗工廠

一　引言

我國利用木材製炭，由來已久，其方法之最普通者，有湘贛等省之堆積法，及四川省之土窰，其目的僅只在得炭，從無注意及其副產品者。本廠有鑒及此，於三十年十一月，特在廠內仿築北碚附近通行之土窰一座，略爲補充設備，作收集副產品之試驗，冀爲目前後方不可或缺之丙酮（Acetone）乙酸（Acetic Acid）及乙酸鹽類（Acetates）等闢一新來源。

二　土窰構築法

選斜坡土質適宜之地，鏟平之，用石灰撒AB.BC二線，B角約爲125°，BC之長度約爲AB之$\frac{3}{4}$，另作CD弧線（均見圖一），使DA間之距在18"—24"之間，（預留作窰門），此種形狀，俗稱爲蹄窰。

次將線內泥土挖去成坑，其深度約達BC線之半，或AB線之$\frac{1}{3}$所應注意者，即坑邊之壁漸漸傾倒，使窰底面積稍大，其邊線A'B'C'D'與ABCD之垂直投影間彼此距離約爲4"—6"。窰底應平坦而堅實，更於（F）（G）兩點各向下掘一圓孔，復在窰底之（C）（E）兩處，分別向（F）（G）打通，成兩個橫通道，作爲烟囪通道，通後以松柴引火烤之，使其乾固，俾以後不致崩毀，塞閉煙道。

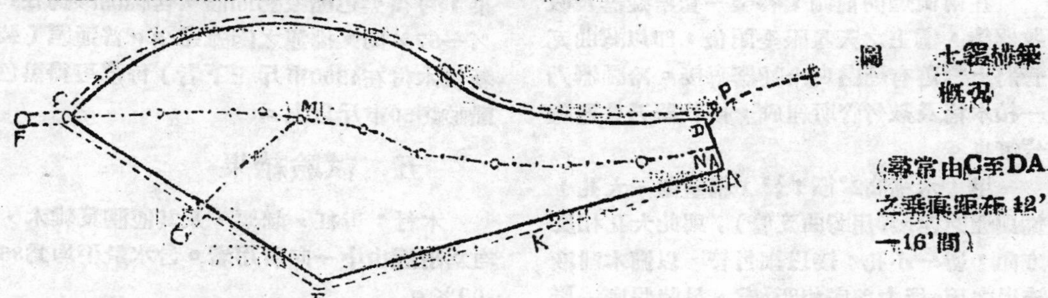

圖　土窰構築概況

（尋常由C至DA之垂直距在12'—16'間）

次將砍伐大小適度之硬木□□（青杠，刺，□，□□□葉樹）由「掌火師」（即燒窰之領班工人）將其密集樹立於坑內，沿CMN弧線用最長者（較邊沿高出18"±），兩旁逐漸用較短者排列，近邊之木柴，與坑壁等高，全部排列，須異常緊湊，然後於柴上滿鋪稻草，沿EM及CMN弧，且鋪以松針。繼用潮濕適度之泥土，由四週漸向中央築成窰蓋，再沿CMN弧，掘開「天星眼」十數個，C處掘「天星眼」一個。（F）（G）二口上，用碎石砌高，至突出平面約12"—14"，上面口徑約爲9½"。

最後將HPD線內土掘去，使與坑底等高，此時DA壁即告消滅，而另覓一石板代替原來DAA'D'之壁作爲窰門；備卸炭及以後裝木柴之用。發火亦在此處，A'K壁外，亦鏟去泥土，使與坑底等高，沿底控穿二孔，作爲氣孔。

三　土窰燒炭法

窰既築成，將窰尾所立之柴取出一部份（約自窰門向內二呎）在此空處，用乾柴架或爐橋，堆以碎柴，引火，燃後卽掩上窰門，且用泥漿封密，使空氣不能進入；供給窰內燃燒空氣，全從A'K壁下之氣孔進入；氣孔蓋爲一土塊作成之塞，便於調節。窰脊之天星眼，逐次持其煙清，卽用濕泥封之；最後僅留烟囱出烟。初出白煙，繼渾，後發清煙。(淡至將不可見)卽爲內部炭化完全之徵。此時卽緊閉煙囱口及氣孔，以俟窰內木炭熄滅，並冷却。約經一日夜後，啓天星眼及窰門，由掌火師入內，取出木炭；另裝木柴，備次窰之用。裝時最應注意將堅硬粗大之柴，裝於接近煙囱之端；尾部(卽近窰門處)卽可裝較細小之材。蓋接近窰門部分之柴，將全部燃成灰燼，木炭收穫，悉在另一端也。此種土窰如構築得法，可以繼續用五十次左右。

四　土窰收集木酣液方法

在兩個煙囱前側，各裝一套冷凝器及吸收器待，窰上之天星眼全閉後，卽以灣曲瓦管將土窰舊有煙囱與冷凝器聯接。冷凝器乃一柏木桶及數竹管所組成，接收器乃普通陶瓷缸也。

甲　木桶高2°徑$1\frac{1}{4}'$，桶壁留一大孔，備與煙囱連接(用灣曲瓦管)；與此大孔相反方向，留一小孔，接以細竹管，以備木酣液流出之用。桶中與底相距$\frac{1}{2}$處，另裝假底一層，其上留有圓孔若干，悉與蓋上預留之圓孔相對，以備插入冷凝用之竹管，不致斜側。

乙　竹管用七隻(實際可因竹管冷凝面之小大而予以增減)長約 12'徑約$\frac{1}{4}'$—$\frac{1}{3}'$，內節打穿，插在桶內部分，削成斜尖，俾氣體易於通過。

水桶四週應撑妥，竹管則以竹皮束緊，支架於得力處，免受風力影響，將整個冷凝裝置吹倒。

自以灣曲瓦管將土窰原有煙囱與新增冷凝裝置聯接之後，竹管上口卽不斷有濃煙升起，木醋液及少量木焦油均凝結流入預置之瓦缸中。待竹管上口噴出之煙，已淡至不可見程度，卽作用完成之徵，同時凝結之木醋液，亦極少，且酸度恆在 1%以下，此時將灣瓦管取下，照原來辦法，封閉煙突口及風孔，熄火。

木醋液轉運困難，故於接受用之瓦缸旁，恆另加一缸，用石灰中和之；更以鐵鍋濃縮，濃縮時尚有焦油分出，隨時分離之；結果，可得黑色醋液鈣固體，含純醋酸鈣在40%—57%間，挑運之困難逐少。普通窰(裝新伐木材在4500市斤上下者)每窰可得黑色醋酸鈣50市斤以上。

五　試驗結果

木材：青杠，刺栗，及其他濶葉雜木，均爲附近山中一向所用者。含水量平均爲35,09%。

人員：除本試驗之主持人員外，並請有當地掌火師及砍柴匠各一名。

試驗次數		1	2	3	4	5	6	7	8	9	10	11	12
木材用量(斤)		2780	2820	2850	2700	2900	2890	2960	2970	3000	4564	4500	4550
燃燒時數		——	50	70	48	48	$47\frac{1}{2}$	50	44	40	49	44	42
木醋	數量(斤)	20	300	320	320	310	335	337	——	——	520	——	——
	純酸度(%)	2.2	2.6	4.12	8.98	4.12	3.76	3.76	——	——	3.72	——	——

9796

液	醋酸度(%)	——	2.48	3.81	3.63	3.96	3.61	3.69	——	——	3.60	——	——
醋酸收量	數量(斤)	——	17.44	12.19	11.62	12.28	12.09	12.48	——	——	18.72	——	——
	合木材(%)	——	0.26	0.428	0.43	0.423	0.418	0.42	——	——	0.410	——	——
木炭收量	數量(斤)	280	310	293	335	390	410	480	450	500	630	640	670
	合木材(%)	10.07	10.99	10.32	12.40	13.45	14.19	16.22	15.15	16.16	14.22	13.91	14.72
備註		漏窰且冷凝裝置亦未妥	風孔極小	風孔開至適度	,,	,,	,,	,,	撤去收集炭窰裝置舊法單獨燒炭	,,	在縉雲山內之推廣與結果	同上窰推未加冷凝裝置且風孔照舊法開	,,

由上列試驗結果，知用此種土窰燒炭，木炭產量最高可達木材重量之16%。但一般在不能把握工作條件情況下，產量不過10%—14%。現加收集副產設備後，燒炭時間略爲延長，而木炭收穫量並不減低；並可得木材重量之0.42%土之醋酸。

已約定窰戶，窰數，及所在地列表於右：

窰戶	窰數	所在地	附註
李錫章	1	七塘鄉	自行經營與本廠試驗結果符合
吳樹清	1	大岩洞	,,
楊定全	2	柳家坡	,,
洪紹安	2	八角池	,,
蕭德榮	1	毛壩	,,
何子來	3	白雲寺	託人經營，成績略差
郭文泉	4	澄江口	自行經營

(六)收集副產品炭窰之推廣

本廠根據試驗結果，認爲收集副產品炭窰確有推廣之價値，而若干有見解之舊窰戶，因在試驗時期，常來參觀，亦願接受此種改良方法。故在廠中工作完結之後，附近之縉雲山一帶，先後與本廠約定合作者，已有多處，本廠除借給以冷凝設備接受器外，並指導其如何製造醋石。

現正接洽燒製者尙多，但以附近林區稀少，頗受限制，將來擬在四川之綦江，達縣，銅梁，廣安等處，及湘，贛等省，竭力推廣，以冀爲軍工方面解決丙酮及醋酸鹽困難問題。

七 收集副產品炭窰之評價

甲 此種窰建築簡單，經濟合用，益以我國無大森林，縱有亦以交通困難，運輸不便，無法設大規模木材乾溜工廠，但小林區頗多，採用此種窰，易收「以窰就林，林盡棄窰」之效。

乙 就收炭言，據化學工業大全第七册PP428—429所載，以新式設備乾溜闊葉樹之木炭收得量爲28.75%，其所用乾溜木材，均已經風乾，含水量爲20%，且「每乾溜一棚之氣乾木材，約需0.6—1.0棚之燃料」，玆以需用燃料爲最低量計次列二算式，比較其效果：

A.新式的

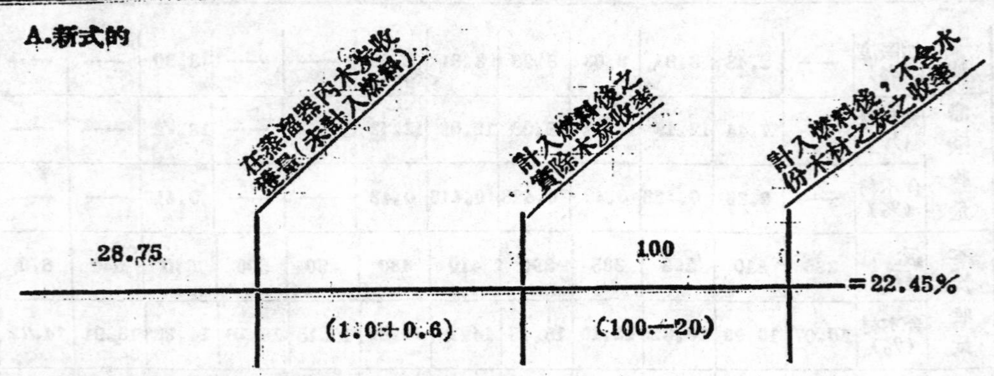

B.土窰　根據本試驗結果，收炭量作爲木材之14.2%

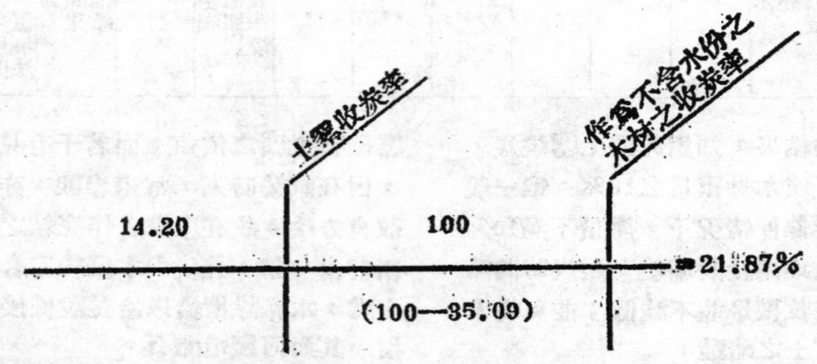

從數字上觀察，可知兩種窰之木炭收率，實不相上下，雖然實際工作時，此種收率，往往受作用溫度以及木材種類影響，然相差想不致更大也，故以製炭爲目的，土窰與新乾溜窰比較，亦可令人滿意。

丙　目前五金器材缺乏，而軍工界對丙酮乙酸等有急切需要之際，以改良土窰收集副產品，實爲解決此種困難之一個可試辦法，極値各方注意推廣。

丁　收集副產窰與尋常窰略費時間，尋常窰每月燒九次，但收集副產窰每月祇可燒八次，人工方面，似不經濟；但副產品之收入，不惟可彌補此項損失，且每月每窰可多獲利一千元上下。

綜上以觀，可知本廠改良之土窰，確有價值。四川燒炭事業，素極普遍，值茲鋼鐵及木炭汽車均需大量窰炭時，若能根據本廠四閱月之試驗及推廣經驗，改良土窰收集副產品，推廣至二千個，每窰每年工作以八閱月計，（夏季極熱，不便工作）除木炭外，收獲六百噸丙酮或冰醋酸，絕對不成問題。

八　附言

甲　本試驗之炭化溫度與乾溜生成物之關係，在此種自然通風之土窰中，未能加以測定，乃受實際情形所限制而然。

乙　關於甲醇及木焦油之收複試驗，猶待繼續。

丙　本試驗爲改良舊式燒炭集收副產品方法，效果尙不宏大；亟望海內賢達，共予研究；提倡使用此種極普通方法，用到處可得之材料，爲之略加改善，即可爲戰時獲得若干極珍貴之兵工物料，此乃作者等所祝禱者。

丁　本試驗雖係爾康等三人主持，然助理其事者，尙有俞肇文，梅亞松二君，特此誌謝。

剛節構架式(Rigid Frame)鋼筋混凝土橋之圖解設計法

趙 文 欽

西 北 工 學 院

(一)引言　剛節構架式鋼筋混凝土橋，有經濟，堅固，美觀諸優點，泰西各國近來爭相採用。我國建造此種橋梁，現爲數尚少，但最近之將來，必亦突飛猛進。故其設計方法，大有研究之價值。查普通設計，皆採用試驗法：先假定橋梁各部斷面之尺寸，然後據以計算各部因載重等所生之應力；如應力不適合安全之限度，須將各部尺寸改變，再照樣計算，直至得到適當之尺寸爲止。其中應力計算，工作繁重，消耗時間甚巨；故得到安全之斷面，已甚費事，若設計數種，研究比較而取其最經濟者，尤非時間所允許，著者有見於此，乃研究一種圖解法，將各種計算歸納於圖表之中。無論設計何種跨度高度之橋梁，大多數之數字，皆可自圖表中查出，無須計算，設計工作，因以減至最低限度。故能以最短之時間，得到最安全最經濟之橋梁，較之普通方法便利多矣。

(二)標準縱斷面　見附圖(一)，橋左右完全對稱。

橋之主要部份有三：(1)板梁——直接承架路面。(2)牆柱——承架板梁，並禦橋後之土。(3)基脚——在地下支持全橋之重。板梁與牆柱之連結爲完全剛節 (Rigid joint)，故兩者有不可分以性質。基脚與牆柱之間，有軸作用之構造(詳第四節)，可使兩者之作用分開。故基脚可照普通方法，獨立設計，本文不討論之。

板梁及牆柱之形狀，須具有三個條件：(1)各部厚度須適合其應力，(2)美觀，(3)易於修造。根據學理及經驗，能符合此三種條件之形狀者大致如下：板梁上面爲水平面，或甚平之拋物線形，下面爲拋物線形；其厚度自中心起至兩端逐漸加大。牆柱左右均爲平面，厚度自上而下，逐漸變小。

L = 橋之淨空跨度

P = 牆柱之淨空高度

S = 板梁下面之淨空拱高

t_c = 板梁中心之厚度

t_h = 剛節處之厚度

t_e = 牆柱下端之厚度

板梁中心綫(axis)與牆柱中心線相交於J，謂之剛節真點。將板梁中心線順其曲度延長，與經過J點之上下直立線，交於J'謂之剛節假點。

l = 兩剛節直點之水平距離 = 橋長之度 $= L + t_h \sin 45°$

$h = ml$ = 剛節假點之高度 = J'A

y_1 = 剛節真點之高度 = JA = $P + \frac{1}{2} t_h \sin 45°$

R = 板梁中心線對於剛節假點之拱高

$m'l = h + R$ = 板梁中心之高度

x及y爲任何一點之坐標，皆爲正數。其原點(origin)則爲連結兩牆柱下端之水平線之中點。

⊕代表定軸承架(hinge or pin supper)，其反應力之着力點一定，方向不定。

⊖代表滾動承架(roller or Simple support)，其反應力不特着力點一定，方向亦一定，與承架面垂直。

本文之圖所包括之數值：

$m' = 0.2$ 至 0.6

$\frac{R}{l} = \frac{1}{8}, \frac{1}{15}$, 及 $\frac{1}{50}$

揆之實際情形，任何跨度高度之橋，皆可適用。

(a) 板梁各部厚度之變化

命 t_x = 板梁任一點（與中心距離為 x）之厚度

將板梁上下面之拋物線延長至剛節假點 J'，則得該假點之虛假厚度 t_h'。依拋物線原理：

$$t_x = t_c + (t_h' - t_c)\frac{x^2}{\left(\frac{l}{2}\right)^2}$$

$$= t_c\left[1 + \left(\frac{t_h'}{t_c} - 1\right)\frac{x^2}{\left(\frac{l}{2}\right)^2}\right]$$

$$t_h = t_c\left[1 + \left(\frac{t_h'}{t_c} - 1\right)\frac{\left(\frac{L}{2}\right)^2}{\left(\frac{l}{2}\right)^2}\right]$$

由是 $\frac{t_h}{t_c} = \left(\frac{t_h}{t_c} - 1\right)\left(\frac{l}{2}\right)^2 + 1$

命 $n = \frac{t_h}{t_c} = \left(\frac{t_h}{t_c} - 1\right)\left(\frac{l}{L}\right)^2 + 1$ ……(1)

則 $t_x = t_c\left[1 + \frac{4(n-1)x^2}{l^2}\right]$ ……(2)

(b) 牆柱各部厚度之變化

命 t_y = 牆柱任一點之厚度

$$t_y = t_e + (t_h' - t_c)\frac{y}{h}$$

$$= t_e\left[1 + \left(\frac{t_h'}{t_e} - 1\right)\frac{y}{h}\right]$$

命 $q = \frac{t_h'}{t_e}$ ……………………………(3)

則 $t_y = t_e\left[1 + (q-1)\frac{y}{h}\right]$ ………(4)

(c) 橋斷面之中心線 (axis) 見附圖(2)

板梁之中心線為一拋物線，牆柱之中心線可視為垂直線。

板梁任一點之高度：

$$\left.\begin{aligned} y &= (h+R) - \frac{4Rx^2}{l} \\ &= m'l - \frac{4Rx^2}{l} \end{aligned}\right\} \quad \cdots\cdots\cdots(5)$$

(三)每單位橋寬之 $\int y^2 \frac{ds}{I}$ 之數值

命 ds = 任何一微小部份沿中心線之長度

則在板梁上 $ds = dx$（極為近似）

在牆柱上 $ds = dy$

命 I = 任何一點之惰性率 (Mornent of inertia)

查其正之 I，乃對於應力為零之軸線 (neutral axis) 而言，且其包括之面積，有混凝土受壓力之部份（受拉力者不計），受壓力及拉力之鋼筋三者，故其計算，相當繁難，但普通情形，可視

$$I = \frac{1}{12}t^3 \quad (t = \text{厚度})$$

且計算各種應力之公式，其分子母均有 I 之存在，故 I 之重要，在其比較之數值，而非絕對之數值。若用 $I = \frac{1}{12}t^3$ 所得之應力與用絕對精確之 I 所得者，相差無幾，故本文採用之。

$$\int y^2\frac{ds}{I} = 2\int_0^{\frac{l}{2}}\left\{(h+R) - \frac{4Rx^2}{l^2}\right\}^2 \frac{dx}{\frac{1}{12}t_c^3\left[1 + \frac{4(n-1)x}{l^2}\right]^3}$$

$$+ 2\int_0^h \frac{y^2 dy}{\frac{1}{12}t_e^3\left[1 + \frac{q-1}{h}y\right]^3} = \left(\frac{1}{t_c}\right)^3\left\{\frac{2}{3}(m')^2\left[\frac{2}{n^2} + \frac{3}{n} + \frac{3}{\sqrt{n-1}}\tan^{-1}\sqrt{n-1}\right.\right.$$

9800

$$-\frac{12\left(\frac{R}{I}\right)}{n^{3}(n-1)}-\frac{3\left(\frac{R}{I}\right)}{(n-1)}\left[2m^{1}-\frac{3\left(\frac{R}{I}\right)}{(n-1)}\right]\left[\frac{1}{2n}-\frac{1}{n^{3}}+\frac{1}{\sqrt{n-1}}\tan^{-1}\sqrt{n-1}\right]$$

$$+24\left(\frac{mq}{n(q-1)}\right)^{3}\left[\log_{e}q+\frac{2}{q}-\frac{3}{2}\right]\Bigg\}=C_{1}\left(\frac{1}{t_{c}}\right)\cdots\cdots\cdots\cdots(6)$$

取 $n=2,3,$ 及4三值 $q=2$

C_1 之值依式計算，後繪成曲線。如圖（三）1所示，最上之線為 $n=2;\frac{R}{I}=\frac{1}{8}$ 時，C_1 之數值隨 m^1 變化之曲線。因用眞正 C^1 用紙太大，故以 $\mathrm{Log}_{10}C_1$ 代之。n $\frac{R}{I}$ 為其他值時，C_1 之曲線依樣繪製而得圖（三）1至圖（三）3。

若實際設計時，n 及 $\frac{R}{I}$ 非上列之數值，則 C_1 之值，可用中間比列法（Interpolation）自圖中求之。q 對於 C_1 之影響甚小，故其值如大於或小於2時，C_1 之值可認為仍舊，不必加以改正。惟普通設計，採用q=2，即甚適宜也。

「四」由於載重所生之橋基反應力

牆柱下基脚對於牆柱所生之作用，普通有兩種假定：一為完全固定（fixed），一為軸定（hinged）。考之實際情形，完全固定，極為難得，惟軸定較為普通；且依軸定分析所得之應力，亦較固定為大。若能在牆柱之下，基礎之上，將鋼筋交叉如圖（一）所示之佈置，則其作用尤近於眞正軸定。而由此所推出之各部應力，亦比較正確。本文即以此種構造為標準辦法，一切應力計算，均以軸定為根據。

又如橋承受不對稱的載重，橋之剛節處之位置必左右移動（Side sway）。如橋之整個寬度，均承載相似之不對稱重量，此種左右移動，可認為完全自由，因根據實驗，橋後土所生之反作用（Passive pressure）甚小也。但如橋僅有一部份寬度承受不對稱重量，則此部份之剛節之左右移動，必被不載重部份所牽制、而不能完全自由。惟究竟不自由至何種程度，則殊難確定。且在此種情形之下，一部份寬度上之重量，必傳至無重量之寬度內，此究有若干，又成一問題。查普通鋼筋混凝土樓板，板橋，拱橋等之設計，均假定板之全寬受有相似之載重，故可將其全寬分為若干相似之小部份，每小部份之寬度為一單位，而取任一小部份設計之。本文按照此種辦法，將橋僅有一部份寬受重之情況，略去不計，而認為剛節左右移動，有完全之自由。板梁之死重為左右對稱，活重之位置，亦以對稱時為最險重，故左右移動自由與否之問題，在設計上實不甚重要。且若假定橋僅有一部份寬承載不對稱之重量，左右移動因以不能自由，而又假定此部分內之重量不傳至其他部份，則所得之應力，較之假定全寬受相似載重，左右移動可以自由者為大；但事實上此部份寬內之重，必因傳至其餘寬內而減小，應力亦隨之而減。兩種關係相互抵銷，則依左右移動不自由及完全自由兩種假定所得之結果，實無何出入也。

橋之死重活重，可依其分佈之情形，分為單一重量，平均分佈重量，及拋物線形分佈重量。橋之反應力，因亦分別求之。

(1) 單一重量所生之橋基反應力

附圖（四）

置任一重W於板梁之任一點如E，（圖四甲），則橋基之軸點，必生水平及垂直之反應力。

命 H = 永平反應力

V_L = 左軸之垂直反應力

V_R = 右軸之垂直反應力

hl = EC = E點與右剛節之距離

則 $\left.\begin{aligned} V_L &= kW \\ V_R &= (1-k)W \end{aligned}\right\}$ ....(7)

*命M'＝一端之定軸承架變爲滾動承架時橋任何點所生之撓曲力距（Bending moment），見圖乙。

則 $$H=\frac{\int M' y\frac{ds}{I}}{\int y^2\frac{ds}{I}}$$

撓曲力距M'僅板梁有之，其變化如圖乙所示。爲積分方便起見，圖乙之載重，可認爲係丙及丁兩載重所合併而成。由丙及丁所生之撓曲力距爲M_1'及M_2'，故$M'=M_1'+M_2'$。M_1'左右對稱。M_2'在左爲abf，在右爲bcdf，bcdf可認爲係ecdf減去ecb；而abf與ecdf則互爲反對稱，積分互相抵銷。

$$H=\frac{\int M' y\frac{ds}{I}}{\int y^2\frac{ds}{I}}=\frac{1}{C_1\left(\frac{1}{t_c}\right)^3}\left\{2\int_0^{\frac{l}{2}}\frac{W}{2}\left(\frac{l}{2}-x\right)\left[(h+R)-\frac{4Rx^2}{l^2}\right]\frac{dx}{\frac{1}{12}t_c^3\left[1+\frac{4(n-1)x^2}{l^2}\right]^3}-\int_0^{\frac{l}{2}-kl}W\left(\frac{l}{2}-kl-x\right)\left[(h+R)-\frac{4Rx^2}{l^2}\right]\frac{dx}{\frac{1}{12}t_c^3\left[1+\frac{4(n-1)x^2}{l^2}\right]^3}\right\}$$

$$=\frac{W}{C_1}\left\{\frac{3}{8}m'\left[\frac{1}{n}+\frac{3}{\sqrt{n-1}}\tan^{-1}\sqrt{n-1}-\frac{(1-2k)^2}{1+(n-1)(1-2k)^2}-\frac{3(1-2k)}{\sqrt{n-1}}\tan^{-1}(1-2k\sqrt{n-1})\right]-\frac{3}{8}\left(\frac{R}{l}\right)\left[\frac{n+1}{n(n-1)}+\frac{1}{(n-1)\sqrt{n-1}}\tan^{-1}\sqrt{n-1}-\frac{(n-1)(1-2k)^2+2}{(n-1)^2[1+(n-1)(1-2k)^2]}-\frac{(1-2k)}{(n-1)\sqrt{n-1}}\tan^{-1}(1-2k)\sqrt{n-1}\right]\right\}$$

$=C_1W$ ....(8)

命$k=0.1$，0.2，0.3，0.4，及0.5，將C_1之値算出，繪成曲線。

*撓曲力距使橋之外面發生壓力，內面發生拉力者爲正(＋)號，反之，爲負(－)號。即爲H隨活重移動之勢力線（Influence-line）。如附圖（五）$_1$所示爲$n=2$，$\frac{R}{l}=\frac{1}{8}$時，H之勢力線。$m'=0.2, 0.25,$ ......以至0.61，每一値有一單獨之曲線。n及$\frac{R}{l}$爲其他值時，H之變化線，可依樣繪製，而得圖(五)1至(五)9。

應用時若n，$\frac{R}{l}$或m'非圖上所註之值，自須用中間比例法自圖中求之，無庸再述矣。

(2) 平均分佈重量所生之橋基反應力

附圖(六)

命W＝每單位長度之平均重量

$V_L=V_R=\frac{1}{2}Wl$ ....(9)

$$H=\frac{\int M' y\frac{ds}{I}}{\int y^2\frac{ds}{I}}$$

$$=\frac{1}{C_1\left(\frac{1}{t_c}\right)^3}\left\{2\int_0^{\frac{l}{2}}\left(\frac{1}{8}wl^2-\frac{wx^2}{2}\right)\left[(h+R)-\frac{4Rx^2}{l^2}\right]\frac{dx}{\frac{1}{12}t_c^3\left[1+\frac{4(n-1)x^2}{l^2}\right]^3}\right\}$$

9802

$$H=\frac{3wl}{16C_1}\left\{m'\left[\frac{2}{n^2}+\frac{3}{n}+\frac{3}{\sqrt{n-1}}\tan^{-1}\sqrt{n-1}\right]-\left(m'+\frac{R}{l}\right)\left[\frac{n-2}{n^2(n-1)}+\frac{1}{(n-1)\sqrt{n-1}}\tan^{-1}\sqrt{n-1}\right]+\left(\frac{R}{l}\right)\left[-\frac{5n-2}{n^2(n-1)^2}+\frac{3}{(n-1)\sqrt{n-1}}\tan^{-1}\sqrt{n-1}\right]\right\}$$

$$=C_3wl \cdots\cdots (10)$$

C_3之值可依式計算，繪成隨m'變化之曲綫，如圖(七)$_1$至圖(七)$_3$。

(3) 抛物線形分佈重量所生之橋基反應力　　附圖(八)

命W_1＝板梁兩端最大之量

$$W_x=\text{板梁上任一點之重量}=W_1\frac{x^2}{\left(\frac{l}{2}\right)^2}$$

$$V_L=V_R=\frac{1}{6}W_1l \cdots\cdots (11)$$

$$H=\frac{\int M'y\frac{ds}{I}}{\int y^2\frac{ds}{I}}$$

$$=\frac{2}{C_1\left(\frac{l}{t_c}\right)^3}\int_0^{\frac{l}{2}}\frac{1}{3}W_1\left(\frac{l^2}{16}-\frac{x^4}{l^2}\right)\left[(h+R)-\frac{4Rx^2}{l^2}\right]\frac{dx}{\frac{1}{12}t_c^3\left[1+\frac{4(n-1)x^2}{l^2}\right]^3}$$

$$H=\frac{W_1l}{32C_1}\left\{m'\left[\frac{3n^2-4n+4}{n(n-1)^2}+\frac{3n(n-2)}{(n-1)^2\sqrt{n-1}}\tan^{-1}\sqrt{n-1}\right]-\left(\frac{R}{l}\right)\left[\frac{n^2-12n-4}{n(n-1)^3}+\frac{1}{(n-1)\sqrt{n-1}}\tan^{-1}\sqrt{n-1}+\frac{15}{(n-1)^3\sqrt{n-1}}\tan^{-1}\sqrt{n-1}\right]\right\}$$

$$=C_4W_1l \cdots\cdots (12)$$

C_4之值繪成隨m'變化之曲線如圖(九)$_1$至(九)$_3$。

(五)由於溫度變化等所生之橋基反應力*

(a)溫度變化　溫度變化，板梁自有隨之伸縮之趨勢。但橋基固定，伸縮不能自由，水平反應力H_t因之而生。

命$\pm t°$＝溫度變化之度數，(＋)爲上昇，(－)爲下降。

C_t＝混凝土溫度澎漲係數

E＝混凝土之彈性督(modulus of elasticity)

$$V_L=V_R=0 \cdots\cdots (13)$$

$$H_t=\frac{C_t(\pm t°)lE}{\int y^2\frac{ds}{I}}=\frac{C_t(\pm t°)lE}{C_1\left(\frac{l}{t_c}\right)^3} \cdots (14)$$

C_1之値可自圖(三)査出。

(b)混凝土凝縮 (Shrinkage) 混凝土澆注後凝固時發生收縮現象；此種收縮，可使橋基發生水平反應力H_s，其作用與溫度降低時相同。

命C_s＝混凝土之凝固收縮係數

$$H_s=-\frac{C_slE}{C_1\left(\frac{l}{t_c}\right)^3} \cdots\cdots (15)$$

(六)由於橋後填土所生之橋基反應力

如橋兩旁填土，其疏密之程度，能完全相同，則兩旁之壓力，可以完全對稱，若一邊土質堅密，一邊疏鬆，則兩邊之壓力，必不相等。設計時工程師須根據實際情形，加以判斷。至於計算橋梁應力，則以先假定僅一邊土有壓力，較爲方便；蓋其另一邊之土壓，無論對稱與否，其所生之應力，可以比照而出也。

* 如基脚左右稍移，則其所生之應力，與溫度下降相同。

9803

現假定右邊土有壓力如附圖(十)

命p＝填土每低一單位深度所增加之壓力，

h_1＝剛節假點低於路面之深度

F_c＝橋中心之路面厚度

假定 $F_c=t_c$ 及 $t_c=\frac{1}{40}$

則 $\frac{h_1}{l}=\frac{R}{l}+\frac{3}{80}$ ……………………(16)

$$\left.\begin{aligned} V_L &= \frac{ph^2}{6l}(3h_1+h)=\frac{pm^2l^2}{6}\left(\frac{3h_1}{l}+m\right) \quad \text{向上} \\ V_R &= -\frac{ph^2}{6l}(3h_1+l)=-\frac{pm^2l^2}{6}\left(\frac{3h_1}{6}+m\right) \quad \text{向下} \end{aligned}\right\} \quad \cdots\cdots(17)$$

$$H_L=\frac{\int M' y\frac{ds}{I}}{\int y^2\frac{ds}{I}}$$

$$H_L=\frac{1}{C_1\left(\frac{l}{t_c}\right)^3}\left\{\int_0^h\left[phy\left(h_1+\frac{h}{2}\right)-\frac{py^2}{2}(h_1+h)+\frac{py^3}{6}\right]\frac{ydy}{\frac{1}{12}t_c^3\left[1+\frac{q-1}{h}y\right]^3}\right.$$

$$\left.+\int^{\frac{l}{2}}\frac{ph^2}{6}(3h_1+h)\left\{(h+R)-\frac{4Rx^2}{l^2}\right\}\frac{dx}{\frac{1}{12}t_c^3\left[1+\frac{4(n-1)x}{l^2}\right]}\right\}$$

$$=\frac{pl^2m^2}{C_1}\left\{12\left(\frac{h_1}{l}+\frac{m}{2}\right)\left[\frac{q}{n(q-1)}\right]^3\left[\log_e q+\frac{2}{q}-\frac{1}{2q^2}-\frac{3}{2}\right]\right.$$

$$-\frac{6\left(\frac{h_1}{l}+m\right)}{(q-1)}\left(\frac{q}{n}\right)^3\left[q-\frac{2}{q}+\frac{1}{2q^2}+\frac{3}{2}-3\log_e q\right]$$

$$+\frac{2m}{(q-1)}\left(\frac{g}{n}\right)^3\left[\frac{q^2}{2}-4q+6\log_e q+\frac{4}{q}-\frac{1}{2q^2}\right]$$

$$+\frac{1}{8m^2}\left(m+\frac{R}{l}\right)\left(m+\frac{3h_1}{l}\right)\left[\frac{2}{n^2}+\frac{3}{n}+\frac{3}{\sqrt{n-1}}\tan^{-1}\sqrt{n-1}\right]$$

$$\left.-\frac{1}{4m^2(n-1)}\left(\frac{R}{l}\right)\left(m+\frac{3h_1}{l}\right)\left[-\frac{1}{n^2}+\frac{1}{2n}+\frac{1}{\sqrt{n-1}}\tan^{-1}\sqrt{n-1}\right]\right\}$$

$$\left.\begin{aligned} H_L &= C_5\ pl^2 \quad \text{向右} \\ H_R &= pml^3\left(\frac{h_1}{l}+\frac{m}{2}\right)-C_5\ pl^2 \quad \text{向上} \end{aligned}\right\} \quad \cdots\cdots(18)$$

C_5 隨 m^2 變化之值，可繪成曲綫，如圖(十一)$_1$至(十一)$_3$。

(七)橋各部份之最大撓曲力距及壓力

(Maxcimnum bending momont and coresponding thrust)

以應力而論，橋最重要之部份，在板梁中心及左右剛節三處，如此三處安全，其他部份，普通無何問題。故普通設計，先求此三處之最大撓曲力距及壓力，據之以決定各部之厚度及剛筋，然後再擇板梁上介於其中心及剛節間之一兩點，及牆柱上之一適當點，而分析其應力，觀其是否安全。

(A)板梁中心及左右剛節

命 M_c＝板梁中心之最大撓曲力距

T_c＝在板梁中心與 M_c 同時發生之壓力

$\left.\begin{matrix}M_{hl}\\M_{hr}\end{matrix}\right\}=\left\{\begin{matrix}左\\右\end{matrix}\right\}$剛節假點之最大撓曲力距

$\left.\begin{matrix}T_{hl}\\T_{hr}\end{matrix}\right\}=\left\{\begin{matrix}左\\右\end{matrix}\right\}$剛節假點與$\left\{\begin{matrix}M_{hl}\\M_{hr}\end{matrix}\right\}$同時發

生之壓力

(1) 死重　牆柱之死重，對於剛節及板梁各部之應力，毫無影響。至於板梁上之死重可分爲兩部：一爲平均死重W_d，一爲拋物線死重，其最大之重在剛節處，可命之爲W'_d。

$$\left.\begin{aligned} M_c &= \left(\frac{1}{8}W_d + \frac{1}{48}W'_d\right)l^2 - (C_3W_d + C_4W'_d)m'l^2 \\ T_c &= (C_3W_d + C_4W'_d)l \\ M_{hl} &= M_{hr} = -(C_3W_d + C_4W'_d)l y_1 \\ T_{hl} &= T_{hr} = \left\{(C_3W_d + C_4W'_d) + (\tfrac{1}{2}W_d + \tfrac{1}{6}W'_d)\right\} l \sin 45^\circ \end{aligned}\right\} \cdots\cdots\cdots\cdots (19)$$

(2) 活重　板梁上之活重移動，板梁中心及左右剛節處之撓曲力距亦必隨之變化；如附圖(十二)所示，爲此等撓曲力距之普通勢力曲線。其繪法至爲簡單。置單位重量W於板梁上任一點 E，見附圖(四)中，則

$$M_c = \tfrac{1}{2}Wkl - Hm'l = Wl\ 0.5k - C_2m'$$

$$M_{hl} = M_{hr} = Hy_1 = C_2Wy_1$$

中心撓曲力距之勢力曲線，在板梁左右$\frac{1}{4}$點以外，可變爲負號，與中間之號相反。但此兩端之數值，甚爲微小，對於計算最大撓曲力距，事實上無大關係也。

普通設計活重，爲平均活重W_1及單一活重P_1。根據圖(十二)之曲線，板梁中心及左右剛節之撓曲力距最大時，此種活重之位置，爲W_1在橋之全長上，P_1在其中心上。

若$\frac{R}{l}$大於$\frac{1}{15}$而同時m'在0.30以下時，板梁

$$\left.\begin{aligned} M_c &= (\tfrac{1}{4}P_1 + \tfrac{1}{8}W_1l)l - (C_2P_1 + C_3W_1l)m'l \\ T_c &= C_2P_1 + C_3W_1l \\ M_{hl} &= M_{hr} = -(C_2P_1 + C_3W_1l)y_1 \\ T_{hl} &= T_{hr} = [(C_2P_1 + C_3W_1l) + \tfrac{1}{2}(P_1 + W_1l)] \sin 45^\circ \end{aligned}\right\} \cdots\cdots\cdots\cdots (20)$$

若設計之活重，爲一列車輛之輪重，則最大之M_c及M_h須自勢力曲線，用試驗法求之。

(3) 溫度變化等

$$\left.\begin{aligned} M_c &= -Hm'l \\ T_c &= H \\ M_{hl} &= M_{hr} = -Hy_1 \\ T_{hl} &= T_{hr} = H \sin 45^\circ \end{aligned}\right\} \cdots\cdots\cdots\cdots (21)$$

(4) 橋後填土

如右邊之土壓爲r_r：

$$\left.\begin{aligned} M_c &= -C_5 r_r m' l^3 + \frac{p_r m'^2 l^3}{12}\left(\frac{3h_1}{l} + m\right) \\ T_c &= C_5 r_r l^2 \\ M_{hl} &= -C_5 r_r l^2 y_1 \\ M_{hr} &= \frac{p_r m'^2 l^2}{6}\left(\frac{3h_1}{l} + m\right) - C_5 r_r l^2 y_1 \\ T_{hl} &= \left\{\frac{r_r m'^2 l^2}{6}\left(\frac{3h_1}{l} + m\right) + C_5 p_r l^2\right\} \sin 45^\circ \\ T_{hr} &= \left\{-\frac{r_r m'^2 l^2}{6}\left(\frac{3h_1}{l} + m\right) + C_5 r_r l^2\right\} \sin 45^\circ \end{aligned}\right\} \cdots\cdots\cdots\cdots (22)$$

如左邊之土壓爲 p_l 則(22)內之 p_r 變爲 p_l；M_c 及 T_c 均照舊；M_{hl}，T_{hl} 須與 M_{hr}，T_{hr} 調換。

(B) 其他任何部份

(1) 板梁之任一點

命 M ＝ 最大撓曲力距

T ＝ 同時發生之壓力

由於死重，塡土，及溫度變化等所生之撓曲力距爲

$$\left.\begin{array}{l} M = M' - H_y \\ T = H \end{array}\right\} \cdots\cdots\cdots\cdots(23)$$

此式內 M' ＝ 假定一端之定軸變爲滾動承架時所發之撓曲力距。

至於活重所生之最大撓曲力距，須以撓曲力距隨活重移動之勢力曲線定之。如圖(十二)爲板梁上距左剛節 $0.2l$ 處之撓曲力距勢力曲線，其繪法與板梁中心之撓曲力距勢力線相似，惟所得之形狀不同，左爲正號力距，右爲負號力距，根據此種勢力曲線，任何活重所生之最大正號及負號撓曲力距，均易計算。

(2) 牆柱之任一點

由於死重，塡土，及溫度變化等所生之撓曲力距爲

$$\left.\begin{array}{l} M = M' - H_y \\ T = V \end{array}\right\} \cdots\cdots\cdots\cdots(24)$$

撓曲力距之勢力曲線與剛節處形狀完全相似，惟高低不同，故發生最大撓曲力距之活重位置，與剛節同。

(八)由最大撓曲力距及壓力設計厚度及鋼筋

橋之內外兩面，均需用鋼筋，但爲經濟起見，持壓力之鋼筋之數量，宜小於持拉力者。在普通情形之下，最大撓曲力距M對於厚度及剛節之影響，遠大於壓力T。故可先略去T，用普通鋼筋混凝土梁之公式，根據M及混凝土鋼筋之准個應力，計算厚度。所得之數值，如與計算死重時所估計者相差甚徵，卽可用之以求鋼筋之數量矣。如兩者相差較大，須將死重更改，另行計算撓曲力距，橋之厚度因之或須與第一次所求者，稍有變化耳。

(九)圖解設計法之簡要步驟

(1) 根據環境之需要，決定淨空跨度，基脚之高度，板梁上面之高度及其形式。

(2) 假定 t_h/t_c 之數值，普通由至2至3.5。估計 $t_c = L/45$ 至 $L/30$，其大小約與 t_h/t_c 之值成反比例。最小厚度爲35公分。

計算 t_h, l, n, $\frac{R}{l}$ $m'l$, m', m, 及 y，等。

(3) 求板梁中心及左右剛節之最大撓曲力距及壓力，卽M及T。

(4) 求 t_c 及 t_h 之值。因兩者之比例已定，故普通僅其一爲M及T所定。如M及T所需要之厚度與(2)節所估計者相差較大，則須將計算改正。

(5) 計算鋼筋。

(6) 假定另一 t_h/t_c 之值，用(2)至(5)之步驟，求另一組 t_c 及 t_h 之值，以及鋼筋之數量。………如是數次，可得數個設計。

(7) 比較數個設計而擇一最經濟者。

(8) 取擇定之設計計算其板梁中心及剛節以外數要點之M及T，而設計鋼筋。

(十)舉例　本節內所設計之橋，係美國 Portland Cement Association 所出版之 Analysis of Rigid Frame Concute Bridges, Thind Edition, (1934) 所採用者，今改用圖解法，以資比較。又原設計根據基礎情形，決定以基脚下面之中心爲定軸，故其聯結牆柱與基脚之鋼筋之佈置，與前標準斷面所採用者，稍異，今仍用原設計辦法，未予變更，故一切高度均自基脚下面量起，望閱者注意。

(1) 設計根據

[′=呎; ″=吋; #=磅; □′=平方呎; □″=平方吋。]

橋之淨空跨度=57呎

基脚下面之高度=96.3呎

板梁上面中心之高度=116.6呎

板梁上面兩端之高度=116.3呎

死重：鋼筋混凝土每立方呎重150磅；橋後土每立方呎重100磅。

活重：平均分佈活重=90#/□′

單一活重=2,500（橋每呎寬）

溫度變化：上昇35°F；下降45°F

溫度澎漲係數=0.000006

凝固收縮係數=0.0002

基脚之水平移動=收縮係數0.0002

混凝土彈性率=3,000,000

混凝土准個應力=1,000

鋼筋准個應力=18,000

$\frac{\text{鋼筋彈性率}}{\text{混凝土彈性率}}=10$

第一設計

(2) 假定 $\frac{t_h}{t_c}=2$

估計 $t_c=\frac{L}{35}$ 至 $\frac{L}{30}=1.63'$ 至 $1.9'$；假定 $t_c=1'10''=1.83'$

計算 $t_h=2t_c=3'8''=3.67'$

$l=L+t_h\sin 45°=57+3.67\times0.707=57+2.6=59.6'$

$n=\left(\frac{t_h}{t_c}-1\right)\left(\frac{l}{L}\right)^2+1=1\times\left(\frac{59.6}{57}\right)^2+1=2.09$

$\frac{R}{l}=\left\{\frac{1}{2}(n-1)t_c+(116.6-116.3)\right\}\frac{1}{l}=\left\{\frac{1}{2}\times1.09\times1.83+0.3\right\}\times\frac{1}{59.6}$

$=0.0218=\frac{1}{46}$

$m'l=116.6-96.3-\frac{t_c}{2}=20.3-0.92=19.38'$

$m'=\frac{19.38}{59.6}=0.325$

$m=m'-\frac{R}{l}=0.325-0.0218=0.303$

$y_1=(116.3-96.3)-t_h\left(1-\frac{1}{2}\sin45°\right)=20.0-3.67\times0.647=17.63$

(3) 板梁中心及左右剛節之M及T

(a) 死重 假定板梁上面有磨耗路面厚$\frac{1}{2}''$，$=0.04'$

平均分佈死重 $w_d=(t_c+F_c)\times150=(1.83+0.04)\times150=280\#/□'$

拋物線分佈死重 $w_d=(n-1)t_c\times150=1.09\times1.83\times150=300\#/□'$

由圖（七）查出 $C_3=0.303$

由圖（八）查出 $C_4=0.057$

根據公式(19) $M_c=\left(\frac{1}{8}\times280\times\frac{1}{48}\times300\right)(59.6)^2-(0.303\times280+0.057\times300)\times0.325\times(59.6)^2$

$=28.800'\#$

$T_c=(0.303\times280+0.057\times300)\times59.6=6.080\#$

9807

$M_{hl}=-6.080\times17.63=-107.200'^{\#}$

$T_{hl}=\left[6.080+\left(\frac{1}{2}\times280+\frac{1}{6}\times300\right)\times59.6\right]\times0.707=12.300^{\#}$

(b) 活重　單一活重　$P_1=2500^{\#}$

平均活重　$w_1=90^{\#}/'$

自圖(五)查出當 P_1 在板梁中心時 $C_2=0.497$

又 $C_3=0.303$

根據公式(20)　$M_c=\left(\frac{1}{4}\times2500+\frac{1}{8}\times90\times59.6\right)\times59.6$

$-(0.497\times2500+0.303\times90\times59.6)\times19.38=21.600'^{\#}$

$T_c=0.497\times2.500+0.303\times90\times59.6=2.870^{\#}$

$M_{hl}=-2.870\times17.63=-50.600'^{\#}$

$T_{hl}=\left[2870+\frac{1}{2}(2,500+90\times59.6)\right]\times0.707=4,810^{\#}$

(c) 溫度變化等

(1) (溫度下降)+(凝固收縮)+(基脚移動)使全橋縮短：

$\Delta l=\left\{(45\times0.000006)+0.0002+0.0002\right\}l=0.00067l$

由圖(三)查出　$\mathrm{Log}_{10}\ C_1=\bar{1}.835$　$C_1=0.684$

根據公式(14)及(15)　$H=-\dfrac{0.00067\times59.6\times3\times10^6\times144}{0.684\times\left(\dfrac{59.6}{1.83}\right)^3}=-729^{\#}$

根據公式(21)　$M_c=-(-729)\times19.38=14.100'^{\#}$

$T_c=-729$

(2) 溫度上昇使全橋延長：　$\Delta l=35\times0.000006\,l=0.00021l$

$H=+729\times\dfrac{0.00021}{0.00067}=+228.5$

$M_{hl}=-228.5\times17.63=-4.030'^{\#}$

$T_{hl}=228.5\times0.707=160^{\#}$

(d) 橋後填土　假定　$p=\frac{1}{3}\times100=33.3^{\#}/'$

(1) 右邊土壓　$p_r=33.3^{\#}/'$

自圖(十一)查出　$C_5=0.012$

根據公式(16)　$\dfrac{h_1}{l}=0.0218+\dfrac{3}{80}=0.058$

根據公式(17)　$V_L=\dfrac{33.3\times(0.303\times59.6)^2}{6}(3\times0.058+0.303)=865^{\#}$

(18)　$H_L=0.012\times33.3\times(59.6)^2=1.420^{\#}$

(22)　$M_c=-1420\times19.38+865\times\dfrac{59.6}{2}=-1,700'^{\#}$

$T_c=1,420^{\#}$

$M_{hl}=-1,420\times17,63=-25,000'^{\#}$

$T_{hl}=(1,420+865)+0,707=1,620^{\#}$

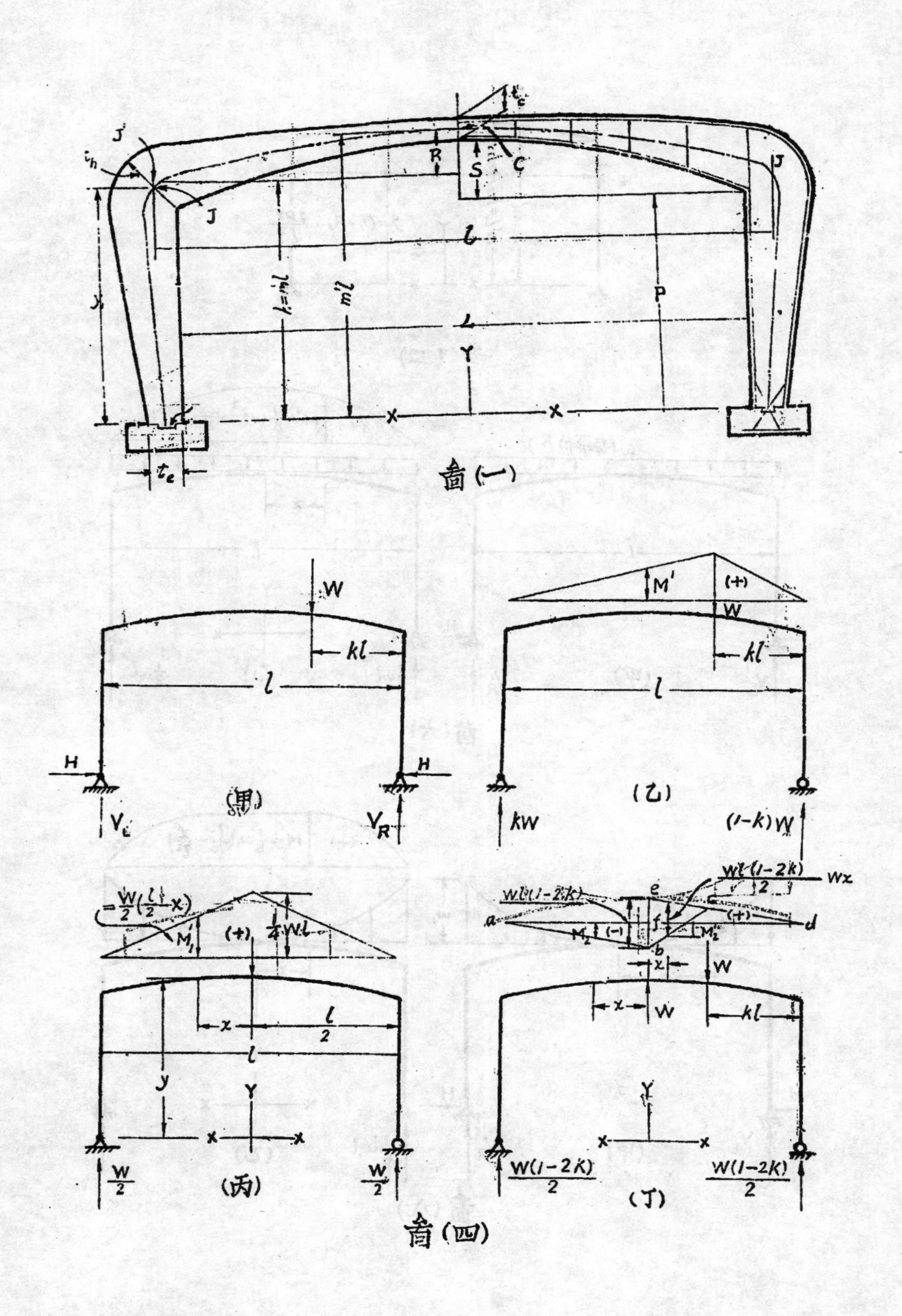
圖(一)
(甲)
(乙)
(丙)
(丁)
圖(四)

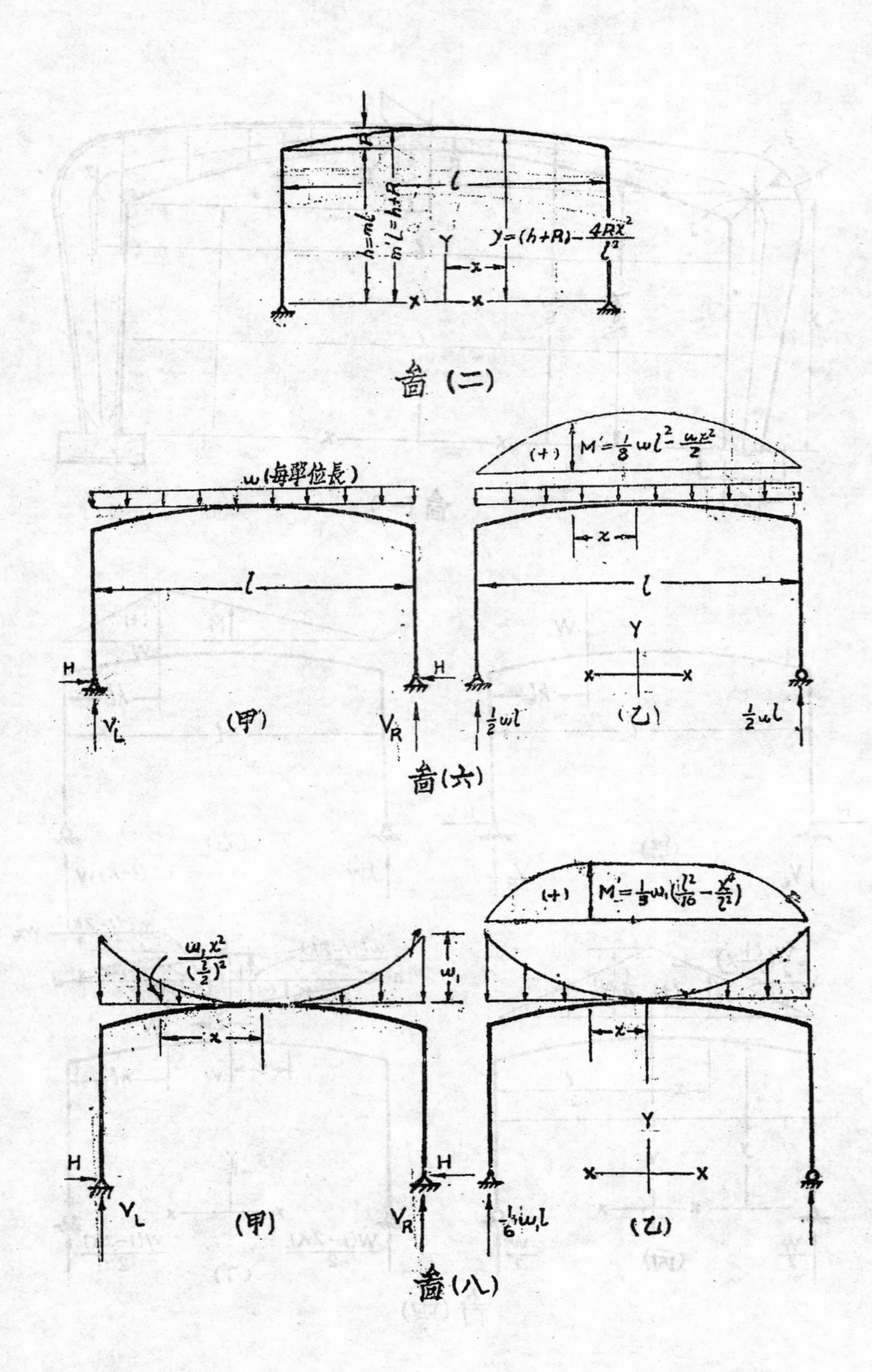

$y=(h+R)-\frac{4Rx^2}{l^2}$
圖(二)
w(每單位長)
$M'=\frac{1}{8}wl^2-\frac{wx^2}{2}$
(甲)
(乙)
圖(六)
$\frac{w_1x^2}{(\frac{l}{2})^2}$
(甲)
(乙)
圖(八)

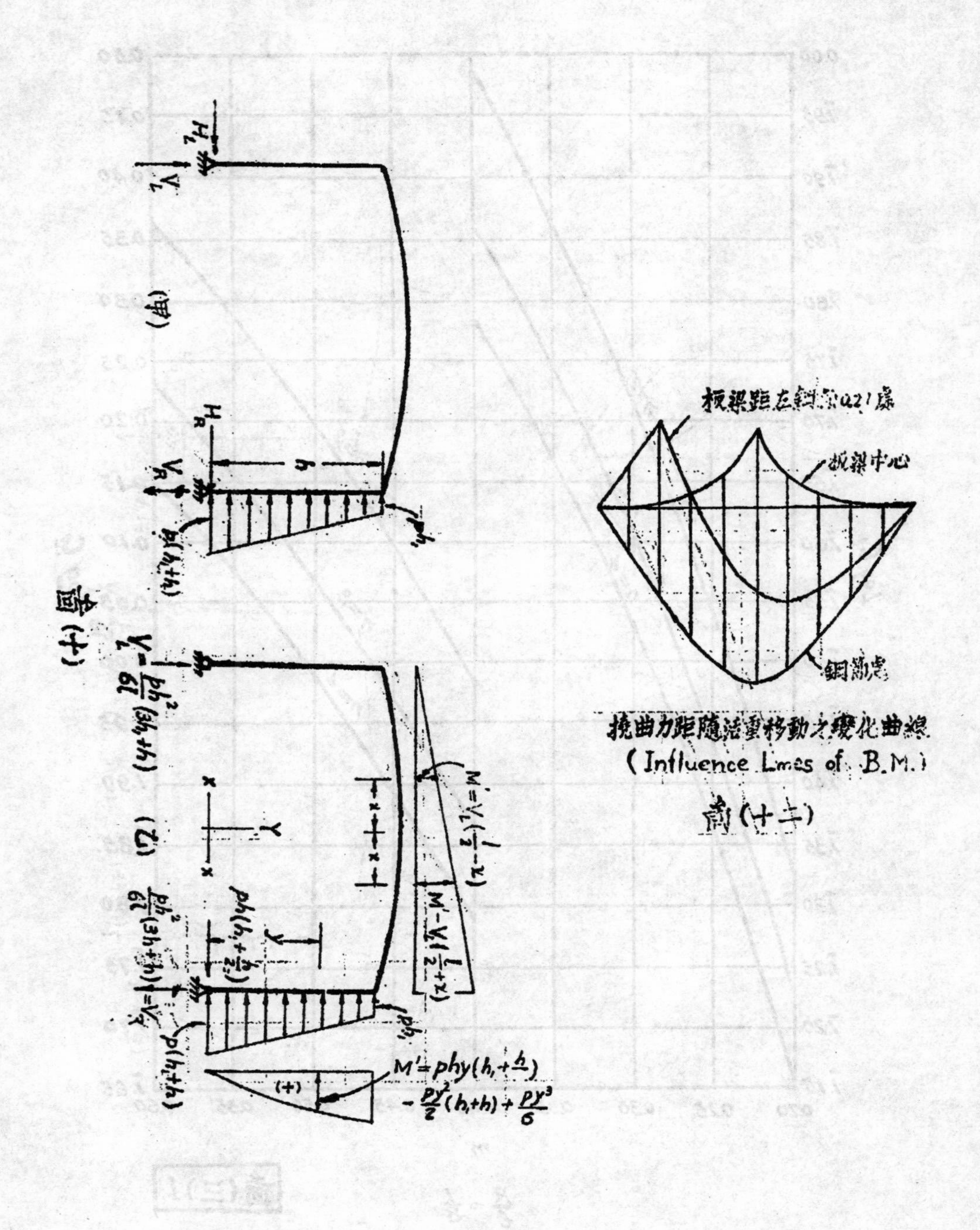

圖(十)

撓曲力距隨活重移動之變化曲線
(Influence Lines of B.M.)

圖(十一)

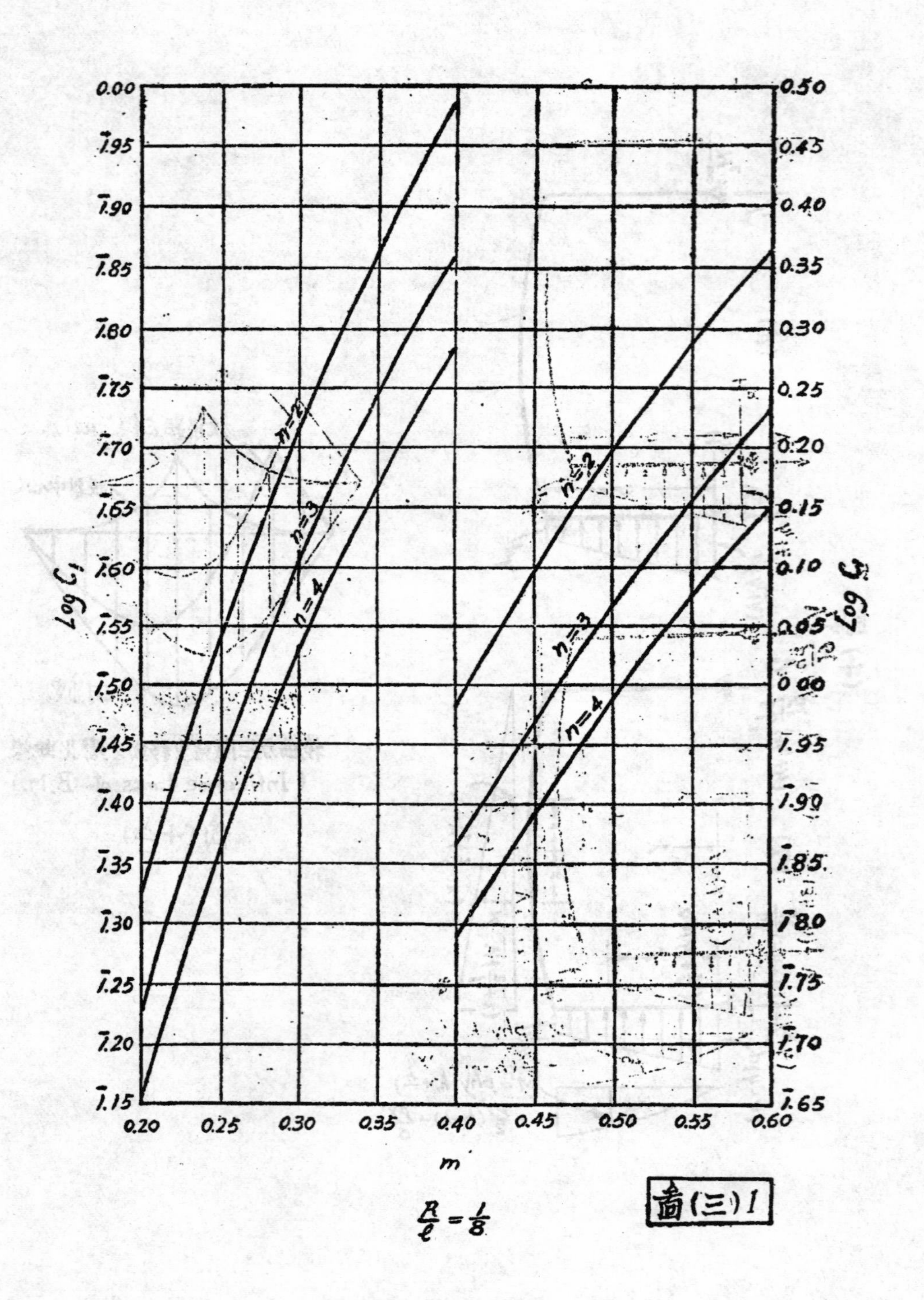
0.00
1̄.95
1̄.90
1̄.85
1̄.80
1̄.75
1̄.70
1̄.65
1̄.60
1̄.55
1̄.50
1̄.45
1̄.40
1̄.35
1̄.30
1̄.25
1̄.20
1̄.15
Log C1
0.50
0.45
0.40
0.35
0.30
0.25
0.20
0.15
0.10
0.05
0.00
1̄.95
1̄.90
1̄.85
1̄.80
1̄.75
1̄.70
1̄.65
Log C1
n=2
n=3
n=4
0.20
0.25
0.30
0.35
0.40
0.45
0.50
0.55
0.60
m
R/l = 1/8
Ⅲ(三)1

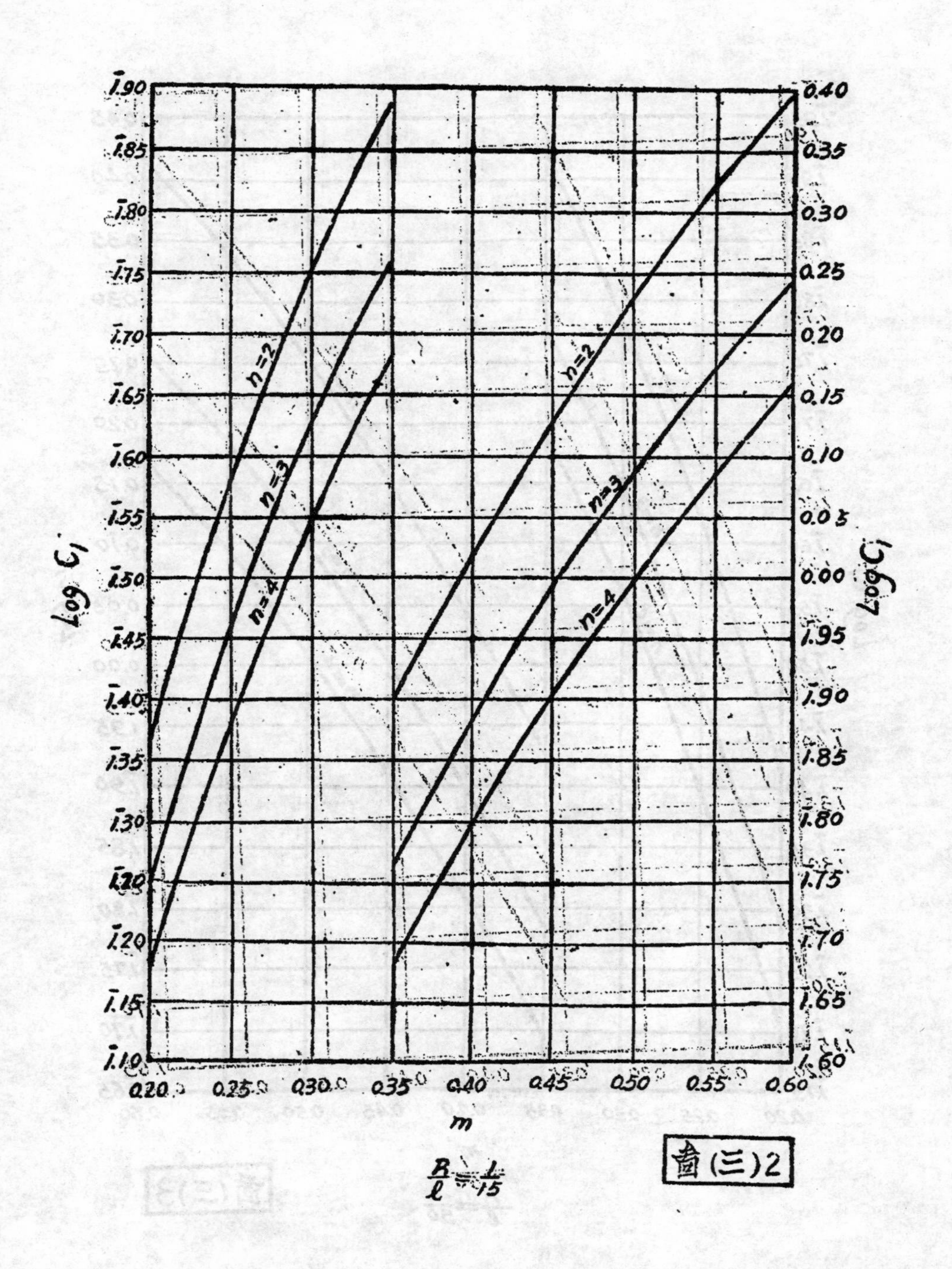

Log C_1
n=2
n=3
n=4
m
$\frac{R}{l}=\frac{1}{15}$
圖(三)2

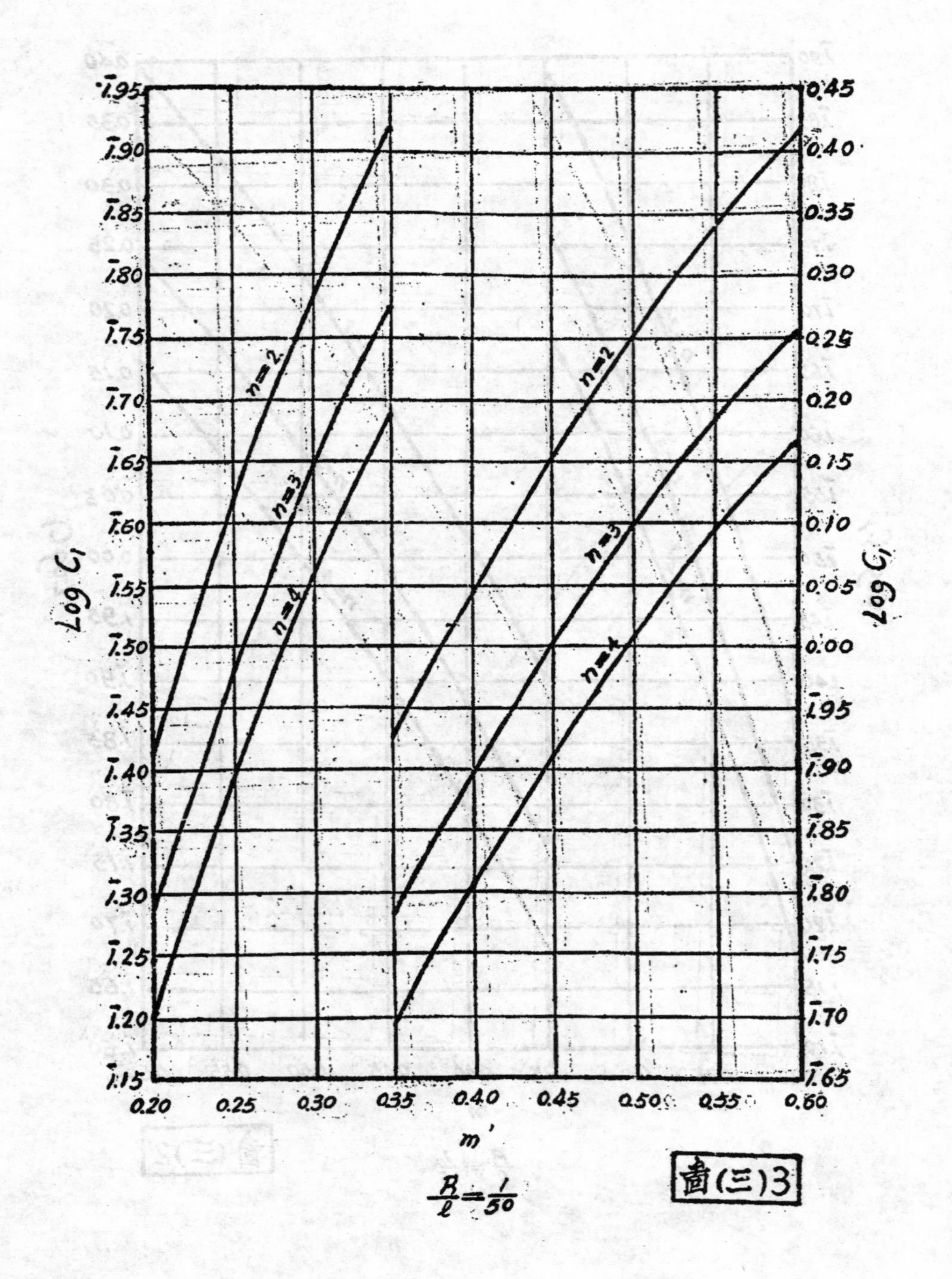
Log C_1
Log C_1
$\bar{1}.95$
$\bar{1}.90$
$\bar{1}.85$
$\bar{1}.80$
$\bar{1}.75$
$\bar{1}.70$
$\bar{1}.65$
$\bar{1}.60$
$\bar{1}.55$
$\bar{1}.50$
$\bar{1}.45$
$\bar{1}.40$
$\bar{1}.35$
$\bar{1}.30$
$\bar{1}.25$
$\bar{1}.20$
$\bar{1}.15$
0.45
0.40
0.35
0.30
0.25
0.20
0.15
0.10
0.05
0.00
$\bar{1}.95$
$\bar{1}.90$
$\bar{1}.85$
$\bar{1}.80$
$\bar{1}.75$
$\bar{1}.70$
$\bar{1}.65$
0.20
0.25
0.30
0.35
0.40
0.45
0.50
0.55
0.60
$n=2$
$n=3$
$n=4$
$n=2$
$n=3$
$n=4$
m'
$\frac{R}{l}=\frac{1}{50}$
圖(三)3

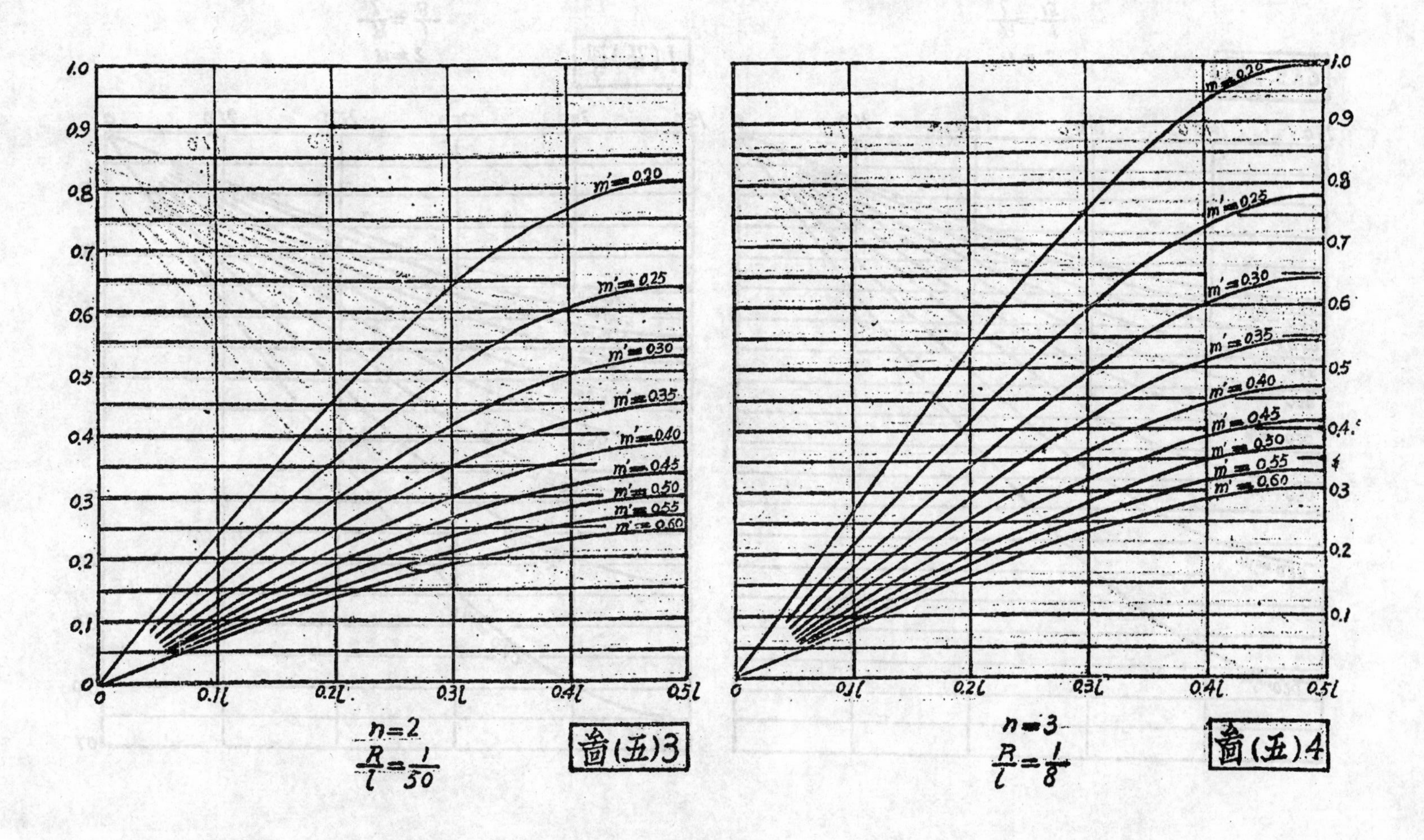
1.0
0.9
0.8
0.7
0.6
0.5
0.4
0.3
0.2
0.1
0
0.1l
0.2l
0.3l
0.4l
0.5l
m'=0.20
m'=0.25
m'=0.30
m'=0.35
m'=0.40
m'=0.45
m'=0.50
m'=0.55
m'=0.60
$n=2$
$\frac{R}{l}=\frac{1}{50}$
图(五)3
m'=0.20
m'=0.25
m'=0.30
m'=0.35
m'=0.40
m'=0.45
m'=0.50
m'=0.55
m'=0.60
$n=3$
$\frac{R}{l}=\frac{1}{8}$
图(五)4

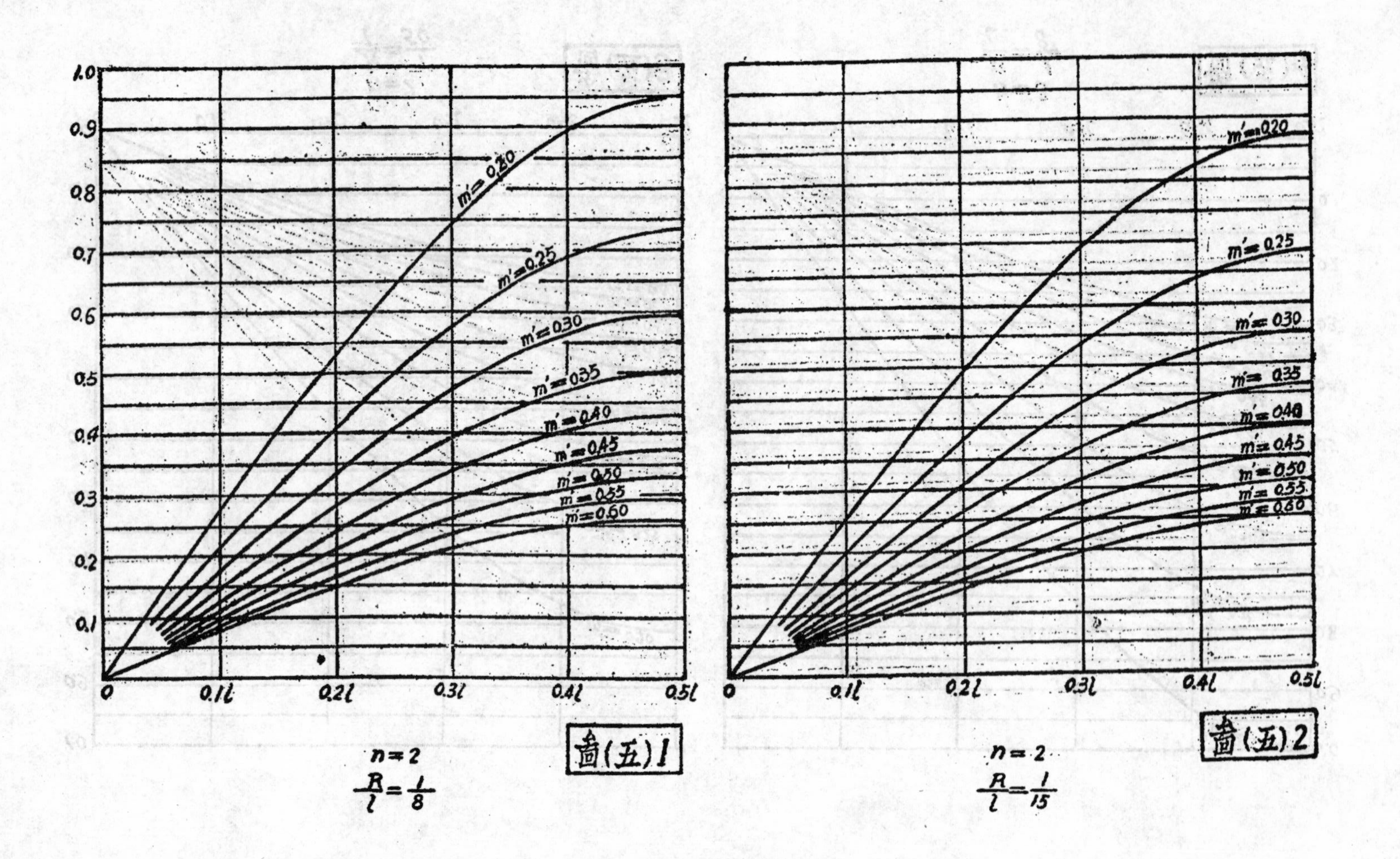
1.0
0.9
0.8
0.7
0.6
0.5
0.4
0.3
0.2
0.1
0
0.1l
0.2l
0.3l
0.4l
0.5l
$m'=0.20$
$m'=0.25$
$m'=0.30$
$m'=0.35$
$m'=0.40$
$m'=0.45$
$m'=0.50$
$m'=0.55$
$m'=0.60$
图(五)1
$n=2$
$\frac{R}{l}=\frac{1}{8}$
0
0.1l
0.2l
0.3l
0.4l
0.5l
$m'=0.20$
$m'=0.25$
$m'=0.30$
$m'=0.35$
$m'=0.40$
$m'=0.45$
$m'=0.50$
$m'=0.55$
$m'=0.60$
图(五)2
$n=2$
$\frac{R}{l}=\frac{1}{15}$

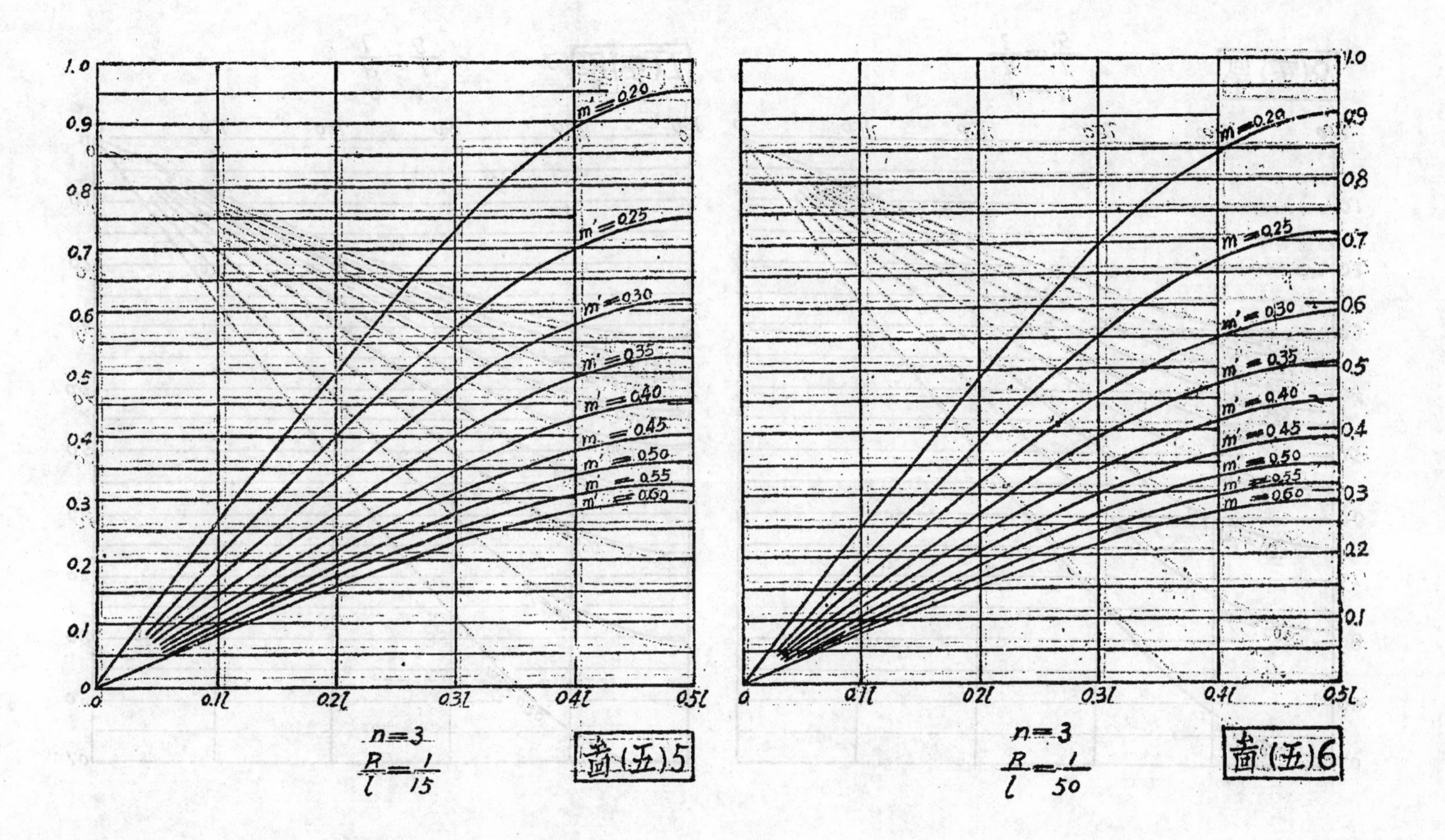
m'=0.20
m'=0.25
m'=0.30
m'=0.35
m'=0.40
m'=0.45
m'=0.50
m'=0.55
m'=0.60
0
0.1
0.2
0.3
0.4
0.5
0.6
0.7
0.8
0.9
1.0
0.1l
0.2l
0.3l
0.4l
0.5l
n=3
$\frac{R}{l}=\frac{1}{15}$
啚(五)5
m'=0.20
m'=0.25
m'=0.30
m'=0.35
m'=0.40
m'=0.45
m'=0.50
m'=0.55
m'=0.60
0.1l
0.2l
0.3l
0.4l
0.5l
n=3
$\frac{R}{l}=\frac{1}{50}$
啚(五)6

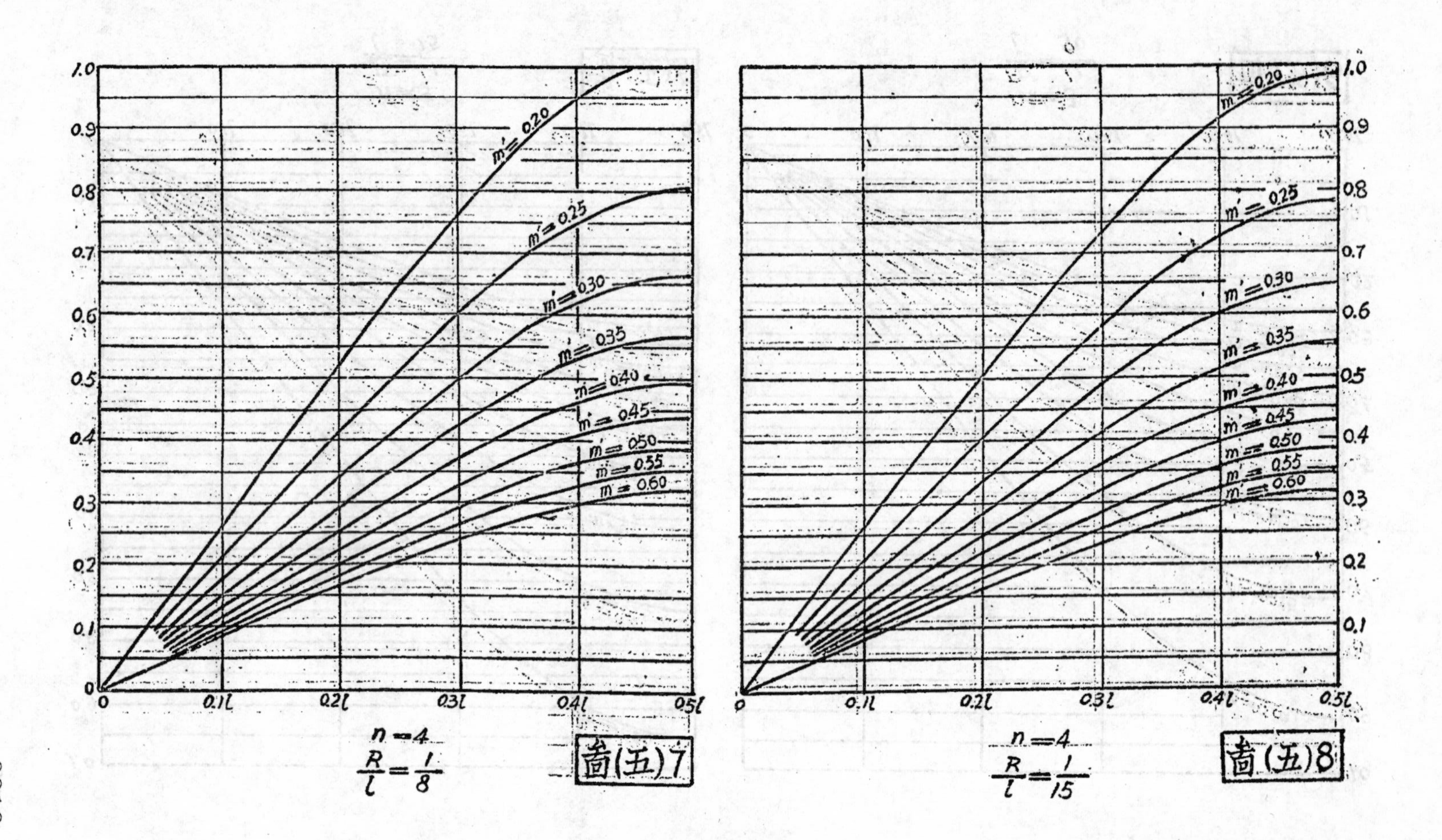
m'=0.20
m'=0.25
m'=0.30
m'=0.35
m'=0.40
m'=0.45
m'=0.50
m'=0.55
m'=0.60
n=4
R/l=1/8
圖(五)7
m'=0.20
m'=0.25
m'=0.30
m'=0.35
m'=0.40
m'=0.45
m'=0.50
m'=0.55
m'=0.60
n=4
R/l=1/15
圖(五)8

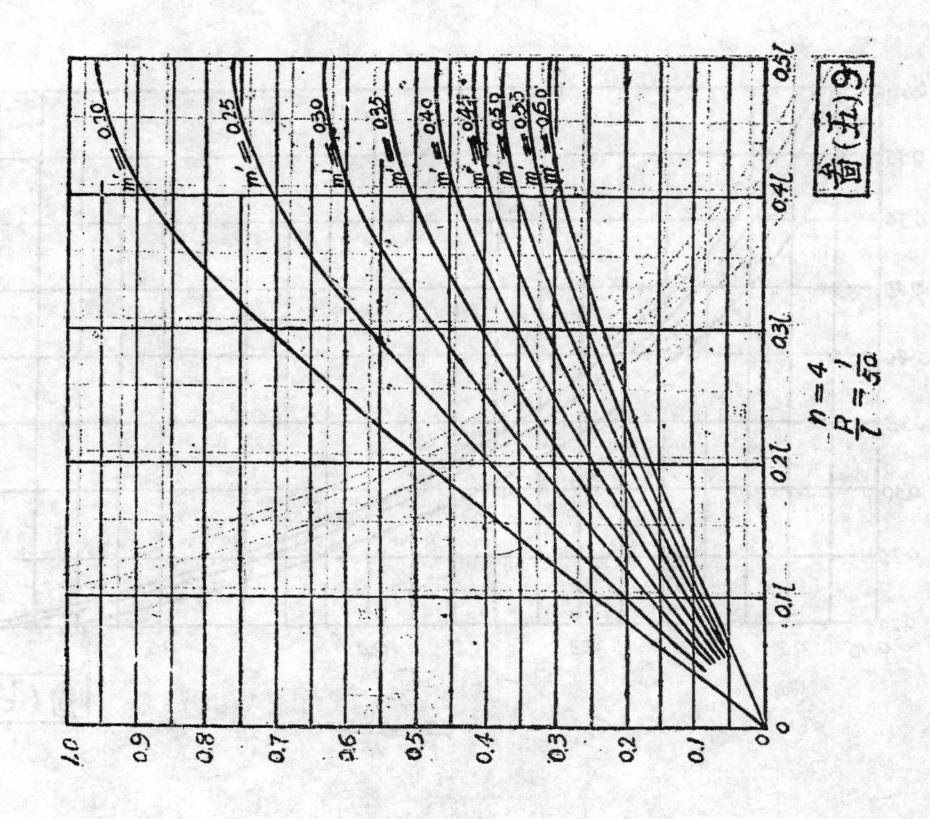

圖(五)9
n = 4
$\frac{R}{l} = \frac{1}{50}$
m' = 0.20
m' = 0.25
m' = 0.30
m' = 0.35
m' = 0.40
0
0.1
0.2
0.3
0.4
0.5
0.6
0.7
0.8
0.9
1.0
0.1l
0.2l
0.3l
0.4l
0.5l

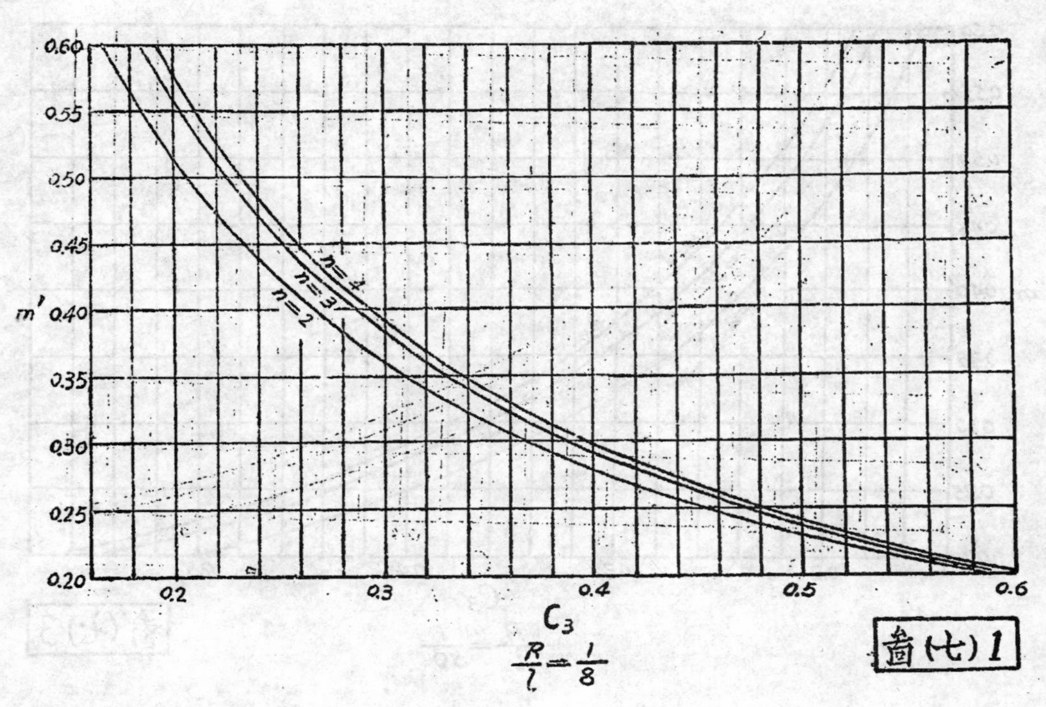

m'
0.20
0.25
0.30
0.35
0.40
0.45
0.50
0.55
0.60
0.2
0.3
0.4
0.5
0.6
n = 2
n = 3
n = 4
C_3
$\frac{R}{l} = \frac{1}{8}$
圖(七)1

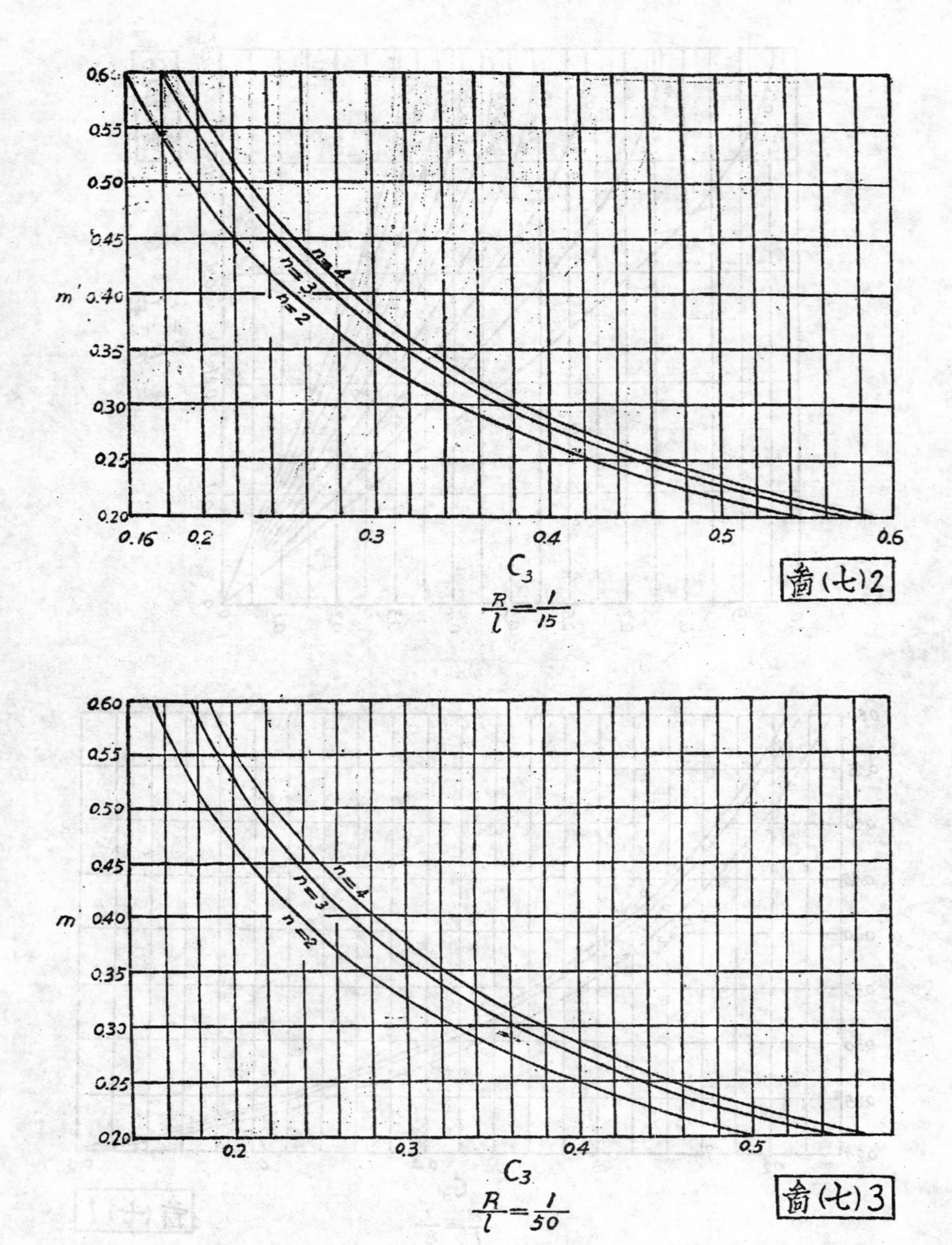
0.60
0.55
0.50
0.45
m'
0.40
0.35
0.30
0.25
0.20
0.16
0.2
0.3
0.4
0.5
0.6
n=4
n=3
n=2
C_3
$\frac{R}{l}=\frac{1}{15}$
畜(七)2
0.60
0.55
0.50
0.45
m
0.40
0.35
0.30
0.25
0.20
0.2
0.3
0.4
0.5
n=4
n=3
n=2
C_3
$\frac{R}{l}=\frac{1}{50}$
畜(七)3

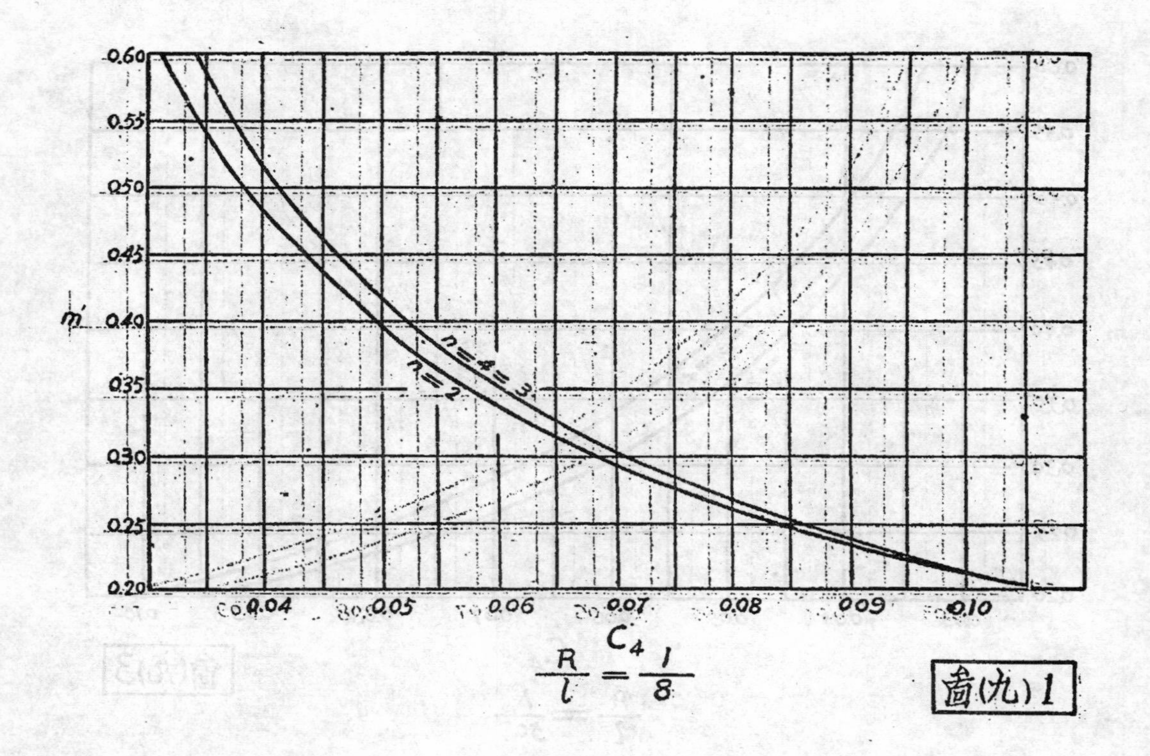
0.60
0.55
0.50
0.45
m'
0.40
0.35
0.30
0.25
0.20
0.04
0.05
0.06
0.07
0.08
0.09
0.10
n=4=3
n=2
C_4
$\frac{R}{l}=\frac{1}{8}$
圖(九)1

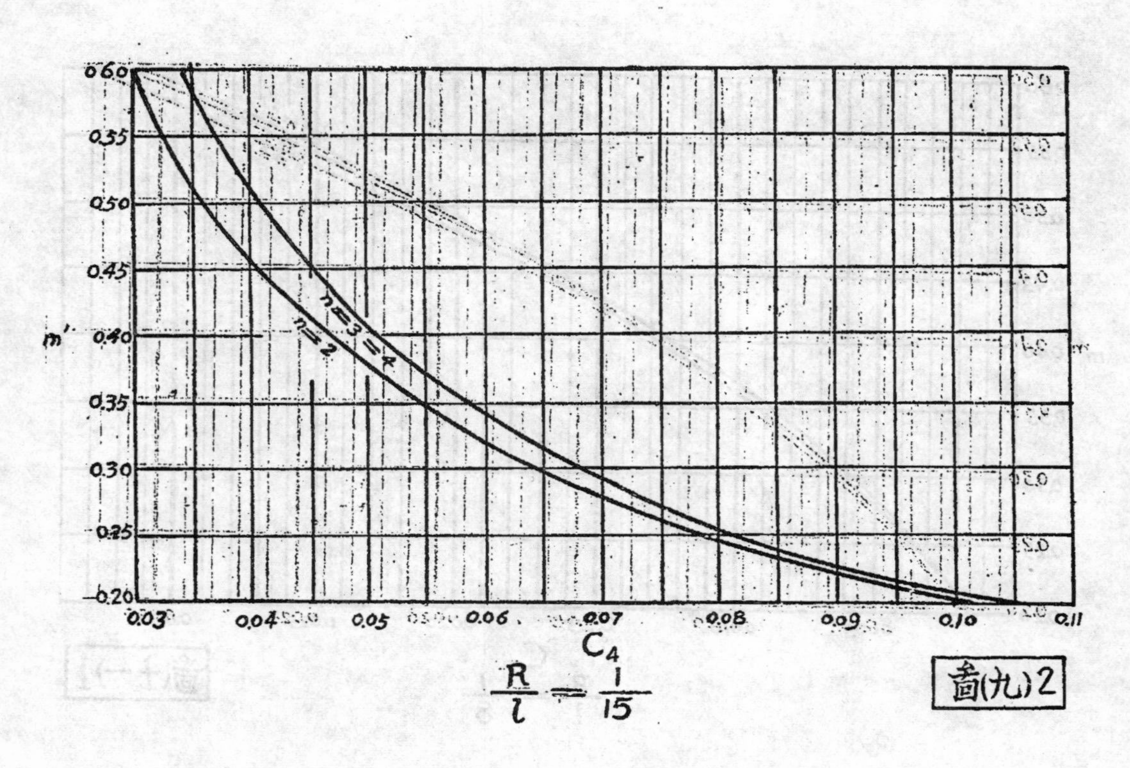
0.60
0.55
0.50
0.45
m'
0.40
0.35
0.30
0.25
0.20
0.03
0.04
0.05
0.06
0.07
0.08
0.09
0.10
0.11
n=3=4
n=2
C_4
$\frac{R}{l}=\frac{1}{15}$
圖(九)2

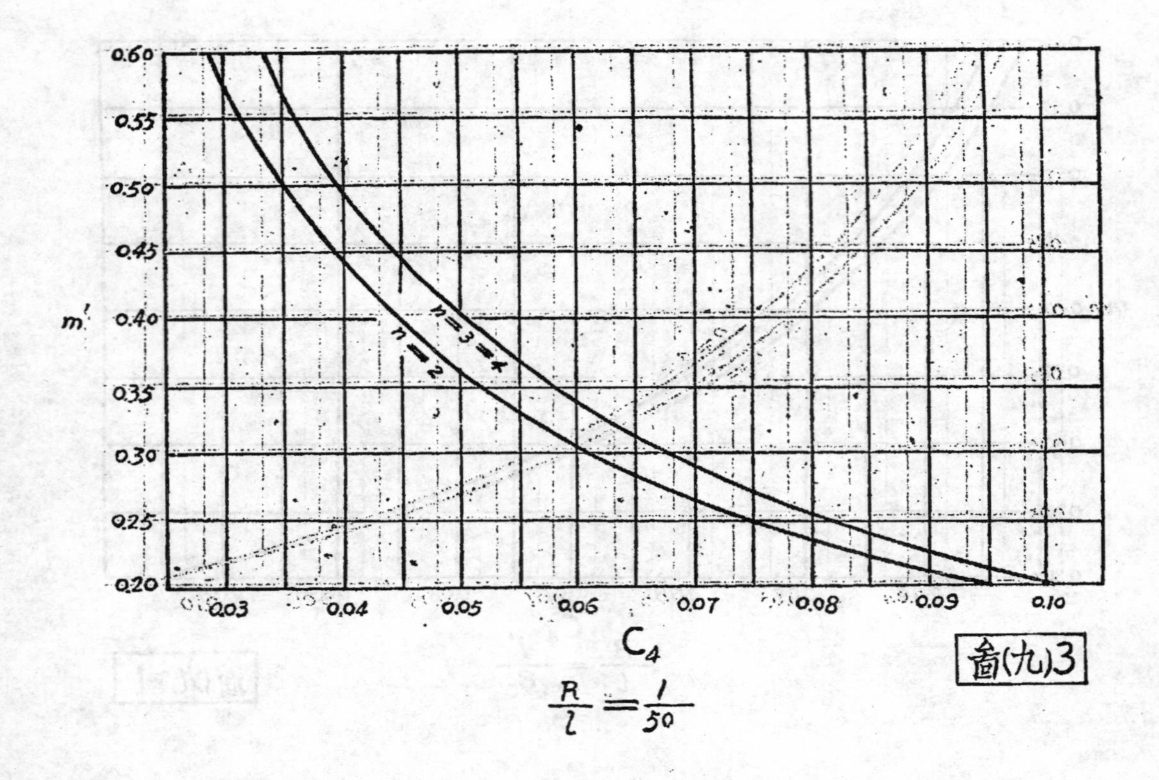
0.60
0.55
0.50
0.45
m'
0.40
0.35
0.30
0.25
0.20
0.03
0.04
0.05
0.06
0.07
0.08
0.09
0.10
n=3=4
n=2
C_4
畜(九)3
$\frac{R}{l}=\frac{1}{50}$

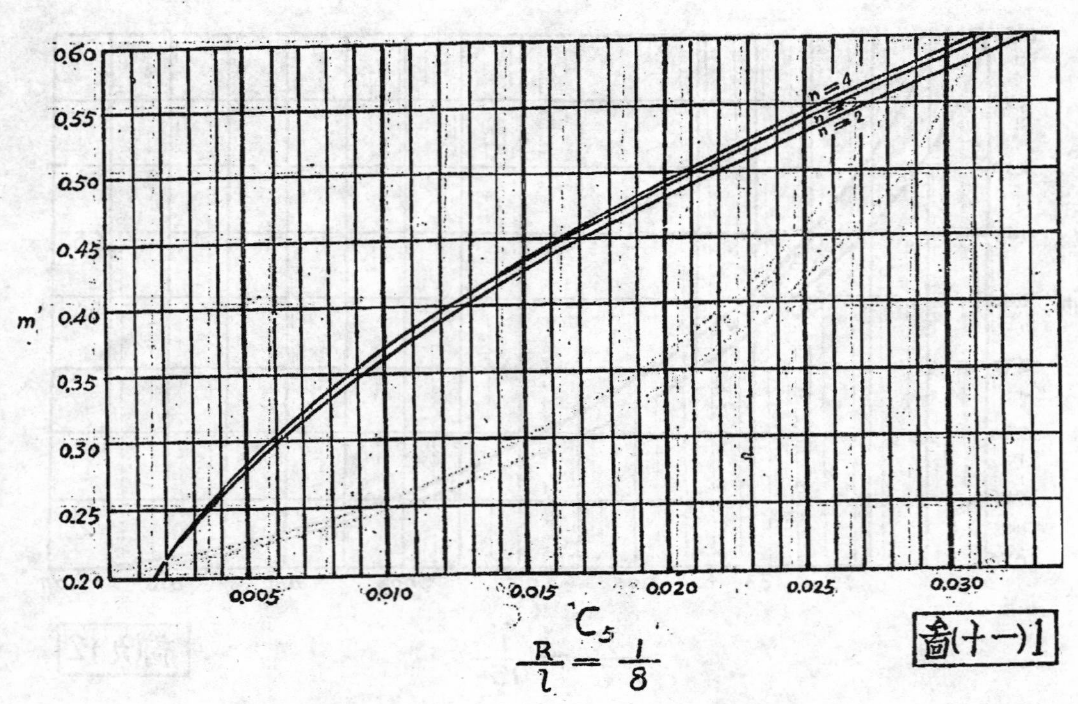
0.60
0.55
0.50
0.45
m'
0.40
0.35
0.30
0.25
0.20
0.005
0.010
0.015
0.020
0.025
0.030
n=4
n=3
n=2
C_5
畜(十一)1
$\frac{R}{l}=\frac{1}{8}$

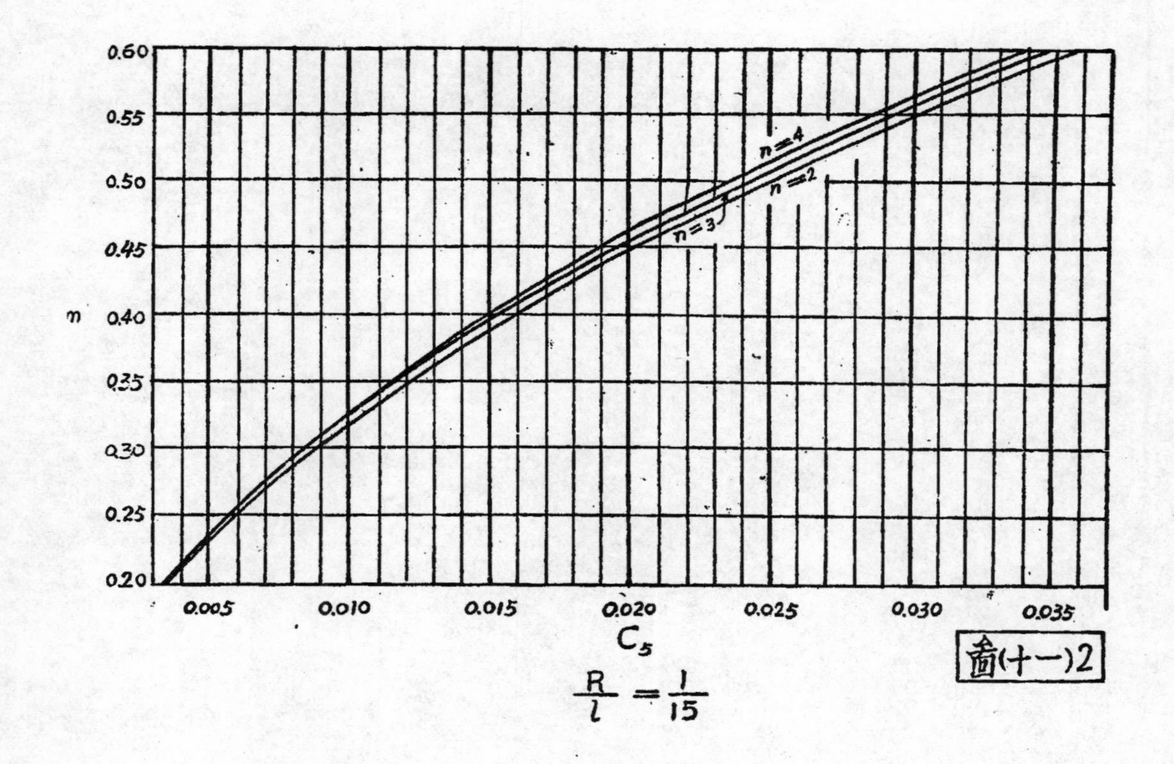

圖(十一)2

$$\frac{R}{l}=\frac{1}{15}$$

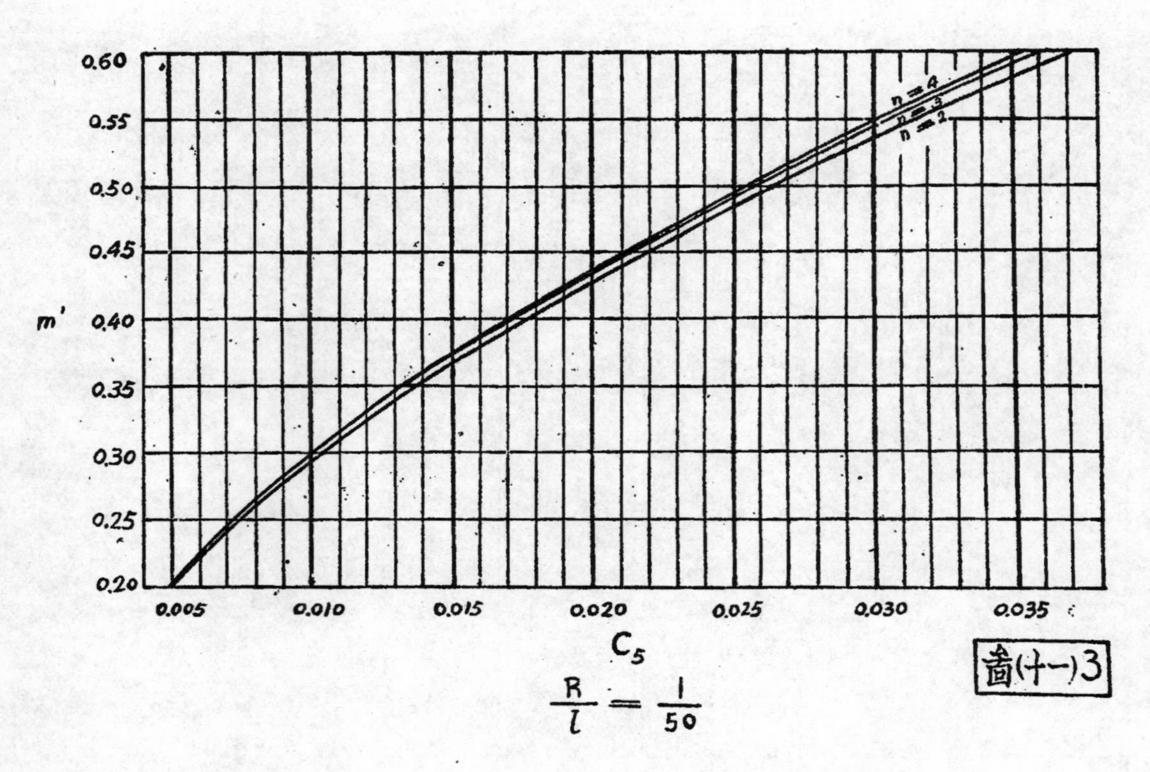

圖(十一)3

$$\frac{R}{l}=\frac{1}{50}$$

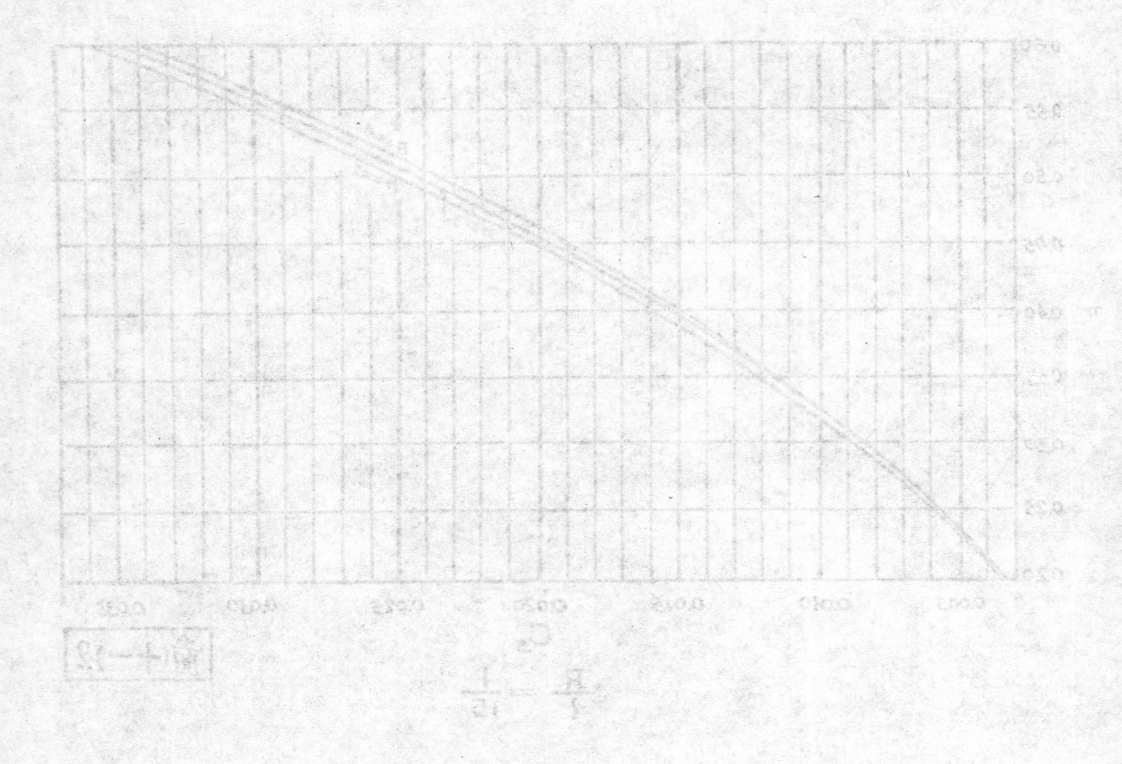

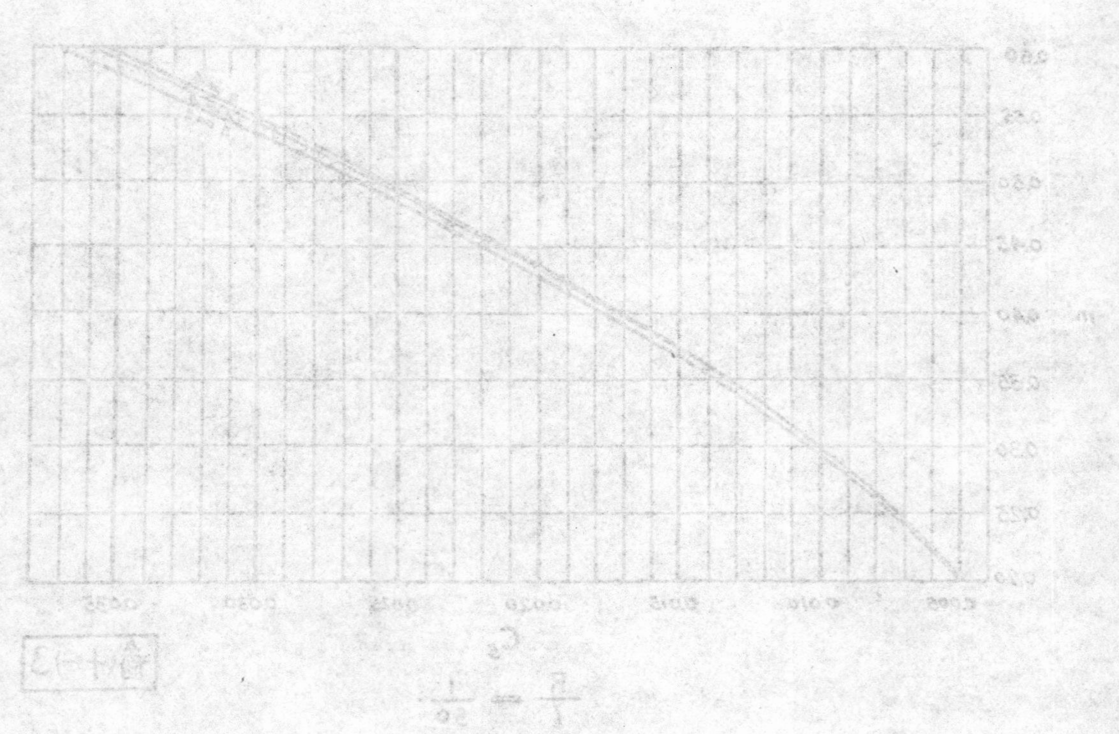

(2) 左邊土壓 $p_l = 3.33$%

$M_c = -1,700'$#

$T_c = 1,420$#

$M_{hl} = 865 \times 59.6 - 25,000 = 26,500$#

$T_{hl} = (-865 + 1420) \times 0.707 = 390$#

(e) 總計 M&T

	板梁中心		鋼節	
	M_c	T_c	M_{hl}	T_{hl}
死重	28,800'#	6.080'#	−107.200'#	12,300#
活重	21,600	2.870	− 50.600	4,810
溫度變化等	14,100	− 730	− 4.030	160
橋後土壓−右	− 1,700	1.420	− 25.000	1,620
橋後土壓−左	− 1,700	1.420	26.500	390
總計	61,100	11.060	−160.330	19,280

(4) 決定厚度

略去T，用普通公式 $M=\frac{1}{2}fckjbd$

fc = 1.000% fs = 18.000% n = 10

$$k=\frac{1}{1+\frac{fs}{nfs}}=\frac{1}{1+\frac{18000}{10\times1000}}=0.357$$

$$j=1-\frac{k}{3}=0.881$$

$$\therefore M=\frac{1}{2}\times1.000\times0.357\times0881\ bd^2$$
$$=157.3\ bd^2$$

板梁中心 $d_c=\sqrt{\frac{M}{157.5\times12}}$

$$=\sqrt{\frac{61.100\times12}{157.5\times12}}=19.7''$$

$t_c = 19.7 + 2.25$(鋼筋護厚度)

$= 21.95''$

剛節中心 $d_h=\sqrt{\frac{160,330\times12}{157.5\times12}}=31.95''$

$t_h = 3195 + 2.25 = 34.2''$

原所估計者 $t_c = 1'10'' = 22''$

$t_h = 3'8'' = 44''$ 均甚適宜。

(5) 定鋼筋 此可用普通方法，玆略去。

第二設計 假定 $t_h/t_c = 2.5$

可得 $t_c = 1'7''$ $t_h = 3'11\frac{1}{2}''$

以下從略。

(十一)結論 竊以橋梁設計者之責任，不僅在求安全之構造，並須在安全範圍以內，求其最經濟者。剛節構梁式之設計，若採用本文之圖解法，即可以最短之時間，得到最安全最經濟之結果，對於從事橋梁之工程師，或有若干俾益焉。

本文寫作，因時間倉促，又以非常時期，參加資料缺乏，錯誤遺漏，恐所不免，尙望國內工程專家，加以指導，則幸甚矣。

附言 本文之計算繪圖，承西北工學院水利系助教耿繼昌，劉培義，黃恩三君協助，特此誌謝。

反饋電路之分析

宋恩隆

（原係英文送登中國電機工程學會出版之電工雜誌）

中國滑翔總會徵求滑翔機起飛方法辦法

一、本會爲推廣滑翔運動起見，特設獎金，徵求各種滑翔機起飛方法，及橡筋繩之代用品。

二、範圍：

A、人造橡皮及舊橡皮翻新，或其他之橡皮代用品造成橡筋繩，以供滑翔機起飛之用。

B、其他起飛方法如利用人力、重力、機力等，但已知方法如飛機拖曳，汽車拖曳，斜坡起飛，不在應徵之例。

三、不論用何種起飛方法，必須使初級機離地二公尺以上，中級機離地三公尺以上，而所有材料均以利用國產者爲原則(初級機及中級機之性能見附錄)

四、應徵者須將其所發明之方法說明書，全部設計（包括詳細之計算）所用機械之圖樣及製造方法，送本會審核，（重慶青木關中國滑翔總會）本會審查後認爲合格者，以書面通知，其不合格者，全部文件退還。

五、應徵者於其所發明之方法，經審查合格後，而以私人財力不足試造者，可要求本會發給試造費，或由本會所屬之滑翔機製造廠試造。

試造費之限制：

1. 合於第二項A之規定，其試造費不得超過十萬元。
2. 合於第二項B之規定，其試造費不得超過八萬元。

六、不論本會工作人員，或附屬機關人員均得應徵。

七、應徵者所發明之方法，經試驗成功後，由本會贈與五千元至一萬元之獎金，視所發明方法之成效而定。

八、應徵者中有二人以上其發明相似或相同，獎金之贈與由本會酌量處理之。

附註：

如需要關於滑翔機或起飛要求更詳細之參考材料請函知本會當另郵寄

附初級機及中級機之性能

Dickson 初級機性能

全重 368 磅　　翼面積（副翼在內）170 平方呎

尾翼 48.62，平方呎，　　翼剖面 NACA CLARK.Y.H.

起飛風速 32.5 哩/時(52.2公里/時)最大滑翔比一：八

最小下沉速度每秒一、五公尺

H－17中級機性能

全重 180 公斤　　翼面積 9.30 平方公尺

翼展 6.69 方平公尺　　滑翔比一：一七

最小下沉度一公尺/秒　　起飛速度每小時約 70 公里

教育工程與國防建設

朱泰信

（此係補登第二期得獎論文）

一　「科學」「工業」與「工程師」

二十世紀是科學世紀，工業世紀，同時也是工程世紀。

我說「二十世紀是工程世紀」，並非在這職業立場上的私言，而有其社會哲學的意義。在十九世紀中葉，法國有一位礦工程師拉卜內（L Play）初發見社會學上一條定律，那便是「Lieod-Travanx-Famllle.」後來英國一位生物學家蓋德斯教授(Drof. Gelds)加以闡明，而形成他的社會哲學的正反三項式：「Place-work Folk」簡寫爲「P.w.f.」又「Folk-work-Place」簡寫爲「F.w.p」我曾直譯之爲「地方——工作——人民」與「人民——工作——地方」，這正反三項式在二十世紀初年，經蓋德斯教授及其門徒。所謂「文事學派之信徒」(Clvicists)，闡發運用，製成各種圖表符號，已被稱爲近代社會學裏的「微積分算學」，因爲他們借着這兩個基本三項式，曾分析了許多複雜社會問題，如我們土木工程師所習知的城市規劃，受蓋德斯教授之哲學影響最大，便是最著名的例子。

現在，我可以借着這公式的光，來解釋第一句話。按照蓋德斯教授的說法，所有自然科學，都是從「地方」，或說自然環境裏產生的，所以「地方」在現代可以代表一切自然科學，「工業」這兩個字，當然可以包括近代最主要的「工作」了。至於『工程師』，便是一方面由科學與工業所形成的『人民』，同時也不斷地在發展工業與昌明科學」，換一句話說：『科學』，『工業』與『工程師』正是二十世紀的『地方』『工作』與『人民』，不多也不少，由正面說來，便是「科學」——「工業」———工程師—。由反面說來，便是有了工程師，方能形成工業，而至昌明科學，合於「工程師」——「工業」——「科學」。所以就研究對象（地方）而言，我們說「二十世紀是科學世紀」。就「工作」形態而言，我們說這是「工業世紀」。但就其主要活動人物（人民）而言，這是「工程師世紀」。

在「工程師世紀」，便一切有「工程化」之趨勢。或說工程師的精神及其方法，在二十世紀是浸潤影響了一切，這究竟是好是壞，我們暫且可以不管，我們現在所能做的，便在認清這是一件事實，方可免去時代落伍之譏。

二　工程師與工程化

在二三十年前，我國一般政論家，還在那裏討論我國是否應以農業或工業立國的時候，歐美各先進國家，便早有了農業工程師，應用其農業工程技術與方法，將其國內農業發展到我們號稱農業國家，所不能夢想的地步，在十餘年前，那時我還在歐洲留學，便發表過一篇文字，題爲近代社會觀（見學生雜誌）曾指出社會進化，在經濟工作方面，由漁獵（A）畜牧（B）農業（C）而至工業（D），其社會內容原是積聚式的，而非互相排斥的。設以（A）（B）（C）（D）代表此四種基本經濟工作（或稱作「行業」「Occupation」）及其所形成的「文明」，我們將見所謂「農業社會文明」不僅僅爲C而實爲（A＋B＋C），同理近代「工業文明」不爲D，而爲（A＋B＋C＋D），如此，我們將我國社會與西洋相比，卽刻發見那不是僅僅地(C)與（D）性質之不同，而是農業社會（A＋B＋C）缺少一個D項，其嚴重殆無異於在動物界裏，有無脊瘠之差別了。我們這次對日抗戰，便是以「農業社會」對抗「工業社會」其優劣形勢立見。我們這次流血的教訓，大概可以永遠杜閉那些時代落伍的口了！

在工業世紀裏，我們永不要再幻想可以獨立地「以農立國了」！

試看這次德蘇戰爭，蘇聯所以能支持者，正在其農業國家，經過兩次五年計劃之工業化，已有相當成就了，當然蘇聯並沒有工業化到家，否則，德國也不敢侵犯了，實則，現在所有交戰國家的武器，無論用之於侵略或防禦，無一不是工業社會的結晶品，這樣，我國卽刻可以看出我國的「國防建設」大道——實在，並沒有什麼旁門左道——就在如何加入「工業」這一（D）項於農業社會裏。

當然，這不是一種簡單的代數加法手續，如我們過去仰給於舶來品所優爲的！而必須有所「創化」(Transformation) 換言之，我們必須有大量的優良工程師，勵行工程化，方能使「農業社會」由內向外地，化爲工業社會，因爲農業社會與工業社會，雖其基本因子有相同的，而正因(D)項之差，性質則根本不相同，所以必須有一番「變化氣質」工夫。按「變化氣質」原是我國教育哲學裏所訂的個人教育目標，但是，我們現在所需要的，是以「整個社會」與「一個時代」作對象，使之由農業社會進入工業社會——那一種「大規模的變化氣質工夫」。這與過去個人教育最不同之點，是在後者祇是性質上的問題而前者則須包含有數量的觀念在內。

「個人教育」注重於個人氣質之轉變，是屬於一般教育家的範圍，整個社會氣質之轉變，則有賴於今後「教育工程師」的努力了。所謂「教育工程師」，便是那一類工程師，他能應用工程師的精神與方法，到教育事業上，而可以收效致果的。換一句話，便是實行教育事業之工程化的，「工程化」之特徵，可括爲四項，卽：——

(甲)大規模 (乙)數量的 (丙)利用機械 (丁)配合嚴密。

試想在一定時期內，要使整個社會，由農業時代之性質，化而爲工業時代的，在教育上，我們除了「大規模的設施」「數量的設計」「各種機械的利用」與「各部份之嚴密配合」而外，還有什麼辦法，可以達到我們的預期結果？

三 教育家與「教育工程師」

當然，我在這裏不是說教育家對於這種大規模變化氣質的工作，完全沒有用，反之，正因爲他們的用途是在提高品質上的；他們的方法是注重個別的訓練；教育家而無「教育工程師」，正如我們現在的醫學家不得「衛生工程師」一樣難得最高度的效率。

教育家與「教育工程師」的對比，正如醫師與衛生工程師的對比；他們各有各的範圍與對象，各有各的方法與途徑，原無軒輊於其間的，但須注意者，是醫生的個別方法，爲人療治或預防，倘不得衛生工程師的大規模工程方法，治療整個的地方使成合於衛生的環境，則一國的公共衛生作整個事業來看，是永遠達不到如現在英美那樣健康標準的，實則，一個現代醫生，便是關於其個人執業問題，倘不能儘量利用工程方面所供給的種種設備與便利，他至多不過是一個洋化的「走方郎中」而已。因爲他是犯了時代落伍的重症，他忘記了他所在的世紀，是「工程師世紀」了，原來，所謂「西醫」或「近代醫術」便是「機械化」的醫術呀！同理，教育家，倘不得「教育工程師」的幫助，無論其本人是否從歐美歸來，也終不免還「冬烘先生」之譏！

近來報章上常著社論，責備我國教育界落後，有的甚至於說到我國「教育破產」了。其實，我以習工程者的眼光來看，正是由於我們的教育在近百年來，並未置有什麼新產，過去祖遺的產業，收入有限，不夠現代的開支而已，所以，我國今日的教育問題，乃在教育事業規模太小，教育機關本身不夠健全，教育家人數因之少得可憐，不夠形成一種新勢力，來轉移社會風氣，變化個人氣質。此其弊病，我在另一篇文字裏（「工程教育與教育工程」見教與學第五卷六期）曾指出我國過去走的祇是教育家的路，而未走過教育工程師的路，後者便是在運用工程方法，大規模地處置國家整個教育事業，形成工業社會的「教育環境」。祇有在這種環境下我們的教育家才容易發展其天才，提高其教學效率，而達到「變化氣質」的目標。

提到「工業社會的教育環境」，即刻使我們能想到歐美的科學與工程。歐洲的科學，美國的工程，的確是近代文明裏兩座偉大的燈塔。我在這裏特意將科學與工程分開來說的，因為前者目標是在求真理，注重準確性，而後者的目標則在做成事，注重「有效性」我們應當說運用「科學的方法」去做學問，但是要做成事情便須跟着「工程路徑」原來前者是注意於分析，後者在綜合，所以我們習工程者，對於「有效性」懂得應較任何人為透澈的。習科學，我們到歐洲去論工程，我們須到美國。那裏各種事業，規模大，數量多，機械利用得最普遍，配合嚴密到如其「效率工程師」所能幻想到的程度！「工程化」這四樣特徵，在美國是最為顯著了。所以在美國，「工程化」的努力，也最容易看得出。不特是工程這一行，分門別類在美國特別多，少說些總有一百種——不管基本工程不過分為五六類。並且更有一種趨勢，就是，將「Engineering」這一字，可以隨便放在另一字後，而成為一種名詞，表示其具有上述四項特徵。如「社會事業工程」「公共衛生事業工程」「人事工程」「防疫工程」。從美國的工程分門別類之多，我們可以看出其分工專精到如何程度。從其習用「工程」這名詞，我們可以知道其工程化的勢力偉大普遍到如何程度！

我在去年夏初用「教育工程」這名詞，相當於「Educational Engineering」，沾沾自喜以為是自己一個新發明。但是，後來看到美國橋樑工程寶華德爾博士為前鐵道部寫的關於工程教育報告書上，他早用這名詞。不過，他用這名詞仍在狹義裏，原屬於工程教育範圍以內的，那便是工程事業界與工程教育界如何合作的辦法。可是我用「教育工程」這名詞，却用在廣義裏，那便是以教育事業為對象的一支工程學術。當然，這廣義的「教育工程」，我也不敢自以為創見，那原是脫胎於「衛生工程」這概念的。一般工程學術，都立基於數、理、化三鼎足上，而衛生工程，則須於此三足之外，再加上「生物學」一足。至於「教育工程」又須在此數、理、化生物四足之外，再加上一足，那便是社會學或說「人事科學」更好些。其實這五門基本科學代表了我們現有的科學知識，自最簡單到最複雜的，可算應有盡有了，乃能容許一種完備的綜合，原來，按照「工程」的定義，是說應用科學，開發自然資源，以為人類謀福利。「科學」兩字在現在當然不僅限於自然科學了，我們必須加入心理學，社會學等，不管其尚在幼稚時代，自然資源，當然也不應只限於物資方面的，舉凡人的智慧及其心靈力量，均當包括在內。過去，狹義的「工程」學術，祇討論及物與物間的關係，而讓工程師去調整人與人間關係。所以「工程師」的定義，不僅是要設計工程，而加上指揮工作。注意這「指揮」兩字，那便是說調整人與人間的關係至相當合宜的狀態之下，方能工作，完成一種工程呀。

現在，我所說的「教育工程」，從學術立

場而論，便是要在研究物與物的關係之上，進而研究人與人間的關係。或說：「教育工程」是一支廣義的工程學術，應用一切科學，開發一切資源，為人類謀福利。「教育工程師」在我國現狀下，其能事便在形成一種工業文明的教育環境。以發展我國今後整個的教育事業。

四 教育工程學科之建立

「教育工程」當然是一支比較艱難的工程學術。其所需的基本科學既是那樣複雜；同時一個學習者能否作那一種「綜合」，也是一個問題。可是，倘我們先有一種合宜的工程學術環境，則在此環境下，建立這一支工程學科尚不是不可能的事。所謂合宜的「工程學術環境」，我是指着「完備的工業學校」，在這種「完備的工校裏」，我們可以設立有「教育工程系」。（關於「完備工校」的論文一稿，我曾在「七七」那一年太原工程師學會年會前寄去過，後來年會未開，我的論文稿也失落了，現在，這裏還有兩張藍圖，可以代表我的「完備工校」之概念，玆特附上，此外，我去年發表的那一篇工程教育與教育工程文裏也說到這種「完備工校」的特徵，計有十點，（請參看教與學月刊五卷六期），因為祇有在這一種「完備工校」裏，我們可以眞正生活在近代工業社會文化環境裏，花樣既多，見聞亦廣，這樣陶冶出來的人才，做「工程司」方不至落於工匠式的專精；做「教育家」，也不得流入於冬烘式的拘迂了。

關於教育工程系的課程，我現在不必擬出一個詳細具體的說明，但其輪廓，可得而定的，是以三年土木工程科目，或最好四年「一般工程」科目為根基，向後再予以兩年或一年的專修及研究科目，，專修科目，自以社會科學，如心理學，社會學，教育學為主，至於研究科目，則仍以限於工程科學方面為佳，所以使習者有一些「研究」訓練。當然，我們不應先存一種希望，以為設立了教育工程系，便可以培養出許多教育工程師發展我國的教育事業至理想地步。但至少，我們可以希望由這一條新路徑，先盡量培植一些工程教育的師資，以及「研究工程師」，檢驗工程師」，「規劃工程師」等等人才。我們過去對於這一類「靜的工程人才」，忽略太甚，以致我們現在有種種困難發生，如工程學校不易請到教員，工程研究室無法成立，各大事業機關沒有規劃部，是最顯著的例子。並且，還有一個大危機，那便是「靜的工程人才」缺乏，終至將來「動的工程人才」（我是指着參加實地工作的人們）來源斷絕，即不斷絕，而我國的工程師將永不夠多，也永不夠好，所以和歐美國家比起來，我們的工程學術必仍留在工匠式的形態裏，而無法自拔。

五 教育工程人才與工程教育中「量」的問題

培植教育工程人才，不過是建立教育工程事業過程中一小步——但無疑義地是最基本的一步。因為由這一步，我們便可以跨入發展「工程教育」的事業裏，再進而達到我們的目標——轉移農業社會氣質，而形成工業社會的教育環境。

在這一大步——發展我國工程教育中，我們就工程師立揚，祇能希望來解決「量」的問題，而將「質」的問題交與教育家或工程教育家去解決。因為沒有人再比工程師知道「量」的重要及其實際上的祕密了！我在上面所說的「工程化」四大特徵，其實都是以數量的神妙運用，而貫串為一的，數量的本身，特別是實用方面的，是注重要大，然後方能變化多，無論分配，排列，或轉變，都容易為力。工程教育中「量」的問題，自然不是例外，所以，我們現在最需要的，便是大規模地建立工程學校，大數量地培植工程師及其助手的各項工程人才，過去學究式的打算，以為技術人才太多，沒有事業可以收容，失業問題嚴重，於是乃有「重質不重量」或以「兵在精不在多」這一類話，來掩蔽其目光短淺！實則，我們現在可以明白我國工程事業所以落後，正坐在這種因噎廢食的政策，將工程事業，在其懷胎時代便損害了！倘是我國習工程的人數既多，便自然會形成一種風氣，以事業為重，以追求新知為急務，大家便會做着工程的事，談着工程的話。乃至想的也是工程，夢的也是工程了——這樣，方可達到我所說的「工程化」地位，孟子所比方的學語言辦法，是顛撲不破的眞理。我們過去送留學生到外國去學工程，原是應用這辦法，無奈這辦法運用得不十分澈底，就是起首一般習工程的留學生人數太少了，不夠形成一種風氣，推行「工程化」，反被原有的舊勢力所腐化了，一直到最近十餘年來，我們習工程的同志們，特別是自北洋，南洋，唐山這少數有名的「專精工校」（吳雅暉先生在「五四」那一年，為這三校加的徽號）出來的，漸漸加多，方能對於國內各項工程方面，稍有表見。但其形勢脆弱，不言可喻！社會人士不明白這「數量」祕密的，常責備我國的一班工程師太無用了。他們不知道我國的工程人才數量太少，不夠形成工程化的實力，到處都有孤掌難鳴之慨，結果，這少數人只有兩條路可走：一是要遷就舊社會勢力，附之而略有所建樹，二是不合時宜，等得在工程本行上一事無成，終至改行，但有一事足以告慰的，便是受過工程教育之薰陶的人們，無論其以後的遭遇如何，似乎異口同聲地稱讚工程教育是一種有效教育，立己立人，獨善兼善，都有其意想不到的功效。這也許可以解釋為什麽在近五年來，青年學子投考工科者佔大多數。換一句話說，「工程化」勢力現在雖然尙談不到，但其源泉確在那裏，「涓涓始流」了。

現在讓我們借美國的例子，來解釋工程教育中「數量」的祕密。

哈孟德（H.P.Hanumond: Ed ucating the Civil Engineer C. E. Nov. 1931.）在一九三一年估計美國工程學生人數在七五，〇〇〇，每年工程新生入學人數在二五，〇〇〇，畢業者在一〇，〇〇〇。按照瓦爾乔校長的一九三八年一個演說裏給出美國工程學校的數目在一五〇至一五五之間，都是大學程度，授予學位的，但關於美國的工程師數字，郝益特在一九三六年估計第一六四，〇〇〇人（見C. E. March,1936P.197.）。可是美國最近為推進國防工程建設起見，仍感其工程師人數不夠，去年聯邦政府，由國會通過一個議案，以九百萬美金補助各工程學府，為其政府造就相當於大學畢業程度的工程人才三萬名。如最近美國之最老工程學校閔賽里完備工校，本年六月之報告書上即敍述及該校現有「國防工程訓練各科」收容夜課生達一千二百名。此外尙有「海軍後備軍官訓練隊」，係受海軍部之委託而設立，作為培植海軍軍事工程人才之用，此僅為美國七十二個海軍軍官訓練單位之一。預計在一九四四年度，美國全國進此種訓練科者，可達七千二百名云。又美國，自羅斯福總統連任第三次以來，早已無形地變為全世界民主國家的大後方，各項工業均在刺激發展中，則其示有各工程學校年來新生數目想亦當在激加中——記着一九三六年，美國仍在實業大恐慌之餘波中，所以，我估計美國的工程師現在數目在二十萬，也許還有一點保守意味在裏面，這樣對美國人口一萬萬三千萬（130.000.000）的比率，是合每六百五十人中就有一個工程師了。當然，這些工程師，將來未必個個執他的本行業務——實則，美國勞工統計局在實業恐慌時期內（1929—1934）所發表的字，只有52.589工程師，但是這祇是代表調查中有回信的一部份。至於美國四大主要工程學術團體，在一九三五年繪出的統計曲線，示出在一九三二年，為各學會會員人數達最高峯之時，計

(一)機械工程學會(A.I.M.E.)	20,000(從篇上估計者)
(二)電機工程學會(A.I.E.E.)	17,600
(三)土木工程學會(A.S.C.E.)	15,300
(四)鑛冶工程學會(A.I.M.M.E.)	9,000
共　計	62,100人

但是他們既受過工程教育，又在早年有些職業的他棣，數最是這樣多，我們卽刻可以想到美國的工程化實力該是如何的偉大

國父生前昭告國人，要「迎頭趕上」。這明明是「人才」而非「物資」。我們過去該花了多少錢造鐵路公路買飛機，汽車，汽油以及軍用品等外。但是我們似乎忘記了提出很少一部份錢，來大量地培植土木，電機，機械、鑛冶、化工等基本工程人才，以致，我們似乎總在人家後面追着，而永無趕上之望！這不特是利權外溢，且因之受外國奸商所欺騙，而為一般工業社會人士所看不起。美國在一九三一年，按照哈孟德的估計，投資於工程教育機關的，總額為375,〇〇〇,〇〇〇，每年經常開支為35,〇〇〇,〇〇〇，一個美國工科畢業生費用相當於三千美金，至於每名工科學生每年所攤的經常費用，約合五百美金。這些數字，原與抗戰前我國工程學校的相當，不過將美金改為國幣而已，(按過去交大唐院，在前鐵道部直轄之下，每名學生每年經常費約攤六七百元，是為國內最高額的紀錄了，)不過，在美國，每一個工程科畢業生總費用，卽連其個人生活需用在內，約一萬至一萬二千美金。這在我國抗戰前，平均只要五六千元，便足夠了。我們倘是預備將來每年造一萬名工程畢業生(便是照這樣數目，我們仍是永遠趕不上美國的！)卽照抗戰前唐山的標準，每年政府與社會合起來，也不過花五六千萬元，而政府所須出的尚不及一千萬元。(當然這是指着抗戰中的國幣)，這在過去並不算多，在現在國防建設預算中，更佔丕到什麼成分了。

從工程教育的觀點，我們業是工科學校有如工程人才之「子宮」，工程人才在學校裏是受着「先天」的氣血所滋養，在社會上各種事業裏，工程人才尤應有其後天的培植。先天氣血充足，後天環境優良，這樣方可保持「工程人才」之發榮滋長。實則，羅斯福總統在其第一二兩任裏，毅然執行其救濟失業的偉大計劃，便可視為「後天培植」一個最好的實例。倘若，美國在前十年中，果然照着一班拜主義者的意志去做，不以國家人才為前提，而只問私人是否有利可圖，則美國的工程師數目也必減到最可憐的地位，說不定這時希特勒眞統一了新舊世界！但記着！希特勒自一九三三年上台後，在德國勵行的政策，原與羅斯福的大同小異，所以我最近猜料到德國這次所以能侵略到現在，而似仍有餘力的——因為最近英國國會辯論演說中，仍承認德國所能利用控制的資源，較之英國的尚佔優勢！——也許由於他培養了極大量的工程師，在戰爭未起時，固似有剩餘：但在戰爭既起之後，侵略到別的國家領土，便卽刻佔領其工廠與資源，由其工程師去整理利用了，換一句話說，便是德國這次在其眞正的「全力戰爭」局面之下，除去其狹義的工兵隊以外，必另有其「工程師隊」，工兵隊鞏固其佔領的陣地，「工程師隊」便鞏固其所侵略的土地，使其很快地變為大後方。

這便是「量」的祕密！從瞭解這種祕密裏，我們必須徹底地糾正我們過去的謬見，而來培養大量的工程人才，以備推動並發展此種將來事業之用。

末了，培植大量工程人才，本身便是目的。

六　國防建設作另一支廣義的工程學術看

國防建設，雖屬千頭萬緒，似乎不知從何說起！但是「十年生聚，十年教訓」的成語，早已指出國防建設，仍不外工程與教育兩件法寶。讓我們再借蓋德斯教授的三項式，來對這問題先作一點社會哲學的分析，所謂國防建設，申言之，便是要「我們」自己能「建造」一個國防鞏固的「地方」而已，注意這句話中三個主要的因子，仍是「人民」——「工作」——「地方」這三項式之重演。這裏「人民」須包含着兩部份，一部份是直接的從事於國防工作者，如軍事家，工程師，教育家乃至政治家等等領導地位的人物，另一部份便是具有國防意識，可以與正為國防出錢出力的民衆。不用說這兩部份「人民」，均有待於教育，大規模的有效教育。「工作」當然是包含近代一切科學與工程所能供給的知識及其應用技術，那更是有待於教育了——專精切實的教育。「地方」在這裏是指看經過人工改造，合於國防條件的地方，那當然不僅是指着軍事要塞而言，凡是城市，鄉村須近代工業化的；農田水利須用近代科學改良處理的，乃至開發利用的礦山，森林，海洋之區等等，只要能合於鞏固國防條件的，都可包括在「地方」這因子之中了。這當然有待於「工程」，無論是軍事工程，文事工程，或其他各種各式的工程，均無不可。這樣，我們將見所謂「國防建設」與「教育工程」原無二致，同是一支廣義的工程學術了，實則，國防建設有似外表軀殼，教育工程便為其內在的靈魂。所謂「有軍事者必有武備」，這裏却有其較詳細的說明了。

我們現在誰都覺悟到沒有國防，不能立國於現世，但似乎尚未知道一國真正的國防，原不在其外表的物質文明，而在其內潛的文化動力——那便是我所說的「教育工程」，對之要致力開發利用的。老子說過：「國之利器，不可以示人」，一國的國防建設，萬不能假手於外人的，所以一國的國防，便在其人民的「靈魂」裏，這裏，「靈魂」一語，是包括了一切歷史文化乃至個人道德智慧，情緒等等。試想，現在那一個近代國家的戰爭工具不是其靈魂的物質表現。他們在平時維持着工業社會的繁榮，好比是結飛機大炮坦克車一顆果木的大樹。在尚未開花結實的時候只伸些青枝綠葉而已。等到時候成熟，他們卽刻可以產生戰時利器了。換一句話說，近代工業社會，形成的生產機構，實在是一副偉大複雜的機器，在無論何時，只要感到需要迫切，便可以用來製造國防利器的，我們現在被敵機炸得怒吼，誰都在那裏想自己能製造飛機，報復抵抗，但是製造飛機，談何容易我們不特留到外國留學，一時未必學到最好的製法。便有幾位，甚至幾十位學好了回國以後，可找不到那一種歐美國家的工業機構，互相聯繫補助着，結果仍是孤掌難鳴，一事無成！所以，我們不講國防建設則已，要真正建立國防，我們必須由自己能形成了一個工業社會，而將國防建築在工業基礎上，方是有效的途徑。

更就國防建設的交通問題而論，過去，我國是被逼迫地假手於外國人。結果，沿海岸線的口岸城市，遂成過去的交通建設中心，而向內伸延展等着鐵道公路。所以，這次敵人可以藉其海軍力量，利用這些城市作為根據地，而沿那些交通孔道向我國腹心地帶侵略着。我國內地，反因過去交通建設之脆弱，工業不能發達，便處於偏枯不利的地位。這是一個最慘痛的教訓——「國防建設假手於外國人」的教訓，應當為我們國人子子孫孫，所牢牢記着的！我們現在必須堅決地要做到「國防由自手完成之」這一步然後方配說，「中國者，中國人之中國也。」否則，「人為刀俎，我為魚肉，」所有的美妙話句，均不過爲刀俎上一陣嘈雜聲音而已。

現在，讓我再舉一個具體的例子，說明「教育工程」與「國防建設」之關係。倘若，我們現在決定了要培養，有國防意識的民衆，第一步當然在掃除文盲，第二步便是灌輸人民以國家觀念與歷史光榮。這裏，倘我們專用教育家的辦法，自然不外多設「短期民衆訓練班」，「平民學校」乃至如從前提倡過一陣的「統一國語」運動，「小先生」制度等等。但在我們以工程師的眼光看來，這都是不夠準標，收效有限的。我們必須「掃除文盲」當作一種事業，其規模之大，是容許運用工程方法來解決的。所以，我們在發動夠多數的教者以外，必須注意到利用近代各種科學與工程上之發明，如無線電，播音機，電影片乃至汽車，馬路，飛機，氣球凡是能利用上的，我們都應加以利用。結果，不僅節省人力，並且加強刺激，提高民衆的興趣，因而易達到教學最高效率。實則，德國納粹徒的宣傳，所以那樣有效，乃是宣傳事業的機械化。或說他們形成了一種「宣傳工程」，規模大，數量夠，利用各種機器，配合嚴密。這是，我最近看到美國的地理雜誌上刊載的柏林的種種景象，終我有這樣感想的。我常以爲我國的一般教育程度，所以不及歐美的，並非由於我們人不夠聰明，教者不佳，或是習者不用功，而是由於工業社會文化環境在我國尙沒有形成。試想，一個倫敦的小學生，有機會到動物園，科學館，博物館乃至看大街上店舖裏種種陳設貨物，所以能在玩耍中得到了近代知識，具體，現實，而又深刻，遠非我們在農業社會的環境，所能夢想到的！這便是說，歐美等國，早具了「教育工程」之建設，遂形成一種教育環境，使得他們的國民不會成文盲，更不容易不覺到其本國的歷史光榮。所以他們的國防建設，特別來得容易，試看，現在世界上三個最偉大的工業國家，美、英、德，國防建設最爲可觀，同時其人民也最爲愛國！

七 德國之榜樣——「有效性」及其限制

德國，這次從嚴正的「國防建設」觀點而論，已證明其爲一個最「有效的」強國了！所謂嚴正的國防建設，便是指着這一類建設，用來專爲「自衛」，「反抗侵略」與「報仇雪恥」的。德國在去年這時，便早已完成了這種嚴正神聖的使命了，這件事在近代史中，當然可算是一個神奇事件。正因其近於神奇，我們便將這「神迹」歸功於希特勒一人。但是，自我初習物質科學之年，我便聽到我的外國化學教授，嚴正地對我們宣稱道：(可譯爲在自然裏，便沒有什麼事是超自然的。」這句話對我的印象太深刻了，可說二三十年來，我的思想便爲這句話的意義所刺激着，以致在去年舉世認希特勒爲神人的時候，我在暑假間對我的朋友說：「希特勒在這次戰爭裏，不過是德國軍部所放的一個最偉大驚人的煙幕彈而已！」我說這話時，尙未讀到惠勒本納特的名著興登堡傳 Wheelor-Benne It: Hindenburg. the Woodeu Titan 1936 出版)，這一本五百頁的厚書，我居然看過了兩遍！從這本書上，我對於上一次歐戰慘敗後的德國，有了些正確的觀念，同時對於希特勒及其納粹黨徒，也有了相當的認識。這樣，證明了我的判斷並不如我的說話那樣與衆不同，原來，「在自然中，便無超自然的事」呀！

德國在上一次歐戰慘敗之後，按照凡爾塞條約的規定，其偉大的參謀本部予以解散，陸軍常備人數不得過十萬人；並且服役年限延長到十二年；軍工廠中不准造重兵器。在這樣苛刻的條件下，德國的軍事天才威克特將軍(Uon Seeekt)運用其神機妙算，一方面改組充實了德國國防軍，使其十萬士兵在高強度的訓練教育下，可一變而成爲十萬軍官；另一方面與蘇聯在一九二二年訂亞帕羅條約(Tnat yof Rapallo)附帶有秘密軍事協定，那便是，蘇聯供給德國以重兵器，德國供給紅軍以軍事教官。實則，去年德國的戰略，在一九二〇年，早由咸克特將軍訂下了。因為那時英法的參謀部，以為凡爾塞條約所規訂的解除德國武裝的條件，並不澈底。倘是不能將德國人一網打盡！於是他們要求德國引渡，所謂(戰事犯)，那便是德國主要的軍事將領，都要做英法兩國的囚犯了！咸克特當然即刻看出這一個條件苛刻到無法接受的地位，自然在他那樣天才軍事家的眼光看來「人才」是國防最根本的利器。所以他主張以武力反抗這種要求。他那時所訂下的戰略，在西線先撤退，而東出壓迫並穿過波蘭好與紅軍聯合，再返而向西線進攻，當時便有「引紅軍到萊因河上」的口號。當然，這是德國的眞正孤注一擲了，可是，正因為決定要這樣一擲，英法的外交家祇好撤回要求，（見該書 ph.289-296）

另在 1939 年四月出版的美國外交季報（「Foreign Affairs」）上，從前德國軍官學校的軍事學講師洛辛斯萃 (Rosinski: the Reicheswehr Te day)論及德國國防軍在這次戰爭前的狀况，說是條約限制人數少，服役年限長，每年祇須選擇八千人，所以結果所挑選出來的士兵，體力智力均在一般水準之上，再加上有長期強度的訓練其可能的發展，早使歐洲各國軍部焦急害怕了。最近我在英文大陸報上，讀一篇轉載的論文，作者述及德國的「地理政治研究院」之內部情形並其院長郝斯和福教授(Major-Gren. Brof.r Karl Haushofer 的活動與勢力。我方恍然大悟，原來德國的參謀本部是在這樣無害的名稱下，隱藏着作為世界上有史以來的一個最偉大的「妙算處」了。這裏，容下一千多科學家，工程師，軍事學家，以及其附設的各式各樣的情報機關與間諜網，遍織於全世界。希特勒及其所領導下的黨政軍，專門聽取這位大軍師的報告與妙計，而能執行無阻，據說。連希特勒本人，原也是這位軍師看中了他的神經病，一個不成的建築師，有可以利用，為執行他的國防建設計劃之處，所以才從監牢裏選出來作為德國首領的，便是希特勒的名著我的奮鬥書中那最著名的第十六章，也為郝斯和福教授所口授的！

我們可從這些記載裏，得到兩個教訓，那便是：

(一)德國的軍事家，如何會利用那一點點機會，凡爾塞條約本身的漏洞，而形成他們的將來重振軍備之可能，特別是，他們能在不動聲色中，將「品質」，「數量」與「強度」這三個問題，放在一齊解決，正如最好的工程家所能做到的。

(二)希特勒好比是近代的摩哈默德一手執着他的「可蘭經」一手執着德國的「科學」，「工業」與「工程師」，三位一體的利器，如那位大軍師所能代表的，作為他的刀。於是他的新信仰（Zailk)似乎眞可移動山岳了！

總之，德國是近代國防制度工程化最澈底者之一，所以他們的國防建設也來得特別有效。

更為闡明這「有效性」的意義，我們可以拿去年德國所進行的「閃電戰」來說。這閃電戰的觀念，毫不新奇，我們的兵法老早說過「兵貴神速」「兵聞拙速」了。以「拙速」兩字形容這次德國的攻勢戰術，較之「閃電」或「神速」尤為合理些。因為這次德國戰術的理想，是由奧國艾猛斯保洛將軍指示出了，他主張集中大量坦克車，成為「機械化師團」，祇憑其重量與速度，不須輔以步兵，能獨立地作單刀直入突破攻勢。（見前引 Rosinski 文章裏）。最近法國有一位軍官，痛定思痛地寫了一篇文章，以其親身所經驗到的閃電戰，警告美國人士道：

「征服全法國，祇用了十二萬武裝好的，機械化的德國士兵，那便是德國的十二師機械化軍隊裏的戰士，而輔之以幾千名飛機駕駛員。其餘的德國大軍，祇在後面跟着走來，佔領着那些為機械化軍隊所攻下來的土地而已。」

實則，如我能在那一篇文字裏所得到的一幅近代德法戰爭圖畫，便似是德國方面以十二支迅速而堅利的機械化軍隊，以縱長尖銳的姿勢，直搗法國陣線而衝到其後方，至一二百里之遙！有如十二條閃電火花一樣，而德國大軍幾百萬跟着走來的，正像是一大塊烏雲，維持着那樣高的「電位」，好讓此閃電火花，不停息地放射着，直到法國的軍隊被擊潰爲止！這一幅無情慘烈的圖畫，無疑義地是世界軍事學史上一個偉大創作。但在我們習工程者的眼光裏，其神奇程度遠不及其拙速程度，來得合於事實。換一句話說，那便是軍事工程化，到極有效的地位而已——(一)大規模，(二)數量足夠(三)利用機械與(四)配合嚴密，這四條「工程化」之特徵，德國在去年進行閃電戰時，正是應有盡有了！反之，那時英法聯軍所想的，還是一套「經濟利益」的「商業市場」「海上封鎖」，沒出息，不中用的方法，所以結果失敗了！

可是，德國的百戰百勝，並不能担保其不一敗塗地，何則？因爲從最廣義的「工程」說來，那是要利用一切科學，開發一切資源，以爲「人類謀幸福。」是定義便根本地與侵略戰爭不相容的。德國在去年擊潰英法聯軍之時，正是其國防建設，化爲報仇雪恥的行爲到最高峯時。以後德國的行動，便都是侵略了。他們在勝利狂歡，得意忘形之上，似乎忘記了自然裏一種最偉大雄厚的神祕資源，那便是人類的好感與道德力量。他們不僅不知道利用這種資源，反而加增其對方利用機會。「善戰者服上刑」，可爲最近將來的軸心國家寫照了，這便是我所說的工程化中有效性的限制。

我國現在從事國防建設，爲的是自衛與復仇，那是合於天理人情的。祇要我們能以整個的心思，堅強的意志，利用科學方法，走着工程的途徑，形成近代工業的機構，我們必定是成功的。

八 總結

作這一篇論文的總結，或提出我的主要意見幾點如下：——

(一)教育工程與國防建設，均可視爲最廣義的工程——利用一切科學，開發一切資源，以爲人類謀幸福。

(二)在我國，國防建設需要大批人才，尤其是工程人才，我們便得以教育工程供給這大批的人才。

(三)「人才」第一、夠數量的或是有剩餘「人才」，尤爲緊要。有人才方能興創事業，不要以眼前事業的範圍限制了我國各項人才之大批地造就。「造就人才」本身就是目的。

(四)在現在我國農業社會文化環境下，我們第一步是以借教育工程，建立一種工業社會的文化環境。在這環境下，近代教育方能達其最高的效率。

(五)教育工程之進行步驟，應以普遍設立「完備工校」造就大量工程師爲入手。這樣，同時方能將國防建議很快地放在近代工業基礎之上。

(六)廿世紀是「工程師」——「工業」——「科學」三位一體的世紀，這裏我特將「工程師」放在最前，那是多事，有了工程師這類「人民」我們方能形成工業化的「工作」與發展自然科學(「地方」自然環境裏所組織的各種知識及其觀念與原理。)

(七)在「工程師」世紀裏，一切都有「工程化」的趨勢。所謂工程化者，具有四大特徵，卽便是(一)大規模，(二)數量的(三)利用機械(四)配合嚴密。

(八)工程化注重「有效性」，所謂有效，便是在善於利用「強度」這因子。德國的閃電戰便是最好的一例。我們要國防建設「有效」而形成一個「有效的」民主國家，除徹底工程化外沒有他道！

西北工程問題參考資料

(第二)論文索引(續) 鑛業、交通、工業、市政

礦 業

一、總載 二、新疆省 三、青海省
四、甘肅省 五、寧夏省 六、綏遠
省七、陝西省

一、總載(礦業)

開發西北採冶計劃 張人鑑 河北地質調查所彙刊 :2(12)

西北各省重要礦產概述 陳大受 許本純 建設 :11(17)

中國煤礦儲量新估計 胡博淵 翁文灝 鑛冶2:7-8(18.5)

西北富源開發與我國之經濟建設 余漢章 新亞細亞4:5(19)

西北富源之蘊藏及其開發 胡鳴龍 新亞細亞 5:51(20)

石油之成因及西北石油問題 吳乃樑 新青海 1:9(22.9)

陝西綏遠新疆鑛產紀要 張人鑑 河南地質調查所彙刊 :2(22)

西北鑛產問題 薛桂輪 西北問題 (23.3)
西北季刊 1:1 (23.9)

中國鑛產與鑛業之調查 黄金濤 時事月報 10:6 (23.6)

西北鑛業計劃 開發西北 2:3 (23.9)

西北資源調查及其開發 王少明 文化建設 1:6-7 (23)

西北鑛產概況 徐閑大 行健月刊 6:4 (24:4)

甘青兩省銅鐵調查記 開發西北 4:1-2 (24.9)

西北資源的調查 向金聲 建國 14:2 (25.2)

蘊藏富源的西北 張中會 西北論衡 5:2 (25.5)

中國邊疆鑛產調查誌略 楚箴 蒙藏月刊 5:2-3(20.6)

西北鑛藏紀要 高步駒 建國 15:1 (25.7)

中國各省燃料分析 金開英 夏武肇 地質彙報 :28(25.10)
附礦產礦物岩石非水鹽分析(甘、寧、陝、綏、青)

中國之石油儲量 謝家榮 地質彙報 :30 (26.0) (陝、甘、新)

甘新產業誌 孫翰文 西北論衡 6:22 (27.11)
礦業

西北與中華民族建國 郭維屏 新西北 1:1 (28.1)
氣候

六、陝西省(氣象)

陝西水利工程之急要 李儀祉 華北水利 3:12 (19.12)
氣候

二二年分十二月二三年分一月之西安南鄭氣象變遷圖民國二〇——二二年各河流域雨量統計表

陝西全省主要河流已設立水標站及雨量站圖 陝西水利 2:1 (23.2)

陝西省雨量之統計 陝西水利 2:2 (23.3)

陝西水利局各縣雨量站工作近況及擴充預算 陝西水利2:3 (23.4)

西安站二十二年份逐月各項氣象統計表 陝西水利 2:10

西安二十三年上半年份逐月各項氣象統計表 陝西水利 2:10 (23.10)

南鄭站二十三年上半年份逐月各項氣象統計表 陝西水利 2:10 (23.11)

陝西氣候之概況 李毅艇 陝西水利 4:6 (25.7)

民國二十六年份陝西省各河流域各雨量站雨量統計總表 陝西水利季報 2:3-4 (26.12) 3:1 (27.3)

國立西北農林專科學校森林組武功張家崗氣象紀錄 (民國二五、二六、二七年),西北農林 :4 (27.10)

西安站歷年各月溫度及雨量統計 陝西水利季報 5:3-4 (29.12)

陝西省土地利用問題 崔平子 西北資源 1:6 (30.2)

氣候

陝西氣象事業之檢討 李毅艇 陝西水利季報 6:1 (30.3)

陝西水利概況 孫紹宗 西北資源 2:1 (30.4)

氣象測驗

扶武郿沿渭灰灘紀要 高家驥 西北論衡 10:2 (31.2)

氣 候

由經濟上看(關於鑛產者)

西北煤田紀要 孫健初 地質論評 4:1 (28.2)

甘;寧、青、陝

甘青鑛產的利用 霍世誠 新經濟 1:10 (28.4)

戰時西北五省礦產的調査與開發 李方晨 西北論衡 7:10 (28.0)

開發西北鑛產之我見 振之 西北研究 :1

陝甘新三省石油鑛產 曾文 西北研究 :3

中國各省煤質之分析 楊珠瀚 夏武肇 賈魁士 王懋謙 地質彙報 :33 (29.1)

陝、綏、甘、寧、青

西北物產誌略 劉晨 西北論衡 8:8-9 (29.5)

礦產類

西北動力資源 李方晨 西北論衡 8:22 (29.11)

西北動力資源 趙亦珊 西北資源 1:3 (29.12)

煤炭 石油

西北之重要性 黎博文 西北資源 1:6 (30.2)

西北之礦產

石油與石油的代用品 隋君玠 西北角 4:1-2 (30.5)

陝甘煤鑛業及其改良芻議 康永孚 西北論衡 9:9 (30.9)

煤之需求 煤田之分佈 儲量產量及煤質 陝甘煤礦業概況 改良陝甘煤礦業之意見

西北工業化的前途 張效良 西北問題論叢 :1 (30.1)

煤炭 石油 鐵銅錫及其他金屬之資源

西北煤礦儲量表 西北問題論叢 (30.12)

二、新疆省(鑛業)

開拓新疆利源之意見書 關毓善 地學雜誌 9:11

新疆油鑛與世界石油問題 學藝 6:2

新疆鐵鑛志略 丁道衡 地學雜誌 (20.4)

新疆概況 新青海 2:4 (20.4)

礦業

新疆礦產概述 礦產週報 :338 (23.6)

新疆頗富石油鑛脈 西北導報 :1 (25.2)

新疆礦產概況 礦業週報 :377 (25.4)

新疆之工業及鑛產 王醒民 新亞細亞 10:6 (25)

建設新疆問題 呂同崙 西北問題論叢 :1 (30.12)

自然資源

三、青海省(鑛產)

青海省礦產 周知命 支那礦業時報 :76 (20)

青海鑛產概況 工商 3:10 (22)

青海煤炭窰之實況 梓公 新青海 1:2

（22）
青海之鑛業　黃伯逵　開發西北　1:2　(23.2)
青海化隆縣吉利山黃鐵鑛分析表
青海都蘭縣鉛鑛分析表
青海都蘭縣用土法煉成之鉛鑛分析表　甘肅建設　:2(23.12)
青海之鑛產　青島工商季刊　3:1
青海鑛產調查　蒙藏旬刊　:108
西寧與都蘭之間　新西北　3:1　(28.8)
鑛物
柴旦區墾殖芻議　王澤戎　邊境公論　(30.11)
柴區重要物產(鑛產)

四、甘肅省(鑛業)

說隴南鑛產　王文治　地學雜誌　6.1
甘肅鑛業調查記　鑛業週報　:252　(22.8)
完成西北公路與開發甘肅石油　郭維屏　新青海　1:11　(22.11)
甘肅鑛業概要　楊尊五　鑛業週報　:200　(22.12)
甘肅省之鑛物資源　支那鑛業時報　:78　(22.12)
甘肅發現石油赤金煤等鑛　工商　5:6　(22)
甘肅省皋蘭縣阿干鎮一帶煤鑛調查記　郡元濟　開發西北　1:1　(23.1)
甘肅石油之儲量　工商　6:2　(23.1)
甘肅省玉門酒泉臨澤張掖四縣之鑛產　張人鑑　開發西北　1:5　(23.5)
甘肅煤鐵鑛概況　蘭州正風社　開發西北　1:6　(23.6)
甘肅鑛業之調查及其不振原因
甘肅鑛務調查統計表　甘肅建設　:1　(23.6)
夏河陌務銅鑛分析表
武威哈沙灘鐵礦分析表
臨潭黃鐵礦分析表
甘谷黃鐵鑛分析表　甘肅建設　:2　(23.12)
一年來甘肅之建設　許顯時　開發西北　3:1-2　(24.1)
農　鑛
興修西北公路與開發玉門石油　郭維屏　西北季刊　1:3　(24.5)
甘肅省之煤鐵鑛產　國際貿易　6:11　(24.11)
甘肅河西各縣鑛產調查概況　甘肅建設　:3　(24.12)
甘肅省鑛產分佈圖　甘肅建設　:3　(24.12)
甘肅煤礦區分佈遼廣　西北導報　2:3　(25.9)
開發玉門石油　郭維屏　新西北　1:5-6　(28.7)
阿干鎮煤鑛管理處工作
岷縣鑛產調查報告
開採鑵子峽煤鑛計劃
設立成縣冶鐵煉鋼廠計劃　甘肅建設年刊　(29)
甘肅經濟建設之商榷　梁好仁　隴鐸　2:2　(30.1)
鑛產的開發
河西地理概要　汪時中　西北論衡　9:4　(30.4)
鑛　藏
甘肅省各種統計彙編　西北問題論叢　:1　(30.12)
鑛　產
河西之地文與人文　尹仁甫　西北論衡　9:12　(30.12)
鑛　產

五、寧夏省(鑛業)

寧夏蘊藏鑛產調查　湖南國貨　:22　(23.11)
設立林鑛局
鑛　務
寧夏省已採鑛產調查表
河拐子炭鑛情形

汝箕溝炭況情形
王家溝及石嘴山等處煤鑛情形
磁窰堡炭鑛概況
石溝驛已採炭鑛概況
上下河沿及小墩山炭鑛概況
草梁山礦區概況
鹹溝山煤鑛開採概況
土坡山煤鑛開採概況
發展烏都山炭鑛之意見
整頓王家溝等處煤鑛之意見
發展汝箕溝炭鑛之意見
發展磁窰堡及石溝驛炭鑛之意見
發展上下河沿及小墩山炭鑛之意見
關於鹹溝山草梁山及土坡山煤鑛之意見　寧夏建設　:1　(23.12)
寧夏之西套蒙古　王德淦　西北問題論叢　:1　(30.12)
鑛業

六、綏遠省(鑛業)

綏遠石拐溝大煤鑛　工商　2:7　(19)
查勘大青山石拐至白孤子溝一帶煤田報告　綏遠建設　:3　(20)
綏遠各種鑛產之調查　綏遠建設　:4　(20)
綏遠省歸綏縣大青山二石綿鑛發見　支那鑛業時報　:76　(20)
綏遠鑛產概要　王永壽　綏遠建設　:9　(21)
綏遠已開各鑛統計表　綏遠建設　:12　(21)
綏遠寶石鑛　孫健初　中國地質學會誌　12:2　(22.3)
綏遠白雲鄂博鐵鑛報告　丁道衡　地質彙報　:23　(22.12)
綏遠建設　:16　(23.12)
位置及交通　地層　地形及構造　鑛產
綏遠省鑛產一覽表　綏遠建設　:11　(22)
綏遠煤鑛近況　工商　5:7　(22)
綏遠鑛產調查彙輯　開發西北　1:2　(23.2)
晉綏煤業產運近況　鑛業週報　:294　(23.7)
綏遠煤鑛調查記　陶明　西北春秋　:16　(23.11)
綏遠全省鑛業一覽表　鑛業週報　:314　(23.12)
綏遠白雲鄂博鐵鑛報告　丁道衡　綏遠建設　:16　(23)
綏察之特種鑛產　薛貴輪　西北季刊　1:2　(24.1)
綏遠鑛產誌略(豐鎮縣)　黃伯逵　鑛產週報　:306-7　(23.10)
開發西北
綏西鑛產　李元銘　王鴻鈞　鑛冶資料　1:3-4　(26.4)
水晶礦　鉛銀礦　其他礦產　鐵鑛
晉綏地層概略與鑛產　侯德封　礦冶資料　1:6　(26.6)

七、陝西省(鑛業)

延長石油事業參觀記　梁宗鼎　東方雜誌　15:7　(7)
開發延長石油議　周蘊華　東方雜誌　15:11　(7)
發展陝西同官縣屬煤田計劃　程宗陽　建設　:6　(17)
陝西延長及膚施兩地石油之成分　朱其清　工程週刊　2:7　(17.10)
陝西鑛產之概況　東省經濟月刊　5:6　(13)
延長石油鑛各種油類用途價值一覽表　鑛業週報　:84　(19.2)
中日合辦西安縣泰信健元健兆手煤鑛記　虞和寅　鑛冶　3:11　(19.2)
西安煤鑛報告　虞和寅　鑛冶　3:11　(19.2)
啓發陝西石油礦之設計　鑛冶　3:12　(19)
延長石油官廠記　陝西農鑛廳　鑛冶　4:15
陝西鑛業調查表　陝西農礦廳　鑛冶　4:16
韓城煤鑛之調查與發展計劃　張人鑑　新陝

西 1:2 (20)
延長油礦之調查 徐企聖 新陝西 1:5 (20)
陝南各縣鑛產調查 賈小候 新陝西 1:4—6 (20)
延長石油及官廠現狀 趙國賓 新陝西 1:5 (20)
擴充陝北石油鑛工程私議 趙國賓 工程 7:1 (20)
西安炭鑛概況抄譯 虞和寅 支那鑛業時報 :76 20)
陝西韓成炭況 支那鑛業時報 :77 (20)
開發陝北鑛業建議(陝北實業考察團鑛業報告) 胡博淵 鑛冶 6:19 (21.2)
陝西各縣鑛產調查 鑛業週報 :191 (21)
陝西同官六處公煤鑛之產額 鑛業週報 :195 (21)
陝西同官煤區各鑛之大概 黄伯逵 鑛業週報 :205 (212)
陝西臨潼石膏鑛之調查 張世忠 鑛業週報 :200 (21.8)
洛川縣鑛產紀要
中部縣鑛產紀要
鄜縣鑛產紀要
甘泉縣鑛產紀要
膚施縣鑛產之調查
韓城煤鑛之調查
陝西三大煤區之概述
陝西煤鑛概況 鑛業週報 :208 (21.9)
The Ven-Chang Oil Wells 中國經濟週刊 21:17 (21.10)
陝西省延長石油鑛現狀 支那鑛業時報 :78 (20)
延長石油過去將來 河北建設 3:12
陝北油田地質 王竹泉 潘鍾祥 地質彙報 :20 (22.3)
川陝石油鑛之實部開採計劃 中國商業循環錄 :11 (22.11)
The North Shensi Oil Fields 中國科學美術雜誌 19:3 (22)
陝西各縣之小鑛產 工商 5:7 (22)
陝建廳啓發龍門山煤及石灰鑛 工商 5:11 (22)
陝西油鑛探勘處簡章 工商 6:7 (23.4)
開發韓城煤鑛 黄伯逵 開發西北 1:6 (23.6)
中國油頁岩之化學研究 資果 地質彙報 :24 (23.9)
陝西麒麟溝油頁岩
陝北油母岩地質 潘鍾祥 地質彙報 :24 (23.9)
沿途觀察 地層系統 油母頁岩 附煤及鹽
陝北一帶石油勘查概況 孫越崎 焦作工學院 3:78 (23.10)
陝西省鑛產之分佈與鑛業之概況
延長石油官廠歷年原油產量統計表 陝西建設 :1 (24.2)
陝西省各縣急待建設之種種 陝西建設 :1—2 (24.2)
臨潼縣 淳化縣
陝西鑛產之分佈與鑛業之概況 雷寶華 開發西北 3:5 (24.4)
陝北永平延長油田之希望 王竹泉 中國實業雜誌 (24.5)
中華民國二十二、三年各縣煤鑛產額表 陝西建設 :6 (24.6)
陝西鑛產概述 鑛業週報 :341 (24.7)
陝西隴縣娘娘廟煤田調查報告 陝西建設 :10 (24.12)
本廳最近建設事業進行概況 陝西建設 :10 (24.12)
陝南區各縣辦理建設鑛業事項一覽表
陝西延長油鑛最近三年產量 實業雜誌 :164 (25)
陝西鑛產蘊藏豐富 西北導報 :3 (25.3)
陝雒南砂鑛出產極豐富 西北導報 :3.5 (25.3,4)

9841

陝豫閩鑛產調查記 四川經濟 5:4 (25.4)

探測同官煤田工作概略 陝西建設 :15 (25.4)

陝西省鑛產之調查 大路 :18 (25.9)

同官縣煤田地質調查錄 陝西建設 :29 (26.6)

韓城發現煤油鑛 陝西建設 :30 (26.7)

陝西省鑛業概況 雷寶華 陝西建設 2:2 (26.9)

陝西韓城煤田地質 地質彙報 30 (26,9.)

陝西鳳縣地質鑛產初勘報告 張通駿 魏壽昆 地質論評 4:2 (28.4)

鳳縣地質鑛產初勘報告 張通駿 魏壽昆 鑛冶半月刊 2:13－14 (28.8)

地形與交通 地層系統 地質構造 經濟地質 흥池寺

煤炭之採探及煉焦問題 冶鐵及耐火材料問題

陝北油田鑽探工作紀要 孫越崎 嚴爽 資源委員會月刊 1:2 (28)

陝西煤田分佈評述與提供改良土鑛之意見 白士倜 西北論衡 8:1 (29.1)

談陝南產金問題 白附齡 陝行彙刊 4:6 (29.7)

開採鳳縣留壩鐵鑛計劃及預算 孫紹宗 西北研究 2:11－12 (29.1)

鳳縣鑛煉焦試驗計劃及預算 郭廉叢 西北研究 2:13 (29.7)

陝西的黃金 韓清濤

陝西的煤鑛業 白 雯 西北資源 1:1 (29.10)

陝西之沙金 謝炤華 西北經濟通訊 1:4－6 (30.12)

交 通

一、總載 二、鐵路 三、陸路 四、航運 五、電信

一、總載(交通)

新疆交通記略 林競 地學雜誌 10:1 (8)

河套五原縣調查記 王陶 地學雜誌 12:2 (10)

交通

綏遠河套水利調查報告書 劉鍾瑞 華北水利 3:2 (19.2)

交通

西北饑荒與交通 張 継 新亞細亞 4:5 (19)

亟宜開發陝西交通芻議 王文傑 新陝西 1:9 (20)

建設西京與溝通川陝之必要 陳必貺 時事月報 8:4 (21.4)

西北交通之新供獻 白楊 拓荒 1:2 (22.10)

西北交通之史的研究 姚玄華 新細細亞 6:5 (22.11)

政府亟應謀發展西北交通事業 惠亭 西北論衡 :910

開闢新省交通計劃 羅文幹 開發西北 1:1 (23.1)道路 43:1

最近西北之危機與交通之急要 馬鶴天 開發西北 1:2 (23.2)

一年來我國交通事業近展之動向 洪瑞濤 交通雜誌 2:5 (23.2)

開闢新疆交通計劃之商討 洪瑞濤 開發西北 1:4 (23.4)

新疆概况 新青海 2:4 (23.4)

交通

青海各種交通建設報告書 朱鏡宙 新亞細亞 8:1 (23.7)

開發西北與交通 王洸 交通職工 2:3,4,5,6. (2,3,7,8)

開發西北交通計劃 洪瑞濤 開發西北 2:3 (23.9)

陝西交通事業 西北評論 1:6 (23.9)

陝西交通事業現狀 開發西北 2:4 (23.

10)
新疆之交通 兆 鍾 新亞細亞 8:6 (23.12)
西北交通與西北邊防 相 亞 西北論衡 :12 (23,4,)
開發西北與交通 直夫 風北公論 :5
綏遠交通概況 李均 西北季刊 1:2 (24.1)
一年來陝西建設概況 邵力子 開發西北 3:12 (24.1)
交 通
陝西省各縣急待建設之種種 陝西建設 :6 2 (24,1,2)
臨潼縣 淳化縣
一年來甘肅交通 許顯時 交通雜誌 3:4 (24.2)
察綏交通之進展 洪瑞濤 開發西北 3:1-2 (24.2)
陝西省一年來之交通 陝西建設 :2,3 (24,2,3)
公路建設 電信建設
陝西一年來之交通 中國經濟 3:8
甘肅省經濟及交通形勢 槐三 西北雜誌 1:1 (24.8)
本廳最近建設事業進行概況 陝西建設 :10 (24.12)
交通建設近況
陝西省交通及產業概況 槐三 西北雜誌 1:2 (24)
新疆的交通 (張)人 邊事研究 1:2 (25.2)
陝西水利交通建設概況 邵力子 建設評論 1:5 (25.2)
青海省的交通墾務農田水利 王克明 西北嚮導 :17 (25.9)
建設西北的先決問題 涂克超 新西北 1:1 (28.1)
交通計劃
交通是開發西北的基礎 治平 西北公路 1:10 (28.7)
迪張汽車路通車成功 西北研究 :3
繁榮甘肅的大動脈——交通 龐敏修 隴鐸 1:5 (29.2)
西北之陸路交通 劉晨 西北論衡 8:14-15,16 (29,7,8)
甘肅經濟建設之商榷 梁好仁 隴鐸 2:2 (30.1)
交通建設
西北交通概況 傅安華 西北資源 1:5 (30.2)
西北水路交通概況 西北之郵電與航空
今後西北交通建設之動向 宋希尚 西北公路 3:2 (30.3)
河西地理概要 汪時中 西北論衡 9:4 (30.4)
交通
後套地理概況 張鵬舉 西北論衡 9:7 (30.7)
交通
建設新疆問題 呂同崙
交通與交通事業
現階段之西北交通運輸 業彧 西北問題論叢 :1 (30.12)
二、鐵路(交通)
隴甯鐵路意見書 王文治 地學雜誌 5:1
隴海鐵路準備展築至西安 淩鴻勛 工程週刊 1:9 (16)
西北鐵道系統與殖邊 吳酥 新亞細亞 1:5 (16)
隴海鐵路西寶段工程進展情形 洪觀濤 工程週刊 5:13 (20.10)
隴海鐵路潼關穿城土洞 淩鴻勛 工程 7:1 (20)
函谷關山洞及沿黃河路線 李 儼 工程 7:2 (20)
隴海鐵路潼西第一分段之涵洞橋梁工程 曾昭桓 工程 8:3 (21)

9843

由西北文化交通的衰落說到完成隴海路的重要　郭柏祐亮　1:2　(22.10)
一年來之鐵路工程　薩福均　交通雜誌　2:5　(23.2)
一九三三年中國之鐵道　趙之敏　交通經濟　5:1　(23.3)
修築隴海鐵路西蘭段輕便鐵路計劃書　郭維屏　鄭禮明　西北問題　:1　(23.3)
西北鐵路計劃與挽救新疆　楊振民　天山月刊　1:1　(23.10)
開發西北與隴交通　郭維屏　邊鐸半月刊　1:2.3　(23)
隴海鐵路灞橋及舊灞橋　李儼　工程　3:4　(23)
今後之西北鐵路問題　西北季刊　1:2　(24.1)
開發西北急宜先築入川入甘鐵路　金賦嚴　政論　:11　(24.1)
隴海路到達西安以後　挺傑　西北　2:4　(24.1)
隴海鐵路通至西安的感想　楊鍾健　西北評論　2:1　(24.2)
展築西蘭段鐵路　國防論壇　37　(24.2)
鐵路網向西北西南進展之經濟價值　勞勉　鐵路　1:3　(24)
河套各大幹渠測量隊隊長馮鶴鳴建議速修包寧鐵路文　綏遠建設　:20　(24)
西北建設的前提　壽昌　建國　14:2　(25.2)

鐵道政策

隴海西段之工程紀略　鐵路　1.2:-2　(25.3)
西北鐵路網之研究　繆其實　西北嚮導　:2　(25.4)
工程進行概況　隴海鐵路西段工程局兩月刊　:1-3　(25.6)
新疆與土西鐵路　開發西北　4:1-2
漆水河橋工程紀略　王成　汪自省
寶關與寶成路線　洪觀濤　隴海鐵路西段工程局兩月刊　:2　(26.0)
隴海鐵路西展路綫問題　碧星　西北春秋　:18　(26)
交通部直轄天成鐵路工程局組織規程　交通公報　3:9　(29.6)
開發西北應有的中心工作　宮廷璋　西北資源　1:5　(30.2)

興築鐵路

趕築西北鐵路之重要性　江世義　西北研究　3:8　(30)
如何要建設西北鐵路　郭維民　西北研究　3:9　(30.4)

三、陸路

新疆開築汽車道　工商　2:13　(19)
綏遠省建築汽車路計劃書　綏遠建設　:4
綏遠省臨河縣全境汽車路報告表
綏遠省五原縣全境公路報告表　綏遠建設　:5　(20)
包烏汽車路整理計劃　綏遠建設　:10　(21)
綏遠省各縣局應築公路一覽表　綏遠建設　:11　(21)
修築南五台至西安馬路我見　謝鎮東　新陝西　2:1　(21)
陝西公路最近工作　工商
綏遠建設廳擬定二十二年分各縣修治公路方案　綏遠建設　:13　(22.4)
西寧距各路里數調查　新青海　1:8　(22.8)
完成西北公路與開發甘肅石油　郭維屏　新青海　1:11　(22.11)
甘肅公路積極設施　道路　42:1　(22.11)
陝省公路概況　工商　5:8　(22)
西北公路建設　開發西北　1:2　(23.2)
甘肅公路急應修築之六大幹線　許顯時　交通雜誌　2:5　(23.2)　開發西北　1:3　(23.3)
一九三三年中國之公路　趙述　交通經濟　5:1　(23.3)
開發西北應以修路爲前提　奐山　西北問題

:1 (23.3)
陝西一年來之公路 趙守鈺 交通雜誌 2:5 (23.3)
建設陝西渭河以南道路建議 芬次爾 王恭睦 新亞細亞 7:3 (23.3)
陝西西荆路踏勘報告 郭顯欽 開發西北 1:3 (23.3)
西荆路之踏勘 郭顯欽 工程週刊 3:32
西北道路問題之研究 盧毓駿 新亞細亞 7:6 (23.6)
甘肅省汽車公路調查 新青海 2:6 (23.6)
甘肅全省公路幹支線計劃圖
修築甘肅全省公路計劃大綱
甘肅省幹支路工程概算書
甘肅省公路建築規程
甘肅省兵工築路辦法
甘肅臨時征工築路規程
查勘甘陝幹線報告書
查勘甘陝幹線東崗鎮至接家嘴一段改線工程報告書
查勘甘川幹路沿線情形報告書
查勘甘新幹線皋蘭至酒泉段報告書
查勘甘青公路現有路線報告書 甘肅建設 :1 (23.6)
實測鳳隴路報告及工程計劃 張介丞 開發西北 1:6 (23.6)
綏遠省各縣局二十三年分修治公路方案
綏遠省會路政五年計劃 綏遠建設 :16 (23.7)
修築西北道路爲開發西北之前途 吳山 西北季刊 1:1 (23.9)
附造路計劃
管理蜈蚣壩路工辦法
踏勘綏武汽車路線報告書 綏遠建設 :18 (23.9)
寧夏公路概況
西漢路鳳留鄙壩兩段之踏勘比較 郭顯欽 開發西北 2:4 (23.10)
甘川公路秦碧段路線測勘情形
甘川第一幹線秦碧段工程計劃書
擬修甘川第一幹線蘭秦段橋涵工程計劃書
修建甘川幹線蘭秦段橋涵及過水區工程暫行辦法
西蘭公路蘭窰段沿線各縣建築材料調查表橋涵材料科目一覽
西蘭公路築路材料及路基土壤調查報告 林文英 甘肅建設 :2 (23.12)
陝西路政與市政建設
陝西厲行兵工築路 鐵路 45:3 (23.12)
唐古忒的市場和準噶爾的商路
地學雜誌 24: 2.3
新綏通車與新疆商業之復興 承緒 西北論衡 :8
新疆公路調查 蒙藏旬刊 :108
振興西北公路草案彙報 曹煥文 中華實業季刊 1:2 (23)
經委會向五中全會報告書之公路建設 道路 45:1 (24.1)
鳳隴公路工務所組織臨時護路隊養護修成路段
各縣修理舊有道路暫行辦法 陝西建設 :1 (24.1)
一年來甘肅之建設 許顯時 開發西北 3:12 (24.1)
路政
青海之路政 蒙藏月報 2:4 (24.1)
綏新駝路調查 開發西北 3:2 (24.2)
漢白路工程進行狀況續志 陝西建設 :2 (24.2)
一年來寧夏公路建設及未來計劃述略 紹武 開發西北 3:1-2 (24.2)
陝西公路興築概況 道路 46:2 (24.3)
勘察綏新公路 道路 46:3 (24.4)
復修西安至鳳翔公路
鳳隴公路工務所復修鳳咸段暫行辦法 陝西建設 :4 (244)
興修西北公路與開發玉門石油 郭維屏

西北季刊 1:3 (24.5)
西荆公路改線 陝西建設 :5 (24.5)
咸榆公路最近狀況 陝西建設 :8 (24.8)
漢寧公路進行狀況 陝西建設 :9 (24.9)
西漢公路測量經過 張佐周 公路季刊 1:2 (24.9)
甘肅全省公路幹支綫概況圖
甘青公路工程計劃書 甘肅建設 :3 (24.12)
甘肅公路紀略 李玉書 郭繼君 甘肅建設 :3 (24.12)
中國建設 13:3 (26.5)
甘肅省築路材料及市價調查表
甘肅省築路工價調查表
甘青公路築路材料及路基土壤調查報告 林文英 甘肅建設 :3 (24.12)
西蘭路養路計劃 公路季刊 1:3 (24.12)
綏遠省之公路運輸 綏遠建設 :23 (24.12)
新疆公路視察記 斯文赫定 侯仁之 禹貢 3:3 (24)
甘肅測路記 方剛樸 清華學報 2:8 (24)
西蘭公路修築狀況 中央銀行月報 4:6
西蘭公路修築概況 工商半月刊 7:11
慶祝西蘭公路通車並望政府積極完成隴海公路 蒸亭 西北論衡 :19
對於西蘭公路之觀感 西北雜誌 1:2:3 (24)
陝西省公路狀況一覽表 陝西建設 11 (25.1)
西蘭西漢公路視察報告 顧榮 魏秉俊 公路季刊 1:4 (24.3)
潼安支線與寶漢支線之研究 龐海性 交通雜誌 4:5 (25.5)
西荆公路工程概要 陝西建設 :17 (25.6)
西漢公路路基工程概述 孫發端 張佐周
西漢公路橋樑工程概述 郭增望 錢豫格 公路季刊 2:1 (25.6)
查勘大韓公路報告
本廳擬訂韓宜公路修築辦法 陝西建設 :20 (25.7)
綏遠省修築公路進行辦法大綱修治公路工程準規
綏遠省二十五年度修築公路計劃
綏遠省歸托等四公路管理暫行辦法
和平路施工大綱 綏遠建設 :25 (25.7)
咸榆公路二十五年夏季維持交通辦法及建橋計劃 陝西建設 :19 (25.8)
陝西省各縣二十四年冬季征工服役築路里及征用民工數目表 陝西建設 :20 (25.9)
甘新公路關武段測量報告 劉如松 公路季刊 2:2 (25.9)
陝西公路管理局組織規則 陝西建設 :22 (25.11)
寧夏省建設廳汽車管理局暫行組織簡章辦事細則
寧夏省建設廳二十五年建設計劃大綱草案
修理鄉村道路及橋樑
修路 寧夏建設 :1 (25.12)
省道 縣道
新綏通車與內地之汽車運輸計劃 巴夫羅夫士基 張慎微 新亞細亞 10:3 (25)
陝西省公路管理局養護公路計劃書 陝西建設 2321 (26.2)
陝西省建設廳漢白公路安白段工務所組織規程
陝西建設 2:1 (26.8)
交通部西北公路特派員暫行辦事規程
交通部西北公路運輸管理局暫行組織規程
交通公報 2:1 (27.4)
交通部漢渝公路橋渡工程處組織規程

交通部漢渝公路漢宜段工程處組織規程　交通公報　2··13　(27.12)
交通部西北公路運輸管理局辦事處組織暫行簡章　西北公路　1:1　(28.3)
本局分區管理養路段暫行辦法
本局分區管理機務暫行辦法　西北公路　1:3　(28.4)
本局搶修工程隊暫行辦法　西北公路　1:6　(28.5)
本局管理汽車暫行章程　西北公路　1:11.12.13.14.15　(28.8.9.10)
如何促進今後行車之安全　朱學熹　王懋勛　西北公路　1:17　(28.11)
木炭車在西北　桂大中
電務管理　崔翠輿
西北公路之交通管理　朱學熹　西北公路　1:20
一年來甘肅公路工程進展概況　李祖憲
改進甘新公路芻議　趙善祥
青海省新築公路一覽表　重山　新西北　1:5-6　(28.7)
新疆鐵路計劃　西北研究　:1
綏遠建築包烏汽車路　西北研究　:2
交通部漢渝公路工程處組織規程　交通公報　3:2　(29.1)
九月修正第八條條文見交通公報　3:13
機務專號　西北公路　1:22　(29.1)
雇工與包工制之利弊　黃文化
一年來之工務　沈榮伯
鳳漢寧路之養護概況　略楨
川陝公路第一期整理工程報告　柯廷鍾
漢白公路狀況　陳設
西北公路各級車站之設計　沈榮伯
一年來各種主要工程單價之比較　陳世霖　西北公路　1:24　(29.2)
公路建設在甘肅　佩韋　隴鐸　:7　(29.4)
交通部公路總管理處西北工程處工務所組織通則　交通公報　3:9　(29.6)
開闢平寶公路的商榷　梁好仁　隴鐸　1:9　(29.6)
寧垣與定遠營之交通　馬虎　新西北　3:2　(29.9)
甘肅公路概述
各公路報告
甘川　華天雙　洮天　定岷　徽白　洮循　平寶　平寧
大車道修整報告　甘肅建設年刊　(29)
蘭阿　蘭平
土木工程在西北　沈榮伯　西北公路　2:21.2.2　(30.1)
公路方面
木炭車改善之商榷　呈　誠　西北公路　2:23-24　(30.2)
交通部西北公路管理處暫行組織規程　交通公報　4:5　(30.3)
西北公路建設概況　宋希尙　新西北　4:4　(30.6)
陝新甘青寧公路的發展概況　潘凌雲　西北論衡　7:18　(30.9)
拉卜楞交通現狀與今後闢建公路之管見　洪文瀚　新西北　5:1-2　(30.10)
甘肅公路網之建設　梁好仁　西北論衡　9:6　(30.6)
甘肅公路建設之現狀　甘肅公路網建設之價值　全甘公路網之規劃
蘭州機廠製造部現狀　楊裕文　西北公路　3:9　(30.7)

四、航　運

黃渭通航議　地學雜誌　1:3　(宣統2)
龍門與壺口　李儀祉　水利　1:5　(20.11)
水道之交通
陝西之水運　中國建設　6:4　(21.10)
陝西水運之情形及其整理計劃之概況
陝西省水利上應做的許多事　李協　陝西水利　1:1　(21.12)

航運方面者

漢江上游之概況及希望 李儀祉 陝西水利 1:2-3 (22.1)

航運

議關黃渭航道 李儀祉 陝西水利 1:6 (22.6)

整理渭河以利航運之估計 陝西水利 1:6 (22.6)

航運之重要 渭河河道之概況 整理設計之概要 測量及第一段整理工程經費之估計

龍門潼關間之黃河 趙國賓 張嘉瑞 陝西水利 1:7 (22.7)

航船的比較

渭河測量計劃及測費估計 陝西水利 1:7 (22.7)

開通航道測量計劃及估計

黃河上游水行的兩個深刻印象 任美鍔 方志 6:11 (224)

漢南水利談 陳靖 陝西水利 4:1.4.3.4.5. (23. 1.2.3.5.6) 水利 6:4 (234)

航運

陝西水利狀況 謝紀鎬 陝西水利 2:4 (23.5)

航運狀況表

甘肅寧夏灌溉與航運之改進 開發西北 3:5 (33.11) 海事月刊 8:6 (23.12)

黃河上游視察報告 李儀祉 黃河水利 1:11 陝西水利 3:3

對於黃河上游交通及水利之意見

漢江航道之改良 張光廷 陝西水利 3:10 (24.11)

黃河上流之水上交通 何之泰 水利 7:4

包頭寧夏間黃河測量與通輪計劃 李紱菴 岳亦民 西北季刊 1:2 (24.1)

黃河上游交通和水利的一瞥 袁異 科學畫報 2:14 (24.2)

山陝兩省濱河各縣管整船渡暫行規則 陝西建設 :5 (24.5)

整理延水與辦航運灌溉 西京水利 :42 24.11)

河曲潼關間黃河幹支各流概述 顧乾貞 黃河水利 3:1 (25.1)

河曲潼關間之航運

造船

購買汽船 寧夏建設 :1 (25.12)

漢江上游蓄水及航運問題商榷 楊步川 陝西水利季報 2:2 (26.6)

整理南鄭安康段漢江水道勘查報告 陝西水利季報 3:3-4 (28.12)

漢江現時水運情形之一般

勘查嘉陵江航道情形報告 陝西水利季報 3:3-4 (28.12)

整理嘉陵江航運之重要 孫紹宗 西北論衡 8:1 (29.1

西北研究

陝境嘉陵江航運整理工程計劃 陝西水利季報 5:1-2 (29.6)

整理嘉陵江航運之重要 孫紹宗 陝西水利季刊 5:1-2 (29.6)

白水江廣元間航行情形

陝省水利事業之我見 陳之顓 陝西水利季報 6:1 (30.3)

航運工程

漢惠渠攔河壩及筏道模形試驗初步報告 中央水工試驗所 陝西水利季刊 6:1 (30.3)

經濟建設中之西北水利問題 黎小蘇 西北資源 2:1 (30.4)

航運

陝西水利概況 孫紹宗 西北資源 2:1 (30.4)

航運事業

現階段的水運 王洸 新經濟 6:4 (30.11)

水運工具問題 水道設備問題

考察西北水利紀要　沈百先　水利特刊　3：6　(30.12)

黃河之水利(航運)　陝西之水利(航運)

五、電　信

籌建綏遠全省電信建議案　綏遠建設　：6

綏遠省各縣局二十三年分安設長途電話方案　綏遠建設　：16　(23)

綏遠各縣局長途電話路線表

綏遠各縣局長途電話歲修辦法　綏遠建設　：18　(23.9)

甘寧青三省無綫電之過去與現在　郭世汾　西北季刊　1：1　(23)

西北問題　：1　(23)

青海之電報　蒙藏月報　2：6　(24.3)

綏遠省省縣長途電話調查表　綏遠建設　：23　(24.12)

綏遠省縣電話綫管理辦法　綏遠建設　：23　(25.7)

西安廣播電台概況　廣播週報　：104　(25.9)

工　業

一、總裁　二、新疆省　三、青海省　四、甘肅省　五、綏遠省　六、陝西省

(一、總裁(工業)

西北特產馬鈴薯與酒精業　郝笑天　西北論衡　：8

甘青寧工業概況　開發西北　1：4　(23.4)

中國各省燃料分析　金開英　夏武肇　地質彙報　：26　(23.10)

甘、寧、陝、綏、青

救濟西北急應重視四大工業　馬步周　西北春秋　：18　(26)

中國各省煤質之分析　楊珠瀚　夏武肇　賈魁士　王懋謙　地質彙報　：33　(29.1)

西北電氣工業　何德顯　西北研究　2：3-10　(29.7)

關於汽油的提煉　金開英　西北公路　2：14　(29.9)

石油與石油的代用品　隋君玢　西北角　3：5-6　(30.2)

西北工業化的前途　張效良　西北問題論叢　：1　(30.2)

二、新疆省(工業)

新疆之工業及礦產　王醉民　新亞細亞　10：6　(25)

三、青海省(工業)

青海化隆縣吉利山黃鐵礦分析表

青海都蘭縣鉛礦分析表

青海都蘭縣用土法煉成之鉛鑛分析表　甘肅建設　：2　(2312)

四、甘肅省(工業)

甘肅各縣造紙種類原料及產額調查表

甘肅各火柴公司調査表　甘肅建設　：1　(23.6)

夏河陌務銅鑛分析表

武威哈沙灘鐵鑛分析表

臨潭黃鐵鑛分析表

甘肅黃鐵鑛分析表　甘肅建設　：2　(23.12)

甘肅岷縣之瓷業　西北季刊　1：3　(24.3)

甘肅工業概況調査

甘肅紙廠芻言　張鶴年　甘肅建設　：3　(24.12)

一年來甘肅之建設　許顯時　開發西北　：31-2　(24)

工業

甘肅工商業調查記　四川經濟月刊　4：3　(24)

甘肅酒精廠之設計　林兆鶴　新西北　1：5-3　(28.7)

機械工廠工作報告

營造工廠工作報告

化學用品製造工廠工作報告

造紙工廠工作報告

手工紡織業推廣所工作報告
度量衡檢定所工作報告
永登署衙設立水泥廠工作報告
籌設署衙水泥廠計劃
籌設酒精工廠計劃
籌辦隴南造紙廠計劃
創立隴南紡織業推廣實驗區計劃
改善洮沙機械工廠計劃
擴展化學用品工廠計劃 甘肅建設年刊 (29)
甘肅水泥工業 資源委員會月刊 3:2-3 (30.2)

五、綏遠省(工業)

西北實業公司關於化學工業之改進步驟 曹煥文
晉綏工業之出路 彭士弘 中華實業季刊 1:1 (23)
察晉綏電氣事業之概況 宇清 塞外人語 1:7.8 (23.24)

六、陝西省(工業)

延長石油廠各種油類用途價值一覽表 礦業週報 :84 (192)
陝西原動力燃料之研究 喜斯和考夫 陝西水利 1:5 (22.4)
中國油頁岩之化學研究 資果 地質彙報 24 (23.9)

陝西麒麟溝油頁岩

本省化驗所之建築及其籌備之經過 陝西建設 :21 (23.10)
陝西的三酸工業 白雲 西北資源 1:3 (29.12)
西北的水利事業 傅安華 西北資源 2:1 (30.4)

陝西之工業水利

陝西省之紙業 孫紹宗 西北資源 2:2 (30.5)

市 政

一、總載 二、甘肅省 三、綏遠省 四、陝西省

一、總載(市政)

寒地之公用給水工程 李吟秋 華北水利 3:2 (19.2)

水庫 水塔 水管之禦寒方法

土木工程在西北 沈榮伯 西北公路 2:2 1-22 (30.1)

建築方面

二、甘肅省(市政)

擬修蘭州市路計劃概要
蘭州市路線計劃圖
蘭州市路設計圖
甘肅省垣電話電燈概況 甘肅建設 :1 (23.6)
甘肅省各縣修築街道規則 甘肅建設 :2 (23.12)
蘭州發電廠建築圖
擬修蘭州平民住宅設計圖 甘肅建設 :3 (24.12)
會寧的飲料和燃料 李顯承 農業 2:16
一年來蘭州市政建設 朱玉書 新西北 1:5-3 (28.7)
蘭州電廠事業報告
天水電燈廠事業報告
岷縣籌設電廠調查表
蘭州市政報告 甘肅建設年刊 (29)

三、綏遠省(市政)

豐鎮縣分年修理城市道路計劃 綏遠建設 :18 (23.9)

四、陝西省(市政)

西安市修築碎石路 道路 42:3 (15.1)
西京築路難感 鄭上彥 道路 44:1 (15.6)
陝西路政與市政建設 道路 45:3 (15.12)
陝西省各縣急待建設之種種 陝西建設 :12 (24.12)

臨潼縣 淳化縣

西安市政工程最近工作概況

西安市政工程處組織規程
繼續掘鑿省城及外縣灌田飲用各水井　陝西建設　：2　(24.2)
陝西省一年來之交通　陝西建設　：2.3　(24.23)
市政建設
西安市修築碎石馬路近況　陝西建設　：5　(24.5)
欣欣向榮之西京市　庶雅　市政評論　3：10　(24.5)
本廳鑿井隊最近工作實況　陝西建設　：6　(24.6)
西安市之地下水　傳健　陝西水利　3：5　(24.6)　水利週刊　：23-4　(24.6)
西安自來水工初步計劃書　何幼良　陝西水利　3：5.6　(24.67)
陝西省建設廳推廣鑿井實施辦法　陝西建設　：7　(24.7)
本廳最近建設事業進行概況
市政建設概況
本廳最近建設事業進行概況　陝西建設　：10　(24.12)
鑿井進行概況
咸陽新市建設大綱　陝西建設　：16　(25.5)
西安勞動服務修築市街　道路　50：2　(25.5)
西京市鑿掘消防水井　陝西建設　：25-27　(26.4)
西安市政工程處民國二十五年修築道路統計表　陝西建設　：28　(26.5)
陝西省建設廳鑿井隊在西京市鑿成消防及飲用各水井一覽表　陝西建設　2：1　(26.8)
二十九年一年間之西京建設　西北研究　3：5　(30.1)

工程雜誌投稿簡章

(1) 本刊登載之稿，以有專門性質之論文爲主要，概以中文爲限。原稿如係西文，應請譯成中文投寄。

(2) 投寄之稿，或自撰，或翻譯，其文體，文言白話不拘。

(3) 投寄之稿，望繕寫清楚，並加新式標點符號，能依本刊行格（每行19字，橫寫，標點佔一字地位）繕寫者尤佳。如有附圖，必須用黑墨水繪在白紙上。務必繕寫清楚，圖表明晰，排印時方免錯誤。

(4) 投寄譯稿，並請附寄原本。如原本不便附寄，請將原文題目；原著者姓名，出版日期及地點，詳細敍明。

(5) 度量衡請盡量用萬國公制，如遇困難，以用英美制爲便時，請用括弧，加註萬國公制之折合數，以便讀者。

(6) 專門名詞，請盡量用教育部公佈之工程及科學名詞，如遇困難，請以原文名詞，加括弧註於該譯名後。

(7) 稿末請註明姓名，別字，住址，學歷，經歷，現任職務，是否會員，並係何種會員，以便通信。如願以筆名發表者，仍請註明眞姓名。

(8) 投寄之稿，不論揭載與否，原稿概不檢還。如欲寄還原稿，應預先聲明。

(9) 投寄之稿，如願受酬金，請爲坦白聲明，自當商擬，出版後；並贈送該期「工程」雜誌，請自行詳細審核；排印上有無錯誤，隨即函告，以便查考，另行更正。

(10)投寄之稿，經揭載後，其著作權爲本刊所有，惟文責概由投稿人自負。其投寄之後，請勿投寄他處，以免重複刊出。

(11)投寄之稿，編輯部得酌量增删之，但投稿人不願他人增删者，可於投稿時預先聲明。

(12`投寄之稿，請掛號寄重慶中正路川鹽銀行大樓經濟部本刊總編輯處，或桂林麗獅路樂山別墅本刊發行所轉均可。

工程雜誌第十五卷第六期

民國三十一年月十二一日出版

內政部登記證　　警字第788號

編輯人　中國工程師學會　總編輯　吳承洛

發行人　中國工程師學會　副總編輯　羅英

印刷所　中新印務公司（桂林太平路）

經理處　中國工程師學總會（重慶上南區馬路194號）及各地分會重慶 成都 昆明 貴陽 桂林 蘭州 西安 泰和 康定 衡陽 西昌 嘉定 瀘縣 宜賓 長壽 自貢 大渡口 遵義 平越 宜山 柳州 全州 耒陽 祁陽 麗水 城固 永安 天水 迪化 辰谿 大庾 贛縣 曲江 瀧縣

本刊定價表

每兩月一期　全年一卷共六期　逢雙月一日發行	
零售每期國幣二十五元 預定全年國幣一百五十元	郵購時須寫真實姓名或機關名稱及住址
會員零售每期國幣十元 會員預訂全年國幣六十元	訂購時須有本總會或分會證明
機關預定全年國幣一百二十元	訂購時須有正式關章

廣告價目表

地位	每期國幣
外底封面	2000元（繪圖製版費另加）
內封裏	1500元（繪圖製版費另加）
內封裏對面	1200元（繪圖製版費另加）
普通全面	1000元（繪圖製版費另加）
普通半面	600元（繪圖製版費另加）
定閱及登載廣告請向上列編輯人發行人及經理處函洽或面洽	

威遠煤礦公司

❀總公司

四川北碚第七號信箱

電報掛號　三五四二(北碚)

長途電話　七三五六(北碚)

▲重慶辦事處

重慶九尺坎三十四號

電報掛號　三五四二(重慶)

電　話　四一〇八七號

完全新式機器開採

★礦廠

地　址：四川威遠黃荆溝

通信處：威遠第三號信箱

電報掛號：一三一八(威遠)

煙煤

焦炭

品質優良

價格低廉

產量豐富

交貨迅速

★營業接洽處

威遠西街羅第

自流井老君廟西秦公所內

供應自貢鹽灶用煤

CHUEN KONG WOOLEN
MILL CO. LTD.

純粹國貨呢絨

峨眉山牌

毛線 毛毯 毛呢 駝絨

質地優良 經濟耐用

——抗戰建國中的新產品——

歡迎採購

總公司 成都上華興街第九號
電報掛號 3029

分公司 重慶九尺坎三十八號
電報掛號 0974

分銷處 昆明 貴陽 五通橋 樂山 重慶 瀘縣 萬縣 自貢市 雅安 內江

東川郵政管理局執照第六八七號
廣西郵政管理局執照第四五一號

國光牌

煤油

在渝供應

銷售處：重慶中一路四三號
電報掛號：6000重慶
電話號碼：2210

工程

第十六卷 第一期

中華民國三十二年二月一日出版

西北工程問題特輯四

第十一屆年會榮譽提名論文專號（下）

目錄提要

告全國工程師

淩鴻勛 西北交通建設的幾個問題

沈怡 西北水利問題

吳承洛 以甘川為心臟的工業建設區位問題

彭榮閣 敦德閘門之流量係數

陳椿庭 梯形渠道線規圖

戈福祥等 改進自流井天然氣灶製鹽之研究

張萬久 應用行車延誤與列車數目之關係作鐵路運輸量之檢討

李芬 不對稱彎轉應力與直接應力分析法

黃玉珊 具有固定邊及自由邊之長方形薄板

王竹亭 我國鐵路究應採何種軌距

中國工程師學會發行

賡續艱苦奮鬥的精神

奠定復興航業之基礎

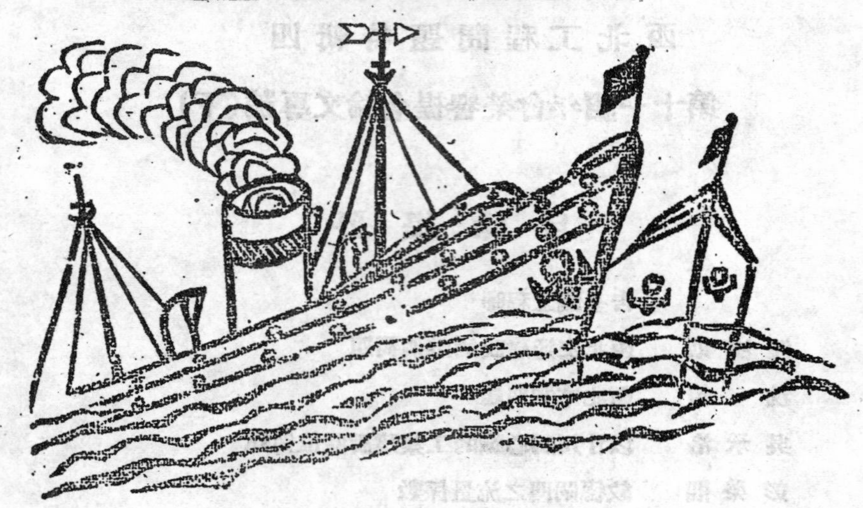

經辦業務

客運　貨運　水陸聯運

地址

總局　重慶

● 分局及辦事處 ●

萬縣　巴東　三斗坪　瀘縣　衡陽

湘潭　長沙　常德　沅陵　津市

吉安　贛州　樟樹

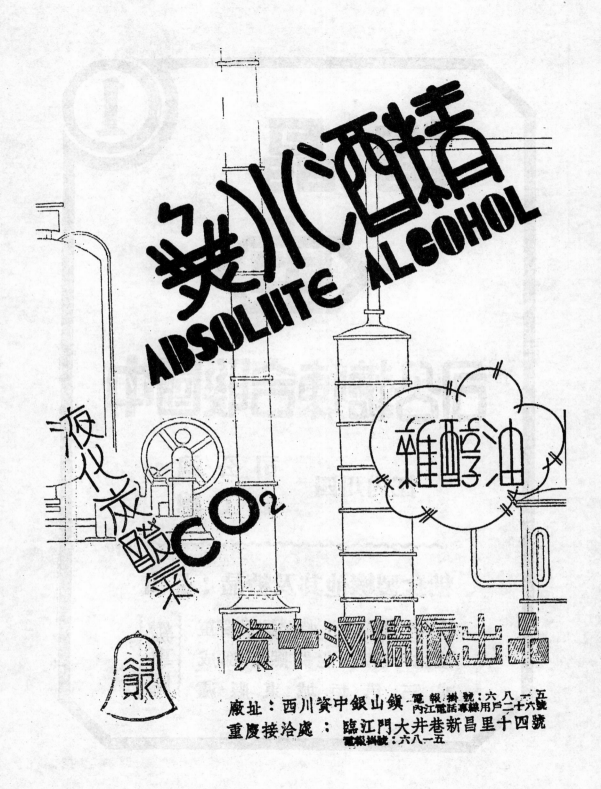

1

中國工程師學會會刊

工程

總編輯 吳承洛
副總編輯 羅英

第十六卷第一期目錄

西北工程問題特輯四

第十一屆年會榮譽提名論文專號(下)

(民國三十二年二月一日出版)

誥辭： 告全國工程師……1

論著： 淩鴻勛 西北交通建設的幾個問題……3

沈怡 西北水利問題……7

吳承洛 以甘川爲心臟的工業建設區位問題……11

論文： 彭榮閣 敦德閘門之流量係數……17

陳椿庭 梯形渠道線規圖……33

戈福祥等 改進自流井天然氣灶製鹽之研究……39

張萬久 應用行車延誤與列車數目之關係作鐵路運輸量之檢討……49

李芬 不對稱彎轉應力與直接應力分析法……91

黃玉珊 具有固定邊及自由邊之長方形薄板……103

王竹亭 我國鐵路究應採何種軌距……111

附錄： 工程技術獎進資料……127

西北工程問題參考資料……131

中國工程師學會發行

本期廣告目錄

全面：四川桐油廠……外底封面

國營招商局……內封裏

中國航空公司……2

經緯紡織製造廠……10

建川煤礦公司……32

嘉華水泥公司……38

西北機器廠……102

建國造紙公司……版末

黔桂鐵路……底封裏

半面：西康省立化工材料廠……6

國立中央工業學校機器製造廠……16

簡陽酒精廠……130

西康省立毛織廠……130

西康省立製革廠……148

補白目錄

解除日本工業武裝……1

中國工程師信條……48

徵求永久會員……90

總裁語錄……101

第十二屆年會徵集論文啓事……110

會員繳費須知……147

告全國工程師

遵守　總裁「工程動員」之訓詞

拖大禹精神實現動員計劃

全國工程師均鑒，本屆工程師聯合年會，於八月一日在甘肅蘭州舉行，賴各地同仁踴躍參加，及當地軍政長官竭誠贊助，已於今日圓滿閉幕，此次年會，收獲之大遠超過去各屆，譬如論文數量增多，內容豐富，且有創造精神，於技術及學識方面貢獻俱多，同時甘肅省政府提出若干實際問題，如水利，冶鐵，鐵道交通，同仁等皆刻心研究，論列解決方案，其次如　國父實業計劃，亦分組詳加討論，集各會專家於一堂，治理論事實於一爐，確定戰後建設方針，此外如工程標準協進會，為我工程界年來苦心籌劃者，亦於本屆年會正式成立，凡此種種收獲甚大，皆可列舉以為我全國同仁告，更有進者，抗戰以來，於茲五稔，我全國同仁與前後方軍民，或配合作戰或共同努力，生產建設，血與汗齊流，心與力並用，堅苦卓絕，誠可敬佩，惟常百里者半九十，值此抗戰緊急關頭，勝利在望之時，本年會益感工程師責任之重大，望全國工程師共勉之！

解除日本工業武裝

孫　科

關於解除日本的工業武裝，第一要摧毀日本殘餘的軍事工業，重工業和機具工業，這些工業的裝備或則加以銷燬，或則輸出國外，以抵償日寇所破壞的同盟國家的工業的損失。第二要限制日本的輕工業，這並不是要使日本降為農業國家，而是要使日本的工業只能從事日用必需品的製造，而且生產的規模要有一定的限制。這種處理的目的在使日本沒有重整軍備的機會，也不能在民生工業的掩飾之下復興軍事工業的基礎。

有人以為我們不應使日本在戰後過於窮困，甚至慷慨建議應讓日本在中國獲得一部份市場——這實在是有礙將來和平的思想。不錯，誰也不應使自己的鄰人陷於窮境。我們對於日本人民沒有仇恨，我們決不願使他們受到凍餒，然而為了遠東的永久和平，我們一時却不得不使日本國家嘗嘗窮困的滋味。使日本國家窮困也許不免要影響日本人民的生活，但我們也應該知道，如果日寇在傳統的侵略政策，未徹底肅清以前。富裕的日本必將促使日寇侵略心的復活。

破壞日本的戰爭機構，解除日本的工業武裝，也許可能引起日本人民的仇恨，但在日本經過了三五十年偃武修文的時期之後，日本人民將會憬悟這種處理是維持和平的必要手段，對於日本人民也是同樣有利的。

等到日本的黷武主義思想澈底消滅，日本人民的意志能夠實際支配政府行動的時候，太平洋沿岸的天空原野才會洋溢着各民族的和平，友愛，康樂繁榮的歡娛！

西北交通建設的幾個問題

淩鴻勛

中國工程師學會本年在蘭州召開年會，例有數次公開演講，以鄙人在西北辦理公路鐵路事業，特以此題相屬，謹就個人觀感所及，提出關於此方交通建設問題數項，藉與諸君共同商討。

蘭州爲我方幅員中心，以理言，應即爲交通之中心，但在抗戰以前，僅有一西蘭公路，勉通蘭州，蘭州以北以南，無公路可通，以西更無論矣，國人素視蘭州爲邊陲之地，以爲到蘭州便去邊界不遠，交通事業之偏枯，可以想見。

抗戰軍興，西北以有國際交通關係，於是首就蘭州以西原有大車道，改爲甘新公路，於抗戰開始半年內通車，近數年屢經改善，至今成爲國際幹線重要之一段，然除此以外，此五年間，西北新築公路幹線，僅有華家嶺至雙石舖一段，支線祇有安康至白河，蘭州至西甯，平涼至寶鷄等數段，鐵路新築幹線，祇有寶鷄至天水之一段，支線僅有咸陽至同官一段，以視同一期間西南方交通事業之發展，瞠乎後矣，西南各省，自抗戰以來，公路事業費支出，約爲西北之十六倍，鐵路事業費支出，約爲西北之七倍，惜以戰局推移，凡所經營，未盡成功，南甯被侵，而湘桂路中斷，越南投降，而敍昆路無法進行，緬局惡轉，而滇緬路又受摧折，以運輸物資論，以往三四年間，西南方面，自已不少，然西北土地廣闊，近年來抗建事業頻興，所負後方之責任甚重，而所受外力之侵擾又較少，獨交通事業進展遲遲，未能相輔並進，正與其環境相映成反比例也。

而今日言西北交通建設，論者或先問其爲戰時交通建設，抑爲戰後交通建設，戰後交通大計，斯時言之，豈非過早，若言戰時建設則今日西北除大車馱驛外，尙如何可以發展，但余以爲西北地域之大，交通之未闢，與國際路線之必須暢通，皆爲當前之事實，無論戰時戰後交通建設，功能雖有不同，進展雖有緩急，但步驟必無二致，蓋以解決目前問題者，亦即爲他日永久計劃之基礎，而永久計劃，必仍以現代交通工具爲出發點，至於大車馱驛，乃一時濟急措施，不可視爲永久之計，且望能早日替以現代交通工具，蓋以效率旣低，運費復鉅，人力獸力，决難勝抗建交通之基本任務，吾人務須急起直追，謀在現在交通工具上尋得出路，吾人不宜只以如何增進牲馱數量爲能事，而應以現代交通工具之建立爲目標，如何可採煉汽油，如何可製造卡車，如何可修理舊有機車，如何可奠定此項工業之基礎，即使目前尙不能完全達到機械化地步，至少亦應自半機械化着手，逐漸趨於機械化之途徑，譬如鐵路建設，我國已可自製輕磅鋼軌，則利用汽車發動機，亦可藉輕便鐵路之基礎，以謀逐漸改作標準鐵路，又公路如無充分汽油可用，亦可儘量採用炭木煤汽，以解決一部份之困難，蓋明知人挑獸馱，必有一天達到其能力之限度，而距抗建之需要尙遠，則不如早作打算，俾漸入機械化之門，倘囿於一時救急之方，斤斤以爲即久遠之計，而不同時爲其他近代工具之追求與努力，則難乎其不落於開倒車之境域矣。

公路

按諸公路性能，及經濟法則，公路適用範圍，本爲輕便短捷之運輸，以之與鐵路配合，應以取得子線地位爲原則，我國古代交通歷史短促，因政治國防之急迫需要，而着手鐵路建設，舍重就輕，先大舉從事於公路之修築，全國皆然，西北亦不出此例，且因需要過於迫促，卽公路建築，亦未按照正常步驟以進，卽如尙未開始建立汽車製造及汽油工業之基礎，卽大舉築路，實舍本求末，一到戰時，路基未固，行車稀少，公路之運輸形同停頓，國人皆嘖有煩言，卽如公路工程本身，亦以速成之故，致基礎薄弱，一路之通，必須國家付重大之代價，以爲養路及改善之資，恆有爲節省若干土石橋樑工費，致使油料配件被莫大額外消耗者，當初所省國內人力物資，今日不能抵償額外消耗之舶來油料配件，吾人當前問題，在如何製造卡車，如何加強煉油工具，如何改裝完善之木炭卡車，在工程上應如何偏重質的提高，逐漸改建永久之橋樑，以免年年冲毀，如何改良路面，以減少車輛與油料之消耗，並增加行車之速率，此類問題，得有解決辦法，始能談及公路運輸，而公路運輸，經濟範圍，又只在其他鐵路子線地位，如吾人退一步而承認目前處境困難，不能建立鐵路網，只能在公路打破經濟法則擴充範圍，則吾人必須注意及，一、公路運輸能力之加強，二、公路運輸經濟性之提高。

關於公路運輸能力，目前大批以工具數量與燃料困難之限制，在西北方面，公路尙無轉運二千噸之能力，實不足以應付需要，至於運輸經濟性，所關尤重，而現在一般公路運輸收費率，客票每公里收六角，（約爲目前鐵路三等票價之四倍）貨物每公噸公里收九元，（約爲目前鐵路六等物貨運價之四十五倍）已非一般民衆及一般日用物貨所能擔負，而在公路方面，尙只能應付其運輸費用，至築路成本與車輛與設備之折舊，尙未計入，公路長途與大量運輸之不經濟，益於此可見。

鐵　路

西北方面之鐵路建設，現在軌道之最前端，距吾國輻員中心之蘭州，尙有五百公里之遙，惟寶鷄至天水一段，已在建築中，兩年之內，當可通車天水，至蘭州路線，已測定，蘭州至肅州現正測勘中，此路線由天水經蘭州肅州哈密迪化以至蘇聯邊界，尙有卅公里，但路線間，較爲簡單，第一、路線祇有此一方向，中間不致發生有何重要的比較選擇問題，第二、此線比現在已築之寶天一段爲最難，天蘭較易，蘭州以西則更趨容易，難者先克服，日後便可迎及而解，現以我國漸能製造輕磅鋼軌，故此路通達天水後，大有向西進展之可能，此三十公里之大幹線，吾人正不必望而却步，祇看毅力如何耳。

鐵路建築，以通常情形言，共每公里建築費，約爲公路之十倍，建築時間，約爲公路之二倍至三倍，是以鐵路規畫，必與路以根本不同，且以蘭州爲出發點向西展築之鐵路，爲國父實業計劃中中央鐵路系統之一部，西通塔城，東以東方大港爲屏閭，以地位言，爲重要國際幹線之一段，以長而言，則我國已經營業幹路，尙無此規模，今於此路發朝之始，特提出兩項重要問題，一爲政策之須確立，二爲技術之宜確定，請分言之。

一、關於建設鐵路之政策方面，凡一鐵路之興修，事先必須確立下列數種原則。

甲、任何鐵路之興築，其性質必不外乎經濟需要，政治需要，或國防需要之一種或兩種，因使命要求不同，故設計標準及施工方法亦有特異之點，經濟路線之設計主旨，在使其運輸能力，能與經濟情形配合，並須隨經濟之發展，逐步提高標準，卽路線設計，宜在足以應付需要之條件下，使築路投資，得發揮其經濟效率，此在國防性或政治性之路線則不然，常因急迫需要，不顧經濟環境，無法定原則，只求在政治國防之意義上得到代價，不過一鐵路之興築，少有絕對屬於經濟性或國防政治性者，譬如抗戰後，應推進之國際鐵路線，本以運行國防器材爲目的，此路線一通，則沿線經濟生活，勢必隨之而變，因爲具相當經濟性，至如何使目前純屬國際性之路線，能在將來兼具經濟價値，則在工程師之善于運出其學識與經驗，盡事屬選線之技巧矣。

二、鐵路之興修，其對象必係一種運輸要求，此種要求，本可規定鐵路所必具的運輸能力，然鐵路乃百年事業，其應具能力，亦必隨時代而進步，而不能拘限於當時促成築路動機之運輸需要而已，當以通車之初，與通車後五年十年二十年四個階段，爲路線功能規定之基礎，而路線之計設，包括初步路線，及逐步改善計劃，亦應與此配合。

丙、鐵路建設，其本身表有整個系統，及全盤計劃，先有路網輪廓，再進一步而規定幹線子線等之路配合，其整個交通系統，亦須在各種不同之交通工具下求其協調，蓋鐵路之建設費太鉅，在西北尤難普及，必須因地制宜，按照自然環境與經濟條件，使各種交通公具，得輔助鐵路聯成整個系統，以達鐵路之最大功用。

關於建設鐵路之技術方面，可以歸納兩事，一爲設計標準，一爲施工方法，設計標準之規定，爲使一切建築物與設備之功能，須與運輸需要配合，而在運輸需要原則下，一切均以經濟爲出發點，而耐久性恆爲經濟之函數，至於施工方法之大原則，爲在可能利用的物質範圍內辦理工程，使合於標準，惟技術標準，多屬硬性，而施工方法，則可因地制宜，頗須注意者，吾人不宜以物資限制，偏重或曲解因地制宜，致漠視或犧牲設計標準，目前國際物資，不能暢流，代用品層出不窮，吾人築路，固可藉以濟急，但無論所用建築材料爲何，施工方法爲何，萬不宜過分降低功能標準，或過分遷及耐久性之要求，無洋灰可用代水泥，但不可使所成建築，遇雨水卽行冲毀，如無鋼料可用木架橋樑，但不可使承重能力減低，一行重車，立卽變形，中國工程師今日事業，有如行醫無論所用藥品爲西藥爲代品，其治療病人也，務須以全愈爲標準，萬無治療一部份之理，應如何堅忍耐苦，邁向創造之途，則工程師今日之責也。

結　論

以西北土地之大，交通之落後，與今後在國際國內地位之日形重要，此方交通事業之須向前推進乃毫無疑義，玆就西北環境，歸納幾項結論。

第一、鐵路與公路，爲建國基本工具，其事業之本身，亦至爲偉大，鐵路方面，在我國已有六十年歷史，今日吾人可言自築鐵路，所有制度之建立，人才之培植，風氣之養成，皆此數十年之演進而來，並非一蹴而幾，今後經營西北交通，無論公路或鐵路，首須着眼於規模之必須宏遠，制度之必須確立，如此方能在西北一角樹立基礎，造成風氣，並羅致人才，若無此遠到之精神，支節應付，必至基礎脆弱，事業本身始基不固，其任務定必蒙其影響。

第二、宜先着手於西北方面廣泛之資源調查，作經濟發展之總計畫，再根據一定理想，公路與鐵路配合之通交網以此爲興築基礎，廣派測量人員，作選線設計工作計劃，各種交通線應具之形態，與彼此聯繫方法，擬定實施之步驟，目前大規模築路，自無其力，但作此工作簡單而性質重要之測勘與設計，自屬可能。

第三、鐵路事業，就其本身之狹義解釋，本爲一交通工具，但其開發地方，與改造社會，與經濟環境之力量，乃至宏大，在西北處要地帶，尤爲必然，我國已往鐵路事業，過於單調，以爲除本身業務外，其他附屬事業，皆不必過問，今後在西北謀交通事業之進展，宜稍改已往之作風，注意於加強機構，賦以職權，但在此廣漠之地域，爲經濟之調查，文化之宣揚，林牧之改進，礦藏之探索，公共衛生之增進，藉鐵路之進展，開其先導，爲他人倡，如是地方易如開發，而鐵路本身，將來定享莫大之利益。

第四、凡一事業，必靠其他有關之事業，同時舉辦，方易發展，若一切均須靠自己，則其建立必較慢，而進展心較遲，況鐵路與公路之有關工業範圍尤廣，在鐵路方面，如煤礦之開發，洋灰之製造，電訊材料五金機具之供給，木材之解鋸，公路方面，爲油料之製煉，配件之供給，皆犖犖大者，倘一一均須自身籌畫，方能解決，則必甚費力，西北各種工業，尙少基礎，將來謀交通事業之迅速進展必須事前於此有所準備。

第五、交通建設，需要龐大之人力，與多數之技工，從前我國民力充裕，工食最廉，今則不然，西北人口，又特別稀疏，爲築一路，召募二三萬人，即影響於國家兵役及後方生產甚鉅，今後築路，必不可忽略於此，在地方宜加緊動員之訓練，增高民工之效能，及培養技工，在交通機關宜謀技術上之因時制宜，並利用其他天然或機械之力，方足以應付今後工人缺乏工價高漲之困難。

第六、西北方面一切交通建設，尙在幼稚時期，目前措施，應以正常標準，爲最後完成之標準，以環境因素，爲逐步完成的運用上之決定，其步驟必須與軍事配合，與經濟發展配合，且在戰時物資人力條件之下，須如期完成致用之把握。

以上各點，根據個人所見，聊以貢獻於關心今後西北交通建設事業者。

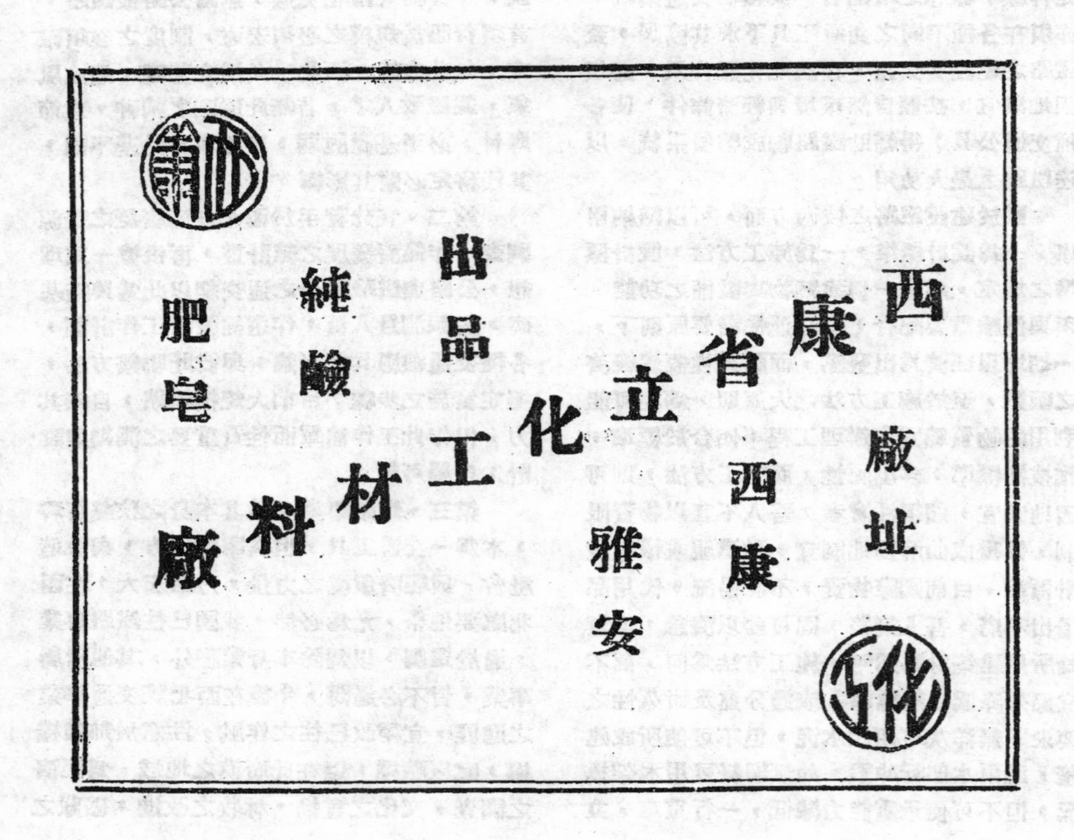

西北水利問題

沈　怡

目下朝野人士，對於開發西北，都很感覺興趣，就有許多人抱着很大的決心，願意來替西北同胞盡點力，作點事，他們大半是從別的物質文明相當發達的大都市來的，一旦來到西北，在生活方面自己感覺到許多的不方便，也非常替當地人士抱屈，為什麼甘心過這種太克己的生活呢，有了這種觀念以後，於是乎便想積極改造這環境，在他們看出來，什麼事都是重要，什麼事都要趕快去辦，眞個這麼辦，恐怕不但不為當地人士所歡迎，或者還是要得到相反的結果，物質享受誰不歡迎，要是吃粥還吃不飽，還敢去希望物質享受嗎？因此我們必須把題目認淸，如果我們眞是有為西北同胞服務的熱忱，首先要把他們解决生活問題，明白的說，就是吃飯問題，使得大家有飯吃，並且都有便宜的飯吃，西北同胞一向是靠天吃飯，這是很危險的，要解除這種危險，並且使西北成為現代化的西北，非在二件事情上，大大的努力不可。一是建設鐵路，二是開發農田水利，這是一切問題中之根本，關於西北交通問題，另有人講，今天講演的題目，是「西北水利問題」，因係公開講演，故內容力求通俗，範圍以甘肅寧夏青海三省為限，並且特別着重甘肅省，這是首先要聲明的。

甘寧靑境內的大河流，是黃河以及他的支流，在靑海省有湟水及大通河（流到甘肅入黃河），在甘肅有大夏河，洮河，祖厲河及淸水河（淸水河發源固原，流到甯夏中衞縣入黃河），還有在陝西入河的涇河及渭河，和他們一部份的支流，也發源甘肅，在河西有黨河（疎勒河，白河（上游為酒泉之北大河及洪水河），及黑河（上游為山丹河）},在隴南有嘉陵江之上游及其一部分的支流，這些河流都與甘甯靑的水利事業有密切關係，在靑海省南部的揚子江上游，不在討論範圍以內。

我們知道西北的雨量是極少的，有些地方少的還比不上蒸發量來得大，所以很容易苦旱，前淸宣統年間編輯的甘肅新通志（這部書的記載，包括現在的甘肅，還有甯夏及靑海之一部分），寫着全省六十餘州縣「禱雨輒應」的處所，倒有四十九處之多，那些好像已有專責的龍王廟都還不在其內，「職官志」「循卓」之中，禱雨輒應之記載，也非常之多，於此亦可見西北素來需雨之殷了。甘肅省為明瞭全省水利狀況起見，從本年起始，作普通的查勘，期於兩年內完成，並準備增設水文測站若干處，這兩樁工作完竣以後，所有的水利問題，何者應先辦，應如何辦，都有了充分的根據，不會像現在似的，舉辦一件水利建設，事先連一點資料也沒有並且兄弟想像，甯夏靑海兩省都極注意水利事業，不久也就會着眼到這些基本問題，除了水利查勘及水文測驗以外論到實際的水利問題，可分作「防洪及治導」、「航運」，「水利」「給水」，「灌溉」五項。

一、西北多山，地居各河上游，加之居民又比較稀少，好像河流泛溢，沒多大損失似的，因此治導方策，也不大值得去研究似的，其實並不盡然，據以往記載，沿黃河的皋蘭，靖遠，靈武等處，常受泛溢之災，他若沿洮河的臨洮，沿嘉陵江支流的文縣，武都，成縣等處，也常有被淹的史實，我們從志書上看見，受害的各縣，均曾修堤築洴，或浚河故道，以去水災，不過那是局部的，應付的，還沒徹底的有系統的籌劃，希望將來人力財力稍為寬裕一些的時候，能夠詳細計劃，從事治導，水害一除，水利的建設才能不受影響，而其效力才能更爲長久。

二、西北的航運，也是不爲一般人士所重視，黃河只有甯夏以下，勉強通行舟楫，嘉陵江上游及其支流航船的水程，也很有限，並且還遲緩費力得很，其餘也不過通皮筏木排而已，從前東漢時候（元初二年卽公元一一五），虞詡爲武都太守，於轝破羌人之後，假振貧民，開通水運，米鹽大量湧到，價格大賤，不過三年功夫，居民由一萬三千戶增至四萬餘戶，後來後魏薄骨律（卽靈武）鎮將刁雍，造船運穀，唐朝及前清開嘉陵上游水道，宋時鑿淸水江峽口以通流，前清同治年間王德榜開洮岷航路，均收相當效果，對於民食軍事，大有裨益，近年來黃河水利委員會預備使洮河與嘉陵江通航，目前尙未施工，甘肅建設廳炸洮河下游之灘，據說進行頗爲順利，山地的河道，坡陡流急，要想治的像東南諸省的河流，那麼通暢，當然不是一件容易的事，或竟是一件不可能的事，只要各河流都能分段通航，和陸路聯運，已可便利不少，再者航行的船隻，如能加以改造，使其適合於西北各河流，當然也是極有研究價值的。

三、處在這個時代，誰都知道非振興工業，不能立國，工業需要動力，最廉價的動力，無過於水力，據從前的調查，西北可用之水力爲數甚多，究其實呢，業已利用者，不過水磨及水車而已，用水磨以磨糧食，用水車以灌溉，雖說相當普遍，效力亦相當的大，可是論到利用水力，可說是微乎其微，現在有中央某機關，極注意到西北水利的利用，從前曾有多次的查勘，今年更與當地某公司合作，準備普遍查勘，我們希望在抗戰期間，能將一部分計劃完成，甚至着手籌備一部分，祇要將來機器便於輸入的時候，卽可從事建設，其成績必大有可觀。

四、西北都市的給水問題，目前尙少有人注意，這也是環境的關係，不獨西北爲然，向來沿着河道的城市大半都是汲取河水來作飲水及用水，離河道遠的城市，便鑿井取水，有時候城內井不多，或者井水不合用，便設法開渠引城外的河水或泉水，這件事在西北往往不大容易辦，所以我們從志書裏可以看見，遇有引水入城之事實，多半都是甚慎重其事的寫了出來，足見人們的重視了，水是人們每日必需之品，誰都願意很便利得到很淸潔的水，談到給水的問題，我們自然也不能一下子就打算建築多少自來水廠，前淸光緒年間，左宗棠先生在蘭州黃河沿，裝置抽水設備，抽上岸來，用管子引到城內，並在城內挖個池子蓄起來，雖說是對於汲取者，有個限制，究竟便利一部分居民，若是能夠增加抽水的時間，添修蓄水池，另行規定汲取水的辦法，再加以澄清及消毒的手續，等到有一天，財力足夠的時候，就不妨籌設自來水廠，聽說蘭州市政府頗注重這問題，正在籌劃加以擴充，其他的城市自然是更應當酌量情形，逐步的仿辦，這不僅是便利的問題，是與居民的健康有極大的關係。

五、最後來談談灌溉，甘甯靑古雍州地，禹貢有云，厥土惟黃壤（這是土之正色），厥田惟上上，（上上是第一）厥賦中下（中下是第六）所以慕少堂先生說，「田第一，賦第六」人功少耳），到了漢朝，因爲軍事關係，常在甯夏，靈武，慶陽，張掖及西寧各地一帶，實行屯田，（大約在公元前一五八到公元一三〇年間）農紡以及農事方面，效果都很大的，後魏，隋，唐，在甯夏靈武附近，也多修總，唐武后時（公元七〇）在甘州屯田，積軍糧支數十年之用宋朝除了整理甯夏西甯各渠道以外，還在隴西現天水一帶，興修水利，元朝修復甯夏靈武各渠，又復甘州屯田，明朝督催甘涼等處水利，在靈武中衛一帶修渠屯田，並且還屯墾固原，還有兩件私人努力的事也值得介紹，一是嘉靖年間（公元一五三六至一五六六年）蘭州人段續先生（段容思先生之曾孫）仿造水車，這位段先生在西南省分看見水車可以取河水來灌田地，認爲極其便利，就回到蘭州仿造，第一次沒有成功，又親自跑到外省去看，第二次才成功，據說州關東門外水車園河邊的那架水車（因爲特別好，轉得早，停得晚，人們稱之爲老虎車）就是段先生手創的遺跡，現在沿河一帶，水車林立，灌溉許多田畝，都是受段先生之賜也，不過這些水車，有時候水位太低，他不能轉動，水太大了，又會被沖毁，並且因爲構造之簡單，消耗太大，甘肅水利林牧公司工程師原素欣先生有鑒於此，來到蘭州便着手研究改良，並製有小型之改良水車，加以試驗，成績相當圓滿，還有蘭州志載，天啓五年，張九德叛製水屏，利民灌溉，號張公車，這也値得一提的，到了清朝雍正乾隆年間，常修甯夏各渠，還在河西一帶開墾，同治年間左宗棠先生令西甯所屬振興水利，還在臨洮開渠灌田，民國以來，居民加增，更見得興辦水利之需要，人民自修水渠爲數甚多，臨洮的德遠渠（民十八年完成灌二萬餘畝）工賑渠（民二十三年完成灌一萬餘畝）及濟生渠（民二十九年完成灌一萬餘畝）效果都很大的，民三十年以前公家舉辦的，在甯夏有雲亭渠（民二十四年完成灌二十萬畝），在甘肅有洮惠渠（民二十七年完成灌三萬五千畝），民三十一年在甘肅完成了湟惠渠（灌田三萬畝）、溥濟渠（灌田三萬五千畝），已開工的有汭豐渠(原名汭惠渠)，靖豐渠（原名北關堤渠），及永樂渠(原名夏惠渠)，行將開工的有平豐渠，(原名涇濟渠)及永豐渠，起始籌備的蘭豐渠(原名新蘭渠)及洮豐渠（原名汭豐渠），汭豐渠(即有關渠)，是引黃河水灌溉蘭州附近之田地，湟進渠從明朝成化年間起，一直到二十九年籌備了六次，（其中有三次業已動工），可是都沒能成，究其原因，有的因爲有司不以民事爲急務而中止，有的因爲計劃及施工不完善而失敗，有的因爲無款而罷，現在呢，省府方面亟盼早日興工，銀行方面對於甘省水利予以大數之農貸，將來之能否成功，就要看我們工程師之努力了，平豐渠(即涇濟渠)，是引涇河支流水灌溉平涼涇川之田地，民國十年涇原道道尹歐陽溥存，呈請從平涼四十里鋪開渠引涇水灌田，政府批飭就地籌款舉辦，現在呢，平豐渠(即涇濟渠)，工程已成立一年多，正積極推進中，因爲陝西涇惠渠，附近的人民，疑心平豐渠(即涇濟渠)一修，會影響到涇惠渠的水量，大起恐慌，遂未便立時動工，這個問題，也要看我們工程師，我們工程師應當以技術的立場，詳細來研究，究竟有無影響，李儀祉先生寫過一篇「西北水利問題」的論文中，載於商務印書館的「中國水利問題」一書裏面，在那篇論文中李先生檢出三點討論，其中有一點，「西北灌溉是否有增加之需要及其可能」，李先生的意思是『西北灌溉是有極力擴充之需要，若交通未便之腹地，外處糧食輸入不易，倘遇大旱，人民直待振而無救」，因此開發西北宜於鐵路未及之先，迎頭增加農產』，同時「黃河上游之灌溉，仍當求其動力於黃河本身」，他老先生在一再不得志於他的終身抱負——以科學方法治理黃河——以後，索性退到陝西，埋頭他的灌溉事業，到今日誰個不曉涇惠渠，陝西人，誰個不享到他的遺澤，但是我們不能不可惜，天不假李先生以年，而在世的時候，偏偏又沒有多少來理會他，致使我國水利方面最大的黃河問題，同時也是西北水利問題中的根本問題，至今還是一籌莫展，兄弟天天在此侈談西北水利，觸景生情，不禁感慨繫之。

9871

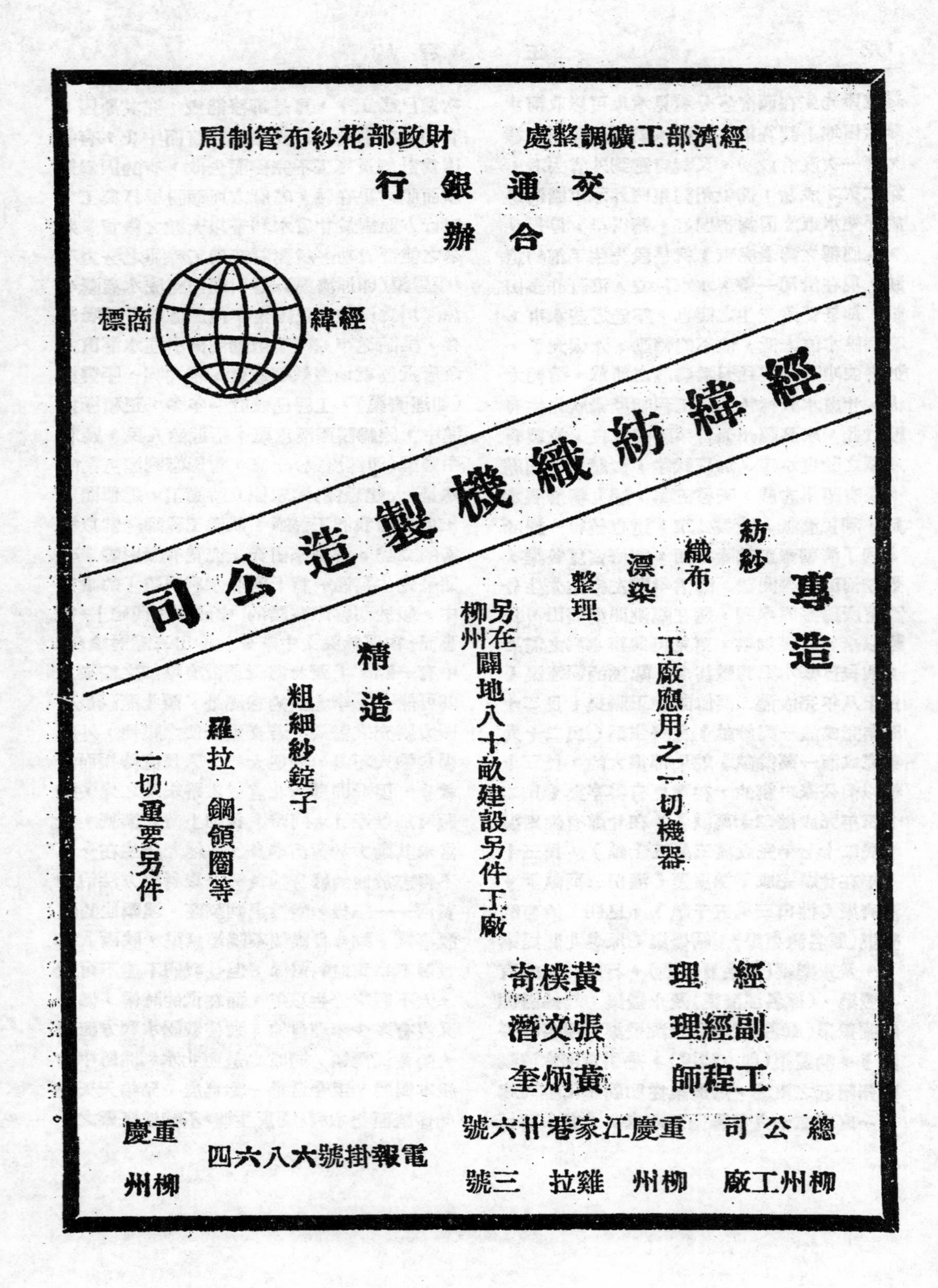

經濟部工礦調整處
財政部花紗布管制局
交通銀行
合辦
經緯
商標
經緯紡織機製造公司
專造
紡紗
織布
漂染
整理
工廠應用之一切機器
另在柳州闢地八十畝建設另件工廠
精造
粗細紗錠子
羅拉 鋼領圈等
一切重要另件
經理 黃樸奇
副經理 張文潛
工程師 黃炳奎
總公司 重慶江家巷廿六號
柳州工廠 柳州 雞拉 三號
電報掛號六八六四
重慶
柳州

以川甘為心臟的戰後工業建設區位問題

吳　承　洛

我國戰後之工業建設問題，其最重要而應首先研討，決定方針者，當要過於工業區位之合理分配。

就原有政治區域，以劃分我國之工業或經濟建設區位，可以依照歷史與習慣及地理形勢，大別為十二如左。

一、華中區，包括長江中游江湖區域，皖贛鄂湘四省。

二、華北區，包括黃河下游，河套以東之區域，冀魯晉豫四省。

三、華東區，包括江浙二省及東海一帶各島嶼。

四、華南區，包括閩粵二省及南海一帶各島嶼。

五、華西區，包括長江上游川黔康三省。

六、華北區，包括長城重要關口以北熱察綏三省。

七、東北區，包括黑吉遼三省及其毗連之失地。

八、西南區，包括桂黔二省及其毗連之失地。

九、西北區、包括黃河上游，河套以西之區域，陝甘甯青四省。

十、外蒙區，包括外蒙古及其毗連地域。

十一、新疆區，包括新疆一省及其毗連地域。

十二、西藏區，包括前後藏，及其毗連之失地。

以我國疆域之廣大，氣候之懸殊，人口密度之差異，民生習慣之參差，以及教育程度，土地利用，交通情況之不通與夫國際關係之複雜，戰後各區位之工業及經濟建設，必有先後緩急之分。故一方面既需顧及國防前途與軍需之需要，另一方面，又當格遵於逆其自然之趨勢，與民衆之要求，茲試就此𠀤二區位而分淅其梗概。外蒙一區，自號稱自治以後，其與內地之交通，隔絕多年，該區向來需要之內地手工藝服用品，必先謀以供給之，以滿足其人民之迫切要求，並使外蒙之特種毛皮工業產品，得以運入內地以期貿易復興，則經濟上之困苦，自易解除。戰後該區政治上與文獻上之復員，對於近來原料工業之進展，理應特予維持並亦為調整之。

西藏一區，其與內地及印度之關係，抗戰以來，更形密切，現在困難，即為印藏印康之交通，印度舊式工業之改良與新式工業之引用，可供我國借鏡者不少，如鋼鐵與水泥造紙紡織灌溉等。亟應使其陸路運輸密來往頻繁以便交接物質上之進展，而補過去精神文明溝通之缺點，所有藏屬人民需要內地工藝之出品，除便利其供銷外，應酌設小規模之示範工廠，以逐漸啓發其工藝上之興趣，而示政府為謀生產建設之決心，庶幾意能以格外融洽，値茲抗戰之後期，似應即作局部之實現。

新疆一區，戰時之經濟建設曾有相當計劃，普通之民生工業倘能顧及，戰後自可依照計劃，循序漸進新疆戰後工業之發展，宜以精煉石油為主體，使與陝甘之石油精煉工業，發生密切聯繫，以解決我國之汽油問題，其在戰時，如能即謀進行，更為切要。

西北一區，向以皮革及天然鹹之工業為著，抗戰以後，敵人更著重於若干鑛產之奪取，以補助東北及華北二區之重要工業原料。本區鹽湖最富，天然鹹之出產，最為特色，世界鉀質之礦產與其水產之存在與鈉與鹽湖發生連帶關係，該區，鹽碱，如予充分發展，甚有發見大量鉀鹽之可能性，實至寶貴，戰後應以精煉碱產之工業，為開發西北區之重心，但可任人民經營，予以特許，其他原料工業，自可一併開展。

東北一區，於煤鐵火柴，大豆及麵粉工業與鐵道交通之發展曾有不少成效。自九一八以後，化學工業及酸碱工業，液體燃料工業，纖維工業與機器工業及兵工工業，進展更為猛速，已成為敵國之最大軍糧實庫。戰後失地收復，除使人民歷受工業限制之痛苦，予以解除外，其間大部分敵人工業之如何轉移，或經過國際合作之階段，而予以分別改組，與小部份原為國有工業之如何接辦，並另一部分敵人工業之如何復員，屆時一切應行，自當豫為綢繆，所應特為留意者，即關外若干重工業及化學工業之如何調整，分其一半以上之機械設備及大部份以至全部輸入之原料材料，而為西北與華中及華西三區所需要者，從事遷建於此三區，妥為配置，如此以實就應，以密濟疎，使內地之國防輕重工業，可以爭取時間而迅速濟於有效之位置。

華北一區，為敵人在關內工業上最強化之區域，山西省營工業，與平津，冀東，豫北及青濟之工業，如鋼鐵，機器，煤焦，水泥，紡織，酸碱，麵粉，製鹽，火柴，油脂，造紙，玻璃，染料，製糖，製蛋，製革，釀造，煙草，印刷，電氣，以及其他公用工業，全區統計，其發展程度，實為我國之重工業與輕工業，基本工業與消費工業，農產工業與礦產工業，國防工業，民生工業，鐵道交通與公路交通，都市建設與鄉村建設，國人企業與合辦企業，配合最後完整之區域，抗戰以來，敵人除以有計劃之攫奪與統制，合併與管理，以加強其政治上與經濟上及軍事上之作用外，於新工業之開拓，其積極之程度與其速度，與東北一區相比，尚屬較次，殆因資力與時期之關係。戰後工業復員，允分其三分一以至一半以上之廠礦設備，配置於華中華西及西北三區，此廠礦遷建之工作，應預先定為策略，戰後擬將遷移工作，限期一年完成後建設工作限期二年完成，決不可因戰事結束，而稍為縱豫，遲疑不定，而展緩實施。

華東一區，原為我國工業最發達之區域，然均集中於江南地方，尤其是上海一隅，允為全國工業之大製造廠，雖經戰時工廠之內遷與移港，及英美法等國勢力之消削，而其領導全國工業製造之地位並不少衰，其投資總額，外人約佔其半，現幾全部變為敵有，而國資工業與一切交通公用事業，均予横加統制，尤其是鄉村手工業與農家副業如絲繭茶之類，一切直接間接落其彀中，即在孤島之國人工業，至少原料方面，必與敵人合作，方能存在，可謂工業財產，攫奪淨盡，但以二省之企業與技術人才濟濟，戰後工業之復員，當能自動調劑得宜。國家之策略似無須使華東二省甚至上海一隅之工業，仍居領導全國之地位，然事實上亦難加強迫，惟有誘導其工業市場之向外發展，與工業企業之轉移方向。

本區之工業，其種類乃偏於輕工業與消費工業，我國雖為工業落後之國家，然據近十年來之成就而言，若干種機製工業之出品，如電器，織物，調味等，尚能在外國尤其是南洋一帶，占有適當之市場，如此外銷之工業市場，戰後應以遠大之眼光，善為培植，而以華東一區為外銷工業之第一製造場並起始從事海洋工業之建設，江浙之廠商，對於戰時內地民族工業之建立，已有莫大之貢獻，其在戰後，應如何追隨國家繼續遷廠之策略，將華中華西以及西北西南四區所尚不易配置齊全之工業，由上海一帶，自動遷達，除當地需要外，與保留其能有外銷市場一部分之工業，甚至不惜犧牲一時，情願先行充實內地之工業區位，而在沿海一帶之工業，徐為圖謀恢復，因沿海交通與經濟之關係工業建設之條件，早經具備，而內地則否，必須以人力改造之，如是，則先覺之廠商，即為造成內地工業局勢之英雄。

所有外銷之工業，華東之絲業，本為固有工業之巨擘，戰時敵人互加以高度之管制與改革，雖志在剝削，然戰後我們似應確定蠶絲工業為華東工業之中心，而敵人絲工業，配置於浙贛閩之邊區，以與江浙之蠶絲工業相輔而行，使江浙成為完整之絲織工業區，以供全世界之需要，此外又如桐油出口，係大部分集中於上海，今後應查明各國之需要，在江浙適當地方，分別設立製造廠，使桐油原料，變成工業成品半成品，再行輸出，是為農業國家變為工業國家之自然步驟。

至所謂從事海洋之工業建設，應由發展漁業着手，其意在寓海軍於漁業，漁鹽之利，自古盛稱，而漁富燐質及維甲素，無不易消化之弊，尤宜定為國食，於改變民族體原，增進其智力，具有莫大之意義。我國吝難建國，將來必應有經使之海軍，以保護蜿蜒之海岸，我國吝項立國，將來必應有實用之海運，以負荷進出之物資，沿海人民，既習水性，復富冒險性，過去於海洋方面，既已獲得不少陸地，予以開發，今後更應鼓勵其向外發展之心理與能力，因漁產工業之開展，自力更生之國際貿易，始有希冀，全國人民，食有必魚之風，可以養成，而海洋國防，庶可因之早日奠定基礎，其經費如指定鹽業工業化之盈利與蠶絲工業所得之外匯，以供開創。亦至合理，戰後軍隊編遣，應以部分健兒，尤其是沿海出力者加入海洋國防之魚產工業建設，以改變向來沿海工業建設之方向。

華南一區，廣東之省營工業，始有基礎，即經戰時之損失殆盡。福建之現代工業，尚有幾廠。兩省戰時工業。均以民生消費為對象，戰後理應繼續依照進行，其他一般戰後工業建設之方針，與華東一區相同，香港之工業，應作戰後遷建，盡量移置於西南區，以充實滇桂之工業基礎，閩粵華僑，兼能運用資金，從事工業生產並發展國際市場，本區土產，如紅茶、樟腦、蔗糖，如加意培植、研究製造，均可操縱國際市場，他如向來外銷之特種礦產，就其由華中區乃西南區集中海口之便，先行冶煉為精純之金屬或合金，亦可為本區外銷工業生色，故本區應轉變為供給國外市場之第二製造廠，並積極推進生產工業之發展，以期奠定南海國防之基礎。

西南一區，滇桂二省，向以錫之金屬，享有國際市場抗戰以來，先後成為重要之國際路線，工業與交通之開展，以及國際貿易之增進，中央與地方，莫不全力以赴。戰後餘力謀工業上之自給自足，並仍為西南之國際門戶外，更應參酌實際情況，多多培植近熱帶生長原料之工業，其應用南洋特產為原料之國防工業如橡皮等製品，似可以本區為主要製場，以謀比較之安全此更應擇定若干特種之工業製造以供應所稱印度中國半島之需要為對象，普通以川康黔滇桂五省為西南，其實川康黔三省在國勢上之地位，與滇桂二省，頗有不同，故另別為華西區，為單純之國防工業區，與後者之本方需要陸路國防設備者不同。

華中一區，本為我國最初所擇定之工業中心，國防重工業之煤鐵兵工，與民生輕工業之紗布油料，均發揚於鄂省，而非鐵金屬之工業，又在湘省發展，迄抗戰之前一年，從新開始國防工業之建設，又以湘省為出發點，而贛省副之，前後國防工業中心區觀點之不同，則前者以兩湖為根據，而皖贛為外圍，後者以湘贛為根據，而鄂皖為外圍蓋前後長江防守形勢之變遷，昔者沿江炮台，節節為營，故能以江浙與皖贛二大防綫，以保衛兩湖之工業中心今則海業大開江防不守故而退而保湘江以南之湘贛工業中心證以當年太平天國之內戰年對敵抗戰之形勢今者所取

9875

之國防據點與近均有其不可磨滅之意義則與事實，戰後長江下游，自應配置適當之防禦，使華中一區之工業，依水運與資源及國防與市場，亦善配合，得以迅速發展，成爲最完整之工業新區，本區之工業，亦比較各全金屬鑛冶工業與紡織工業及化學工業與電氣工業，相互配備，雖不及華北區之國海道，但其偉大水道之優點，工業條件，實比較具備，與華西區之困難較多者不同。

華西區，四川一省之工業，一二八以後漸有進展，七七抗戰廠礦內遷，見諸事實，多以重慶及其附近爲集中地點，而沱江與岷江流域之工業，亦在勃然興起，更與川東川西之水力，川南川北之鹽產，並甯屬雅屬之鑛產資源相配合，川康建設在事實上與計劃上，均已比任何區域爲最有辦法，而四川新工業之迅速發展，已居領導之地位，貴州一省，在戰時成爲東南與西北交通必由之地，其水流多屬川江系統，似應納入川康建設之圍範通盤籌劃，俾成爲永久國防工業之重心，我國重工業區，就其地文上天賦之厚而言，本以東北區爲第一，華北區爲第二，華中區爲第三，華西區爲第四，但就其地理上位置之重要而言則應以華西區爲第一，華中區爲第二，華北區爲第三，東北區爲第四，我國之永久國防工業，應抱定華西區爲第一，華中區爲第二之宗旨，全力以赴，决不可因此次抗戰之勝利結束而稍予寬假，東北與華北二區，煤鐵資源，雖爲最富，但華中區之鎢銻，無可與比，而華西區之水利資源，亦爲最大建設華西區之永久國防工業，應以水利發電爲中心，水利發電之工程，以土木工程爲主，最適宜於戰後之兵工事業，有最廉價之電力，則電氣冶金與電氣化學之工業，可以大量發展，所有華西鑛床較爲徼薄之弱點，可以補救。其在戰後，仍應使其居於領導全國工業建設之首位，以爲復興民族之根據地。

西北一區，在一二八之役，本以開發此區相號召，卽遠在六十年前，已確定蘭州爲西北之工業中心，抗戰三年以後，敵人適從西南方面，予以威脅，我政府及社會各界，亦因之分移一部分視線而注意於西北區之工業及交通建設，現已多方量爲推進，我國之輕工業，就其已經發展之程度而言，本以華東區居爲第一，而華北與華中二區次之，但其原料之豐富與完備而言，則以西北區爲第一，植物與動物纖維，農產與畜產食糧，其天然之配合齊全，既有廣大之牧場，復有植種之棉產，既有麥，復有稻，既有瓜，復有菓，宜乎其爲民族之發祥地，應力謀毛織棉織與製革工業之大量發展，使與麵粉及牲畜副產工業相配合，以供軍民之大宗需要，而成爲最安全之必需衣食工業區域。戰後輕工業之發展，應以西北區爲重心，而西北區之開發，應以畜產工業爲中心，本區之畜產工業，一經現代化並大量發展，則一半中國之土地，皆可應之而充分利用，而其他工業與富源，自可連帶發達，況有豐富之石油，以供給內地之燃料與動力而輔助國防工業之完成。故我國民族復興之根據地，應以西北區之甘肅爲輕工業之重心，以配合華西區之四川重工業重心，今試以一線連接甘肅之文縣與四川之廣元，而使之與川甘之界線相交於一點，以此點爲中心，畫一西北與東南及一東北與西南之正交線，則以大約相同之距離，四千公里之遙爲半區，西北線經甘青新而至鹹海，東北線經陝晉冀熱遼與吉黑之間而通過庫頁島，西南線經川康滇與緬甸而到達印度洋之錫蘭與馬來之間，東南線經川鄂湘贛與閩粵之間，與台灣及菲律賓之間而直指南太平洋，川甘兩省恰處於正中。若以二千公里爲直徑，則西北之於闐，迪化，北之庫倫，哈克圖，東北之洮南，長春，東之朝鮮京城，釜山，東南之台灣，南之南海安南，與西南之暹羅，緬甸及印度之孟加拉與後藏，均繞圍於圓週。故四川與甘肅二省，實爲我國之國防核心，在我國海軍未恢復空軍未充分建設以前，以全力發展全國之核心區域，尤其是此核心之工業建設，當爲切要之圖。我國過去之工業區，大抵均隨自然趨勢以造成，卽一切建設之成就亦然，惟大禹治水，萬里長城及南北運河爲有獨立創造之精神。工業創設，在昔代以御器爲著，在近代以煤鑛爲著，此次廠鑛內遷之實現，於內地新創多少工業區，猶不能自動進行於全面抗戰之前若干年，受時勢高度壓迫，始行遷成，今後應力矯因循之弊，預爲通盤籌劃，其在所擬議之區域中，應設立新工業區於何處，當本創造之精神以圖謀之，决不可顧慮已有之環境，而應創造環境以赴之。本研究所得結論有如下列各點：

一、戰後工業建設區位之分配，應以整個大中華民族所需要爲對象，以謀民族經濟之穩定。

二、戰後工業建設區位之確定。應以建立永久之國防工業爲的鵠，以奠國防軍事之基礎。

三、將全國分爲十二個工業建設之區位，以華西及西北二區爲工業建設之核心，華中西南及華北與西北四區爲外圍，東北，華東，華南及西南之延展，爲海洋國防，外蒙，新疆，西藏爲大陸國防。

四、海洋國防，以漁業之發展，爲創建海軍之始基，大陸國防，以畜牧之改進，爲實施屯墾之重要事業，均以戰後編遣時兵工方式行之。

五、核心之工業建設，華西區以國防重工業及兵工事業，爲主體，西北區以國防輕工業及石油事業爲主體。

六、外衛之工業建設，華中區爲出發點，輕重工業，同時並重。

七、爲全國工業，謀合理之分配，並爲爭取時間起見，戰後仍應執行廠鑛設備之遷建，以東北，華北二區之及滬港之工鑛，移建於西北，華西，華中及西北之四區。

八、爲補救我國西部及南部煤鐵資源，比較東北及華北爲薄弱起見，應充分利用其水力，以謀水力發電之普遍實施。

九、發電水力工程之實施，戰後宜以兵工方式，從事其大部分之土木及水利工程，而以遷移發電設備，妥善配合。

十、水力發電之應用，除供給價廉之動力以應需要外，應充分用以發展電氣冶煉及電氣化學之工業。

十一、凡工業建設條件最完備之地方，有自然發展之趨勢，故沿海各省戰後工鑛設備之繼續疏散於內地各省，於其本地方應有之工業發展，並無阻礙。

十二、沿海各省，自東北經東南以至西南，均定爲外銷工業及有國際貿易性質之工業區域。我國如繼續準備外人在國內設廠，似可規定特許之沿海港埠與特許之年限，以符合遺敎國際共同發展之原則，而消納交戰國戰後之剩餘工具，傳播其技術，以協助我國工業之迅速進展。

十三、東北及華北二省之天賦資源，戰後如卽能完全自主，可定爲海軍建設之根據地，以發展造船工業爲主體，華南及西南之延展，當然可以定爲海軍的第二根據地，逐漸建立新式製船工業。江航之造船工業，應建立於長江中游，而不在下游之華東區。

十四、沿海各省具有國際貿易之生產事業，每區指定一種中心工業如東北之豆製工業，華北之豆製棉產工業，華東之絲產工業，華南之金產工業。

十五、內地各區，亦可酌定性質有國際貿易之中心工業一種，如東北之皮產工業，西北之毛產工業，華中之油產工業，華西之鬃產工業。

十六、現在或將來其有國際性之礦產工業，亦可酌定其區域性質之中心工業，如東北之鐵產工業，華北之煤產工業，華中之錦錦工業，新疆之石油工業，西南之錫產工業。

十七、各省亦可規定一種有國際性之中

心手工業，如河北之法瑯工業，山東之帽辮工業，江蘇之刺繡工業，福建之漆器工業，浙江之製扇工業，廣東之牙器工業，雲南之銅器工業，安徽之煙墨工業，江西之紙傘工業，湖南之製筆工業之類。

十八、屬於利用土石燒製之工業，華中區以仿古瓷器為主，西北區宜作仿古陶器，以供國際市場之高度藝術陳設。

十九、地方自治鄉鎮公工造產之工業，以建築材料之窰業及小型回復汰油之木炭煤炭窰業為主，其編與織之工業規定人人學習，定為國民學校課程。

二十、戰後軍隊復員，除分配從事漁牧墾殖之生產事業外，其分配從事水力工程者，應於工作過度中，援以機械與化學技能之訓練，使成為技工與技藝幹部。

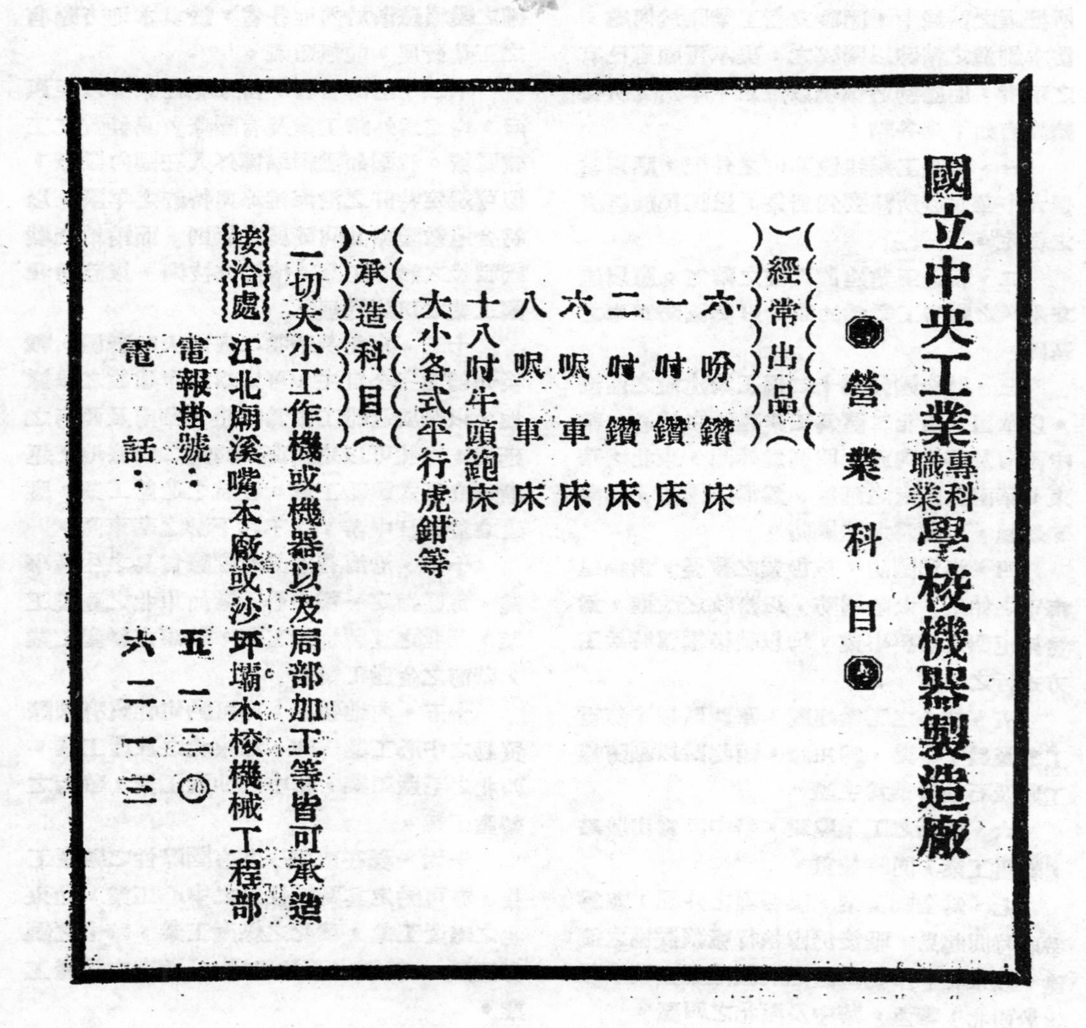

9878

敦德閘門（Tainter Gate）之流量係數

彭榮閣

（國立西北工學院）

（一）問題之緣起：——敦德閘門，在現代已成爲節制流量及操縱水位之普通工具，舉凡渠化工程，水電工程及灌溉工程等，其利用敦德閘門處，實不遑枚舉也。其用雖廣，但計算流量所用之水頭，究宜量至何處，論者頗不一致，而流量係數之值，更不一律。推厥原因，蓋以實際記載太少，無法分析研究，而判斷其孰優孰劣孰是孰非也。爲應合此種需要，著者乃作一模型試驗，用以廣集記載而研究之，冀對此項問題求一答案焉。

最近十年來之雜誌，關於敦德閘門流量係之研討，時有刊載，可知此項問題，已爲吾工程師所密切注意矣。一九三三年七月之土木工程 Civil Engineering、三八六頁至三八八頁，載有瑞浦里 Ripley 氏根據有限之實際流量記載，以公式 $Q=CA\sqrt{2gH}$ 算出流量係數C之值爲 0.76 至 0.56，式中之H等於閘孔中心上之水頭。兩月後，康伯與卜蘭 Cambell and Borland 二氏，以H代表閘唇上之水頭，另將瑞浦里之記載整理而計算之，所得流量係數之值則變爲 0.76 至 0.80。曾在一九三三年九月之土木工程五三一頁至五三二頁發表之。同年十一月之土木工程，六二七頁至六二八頁載述葛門斯氏 Gumenskey 氏又將瑞浦里氏之記載，重行計算，並將接近水速之影響計入，則流量係數之值變爲 0.76 至 0.74 矣。翌年郝爾敦 Horton 氏又找到幾個流量記載，併入瑞浦里氏之記載內，一同分析而研究之，結果推出下列公式，在一九三四年一月之工程雜誌 Engineering News-Record 十頁至十二頁發表。

$$Q=CA\sqrt{2gH}\cdots\cdots\cdots\cdots(甲)$$

（甲）式之H＝閘孔中心上之水頭

Q＝流量

A＝閘孔面積

C＝流量係數

$$=1.03N\left\{1-\sqrt{1-\left[\frac{\theta-\frac{F_1}{N}\left(2-\frac{1}{N}\right)}{NF_2-F_3}\right]}\right\}$$

$$N=\frac{閘門上游水深}{閘孔高度}$$

θ＝閘唇斜度，以弧度Radians 計。（閘唇卽閘門之下緣）

$$F_1=\frac{1-\operatorname{Cos}\theta}{\operatorname{Sin}\theta}$$

$$F_2=1+\theta-\operatorname{Cos}\theta$$

$$F_3=\frac{1-\operatorname{Cos}\theta}{\operatorname{Sin}\theta}+\frac{1}{2}\left(\frac{\theta}{\operatorname{Sin}\theta}-\operatorname{Cos}\theta\right)$$

六月後，卜蘭以H代表閘唇上之水頭，又將郝爾敦氏之記載整理計算，其結果於一九三四年六月之工程雜誌八四六頁刊佈如下：

$$Q=KA\sqrt{2gH}\cdots\cdots\cdots\cdots(乙)$$

（乙）式之H＝閘唇上之水頭

Q＝流量

A＝閘孔面積

$$K=C\sqrt{\frac{2N-1}{2N-2}}$$

C＝郝爾敦公式之C值

嗣後至一九三六年，達徽斯 Davis 曾作一模型試驗，惜以水源不足，未能求得充分記載，故無法推出公式，以計算流量係數。其結論爲閘孔增大，則係數愈減小；閘唇斜度愈增大，則係數亦愈減小。其係數較郝爾敦者爲大，但其値未曾公佈，無從查考。

統上觀之，致德閘門流量係數之研討，已成饒有興趣，而爲工程師所注意之問題的一種。但流量公式中水頭之定義及係數之値，尙無一定，故生研究此題之意念。

（二）試驗之經過：——爲廣求記載起見，著者按原有閘門模型之寬度，將一舊有木槽縮窄，成爲寬 0.998 呎，長 12 呎 4 吋高 2 呎 9 吋之木槽。槽底水平。在距下端 3 呎 6 吋處，置一鋼鈑造成之小型致德閘門。閘門寬0.998 呎，半徑長 1 呎。閘門橫軸之高度及閘孔之大小，俱可任意變化，以求各種閘唇斜度及閘孔高度時之記載。木槽及閘門之形狀如第一圖所示。

第一圖

試驗時將閘孔之高度，閘唇之斜度及上游之水深，交錯變化，共得四百六十個不同之試驗。再將試驗記載及算出之係數，整理排列，如附表所示（八頁至十八頁）。

按此試驗，水流經過閘門以後，被水平槽底所襯托之距離爲 3 呎 6 吋，旋即直落靜水池中在下游俱無淹溺情形。

（三）試驗之成果：——依照上述之水流情形，計算流量，自應採用洩水孔公式，所用之水頭亦應等於上游水位高程與下游水位最低點高程之差，如第二圖之H。惟最低點之位置與深度，隨情形而變化，每次須特別量之，甚覺不便，茲爲適合實用起見，僅用閘孔中心上之水頭 H_1 及閘舌上之水頭 H_2

第二圖

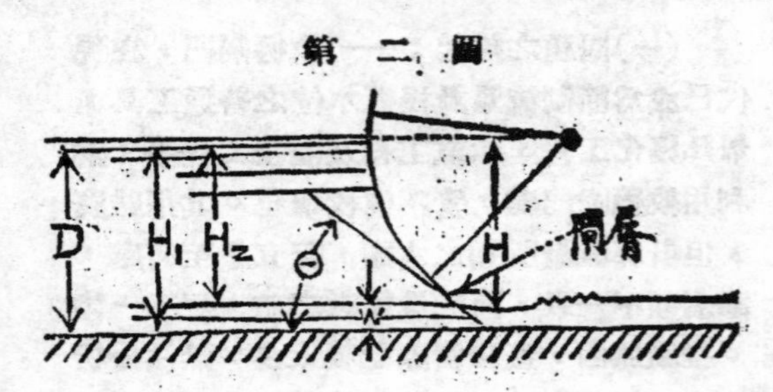

，分別代入包括接近流速水頭之洩水孔公式內，而各求出其相當係數，再加以分析研究，並繪爲曲線而比較之。結果以閘孔中心上水頭所給之係數，較有規律，且變化之範圍較小，故即選定由上游自由水面量至閘孔中心之垂直距離，爲計算流量所用之水頭。將按此水頭定義所求得之係數，分析研究，而得一經驗公式（丁），以定流量公式中之係數。由試驗記載而求流量係數所用之公式如下：

$$Q=CA\sqrt{2g(H+H_V)}\cdots\cdots\cdots\cdots(\text{丙})$$

（丙）式之Q ＝流量

A ＝閘孔面積

H ＝閘孔中心上之水頭

H_V＝接近流速水頭

C ＝流量係數

$$=\left[\frac{1.8N-1}{\left(1.8+\frac{\theta}{22}\right)N-\left(\frac{\theta}{66}\right)^{s}}\right]^{0.428}\cdots\cdots\cdots\cdots(\text{丁})$$

（丁）式中之 θ ＝閘唇斜度，以度計。

$$N=\frac{D}{W}=\frac{\text{上游水深}}{\text{閘孔高度}}$$

（丁）式所給之値，與試驗結果相較，其最大差異不過百分之 2.3，以實用論，可謂相當精確，但此式形甚複雜，計算不便，乃又以之製成諾魔術 Nomograph 一種如第三圖。

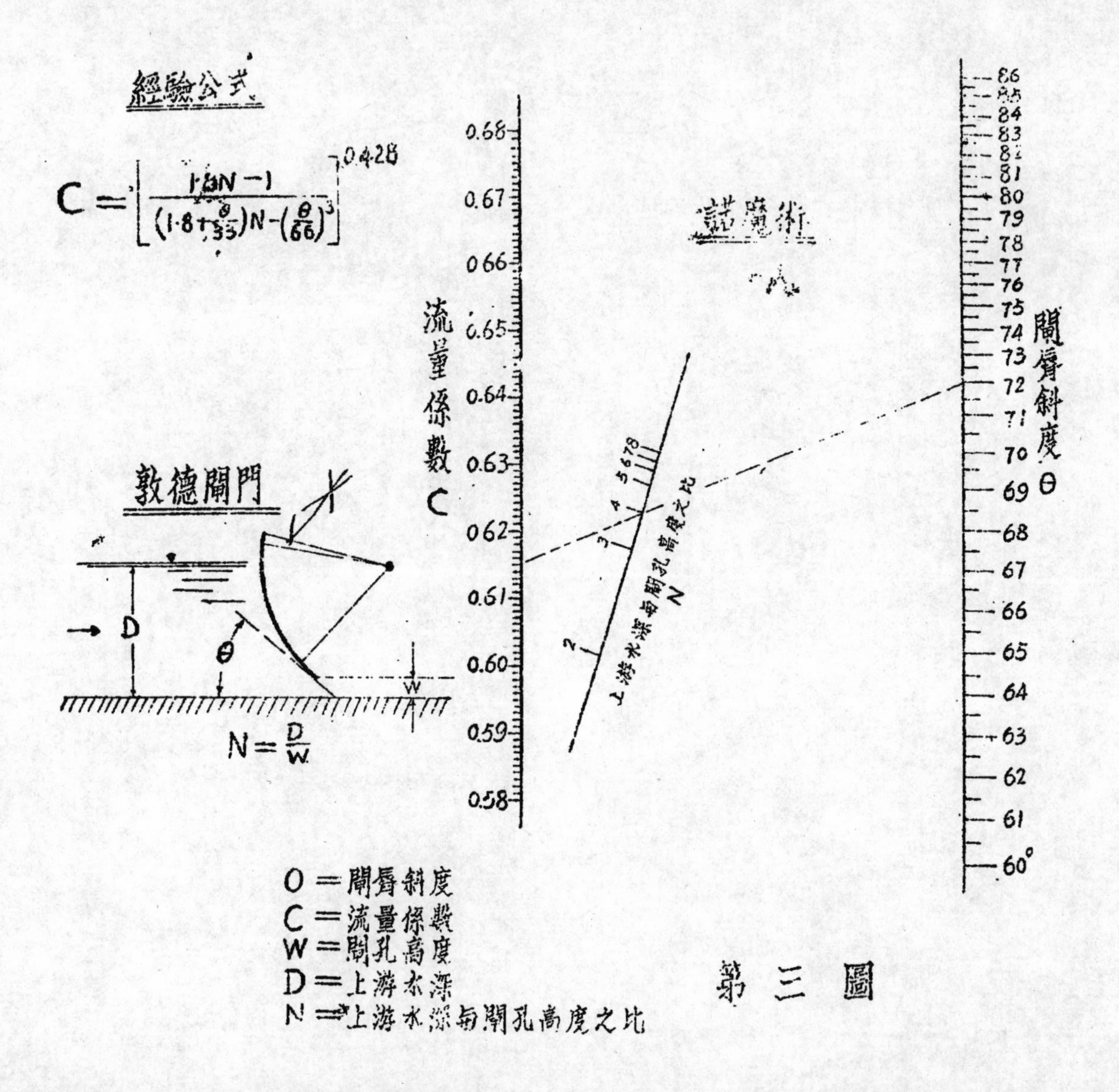
經驗公式
$C=\left[\frac{1.3N-1}{(1.8+\frac{\theta}{33})N-(\frac{\theta}{66})^{3}}\right]^{0.428}$
諾謨術
八
敦德閘門
D
θ
W
$N=\frac{D}{W}$
流量係數 C
0.68
0.67
0.66
0.65
0.64
0.63
0.62
0.61
0.60
0.59
0.58
上游水深與閘孔高度之比 N
2 3 4 5 6 7 8
閘脣斜度 θ
86 85 84 83 82 81 80 79 78 77 76 75 74 73 72 71 70 69 68 67 66 65 64 63 62 61 60°
O＝閘脣斜度
C＝流量係數
W＝閘孔高度
D＝上游水深
N＝上游水深與閘孔高度之比
第三圖

N及θ為已知，則以直綫或三角板對准N與θ之值，C值可立卽讀出，甚爲方便。

(四)與實際流量係數之比較：——著者選定之水頭定義，與瑞浦里，郝爾敦及達徵斯三氏所用者同，按郝爾敦根據實際流量記載，所求出之係數，多係閘唇斜度甚小者，而著者之閘唇斜度，則多較大。若取其共同部分而比較之，則最大差異，不過百分之二。

(五)公式之應用：——凡經過閘孔，兩端俱無收縮，出孔後又有相當距離爲平底所擎托之水流，其下游無淹溺 Submergence 情形者，皆可用(丁)式求流量係數，再用(丙)式以求流量，設閘墩閘底之粗糙程度俱與光面木板相若者，則計算值之最大差誤，可不過百分之2.3.

附表　觀察記載及算出之係數

W＝閘孔高度，以呎計。
Q ＝經過閘孔之流量，以秒立方呎計。
H_1＝閘孔中心上之水頭，以呎計。
H_2＝閘唇上之水頭，以呎計。
C_1 ＝用 H_1 算出之流量係數。
C_2 ＝用 H_2 算出之流量係數。
θ ＝閘唇斜度，以度計。

W	Q	H_1	H_2	C_1	C_2	θ
0.05	0.110	0.218	0.193	0.600	0.635	78°30'
,,	0.145	0.631	0.336	0.599	0.618	,,
,,	0.160	0.418	0.393	0.622	0.634	,,
,,	0.190	0.630	0.605	0.605	0.620	,,
,,	0.216	0.809	0.784	0.608	0.618	,,
,,	0.235	0.920	0.895	0.618	0.626	,,
,,	0.250	1.067	1.042	0.610	0.618	,,
,,	0.145	0.347	0.322	0.612	0.634	,,
,,	0.168	0.483	0.458	0.608	0.625	,,
0.10	0.195	0.190	0.140	0.590	0.680	81°20'
,,	0.288	0.356	0.306	0.595	0.651	,,
,,	0.355	0.591	0.469	0.618	0.650	,,
,,	0.416	0.741	0.691	0.610	0.633	,,
,,	0.475	0.970	0.920	0.610	0.627	,,
,,	0.505	1.075	1.025	0.614	0.628	,,
,,	0.513	1.096	1.046	0.617	0.632	,,
,,	0.200	0.175	0.125	0.580	0.670	,,

9883

W	Q	H_1	H_2	C_1	C_2	θ
0.15	0.310	0.181	0.106	0.580	0.727	84°20'
,,	0.415	0.336	0.216	0.590	0.665	,,
,,	0.490	0.471	0.396	0.597	0.649	,,
,,	0.576	0.623	0.548	0.618	0.647	,,
,,	0.675	0.842	0.767	0.616	0.645	,,
,,	0.750	1.044	0.969	0.622	0.645	,,
,,	0.785	1.125	1.050	0.621	0.643	,,
0.20	0.452	0.225	0.125	0.568	0.727	87°19'
,,	0.576	0.366	0.266	0.582	0.675	,,
,,	0.693	0.496	0.398	0.609	0.678	,,
,,	0.785	0.647	0.547	0.609	0.660	,,
,,	0.870	0.796	0.696	0.609	0.649	,,
,,	0.988	1.021	0.921	0.614	0.645	,,
0.25	0.635	0.246	0.121	0.591	0.780	90°00'
,,	0.635	0.250	0.125	0.586	0.774	,,
,,	0.737	0.370	0.245	0.583	0.702	,,
,,	0.850	0.496	0.371	0.595	0.682	,,
,,	0.768	0.655	0.530	0.594	0.657	,,
,,	1.050	0.810	0.685	0.584	0.636	,,
,,	1.200	0.999	0.874	0.603	0.644	,,
,,	0.605	0.229	0.104	0.581	0.784	,,
,,	0.750	0.396	0.271	0.582	0.691	,,
0.30	0.710	0.238	0.088	0.550	0.790	92°50'
,,	0.900	0.376	0.226	0.582	0.726	,,
,,	1.115	0.595	0.445	0.594	0.680	,,
,,	1.220	0.721	0.571	0.592	0.663	,,
,,	1.326	0.850	0.700	0.591	0.650	,,
,,	1.390	0.959	0.809	0.586	0.636	,,
,,	1.445	1.025	0.875	0.592	0.639	,,
0.35	0.723	0.269	0.094	0.464	0.706	95°50'
,,	1.160	0.474	0.299	0.579	0.708	,,
,,	1.265	0.542	0.367	0.592	0.705	,,
,,	1.420	0.717	0.542	0.589	0.670	,,
,,	1.505	0.818	0.643	0.585	0.656	,,

9884

W	Q	H_1/D	H_2/H	C_1/H	C_2/D	θ
0.35	1.585	0.917	0.742	0.585	0.647	95°50′
0.35	0.325	0.630	0.455	0.583	0.679	95°50′
0.40	1.086	0.321	0.121	0.544	0.782	98°40′
,,	1.244	0.406	0.206	0.570	0.780	,,
,,	1.380	0.525	0.325	0.569	0.704	,,
,,	1.530	0.670	0.470	0.568	0.669	,,
,,	1.641	0.765	0.565	0.568	0.655	,,
0.05	0.165	0.465	0.440	0.606	0.622	75°30′
,,	0.129	0.301	0.276	0.600	0.625	,,
,,	0.090	0.145	0.120	0.586	0.644	,,
,,	0.177	0.561	0.536	0.599	0.612	,,
,,	0.207	0.750	0.725	0.605	0.616	,,
,,	0.220	0.850	0.825	0.606	0.615	,,
,,	0.240	0.984	0.959	0.609	0.617	,,
,,	0.257	1.125	1.100	0.610	0.618	,,
0.10	0.187	0.146	0.096	0.590	0.712	78°30′
,,	0.264	0.307	0.257	0.595	0.648	,,
,,	0.336	0.506	0.456	0.596	0.628	,,
,,	0.415	0.761	0.711	0.601	0.621	,,
,,	0.492	1.051	1.001	0.608	0.625	,,
,,	0.475	0.997	0.947	0.602	0.618	,,
0.15	0.295	0.159	0.084	0.582	0.755	81°20′
,,	0.380	0.302	0.227	0.581	0.664	,,
,,	0.452	0.410	0.335	0.582	0.641	,,
,,	0.570	0.606	0.531	0.609	0.650	,,
,,	0.676	0.847	0.772	0.610	0.641	,,
,,	0.755	1.040	0.965	0.618	0.641	,,
,,	0.544	0.575	0.500	0.599	0.640	,,
0.20	0.442	0.198	0.098	0.577	0.763	84°20′
,,	0.525	0.300	0.200	0.580	0.679	,,
,,	0.680	0.485	0.385	0.600	0.670	,,
,,	0.775	0.636	0.536	0.604	0.656	,,
,,	0.885	0.833	0.733	0.610	0.649	,,

W	Q	H_1	H_2	C_1	C_2	θ
0.20	0.990	1.035	0.935	0.613	0.645	84°20'
,,	0.770	0.628	0.528	0.604	0.669	,,
0.25	0.586	0.209	0.084	0.574	0.785	87°10'
,,	0.705	0.324	0.199	0.581	0.717	,,
,,	0.817	0.448	0.323	0.595	0.680	,,
,,	0.910	0.570	0.445	0.597	0.670	,,
,,	1.022	0.700	0.575	0.603	0.662	,,
,,	1.125	0.850	0.725	0.622	0.672	,,
0.30	0.956	0.406	0.256	0.598	0.731	90°00'
,,	0.830	0.311	0.161	0.591	0.758	,,
,,	0.910	0.415	0.265	0.588	0.680	,,
,,	1.120	0.592	0.442	0.593	0.679	,,
,,	1.260	0.750	0.600	0.600	0.666	,,
,,	1.350	0.865	0.715	0.602	0.660	,,
,,	1.505	1.031	0.881	0.595	0.642	,,
0.35	0.910	0.251	0.076	0.583	0.854	92°50'
,,	1.045	0.358	0.183	0.582	0.765	,,
,,	1.180	0.493	0.318	0.581	0.705	,,
,,	1.294	0.590	0.415	0.584	0.685	,,
,,	1.375	0.663	0.488	0.590	0.680	,,
,,	1.460	0.770	0.595	0.585	0.660	,,
,,	1.545	0.880	0.705	0.582	0.646	,,
0.40	1.100	0.300	0.100	0.567	0.825	95°50'
,,	1.245	0.415	0.215	0.565	0.742	,,
,,	1.350	0.507	0.307	0.565	0.703	,,
,,	1.440	0.585	0.385	0.566	0.685	,,
,,	1.568	0.709	0.509	0.560	0.662	,,
,,	1.700	0.835	0.635	0.569	0.648	,,
0.05	0.092	0.145	0.120	0.599	0.656	72°30'
,,	0.140	0.336	0.311	0.605	0.630	,,
,,	0.187	0.605	0.580	0.613	0.624	,,
,,	0.220	0.803	0.778	0.610	0.620	,,
,,	0.226	0.891	0.866	0.609	0.617	,,

W	Q	H_1	H_2	C_1	C_2	θ
0.05	0.255	1.081	1.056	0.619	0.625	72°30'
0.10	0.220	0.207	0.157	0.591	0.672	75°30'
,,	0.300	0.391	0.341	0.600	0.641	,,
,,	0.325	0.462	0.412	0.602	0.637	,,
,,	0.440	0.822	0.772	0.611	0.630	,,
,,	0.410	0.735	0.685	0.604	0.625	,,
,,	0.504	1.085	1.035	0.609	0.615	,,
,,	0.475	0.995	0.945	0.606	0.622	,,
0.15	0.292	0.150	0.075	0.584	0.769	78°30'
,,	0.385	0.285	0.210	0.590	0.681	,,
,,	0.525	0.539	0.464	0.598	0.645	,,
,,	0.646	0.751	0.676	0.617	0.652	,,
,,	0.735	0.956	0.881	0.625	0.650	,,
,,	0.785	1.105	1.030	0.627	0.650	,,
0.20	0.406	0.160	0.060	0.579	0.817	81°.30'
,,	0.525	0.295	0.195	0.585	0.706	,,
,,	0.626	0.411	0.311	0.598	0.680	,,
,,	0.805	0.666	0.566	0.618	0.669	,,
,,	0.884	0.805	0.705	0.620	0.662	,,
,,	0.965	0.946	0.846	0.621	0.657	,,
,,	1.086	1.181	1.081	0.623	0.652	,,
0.25	0.590	0.215	0.090	0.583	0.805	84°20'
,,	0.740	0.347	0.222	0.593	0.722	,,
,,	0.840	0.470	0.345	0.600	0.693	,,
,,	0.966	0.624	0.499	0.604	0.671	,,
,,	1.085	0.788	0.663	0.609	0.662	,,
,,	1.105	0.901	0.776	0.610	0.653	,,
,,	1.225	1.014	0.889	0.609	0.649	,,
0.30	0.820	0.302	0.152	0.580	0.762	87°10'
,,	0.925	0.407	0.257	0.579	0.709	,,
,,	1.030	0.506	0.356	0.584	0.687	,,
,,	1.130	0.614	0.464	0.590	0.674	,,
,,	1.258	0.779	0.629	0.591	0.654	,,

W	Q	H_1	H_2	C_1	C_2	θ
0.30	1.365	0.891	0.741	0.600	0.655	87°10'
0.35	1.105	0.365	0.190	0.589	0.768	90°00'
,,	1.165	0.455	0.280	0.590	0.729	,,
,,	1.285	0.567	0.392	0.592	0.700	,,
0.35	1.010	0.690	0.515	0.595	0.682	90°00'
,,	1.574	0.820	0.645	0.597	0.669	,,
,,	1.625	0.941	0.766	0.597	0.658	,,
,,	1.034	0.349	0.174	0.581	0.767	,,
,,	1.140	0.447	0.272	0.584	0.724	,,
,,	1.330	0.612	0.437	0.587	0.687	,,
,,	1.476	0.765	0.590	0.592	0.669	,,
,,	1.590	0.906	0.731	0.591	0.654	,,
,,	0.944	0.262	0.087	0.587	0.838	,,
0.40	1.211	0.368	0.168	0.575	0.781	92°50'
,,	1.352	0.502	0.302	0.569	0.710	,,
,,	1.460	0.592	0.392	0.571	0.687	,,
,,	1.595	0.718	0.518	0.574	0.667	,,
,,	1.690	0.818	0.618	0.572	0.653	,,
,,	1.730	0.891	0.691	0.572	0.645	,,
0.05	0.090	0.132	0.107	0.613	0.680	69°30'
,,	0.165	0.436	0.411	0.624	0.641	,,
,,	0.177	0.513	0.488	0.638	0.655	,,
,,	0.217	0.743	0.718	0.635	0.645	,,
,,	0.230	0.836	0.811	0.630	0.638	,,
,,	0.271	1.149	1.124	0.635	0.641	,,
,,	0.279	1.207	1.182	0.635	0.642	,,
0.10	0.194	0.163	0.113	0.591	0.692	72°30'
,,	0.325	0.444	0.394	0.608	0.645	,,
,,	0.351	0.515	0.465	0.610	0.638	,,
,,	0.440	0.805	0.755	0.617	0.638	,,
,,	0.540	1.153	1.103	0.638	0.652	,,
,,	0.415	0.706	0.656	0.620	0.643	,,
,,	0.523	1.085	1.035	0.633	0.648	,,
0.15	0.610	0.546	0.471	0.610	0.655	75°30'

9888

W	Q	H_1	H_2	C_1	C_2	θ
0.15	0.325	0.198	0.123	0.583	0.718	75°30'
,,	0.454	0.393	0.318	0.595	0.660	,,
,,	0.642	0.722	0.647	0.625	0.659	,,
,,	0.740	0.945	0.870	0.633	0.660	,,
,,	0.802	1.118	1.043	0.636	0.659	,,
0.20	0.471	0.226	0.126	0.583	0.743	78°30'
,,	0.580	0.338	0.238	0.602	0.705	,,
,,	0.706	0.506	0.406	0.612	0.680	,,
,,	0.824	0.678	0.578	0.623	0.673	,,
,,	0.942	0.885	0.785	0.625	0.663	,,
,,	1.062	1.182	1.022	0.630	0.661	,,
0.25	0.607	0.227	0.102	0.585	0.705	81°20'
,,	0.750	0.374	0.249	0.588	0.705	,,
,,	0.865	0.496	0.371	0.600	0.688	,,
,,	1.001	0.671	0.546	0.604	0.665	,,
,,	1.136	0.859	0.734	0.613	0.661	,,
,,	1.260	1.044	0.919	0.616	0.657	,,
0.30	0.850	0.327	0.177	0.584	0.752	84°20'
,,	0.970	0.445	0.295	0.586	0.703	,,
,,	1.101	0.569	0.419	0.595	0.685	,,
,,	1.226	0.710	0.560	0.597	0.669	,,
,,	1.375	0.882	0.732	0.604	0.660	,,
,,	1.465	1.010	0.860	0.605	0.654	,,
0.35	0.978	0.286	0.111	0.590	0.823	87°10'
,,	1.135	0.430	0.255	0.586	0.733	,,
,,	1.260	0.552	0.377	0.586	0.695	,,
,,	1.395	0.671	0.496	0.594	0.682	,,
,,	1.510	0.795	0.620	0.593	0.667	,,
,,	1.640	0.950	0.775	0.595	0.656	,,
0.40	1.206	0.356	0.156	0.580	0.792	90°00'
,,	1.330	0.465	0.265	0.576	0.730	,,
,,	1.440	0.555	0.355	0.578	0.704	,,
,,	1.540	0.650	0.450	0.578	0.684	,,

W	Q	H_1	H_2	C_1	C_2	θ
0.40	1.738	0.727	0.527	0.578	0.670	90°00'
,,	1.750	0.852	0.652	0.581	0.660	,,
0.05	0.102	0.175	0.147	0.616	0.670	66°30'
,,	0.149	0.353	0.328	0.627	0.649	,,
,,	0.180	0.507	0.482	0.637	0.653	,,
,,	0.237	0.875	0.850	0.637	0.645	,,
,,	0.275	1.152	1.127	0.646	0.653	,,
0.10	0.210	0.161	0.111	0.630	0.747	69°30'
,,	0.293	0.325	0.275	0.636	0.692	,,
,,	0.358	0.490	0.440	0.641	0.675	,,
,,	0.423	0.691	0.641	0.639	0.662	,,
,,	0.513	1.009	0.957	0.645	0.661	,,
,,	0.542	1.110	1.060	0.645	0.663	,,
0.15	0.341	0.190	0.115	0.614	0.760	72°30'
,,	0.512	0.484	0.409	0.613	0.664	,,
,,	0.666	0.760	0.685	0.637	0.670	,,
,,	0.776	1.013	0.938	0.645	0.670	,,
,,	0.845	1.199	1.124	0.647	0.669	,,
0°20	0.493	0.239	0.139	0.595	0.746	75°30'
,,	0.646	0.403	0.303	0.625	0.710	,,
,,	0.780	0.589	0.489	0.630	0.690	,,
,,	0.898	0.788	0.688	0.633	0.677	,,
,,	1.023	1.012	0.912	0.635	0.669	,,
0.25	0.687	0.303	0.178	0.590	0.740	78°30'
,,	0.803	0.417	0.292	0.603	0.710	,,
,,	0.940	0.572	0.447	0.610	0.685	,,
,,	1.030	0.744	0.619	0.614	0.671	,,
,,	1.187	0.916	0.791	0.618	0.664	,,
,,	1.287	1.065	0.940	0.623	0.661	,,
0.30	0.824	0.289	0.139	0.589	0.781	81°20'
,,	0.945	0.406	0.256	0.592	0.725	,,
,,	1.090	0.541	0.391	0.602	0.699	,,

W	Q	H_1	H_2	C_1	C_2	θ
0.30	1.224	0.682	0.532	0.608	0.683	81°20'
,,	1.395	0.882	0.732	0.615	0.670	,,
,,	1.506	1.038	0.888	0.612	0.660	,,
0.35	1.183	0.484	0.309	0.584	0.710	84°20'
0.35	1.280	0.570	0.395	0.595	0.692	84°.20
,,	1.416	0.694	0.519	0.595	0.680	,,
,,	1.536	0.824	0.649	0.595	0.668	,,
,,	1.660	0.970	0.795	0.597	0.656	,,
,,	0.971	0.296	0.121	0.582	0.806	,,
0.40	1.251	0.396	0.196	0.574	0.753	87°10'
0.15	0.320	0.193	0.118	0.578	0.717	66°30'
,,	1.375	0.507	0.307	0.577	0.715	,,
,,	1.502	0.615	0.415	0.577	0.692	,,
,,	1.575	0.682	0.482	0.579	0.679	,,
,,	1.654	0.763	0.563	0.579	0.667	,,
,,	1.715	0.830	0.630	0.577	0.657	,,
0.05	0.153	0.370	0.345	0.633	0.655	63°20'
,,	0.183	0.534	0.509	0.630	0.645	,,
,,	0.207	0.677	0.652	0.631	0.642	,,
,,	0.230	0.835	0.810	0.682	0.694	,,
,,	0.265	1.085	1.060	0.642	0.649	,,
0.10	0.189	0.152	0.102	0.589	0.705	66°30'
,,	0.199	0.170	0.122	0.600	0.704	,,
,,	0.265	0.292	0.242	0.610	0.667	,,
,,	0.348	0.502	0.452	0.617	0.650	,,
,,	0.442	0.785	0.735	0.628	0.649	,,
,,	0.588	1.288	1.238	0.654	0.668	,,
,,	0.207	0.187	0.137	0.602	0.675	,,
0.15	0.302	0.152	0.077	0.597	0.780	69°30'
,,	0.397	0.286	0.211	0.603	0.695	,,
,,	0.467	0.396	0.321	0.611	0.675	,,
,,	0.581	0.583	0.508	0.638	0.683	,,
,,	0.700	0.820	0.745	0.639	0.670	,,

W	Q	H_1	H_2	C_1	C_2	θ
0.15	0.808	1.091	1.016	0.649	0.672	69°30'
0.20	0.460	0.213	0.113	0.586	0.760	72°30'
,,	0.601	0.359	0.259	0.610	0.708	,,
,,	0.740	0.539	0.439	0.621	0.686	,,
,,	0.880	0.749	0.649	0.635	0.682	,,
,,	1.011	0.982	0.882	0.639	0.673	,,
,,	1.105	1.161	1.061	0.644	0.673	,,
0.25	0.645	0.266	0.141	0.582	0.755	75°30'
,,	0.720	0.342	0.217	0.588	0.717	,,
,,	0.884	0.494	0.369	0.614	0.703	,,
,,	1.011	0.650	0.525	0.619	0.685	,,
,,	1.125	0.801	0.676	0.625	0.677	,,
,,	1.215	0.931	0.806	0.629	0.674	,,
,,	1.275	1.017	0.892	0.630	0.671	,,
0.30	0.808	0.275	0.125	0.590	0.796	78°30'
,,	0.932	0.383	0.233	0.595	0.737	,,
,,	1.037	0.480	0.330	0.602	0.712	,,
,,	1.370	0.829	0.679	0.619	0.680	,,
,,	1.421	0.902	0.752	0.619	0.675	,,
,,	1.532	1.050	0.900	0.619	0.668	,,
0.35	1.060	0.344	0.169	0.595	0.785	81°20'
,,	1.170	0.450	0.275	0.598	0.739	,,
,,	1.300	0.577	0.402	0.600	0.708	,,
,,	1.450	0.694	0.519	0.606	0.694	,,
,,	1.570	0.832	0.657	0.605	0.677	,,
,,	1.686	0.969	0.794	0.606	0.666	,,
0.40	1.312	0.452	0.252	0.575	0.734	84°20'
,,	1.430	0.555	0.355	0.577	0.702	,,
,,	1.562	0.675	0.475	0.577	0.677	,,
,,	1.685	0.789	0.589	0.580	0.664	,,
,,	1.725	0.825	0.625	0.581	0.662	,,
,,	1.210	0.363	0.163	0.578	0.784	,,

W	Q	H_1	H_2	C_1	C_2	θ
0.05	0.112	0.202	0.177	0.628	0.670	60°00'
,,	0.178	0.492	0.467	0.636	0.652	,,
,,	0.227	0.787	0.762	0.642	0.651	,,
,,	0.287	1.216	1.191	0.651	0.658	,,
,,	0.096	0.146	0.121	0.603	0.660	,,
,,	0.188	0.544	0.519	0.644	0.660	,,
0.10	0.190	0.153	0.103	0.586	0.707	63°20'
,,	0.248	0.247	0.197	0.601	0.669	,,
,,	0.266	0.433	0.383	0.625	0.664	,,
,,	0.408	0.655	0.605	0.633	0.659	,,
,,	0.473	0.868	0.818	0.640	0.658	,,
,,	0.593	1.263	1.213	0.665	0.678	,,
0.15	0.391	0.290	0.215	0.592	0.681	66°30'
,,	0.476	0.422	0.347	0.604	0.664	,,
,,	0.630	0.663	0.588	0.642	0.680	,,
,,	0.743	0.904	0.829	0.651	0.680	,,
,,	0.870	1.210	0.135	0.663	0.685	,,
0.20	0.444	0.181	0.081	0.594	0.803	69°30'
,,	0.598	0.335	0.235	0.622	0.731	,,
,,	0.736	0.507	0.407	0.637	0.707	,,
,,	0.866	0.700	0.600	0.646	0.700	,,
,,	0.997	0.920	0.820	0.648	0.687	,,
,,	1.060	1.185	1.085	0.655	0.685	,,
0.25	0.620	0.235	0.110	0.586	0.785	72°30'
,,	0.765	0.372	0.247	0.602	0.723	,,
,,	0.920	0.527	0.402	0.614	0.697	,,
,,	1.048	0.693	0.568	0.622	0.685	,,
,,	1.164	0.850	0.725	0.629	0.679	,,
,,	1.280	1.015	0.890	0.632	0.675	,,
0.30	0.855	0.299	0.149	0.582	0.796	75°30'
,,	1.000	0.437	0.287	0.606	0.732	,,
,,	1.135	0.567	0.417	0.616	0.710	,,
,,	1.270	0.708	0.558	0.621	0.696	,,

W	Q	H_1	H_2	C_1	C_2	θ
0.30	1.400	0.858	0.708	0.626	0.686	75°30′
,,	1.050	0.986	0.836	0.631	0.683	,,
,,	1.575	1.085	0.935	0.632	0.679	,,
0.35	1.125	0.423	0.248	0.586	0.735	78°30′
,,	1.263	0.532	0.357	0.594	0.710	,,
,,	1.377	0.643	0.468	0.598	0.690	,,
,,	1.500	0.764	0.589	0.602	0.681	,,
,,	1.631	0.914	0.739	0.603	0.667	,,
,,	1.026	0.344	0.169	0.579	0.767	,,
0.40	1.275	0.415	0.215	0.577	0.754	81°20′
,,	1.187	0.336	0.136	0.583	0.811	,,
,,	1.326	0.464	0.264	0.575	0.729	,,
,,	1.460	0.576	0.376	0.578	0.700	,,
,,	1.585	0.690	0.490	0.580	0.680	,,
,,	1.665	0.762	0.562	0.582	0.671	,,
0.05	0.112	0.171	0.146	0.674	0.726	56°40′
,,	0.178	0.442	0.417	0.670	0.689	,,
,,	0.160	0.369	0.344	0.661	0.685	,,
,,	0.204	0.585	0.560	0.667	0.682	,,
,,	0.266	0.983	0.958	0.672	0.681	,,
,,	0.293	1.204	1.179	0.670	0.677	,,
,,	0.166	0.413	0.388	0.649	0.669	,,
,,	0.281	1.097	1.072	0.674	0.681	,,
,,	0.223	0.712	0.687	0.663	0.675	,,
0.10	0.187	0.137	0.087	0.604	0.733	60°00′
,,	0.253	0.246	0.196	0.627	0.697	,,
,,	0.338	0.435	0.385	0.640	0.680	,,
,,	0.432	0.695	0.645	0.651	0.675	,,
,,	0.550	1.045	0.995	0.685	0.702	,,
,,	0.620	1.302	0.252	0.682	0.696	,,
,,	0.440	0.719	0.669	0.653	0.678	,,
0.15	0.312	0.170	0.095	0.593	0.754	63°20′
,,	0.423	0.320	0.245	0.611	0.693	,,

W	Q	H_1	H_2	C_1	C_2	θ
0.15	0.542	0.496	0.421	0.637	0.690	63°20′
,,	0.708	0.801	0.726	0.659	0.692	,,
,,	0.825	1.068	0.993	0.669	0.695	,,
,,	0.903	1.271	1.196	0.671	0.681	,,
0.20	0.450	0.208	0.108	0.576	0.753	66°30′
,,	0.593	0.341	0.241	0.614	0.719	,,
,,	0.740	0.517	0.417	0.634	0.701	,,
,,	0.860	0.686	0.586	0.646	0.697	,,
,,	1.013	0.930	0.830	0.655	0.693	,,
,,	1.131	1.157	1.057	0.661	0.691	,,
0.25	0.630	0.233	0.108	0.596	0.798	69°30′
,,	0.774	0.367	0.242	0.612	0.737	,,
,,	0.922	0.519	0.394	0.624	0.711	,,
,,	1.048	0.671	0.546	0.631	0.696	,,
,,	1.155	0.813	0.688	0.639	0.682	,,
,,	1.285	1.007	0.882	0.639	0.682	,,
0.30	0.850	0.281	0.131	0.609	0.811	72°30′
,,	0.982	0.400	0.250	0.614	0.752	,,
,,	1.117	0.527	0.377	0.619	0.721	,,
,,	1.265	0.680	0.530	0.629	0.707	,,
,,	1.412	0.846	0.696	0.633	0.696	,,
,,	1.519	0.991	0.841	0.631	0.683	,,
0.35	1.163	0.451	0.276	0.589	0.728	75°30′
,,	1.113	0.583	0.408	0.594	0.698	,,
,,	1.458	0.710	0.535	0.603	0.688	,,
,,	1.555	0.824	0.649	0.603	0.675	,,
,,	1.744	1.034	0.859	0.607	0.664	,,
0.40	1.360	0.486	0.286	0.577	0.724	78°30′
,,	1.123	0.381	0.181	0.576	0.770	,,
,,	1.365	0.489	0.289	0.578	0.726	,,
,,	1.461	0.561	0.361	0.585	0.710	,,
,,	1.546	0.645	0.445	0.582	0.689	,,
,,	1.640	0.731	0.531	0.585	0.678	,,
,,	1.720	0.804	0.604	0.586	0.669	,,

建川煤礦股份有限公司

出品

煙煤與焦炭之十大優點

資本雄厚
機器開採
鐵道運輸
產量豐富
煤質純潔
火力旺盛
交貨迅速
價目低廉
炊爨經濟
工廠合宜

總公司

地址：重慶市山洞鎮四楞碑二號
電話：六四三九

礦區

巴縣
（一）新豐場賴家丁口等處
（二）白市驛新店子任家灣等處
（三）人和鄉陳家溝西部跳蹬場
西北隅耗兒灣等處

重慶辦事處

地址：林森路二三四號
電報掛號：六二五三
電話：四二一三七

梯形渠道線規圖

陳椿庭

西北農學院

一 引言

渠道之設計，其目的在擇定一最合理想之横斷面及縱向比降，用以流瀉規定之流量。在灌溉，排水，航運等水利工程中，佔極重要之位置。設採用最普通之梯形斷面，則横斷面包函底寬，水深及側坡三者。設計時最先決定渠道所須流瀉之最大流量，其次則根據土質，臨界流速，挾沙量等資料，規定平均流速，渠壁側坡，並估定糙率係數。

流量，流速，側坡，糙率係數四者爲已知後，定比降爲自變定値，則底寬與水深之組合，須同時適合斷面積之値及流速公式，可解聯立方程式求得之，任定水深或底寬之値；其餘比降，底寬；或比降，水深，亦可同樣解得。故渠道斷面之設計，即爲根據資料，判定流量，流速，側坡及糙率係數，調記比降，水深，底寬三者，使最合乎吾人要求之工作也。其步驟須迭次假設，往復試算，頗是冗繁。

自十九世紀末年巴黎教授 d' Ocagne倡Nomographie 以來，工程界競相應用，實乃解算公式之利器。十二年前李儀祉先生譯Fritz Klaus所著"Die Nomographie oder Fluchlinienkunst"一書，首先紹介此術於我國。李先生依音譯"Nomogram"爲諾模，後鄒尙熊先生於其所譯圖解法中譯"Alignment chart"（即Nomogram）爲列線圖。作者不揣譾陋，試譯之爲「線規圖」，並繪製梯形渠道之線規圖三幀，用以解算1：1及1：$1\frac{1}{2}$兩種側坡之梯形斷面，不論設計或核算，尙稱利便合用。拋磚引玉，深盼高明教正，不勝幸甚！

二 梯形渠道之水力要素

梯形渠道之水力要素，計之可得10種，設採用最通用之曼甯(Manning)氏流速公式，共得5個相關公式如下：

$$Q = A \cdot V \quad (1)$$

$$V = \frac{1}{n} R^{2/3} S^{1/2} \quad (2)$$

$$R = A/P \quad (3)$$

$$A = b \cdot d + m \cdot d^2 \quad (4)$$

$$P = b + 2\sqrt{1+m^2} \cdot d \quad (5)$$

其間所用之符號爲：

Q＝流量(c.M.s.)

A＝横斷面積，簡稱斷面積(m.²)

V＝平均流速，簡稱流速(m./s.)

n＝糙率係數，假定對於某一渠道爲一常數

R＝水力深(Hydraulic radius, m.)

S＝水面比降，簡稱比降

P＝斷面溼週，簡稱溼週(m.)

b＝渠底寬度，簡稱底寬(m.)

d＝流水深度，簡稱水深(m.)

m＝側坡比，豎1比橫m;簡作1:m

10個未知量具有5個獨立條件式，故已知5個獨立水力要素，其餘5個未知量，即可由5條件式聯立解得。惟已知之要素，務必相互獨立，不可使任一條件式內所函之要素，同時均爲已知。

按照均一流動計算，水面比降等於渠底坡度，爲一定値。故已成之渠道，其底寬，側坡，糙率係數，比降，均爲已知値，水深爲自變之定值。其餘流量，流速，斷面積，溼週，水力深五者則爲自變數d之函數，可解算得之，繪成曲線，如"Q-d"，"V-d"，"A-d"等，是稱率定曲線(Rating curve)。此項計算，先由(4)，(5)兩式求A，P之值；代入(3)式得水力深R；由(2)式求流速V，(1)式求流量Q，工作並不煩難，惟利用線規圖，則更爲簡捷。

三　梯形渠道之設計

設計梯形渠道，其工作在判定流量，流速，側坡及糙率係數，據以調配比降，水深，底寬三者，使合乎吾人之理想，已如前述。所定斷面尺度之是否合宜，常由寬深比r覘之，r之值等於底寬，b爲水深d所除得之商，以式示之：

$$r = b/d \qquad (6)$$

又以A/P代R，可將水力深R一項略去，因P與d相關之函數甚簡單，以P代R，解算較爲便利。

設已知流量Q，流速V，糙率係數n，側坡比m，而比降s，水深d，底寬b，寬深比r四者中，可任定一種爲自變定值，其餘三種則聯立解得之。故梯形渠道之設計，分下述四類情形：

(i) 已知Q,V,n,m,s;求d,b,r

先由(1)式得A值　$A = Q/V$　　(1a)

由(1),(2),(3)三式得P值　$P = \dfrac{Q \cdot S^{3/2}}{V^{5/2} \cdot n^{3/2}}$　　(7)

次將A,P之值代入(4),(5),(6)三式，可求得b,d,r三值，其式如下：

$$b = P - 2\sqrt{1+m^2} \cdot d \qquad (5a)$$

$$\left(2\sqrt{1+m^2} - m\right)d^2 - P \cdot d + A = 0 \qquad (8)$$

$$\frac{P^2}{A} = \frac{\left(r + 2\sqrt{1+m^2}\right)^2}{(r+m)} \qquad (9)$$

(ii) 已知Q,V,n,m,d;求s,b,r

先由(1a)式得A，(8)式得P；次將A，P之值代入(7)，(5a)，(9)三式，即可求得s,d,r之值，所用之公式同上。

(iii) 已知Q,V,n,m,b;求s,d,r

故(5)式爲　$d = (p-b)/2\sqrt{1+m^2}$　　(5b)

代入(4)式得 $A = \dfrac{(P-b).b}{2\sqrt{1+m^2}} + \dfrac{m(P-b)^2}{4(1+m^2)}$　　(10)

先由(1a)式得A值，代入(10)式解之，可得P值；A,P二值求得後，s,d,r三值之求法同上，仍用(7)，(5a)，(9)三公式。

(iv) 已知Q,V,n,m,r;求s,b,d

先由(1a)式得A值，代入(9)式得P值，將A，P二值代入(7)，(8)二式而得s,d之值，最後b由(5a)式求得之。

總之，上述四類設計情形，欲得最理想之結果，其往復試算，工作甚繁(5)，(7)，(8)，(9)諸式，須分別爲其中所函之要素，書出其爲因變數之函數形式，更屬煩難。故作者特將(1)，(5)，(7)，(8)，(9)五式，繪成線規圖三幀以解之。

四　梯形渠道線規圖之作法

全國經濟委員會水利處出版之「水利工程設計手册」，載有梯形渠槽設計圖二幅。(原圖見Weyrauch-Strobel："Hydraulisches Rechnen"。)一幅表示梯形斷面中A/m，b/m，及水深d三者間之關係。一則由已知之斷面積及側坡，以求最佳水力要素斷面(溼週P爲最小)之各部尺度。此二圖僅研究斷面之特性，不載糙率係數，比降等，未與流速公式配合。

Alexander Fisher於"Wasserkraft und Wasserwirtschaft"(7Heft，1934)發表一文，列舉繪製梯形斷面線規圖之不同方法，共計四種。圖中解算之水力要素，僅爲水深，底寬，側坡及水力深四者。

Harald Lanffer合繪梯形，矩形，圓形三種斷面之線規圖於一幀，表示Q,n,s,

m,d,b,r等七種水力要素之相關。圖至完美，惟未函流速在內。文見"Wasserkraft und Wasserwirtschaft"(16Heft，1934.)。

作者合併Manning氏流速公式及梯形斷面之特性，得(1),(5),(7),(8),(9)五公式，繪成線規圖三幀。茲略分述其作法如下：

線規圖(I)　合(1),(7)兩式於一圖而解之，其公式為：

$$Q=A\cdot V \qquad (1)$$

及

$$P^{2/3}=\frac{Q^{2/3}\cdot S^{1/2}}{V^{5/3}\cdot n} \qquad (7_a)$$

(7a)式中令 $X=Q^{2/3}/V^{5/3}$　(11)

及　$Y=X/n=Q^{2/3}/(V^{5/3}\cdot n)$　(12)

則　$P^{2/3}=Y\cdot S^{1/2}$　(13)

取(1),(11),(12),(13)四式之對數，均成二量相加得第三量之簡單形式，各可以三平行線規圖解之。圖中n,V及S,X各同繪於一公共線之兩側，故共有線尺凡六。線尺之尺係數及間距，均按線規術(Nomographie)決定之，概如下圖所示：(副線X,Y,無須刻畫)

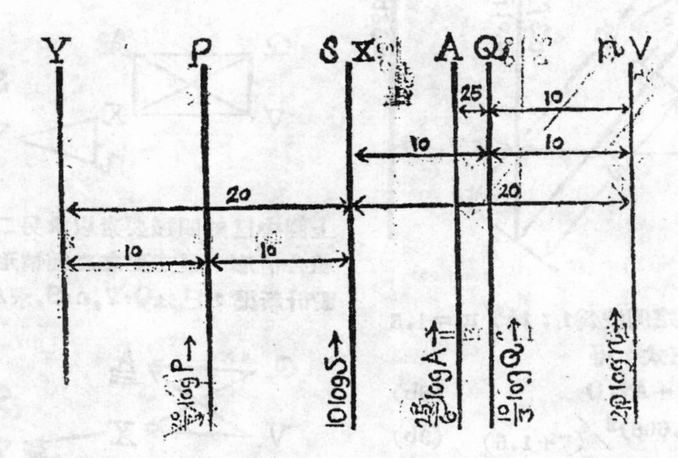

線規圖(II)　定側坡為1:1，合(5),(8),(9)三式於一圖。將m=1代入(5),(8),(9)三式，各改為：

$$1.828d^2-P\cdot d+A=0 \qquad (8a)$$

$$P^2/A=(r+2.828)^2/(r+1) \qquad (9_a)$$

$$b=P-2.828d \qquad (5_c)$$

解(8_a)式用曲線Z字圖，解(9_a)式用Z字圖，解(5_c)式用平行直線圖，均合繪於一幀。為免混淆計；(8_a),(5_c)兩式逕以P_1代表，(9_a)式中則用P_2表示，又(5_c)式中水深以d'表之，因所用線尺不同之故。

(8_a)式之線規圖，d用曲線尺，其位置以下二式定之：(A之尺係數=0.2，P之尺係數=0.3)

沿對角線量Z'　　$Z'=3d/(0.3+0.2d)$　(14)

沿A,P平行方向量Z'

$$Z=0.197d^2/(0.3+0.2d) \qquad (15)$$

例：d=1，Z'=6.0，Z=0.2194

公式(9_a)之Z字圖，A尺同前，係數=0.2；P尺以P_2示之，繪於P_1之右側，尺係數=0.01，代表方程式$0.01P^2$，r尺之位置沿對角線量Z"而得：

$$Z''=0.15X'/(0.2+0.01X') \qquad (16)$$

其間　$X'=(r+2.828)^2/(r+1)$　(17)

例：r=10，X'=15，Z"=6.43

圖中r=0.828，為最佳水力要素斷面之寬深比，Z"之值，以r＝0.828時爲最小。

公式(5_c)之平行直線規圖，d尺以d'示之，繪於A尺之右側，尺係數爲4；P尺用P_1尺，係數爲0.3；求得b尺之係數爲0.38，距P尺2.42；d,P二尺之間距則爲9。以圖示之如下：

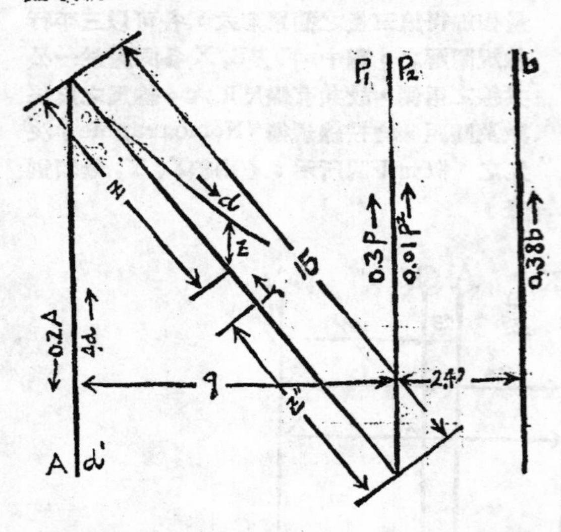

線規圖(III)　定側坡爲1：$1\frac{1}{2}$，m＝1.5代入(8),(9),(5)三式，得

$$2.106d^2-P\cdot d+A=0 \qquad (8b)$$

$$P^2/A=(r+3.606)^2/(r+1.5) \qquad (9b)$$

$$b=P-3.606d \qquad (5d)$$

所用之尺係數及圖廓大小同前，僅b尺在P尺右爲3.3，其尺係數爲0.406。決定曲線尺之位置，(14)式仍舊不改，(15)式則須改用下式：

$$Z=0.1264d^2/(0.3+0.2d) \qquad (15a)$$

例：d＝1，Z'＝6，Z＝0.2528

Z字圖決定r之位置時，(16)式不改，(17)式則改成下式：

$$X'=(r+3.606)^2/(r+1.5) \qquad (17a)$$

例：r＝10，X'＝16.15，Z''6.71

圖中r＝0.606，爲側坡＝1：$1\frac{1}{2}$時，最佳水力要素斷面之寬深比。相應之Z"值爲最小。

線規圖三幀附後。

五　梯形渠道線規圖之用法

線規圖(I)不函側坡比m，對於任何梯形斷面，均能適用。線規圖(II)，(III)，則各專用於側坡爲1：1及1：$1\frac{1}{2}$之梯形斷面。是以圖(I)，圖(II)；及圖(I)，圖(III)均可合併聯接應用。玆分述各圖之獨立用法及二種聯合用法如下：

線規圖(I)　用以解(1)，(7)兩式，共函Q,A,V,n,S,P等6種要素，任知四種(A,Q,V三者不能均爲已知)，則餘二種可藉圖檢得之。以圖示之如下：

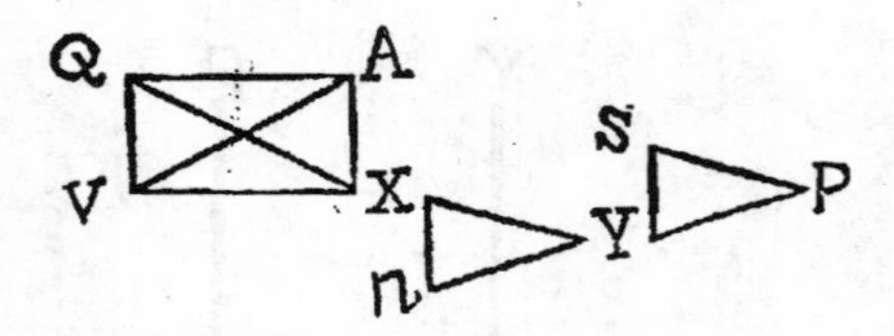

上圖中已知四種要素以求另二種，共有九種組合情形，最主要之二種情形爲：

設計新渠：已知Q,V,n,S,求A,P

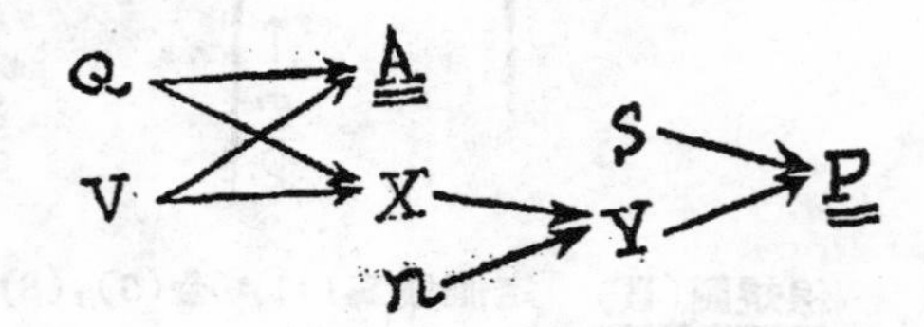

核算已成渠道：已知S,n,A,P (A,P由線規圖(II)或(III)求得)，求V,Q

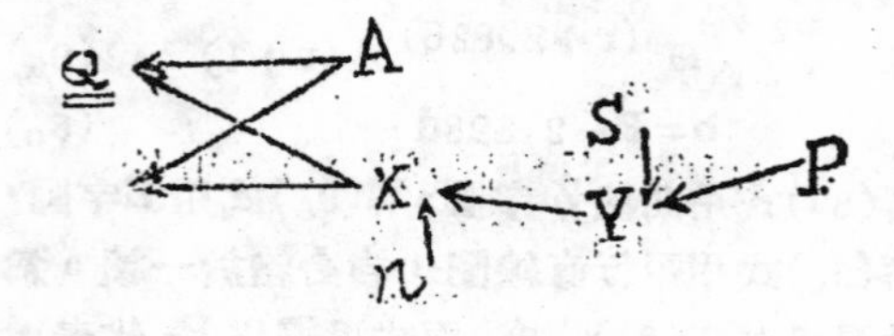

例：Q＝30，V＝1.2，n＝0.017，S＝1/4,000，A＝25，P＝17.1

線規圖(II)　用以解(8_a)，(9_a)，(5_c)三式共函A,P,b,d,r等5種要素，任知其二，可藉圖檢得所餘之三種要素。以圖示之如

下：

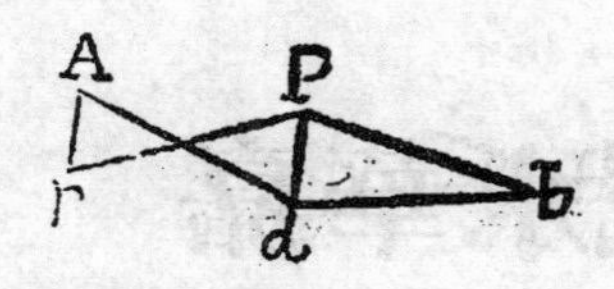

5要素中任知二者，其可能之組合共有10種。玆舉最主要之二種情形如下：

設計新渠：已知A,P（由線規圖(I)檢得）、求b,d,r

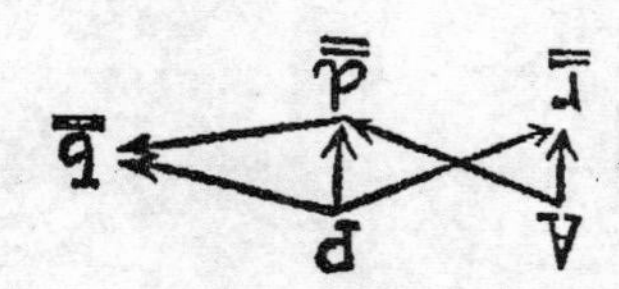

核算已成渠道：已知b,r,求d,A,P

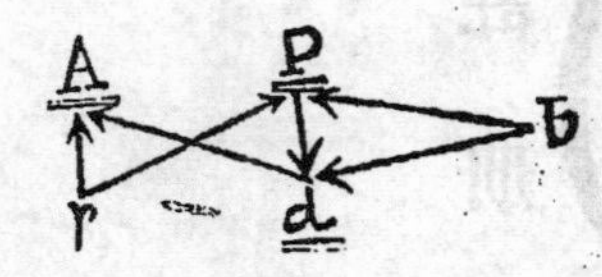

例： A=25, P=17.1, d=1.82,b=11.9, r=6.5

線規圖(III)　用以解算(8b),(9b),(5d)三式，用法與線規圖(II)全同。

例： A=25, P=17.1, d=1.93,b=10.1, r=5.2

線規圖(I)可與圖(II)或圖(III)合併聯接檢用，成二全套，其圖示法如下：

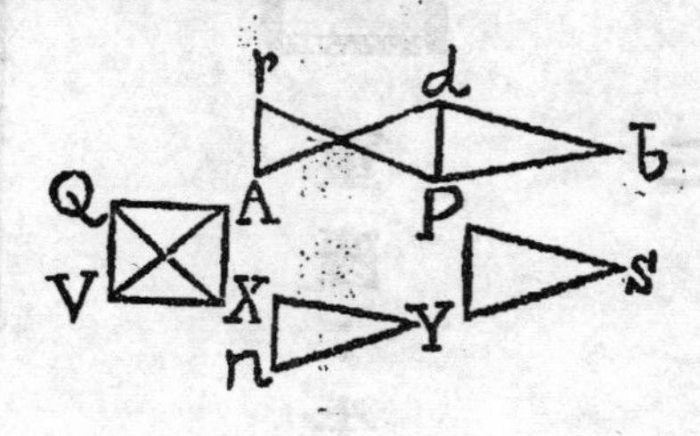

上圖中除X,Y而外，共有水力要素9種，已知其中任意4種（另側坡比m亦爲已知值，或爲1,或爲1.5），所餘之5種卽可按圖檢得。玆仍舉設計新渠及核算已成渠道二種情形之解法如下：

設計新渠：已知Q, V, n, S,(m),求A, P,b,d,r

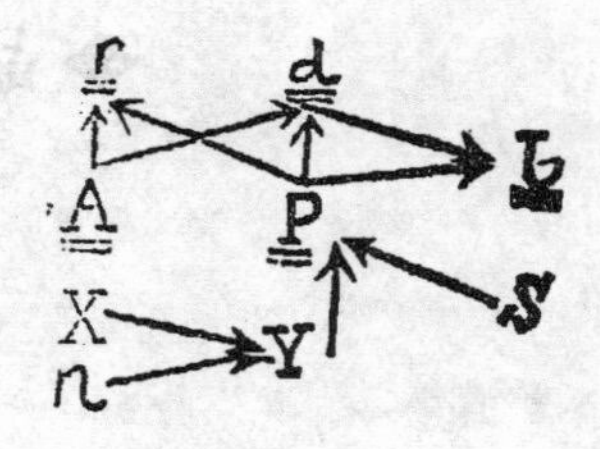

核算已成渠道：已知b,r,n,S,(m),求d,A, P,Q,V

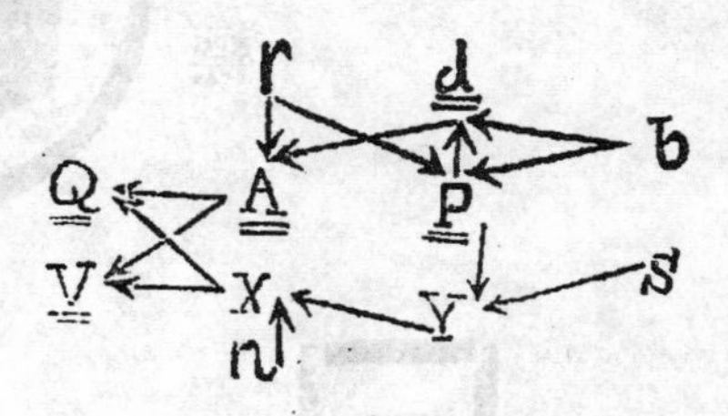

例： m=1, Q=30, V=1.2, n=0.017, S=1/4,000, A=25, P=17.1, b=11.9, d=1.82, r=6.5

m=1½, Q=30, V=1.2, n=0.017, S=1/4,000, A=25, P=17.1, b=10.1, d=1.93, r=5.2

一九四二年六月於武功

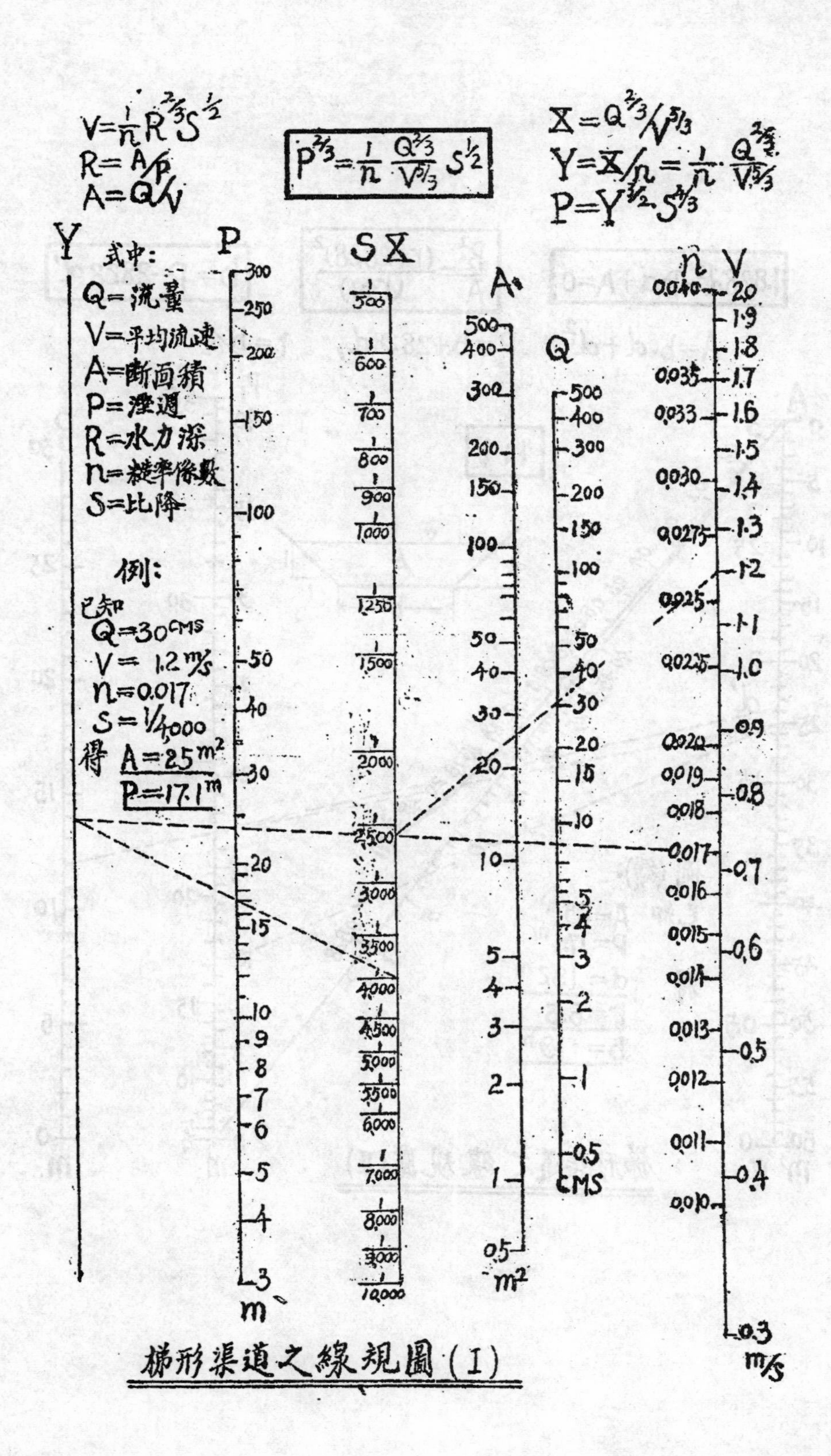

$V=\frac{1}{n}R^{2/3}S^{1/2}$
$R=A/P$
$A=Q/V$
$P^{2/3}=\frac{1}{n}\frac{Q^{2/3}}{V^{5/3}}S^{1/2}$
$X=Q^{2/3}/V^{5/3}$
$Y=X/n=\frac{1}{n}\cdot\frac{Q^{2/3}}{V^{5/3}}$
$P=Y^{3/2}\cdot S^{3/4}$
式中：
Q=流量
V=平均流速
A=断面積
P=潤週
R=水力深
n=糙率係數
S=比降
例：
已知
Q=30CMS
V=1.2m/s
n=0.017
S=1/4,000
得 A=25m²
P=17.1m
Y
P
S X
A
Q
n V
m
m²
CMS
m/s

梯形渠道之線規圖（I）

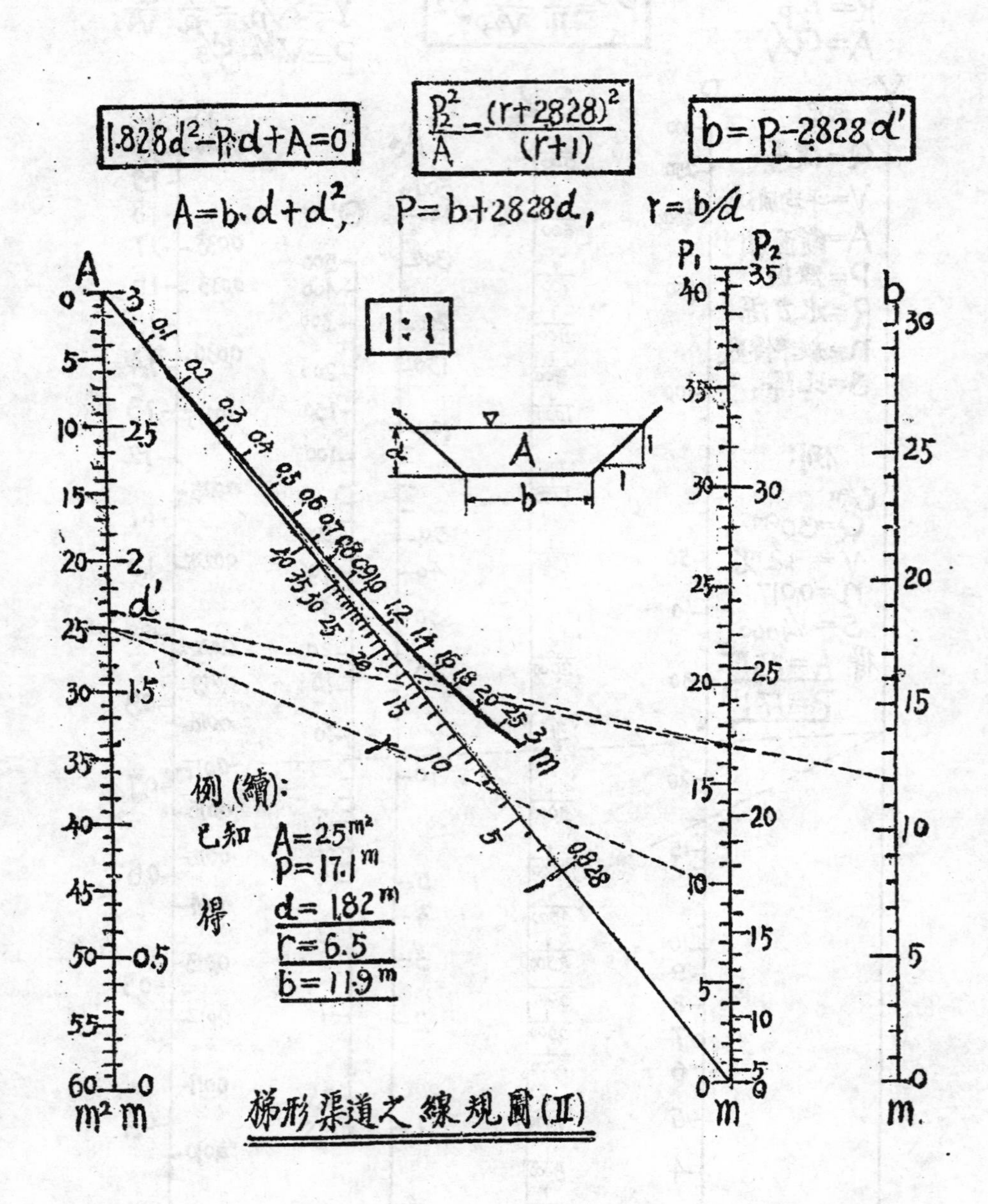

1.828d²−P₁·d+A=0
P₂²/A = (r+2.828)²/(r+1)
b=P₁−2.828d′
A=b·d+d², P=b+2.828d, r=b/d
1:1
A
d
b
例(續):
已知 A=25m²
P=17.1m
得 d=1.82m
r=6.5
b=11.9m
梯形渠道之線規圖(II)

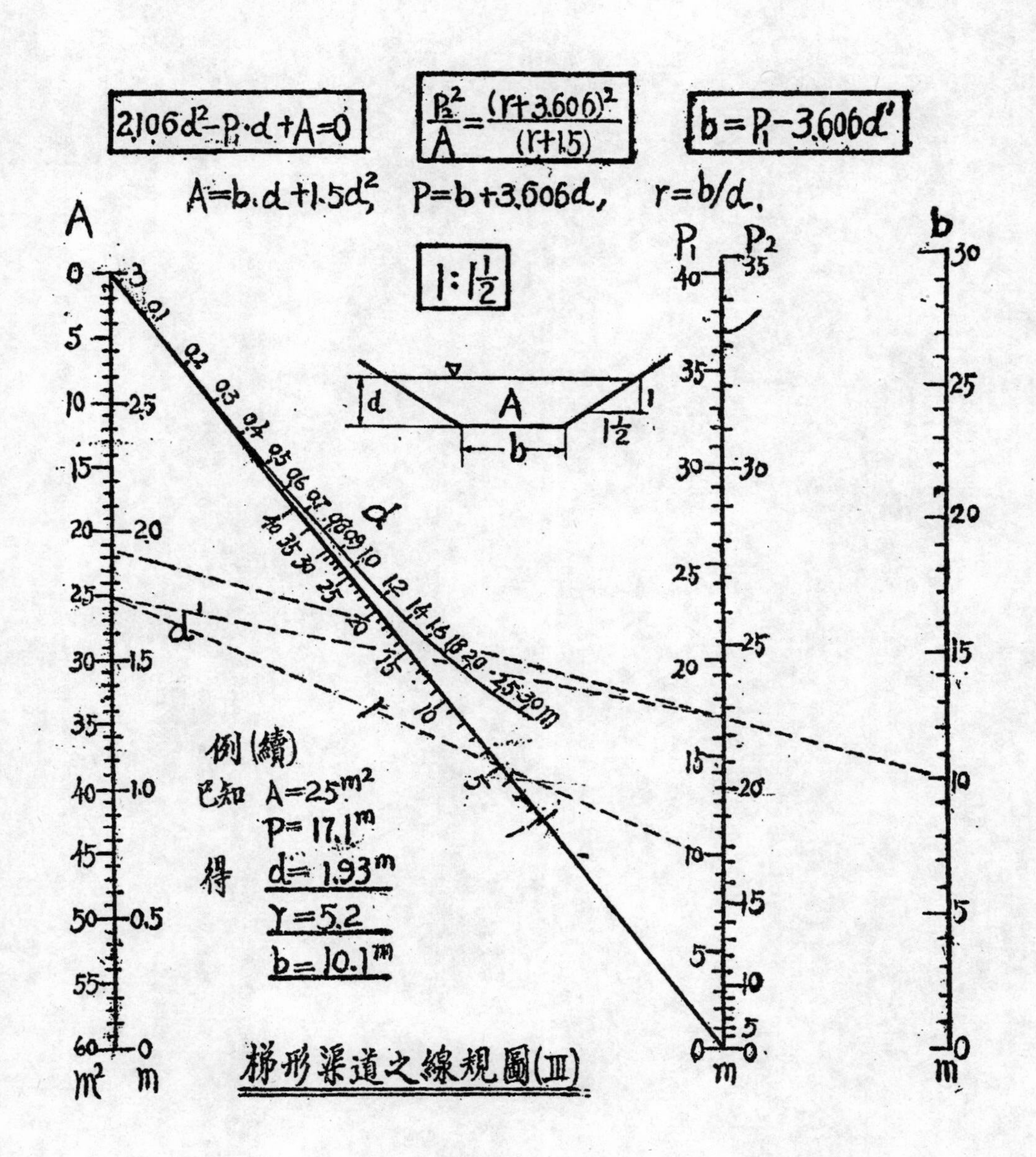

2.106d²−P₁·d+A=0
P₂²/A=(r+3.606)²/(r+1.5)
b=P₁−3.606d′
A=b.d+1.5d², P=b+3.606d, r=b/d.
1:1½
例(續)
已知 A=25m²
P=17.1m
得 d=1.93m
r=5.2
b=10.1m

梯形渠道之線規圖(Ⅲ)

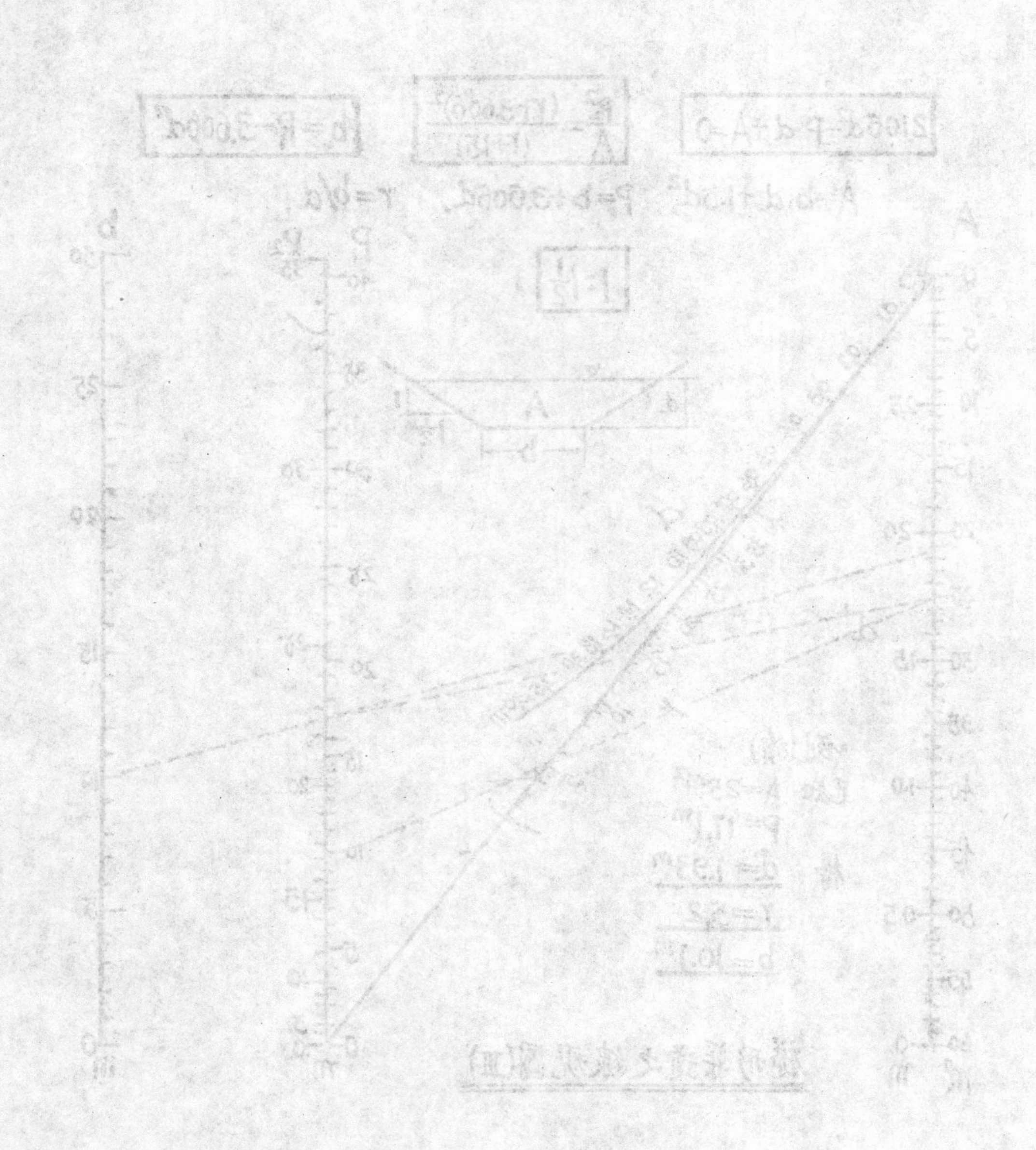

改進自流井天然氣灶製鹽之研究

戈福祥　　呂炳祥　　蔡昌球

中央工業試驗所

一　引言

抗戰期中我國產鹽最多之區爲四川自流井(卽富榮場)每年約達六百萬担。除供應川省大部份民食外並運銷湘、黔、滇、桂諸省。此六百萬担食鹽之中由煤灶煑製者約佔半數以上，餘均用天然瓦斯爲燃料在民國十五年至十九年之間，川鹽銷區頗受限制，每月僅產鹽二十餘萬擔，當時井灶皆擇尤保存。製鹽燃料以天然瓦斯爲主，成本較高之煤灶幾於消滅，此種現象，至抗戰開始半年以後仍異常顯著，民國二十七年一月份食鹽產量已增至二十八萬二千八百六十五担，其中二十四萬五千一百七十担，係以天然瓦斯爲燃料。用煤炭所煎之鹽僅佔百分之十三強。二十七年以後煤灶數字始日見增加至三十年底達於頂點，本年春以來因滷水供應關係，煤灶又有略形減少之趨勢。由此可見，無論在戰時或平時天然瓦斯實爲自流井製鹽工業之主要燃料，致所需要增產瓦斯在供不應求時，始以煤炭補充，故瓦斯鹽灶之節省燃料，增加產量之研究改進及推廣工作，實爲當務之急。本文專述改善天然瓦斯製鹽之結果，至於改進自流井煤灶製鹽請參考與本篇同時發表之「改善自流井炭花鹽灶之研究」一文。

二　自流井火井火灶之統計及研究改進之重要

天然瓦斯爲自流井製鹽工業之主要燃料，已如上述。且瓦斯之儲量有相當限度，自二十七年增產以來雖新鑿之火井頗多，但瓦瓦灶(以下簡稱火灶，所製花鹽曰火花鹽)之數量並未增加，火花鹽之產量反日見減少由下列統計數字足資證明。

(表一)　富榮東場近年火井火灶及火花鹽產量統計表

場別	年別	火井		火灶		產量		炭灶		產量	
		水火井	純火井	花鹽灶	巴鹽灶	火花	火巴	炭花	炭巴	炭花	炭巴
東場	26	145眼	218眼	4758口	—	1,908,399.92担	226,086.00担	—	68口	—	221,356.60担
	27	126眼	219眼	3423口	—	2,329,721.17担	60,193.61担	396口	102口	669,598.70担	352,700.75担
	28	104眼	216眼	4113口	—	2,285,340.51担	18,791.88担	500口	69口	1,223,545.51担	260,112.80担
	29	96眼	229眼	3871口	—	2,221,919.54担	1,554.00担	617口	84口	1,280,108.55担	196,507.50担
	30	116担	201眼	3533口	—	1,898,204.65担	—	734口	132口	1,421,571.20担	355,687.50担

附註： 1.二十六年有鹽岩井7眼，純黃滷14眼，純黑滷16眼。二十七年有鹽岩井12眼，黃滷9眼，黑滷11眼。二十八年有鹽岩22眼，黃滷6眼，黑滷13眼。二十九年有鹽岩19眼，黃滷9眼，黑滷15眼。三十年有鹽岩24眼，黃滷12眼，黑滷15眼均未列入本表內。

2.二十六、七、八三年火花灶數目內包括有火巴灶數。

3.二十九年一月起本場即無火巴灶所有火巴鹽數字係溢鹽數。

由上表說明自抗戰增產以來，富榮東場火灶數目及火花鹽之產量非特未見增加，並有逐年減少之趨勢。

（表二） 富榮西場近年來火井灶及鹽產量統計表

場區： 西場

年度	岩鹽井	黃水井	黑水井	水火井	純火井	火灶		炭灶		產量（担）		比率	備考
						花鹽	巴鹽	花鹽	巴鹽	火花	火巴		
民20		75	75	120	120	3,082		72		195,822.00	693,302.00	113.9	比率係以民國二十三年為一〇〇
21		63	63	175	175	2,839		14		163,355.00	668,712.43	106.6	
22		75	75	178	178	2,952		106		121,339.37	654,639.70	99.4	
23		97	97	202	202	3,017		122		141,994.23	638,338.74	100	
24		97	97	202	202	2,614		90		139,709.59	602,038.16	95	
25		97	97	202	202	2,312		114		142,351.87	573,596.99	85.9	
26		97	97	202	202	2,312		110		140,781.63	529,536.12	79.7	
27		90	90	202	202	394	1,393	188	118	134,159.49	487,704.59	79.7	
28		9	20	52	82	350	938	356	191	135,966.52	400,616.16	68.7	
29		19	25	38	58	321	993	413	201	107,627.26	374,093.14	91.7	
30						350	937	507	201	125,968.47	322,833.46	57.5	

由上表三十年度富榮西場鹽區火灶數僅合二十六年度四分之三，而同年度火花及火巴鹽之總產量，亦約二十六年度三分之三，足以說明雖在增產期間以天然瓦斯爲燃料所製之鹽仍屬有減無增。

（表三）　火花鹽與炭花鹽燃料成本之比較表

場區：　西場

年度	每市担燃料之成本				每市担火花與炭花燃料成本之差	每市担火巴與炭巴燃料成本之差
	火花	火巴	炭花	炭巴		
民26年	0.47	0.76	1.16	1.45	0.69	0.69
27	0.47	0.76	1.45	1.81	0.98	1.05
28	0.65	1.05	3.45	4.37	2.80	3.32
29	1.64	2.20	18.27	7.84	16.63	5.64
30	1.64	2.20	29.34	46.29	27.70	44.09

（表四）　火花鹽與炭花鹽價格比較表

場區：　東場

年別	關別或月別	每担鹽成本			每担火花與炭花鹽價差數
		火花	炭花		
			淡滷	鹹滷	
26	午關	2.077			
26	八關	2.077			
26	年關	2.192			
27	午關	2.350		2.742	
27	八關	2.740		3.210	
27	年關	3.230		3.870	
28	午關	5.020		6.020	
28	八關	6.180		7.230	
28	年關	12.050	20.070	11.320	
29	午關	20.490	38.080	23.540	
29	九月	23.810	42.090	30.150	
29	十月	26.450	46.530	33.630	

29	十一月	29.510	55.050	37.640	
29	十二月	33.080	64.590	45.630	
30	一　月	39.400	72.535	55.070	
30	二　月	42.370	77.130	58.600	
30	三　月	44.390	92.750	62.790	
30	四　月	45.590	93.725	63.370	
30	五　月	49.800	98.055	67.600	
30	六　月	52.500	95.225	70.160	
30	七　月	52.690	106.595	71.150	
30	八　月	53.570	106.355	73.240	
30	九　月	55.970	108.430	74.410	
30	十　月	57.160	110.915	77.150	
30	十一月	62.140	127.265	88.460	
30	十二月	68.360	157.920	65.450	

備考：　一、上列午關即五月至八月。八關即九月至十二月。年關即次年一月至四月。

二、淡滷炭花又分甲、乙、丙三等，上列成本係平均數字。

由上表說明火花鹽燃料之成本以三十年底而論，每担較炭花鹽節省燃料成本三十餘元。（淡滷炭花則相差約九十元，現以濃滷計）火鹽之產量既受天然瓦斯儲量之限制，雖近數年來繼續有新火井見功仍不能增加火灶之總數，故欲節省燃料增加火鹽生產，祗有改善現有火灶煮鹽之設備。

火花鹽每年產量約二百餘萬担，如能以同樣火灶火力，經改善後可增產三分之一計則每年火鹽增產七八十萬担（即原來用煤炭煎製之花鹽現改用火灶煎製）全年所節省之煎鹽燃料費用僅自流井一地即可達二千餘萬元，於國計民生裨益殊多，本試驗工作之主要目的亦即在此。

三　試驗方法

現抗戰已至第五年，物資異常缺乏金融亦感周轉不易，舉凡需用鋼鐵機械設備及需費較多之改進計劃在小規模研究試驗期間，尚屬輕而易舉至普遍推廣之時必感事實上之困難，故本試驗在設計上力求適合於抗建時期之環境避免引用複雜機件及動力所需材料均能就地取給。

火灶之缺點一般專家之意見約分為(1)鹽鍋太厚受熱面積太小。(2)煙囪高度不足。(3)冷空氣太多。(4)燒火嘴太簡單。(5)餘熱未能充分利用。(6)灶圍太薄　關於鹽鍋太厚（約一寸半）雖為耗廢燃料主要原因之一但自流井之製鹽方法，花鹽由鹽鍋中淋出之後，尚有石膏質等沉澱鍋底名為鍋巴必需將鍋烘燒半小時以上使石膏質結成硬塊，然後放入冷鹽滷再以鐵鏟鏟去，製鍋材料多係白口鐵，如太薄鏟鍋巴時，必易損破，此亦不得不用厚鍋之主要原因，如用鋼板則二、三分厚卽可矣至於煙突高度現時爲四尺自應增高，俾藉煙氣上升熱力，以增加抽吸火井中瓦斯之作用，但各火井大都有互相通聯之關係如一井之高度增高，則他井之火力必因而減低，自流井各火井主及煎鹽工人對於增高煙囱，能增加火力一點均有相當之認識，爲避免糾紛計，均不願擅自增高，故增加煙囱之高度，已不成爲純技術上之問題，而爲技術行政問題，只需使用政治上力量使各井同時增高煙囱卽可矣。(3)(4)兩項可合併爲一項將噴火嘴改善卽可本所王善政君曾以其在德國帶來之火炷用之噴火嘴試驗，但因天然瓦斯之氣壓過低調節不易且發生燃燒不完全現象，旋劉嘉樹馮東民兩君亦曾用白鐵皮製一(Revee)式噴火嘴結果亦有上述現象。(5)(6)兩項則在本文試驗範圍內並益以利用烟囱抽氣減壓作用，以增加鹽鍋蒸汽之蒸發速度。

(甲)試驗原理

本文試驗之原理爲(1)抽氣減壓增加鹽鍋蒸發速度。(2)利用鹽鍋廢汽濃縮滷水。(3)加厚灶圍以減少熱力之散失，自流井土法製鹽冷滷注入鹽鍋沸騰後加生豆汁以去滷中之雜質再加入以前各次製鹽之母液(卽鹹水如係純用鹽岩滷煎鹽須購黃黑滷煎鹽所餘之母支)再加入渣鹽(卽未加母液煎成之鹽鹽粒細小而鬆用量相當成鹽量十分之一強)卽將鍋蓋了蒸發至成鹽時爲止，每日平均成鹽兩次，每次蓋鍋蒸發之時間約七、八小時，加鹹水及蓋鍋蒸發，均能使結晶之鹽粒粗大堅實在四川濕度較大，及用簍包運輸之情形下不易因受潮而溶化，故蓋鍋蒸發亦有相當之理，不必強使更改，現利用蓋鍋蒸發時將蒸汽用竹管通入裝有熱滷鍋之木桶再通入煙囱，熱汽經熱滷鍋之木桶時，一部份冷凝爲水放出之熱量，可將鹽滷自波梅表十七八度濃至二十四度左右，煙囱溫度約在攝氏二百度左右，未冷凝之蒸汽復藉煙囱煙氣上升之力迅速由煙囱排出，遂發生抽氣減壓之作用，以促進鹽鍋內蒸發之速度，鹽之產量因而增加。

(乙)改進之設計

抽氣式瓦斯製鹽之設備頗爲簡單，僅需木製鍋蓋，鐵鍋、木桶、竹管、洋鐵筒及磚瓦而已，設計如(1)圖。

(1)圖各種裝置之說明如下：

1.鍋蓋分爲二部份，其活動部份可以隨時移動，以便放滷，加渣，鏟鹽等操作。鍋蓋之固定部份裝三寸徑之竹管二，鹽鍋中之蒸汽卽由此經熱滷鍋之木桶，通至煙囱。

2.熱滷鍋裝置於木桶上，冷滷置於鍋中，經蒸汽自鍋下經過，將鹽滷濃縮後大部份蒸汽冷凝爲水自木桶下端小管流出。

3.蒸汽再由熱滷鍋之木桶經洋鐵管通至煙囱。煙囱高約五尺上用磚砌成或洋鐵製成均可。

4.灶圍就原來灶圍加空心磚或瓦片分三至五層，其砌法需於每層之間，留有空隙以增加防止透熱之功效，砌好後再用石灰塗之。

(丙)試驗程序

試驗之程序如下：(1)指定一灶在未改裝之前記錄其每日夜產鹽之量。(2)改裝後再記錄其每日產量增加之量卽改裝後所得之效果。(3)再將改善之鍋與隣鍋之產鹽量作一比較記錄，以考察在同樣火力情形之下兩鍋鹽之產量如何。(4)最後試驗改裝後不加鍋蓋之產鹽量以考察加厚灶圍之功效。加鍋蓋不加入熱滷鍋中滷縮之滷水，以考察其以煙囱熱氣抽氣減壓之功效。

四　試驗結果

火灶與煤灶不同，因每灶煮鹽之煤其水分成分重量均可隨時得一正確數字。天然瓦斯則各火灶與各火井之間有聯繫關係每易發生相互作用，改良一灶常致影響其他之火井或火灶，故灶膛以內以不更動原來狀況爲原則，以免引起不必要之誤會。又天然瓦斯之

9911

上升力受温度，氣壓，風速等之影響，而每日煎鹽滷水之濃度又復時有變更，一次或二次之比較試驗多不能作爲最後確定之數字，必需繼續不斷試驗若干次取其平均數其準確性較大，玆將在自流井郭家坳載福井試驗之結果分錄於後：

(一) 未設計改善前之記錄

試驗次數	滷水種類	滷水比重（冷滷）	温度		鹽量			成鹽時間			每小時成鹽量	每小時蒸發量
			煙囱最高温度	鹽鍋沸騰之温度	成鹽總量	加渣鹽量	淨重量	起煎時間	成鹽時間	共計		
1	鹽岩	21°B'e	230°C	109°C	145斤	16斤	129斤	$4\frac{11}{30}$時	$5\frac{7}{12}$時	$18\frac{13}{60}$小時	9.80斤	35.7060斤
2	,,	,,	254°C	111°C	150斤	17斤	133斤	$4\frac{11}{30}$時	$5\frac{11}{20}$時	13小時	10.28斤	37.4262斤
3	,,	20.5°B'e	212°C	107.5°C	170斤	,,	153斤	$6\frac{7}{30}$時	$8\frac{7}{10}$時	$14\frac{7}{15}$小時	10.58斤	39.9809斤
4	,,	,,	254°C	108°C	190斤	,,	173斤	$6\frac{1}{6}$時	$9\frac{5}{6}$時	$15\frac{2}{3}$時小	11.04斤	41.0700斤
5	,,	20°B'e	231°C	108°C	143斤	,,	126斤	$7\frac{7}{10}$時	$6\frac{5}{6}$時	$11\frac{13}{60}$小時	11.23斤	39.9809斤
6	,,	,,	262°C	108°C	130斤	,,	113斤	$7\frac{17}{30}$時	$6\frac{18}{20}$時	$11\frac{1}{12}$小時	10.20斤	39.5700斤
7	,,	19.9°B'e	254°C	111°C	175斤	30斤	145斤	$6\frac{1}{6}$時	9 1/[illegible]時	$15\frac{1}{3}$小時	9.46斤	36.7128斤
8	,,	20.5°B'e	234°C	103°C	,,	,,	,,	$10\frac{11}{12}$時	5時	$18\frac{1}{12}$小時	8.02斤	30.2320斤
9	,,	21°B'e	240°C	110°C	180斤	,,	150斤	7時	$8\frac{11}{20}$時	$13\frac{11}{20}$小時	11.07斤	40.4940斤
10	,,	20°B'e	260°C	106°C	180斤	30斤	150斤	$10\frac{1}{10}$時	$11\frac{5}{12}$時	$13\frac{19}{60}$小時	11.26斤	43.1220斤
			平							均	10.269斤	38.4306斤

(二) 已設計改善後之記錄

試驗次數	滷水種類	滷水比重 冷滷	濃縮滷	濃縮滷比重增加	溫度 爐內最高溫度	鹽鍋沸騰之溫度	濃縮滷水之最高溫度	產鹽量 成鹽總量	加渣鹽量	淨重量	成鹽時間 起煎時間	成鹽時間	共計	每小時成鹽量	每小時蒸發量
1	鹽岩	18.5°B'e	24°B'e	5.5°B'e	200°C	108°C	83°C	148斤	17斤	131斤	$9\frac{1}{6}$時	$9\frac{19}{60}$時	$12\frac{3}{20}$小時	10.78斤	46.5180斤
2	,,	18°B'e	23°B'e	5°B'e	184°C	108°C	83°C	,,	20斤	128斤	$10\frac{53}{60}$時	$8\frac{5}{6}$時	$9\frac{19}{20}$小時	12.86斤	57.5688斤
3	,,	17°B'e	24°B'e	7°B'e	182°C	108°C	86°C	156斤	,,	136斤	$8\frac{1}{2}$時	7時	$10\frac{1}{3}$小時	12.95斤	61.8060斤
4	,,	16.5°B'e	24°B'e	7.5°B'e	180°C	108.5°C	86°C	163斤	21斤	142斤	$7\frac{5}{6}$時	$6\frac{17}{60}$時	$10\frac{9}{20}$小時	13.59斤	69.4240斤
5	,,	18°B'e	24°B'e	6°B'e	184°C	107°C	80°C	,,	17斤	146斤	$7\frac{7}{12}$時	$7\frac{13}{60}$時	$11\frac{19}{30}$小時	12.55斤	56.0820斤
6	,,	17°B'e	22°B'e	5°B'e	108°C	103°C	85°C	167.5斤	25斤	142.5斤	$8\frac{1}{12}$時	$6\frac{1}{4}$時	$10\frac{1}{6}$小時	14.02斤	66.6480斤
平													均	12.79斤	59.6745斤

由上列二表可知在未改進之前，每小時蒸發之水量爲38.43斤，及設計改善之後，每小時蒸發之水量爲59.67斤，蒸發效率之增加爲百分之55.27，亦即等於鹽之產量及燃燒之效率增高百分之55.27也。

以上試驗係就同一火灶在先後不同之時間，將未改良之前，及已設計改良之後，作一比較試驗，但因時間不同之關係，火井火力設或有所變更殊與試驗結果之準確性有關，故在改良灶之隣近，選一平時鹽之產量相當之鹽灶稱之曰：「隣鍋」在同一時間內作比較試驗，如此火井火力及滷水之濃度，溫濕度氣壓等均相同，祇需記錄每次成鹽之斤數即可直接計算其效果。試驗程序計分加厚灶圈功效之比較試驗抽氣減壓功效之比較試驗，及利用廢鹽蒸汽濃縮鹽滷之比較試驗。

1. 加厚灶圈之比較試驗係改良鍋不蓋鍋蓋結果可增加百分之9.6，試驗如下：

冷滷溫度：24°C　　濃度：　17°B'e

試驗鍋：

成鹽所需時間：8日下午2時10分至9日晨4時35分計14小時25分

成鹽160老斤－加渣17斤＝143斤

每小時成鹽143斤÷$14\frac{5}{12}$＝9.92斤

隣鍋

成鹽所需時間 8日下午二時15分至9日晨4時30分計14小時15分

成鹽146斤－加渣17斤＝129斤

每小時成鹽129÷$14\frac{1}{4}$＝9.05斤

增產百分數$\frac{9.92-9.03}{9.05}\times 100=9.6\%$

2.抽氣減壓之比較試驗係改良鍋蓋鍋蓋使蒸汽直接通入煙囪但利用煎鹽蒸汽濃縮之鹽滷不加入鹽鍋中結果可增產百分之11.54，試驗記錄如下：

冷滷溫度： 28°C 濃度： 17°B'e

試驗鍋：

成鹽所需時間 自11日晨6時50分至下午7時25分計12時35分

成鹽125斤－加渣斤18＝107斤

每小時成鹽107÷$12\frac{7}{12}$＝8.5

隣鍋

成鹽所需時間 自11日晨6時50分至下午7時31分計12時41分

成鹽110－加渣斤18＝92斤

每小時成鹽92÷$12\frac{81}{60}$＝7.35

增產百分數$\frac{8.5-7.35}{7.35}\times 100$

$=15.646\%$

減去加厚灶圍之效果9.6%

抽氣減壓之效果則為6.046%

3.廢汽濃縮功效之試驗操作與2.相同但將蒸汽濃縮之鹽滷加入鍋中煎鹽結果可增產百分之51.08試驗記錄如下：

淡滷之溫度： 24°C 濃度： 16°B'e

濃滷之溫度： 60°C 濃度： 20°B'e

試驗鍋：

成鹽所需之時間 自11日晚8時15分至12日晨6時計9時45分

成鹽168斤－加渣18斤＝150斤

每小時成鹽150÷$9\frac{3}{4}$＝15.384斤

隣鍋

成鹽所需時間 自11日晚8時15分至12日晨7時15分計11時

成鹽130－加渣18斤＝112斤

每小時成鹽112÷11＝10.181

增產百分數$\frac{15.384-10.181}{10.181}\times 100$

$=51.08\%$

本試驗結果除利用煎鹽蒸汽濃縮滷水外，並包含加厚灶圍及抽氣減壓之效果在內。利用煎鹽蒸汽濃縮鹽滷之效果為35.43%

以上三項試驗之結果綜錄如下：

改進後之總效果	加厚灶圍之效果	抽氣減壓之效果	利用煎鹽蒸汽濃縮滷水之效果
51.08%	7.6%	6.05%	35.43

五 結論

1.依據本文試驗之結果，自流井火灶煎製花鹽之設備，經設計改良之後，可使產鹽效率提高百分之五十。

2.每灶全部改善之設備費，就目前（三十一年六月）物價而論約二千元，以每市担製鹽成本減低三十元計算，至多三個月即可將創設費收回，以後即可長時間使用不需其他耗費。

3.設備簡單操作便利，工人經短期訓練之後即可熟練。

4.自貢市每年火花產量約二百萬市担，如全部改善每年可以節省成本二千餘萬元。

5.關於火灶廢汽利用問題，以前曾由龍惠溪劉森文諸君設備鹽鍋，經嚴密蓋緊蒸汽，雖可通至熱滷鍋，但阻力增大，蒸發速度反而減低，滷水雖可借蒸汽所出之熱量濃縮，效果未能顯著，本文比較最不同之點，即爲利用煙突上升熱力，以抽汽減壓，促其鹽鍋蒸發之速度，至於鍋蓋及熱滷鍋之設計自亦有不同之點，此項設計如用於煤灶效果當益顯著，因煤灶煙囪溫度較高也，（參看同時發來之「改進自流井炭花鹽灶之研究」一文）。

「附註」　本試驗係由臧豎仕，李紹延二同志日夜輪流在鹽灶工作，頗著勤勞特此致謝。

又爲便於由比重表量得鹽滷濃度折算含鹽成分起見，茲將鹽滷鹹度濃度比重及鹽水成分折算表附錄於後，以便推廣改良製鹽工作計算參考之用。

附錄

鹽水鹹度比重及含鹽(Nacl)成份折算表

鹹度	波梅表	比重	含鹽成份 %
1	0.26	1.002	0.265
2	0.52	1.003	0.530
3	0.78	1.005	0.795
4	1.04	1.007	1.060
5	1.30	1.009	1.325
6	1.56	1.010	1.590
7	1.82	1.012	1.855
8	2.08	1.014	2.120
9	2.34	1.016	2.385
10	2.60	1.017	2.650
11	2.86	1.019	2.915
12	3.12	1.021	3.180
13	3.38	1.023	3.445
14	3.64	1.025	3.710
15	3.90	1.026	3.975
16	4.16	1.028	4.240
17	4.42	1.030	4.505
18	4.68	1.032	4.770
19	4.94	1.034	5.035
20	5.20	1.035	5.300
21	5.46	1.037	5.565
22	5.72	1.039	5.830
23	5.98	1.041	6.095
24	6.24	1.043	6.390
25	6.50	1.045	6.625
26	6.75	1.046	6.890
27	7.02	1.048	7.155
28	7.28	1.050	7.420
29	7.54	1.052	7.685
30	7.80	1.054	7.950
31	8.06	1.056	8.215
32	8.32	1.058	8.480
33	8.58	1.059	8.745
34	8.84	1.061	9.010
35	9.10	1.063	9.275
36	9.36	1.065	9.540
37	9.62	1.067	9.805
38	9.88	1.069	10.070
39	10.14	1.071	10.335
40	10.40	1.073	10.600
41	10.66	1.075	10.865
42	10.92	1.077	11.130
43	11.18	1.079	11.395
44	11.44	1.081	11.660
45	11.70	1.083	11.925
46	11.96	1.085	12.190
47	12.22	1.087	12.455
48	12.48	1.089	12.720
49	12.74	1.091	12.985
50	13.00	1.093	13.250
51	13.26	1.095	13.515
52	13.52	1.097	13.780

鹹度	波梅表	比重	含鹽成分 %
53	13.78	1.100	14.045
54	14.04	1.102	14.319
55	14.30	1.104	14.575
56	14.56	1.106	14.840
57	14.82	1.108	15.105
58	15.08	1.110	15.370
59	15.34	1.112	15.635
60	15.60	1.114	15.900
61	15.86	1.116	16.165
62	16.12	1.118	16.430
63	16.38	1.121	16.695
64	16.64	1.123	16.960
65	16.90	1.125	17.225
66	17.16	1.127	17.490
67	17.42	1.129	17.755
68	17.68	1.131	18.020
69	17.94	1.133	18.285
70	18.20	1.135	18.550
71	18.46	1.137	18.815
72	18.72	1.140	19.080
73	18.98	1.142	19.345
74	19.24	1.144	19.610
75	19.50	1.147	19.875
76	19.76	1.149	20.140
77	20.02	1.151	20.405
78	20.28	1.154	20.670
79	20.54	1.156	20.935
80	20.80	1.158	21.200
81	21.06	1.160	21.465
82	21.32	1.163	21.730
83	21.58	1.165	21.995
84	21.84	1.167	22.260
85	22.10	1.170	22.525
86	22.36	1.172	22.790
87	22.62	1.175	23.055
88	22.88	1.177	23.320
89	23.14	1.179	23.585
90	23.40	1.182	23.850
91	23.66	1.184	24.115
92	23.92	1.186	24.380
93	24.18	1.189	24.645
94	24.44	1.191	24.910
95	24.70	1.194	25.175
96	24.96	1.196	25.440
97	25.22	1.198	25.707
98	25.48	1.201	25.970
99	25.74	1.203	26.235
100	26.00	1.205	26.500

中國工程師信條

(一) 遵從國家之國防經濟建設政策實現國父之實業計劃
(二) 認識國家民族之利益高於一切願犧牲自由貢獻能力
(三) 促進國家工業化力謀主要物資之自給
(四) 推行工業標準化配合國防民生之需求
(五) 不慕虛名不為物誘維持職業尊嚴遵守服務道德
(六) 實事求是精益求精努力獨立創造注重集體成就
(七) 勇於任事忠於職守更須有互切互磋親愛精誠之合作精神
(八) 嚴以律己恕以待人並養成整潔樸素迅速確實之生活習慣

抽氣式瓦斯製盐灶之裝置

比例尺　1：40

市尺单位

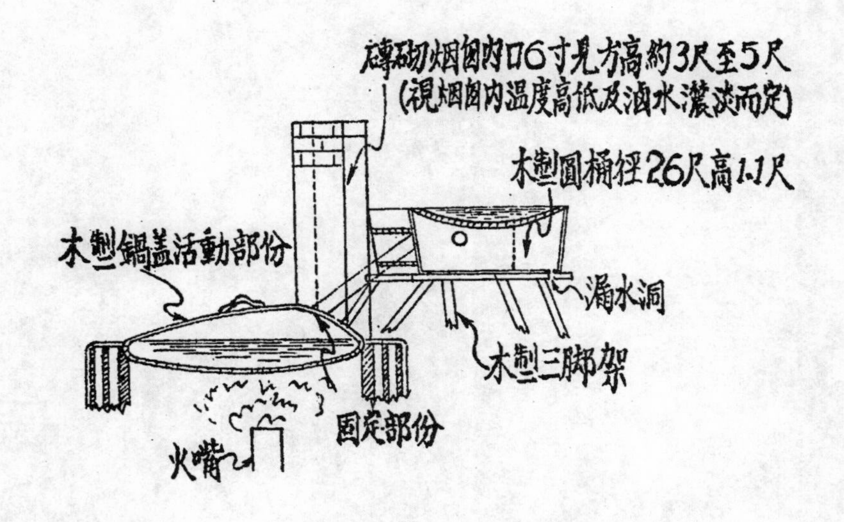

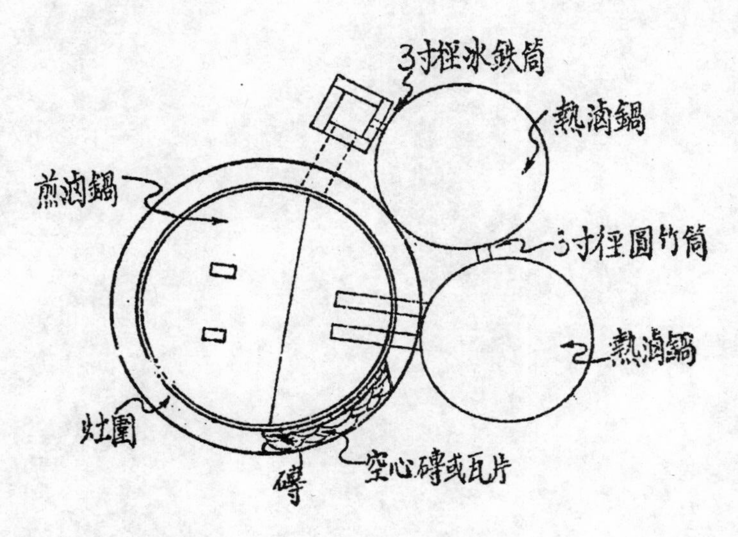

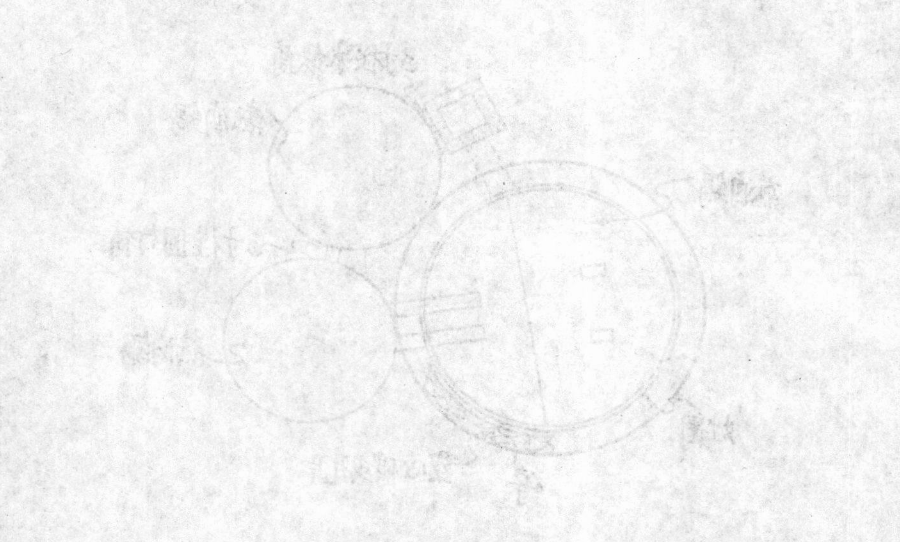

應用行車延誤與列車數目之關係作鐵路運輸量之檢討

張 萬 久

國立中山大學

I 緒言

1.研究之目的及範圍——大凡鐵路之運輸量，每因沿線人口之增加，工業之發展，軍運之加緊，或其他之需要，而日益擴大。其改進之方法，工程師所首須注意者，厥爲陡坡度與銳曲綫之剷除，軌道構造之改善，機車馬力之增大，較優車輛之選用，新式號誌之裝設，與平行軌道之加築；而改善車站與調車場，亦同等重要，因其有時亦能限制運輸量也。凡此數端，莫不以研究該項改進所能增加之運輸量及其是否合乎經濟原則爲先決條件。

本文僅就上述各種改進方法對於運輸力之影響，詳加討論，並於討論中假定運輸物之量並無限制，足以應一切工具盡量利用時之所需。至於經濟上之探討，則從略。因經濟問題雖屬重要，有時且可決定改進之緩急，但其探討，不外乎工程之估價，分析之技術，較爲淺易也。

所謂運輸量(Traffic Capaity)者，乃一鐵路之運輸能力也，可以每日所運之噸哩度之。此與軌道容量(Track Capacity)不同，軌道容量係指一鐵路自其起點至終點每日可能通過之列車數目而言，並不計及列車載重，其單位爲每日列車數，或每哩軌道之每日列車時(Train-hour)，如以前一單位度軌道容量，則運輸量將爲軌道容量，平均列車載重，與路線長度三者之積。任一改進運輸量之方法，苟非增加行車之速度，必爲增加列車之載重。例如剷除陡坡度，放緩銳曲線，以及構築較優軌道，皆所以減低列車阻力，以達此目的者也。他若機車馬力之增大，較優車輛之選用，與平行軌道之加築，亦具同樣之功用。至於革新鐵路號誌，改善車站與調車場，則能減少行車延誤，亦不失爲增加行車速度之有效措施也。

若以在途時間(Road Time)爲根據以比較運輸量之大小，則須求運輸工具改善之後，在同一在途時間的條件之下所能增加之列車數。關於列車數目與在途時間之關係，美國鐵路工程協會(A.R.E.A.)曾求得一數學公式以表之(1)。其後法國H.Parodi先生對此問題，又作一番研究，得有另一結論(2)。本文即以此二者爲根據，加以修正，用爲分析運輸量之工具。所得結果，自信頗有實用之價值，敢公諸研究鐵路運輸者作一商榷。

II 行車延誤與列車數目之關係

2.行車延誤之性質，一列車出發以後，必將遭各種不同之延誤始能達其目的地。延

(1)參閱 Proc. A.R.E.A, Vol. 23, 1922, p. 734.

(2)參閱 parodi, H., "Traffic Capacity Of a Bailway", proc. A.R.E.A., Vol. 29, 1928, p. 1175.

誤之時間隨列車之數目而增減，然無一次列車可以避免之。設僅有一列車通過，延誤雖可減少，然亦不能爲零，蓋機車之猝然損壞，熱軸，加水，及加煤等延誤，仍不可免也。而錯車延誤之久暫，尤屬難以確知。吾人編製行車時間表，係根據行車經驗，從寬估計，使列車不致誤點，但實際上，誤點仍爲不可免之事也。

就行車延誤之性質言，延誤時間之久暫實爲一機會問題，蓋錯車延誤既需視各列車行駛時所遇之情形而定，而各種意外延誤，又均爲不可預料者也。

3. Parodi之理論及A.R.E.A.研究在途間與延誤之方法，一圖 1 爲一列車時圖(Train-hour diagram)，某點之橫坐標表列車之在途時間，T，縱坐標表在途時間長過該點橫坐標所表之時間之列車數目，y。自行車紀錄可得列車數及其相當在途時間，依時間之長短而加以排列，則可得圖 1 之梯狀曲綫，而名之曰列車時圖。Parodi 假定各列車之在途時間，T，與平均在途時間，T_m，之差，$Z=T-T_m$，與列車數目之關係，依概然率曲線排列；同時以 t_p 代表相當於$\frac{1}{4}$與$\frac{3}{4}$列車數之在途時間之差之半。於是，Parodi 曲線遂依下列數字作成之：(1)

列車數	相當時間
0.9965N	T_m-4t_r
.9784N	T_m-3t_p
.9116N	T_m-2t_p
.7500N	T_m-t_p
.5000N	T_m-0
.2500N	T_m+t_p
.0887N	T_m+2t_p
.0216N	T_m+3t_p
.0035N	T_m+4t_p

表中之N代表每日列車之總數。

列車延誤之分佈通常不與概然率盡相符合。概然率曲線指示有半數列車之在途時間較平均在途時間爲短，另一半數則較長，此與行車統計所得之結果相牴觸，故概然率理論，實不宜應用於分析列車時圖也。

美國鐵路工程協會第XXI委員會提出以經過列車圖中兩點之概然率曲綫代表列車時圖(2)。圖2示概然率曲線$y=Ne^{-h^2t^2}$。列車時圖爲此曲線之右半部及一以列車總數爲高，最小行車時間(minimum nunning time)，t_0，爲底之矩形表示之。y 爲在途時間長過T之列車數目，而 h 則爲一參數。

今設此曲線經過列車時圖上二點$A(t_1,y_1)$及$B(t_2,y_2)$，則

$$y_1=Ne^{-h^2t_1^2},\quad y_2=Ne^{-h^2t_2^2}$$

而

$$\left(ht_1\right)^2=\log e\left(\frac{N}{y_1}\right) \quad 及 \quad \left(ht_2\right)^2=\log e\left(\frac{N}{y_2}\right)$$

由圖 2 知$t_2=t_1+a$，故

$$\left(ht_2\right)^2=\log e\left(\frac{N}{y_2}\right)=h^2(t_1+a)^2$$

化簡上列各式得

$$t_1=\frac{a\left[\log e\left(\frac{N}{y_1}\right)+\sqrt{\left[\log e\left(\frac{N}{y_1}\right)\right]\left[\log e\left(\frac{N}{y_2}\right)\right]}\right]}{\log e\left(\frac{N}{y_2}\right)-\log e\left(\frac{N}{y_1}\right)}$$

(1)參閱註(2)49頁

(2)參閱註(1)49頁

及

$$h^2 = \frac{\log e\left(\frac{N}{y_1}\right)}{t_1^2}$$

而在途時間

$$T_1 = t_1 + t_o$$

列車圖之面積，其單位爲列車時，故卽所以度軌道容量。此面積爲二部份所構成，一部份爲矩形 N×to，他部份則爲概然率曲線之一半，其面積爲

$$A_t = Nt_o + \frac{N\sqrt{\pi}}{2h}$$

平均在途時間則爲

$$T_m = \frac{At}{N} = t_o + \frac{\sqrt{\pi}}{2h}$$

t_o 旣爲最小行車時間，故 $\frac{\sqrt{\pi}}{2h}$ 卽爲平均行車延誤。最理想之行車情形爲當列車以等速度進行，且毫無延誤。於是，列車時圖遂爲一以列車總數爲高，最小行車時間爲底之矩形矣。

A.R.E.A.第 XXI 委員會再進而推出若路段之長度變更，而其他情形如舊，則平均在途時間應與路長成正比，意卽

$$\frac{T_{m1}}{T_{m2}} = \frac{M_1}{M_2}$$

式中T_{m1}及T_{m2}代表列車行駛於情形相同之二路段，所需之平均在途時間，路段之長各爲M_1及M_2。但

$$T_{m1} = t_{o1} + \frac{\sqrt{\pi}}{2h_1}$$

及
$$T_{m2} = t_{o2} + \frac{\sqrt{\pi}}{2h_2}$$

t_{o1} 及 t_{o2} 各爲通過此二路段所需之行車時間。若兩路之列車速度相等，則

$$\frac{t_{o2}}{t_{o1}} = \frac{M_2}{M_1}$$

亦卽

$$\frac{t_{o2}}{t_{o1}} = \frac{T_{m2}}{T_{m1}}$$

今以 $\left(\frac{T_{m2}}{T_{m1}}\right) t_{o1}$ 代 t_{o2}，則得

$$\frac{h_2}{h_1} = \frac{M_1}{M_2}$$

意卽 h 之值與路段之長成反比也。

列車延誤每以列車本身爲誘因，故可假定延誤與列車數成正比，此卽

$$\frac{\frac{\sqrt{\pi}}{2h_1}}{\frac{\sqrt{\pi}}{2h_2}} = \frac{N_1}{N_2}$$

卽

$$\frac{h_2}{h_1} = \frac{N_1}{N_2}$$

又若列車之速度自 V_1 改至 V_2，則最小行車時間將用 t_{o1} 變爲 t_{o2}，而應與速度成反比，故

$$\frac{t_{o1}}{t_{o2}} = \frac{V_2}{V_1}$$

若其他情形不變，則列車延誤將不因速度變更而差異，故

$$\frac{N\sqrt{\pi}}{2h_1} = \frac{N\sqrt{\pi}}{2h_2}$$

卽

$$h_1 = h_2$$

4.建議之新方法及其與舊法之比較，一爲考查Parodi及A.R.E.A,之行車延誤理論起見，作者曾經美國New Vork Central 鐵路特務工程師J.H.Westbay 先生之介，在Indianapolis段總管處取得行車表(Train sheet)*二百四十張，其中包括每日十至十六列車之行車紀錄。

所選路段爲 Indiana 省之wade至Beech Grove 一段，全長99.2哩。自wade至Greensburg爲雙軌線，長58.3 哩，以自動區截號誌制 (automatic block signaling system)

*行車表爲行車紀錄，內載一列車到站及離站之時間，如有延誤，則載其久暫，並釋其原因。

行車。Greensburg至Clifty段長14.5之單軌線及 Clifty 至Dix長18.3哩之雙軌線，均以人工區截號誌制(manual blocksignaling system)行車。自Dix至Beech Grove則爲自動區截號誌制之雙軌線。全線略如圖 3 所示。此段之限制坡度 (nuing grade) 爲1.05%。西行之重列車則以輔助機車牽曳之。所用機車爲 4-8-2 及 2-8-2式，其定額引力(rated tractive effort)各爲60600 及63500磅。重載列車多載煤炭，而輕載列車則爲各項車輛所構成。

行車表可以繪圖方法表示之。如圖 4。圖中所示各行車表，均係任意選擇，足爲目前分析之根據也。

Parodi曲線之計算列於第一表，同時亦以圖 4 示之。此等曲線與列車時圖不大符合，而尤以曲線之上部爲甚。故知假定各列車之在途時間依概然率分佈，與事實相去甚遠也。

以A.R.E.A.方法算得之曲線，繪於圖 4，其計算方法則列於第二表。此法求得之曲線與列車時圖稍近，但曲線僅通過列車之時圖上兩點，不能表示列車時圖之一般情形，爲其最大缺點。如果在途時間之分佈不均勻，差異即將增大，如圖4之(b)，(c)，(h)，(m)，及(p)是也。尤有進者，此方法中之t_0，據 A.R.E.A.委員會謂爲最小行車時間，而事實上則t_0常較實際之最小行車時間爲小，故t_0所代表者，僅爲一假想數值，事實上並無意義。卽使各列車之行車時間均相等，t_0亦不必等於此值，蓋尙有列車數目及在途時間之影響也。此可於 14 頁之方程式見之。

根據A.R.E.A.方法之大意，作者於此提供另一方法以代表實際列車時圖。當平均在途時間爲t_0及$\frac{\sqrt{\pi}}{2h}$兩項所代表時，其值爲

$$T_m = t_0 + \frac{\sqrt{\pi}}{2h}$$

一般平均在途時間及最小行車時間已由行車紀錄求得，則h可以上式定之。於是，列車時圖遂可由下式代表：（見46頁）

第一表。 Parodi曲線之計算

日期	$T\left(\frac{N}{4}\right)$	$T\left(\frac{3}{4}N\right)$	T_m	t_p
		每日10列車		
3,9,1940	4.13	2.65	3.39	0.74
4,9,1940	4.48	2.70	3.59	.89
5,9,1940	4.18	2.44	3.31	.87
		每日11列車		
7,10,1940	5.08	2.83	4.96	4.12
16,10,1940	5.30	2.96	4.13	1.17
		每日12列車		
1,9,1940	5.26	2.78	4.02	1.24
2,9,1940	5.00	2.60	3.80	1.20
6,9,1940	6.16	3.10	4.63	1.53
9,9,1940	4.30	2.81	3.56	0.75
10,9,1940	4.74	3.30	4.02	0.72
11,9,1940	5.38	2.95	4.16	1.21

每日13列車

日　期	$T\left(\frac{N}{4}\right)$	$T\left(\frac{3}{4}N\right)$	T_m	t_p
7,9,1940	5.00	3.00	4.00	1.00
8,9,1940	5.10	3.25	4.18	0.93
13,9,1940	6.30	3.30	4.80	1.50
17,9,1940	6.17	2.76	4.45	1.69
每日14列車				
19,9,1940	5.50	2.66	4.08	1.42
20,9,1940	5.10	3.18	4.14	0.96
21,9,1940	5.70	2.90	4.30	1.40
每日15列車				
14,9,1940	5.44	3.04	4.24	1.20
15,9,1940	4.96	4.10	4.03	0.93
每日16列車				
29,9,1940	5.34	2.92	4.13	1.21

第二表。　A.R.E.A.曲線之計算

日　期	T_2	T_1	a	t_1	t_1^2	t_0	h^2	h	$\sqrt{\pi}/2h$	T_m
每日10列車										
3,9,1940	4.80	2.65	2.15	1.21	1.45	1.44	0.154	0.392	2.55	3.99
4,9, ,,	6.18	2.70	3.48	1.96	3.82	0.74	.058	.242	3.60	4.34
5,9, ,,	5.68	2.45	3.23	1.82	3.30	0.63	.068	.262	3.38	4.01
平均值						0.94		0.280	3.17	4.11
每日11列車										
7,10,1940	5,08	2.84	2.24	1.26	1.58	1.58	0.141	0.376	2.35	3.93
16,10, ,,	5.30	2.95	2.35	1.35	1.83	1.60	.122	.350	2.54	4.14
平均值						1.59		0.363	2.44	4.03
每日12列車										
1,10,1940	5.26	2.50	2.76	1.55	2.40	0.95	0.093	0.305	2.91	3.86
2,10, ,,	5.00	2.60	2.40	1.35	1.81	1.25	.123	.336	2.64	3.86
6,10, ,,	6.18	2.98	3.20	1.80	3.24	1.18	.069	.263	3.38	4.56
9,10, ,,	4.30	2.74	1.36	0.88	0.78	1.86	.294	.542	1.64	3.50
10,10, ,,	4.72	3.10	1.62	0.91	0.82	2.19	.272	.522	1.70	3.89
11,10, ,,	5.36	2.70	2.66	1.50	2.25	1.20	.099	.315	2.82	4.02
平均值						1.44		0.352	2.51	3.95
每日13列車										
7,10,1940	5.35	2.68	2.67	1.50	2.25	1.18	0.099	0.315	2.82	4.00
8,10, ,,	6.34	2.60	3.74	2.10	4.40	0.50	.051	.226	3.92	4.42
13,10, ,,	6.70	2.80	3.90	2.20	4.80	0.60	.149	.215	4.12	4.74
17,10, ,,	6.30	2.70	3.60	2.02	4.10	0.68	.054	2.32	4.00	4.68
平均值						0.74		0.238	3.72	4.46

日期	T_2	T_1	a	t_1	t_1^2	t_o	h^2	h	$\sqrt{\pi}/2h$	T_m
每日14列車										
19,10,1940	5.91	2.58	3.33	1.87	3.50	0.71	0.064	0.253	3.51	4.22
20,10, ,,	6.54	2.84	3.70	2.08	4.30	.76	.052	.228	3.88	4.64
21,10, ,,	5.74	2.68	3.06	1.72	2.95	.96	.076	.275	3.22	4.18
平均值						0.81		0.251	3.54	4.35
每日15列車										
14,10,1940	5.34	3.04	2.30	1.29	1.66	1.75	0.134	0.366	2.42	4.17
15,10, ,,	5.15	3.10	2.05	1.15	1.33	1.95	.168	.411	2.15	4.10
平均值						1.85		0.389	2.28	4.13
每日16列車										
27,10,1940	5.34	2.90	2.44	1.37	1.87	1.53	0.120	0.346	2.56	4.09

$$y=Ne^{-h^2t^2}$$

式中h將爲一已定值矣。

由此法所作之曲綫，其所示之平均在途時間及最小行車時間均爲實際行車紀錄之所得，故足以表示實際情形。同時每一列車之行車紀錄，均爲曲線之決定因素之一，故不致偏重於一二列車之行車紀錄，而大優於前一方法也。此等曲線於第三表計算之，而繪於圖4（下稱方法A）。

復次，列車時圖亦可以一拋物綫代表之。圖5所示之拋物綫對於x及y軸之方程式爲

$$y=px^2$$

式中p爲一參數。

關於N及x軸之方程式爲

$$y=p(x-T)^2$$

當此曲線經過一點$A(t_o,N)$，其中t_o爲最小行車時間，N爲每日列車數目，而陰影部份之面積等於平均在途時間與N之積時，則

$$N=p(x-t_o)^2$$

而

$$p=\frac{N}{(x-t_o)^2}$$

亦卽

$$NT_m=Nt_o+\frac{N(x-t_o)}{3}$$

而

$$x=3T_m-2t_o$$

第三表。 方法A曲線之計算

日期	實際行車情形 T_m	t_o	T_m-t_o	方法A T_m	t_o	T_m-t_o	h
每日10列車							
3,9,1940	3.62	2.70	0.92	3.62	2.13	1.49	0.596
4,9, ,,	4.05	3.13	.92	4.05	2.25	1.80	.494
5,9, ,,	3.60	2.76	.84	3.60	2.12	1.48	.599
平均值	3.76	2.86	0.89	3.76	2.17	1.59	0.558
每日11列車							
7,10,1940	4.26	3.12	1.14	4.26	2.02	2.24	0.396
16,10, ,,	3.95	3.00	0.95	3.95	2.23	1.72	.518
平均值	4.10	3.06	1.04	4.10	2.12	1.98	0.447
每日12列車							
1,9,1940	3.95	2.79	1.16	3.95	1.35	2.60	0.341

日　期	實際行車情形			方法A			
	T_m	t_o	T_m-t_o	T_m	t_o	T_m-t_o	h
2,9,9140	3.82	2.74	1.08	3.82	2.18	1.64	.541
6,9, ,,	4.18	3.05	1.13	4.18	1.98	2.20	.404
9,9, ,,	3.85	2.83	1.02	3.85	2.25	1.60	.555
10,9, ,,	3.92	2.73	1.19	3.92	2.15	1.17	.502
11,9, ,,	4.22	2.90	1.32	4.22	2.15	2.07	.429
平均值	3.99	2.84	1.15	3'99	2.01	1.98	0'447
			每日13列車				
7,9,1940	4.10	3.18	0.92	4.10	2.20	1.90	0.466
8,9, ,,	4.31	3.34	0.97	4.31	2.15	2.16	.416
13,9, ,,	5.00	3.34	1.66	5.00	2.18	2.82	.315
17,9, ,,	4.36	3.10	1.26	4.36	2.07	2.29	.387
平均值	4.44	3.24	1.20	4.44	2.15	2.29	0.387
			每日14列車				
19,9,1940	4.45	2.84	1.61	4.46	1.33	3.12	0.284
20,9, ,,	4.48	3.07	1.61	4.48	2.10	2.38	.372
21,9, ,,	4.07	2.91	1.16	4.07	2.12	1.95	.455
均平值	4.33	2.94	1.39	4.33	1.85	2.48	0.357
			每日15列車				
14,9,1940	4.15	3.06	1.09	4.15	2.20	1.95	0.455
15,9, ,,	4.02	3.03	0.99	4.02	2.10	1.92	.464
平均值	4.08	3.04	1.04	4.08	2.15	1.93	0.458
			每日16列車				
27,9,1940	4.05	2.80	1.25	4.05	2.08	1.97	0.452

第四表　　方法B曲線之計算

日　期	$3T_m$	$2t_o$	X	$X-t_o$	P
		每日1 列車			
3, 9,1940	10.86	4.26	6.60	4.47	0.500
4, 9, ,,	12.15	4.50	7.65	5.40	.345
5, 9, ,,	10.80	4.24	6.56	4.44	.510
		每日11列車			
7,10,1940	12.78	4.04	8.74	6.72	.244
16,10, ,,	11.85	4.46	7.39	5.16	.415
		每日12列車			
1, 9,1940	11.85	2.70	9.15	7.80	.198
2, 9, ,,	11'46	4.36	7.10	4.92	.496
6, 9, ,,	12 54	3.96	8.58	6.60	.277
9, 9, ,,	11.55	4.50	7.05	4.80	.521
10, 9, ,,	11.76	4.30	7.46	6.31	.425
11, 9, ,,	12.66	4.30	8.36	6.21	.308

日　期	$3T_m$	$2t_o$	X	$X-t_o$	P
		每日13列車			
7, 9, 1940	12.30	4.40	7.90	5.70	.402
8, 9, ,,	12.93	4.30	8.63	6.48	.310
13, 9, ,,	15.00	4.36	10.64	8.46	.182
17, 9, ,,	13.08	4.14	8.94	6.87	.276
		每日14列車			
19, 9, 1940	13.35	2.66	10.69	9.36	.161
20, 9, ,,	13.34	4.20	9.14	7.04	.284
21, 9, ,,	12.21	4.24	7.97	5.85	.410
		每日15列車			
14, 9, 1940	12.45	4.40	8.05	5.85	.440
15, 9, ,,	12.06	4.20	7.86	5.76	.455
		每日16列車			
27, 9, 1940	12.15	4.16	7.99	5.91	.457

此等曲線由第四表計算之，而繪於圖4。由於此等曲線與行車時圖密切貼合，可以證明概然率曲線事實上可用拋物線代之，以避免較煩之計算手續。但概然率曲線上段反曲部份，有時亦具特殊之優點，尤以行時圖上部之在途時間相差甚大時爲然也。

在此法中，平均行車延誤可以$\left(\frac{X-t_o}{3}\right)$表之，其值與"方法A"中之$\frac{\sqrt{\pi}}{2h}$相等（此法下稱方法B）。

6。行車延誤與列車數目之關係。一當第三表所載之實際行車延誤與其相當列車數目同繪於一圖之時，則各點可以一經過原點，及以行車延誤與列車數目之最可能值爲坐標之點之直線表示之，如圖6。此直線必須經過原點，蓋若列車數目爲零，則行車延誤亦必爲零也。於此，得此直綫之方程式

$$D=0.092N$$

式中

D＝每列車之平均延誤，以時爲單位

N＝每日列車數

由此觀之，則知平均行車延誤與列車成正比。

第三表所載各列車之平均行車時間，大略相等。若將各點繪於圖中，圖6，則通過行車行間最可能值之點之垂直線足以代表各點之趨勢。若通過此垂直線與水平軸之交點作一直線與延誤直綫平行，則此線將表示在途時間與列車數目之關係，自第三表所得各點可以證明之。同時，此線亦通過在途時間之最可能值。

於是又作類似上段所述之直線以表示方法A及B，而示於圖7。每日10至14列車之各點與直綫甚近，而15及16列車之二點，則相去稍遠。所得延誤直線之方程式爲

$$D=0.164N$$

此綫所示之延誤較實際延誤爲大，蓋在此方法中，因列車載重增大而增加之行車時間，亦作爲延誤之一種也。由此所繪各點，亦有直線關係，故知因列車載重而起之延誤，與普通延誤亦有相同之性質也。

圖8示A.R.E.A.方法算出之各點。於此可見其並無一定趨向，蓋A.R.E.A方法中之t_o，僅爲一假想值，而不與實際最小行車時間相等。因此，該方法中之$\frac{\sqrt{\pi}}{2h}$亦將爲一假想值，而不能代表行車延誤，此乃各盟

所以不能構成一直線之故也。圖6，7，及8復繪於圖9，以便比較。

III　改良號誌與集中行車控制對於運輸量之影響

鐵道號誌爲指導行車之工具，初創之時，僅爲防止撞車之用，時今至今日，則鋼軌之斷裂，轍尖之開閉等等，均可以號誌表示之。其工具已有聯鎖號誌，區截號誌，集中行車控制，司機坐前號誌，及自動列車控制等等，列車之安全既有保障，而停車次數及各種延誤亦大爲減少，而行車之效率得以增加也。

6。號誌制度對於行車之影響。—

(a)行車安全—普通言之，自動號誌較人動號誌爲安全。在人動區截號誌制(manual blocksignaling System)中，號誌設於每區截(block)之兩端而各有專人管理之。二者之間，無連鎖關係，故每因管理人之疏忽職務而發生意外事件。限制人動區截號誌制(Controlled manual block Signaling System)可免此弊，但自動區截號誌制(Automatic block Signaling System)則不僅可以防止管理人之錯誤，且亦能決定轍尖之位置並偵察鋼軌之有無破斷。若更敷設特種電路，則岩石之崩陷，河流之泛濫，以及隧道之失火，亦均可探察矣。

美國鐵道協號誌組第一委員會比較自動區截號誌建立前後意外事件之頻率及損失之費用，作一詳細研究(1)。考察之路段爲Denver & Bio Grande Western 鐵路自Colorado省之Pueblo 至Utah省之Midvale一段，全長615哩。

此段行車方法，於1923至1926係用時間表，行車令(train order)，及人動區截號誌制。於1931至1934則改用自動區截號誌制。在此兩期間內意外事件之頻率及損失列於第五表(2)。

同時，在1931至1934之試驗時間，自動區截號誌曾使列車停駛453次，其中256次係因鋼軌破斷，101次係因轍尖錯置之故。

再自第五表得知有六次意外事件係因不

第五表　自動號誌設立前後各四年中意外事件及損失費用表

時期	意外事件 次數	意外事件 費用	可用自動區截號誌防止之意外事件 次數	可用自動區截號誌防止之意外事件 費用
1923－1926	396	$1,112,467	63	$260,125
每年平均	99	$ 278,117	16	$ 62,531
平均每次		$ 2,809		
1921－1934	94	$ 151,826	6*	$ 3,361
每年平均	23	$ 37,956	15	$ 840
平均每次		$ 1,615		

* 號誌動作如常，意外事件係因不守行車規則而起。

(1)參閱 "Comparative Freqnency and Cost of Accidents Before and After the Installation of Automatic Block Signals" A.A.R. Signal Section Proc Vol XXXII, 1935, P.B.

(2)上註，P.

守行車規則而起。設若採取自動列車控制或司機坐前號誌，則此等事件或可避免也。

列車駛至交通處，依法須先行停駛，而後再前進。若此規則能嚴格遵守，則或無撞車之事。但聯鎖號誌有出軌裝置，即令列車不依號誌指示而向前進行，，亦不過出軌而必不至與他列車互撞，則又行車安全之一保障也。

行車安全與鐵路運輸量有不可分離之關係，蓋意外事件之發生，常能減低運輸量也。然究竟影響至何種程度，則非計算可以得之者矣。

(d)行車延誤。一如列車以低速度行駛，則行車延誤之影響不大。但若快車之數及速度均行增加，則延誤漸見重要。以平均時速六十哩進行之長距離列車，苟有數分鐘之延誤，已足致誤點矣。

列車之"受時間表，行車令，及人動區截號誌"之指導者，則於接收行車令時即須停車或減低速度。貨物列車停止一次，費時約10至15分鐘，視其速度，長度，及停止處之坡度而定。至客車停止一次，則約需2至6分鐘。如採用自動區截號誌制，則"31"行車令*可以免除，列車祇需減低速度而不需停止。其減低速度以接受行車令所耗之時間，假定爲停車之一半，則貨車接受"19"行車令僅需5至7分鐘，而客車則需1至2.5分鐘。但採用"集中行車控制"者，則無需行車令，故即減低速度之延誤亦可以免矣。且也，採用"集中行車控制"猶有一利，即遭遇或越過之延誤(Delays at meeting or passing points)，亦可藉以減少，蓋遭遇或越過之時間，可以估計稍緊，而無損於行車安全也。同時如能有彈簧轍尖之設置以減少開進及離開岔道之時間，則行車延誤將更少矣。

美國鐵道協會號誌組第一委員會研究列車遭遇時所耗之時間，而得如下之結果(3)：

「用以比較之兩線，其運輸情形，軌道佈置，及所用機車，均屬相同。其中一線係以「集中控制」行車，轍尖亦爲機力轉動。他一綫則係以「時間表，行車令，及人動區截號誌制」行車。

"以時間表，行車令及人動區截號誌制行車之綫，每一遭遇費時20分鐘，以號誌指示行車，則每遭遇所費之時約爲11分鐘。故號誌之改良，可爲減少遭遇延誤百分之4 5"。

作者未能獲得自動區截號誌行車制下每一遭遇所耗時間之紀錄，但與前例相較，則此制比之「時間表，行車令，及人動區截號誌制，延誤當可減少35％，意即延誤可以減少7分鐘也」。

以行車令指導行車，則最大缺點爲遭遇及越過之地點必須先決定。苟遇小于30至45分鐘之意外延誤，則行車令更無由更定而利用此延誤時間。於日常行車，此種事例，不勝枚舉。在Central of Goergia鐵路自Terra Co Ha至Garman之一段，可爲例證。於1927年五月十六日，因集中行車控制之故，第43次列車遂可行至應候遭遇之站54哩以外，結果省去25分鐘之延誤。若易以行車令制，則不能有此項措施矣。同日第663次加開列車駛至應候遭遇點5哩以外，省去30分鐘之延誤。(4)

* "13"行車令須於停車之後，由司機簽字接受，"19"令則可於列車進行中受之。

(3) Signal Seetion A.R.A.Proc Vol XXVII, 1929, p263.

(4)參閱 "Train Movenments Directed by Signal gndication on C of Georgia", Bailway Signaling vol.20, 1927, p.251.

(5)參閱 "Signaling and Spring Switches on Sonthem" B y. Signaling vo1.31. 1938.p.402.

9928

於Sonthern Railway自Sharp Gap至Clinton之段，長18.6哩，原以"時間表，行車令，及人動區截號誌制行車，後改裝自動區截號誌。結果西行列車自每日9列車，平均在途時間75分鐘變爲每日平均105列車，平均在途時間62分鐘。計平均在途時間可減少13分鐘，即每列車哩減少0.7分鐘也。東行列車原爲每日平均9.7列車，平均在途時間74分，其後爲每日10.8列車，平均在途時間68分。計在途時間可減少6分鐘，約爲每日列車哩0.32分。及行車人員對於此新號誌完全熟習，西行列車在途時間，竟可減少17分鐘，約爲每區車哩0.9分；東行列車在途時間，則亦減少8分鐘，約爲每列車哩0.4分。(5)

於1937年，Denrer & Bio Grande Western自Grand Junetion至Palisade長14哩之一段，改設集中行車控制以代1929年所設立之自動已截號誌。結果西行列車之平均在途時間減少16分，或即每列車哩減少1.1分，而東行列車減少4分，或每列車哩0.3分。(6)

於1938年，美國鐵道協會之總管會議中，第四委員會提出報告，謂「於十七鐵路中，共裝置19組集中行車控制號誌，結果各路貨運列車之在途時間，平均每列車哩減小1.38分鐘」。(7)

採用自動區截號誌制，則每區截之長度可以減小。長度減則行車延誤亦減，尤以各列車速度差異甚大時，其效果更爲顯著。在「時間表，行車令及人動區截號誌之行車制中。區截之長約爲5至10哩；若用自動區截號誌制，則採用兩區截三指示制(two-block three-indication System)者，區截之長爲8000呎，用三區截四指示制者爲4000呎，此等區截之長，已足應付現代行車之最大速度矣。

多軌綫採用集中行車控制，則列車調動較具彈性，設欲使快車越過慢車，可使前者暫在鄰軌駛過，如是，則運輸繁忙之時，擁擠情度必可大減也。

連鎖號誌之主要目的，爲減少列車在交道處之必要的「停止」。蓋行車法規定於不設連鎖號誌之交通，列車須先行停止，俟確知他一相交軌道並無列車通過時，始得再行前進也。假定貨物列車停止一次所耗之時間爲10－15分，則免除一次停止，即可省10－15列車分(train-minute)，此固可以減省行車延誤，亦有經濟上之價值也。

Chicago Bock Island and pacific支線在kansas省與Union Pacifie鐵路相交，經過交道處調之車及列車每約爲六十次。在Union pacifie線上，每日有12列客車，18列貨車，而支線則每日有二列客車及二列區間客車。此交道處之連鎖號誌設立之後，每日減少34次停止，約合總停止數36%。(8)

現代鐵路採用機動轍尖及No.20轍叉，岔道處之速度已可增加至每時35至40哩。有自動連鎖號誌之交道處，其越過速度有大至每時60哩者。(9)此均促進行車效率之設置也。

由上各段所述，則知在各種號誌制指導

(6)參閱　"C.T.C. On the Denver & Bio Grend Wertern, Ry. Signaling, Vol.31.1938, p.100

(7)參閱　"Superintendents Discuss Signaling" Ry Signaling, Vol.31, 1938, P404

(8)參閱　"34 Train Stops Eliminated Da;ly by an Interlocking" Ry Signaling, Vol.29, 1936, P356.

(9)　See"Increased Speeds through Antomatic Interlocking Plants" Signal Section' A.A.R. Proc Vol.XXXI, 1938, p.179.

之下，行車延誤均可以數字表之，所舉各例，雖未足以代表一切行車情形，但已足爲本文分析之根據。鐵路行車情形甚具地方性，故實驗或統計所得之結果，必須詳加考究，方免誤用之虞也。

70號誌制度對於運輸量之影響，一號誌制度之改良，每能減少行車延誤，而增加列車數。亦有可免列車停於陡坡度之處因而增加列車之載重者。故其對於運輸量之增加，影響甚大。此外行車安全，亦每因號誌改良而更有保障，間接卽可增加運輸量，此則頗易自統計得之者也。

自動號誌對於貨運之影響，曾於1926年由A.R.E.A鐵路行車經濟委員會(XXI)研究之。(10)AC及AE兩線之情形列于第六表，而運輸量之增加則於圖10示之。AC及AE兩段設立之自動號誌以後，列車數之增加各爲37.2%及51.6%。

第六表 兩試驗路段行車情形之統計

	AC段		AE段	
	自動號誌設立			
	以前	以後	以前	以後
行車令站之平均距離，哩。	8.4	8.4	7.48	7.48
行車令站之最小距離，哩。	5.5	5.5	2.00	2.00
行車令站之最大距離，哩。	10.6	10.6	14.20	14.20
越過岔道之平均距離，哩。	5.3	5.3	4.80	4.80
越過岔道之最小距離，哩。	2.7	5.3	3.30	3.30
越過岔道之最大距離，哩。	7.5	7.5	6.4	6.4
每日貨車平均數	18	18	15.5	15.8
每日客車平均數	8	8	11	10.2
每列貨車平均噸數	2019	2027	1500	1567
貨車平如在途時間	3:26	2:55	5:30	4:26
每列貨車在途時間之減少		0:31		1:4
每日“31”令之平均數	55	0	80	0

集中行車控制，亦能增加運輸量。A.R.E.A.第XXI委員會曾求得集中控制對於一長40哩之單軌線（內有3哩爲雙軌綫）之影響(11)。在此路段每日行駛之列車爲貨車18至20列及客車12至14列。圖11示新號誌設立以後，運輸量之增加。

(10)參閱 A.R.E.A. Proc. Vol.27, 1926, p.739

(11)參閱 A.R.E.A. Proc. Vol.31, 1930, p.1003

(a)人動與自動區截號誌之比較，一用人動區截號誌行車，每區截之長約爲3至8哩，以運輸之繁簡而定。於單軌線上，每區截之兩端，均設岔道，以便爲錯車之用，而於多軌綫上，則岔道之間隔較長，蓋僅用爲越過之用之岔道，不必於每區截均行設立也。

如以兩區截三指示控制之自動區截號誌指導行車，則區截之長，將爲停車距離所限。現代習慣每以8000呎爲率，此則時速95.5哩每噸制動力80磅之列車之制動距離也。若採用三區截四指示制，則最短區截長度爲4000呎，四區截五指示制者則爲2670呎也。

設有一長100哩之單軌線，在人動區截號誌制下向某一方向行車，同時假定每區截之長爲3哩。此線用至最大限度之時，爲每隔一區截，即有一列車，以等速進行，終日不息，蓋爲列車後方安全起見，不能每一區截，均有一以正常速度進行之列車也。照此假定，則以每日列車時量度之理論軌道容量將爲

$$C=\frac{n}{2}\times24=\frac{33}{2}\times24=396\text{列車時}$$

時（假定全綫分33區截）

若爲兩區截三指示制，則區截之長爲1.5哩（800呎），而區截之總數約爲66，故

$$C=\frac{66}{2}\times24=792\text{列車時}$$

用三段四指示制，則全線可分爲132區截，而每三區截即可有一以正常速度進行之列車，故

$$C=\frac{132}{3}\times24=1,060\text{列車時}$$

用四段五指示制則全線將有196區截，每四區截可有一列車，故

$$C=\frac{196}{4}\times24=1,180\text{列車時}$$

考每日列車數目爲以行車時間除列車小時之商，故其速度，均有其相當之列車數，此於第七表示之。

若列車同時向兩端以等速行駛，假定每一遭遇，均同時舉行於區截端點之岔道，毫無延誤，於是每區截即將爲一列車所據，終日不息。故軌道容量爲：

$$C=n\times24=33\times24=792\text{列車時}$$

若以自動區截號誌指示行車，而岔道之距離仍爲3哩，則理論軌道容量亦將爲792列車時。

但實際行車情形與上段所假定者甚相懸殊，數列車同向一方行駛，快車越過慢車等之例甚多，故實際軌道容量，自必以採用自動區截號誌制爲較大矣。

若將遭遇及越過延誤加以計及，則軌道容量即將減少，當各列車以等速度向一方進行，則理論軌道容量之減少，不致太大，蓋既無越過之舉，亦將無需行車令也。然此僅爲理想中之情形，因實際上絕無各列車均以等速度進行者也。然欲對此項延誤加以估計，則唯一辦法，爲觀察實際上行車延誤而以下段所述估計單線軌道容量之法計算之。就普通一般情形而言，吾人對於遭遇延誤可爲合理之估算，而於越過延誤，則僅可以觀察得之，而又因時間不同而異，不可不注意也。

當列車向兩方相對開行，則於人動區截號誌行車制中，遭遇延誤可以假定爲10分，於自動區截號誌制爲6.5分。若設全段分爲33區截，一如上述，則當每區截均爲一列車佔用時，每列車將有遭遇32次，而延誤總數爲$32\times10=320$分。同時，假定每列車需要接收＝“31”及＝“19”行車令，則接收行車令之延誤爲$2\times12+2\times6=36$分，蓋每接收一“31”行車令之延誤可以假定爲12分，而每收一“16”令爲6分也。由此二數，故知每列車所遭遇之延誤爲$320\times36=356$分。若易自動區截號誌，則＝“31”令可以＝“19”令易之，而每遭遇延誤爲6.5分，於是每列車之延誤爲$32\times6.5+4\times6=232$分。

延誤加入計算以後，時速10哩之列車將不能於10時內畢其全程。其在途時間於人動

區截號誌制爲$10+\frac{356}{60}=15.9$時，自動區截號誌制則將爲$10+\frac{232}{60}=13.9$時。故若將第七表所載之軌道容量加以修正，則此二例各爲每日$79\times\frac{10}{15.9}=50$及$79.2\times\frac{10}{13.9}=57$列車，以其他速度行車時，每日之列車數均能仿此計算，其値列於第八表及圖12。

第七表。一長100哩路段之理論軌道容量

速度	每日列車數目							
每時哩數	人動區截號誌		自動區截號誌					
			二區截 三指示		三區截 四指示		四區截 五指示	
	列車行駛方向							
	一方向	兩方向	一方向	兩方向	一方向	兩方向	一方向	兩方向
10	39.6	19.2	79.2	79.2	106	79.2	118	79.2
20	79.2	158.0	158.0	158.0	212	158.0	236	158.0
30	119.2	238.0	238.0	238.0	318	238.0	355	238.0
40	158.0	316.0	316.0	316.0	424	316.0	535	316.0
50	198.0	396.0	396.0	396.0	530	396.0	590	396.0
60	238.0	475.0	475.0	475.0	630	475.0	710	475.0
70	277.0	555.0	555.0	555.0	742	555.0	828	555.0
80	317.0	634.0	634.0	634.0	848	634.0	944	634.0

第八表。一長１００哩路段之實際軌道容量
列車向兩方相對開行

速度	每日列車數			
每時哩數	人動	自動區截號誌		
	區截號誌	兩區截 三指示	三區截 四指示	四區截 五指示
10	50	57	57	57
20	73	89	89	89
30	86	110	110	110
40	94	124	124	124
50	100	134	134	134
60	105	141	141	141
70	108	150	150	150
80	111	154	154	154

各種自動區截號誌制所示之軌道容量，均屬相同，然實際上列車又常啣尾而行，不致遭遇相反方向之列車於每一岔道，故較多指示制之自動號誌，每能減小列車間隔，而促進行車，故於行車統計，每示較大數字也。

根據行車紀錄，則改良號誌以後，對於軌道容量之影響可以第二章所論之方法計算之。此法僅能爲近似估計，但若確切紀錄爲據而加以正確判斷，則亦足為軌道容量增加之良好指示也。

今舉一例，設有一路段具如下之行車紀錄。

路長	＝100哩
岔道之平均距離	＝　5哩
平均每日列車數	＝20
最小行車時間，t_o	＝2.69時
平均全部在途時間，T_m	＝3.61時
每列車接收"19"行車令平均數	＝1
接收"19"行車令之時間損耗	＝5分
每列車接收"31"行車令平均數	＝1
接收"31"行車令之時間消耗	＝10分
每列車所遇各種延誤平均值	＝30分
每列車遭遇平均數	＝$\frac{1}{2}$
遭遇之時間損耗	＝10分
每列車所遇延誤平均總數	＝55分

若解設自動區截號誌，則估計之行車情形將如下：

每列車接收"19"令平均數	＝$1\frac{1}{2}$
時間損耗	＝$7\frac{1}{2}$分
每列車接收"31"令平均數	＝0
每列車所遇各種延誤平均值	＝30分
每列車遭遇平均數	＝$\frac{1}{2}$分
遭遇之時間損耗	＝$6\frac{1}{2}$分
延誤平均總數	＝44分

故全部在途時間為

$$T_{m2}=t_{o1}+D_2=2.69+0.73=3.42\ 時$$

若假定行車數與延誤成正比（第二章），則號誌改良以後，維持原來平均在途時間之車數將為

$$N_2=N_1\times\frac{55}{44}=1.25N_1$$

易言之，即原來「時間表，行車令，及人動區截號誌制」改為自動區截號誌制以後，軌道容量可以增加25%也。

(b)集中行車控制，一採用集中行車控制，則延誤減少而軌道容量更可增大。若將前段所論之路段加以研究，在集中行車控制之下，接收行車令之時間為零，蓋無需行車令即可行車也。故若每一遭遇所損耗之時間為5.5分，則全部遭遇延誤之時間為23×5.5＝176分，亦即2.9時。故在行車時速10哩，則軌道容量將為$79.2\times\frac{10}{12.9}=61$列車矣。

其他速度之軌道容量，亦依此法計算而列於第九表，復繪於圖12。

於多軌線中，若越過之延誤不大，則採用集中行車控制未能發生若何大效。但若各軌道均容許列車向相對兩方行駛，則設置集中行車控制，遂可指揮自如，隨時使一列車駛進他軌以越過其他列車，毫無延誤。故事實上，在集中行車控制之下，一雙軌線每較二單軌線之軌道容量為大也。

第九表　集中行車控制下一長100哩路段之軌道容量

列車向兩方相對開行

速度 每時哩數	每日列車數
10	61
20	100
30	126
40	145
50	160
60	172
70	182
80	189

若設置集中行車控制於上段所述之路段，則行車情形將於下列：

每列車接收"19"及"31"行車令平均數	＝0
每列車所遇各種延誤平均值	＝30分

每列車遭遇平均數 $=\frac{1}{2}$

遭遇之時間損耗 $=5\frac{1}{2}$分

延誤平均總數 $=35\frac{1}{2}$分

故平均在途時間將爲：

$$T_{m3}=t_{o1}+D_3=2.69+0.59=3.28\text{時}$$

可以行駛之列車數爲

$$N_3=\frac{55}{35.5}N_1=1.54N_1$$

意卽以集中行車控制代替「時間表，行車令，及人動區截號誌制」之後，軌道容量可以增加54%也。

又若以集中行車控制代替前例所舉之自動區截號誌制，則列車數之增加將爲

$$N_4=\frac{44}{35.5}N_2=1.24N_2$$

卽軌道容量可以增加24%也。

(c 同面交道，連鎖號誌，及立體交道，一根據行車規定，列車須於同面交道(Grade Crossing)處先行停駛，然後再行前進，此規定有時大可減小軌道容量，蓋列車停止足以增加延誤而減低平均速度也。連鎖號誌之設立，可以免此阻礙，然不若立體交道(Grade Separation)之爲有效耳。立體交道有百益而無一害，故應否設立，僅爲一經濟上之問題。

根據行車情形，卽可將連鎖號誌及立體交道之影響加以估計，玆以下列行車統計爲據而研究之：

路段長度 =100哩

一同面交道與一終站之距離 =40哩

幹線每日列車數 =30

最小行車時間 =2.11時

平均全部在途時間 =3.01時

每列車於交道處停駛一次之延誤 =10分

平均在途時間與最小行車時間之差爲3.01－2.11＝0.90時，此卽每列車所遇之平均延誤。若設立體交道，則此延誤可以減少10分。若設連鎖號誌，則停止數約可減少30%〔參閱註(8)P.59.〕，故平均停止延誤爲0.7×10＝7分，而平均全部延誤爲0.90－0.05＝0.85時。用立體交道，則全部延誤將爲0.90－0.17＝0.73時。在第一情形，平均在途時間爲

$$T_{m2}=t_o+D_2=2.11+0.85=2.96\text{時}$$

若假定全部延誤與列車數成正比，則

$$\frac{N_2}{N_1}=\frac{0.90}{0.85}=1.06$$

卽 $N_2=1.06N_1$

意卽設立連鎖號誌，則軌道容量可以增加6%也。

至若設立體交道，則平均在途時間將爲

$$T_{m3}=t_o+D_3=2.11+0.73=2.84\text{時}$$

使在途時間增至原來之値，則列車數爲

$$N_3=\frac{0.90}{0.73}N_1=1.23N_1$$

意卽設立體交道，可使軌道容量增加23%也。

設立連鎖號誌或立體交道之影響，視地方情形而異。若除去停止延誤，其他延誤仍屬甚大，則一交道之改良，不能對運輸情形大加改善。但若其他延誤比較甚微，則除去一同面交道之阻礙，卽可發生極小之影響。設一路段採用「時間表，行車令，及人動區截號誌制」以行車，每列車平均延誤爲100分。若段中有一同面交道，因連鎖號誌之設立而減少4分延誤，則軌道容量之增加將爲：

$$\frac{N_2}{N_1}=\frac{100}{96}=1.04$$

卽增加4%。

若設立體交道而減少10分之延誤，則軌道容量之增加爲

$$\frac{N_3}{N_1}=\frac{100}{90}=1.11$$

加增加11%也。

若此線採用自動區截號誌制，每列車平

均延誤爲70分，則連鎖號誌之設，將使軌道容量增至

$$\frac{N_2}{N_1}=\frac{70}{66}=1.06$$

卽加加6％。

設立體交道，則其增加爲

$$\frac{N_3}{N_1}=\frac{70}{60}=1.16$$

卽增加16％。

復次，若此線用集中行車控制，則每列車平均全部延誤爲50分、設立連鎖號誌將使軌道容量增加至

$$\frac{N_2}{N_1}=\frac{50}{46}=1.08$$

卽增加8％。

設立體交道，則

$$\frac{N_3}{N_1}=\frac{50}{40}=1.25$$

卽軌道容量可增25％也。

爲便於比較起見，上開結果均列於第十表。由此察知號誌制度愈佳，則改良交道之效果亦愈大。於數線匯集之處，每採用集中行車控制以減少延誤，此等地點之同面交道，則有除去之必要也。

第十表　某鐵路設立體交道或連鎖號誌以後對於軌道容量之影響

行車制	軌道容量之增加	
	設立連鎖號誌	立體交道
時間表，行車令，及人動區截號誌制	4％	11％
自動區截號誌制	6％	16％
集中行車控制	8％	25％

8.加築另一軌道之影響，一加築另一軌道，所需工費至爲浩大，且加築另一軌道以後，每不能得充份運輸物以盡量利用新綫之運輸量，故加築軌道，每爲增加運輸量之最後步驟，而遲遲舉辦者也。

新軌加築以後，若其行車情形與原來軌道相同，則此鐵路之運輸量自必增加一倍。但若設立集中行車控制，使列車能於錯車之時，駛入另一軌道，則軌道容量之增加，必將多過一倍，惜尙未能確實估計增加之數耳。

當新築軌道爲一方向之列車所使用，原來軌道則用以行駛他一方向之列車。若是則原來行車情形，卽將大爲變動。假定號誌制度及岔道佈置經已先定，則理論軌道容量，卽可計算得之。

玆以一長90哩之路段爲例，若採用「時間表，行車令及人動區截號誌制」，則最小區截長度將爲3哩。列車向一方向行駛，爲使其後方安全起見，每隔一區截始可有一列車，以正常速度進行，故理論軌道容量爲 $\frac{30\times24}{2}=360$ 列車時。若採用二區截三指示，三區截四指示，或四區截五指示制，則軌道容量將各爲 $\frac{60\times24}{2}=720$，$\frac{120\times24}{3}=960$，或 $\frac{180\times24}{4}=1.080$ 列車時矣。

若列車可向兩方相對行駛，而假定每區截之長度爲3哩，則岔道之長，將爲全線之 $\frac{1}{3}$，蓋依近代習慣，每岔道須有一哩之長也。如是，則採用自動或人動區截制，理論軌道容量均爲 30×34＝720 列車時。若用自動區截號誌制而減小岔道之距離，則軌道容量雖可增大，然若採此辦法，則岔道卽將甚長，而應以另一軌道代之矣。第十一表示各種號誌制下，雙軌線及單軌線之理論軌道容量及其比值。

上段假定相對兩方之列車數目相等，且以均一間隔進行。若設所有列車上半天向一方行駛，下半天向他方行駛，則在此情形之

下，軌道容量將如第十二表所示。

第十一表　一長90哩路段在各種行車制度下之理論軌道容量

號誌制度	軌道容量 列車行駛方向 一方向	兩方向	雙軌線與單軌線容量之比
時間表，行車令，及人動區截號誌	360	720	1
二區截三指示 自動區截號誌	720	720	2
三區截四指示 自動區截號誌	960	720	3.66
四區截五指示 自動區截號誌	1080	720	3

第十二表　一長90哩路段之理論軌道容量
列車上半天向一方行駛，下半天向他方行駛

號誌制度	軌道容量 雙軌線	單軌線	比值
時間表，行車令，及人動區截號誌	360	360	1
自動區截號誌 二區截三指示	720	720	1
三區截四指示	960	960	1
四區截五指示	1080	1080	1

事實上，列車不以均一間隔相對進行，亦不致於半日向一方行駛，而他半日又向他方行駛也。最可能情形、則爲以不均一間隔向任一方向行駛。故雙軌線與單軌線之軌道容量之比，將以第十一表及第十二表所列之數字爲其最高限及最低限，其値當在此二限之間，將隨每日之運輸情形而變動。故日與日殊，而無從計算之也。

IV　改良路線與軌道構造對於運輸量之影響

9.限制坡度，一坡度上列車阻力增加，消耗較多之動力、故實爲行車之一大礙。坡度之大者足以大量減低列車載重及速度，而軌道與車輛之磨損亦必劇增，其程度視坡度之大小而異。限制坡度之規定，純爲經濟上之問題、築路時容許較大坡度，則建築費可較省，而將來之行車費則增大矣。

(a)限制坡度對於列車載重之影響，一決定某一坡度上之列車載重，必須先知機車之牽引力。茲假定有－27×30－63－185機車，連炭水車共重225噸，其額定牽引力(nated tractive effont)爲57,000磅。若設坡度爲G%，機車之機械效率爲85%，則時速10哩以下之拉桿引力Draw bar pull)爲

$$D.B.P.=57,000\times.85-225\times20G$$
$$=48,500-4500G$$

若時速在10哩以上，則鍋爐馬力卽需計及。假定經過限制坡度(mling grade)之時速爲

9936

10 至 15 哩，則每一指示馬力(indicated horse power) 所需煤量約為3.2磅，而每一拉桿馬力則需 $\frac{3.2}{.85}$ =3.75磅。此等數字，以燒煤量少於每平方呎火格面積每時 200 磅為限，過此而後，則每馬力卽需更多煤量矣。目前所用機車之火格面積為75平方呎故拉桿馬力為

$$D.B.H.P.=\frac{75f}{3.75}$$

而拉桿牽引力則為

$$D.B.P=\frac{375\times 75f}{3.75v}$$

$$=\frac{7500f}{v}$$

自此減去機車及炭水車之阻力，則

$$\text{有效 } D.B.P.=\frac{7500f}{v}-4500G$$

式中

f = 每平方呎火格面積每時之燒煤量

若以 Davis 公式表列車阻力，則

$$R=1.3+\frac{29}{W}+0.045V+\frac{0.0005Av^2}{Wn}$$

$$=f(V,W,n)$$

R = 列車阻力，每噸磅數

W = 每軸之平均荷重，噸

n = 每車之軸數

故經過 G % 坡度之列車載重為

$$\text{載重}=\frac{\text{有效}D.B.P}{R+20G}$$

$$=\frac{7500\frac{f}{v}-4500G}{f(V,W,n)+20G}$$

式中共有六變數，既定其三，則可以一族曲線決定其餘三數。圖 13 所示曲線，係代表車卡平均重 50 噸與坡度為 1 及 0.5% 時，列車載重與速度之關係。

上式有三極限，一則為燒煤量不能超過每平方呎火格面積每時 200 磅，再則為 $\frac{7500f}{v}$ 不能大過 57.000 磅，蓋無論如何，不能使鍋爐牽引力大於額定牽引力，三則為速度限於每時 10 至 25 哩。若速度小過每時 10 哩，則列車載重可根據額定引力以求之，卽

$$\text{列車載重}=\frac{TF-4500G}{R+20G}$$

(b) 限制坡度對於運輸力之影響，一限制坡度旣足影響列車載重，則在某種行車情形之下，列車數目將因限制坡度之變更而異。其對於運輸量之影響，因行車情形，運輸物數量，及限制坡度與一般坡度之關係而定。限制坡度減低以後，若載重增大而列車仍能維持原來平均速度，則運輸量卽將增加。然若平均速度不能維持，則減低限制坡度對於運輸力之影響卽將甚小。同時，所減低坡度之長與全線之長之比亦有關係，減低一長坡度之效果自較減低一短者為大也。經過山岳地帶之路線，陡坡度隨處皆是，則減低一二限制坡度，效果必屬微乎其微，但若全綫皆屬平易坡度，則除去一急峻之限制坡度，必可得較大利益也。

假定有一路段為 100 哩水平軌道及 3 哩百分之一坡度所構成。列車裝載適於以時速15哩上坡之重，燒煤量約為每平方呎火格面積每時120磅。所用車頭為27×30－63－185機車。

自圖 13 得列車載重為 2280 噸，於水平軌道上之速度為每時 46 哩，列車阻力為17200磅，圖 14。若限制坡度自 1% 減至0.5%，則列車載重卽為 4050噸，而在水平軌道上之時速為 33 哩，列車阻力為 24300 磅，圖 14 。

若因地方情形，在坡度減低以前，列車時速須限於 33 哩，則減低坡度後運輸量之增加將為列車載重之比，$\frac{4050}{2280}$，卽增加 77% 也。但若速度可以增至每時 46 哩，則此問題卽須以較煩方法解決之。

茲假定在坡度減低以前，行車延誤為行車時間之十分之一。列車經過水平軌道需

9937

$\frac{100}{46}$時，經過3哩長之坡度需$\frac{3}{15}$時，故行車時間為

$$t_{01}=\frac{100}{46}+\frac{3}{15}=2.37 \text{ 時}$$

而全部在途時間則為

$$T_1=2.37(1+0.1)=2.60 \text{ 時}$$

坡度減至0.5%以後，列車之最大載重為4050噸，其相當行車時間為$\frac{100}{33}+\frac{3}{15}=3.22$時。此值較之原來全部在途時間多0.62時，而延誤尚未計及，此當非原來行車政策所許，且也，運輸量之比較，原以相同在途時間為標準，今者行車時間已較原有在途時間為長，故將無從比較矣。然在速度限制之內，可以選一小於4050噸之列車載重，以維持原來在途時間，例如，假定列車速度為每時45哩，則由圖14得相當列車載重為2350噸，而在0.5%坡度上之速度為每時24哩，故最小行車時間為

$$t_{02}=\frac{100}{45}+\frac{3}{24}=2.34 \text{ 時}$$

故容許延誤為

$$D_2=T_1-t_{02}=2.60-2.34=0.26\text{時}$$

因延誤與列車數成正比，今容許延誤既已增加，則列車數亦可增加，於是

$$\frac{N_2}{N_1}=\frac{D_2}{D_1}=\frac{\cdot 26}{\cdot 23}=1.1$$

而運輸力之比較為

$$\frac{C_2}{C_1}=\left(\frac{N_2}{N_1}\right)\left(\frac{2350}{2280}\right)=1.13$$

其他載重及運輸量之變更，表列如下：

水平軌道上之時速	列車載重	行車時間	$\frac{N_2}{N_1}$	$\frac{C_2}{C_1}$
哩	噸	時		
33	4050	3.22	——	——
35	3680	3.03	——	——
40	2910	2.65	——	——
42.5	2580	2.48	0.505	0.572
45	2350	2.34	1.100	1.130
46	2280	2.29	1.300	1.300

若行車速度再行增加，則運輸量亦得增大，但原來速度為每時46哩，坡度減低以後，速度未必即可增過此限，故1.3可以假定為運輸量之比之限。至若延誤變更，則此限亦將隨之而變，結果以圖15之曲線A示之。

為考查限制坡度之長與全線之長之比之影響起見，茲假定前例之限制坡度增長10哩，而共為13哩，其餘90哩則為水平軌道。坡度減低對於運輸量之影響，依前法計算後，以圖15之曲線B表之。

由上例觀之，減低限制坡度對於運輸量之影響甚為地方情形所限。每路段之情形各不相同，故上述之數字不能引申於他一路段，上述方法，僅足以示解決此問題之途徑耳。

(c) 輔助機車，一於坡度峻急之處，常以輔助機車牽曳重載列車。此種措施對於運輸量之影響正與減低限制坡度之結果相同。但輔助機車聯合與解開時，列車假須停止或減低速度，以致發生延誤，而影響平均速度，故計算時須顧及之。輔助機車有時亦能因佔用軌道而減低其容量，此則亦須計及者也。

10。曲度。鐵道曲線為不可避免之物，工程師僅能設法使用緩曲線以利行車，或減少每哩曲線之長度而已。曲線之存在，足以增加行車費用與車輛及軌道之磨損，亦可減低行車速度，在坡度甚小之路線，曲綫有時且將限制列車載重，因其不能抵償也。

(a) 。曲度對於行車之影響，一列車速度每因曲線阻力及慢牌而減低，其曲線過銳者，有時且因視線問題而須特別減低速度，以求安全。曲線阻力約為每噸每度1磅，以與坡度阻力較，原屬甚微。在Santa Ze鐵路以停止錶測得貨物列車通過New Mexico省Ias Vegas南方之馬蹄形曲線，所耗之時間為7分，該曲線長2哩，彎度為2°至6°。曲線兩端均有時速十哩之慢牌，但因上

坡之故，速度已不需要限制。所用之 2－10－2 機車，在平易坡度上能牽此 50 車卡構成之列車以每時 40 哩之速度行進，故在此 2哩長之曲線中所損耗之時間爲 3.5 分，而在此曲線上，視線問題，尙未發生也，由此例觀之，則計算運輸量之時，實可以一適當長度代一曲線也。

現代習慣規定凡有曲綫，必須抵償，以使曲綫及坡度阻力之和，不致超過限制坡度之阻力，故曲線而能限制列車載重者甚少、除非坡度太過平易，無從補償曲線阻力已。設使曲線果能限制列車載重，則對於運輸量之影響，正如限制坡度所起者，不過較小而已。

過銳曲線有時亦可限制採用重大機車，因而限制列車載重。4－8－2 機車之原動輪基距(wheel base) 爲 234 吋，若輪距較之軌距有 0.625 吋之寬裕 (play)，則此機車所能通過之最銳曲線爲 7°；4－6－2 機車之輪基距爲 156 吋，若有同樣寬裕，即可通過 14°曲線矣。路中曲線，其半徑不致較站中軌道所用者爲小，故事實上，路上曲線無限制機車通過之可能也。

(b) 曲線上鋼軌之潤滑，一於曲線過銳之處，車輪及鋼軌均有甚大之磨損，然可加油潤滑以補救之。潤滑方法經被採用數年，據A.R.E.A.謂(1)：

「潤滑可以下方法行之」：

(1) 裝置於軌道之潤滑器

(2) 裝置於機車上之車輪潤滑器

(3) 裝置於機車上之洒油潤滑器

(4) 手施滑油於鋼軌

滑油一方面旣足減少車輪與鋼軌之磨損，而同時又可以減低曲線阻力，故於曲線限制列車載重之處，即有影響運輸量之可能矣。

A.R.E.A. 曾於 Denver & Rio 鐵路上，Colondo省Utah Junction, Moffet隧道東端之間，爲一試驗，得如下之結果(2)：

「施用滑油以前，三曲線之平均曲線阻力爲每度等於 0.0276% 之坡度阻力，其最大值爲 0.0395。滑油施用以後，曲線阻力變爲每度等於 0.0137% 之坡度阻力，其最大值爲 0.0211，故滑油施用得當，則曲線阻力約可減少50%」。

此類記錄雖少，然上述結果，可爲分折運輸量之用也。

11。「升坡與降坡」對於運輸量之影響，一「升坡與降坡」(rise of fall) 雖不能限制列車載重，然可以增加磨損及消耗燃料，同時又能影響行車時間，此則本文所注意者也。

列車行駛於有「升降與降坡」之處，則其速度將因坡度之變而增減。在上坡處則速度漸減，下坡處則漸增，坡度之大小與其長度具有同等作用，故僅指出「升坡與降坡」之呎數，則其意義本爲完盡，在長 100 哩之路段中，若半段爲上坡，半段爲下坡，則其對於行車，將生大礙。但若坡短而亦不峻急，則兩站之間，雖有數百呎之升坡與降坡，尙未足爲大礙也。

就通常一般情形而言，若以「升坡與降坡」之變遷而比較其運輸量，則其影響必至微小。圖 16 示一路段之縱斷面及速率縱斷面 (Velocity Pwfile)，由此計得一 900 噸列車通過此段所需之時間爲 432 秒*。

若以一勻一坡度替代原有之「升坡與降坡」，則此路段之長爲，圖 16，

5746.5－5612.5＝134 站

即 13400 呎

此段兩端高度之差爲

162.5－43.0＝119.5呎

(1)參閱 A.R.E.A. Rroc. Vol. 39, 1938, P. 419.

(2)參閱 A.R.E.A· Bull. 413, 1939, P.153.

故此匀一坡度爲

$$G=\frac{119.5}{134}=0.89\%$$

由此遂可求得同一列車通過此路段所需之時間爲 395 秒。以與 432 秒比較，則以此 0.89% 坡度代替原有「升降坡度」以後，可以省 37 秒。

行車時間既可減少，則列車數即可增加。此路段之長度甚短，故延誤可以忽略，而列車數即可假定爲與行車時間成正比。由此，運輸量之增加將爲：

$$\frac{C_2}{C_1}=\frac{N_2}{N_1}=\frac{t_1}{t_2}$$

亦即

$$C_2=\left(\frac{432}{395}\right)C_1=1.09\,C_1$$

意即運輸力之增加爲 9% 也。

路段稍長，則行車延誤即須顧及，故須先知行車情形，然後可以着手計算也。

實際定綫設計，將爲經濟條件所限，絕不能用一匀一坡度代替如許「升坡與降坡」，一如前題所假定者，故前題僅足以指出「升坡與降坡」對於運輸量影響之計算，所舉數字，非切實用者也。

12。軌道構造、一軌道爲承荷列車之具，其作用一如其他結構焉。各種軌道因其構造上之不同而具不同之彈性及剛度，故對於列車所生之阻力亦有異，因而影響列車之速度及載重，故對於運輸量亦將發生直接作用。優良之軌道，堅固而具剛性，有下列優點。

(1) 容許較大列車速度

(2) 減少出軌危險

(3) 減少養護工作，因而減少對於交通之阻礙。

在普通情況之下，良好軌道之設置費雖較多，但每爲較經濟之軌道也。

(a) 軌道荷重後之下陷、一軌道負荷車輪重量而下陷，其構成之因素有五：(1) 軌條與軌枕鈑間之空隙，(2) 軌枕鈑與軌枕間之空隙，(3) 軌枕之壓縮，(4) 軌枕與道碴間之空隙，(5) 道碴之壓縮。

下陷度因軌道之構造而異，美國鐵道工程協會曾爲實驗以求之[3]。結果認爲軌條與軌枕鈑間之空隙所生之下陷，其值頗大，約爲 0 至 0.15 吋，甚或過之，軌枕鈑與軌枕間之空隙不甚大，軌枕與道碴間之空隙爲 0 至 0.03 吋，而堅實道碴之壓縮量約爲 0.05 至 0.15 吋也。

H.M. Westergaord 博士曾以軌道爲一彈性結構而分析之[4]。假定鋼軌爲一連續梁，承於彈性基礎之上，基礎對於鋼軌之反力，與鋼軌之下陷度成正比，而此反力可以向上，亦可向下。由此遂得微分方程式：

$$EI\frac{d^4y}{dx^4}=-\mu y$$

解之得

$$y=\frac{-P}{4\sqrt{64EI\mu^3}}e^{-x\sqrt[4]{\frac{\mu}{4EI}}}\left[\operatorname{Cos}x\sqrt[4]{\frac{\mu}{4EI}}+\sin x\sqrt[4]{\frac{\mu}{4EI}}\right]$$

同時

$$P=-\mu y$$

$$=P\sqrt[4]{\frac{\mu}{64EI}}e^{-x\sqrt[4]{\frac{\mu}{4EI}}}\left[\operatorname{Cos}x\sqrt[4]{\frac{\mu}{4EI}}+\operatorname{Sin}x\sqrt[4]{\frac{\mu}{4EI}}\right]$$

---

* 計算方法可參考 Raymond, W.G., Ry. Eng., 5th Echition.

(3)參閱 A.R.E.A. Proc. Vol. 35, 1934, P. 201.

(4)參閱 A.R.E.A. Proc. Vol. 19, 1918, P. 883.

式中

　P＝某一車輪之荷重

　E＝鋼之彈性率

　I＝鋼軌剖面之慣性力矩

　x＝從車輪至鋼軌上某一點之距離

　y＝鋼軌上某一點之下陷

　p＝鋼軌上某一點每單位長度之反力

　μ＝基礎之彈性率，即使鋼軌下陷一單位長度時每單位長度所須之壓力

上式經由實驗證明爲可靠，若知μ之值，則此式可以應用於任一軌道。每種軌道之μ值約爲常數，亦由實驗證明矣。

今設有一軌道，其下陷度已由實驗測得之，如圖17，

由

$$P=\mu y$$

得

$$\Sigma Pl=\Sigma \mu yl$$

因 Σpl 須等於荷重之和，故

$$\Sigma P=\Sigma \mu yl$$

而

$$\mu=\frac{\Sigma P}{l\Sigma y}$$

式中

　μ＝軌道之彈性率，磅/吋/吋

　ΣP＝車輪重之總和，磅

　l＝軌枕之距離，吋

　y＝鋼軌之下陷度，吋

由上式，μ卽可自實驗求之，其值列於第十三表。再以插入法求得其他軌道之μ值，列於第十四表。

(b)　對於列車阻力之影響、一軌道因荷重而下陷，壓縮軌道之工，將存於軌道之內而爲變形能(Strain Energy)。荷重除去而後，此所以使軌道恢復其原來狀態也。圖18示一軌道之下陷曲線及其荷重。當荷重向右移動 Δl 若μ值爲常數，則下陷情形亦將以原來下陷曲綫向右移 Δl 以表之，而曲線之形狀不變。因荷重下之下陷爲一定值，故荷重未成任何工作，而壓縮軌道所需之工，須由機車牽曳力成之。

第十三表　由試驗紀錄計得之軌道彈性率

軌枕	鋼軌 磅/碼	道碴厚度 吋	紀錄來源 A.R.E.A. Vol.	Proc. P.	μ 磅/吋²	μ之平均值
6''×9''×[illegible]	85	6	19	932	780	840
,,	,,	,,	21	732	900	
,,	,,	12	19	931	780	960
,,	,,	,,	19	938	960	
,,	,,	,,	19	945	900	
,,	,,	,,	21	722	1200	
,,	100	24	19	936	900	1110
,,	,,	,,	19	945	1320	
,,	125	,,	19	945	1100	1430
,,	,,	,,	19	945	1760	
7''×9''×8½'	100	36	21	722	2000	2000
,,	105	12	21	722	1600	1600
,,	130	36	35	195	2600	2600

第十四表 用插入法求得之軌道彈性率

道碴厚度	鋼軌，磅/碼					
吋	85	100	105	110	125	130
		軌枕， 6''×8''×8'				
6	850	—	—	—	—	—
12	950	—	—	—	—	—
24	—	1100	1150	1210	1430	—
30	—	1225	1275	1330	1565	—
36	—	1350	1400	1465	1700	—
		軌枕， 7''×9''×8½'				
12	—	1600				
24	—	1760	1840	1930	2260	2340
36	—	2000	2080	2175	2520	2600

設 y＝軌條上任一點之下陷度，吋

Δy＝荷重移動 Δl，下陷度之增加

P＝軌條下之壓力，磅／吋

V＝壓縮軌道所需之工

R＝造成壓縮軌道所需之工V之機車牽曳力，磅

R_c＝軌道下陷所生之列車阻力，磅／噸

由

$$P=\mu y$$

得

$$P+\Delta P=\mu(y+\Delta y)$$

於軌道上長 Δx 之一小段、所成之工爲

$$\Delta V=\tfrac{1}{2}(p+p+\Delta p)\Delta x\Delta y$$

$$=\mu y\Delta x\Delta y+\tfrac{1}{2}\mu(\Delta y)^2\Delta x$$

故

$$V=\mu\Delta x[\Sigma y\Delta y+\Sigma\tfrac{1}{2}(\Delta y)^2]$$

但拉桿引力所成之工爲 $R\times\Delta\ell$，使等於V，則

$$R=\frac{\mu\Delta x[\Sigma y\Delta y+\Sigma\frac{1}{2}(\Delta y)^2]}{\Delta\ell}$$

列車阻力等於拉桿引力爲載重所除之商，故

$$R_c=\frac{\mu\Delta x[\Sigma y\Delta y+\Sigma\frac{1}{2}(\Delta y)^2]}{2P\times\Delta\ell}$$

此可名之曰路軌起波紋作用時之列車阻力。

茲以下開兩軌道爲例，計算此項列車阻力：

道碴厚度，吋	鋼軌 磅/碼	軌枕	μ 磅/吋^2
12	85 (I＝30.07吋^4)	6''×8''×8'	950
36	130	7''×8''×8½'	2600

以一輪P加於 85 磅軌道之上，則

$$X_1=\left(\frac{\pi}{4}\right)\sqrt[4]{\frac{4EI}{\mu}}$$

$$=\frac{\pi}{4}\sqrt[4]{\frac{4\times30,000,000\times30.07}{950}}$$

$$=34.7\text{吋}$$

$$y_0=\frac{P}{\sqrt[4]{64EI\mu^3}}$$

$$=\frac{P}{\sqrt[4]{64\times30,000,000\times30.07\times(950)^3}}$$

$$=\frac{P}{83900}\text{ 吋}$$

若此爲-40-噸車卡，則P＝10,000磅，故

$y_0=0.119$ 吋

在離車輪 $\frac{x_1}{2}$ 之需	$y=0.105$ 吋
在離車輪 x_1 之需	$y=0.077$ 吋
在離車輪 $\frac{3x_1}{2}$ 之需	$y=0.048$ 吋
在離車輪 $2x_1$ 之需	$y=0.025$ 吋
在離車輪 $\frac{5x_1}{2}$ 之需	$y=0.009$ 吋
在離車輪 $3x_1$ 之需	$y=0$

以叠置方法，即可求得此 40 噸車卡之軌道下陷曲線，如圖 19 。當此車卡向右移 12 吋，則圖 19 中(1)及(2)兩部份即可表示使軌道下陷所需之工，列車阻力之計算如下：

第一部份

y	Δy	$y\Delta y$	$\frac{1}{2}(\Delta y)^2$
0.158	0.002	0.000316	0.000002
.148	.010	.001480	.000050
.130	.011	.001430	.000060
.118	.006	.000708	.000018
總　數		0.003934	0.000130

第二部份

y	Δy	$y\Delta y$	$\frac{1}{2}(\Delta y)^2$
0.155	0.005	0.000775	0.000012
.138	.012	.001660	.000072
.100	.029	.002900	.000420
.062	.025	.001550	.000312
.032	.015	.000480	.000112
.012	.011	.000132	.000060
.002	.006	.000012	.000018
總　數		0.007579	0.001006

$$\Sigma y\Delta y+\Sigma\tfrac{1}{2}(\Delta y)^2=0.003934+0.000130+0.007519+0.001006=0.0126\text{ 吋}^2$$

今

$\Delta x=20$ 吋，$\Delta l=12$ 吋，$2P=20$ 噸

9943

故

$$R_e=\frac{\mu\Delta x[\Sigma y\Delta y+\Sigma\frac{1}{2}(\Delta y)^2]}{2P\times\Delta\ell}$$

$$=\frac{950\times20\times0.0126}{2\times12}=0.996\text{ 磅/噸}$$

以同樣方法，求得130磅鋼軌之軌道的波紋作用列車阻力爲每噸0.322磅。下附曲線亦於圖19示之。

由此計算得知若每碼85磅之鋼軌，6''×8''×8'軌枕及12吋厚道碴所構成之軌道，爲130磅鋼軌，7''×9''×8½'軌枕及36吋厚道碴之軌道所替代時，每噸阻力可以減少0.996－0.322＝0.674磅。

圖20示一在 Kansao City Sonthem鐵路試驗之結果(5)。此圖指出於某一軌道以127.3磅鋼軌易85磅者之後，則列力阻力每噸可以減少0.3磅。由此可知以前例所舉兩軌道構造相差之大，而算得列車阻力之差僅爲每噸0.674磅，尤爲合理之結果也。此試驗足以加強吾人對於本計算法之信念。

(c) 對於運輸力之影響，一軌道構造改良以後，列車阻力卽可減少，而運輸量可以下列二法增加之：(1) 增加列車載重，(2) 增加列車速度。然究以利用何法爲宜，則將視地方情形而定，卽在同一路段之中，此二法亦可依運輸情形而替換應用之也。

今設有一加拿大鐵路第3231號 Mikado 式機車，其拉桿引力列於第十七表。再設一列快車，每車平均重45噸，以時速30哩行駛於0.2%坡度上。若用85磅鋼軌，6''×8''×8'軌枕及12吋厚道碴之軌道，則

在水平軌道之拉桿引力	＝19000磅
機車及炭水車坡度阻力	＝224
	＝889磅
實用拉桿引力	＝1811磅

列車阻力	＝6磅/噸*
坡度阻力	＝4磅/噸
總阻力	＝10磅/噸

故

$$\text{列車載重}=\frac{18111}{10}=1811\text{ 噸}$$

若改用130磅鋼軌，7''×9''×8½'軌枕及36''厚道碴之軌道，則

列車阻力	＝5.3磅/噸
坡度阻力	＝4.0磅/噸
總阻力	＝9.3 ,, ,,

$$\text{列車載重}=\frac{18111}{9.3}=1940\text{ 噸}$$

而運輸量遂增加爲

$$\frac{C_2}{C_1}=\frac{1940}{1811}=1.07=\text{卽 }7\%\text{ 也。}$$

若夫列車之載重不變，則改良軌道以後，列車速度卽爲每時31.5哩，而總列車阻力爲17,000磅若行車延誤爲行車時間之n%，則維持原來在途時間之列車數將爲

$$N_2=N_1\left(\frac{1}{n}\right)\left(n+1-\frac{v_1}{v_2}\right)^*$$

式中

n＝每列車之平均延誤，以行車時間之百分率表之

列車載重既屬不變，則運輸量之比當爲：

*自第二章：得下式

$$T_1=t_{01}+D_1$$
$$T_2=t_{02}+D_2$$

由假設得

$$D_1=nt_{01}$$

維持一定在途時間，則：

$$T_1=(1+n)t_{01}$$
$$=t_{02}+D_2$$

而

(5) 參閱 Reece, A,N, "Economical Selection of Rail", Proc. A.R.E.A., Vol. 31, 1930, p. 1538.

*取自 Illinois Bull. No. 43, p.38.

$$D_2 = (1+n)t_{o2} - t_{o2}$$
$$= t_{o1}\left(1+n-\frac{t_{o2}}{t_{o1}}\right)$$
$$= t_{o1}\left(1+n-\frac{V_1}{V_2}\right)$$

由此得

$$\frac{D_2}{t_{o1}} = \left(1+n-\frac{V_1}{V_2}\right)$$

而

$$\frac{N_2}{N_1} = \frac{D_2}{D_1} = \left(\frac{1}{n}\right)\left(1+n-\frac{V_1}{V_2}\right)$$

$$\frac{C_2}{C_1} = \frac{N_2}{N_1} = \left(\frac{1}{n}\right)\left(1+n-\frac{V_1}{V_2}\right)$$

此式可以圖 21 之曲線表之。

當延誤爲零時，則依據上式所得之運輸量爲無窮大。但實際上列車數將爲理論軌道容量所限，如此軌道經已用至理論軌道容量，則速度增加m倍，列車數或運輸量不能超過 100×m% 。在目前所舉之例，平均速度之增加爲$\frac{31.5}{30}$ = 1.05，卽5% 故若此軌道已利用至其理論容量，則列車數或運輸量之增加，將以5%爲限，一如圖 21 下方之水平線所示，而圖中曲線，遂毫無實用價值可言。但若理論軌道容量僅用至半數，則運輸量之增加可至 2×1.05 ＝ 2.10 倍，故通過垂直軸上 2.10 倍之點之水平線與此點以下之曲線全部，將爲軌道改良以後，運輸量增加之指示矣。

V．改良機車對於運輸量之影響

現代鐵路所用機車，論其種類，則蒸汽，汽油，及柴油發電(Diesel-electric) 機車，均由其本身動力以牽曳列車者也，而電氣機車，則由導線供給電流，產生動力，以牽曳列車者也。論其重量，則機車之大者可至 400 噸，而小者則僅如一汽車耳。機車之種類既爲如此煩雜，故工程師針對某種運輸情形以選用機車，其爲難事，可概見矣。

於鐵路運輸量討論之中，各機車之作業情形，至爲重要，苟有變動，卽足以發生絕大影響也。A.R.E.A. 第 XXI 委員會曾於一長212 哩之路段，作一試驗，而得如下之結果(1)：

"於 1921 年，該路所有機車之 41 % 爲超熱 (Suplrheated) 凝固式機車 (後此謂之B類機車)，其餘 59 % 爲飽和蒸汽凝固式機車，C類。至 1923 年尙未改換。 1924 年始以超熱 Mikado 式機車，A類，替代原有C類機車。採用此類重機車以後，其影響示於第十五表及圖 22 。

鐵路所用機車，多以蒸汽爲原動力，因是之故，除蒸汽機車外，其他各種機車，暫不論及。於運輸量分析中，各種機車均可以同一原理研究之，所異者，機車之性質各自不同而已。

第十五表　以重機車代輕機車之效果

	1921	1923	1924
平均每日列車哩	18,100	19,570	18,290
每日粗噸哩	222,400	246,400	262,600
每 100 列車哩之列車時	8.72	8.94	8.43
每列車哩之粗噸哩	1229	1259	1436
每 100 列車哩所用機車數	1.143	1.228	1.218
B類機車與機車總數之比	0.407	0.408	0.371

(1) A.R.E.A. Proc. Vol. 26, 1925, P. 878

13，改良及增置機車對於運輸量之影響。一就一般情形而言，採用較重機車則運輸量卽行增大。在同一行車情形之下，列車載重與機車引力成正比增加，故每列車時之粗噸哩亦以此遞進。假定有一長100哩之路段，每日有20列車，其速度爲每時20哩，則此路段之運輸量將因採用不同級之機車而異。今以2100S198，280S160，及260S131三級機車爲例，而明其理。機車之拉桿引力，載於圖23，求得之結果，列於下表：

機車等級	2100S198	280S160	260S131
時速20哩時之拉桿引力，磅	21,700	16,600	10,500
列車阻力，磅/噸	4.9	4.9	4.9
列車載重，噸	4,420	3,400	2,140
每列車哩之粗噸哩	4,420	3,400	2,140
每列車時之粗噸哩	88,400	68,000	42,800
每日粗噸哩	8,840,000	6,800,000	4,280,000
運輸量之比	2.06	1.59	1

實際上，一鐵路若欲以改良機車之方法增大其運輸量，每不能購較重機車以盡代舊者，蓋爲經濟力所不許也。故最普遍之措施，實爲增購機車以補原有動力之不足，增購以後，遂可增加列車數目或其速度矣。然此項措施，究竟能否增加鐵路之運輸量，爲一疑問，蓋此不若以較重機車盡代舊者之簡單而確實也。增加機車以後，運輸量固可能增進，然亦可能毫無效果，須視軌道容量經被利用之程度而後可定奪也。若軌道倘大有餘量可用，則加置機車，增闢列車之結果，不致大量增加行車延誤，故列車速度稍增，卽可維持原來在途時間，因此，列車載重，不致太受影響，而運輸量之增加，將與列車數成正比。反之，若軌道經已擁擠不堪，則列車數目之變更，對於在途時間之影響甚大。列車數目增加，勢必大增速度，始可維持原有之在途時間，若此則列車載重必將銳減，假使增加之列車數不能抵償減低載重之損失，則運輸量將因列車數目之增加而反減少矣。故增加機車卽增加運輸量之論，頗不確切。此論僅適用於行車延誤不大之路段耳。

進行考察鐵路之運輸量，必先知路段之長及機車種類，至於行車情形，則可於列車時圖得之。列車時圖示列車數目及其在途時間之分佈情形，爲主要之行車紀錄也。茲假定有二路A及B，各長120哩，有下列之行車情形：

A路

長度	= 120哩
每日列車數	= 20
最小行車時間，t_o	= 4.3時
平均在途時間，T_m	= 4.7時

由第二章 頁之方程式得

$$x = 3T_m - 2t_o = 3\times4.7 - 2\times4.3 = 5.5時$$

$$p = \frac{N}{(x-t_o)^2} = \frac{20}{(5.5-4.3)^2} = 13.9$$

由此求得之列車時圖，示於圖24。

因最小行車時間爲4.3時，故列車速度應爲

$$V_1 \frac{120}{4.3}\ 27.9時$$

設所用之機車爲260S131級者，其拉桿引力示於圖23。假定燒煤量爲每平方呎火格面積每時110磅，則時速27.9哩時之拉桿引力爲7300磅，故列車載重爲

$$W_1 = \frac{7300}{5.11} = 1320噸$$

(5.51)爲50噸車卡在此速度時之列車阻力故此路之運輸量爲

$$C_1 = 20\times1320\times120 = 3,170,000$$

粗噸哩/日

今若增加260S131，280S160，或2100S198

級之機車十乘，而列車數由每日20增至30列，則根據行車延誤與列車數成正比之關係，可知：

$$\frac{D_2}{D_1}=\frac{N_2}{N_1}$$

即 $D_2=\frac{N_2}{N_1}D_1=\frac{30}{20}\times0.4=0.6$時

若欲維持原來平均在途時間，則最小行車時間應為

$t_{o2}=T_m-D_2=4.7-0.6=4.1$ 時

故列車速度為

$$V_2=\frac{120}{4.1}=29.3\text{哩/時}$$

在此速度之列車阻力為每噸5.6磅，各級機車在此速度之引力及其列車載重如下：

機車等級	260S131	280S160	2100S198
拉桿引力，磅	6,900	11,500	14,800
列車載重，噸	1,230	2,050	2,550

今若增置260S131機車十乘，則此路之運輸量為

$C2=30\times1230\times120=4,440,000$ 粗噸哩/日

若增加280S160機車十乘，則運輸量為

$C_2=20\times1230\times120+10\times2050\times120$

$=5,300,000$粗噸哩/日

又若增加2100S198機車十乘，則運輸量為

$C_2=20\times1230\times120+10\times2550\times120$

6,010,000粗噸哩/日

運輸量增加之比，可以 C_2/C_1 表之，其值為1.40，1.68及1.92是也。

B路

長度	= 120哩
每日列車數	= 20
最小行車時間，t_o	= 4.3時
平均在途時間，T_m	= 6.4時

故

$x=3T_m-2t_o=3\times6.4-2\times4.3$

$=10.6$時

$$p=\frac{N}{(x-t_o)^2}=\frac{20}{(10.6-4.3)^2}=0.502$$

求得之列車時間，示於圖25。

列車速度為

$$V_1=\frac{120}{4.3}=27.9\text{哩/時}$$

列車載重為

$$W_1=\frac{7300}{5.51}=1320\text{噸}$$

運輸量為

$C_1=20\times1320\times120=3,170,000$ 粗噸哩/日

增加10機車以後，則

$D_2=\frac{N_2}{N_1}D_1=\frac{30}{20}\times2.1$

$=3.15$時

$t_{o2}=T_m-D_2=6.4-3.15=3.25$時

故需要之列車速度為

$$V_2=\frac{120}{3.25}=37\text{哩/時}$$

在此速度之阻力為每噸6.4磅，各級機車之拉桿引力及其載重如下：

機車等級	260S131	280S160	2100S198
拉桿引力，磅	4,750	8,400	10,050
列車載重，噸	740	1,310	1,570

今若增置260S131機車10乘，而盡用之，則運輸量為

$C_2=30\times740\times120=2,660,000$ 粗噸哩/日

若增置 280S160 機車十乘，則

$$C_2=20\times740\times120+10\times1310\times120$$
$$=3,350,000 \text{ 粗噸哩/日}$$

若增置 2100S198 機車10乘，則

$$C_2=20\times740\times120+10\times1570\times120$$
$$=3,660,000 \text{ 粗噸哩/日}$$

各運輸量與原有者之比為 0.84，1.06，及 1.16。

於A路上，運輸量隨機車數目而增大。於B路則增加 260S131 機車 10 乘，運輸量反為減少，蓋B路之設備，已為原來 20 列車盡量利用矣。兩路之最小行車時間均為4.3時，但B路之在途時間為6.4時，A路則僅為 4.7 時，故B路之平均延誤為2.1時，A路則僅為 0.4 時，而此兩路運輸之冗閒可知矣。於是增置機車，遂有大相逕庭之結果，此則所須注意者也。為便於比較起見，結果均列於第十六表。

第十六表　增加 10 列車以後對於運輸量之影響

	用260S131機車每日 20 列車之運輸量，C_1 粗噸哩/日	增加 10 列車後之運輸量，C_2 所用車機 粗噸哩/日					
		260S131		280S160		2100S198	
	C_1	C_2	C_2/C_1	C_2	C_2/C_1	C_2	C_2/C_1
A路	3170	4440	1.40	5310	1.68	6010	1.92
B路	3170	2660	0.84	3350	1.06	3660	1.16

14　最大運輸量之列車數目，速度，及載重　一某路採用某式機車及車輛，即有某一列車速度使該路之運輸量為最大。此速度常與未計及軌道容量時每列車時牽運最大量運輸物之相當速度不同，且常隨軌道容量而增大。

今設有一加拿大鐵路第 3231 號Mikado式機車，其拉桿引力列於第十七表。於各速度每列車時牽運之噸哩數亦經算得而列於上表及圖 26，由此求得最大運輸量之相當時速為 19 哩。

第一情形。茲假定一路段之行車情形如下：

長度　= 60哩

坡度　= 0.5％

每日列車數　= 20

最小行車時間，t_0　= 2.81時

平均全部在途時間，Tm = 5.08時

由此，則列車速度為

$$V_1=\frac{60}{2.81}=21.3\ \text{哩/時}$$

第十七表　3231 Mikado 式機車之拉桿引力及運輸量

速度 哩/時	拉桿引力 磅	總阻力 磅/噸	最大 列車載重	每列車時 粗噸哩
		(坡度=0.5％)		
5	47,600	13.7	3,480	17,400
7	45,400	13.8	3,290	23,000
10	41,400	14.0	2,950	29,000
12	38,300	14.0	2,730	32,800
15	33,400	14.2	2,350	35,300

17	30,600	14.4	2,120	36,000
18	29,100	14.5	2,010	36,200
20	26,500	14.6	1,810	36,200
22	24,200	14.8	1,640	36,000
25	21,050	15.0	1,400	35,000
30	16,900	15.5	1,090	32,700
35	13,650	16.1	850	29,800
40	11,350	16.8	675	27,000

第十八表　某鐵路各速度之相當運輸量

第一情形

速度 哩/時	t_0 時	列車數	列車載重 噸	運輸量 粗噸哩/日
12	5	7.0	2,730	1,160,000
15	4	9.5	2,350	1,350,000
17	3.54	13.6	2,120	1,760,000
20	3	18.4	1,820	2,000,000
21.3	2.81	20.0	1,700	2,040,000
22	2.73	20.6	1,640	2,030,000
25	2.4	23.6	1,400	1,980,000
30	2	27.1	1,090	1,770,000
35	1.72	29.6	850	1,510,000
40	1.5	31.4	675	1,430,000

第二情形

速度 哩/時	t_0 時	列車數	列車載重 噸	運輸量 粗噸哩/日
18	3.33	12	2,010	1,450,000
19.8	3.02	20	1,840	2,200,000
22	2.73	37.2	1,640	3,680,000
25	2.40	57	1,400	4,800,000
30	2.00	81	1,090	5,280,000
35	1.72	98	850	4,960,000
40	1.50	111	675	4,470,000

相當列車載重爲

$$W_1=\frac{25000}{14.7}=1,700\text{噸}$$

故運輸量爲

$$C_1=20\times1,700\times60=2,040,000$$

粗噸哩/日

若速度增至25哩，則列車載重將爲1400噸。速度既增，則列車數可以隨之而增，而行車時間應與速度成反比，故

$$t_{o2}=\frac{V_1}{V_2}\times t_{o1}=\frac{21.3}{25}\times2.81$$

$$=2.4\text{時}$$

若維持原來行車時間，則延誤將爲：

$$D_2=T_m-t_{o2}=5.08-2.4=2.68\text{時}$$

因列車數與行車延誤成正比，故

$$\frac{N_2}{N_1}=\frac{D_2}{D_1}$$

而 $N_2 = \frac{D_2}{D_1} \times N_1 = \frac{2.68}{2.27} \times 20 = 23.6$

故運輸量為

$$C_2 = 23.6 \times 1,400 \times 60 = 1,980,000$$

粗噸哩/日

若假定其他行車速，則其相當運輸量亦可依上法求得，結果列於第十六表。

第二情形。茲再選一行車延誤較小之路段，其紀錄如下：

長度	=60哩
坡度	=0.5%
最小行車時間，T_0	=3.02時
平均全部在途時間，T_m	=3.35時
每日列車數	=20

於是，列車速度為

$$V_1 = \frac{60}{3.02} = 19.8\text{哩/時}$$

列車載重為

$$W_1 = \frac{25760}{14.6} = 1,840\text{噸}$$

運輸量為

$$C_1 = 20 \times 1,840 \times 60 = 2,200,000$$

粗噸哩/日

各速度之相當運輸量，亦列於十七表。

以上所得結果，均於圖26示之。在第一情形，相當於最大運輸量之速度為每時22哩；第二情形為每時30哩，但相當於每列車時最大運輸量之速度，則為19哩，此則上文已述之矣。

設若行車各種費用如燃料，水，滑油，機車修理，折舊與利息，及車務員工薪金等，均加計及，則在某速度時，每噸哩之運費均可計得。在通常行車情形之下，必有一相當於最低運費之速度，此吾人所熟知者也。今依上法，又求得相當於每列車時最大運輸量之速度及相當於鐵路最大運輸量之速度，吾故人可得如下之結論：

(1) 當運輸物之量，少於軌道，機車，及車輛之容量時，則可以最小運費之速度行車。

(2) 當運輸量為機車所限時，則應以相當於每列車時最大運輸量之速度行車。

(3) 當運輸量為軌道容量所限時，則應以相於最大運輸量之速度行車。

VI. 改良車輛對於運輸量之影響

車輛設計及建造之改良，為現代鐵路之一大進步。初期鐵路所用車輛，多為木製，1908年以後，客車漸用鋼製，今則貨車亦全以鋼為之矣。然因日益進步之故，今者又有輕皮重車輛之製成，將來此項新式車輛，或能取目前鋼製車輛而代之也。

客運方面，流線型列車實為驚動交通界之舉。目下列車時速百二十哩者，已不難致。貨運方面，如果皮重較省，運輸量增大，亦有利之結果也。

復次，二十年來，機車及客車之採用轆輪軸承（rollor bearing）者已漸多，此項新設備對於貨車，當然有利，故亦在討論及之。

15，輕車卡，轆輪軸承，及流線型列車概述：——

(a) 輕車卡——於1934年，各種輕車卡（light weigutcar）即已開始製造。Baltimore Ohio 鐵路曾以 Corten 建造二敞車及一蓬車，蓬車之容量為50噸，其皮重為37,900磅，較之美國鐵路協會1937標準車(45300磅)，輕7400磅。1935年，Mt. Vernon 製車公司以 Corten 鋼建一50噸蓬車，其重為36411磅，接合全用帽釘。Union Pacific 1937 車卡，用 Corten 鋼製造而以帽釘及電焊接合之，重39000磅。Pulhnan 標準車輛製造公司1937車卡(PLM 501)亦為 Corten 鋼所製，而以電焊接合之，其重為35300磅。由經驗所及，已知若以高張力鋼建造貨車，其皮重較之通用車卡，每乘至少可減少5噸也。

(b) 轆輪軸承：——轆輪軸承之效用，今日已為人所公認，其特點如下：

(1) 減少軸承阻力，以省動力。

(2) 免除熱軸，以減行車延誤。

(3) 開行阻力低，容許較重列車於上坡處開行。

在 Ohio 省之 Timken 轆輪軸承公司曾作試驗，證明若用轆輪軸承，則輪軸摩阻力(Journal friction)可以大減。然實際上，時速若達 40 哩，則此項構造足以誘致較大之車輪翅部阻力，而失其效用之大部份。

Davis 列車阻力公式中 $Rj=1.3+\frac{29}{W}$ 之項，係代表輪軸摩阻力，而全式之總阻力，則包括車輪翅部阻力及空氣阻力矣。Timker 轆輪公司印發之試驗結果，包括每軸為 4 至 12 噸之承重，其輪軸摩阻力為每噸 0.8 至 0.6 磅，而與速度無關。一 50 噸車卡在時速 10 哩時，由 Davis 公式算得之總阻力為 4.2 磅/噸，而輪軸阻力為 3.7 磅/噸，故車輪翅部阻力及空氣阻力為 4.2 − 3.7 = 0.5 磅/噸。若以每噸 0.5 磅之轆輪軸承阻力加於其上，則轆輪軸承車卡之列車阻力為每噸 1 磅，此值太小，殊不能用，蓋根據 C.R.I. &. P. 鐵路之轆輪軸承客車試驗，求得列車阻力未有小於每噸三磅者。最近 Timken 公司之廣告，以照片示一大力士單人牽動一轆輪軸承輕臥車，察其狀況，則列車阻力至少有每噸 4 至 5 磅。同時，歐洲方面，Chapelon 先生指出轆輪軸承全無普通軸承之高度開車阻力，而時速 20 哩以下，則轆輪軸承之列車阻力約為普通軸承者之一半，以至時速四十哩，則二者之阻力大略相等。為本文分析便利起見，茲特假定轆輪軸承車輛之開車阻力為每噸三磅，時速10至20哩，則為普通軸承車輛之一半，時速 30 哩則為$\frac{3}{4}$，至時速 40 哩則相等，由此作得轆輪軸承 50 噸差車之阻力曲線，示於圖 27。

(c) 流線型之影響——自 1934 以來，流線型客運列車已應實用而有良好效果。採用流線型之最大利益為減少空氣阻力，因此遂可得較大速度，然此效應須於時速七十哩以上，始見顯著。通常貨運列車，速度不大，故採用流線型是否有利，殊為疑問也。

Y.C. Johanson 先生經過一客運列車之空氣阻力試驗以後謂(1)：

"將通用客車稍加改造，空氣阻力即可減少 50%，至若合乎理想中之流線型，則可減少百分之 75%。"

"所謂理想中之流線型列車，須為圓筒形而有兩完美之曲面形末端，其表面又須光滑而無凹凸不平之裝置，故金屬片製成之管狀車卡，甚合乎此等條件。"

上段所述，或可適用於客運列車，至若貨運列車，則改變車卡之形狀，實成問題，稍加更改，必不能達減少 50% 之望也。

除此而外，尚須顧及流線型之所得，圖 28 示 Davis 公式求得之列車阻力。設空氣阻力可以減少 50%，則列車阻力將以圖中虛線表之。在速度為每時 40 哩之時，則阻力減少 11%，時速為 50 及 70 哩，則各為 13.5 及 19%，故時速在 50 哩以下，則流線型并無若何效果，若每時 70 哩以上，效果亦不顯著，然此僅就列車阻力而言，若計及坡度阻力，則其影響將更小，故流線型設計，不能裨益貨運也明矣。

16. 對於運輸量之影響——如動力之消耗相同，則車卡皮重輕者載貨較多，反之則較少。又區間列車停止之點甚多，輕車卡或轆輪軸承車輛，能給列車加速較快，而減少行車延誤。故採用輕車卡或轆輪軸承，均所以增加運輸量者也。

a(a) 以等速行駛之列車——車卡較重，則每噸阻力較小，故若列車之速度相同，而

(1) 節譯 Johanson, V.C., "The Air Resistance of Passenger Trains," Engineering, Vol. 142, No. 3701, Dec. 18, 1936, p. 682.

每車卡之載重又相等，則輕車卡構成之列車，其粗重必較標準車卡者爲輕，而每列車小時之粗噸哩，亦將有同樣關係。意卽較重車卡構成之列車，每列車時將有較多之粗噸哩也。但若兩列車之車卡數相同，則輕車卡所成之列車能載較多淨載重，此則採用輕車卡增加運輸量之理由也。

今設一實例以明之：

吾人首先假定每日列車數及列車速度，均不變更，故平均在途時間及每日列車小時，均屬不變，於是，運輸量之比，卽等於每列車時噸哩數之比。

設有同以第 3231 號 Mikado 式機車牽引之二列車，其一爲 1937 A.A.R. 標準車卡構成，一則爲 Pullman 標標 1937 高張力鋼電桿車卡所成。若設每車卡之載重爲26 000磅，則每 A.A.R. 標準車卡之重爲35.6噸，而輕車卡之重則爲 30.6 噸，由此，每列車時之運輸量及其比值，經計得而列於第十九表及圖29。

第十九表 A.A.R. 標準車卡構成之列車與 Pullman 輕車卡構成之列車運輸量之比較

速度	拉桿引力	列車阻力 磅/噸		列車載重 千噸		運輸量 千噸哩/列車時				運輸量之比	
哩/時	千磅	PLM	AAR	PLM	AAR	PLM		AAR			
						淨	粗	淨	粗	淨	粗
20	31.6	6.7	6.0	4.7	5.3	40	94	39	106	1.02	.89
25	26.4	7.2	6.5	3.6	4.0	38	90	36	100	1.06	.90
30	22.7	7.8	7.1	2.9	3.2	37	87	35	96	1.06	.90
35	20.1	8.5	7.7	2.4	2.6	36	84	33	91	1.09	.92
40	18.0	9.3	8.4	1.9	2.1	32	76	30	84	1.06	.91
45	16.3	10.2	9.2	1.6	1.8	31	72	29	81	1.07	.89
50	15.3	11.0	10.0	1.4	1.5	30	70	27	75	1.10	.93
						平均值				1.06	.90

由此察知在實用行車速度以內，採用輕車卡平均增加運輸量 6 %，同時省去死重10%，故一方面增加運輸量，而又可減省行車費用也。

裝置轆輪軸承於 A.A.R. 車卡之上，則運輸量亦將增加，計算所得，列於第二十表及圖29。由此而知採用轆輪軸承，能大量增加低速度時之運輸量，但在時速 40 哩以上，則無效果矣。

第二十表 轆輪軸承 A.A.R. 標準車卡之運輸量

速度 哩/時	拉桿引力 千磅	列車阻力 磅/噸	列車載重 千噸	運輸量 千噸哩/列車時		與A.A.R.標準車運輸量之比
				淨	粗	
20	31.6	3.0	10.6	77	212	2.0
25	26.4	3.7	7.1	64	177	1.8
30	22.7	4.9	4.6	50	138	1.4
35	20.1	6.6	3.1	39	108	1.2
40	18.0	8.4	2.1	31	84	1.0

45	16.3	9.2	1.8	29	81	1.0
50	15.3	10.0	1.5	27	75	1.0

(b) 載同量貨物之列車——每列車所載之貨物若相等，則每列車將有同數之車卡，蓋每車卡所載貨物，可以假設爲相同也。設使假定一列車中之車卡均屬滿載，而他則均屬半載，則欲求合理之比較，不可得矣。

列車之車卡數及每車卡載貨之量，既屬相同，則列車重量之比，即將等於車卡粗重之比。故若一列車根據機車引力編配以後，則以他種車卡構成之列車之重，亦可裝定，而新列車之速度，則可以列車阻力及機車引力之關係以求之。理想中之行車情形，并無行車延誤，故列車數目將與行車速度成正比，而每日淨噸哩則與每日列車數成正比也。但每日粗噸哩之比則爲

$$\frac{C_2}{C_1}=\frac{N_2W_2}{N_1W_1}$$

式中

C_1,C_2＝第一及第二列車之運輸量

N_1,N_2＝第一及第二列車之每日列車數

W_1,W_2＝第一及第二列車之重

每車卡之貨物量既屬相同，則輕車卡構成之列車能得較大速度，故每日列車數可以增加，而每日淨噸哩之運輸量亦可增大。同時，粗噸哩減少，故行車費亦將較省矣。第二十一表示一實例。由此察知平均每日淨噸哩之增加爲4％，而粗噸哩則減少10％。

通常行車，延誤殊不可免。故雖有同等速度之增加，而軌道閒者運輸量之增加大，軌道忙者增加小。故增加之量，隨速度及軌道容量而定。

若假定延誤爲行車時間之n％，則維持原來在途時間之列車數爲

$$\frac{N_2}{N_1}=\left(\frac{1}{n}\right)\left(1+n-\frac{V_1}{V_2}\right)$$

(見75頁)

由上式，關於各種延誤百分率之運輸力均可計算，結果列第二十二表及圖30。

第二十一表　無行車延誤時以輕車卡代A.A.R.標準車卡對於運輸量之影響

(兩列車之淨載重相等)

	A.A.R. 35.6噸車卡					PLM 30.6噸車卡					
速度	拉桿引力	列車阻力	列車載重	運輸量 千噸哩/列車時		列車阻力	列車載重	相當速度	$\frac{N_2}{N_1}$	運輸量之比	
哩/時	千磅	磅/噸	千噸	淨	粗	磅/噸	千噸	哩/時		淨	粗
20	31.6	6.0	5.25	38	105	6.7	4.52	20.5	1.02	1.02	.88
25	26.4	6.5	4.05	37	101	7.2	3.50	25.3	1.02	1.02	.88
30	22.7	7.1	3.20	35	96	7.8	2.75	32.0	1.06	1.06	.91
35	20.1	7.7	2.61	34	93	8.5	2.25	36.0	1.02	1.02	.88
40	18.0	8.4	2.14	31	86	9.3	1.84	42.5	1.06	1.06	.91
45	16.3	9.2	1.77	29	80	10.2	1.52	47.0	1.04	1.04	.89
50	15.3	10.0	1.53	28	77	11.0	1.32	52.0	1.04	1.04	.89

若延誤爲零，則運輸量之增加爲無限，然實際上，此值應爲理論軌道容量所限，若此軌道經已用至其理論容量，則速度增加m倍，列車數不能增加多過100m％。本例求得速度之增加爲4％，故若此路已用至其軌道容量，則列車數及運輸量之增加，示將爲4％所限，如圖30中之水平線，故計算而得之曲線，不足以代表實際情形，但若此路僅

用至其理論容量之半，則運輸量可以增至 $2\times1.04=2.08$ 倍，通過水平軸上此點之直線與此線以下之曲線全部，即所以示採用輕車卡以後，運輸量之增加矣。

第二十二表　採用輕車卡以代 A.A.R. 標準車卡對於運輸量之影響

（兩列車之淨載重相等）

速度，V_l	$\frac{V}{V_l}$	運輸量之比，$\frac{N}{N_l}$				
哩/時		n=0	10%	20%	30%	40%	50%
20	.98	1.2	1.10	1.07	1.05	1.04
25	.99	1.1	1.05	1.04	1.02	1.02
30	.94	1.6	1.30	1.18	1.15	1.12
35	.97	1.3	1.15	1.10	1.08	1.06
40	.94	1.6	1.30	1.18	1.15	1.12
45	.96	1.4	1.20	1.14	1.10	1.08
50	.96	1.4	1.20	1.14	1.10	1.08
平均值		1.4	1.19	1.12	1.09	1.08

若裝置轆輪軸承於 A.A.R. 車卡之上，則對於運輸量之影響，如第二十三表所示，結果又繪於圖 30。

第二十三表　A.A.R. 標準車卡設置轆輪軸承以後對於運輸量之影響

V_l	列車載重	列車阻力	相當速度 V_e	$\frac{V_l}{V_e}$	運輸量之比 n=				
	千噸	鎊/噸			10%	20%	30%	40%	50%
20	7.90	3.0	28.5	.71	3.9	2.4	1.9	1.7	1.6
25	6.12	3.7	31.0	.81	2.9	1.9	1.6	1.5	1.4
30	4.81	4.9	34.5	.87	2.3	1.6	1.4	1.3	1.3
35	3.95	6.5	37.0	.95	1.5	1.2	1.2	1.1	1.1
40	3.21	8.4	40.0	1.00	1.0	1.0	1.0	1.0	1.0
50	2.35	10.0	50.0	1.00	1.0	1.0	1.0	1.0	1.0

自二十三表察知若 n=35%，則時速 50 至 20 哩之限度內，相當運輸量之增加將為 0 至 80%，視行車速度而定。

(c) 最大運輸量　一定軌道、機車及車輛，必有某一定速度使鐵路之運輸量為最大，此已於第V章述之矣。茲再就輕車卡對於運輸量之影響，分析如下：

就一般情形而言，車卡之皮重愈輕則淨噸哩愈大，惟最大運輸量之相當速度，則各種車輛不盡相同，即同一種類之車卡，則亦復因鐵道容量而異。為目前討論計，吾人茲擬考查三種車卡，即 A.A.R. 標準車卡，Pullman 輕車卡，及裝設轆輪軸承之 A.A.R. 車卡是也。所用機車為第 3231 號 Mikado 式，其拖挽引力示於圖 14。此路之行車情形如下：

路長	=50哩
每日列車數	=10
最小行車時間，t_0	2.2時
平均全部在途時間，Tm	2.76時

根據第　頁之公式，得

$$X=3Tm-2t_0$$

$=3\times2.76-2\times2.2=3.88$ 時

$$P=\frac{N}{(X-t_o)^2}$$

$$=\frac{10}{(3.88-2.2)^2}=3.55$$

故代表列車時間之曲線爲

$$y=3.55x^2$$

此曲線繪於圖 31 。

因最小行車時間，t_o，爲 2.2 時，故行車速度爲

$$V_1=\frac{50}{2.2}=22.2\text{哩/時}$$

故 Pullman 及 A.A.R. 50 噸車卡（平均每車卡重 35 噸）構成之列車重爲：

$$W_1=\frac{28400}{6.26}=4840\text{噸}$$

運輸量爲

$$C_1=4,540\times10\times50=2,270,000$$

噸哩/日

裝置轆輪軸承之 A.A.R. 車卡之列車，其重爲

$$W_1=\frac{28,400}{3.3}=8,600\text{噸}$$

運輸量爲

$$C_1=8,600\times10\times50=4,300,000$$

噸哩/日

其他速度之相當運輸量，均列於第廿四表。

若以圖 32 示廿四表中之數字，則知用 Pullman 與 A.A.R. 車卡每日最大淨噸哩各爲 1,600,000 及 1,200,000，而其相當時速各爲 33.5 及 32.5 哩。裝設轆輪軸承之車卡，每日最大淨噸哩爲 1,700,000 ，而相當時速爲 26.5 哩。故採用輕車卡則運輸量增加 33 % ，而相當速度稍長。採用轆輪軸承，則運輸量之增加爲 42 % 而速度則須大減矣。

第二十四表　車輛對於最大運輸量之影響

速度	t_o	列車數	A.A.R. 車卡			Pullman 車卡			轆輪軸承AAR車卡		
			列車載重	運輸量 千噸哩/日		列車載重	運輸量 千噸哩/日		列車載重	運輸量 千噸哩/日	
哩/時	時		千噸	淨	粗	千噸	淨	粗	千噸	淨	粗
22.7	2.20	10	4.54	800	2270	4.54	1120	2270	8.60	1550	4300
25	2.00	13.6	4.05	970	2750	4.05	1360	2750	7.10	1700	4840
30	1.66	19.6	3.20	1110	3150	3.20	1560	3150	4.60	1580	4500
35	1.43	23.8	2.61	1100	3110	2.61	1540	3110	3.10	1300	3700
40	1.25	27.0	2.14	1020	2900	2.14	1440	2900	2.14	1020	2900
45	1.11	29.4	1.77	920	2600	1.77	1280	2600	1.77	920	2600
50	1.00	31.4	1.53	850	2400	1.53	1190	2400	1.52	850	2400

Ⅵ　改良車站對於運輸量之影響

列車於出發之前，必須在車站中加以編配，故車站之容量，足以限制可能行駛之列車數目，換言之，亦卽限制運輸量也。

爲掛車及解車或從新編配之故，亦有中間車站之設。站中工作佔沿途延誤之大部份，某路之列車在途時間，爲 2 至 3 小時，倘若有中站工作，則將增至 3 至 6 時（見27表，88頁）。是故車站設備之改良，不獨影響其本身，抑足以影響全線之運輸量也。

貨運車站可以每日調動之車卡數或其總噸數度其容量。車站改良之最重要項目爲調車場形式，佈置，及其容量之變換，至於運

用上之設備，亦至爲重要者也。

鐵路貨運之一部份爲零担貨物（L. C. L.），故設轉運站及零担貨物站以處理之，然零担貨物僅爲貨運之一小部份，故其處理之有效率與否，事實上不足以影響一鐵路之運輸也。

17）整車貨物車站之一般情形 ——

(a) 調車場之形式——就調車方法分之，調車場可分爲四種形式：平推式、旁推式，重力式，及駝背式是也。在平推式車場，調車機車往返輸送，行運既慢，所費亦多，對於車卡，易致損壞，故僅因建築價廉而用之耳。旁推法較爲敏捷，但易生危險，故用之者漸鮮。重力式車場須有適宜地形，故不能常用，且調車只能自高向低進行，故常有倒退運動，亦不經濟。惟駝背式車場，可免上項弊端，故能廣爲應用也。

駝背式調車場，利用重力以調車，故無平推式車場往返推送之繁，而可節省處理每一分割(Cut)之時間。第二十五及二十六表示此二種車場作業之比較。

上表所示，雖僅爲少數調車場之比較，然亦足示駝背式調車場確屬優於平推式者也

Droege 先生所著"貨運車站與列車"一書，內有一表(3)，詳載駝背式調車場之平均分類容量，其數爲由每時20至200車卡(每分$\frac{1}{3}$至3.34車卡)，而每分割之車卡數則各爲 2.26 及 2.14 。分類容量視每分割車卡數，驅車人數，與調車場之佈置而定，Droege 先生謂(4)

第廿五表 平推式與駝背式車場作業之比較(A)(1)

	平推式	駝背式
車卡數	60	60
分割數	50	50
消耗時間	2時	30分
每分鐘車卡數	$\frac{1}{2}$	2
調車容量之比	1	4

第廿六表 平推式與駝背式車場作業之比較(B)(2)

	駝背式調車場 A 中間車站減速器	駝背式調車場 B 中間車場驅車者	駝背式調車場 C 驅車者	平推式調車式 D
每日開進車卡數	1544	821	1800－3000	1351
分類數目	32	30	N39, S29	24
每100車卡分割數	72	76	80	17.8
每分割車卡數	1.39	1.30	1.25	5.60
每日工作時間	16	24	24	24
每分鐘調車數	1.62	0.57	0.83	0.94
以每100車卡有76分割爲率每分調車數*	1.54	0.57	0.87	0.22
容量之比	7.1	2.6	3.95	1

※假定每100車卡之分割數與每分可能調車數成反比

(1) 參閱 Droege, J. A. "Freight Terminals and Trains" First Ed, 1912, Megraw Hill Book Co., New York, N.Y., p. 62.

(2) 表之一部取自 A. R. E. A. Proc. Vol. 30, 1929, p.764－767.

"一組駝背式調車場之紀錄指出調車所費時間佔車卡全部在站時間 $\frac{1}{2}$ 至 $\frac{1}{3}$，而處理每一車卡之時間約為 64 至 111 秒，此則視乎分析車場與駝背之距離，坡度，車卡種類，載重，與天氣等而定也"

近年以來，多數駝背式調車場均經機械化，而其容量大增。關於此方面之最重要設備為減速器(retarder)，減速器調車場受氣候之影響較小，又可繼續運用而不減低其工作效率。"一設計完美之調車場，可於32分鐘內將 110 車卡之列車，分類竣事，而每分鐘約有 1.4 車卡，故分類之時率為每分 5.2 車卡。推車上坡時速約為 2.6 哩也。"(5)

(b) 調車場之新設備——減速器而外，尚有種種新設備，用以輔導車場調動，其著者有機動轍尖及高速彎道以增加車輛運行速度，電氣打字機，壓氣管，及播音筒以傳遞消息，此外尚有裝置於接受車場及出發車場之壓縮空氣管，所以備空氣掣動器之檢查及打氣者也。

設置機動轍尖以後，則機車或列車在調車場中之停止即可減少，故能減少延誤。在 Colorado 省之 Dry Crake，Denver & Rio Grande Westem 鐵路東行及西行列車均須開進以手動轍尖與幹線聯接之車站。東行列車到達以後，例須停車二次，以搬動轍尖，故有數分之延誤。西行列車出發之時，又須搬動四個手動轍尖。為方便列車調動起見，遂改裝機動轍尖。結果每一東行貨運列車節省 10 至 12 分，西行列車則約 15 分。(6)

電氣打字機應用於 Chicago, Milwankee, St. Panl 及 Pacific 鐵路而收大效。利用信差傳遞消息之時，午到到站之列車，其紀錄不克於下午四時以前送達車輛會計室，而因該室下午五時即行停止辦公，故翌晨運貨者來站，即將發現紀錄尚未登記，而無從知其車卡之所在地。採用電氣打字法以後，列車到站或出發後一小時，則其紀錄已具，故車卡所在地之消息即可立得。以前尋蹤一車卡，常費2時以上，今則 30 分而已。(7)

電氣打字制度設立於 Chicago 環城鐵路 (Beltline) 之交易車場 (Clearing yard) 以前，到達列車之路票集合以後，調車表即於車場辦公室造成，然後由壓氣管送至貨運經理辦公室，自此再用壓氣管送至車場長室而調車開始矣。新設備建立以後，路票收集及調車表之製成，均於經理辦公室為之，而車場長室之電氣打字機立即抄錄二份，一為自用，一則即由壓氣管送交調車員，調車表之第一頁到達以後，調車即可開始，因此可以節省經理辦公室之抄錄工作約 15 至 20 分(8)

為空氣掣動器打氣之時間約 8 分鐘，故若出發車場有壓氣管之設，則可省去矣。

18 對於車站及鐵路運輸量之影響——

(3) 參閱 (1), p. 116—117

(4) 參閱 (1), p. 115

(5) 節譯 "Railway Engineering and Maintenancl Cgclopedia," 4th Ed. 1939, Simon—Boardman Publishing Corp., Chicago, p.

(6) 參閱 "Remote Control on the R. & R. G. W." Ry. Signaling, May, 1938, p. 269.

(7) 參閱 "Typewriting Wire in Chicago Freight Yarcls of the Milwanhee", Ry. Age, Vol. 102, Feb. 1937, p. 334.

(8) 參閱 "Belt Railway Rebnilds Clearing Classification Yard", 上註，p. 184—185.

車場設備之改良，或從新佈置，每能增加終站之運輸量，但某一車站之改進，必有數種設備，同時牽動，故其結果每爲改良數種設備之效果，而不易於一一劃分也。

Chicago 環城鐵路之交易車場，於1937至1938改建，接受車場之軌道，加長至能容載110車卡，分析軌道經行重加佈置，使列車可以自此出發，而免去出發車場。因採用減速器之故，駝背之坡度亦經變更，其他新設置包括新轍尖，電氣打字機，及播音筒等。車場改建以後，預算每日可以調動 6,000 車卡，而稍再改良，則可處理 10,000 車卡矣。調車速度爲每時 150 至 200 車卡，卽每分 2.5 至 3.33 車卡也。由此項改良之結果，車卡通過車場之時間，約減三小時。(9)

Delware, Lackawanna & Western 鐵路在 Peunsivania 省 Srcanton 之 Humpton 車場，原來用駝背式調車每日 448 卡，再用平推式調車每日 144 卡，分析種類，以30爲限。裝設機動轍尖及減速器以後，其容量增至每日 880 車卡，分析類別爲 25 至 60，而原來類別則僅 25 至 30 而已。其中一調車紀錄爲 24 分鐘調動 74 車卡，卽每分 2.62 車卡。(10)

車站改良以後，則其容量增加，此等事例，不勝枚舉，然尚有一定規則以估算之。蓋地方情形之影響甚大，必須每一問題，單獨研究之也。

車站延誤對於行車之影響至爲重要，蓋此延誤每與途中延誤相埒，甚或過之也。第廿七表示某鐵路之行車紀錄，自此卽可發現車站延誤對於行車之重要性矣。

第廿七表　車站延誤之重要性

行車時間	延誤		耆途時間
時:分	途中	站中	
3:13	0	2-25	5:38
2:8	0	0	2:8
3:19	12	0	3:31
3:43	10	1:12	5:5
3:54	15	2:57	7:6
2:34	22	0	2:56
3:23	9	38	4:10
5:15	12	0	3:27
1:56	8	25	2:29
2:51	1:00	1:24	2:29
1:21	0	54	2:15
2:30	0	10	2:40
平均值 2:50	12	50	3:53

前於第二章經已指出途中延誤及站中延誤之和與列車數成正比，設某路上行車時間爲3小，途中延誤平均爲每列車15分，若無站中延誤之運輸量爲1，則當站中延誤爲15分時，軌道容量將爲$\frac{15}{(15+15)}=0.5$，蓋列車數須減少50%始能維持原來速度也。至若站中延誤爲每時 30，45 及 60 分，則軌道容量卽將各爲$\frac{15}{15+30}=0.33$，25，及 20矣。故有一行車時間，運輸量與站中延誤之關係卽可以圖示之，如圖33。今以行車時間爲10時之曲綫爲例。若此路之站中延誤自4時減至3時，則運輸量卽將增加($\frac{21.4}{17}=$)12.6%若延誤減至2時，則運輸量將增加($\frac{29.2}{17}=$)17.6%矣

若當站中延誤增加而仍維持原有列車數，則須變更列車速度以維持原有在途時間，此法能得較大運輸量，而可以下例示之：

設某路段有如下之行車紀錄：

路長　=85哩

(9) 參閱註(8), p. 180－185.

(10) 參閱"Improving Yard Operation, Lackawanna," Ry. Signaling, Jan. 1938, p. 25－29.

每日列車數 $=10$

最小行車時間，t_0 $=3$時

平均途中延誤 $=15$分

故行車速度爲

$$V_1=\frac{85}{3}=28.4\text{哩/時}$$

在此速度，50 噸車卡之列車阻力爲每噸5.55磅，若機車爲 2100s198 級，則拉桿引力爲 15,000 磅，圖 23，於是列車載重爲：

$$W_1=\frac{15000}{5.55}=2,700\text{噸}$$

而運輸量爲

$$C_1=2,700\times10\times85=2,300,000\text{噸哩/日}$$

現若有 15 分之站中延誤，而須增加列車速度以維持原來在途時間，則行車時間爲

$$t_{02}=3-0.25=2.75\text{時}$$

行車速度爲

$$V_2=\frac{85}{2.75}=30.9\text{哩/時}$$

而列車載重爲

$$W_2=\frac{14000}{5.8}=2,410\text{噸}$$

故運輸量爲

$$C_2=2,410\times10\times85=2,050,000\text{噸哩/日}$$

前後兩運輸量之比爲

$$\frac{C_2}{C_1}=\frac{2,050,000}{2,300,000}0.89$$

若以減少列車數之方法維持原來在途時間，則運輸量之比爲 0.5 矣。其他站中延誤之運輸量如下：

站中延誤	運輸量之比，$\frac{C_2}{C_1}$
分	
15	0.89
30	.72
45	.57
60	.43

VIII 結論

19 摘要及結論——本文對於改良號誌制度，路綫設計，軌道構造，機車，車輛，及車站等之結果，已詳爲分析，並應用之以求其對於鐵路運輸量之影響。關於行車延誤之理論既有行車紀錄爲事實之證明，而分析中所用數字，又均取自實際行車紀錄，故所得結果，當屬正確。然鐵路行車既有地方情形之影響，故本文所舉之方法，雖可用於一般鐵路，但用爲分析根據之數字，則必須取自所欲研究之路段，始能無誤也。

爲最小行車時間及平均全部在途時間所決定之概然率曲線或拋物線，可以代表列車時圖。因此，設備改良以後，卽可利用此種曲線以預測將來之行車情形，俾爲經濟上籌度之用。本文所用之行車紀錄，證明由此等曲綫求得之行車延誤與列車數目成正比，此定理於運輸量分析中，至爲重要。分析結果，約列如下：

(1) 鐵道之理論軌道容量爲路中區截數目與 24 之積，而以列車時度之。

(2) 實際列車時圖可以一概然率曲綫或一拋物綫表之。

(3) 行車延誤與列車數成正比，本文所檢討之路段，其實際延誤爲

$$D=0.092N$$

以本文提供之方法求之，則爲

$$D=0.164N$$

後一式所示之延誤，包括因列車載重而增加之行車時間，前式則否。

(4) 以自動區截號誌制代"時間表，行車令，及人動區截號誌制"，則運輸量將增加25%，此爲減少遭遇延誤及行車令數目之結果。若採用集中行車控制，則運輸量增加50%。

(5) 設立連鎖號誌，則交通處之停車次數減少而增大運輸量，其影響之大小，視所用之號誌而定。某路段設一連鎖號誌後，如

此段用"時間表，行車令，及人動區截號誌制"，則運輸量之增加爲3％；用自動區截號誌制則爲4％用集中行車控制，則爲6％。設立體交道，則其相當之影響各爲 12，18，及30％。

(6) 加鋪另一軌道以後，軌道容量之增加爲一極複雜之問題。由分析得某段建第二軌道而後，若用新軌以行駛一方向之列車，原有軌道，則行駛相對方向之列車，則運輸量之增加爲0至200％。

(7) 減低限制坡度之影響，視坡度長與全綫之長之比而定，比值大則影響亦愈大。列車速度之變更，尤使此問題更加複雜也。

(8) 曲度與"升坡及降坡"之剷除，有正號的影響，本文所舉之例，求得由一勻一坡度代替"升坡及降坡"而後，運輸量之增加爲9％。

(9) 優良軌道能減低列車阻力，故可增加速度而增大運輸量。某路以130磅鋼軌，7''9''×8½'軌枕，及36''厚道碴代替85磅鋼軌，6''×8''×8'軌枕，及12''厚道碴以後，運輸量之增加爲7至15％，視延誤之大小而定。

(10)購置較多機車而增加列車數目，結果未必能增加運輸量，蓋一鐵路若甚擠擁，則列車數目增加即將增大延誤，如果維持原來在途時間所需增加之速度，使列車載重減少過甚，則運輸力反致減少。

(11)每級列車有一相當於每列車時最大噸哩數之速度，但此速度與計及軌道容量之後，相當於每日最大噸哩數之速度，並不相同，前者爲機車每日可能運輸之最大量，後者則爲鐵路之最大運輸量也。

(12)輕車卡及轆輪軸承之採用，能增加列車速度以影響運輸量。採用輕車卡以後，運輸量之增加自8至10％，而當時延誤各爲行車時間之55至30％。轆輪軸承所生之影響，視速度而異，於延誤爲行車時間30％之時，時速30哩則運輸量之增加爲42％，35哩則爲16％。時速40哩以上，則轆輪軸承之採用，并無若何利益矣。

(13)車站延誤之增加，足以增長全部在途時間。某路車站延誤增加 15 分鐘，則運輸量減少11％，當站中延誤爲30，45，及60分，則運輸量之減少，各爲28，43，及57％，

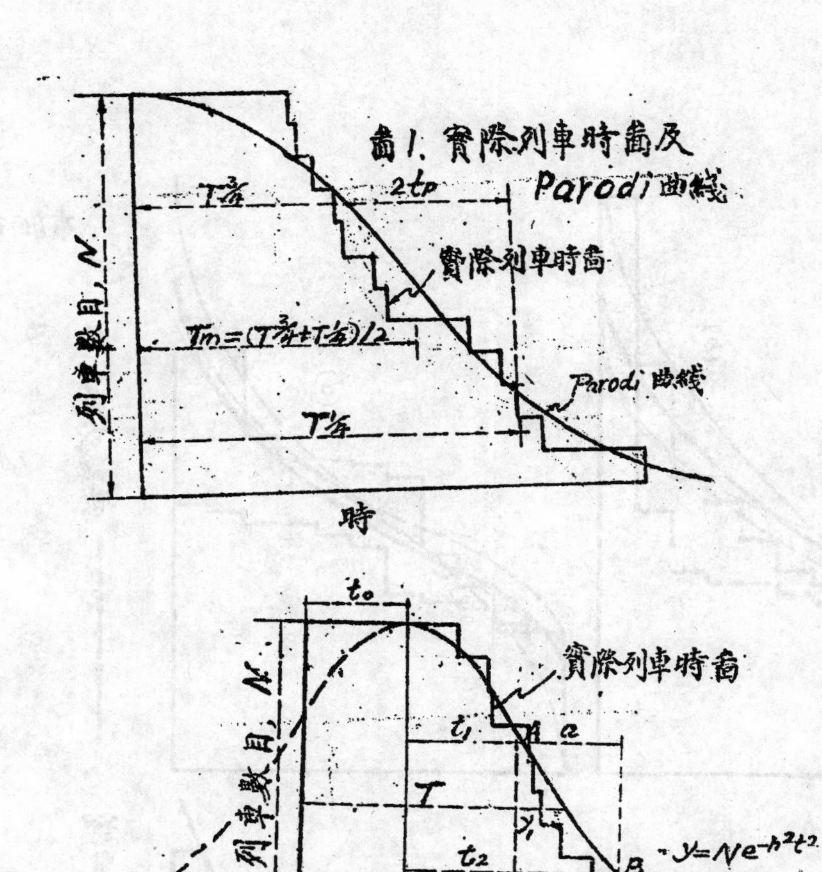
圖1. 實際列車時圖及
Parodi曲綫
2tp
實際列車時圖
Tm=(T¾+T¼)/2
Parodi 曲綫
列車數目, N
時
t₀
實際列車時圖
t₁
a
T
y₁
t₂
B
y=Ne^{-h²t²}
y₂
列車數目, N
時

圖2. 實際列車時圖與AREA曲綫

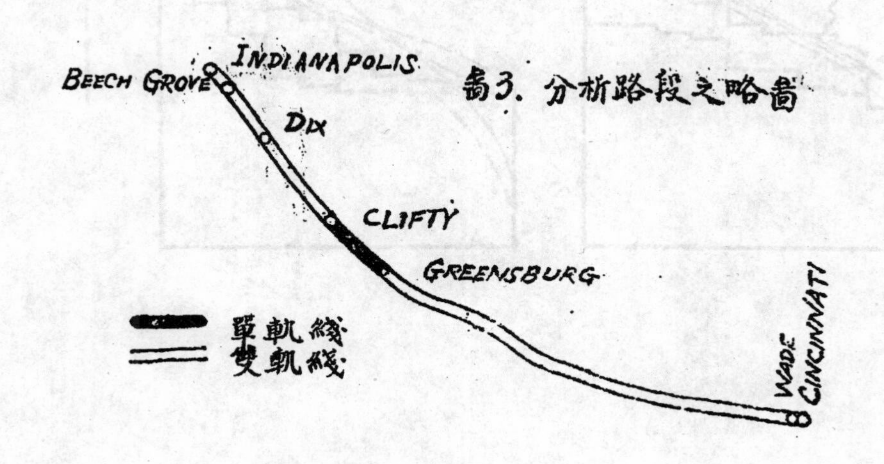
INDIANAPOLIS
BEECH GROVE
圖3. 分析路段之略圖
DIX
CLIFTY
GREENSBURG
WADE
CINCINNATI
單軌綫
雙軌綫

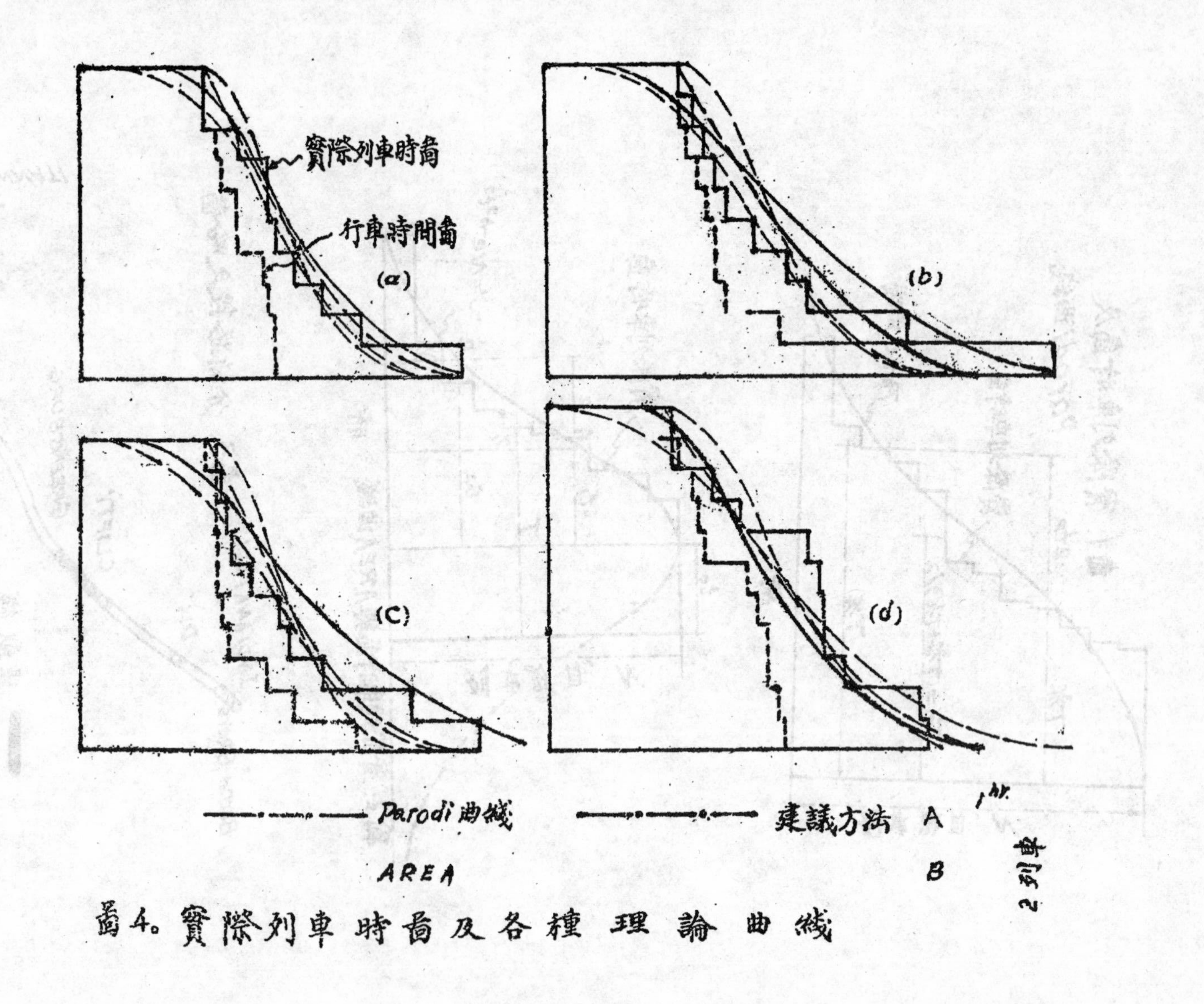

圖4。實際列車時圖及各種理論曲線

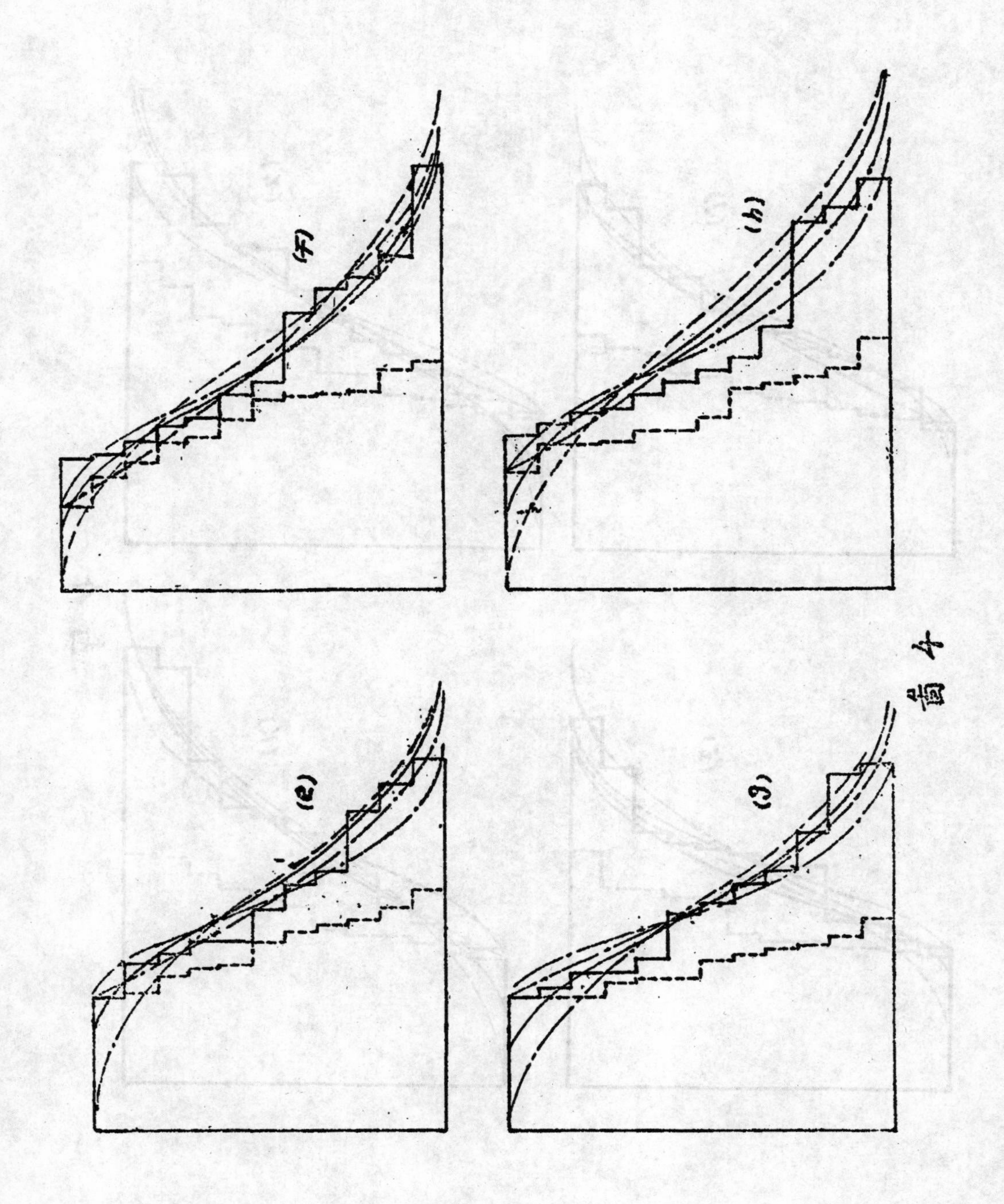

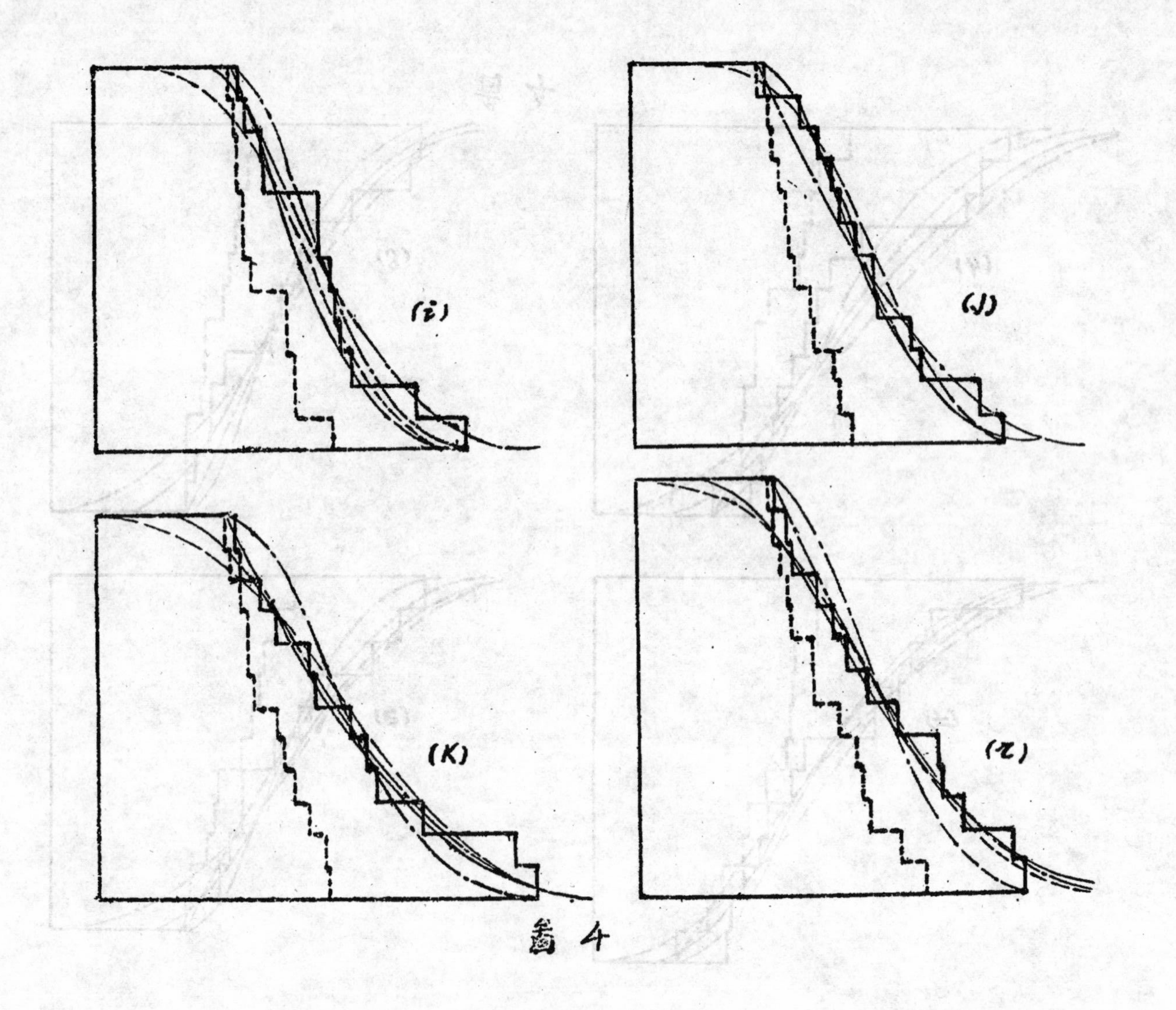

圖 4

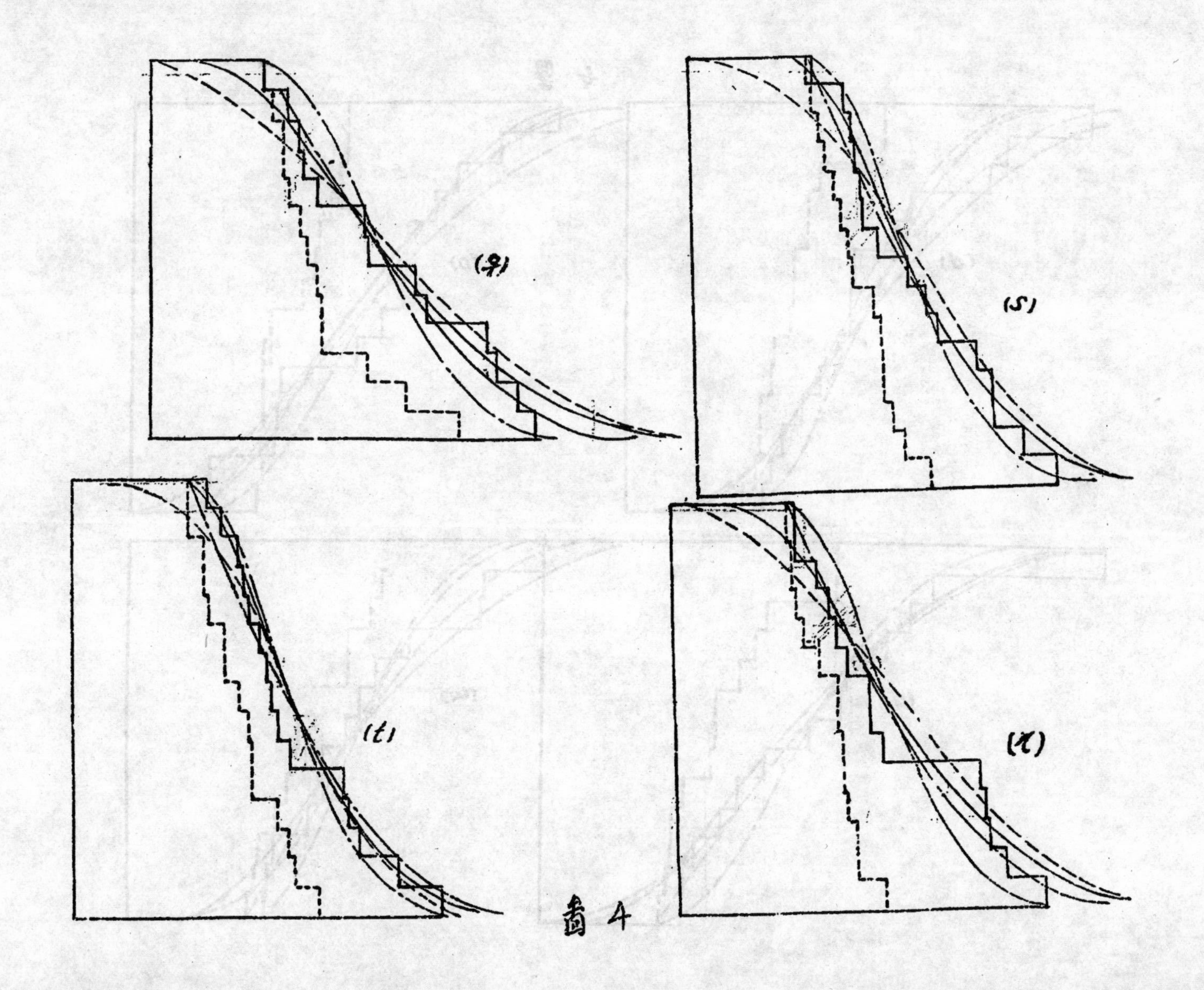

图 4

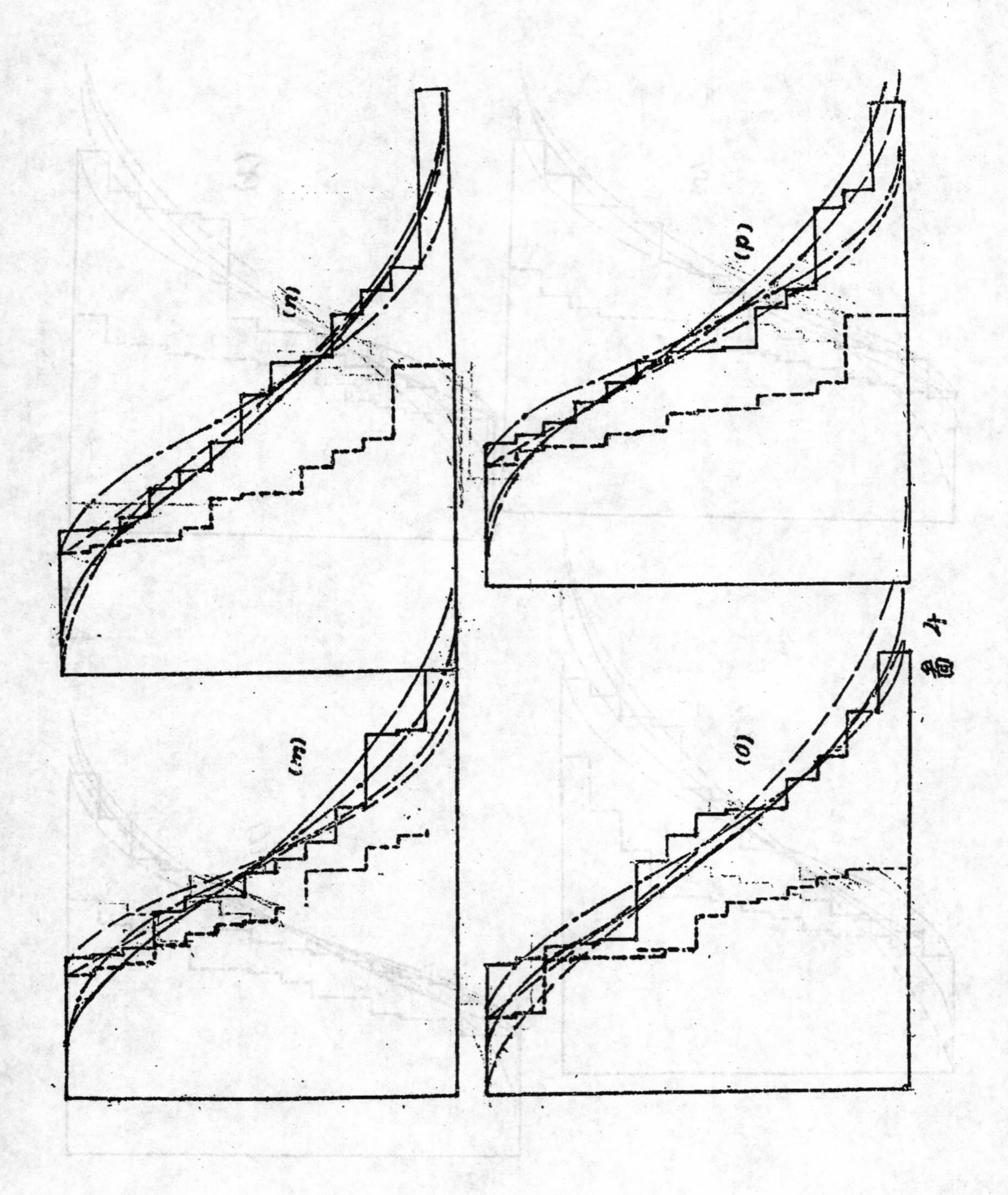
(n)
(m)
(p)
(o)

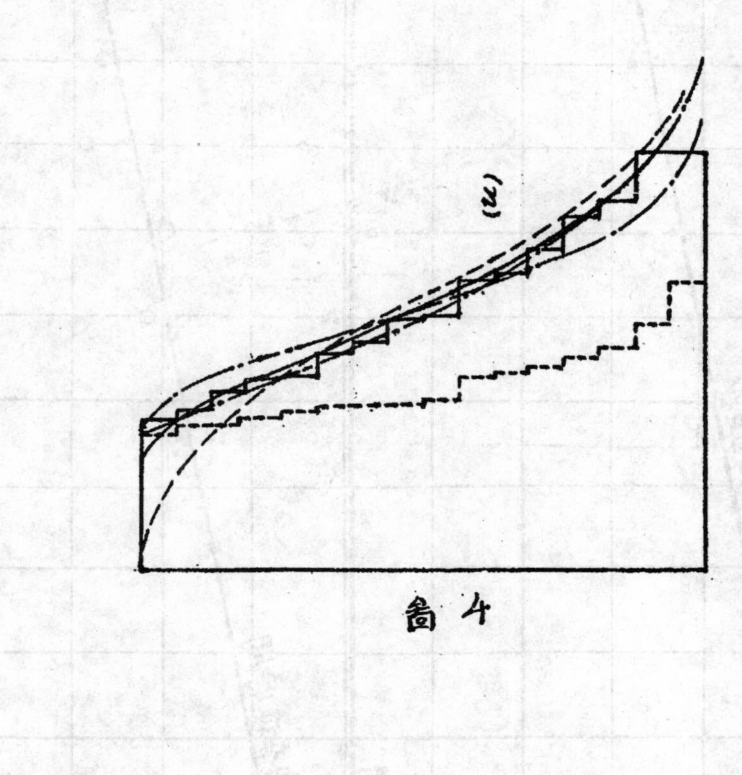

圖 4

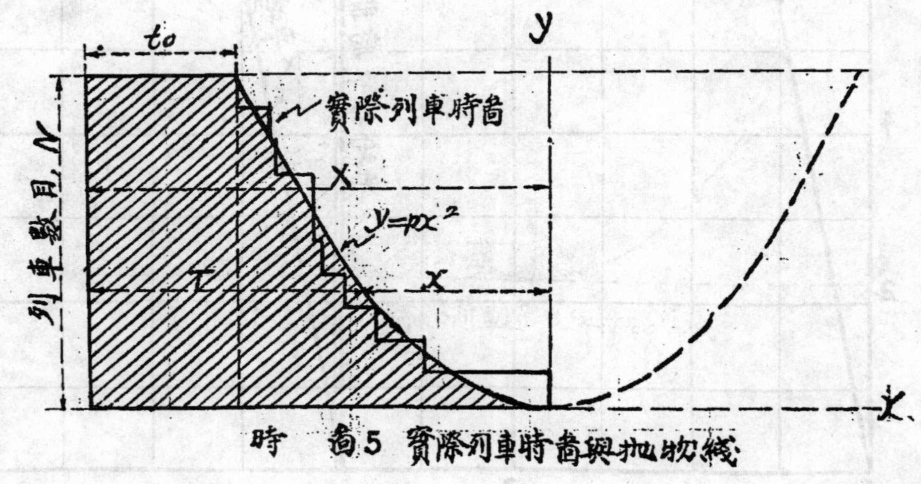

時　圖5 實際列車時圖與拋物綫

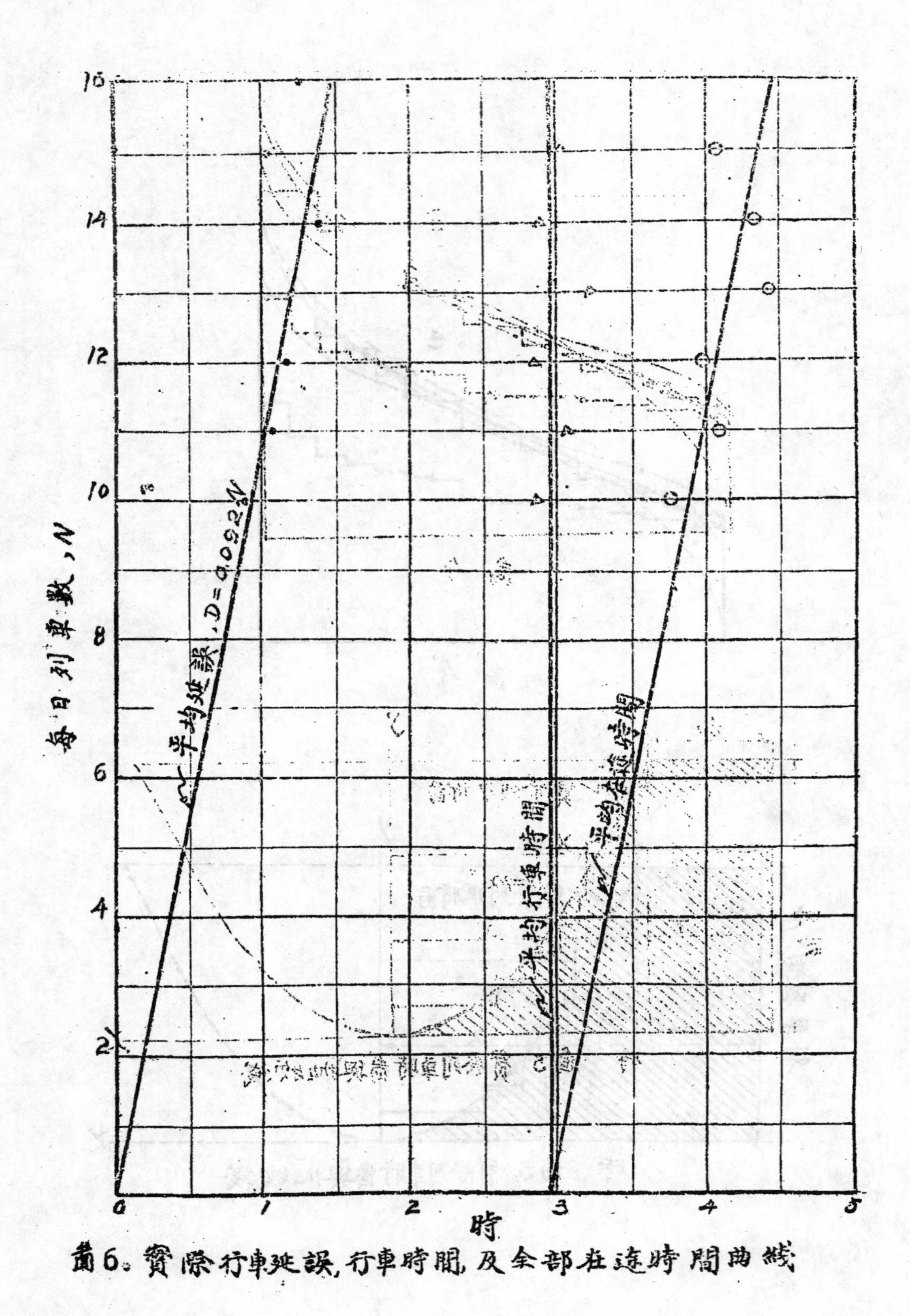

圖6. 實際行車延誤，行車時間，及全部在途時間曲線

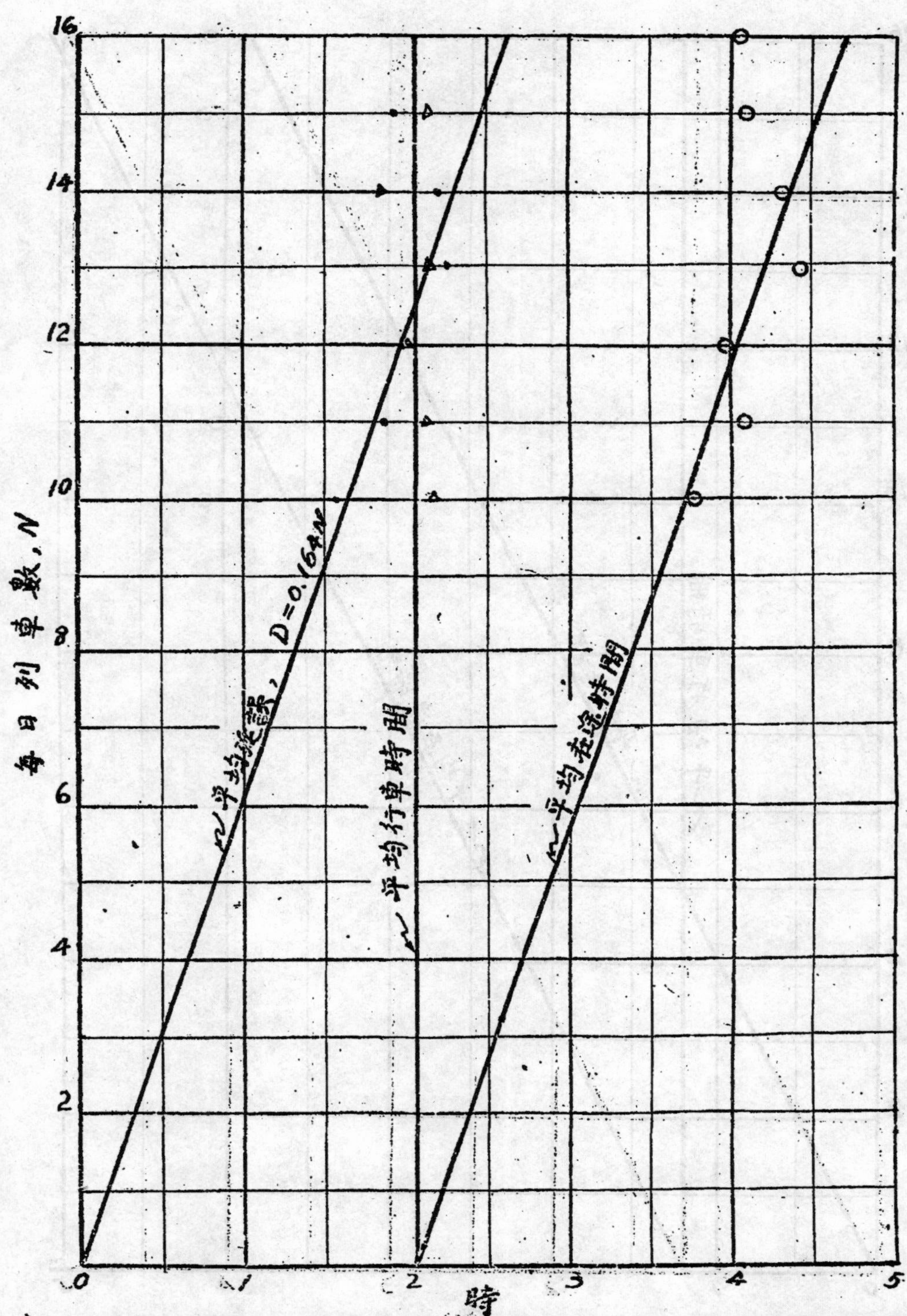

圖7. 建議方法求得之列車延誤，行車時間，及全部在途時間曲綫

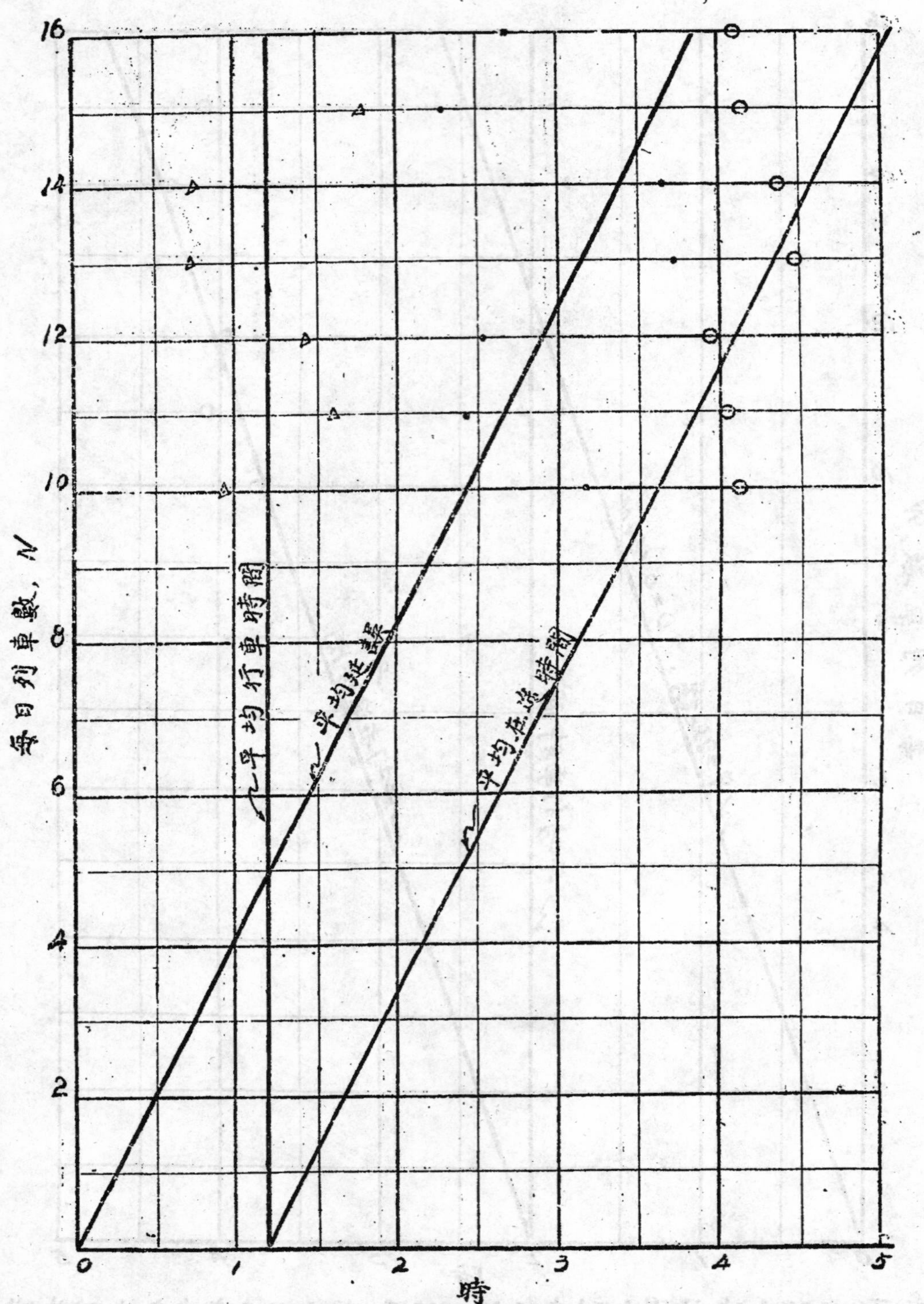

圖8. A.R.E.A. 方法求得之行車延誤, 行車時間及全部在途時間曲線

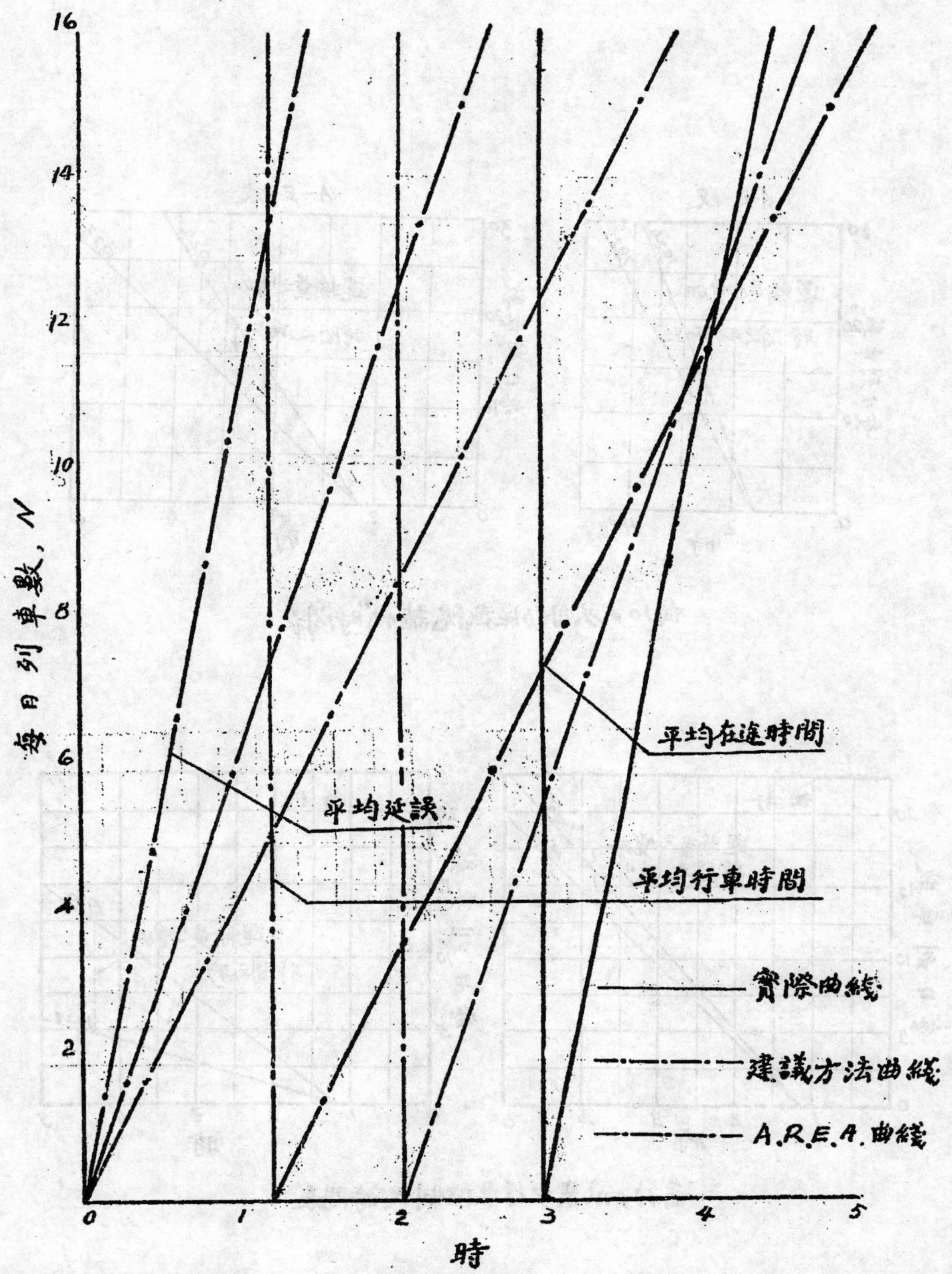

圖9。各方法求得之曲綫與實際曲綫之比較

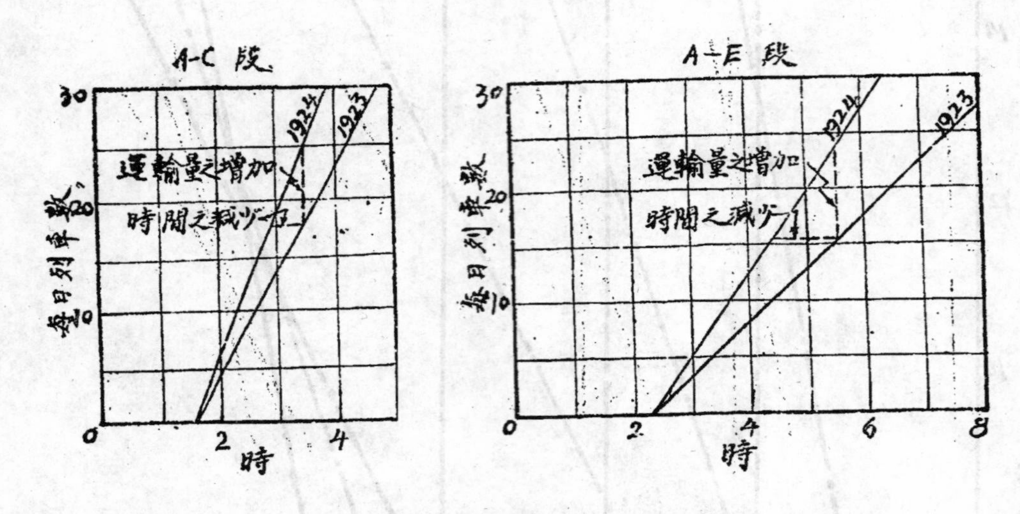

圖10，以自動區截號誌代時間表

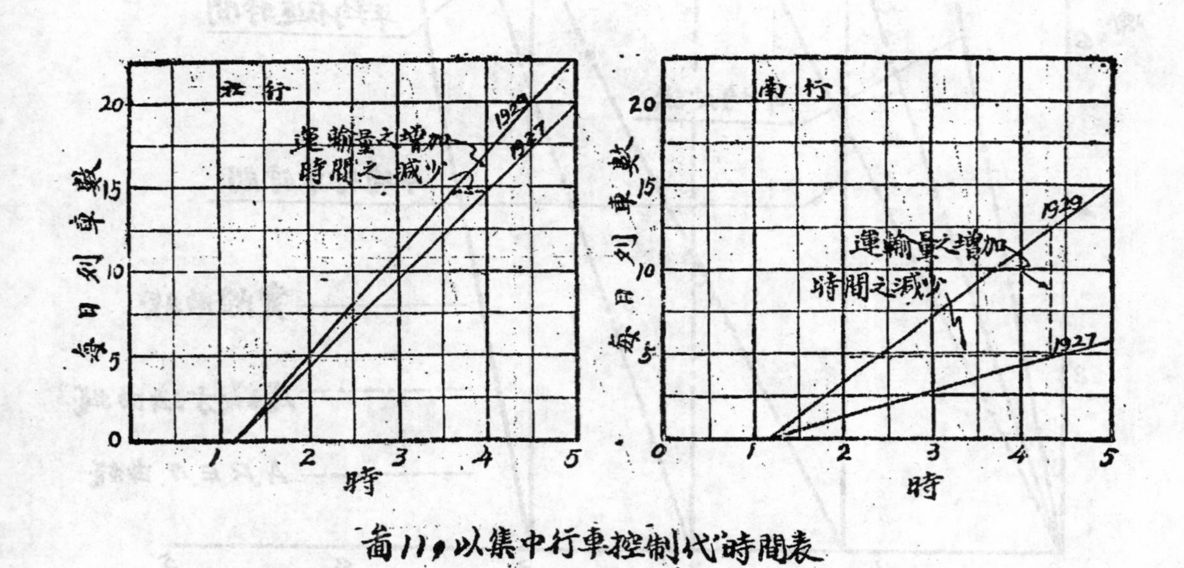

圖11，以集中行車控制代時間表

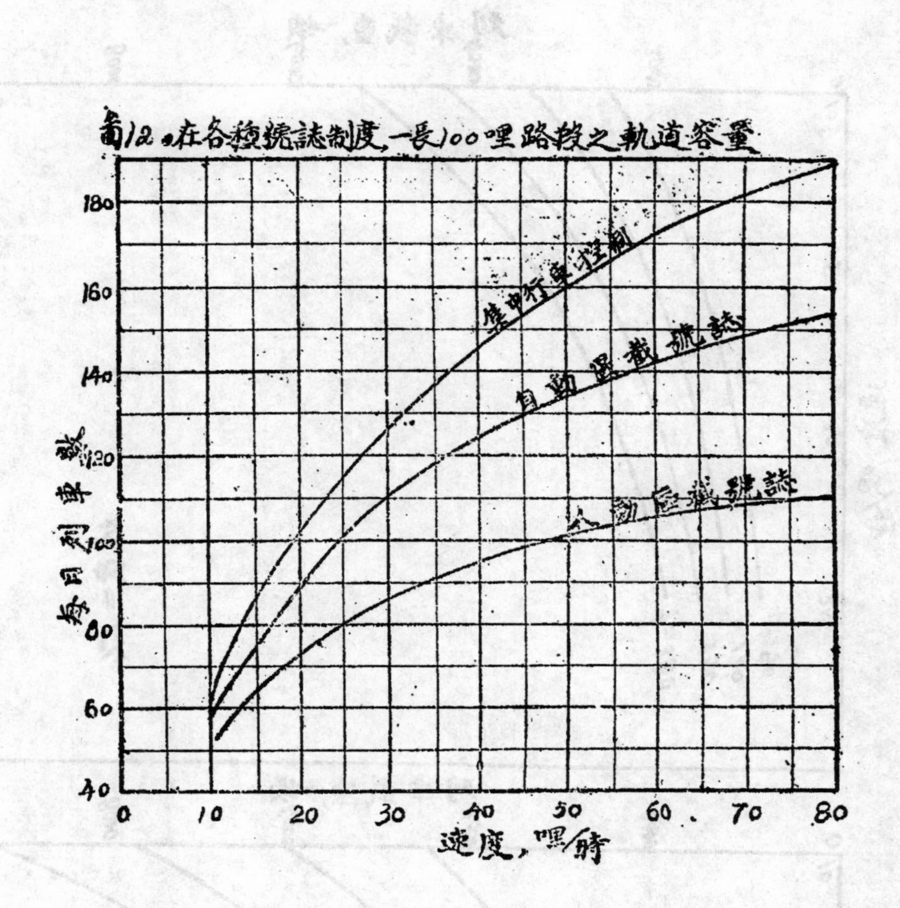
圖12 在各種號誌制度，一長100哩路段之軌道容量
每日列車數
速度，哩/時
集中行車控制
自動閉塞號誌
人力閉塞號誌

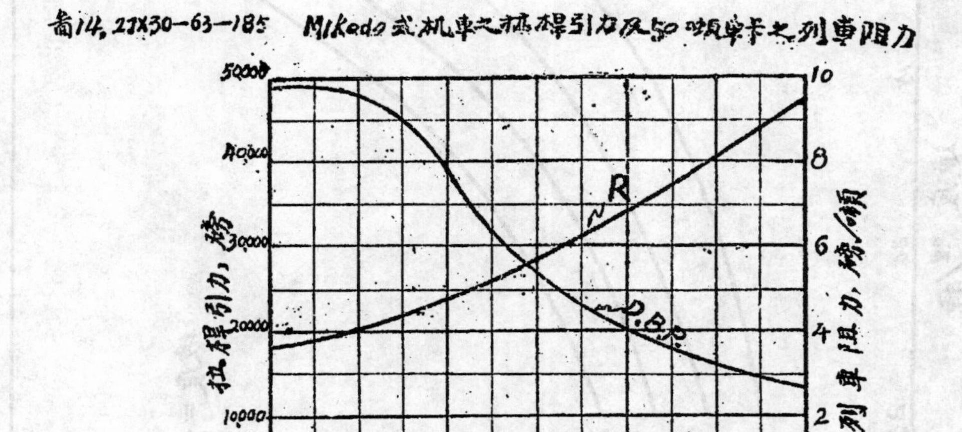
圖14，27X30-63-185 Mikado式机車之牽桿引力及50噸車卡之列車阻力
拉桿引力，磅
列車阻力，磅/噸
速度 哩/時
R
D.B.P.

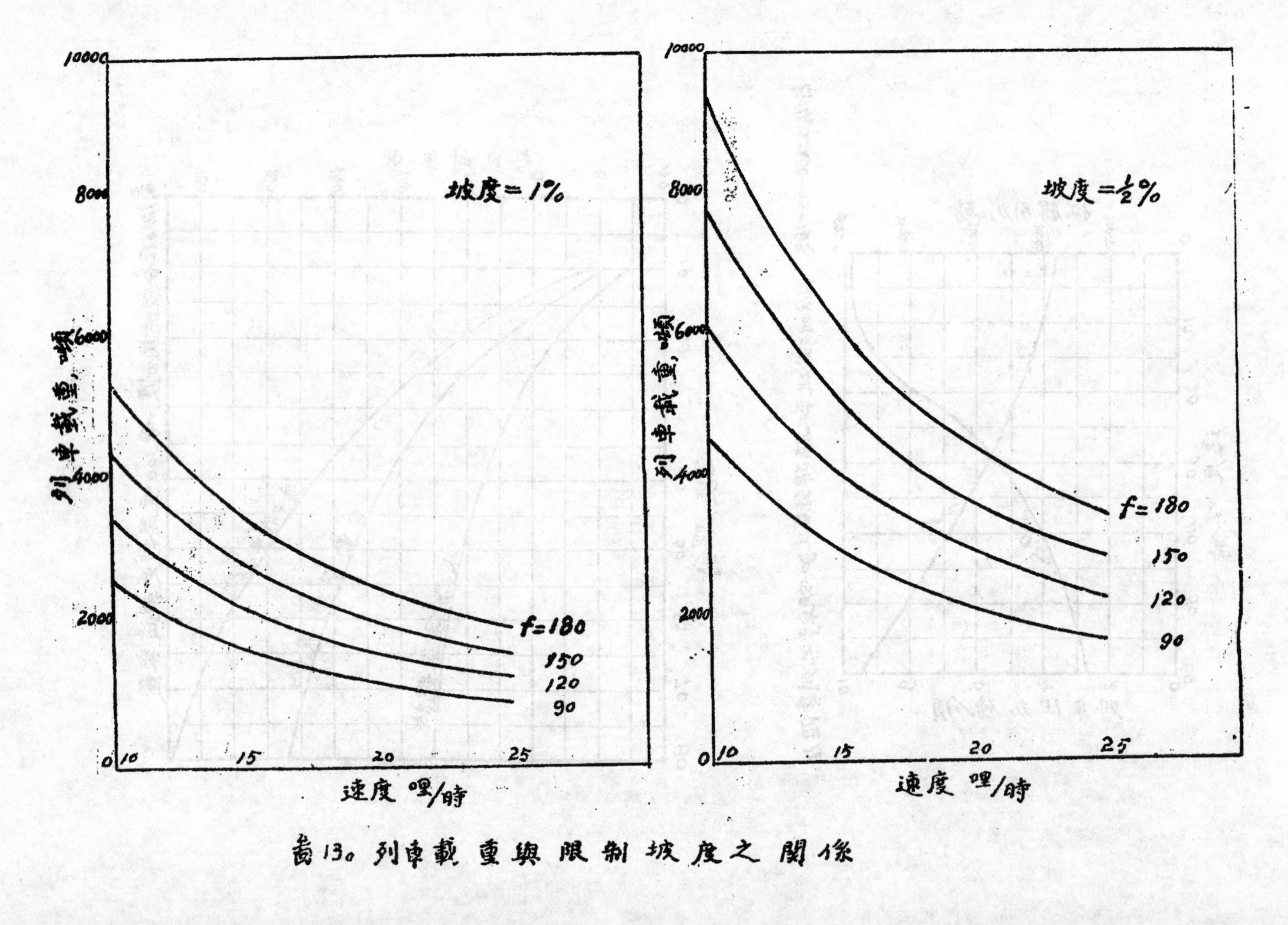

圖13. 列車載重與限制坡度之關係

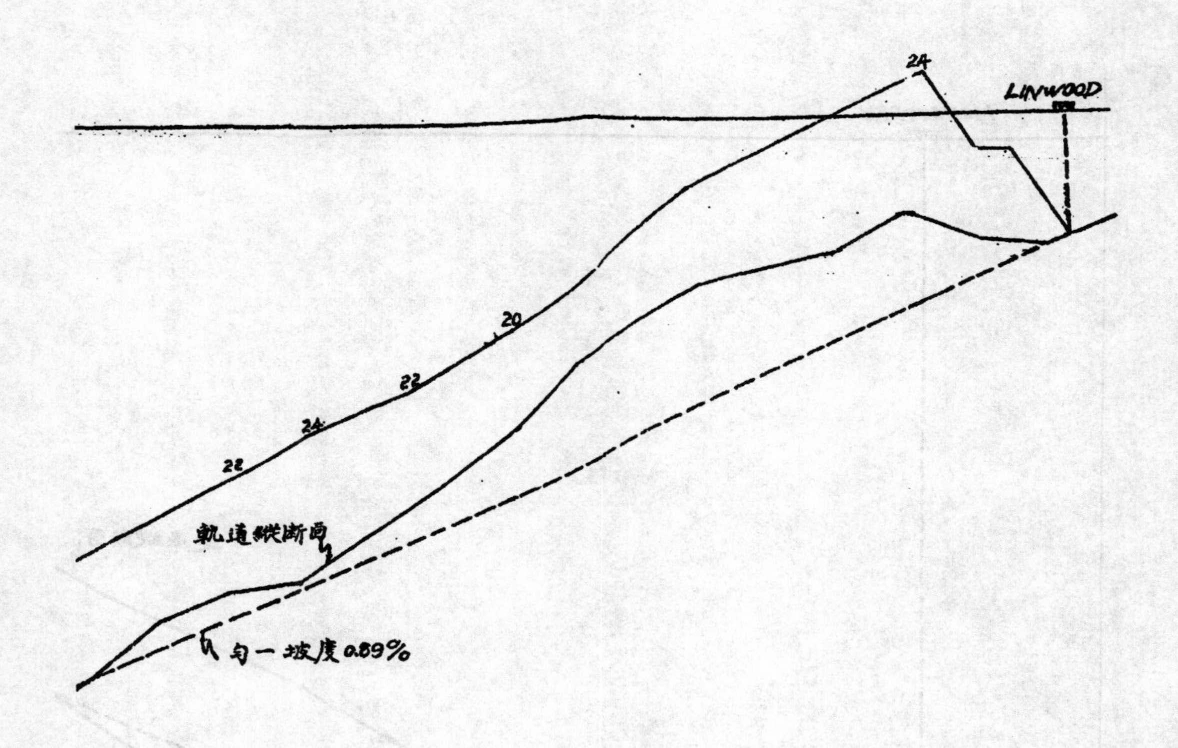

机車: 3231號 Mikado式
列車: 900噸

軌道縱斷面

比例尺　水平　1"= 1,000'
　　　　垂直　1"= 20'

率縱斷面

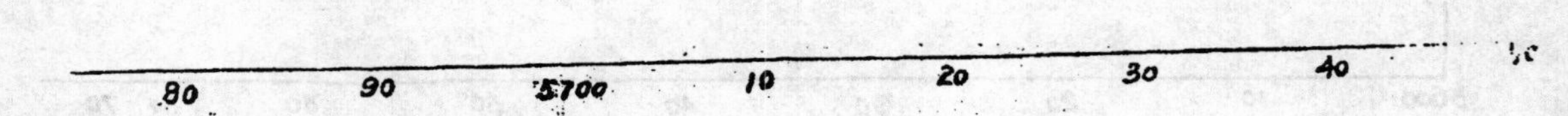

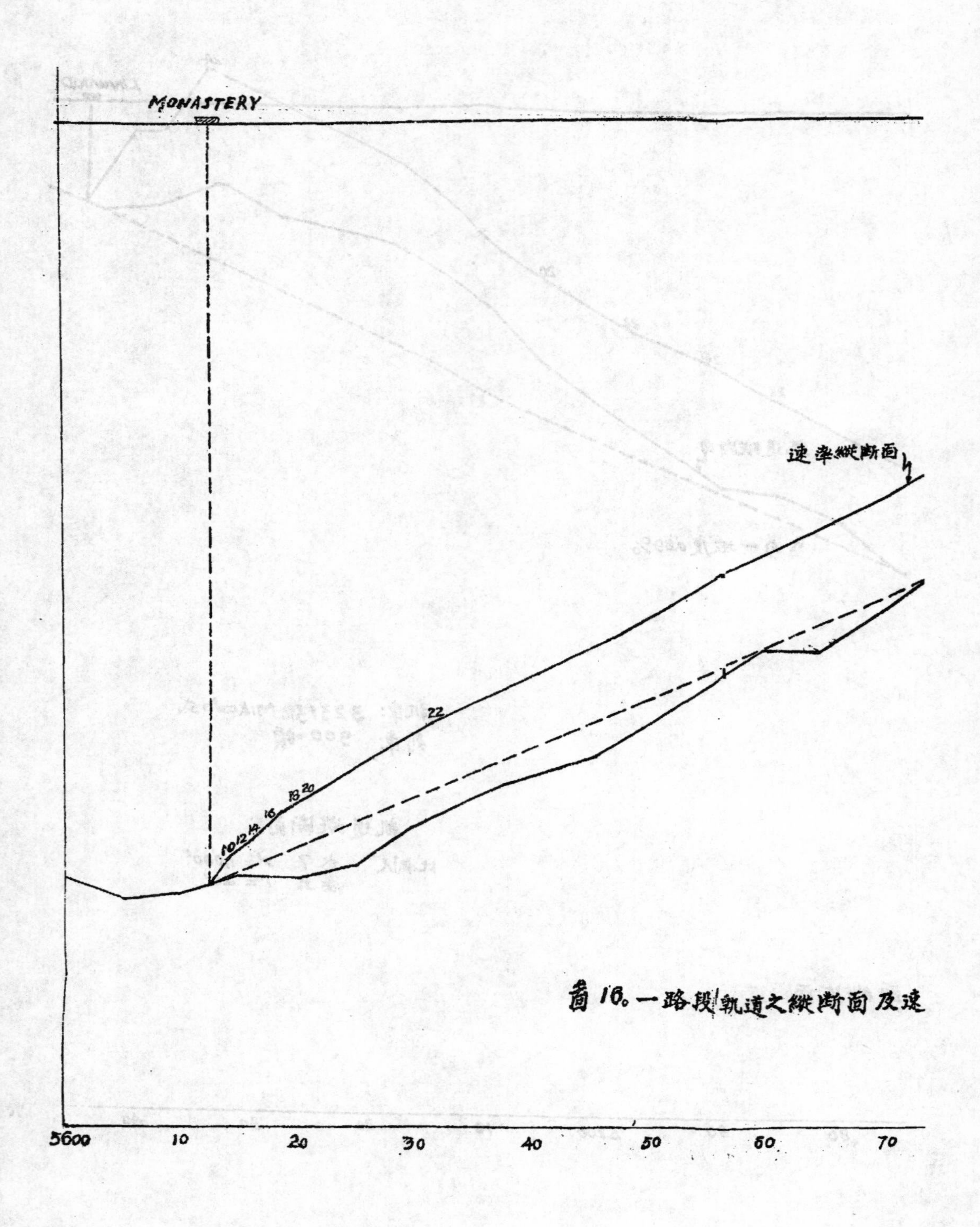

圖16。一路段軌道之縱断面及速

圖15. 減低限制坡度對於運輸量之影響

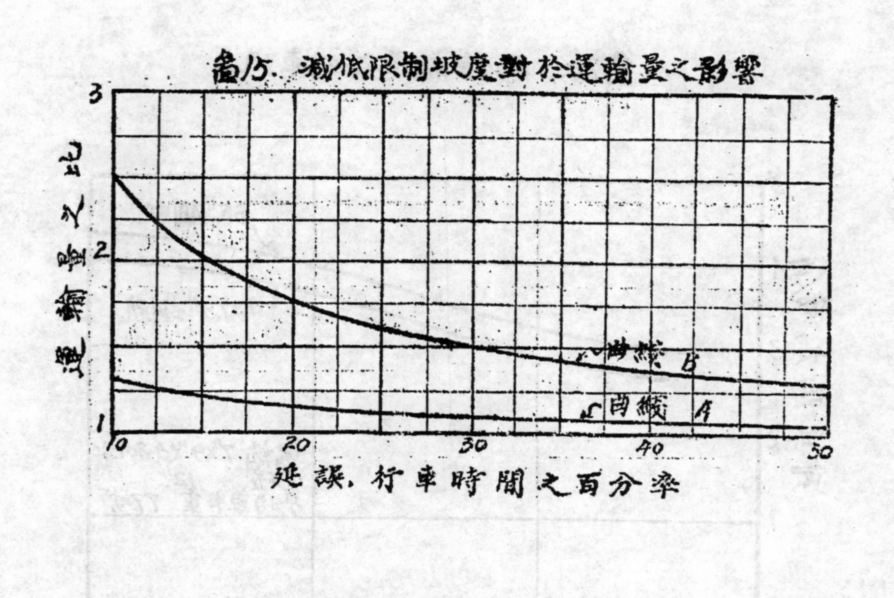

圖17. 軌道荷重後之下陷

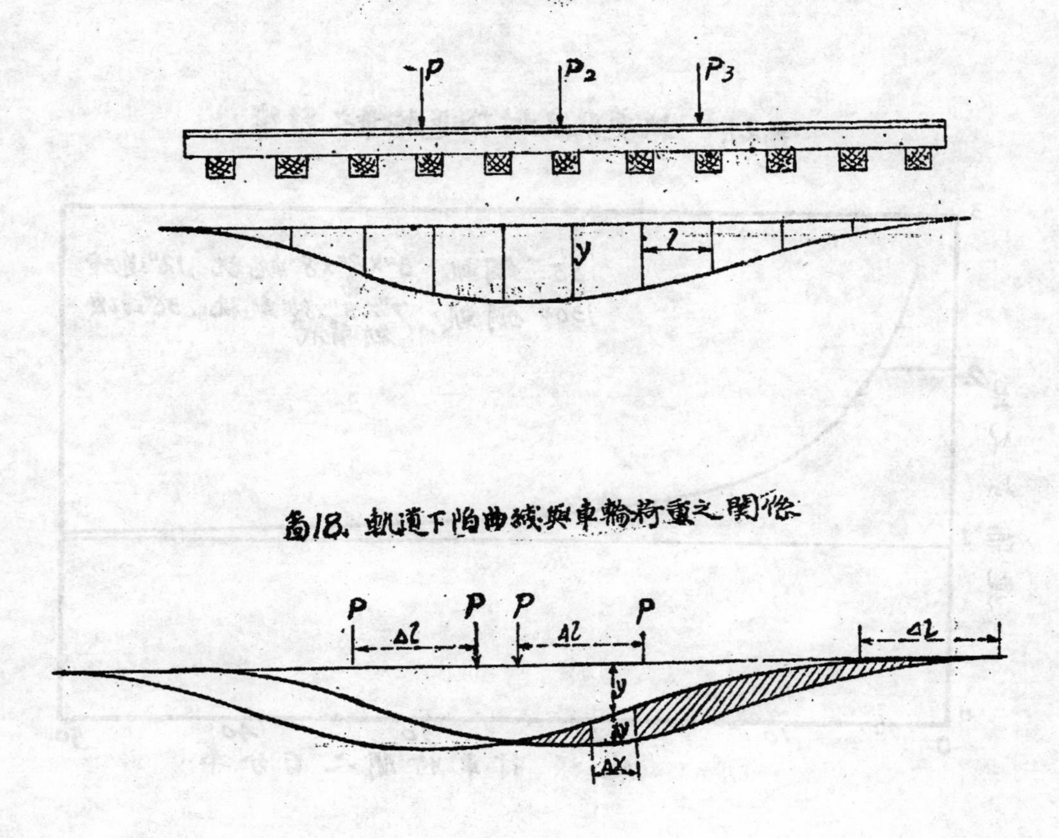

圖18. 軌道下陷曲綫與車輪荷重之關係

圖20. 兩種軌道之列車阻力

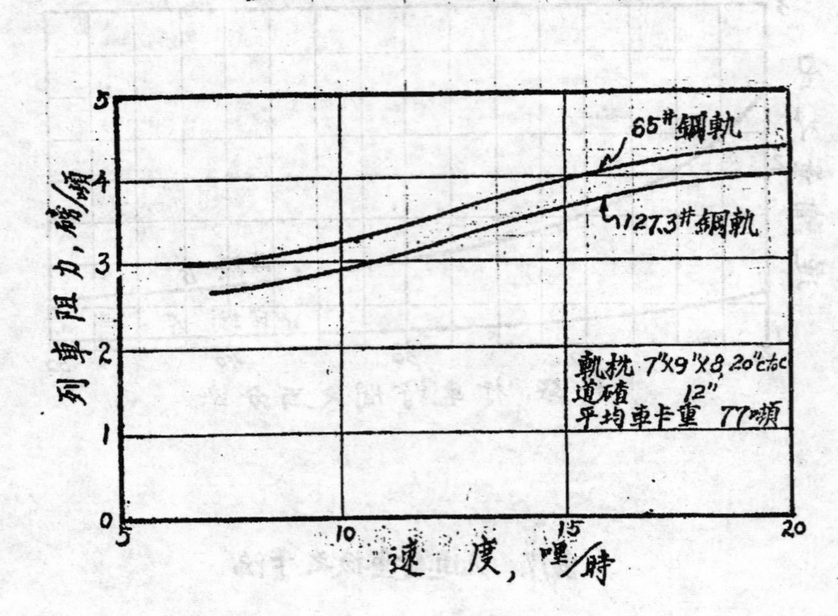

圖21. 軌道改良對於運輸量之影響

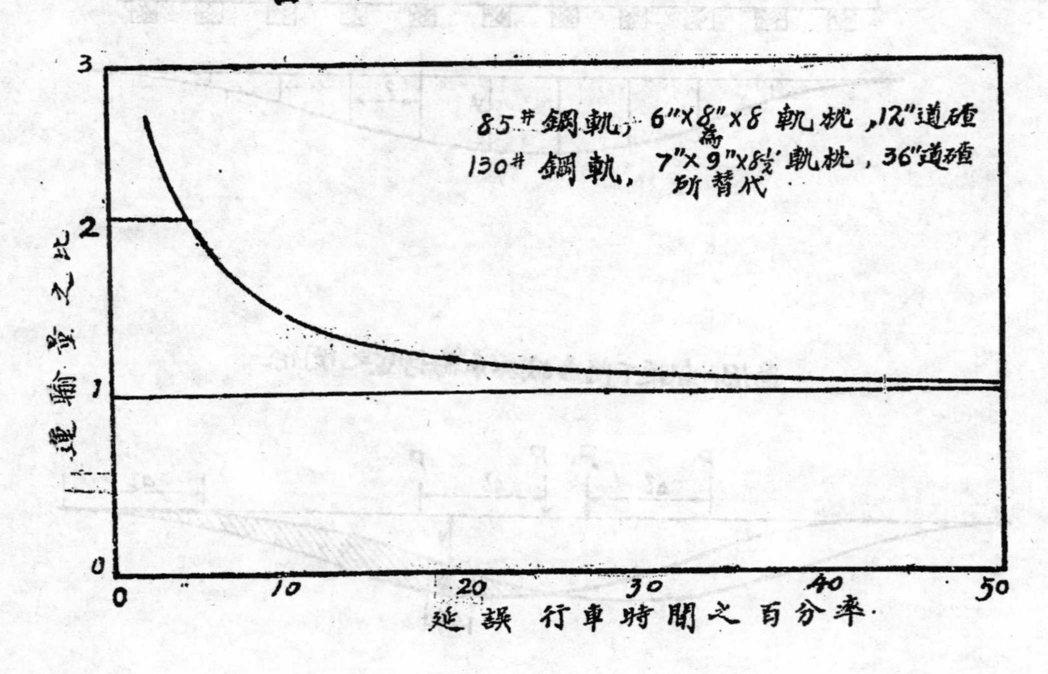

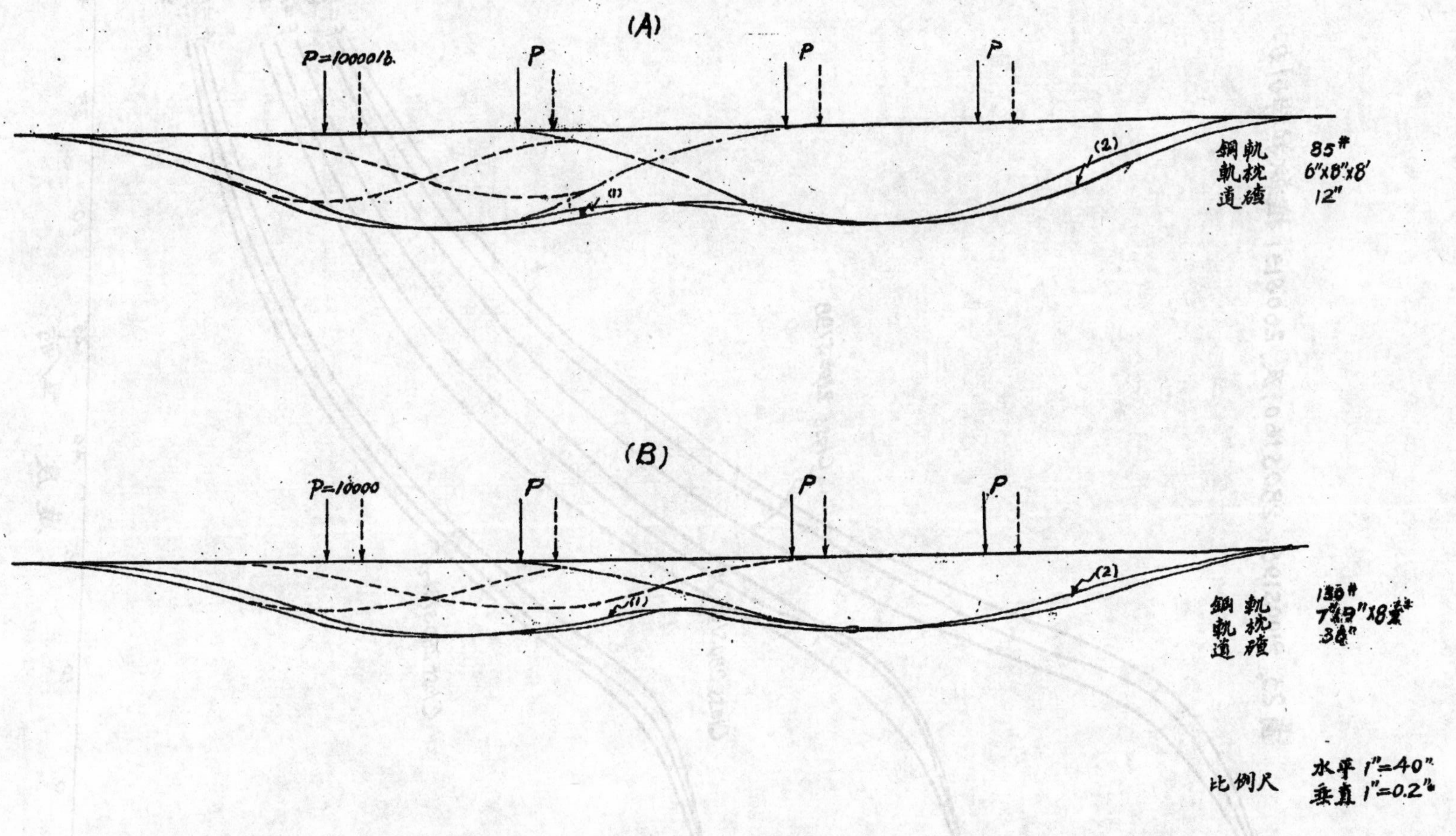

圖 19. 40-噸車卡下兩軌道之下陷曲線

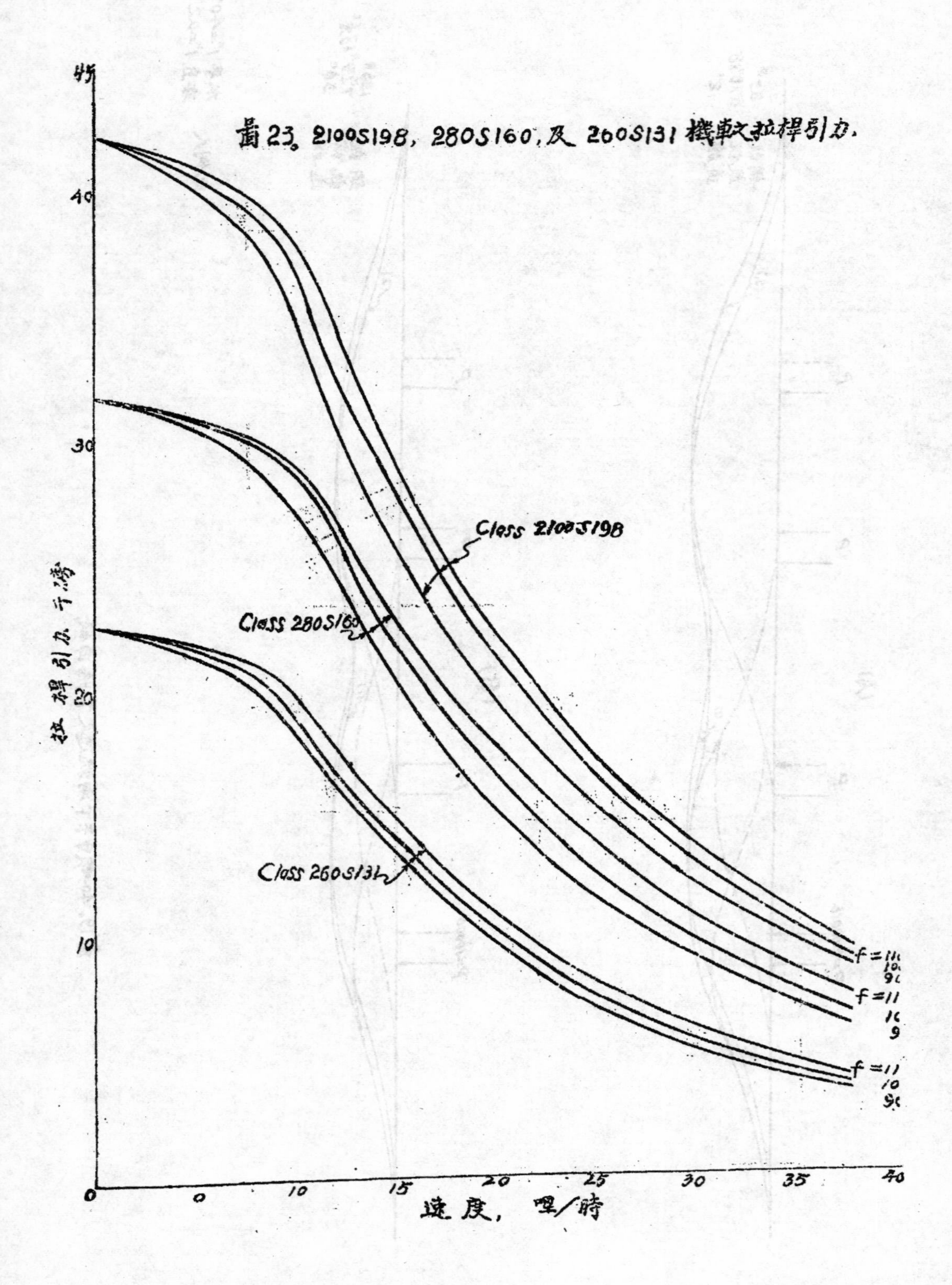

圖23。2100S198，280S160，及260S131機車之拉桿引力.
拉桿引力 千磅
速度，哩/時
Class 2100S198
Class 280S160
Class 260S131
f=110
100
90
f=110
100
90
f=110
100
90

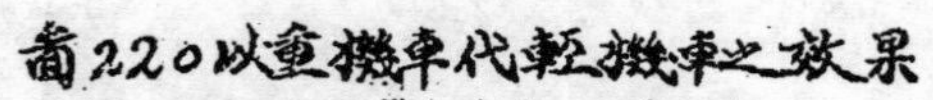
圖22○以重機車代輕機車之效果

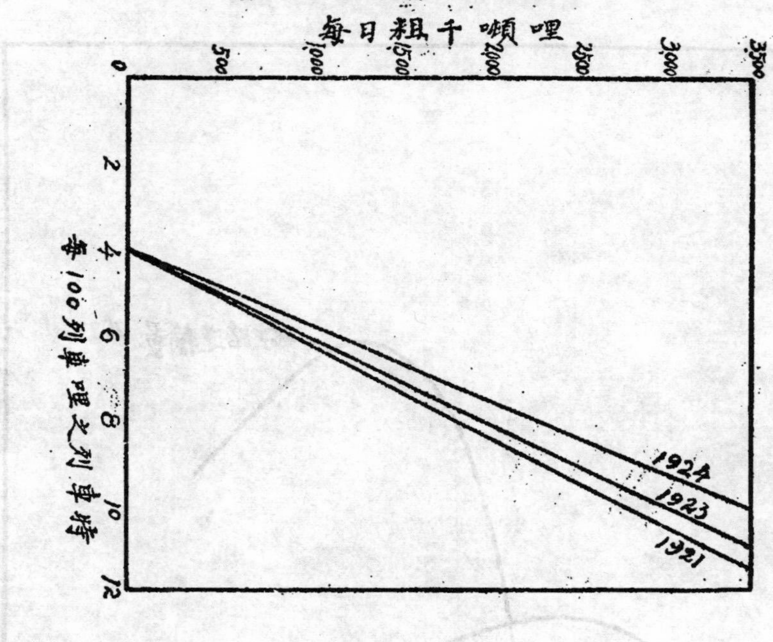

圖24. A路之列車時圖

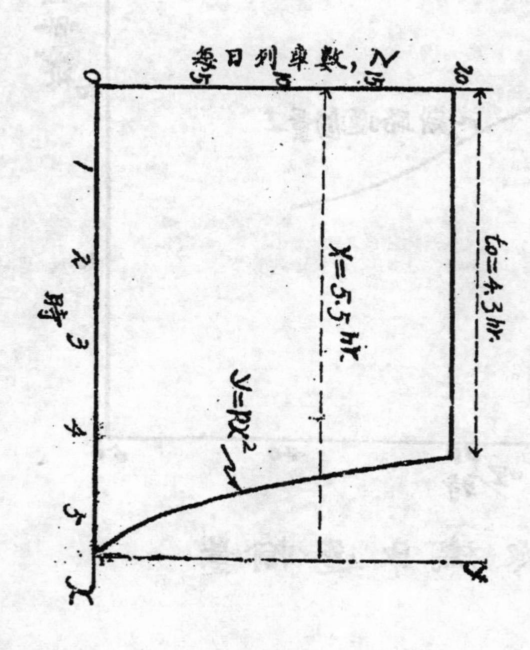

圖25. B路之列車時圖

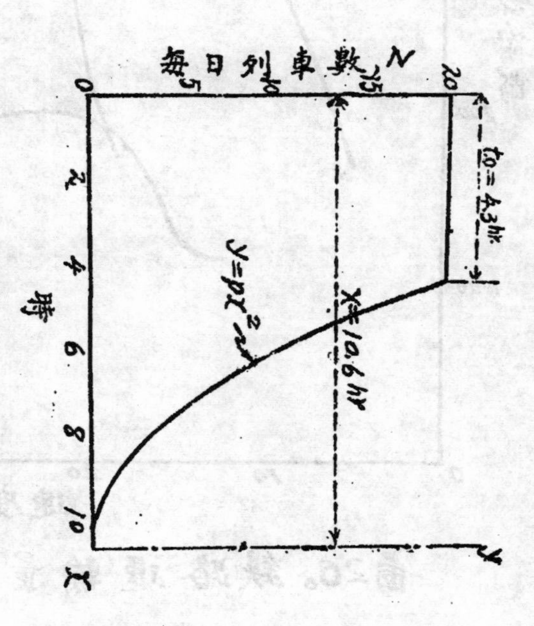

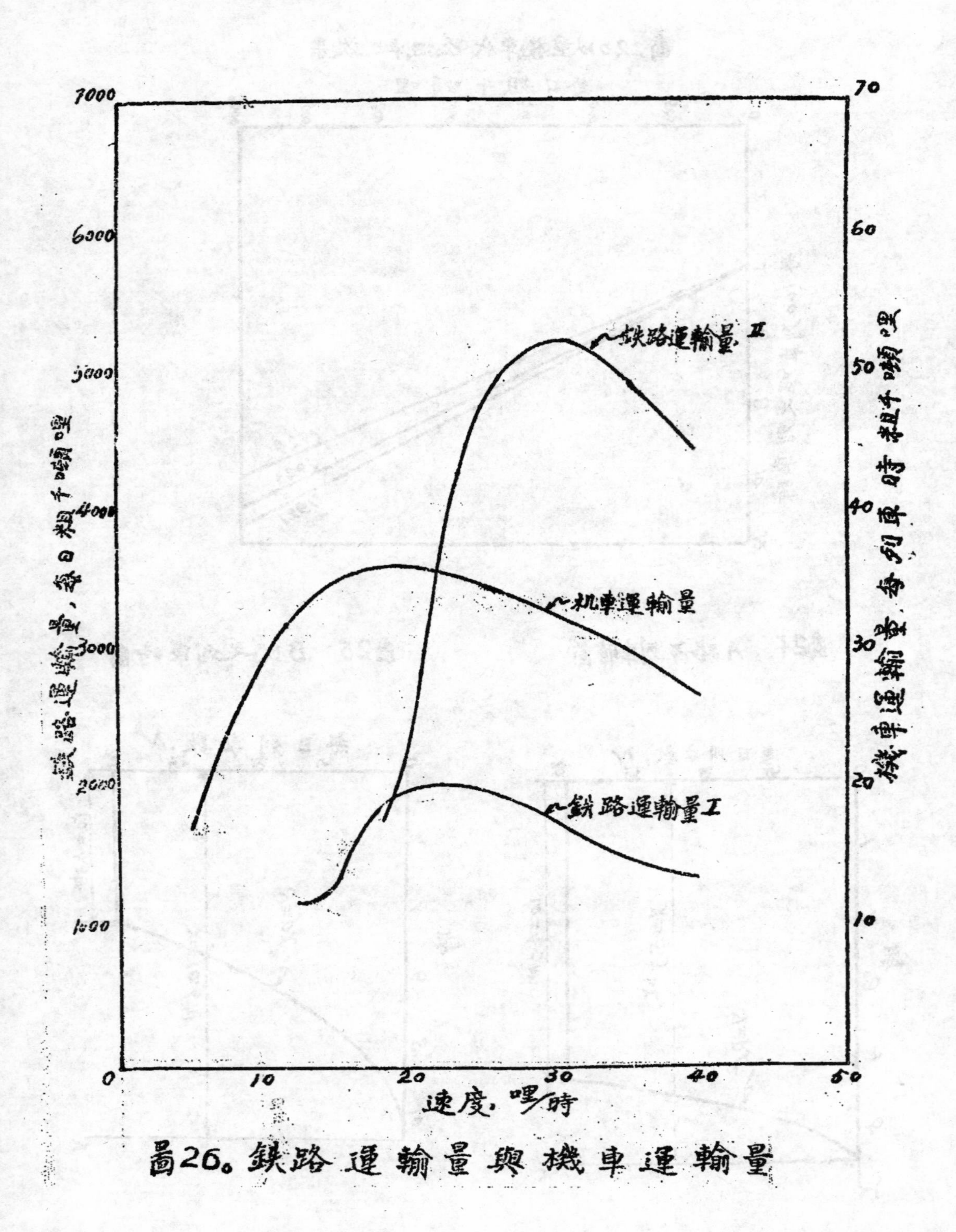

圖26. 鉄路運輸量與機車運輸量

圖27. 轆輪軸承車卡之列車阻力

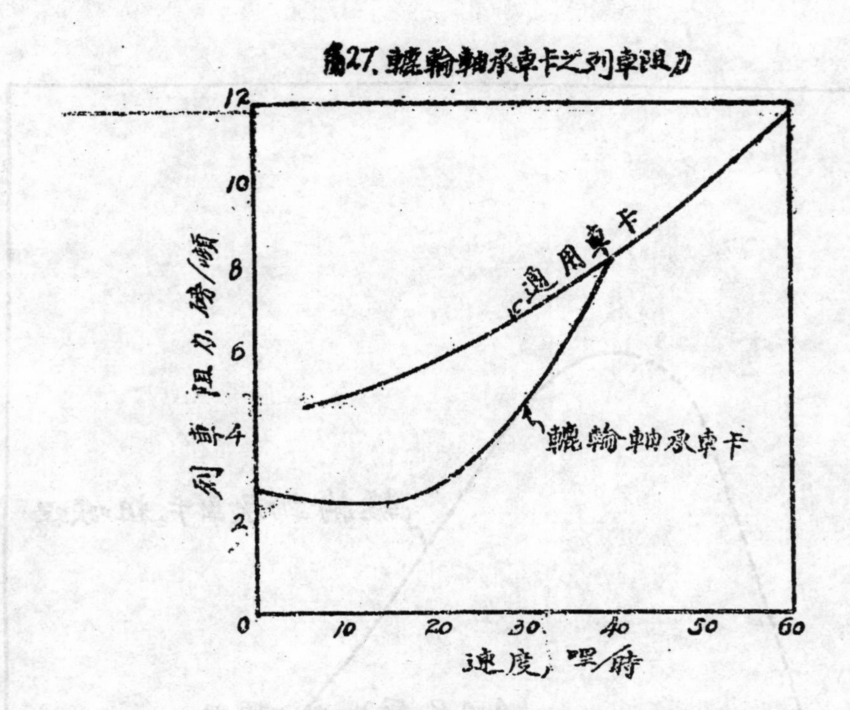

圖28. 流線型對於列車阻力之影响

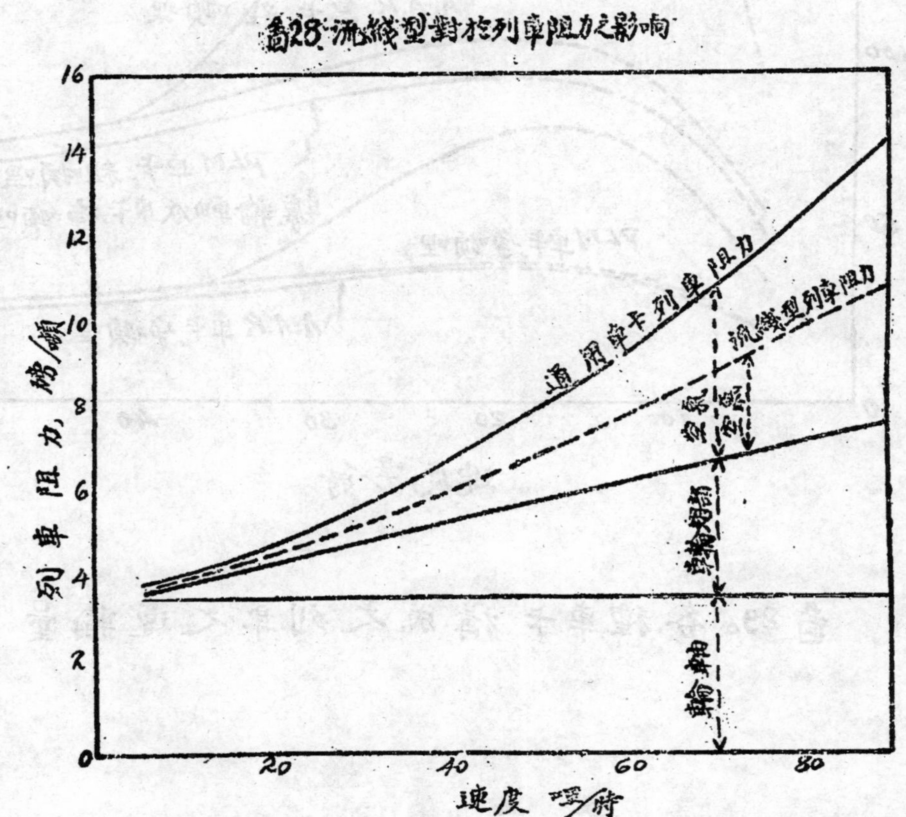

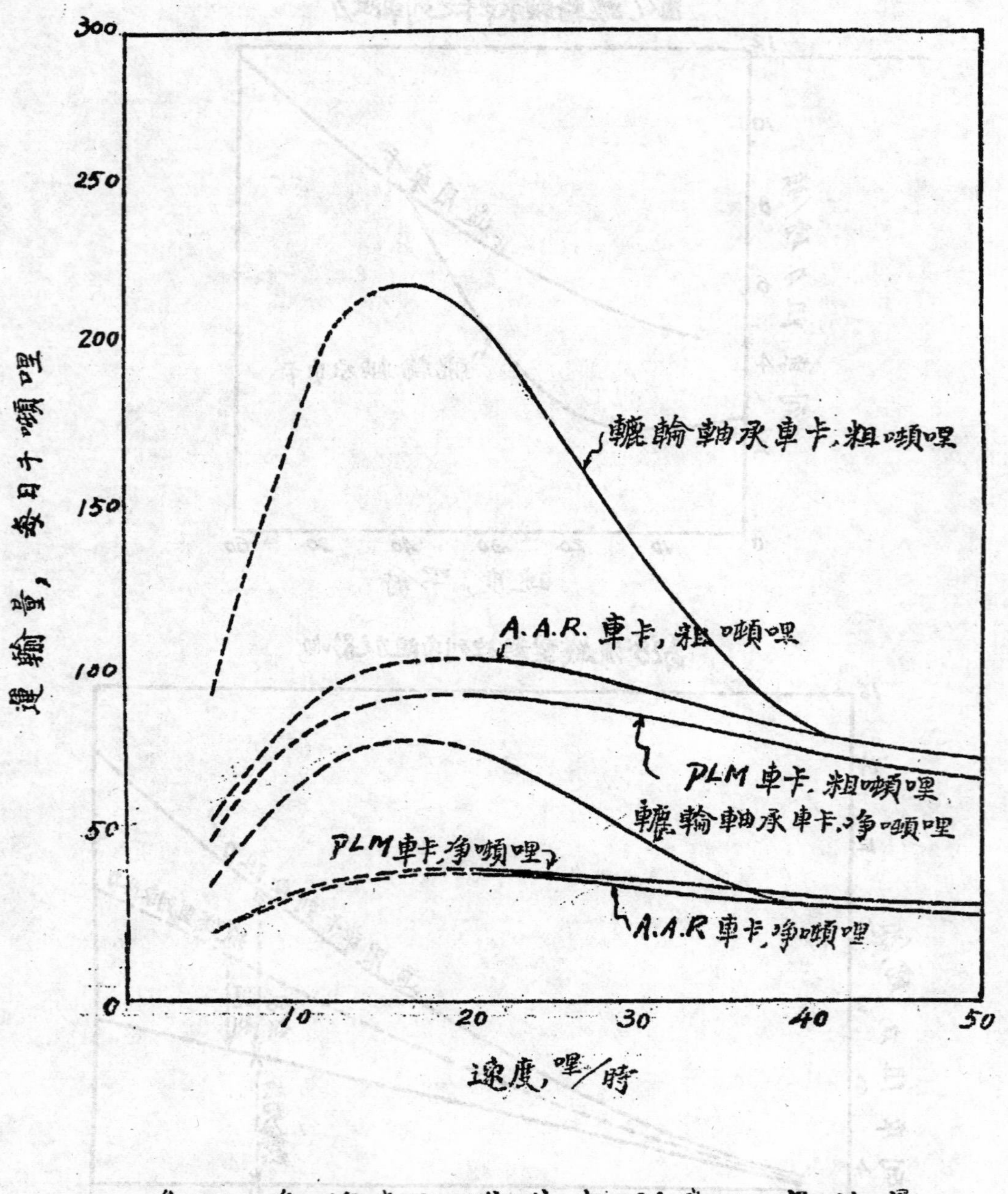

圖 29。各種車卡構成之列車之運輸量

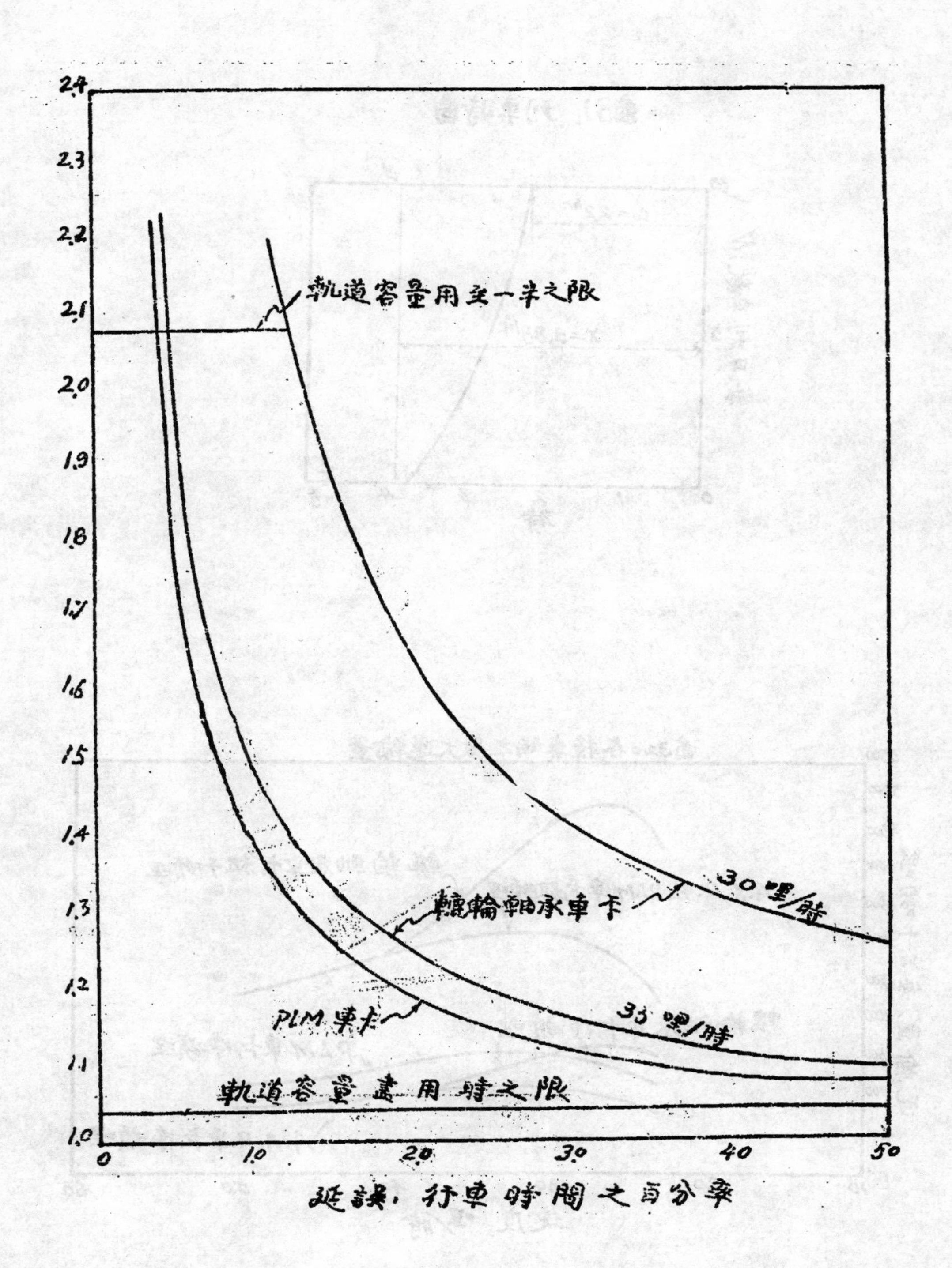

圖30. 輕車卡及轆輪軸承對於運輸量之影響

圖31. 列車時圖

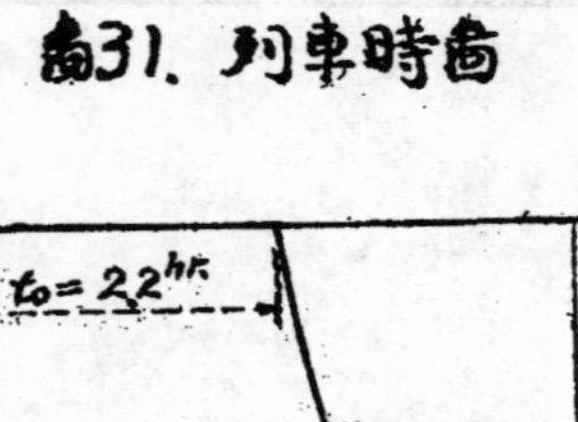
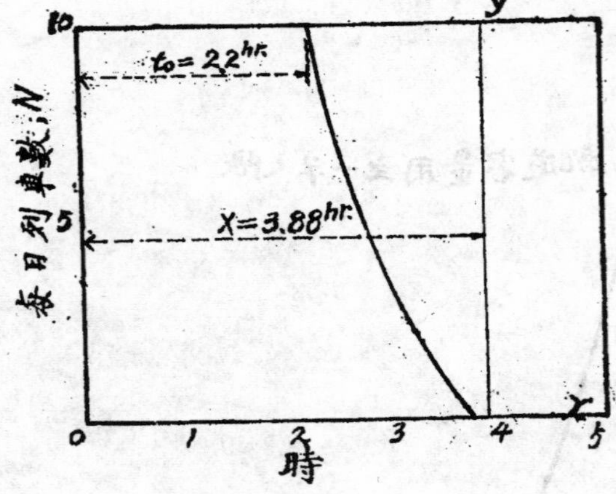

圖32。各種車輛之最大運輸量

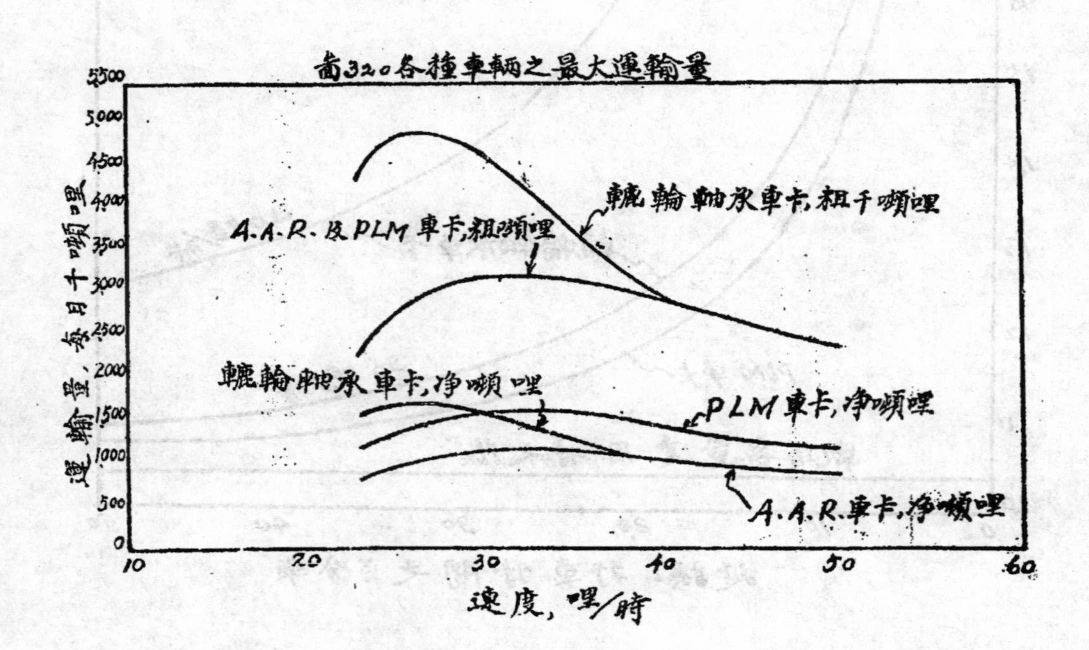

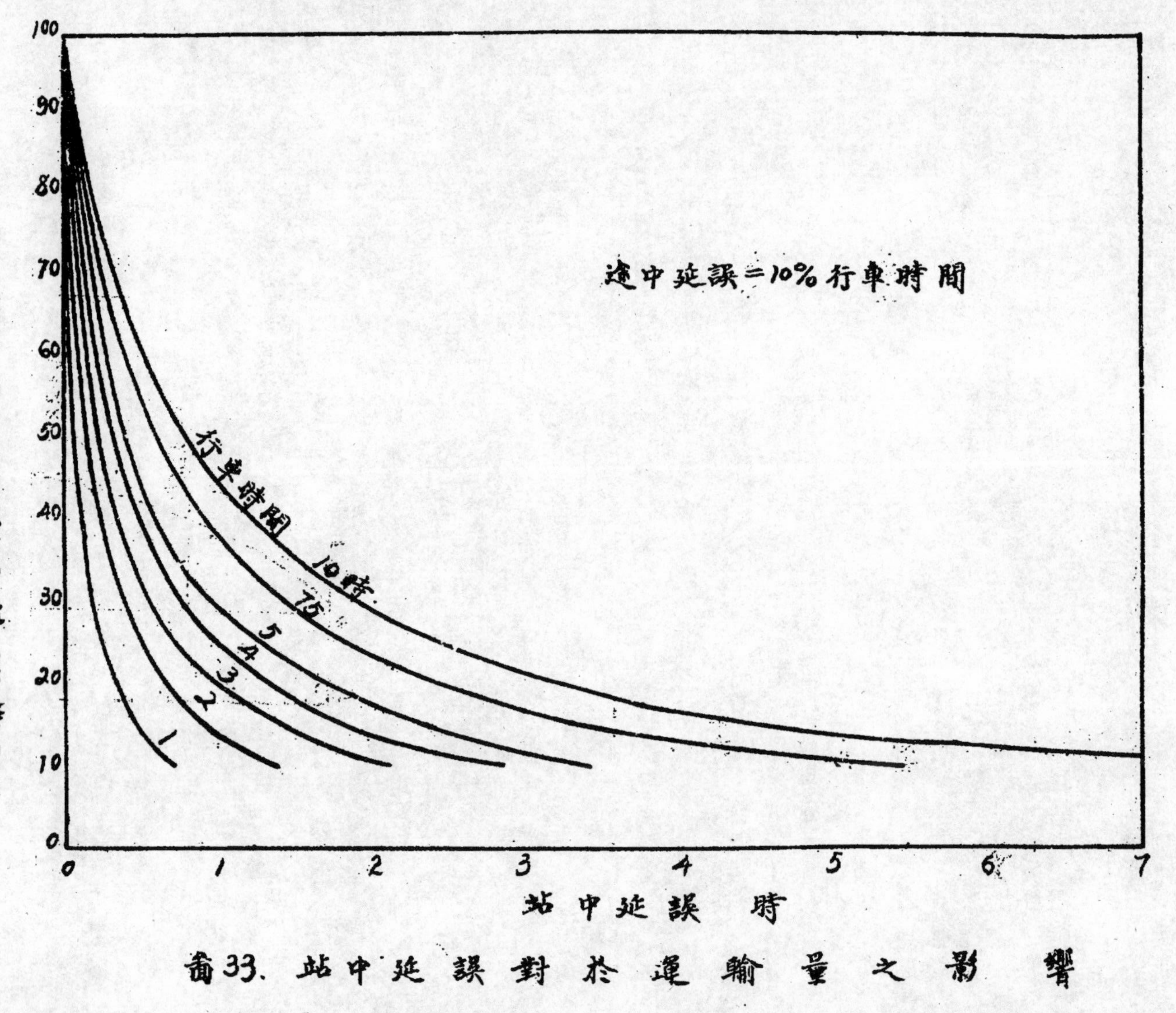

圖33. 站中延誤對於運輸量之影響

不對稱彎轉應力與直接應力分析法

Analysis For Unsymmetrical Bending and Direct Stresses

李　芬

黔桂鐵路局

第一節　引言

近世紀來，鋼筋混凝土用途日益廣泛而其構造物亦日趨複雜，各種剛架結構。（Rigid Framed Structure）應運而生，其中梁柱支撐，往往同時承受直接外力，與多方面之彎轉力率（Bending Moment）其合成力率，不能與梁柱截面之主軸（Principle-axis）吻合，因之普通習用之彎轉應力與直接應力分析方法不能使用，本文目的，乃在研討一可能方法，以解決此項計算問題。

第二節　基本公式

設截面如第一圖 xx 及 yy 爲通過 o點之一對任意軸，M_x 及 M_y 爲沿 xx 及 yy 軸之彎轉力率，N爲直接應力，因截面受不對稱之彎轉，其中立軸（Neutral Axis）假定與 xx 軸成 θ 角度，而中立軸離 o 點之垂直距離爲 g，今如取截面內任意一點 P，面積dA，坐標 xy 應力 f，則由平衡平則，可得下列各式：——

$$N=\int_A^B f dA=\frac{f}{y\cos\theta+\sin\theta-g}\int_A^B(y\cos\theta+x\sin\theta-g)\,dA \cdots\cdots(1)$$

$$M_x=\int_A^B fy dA=\frac{f}{y\cos\theta+x\sin\theta-g}\int_A^B(y^2\cos\theta+xy\sin\theta-gy)\,dA \cdots\cdots(2)$$

$$M_y=\int_A^B fx dA=\frac{f}{y\cos\theta+x\sin\theta-g}\int_A^B(xy\cos\theta+x^2\sin\theta-gx)\,dA \cdots\cdots(3)$$

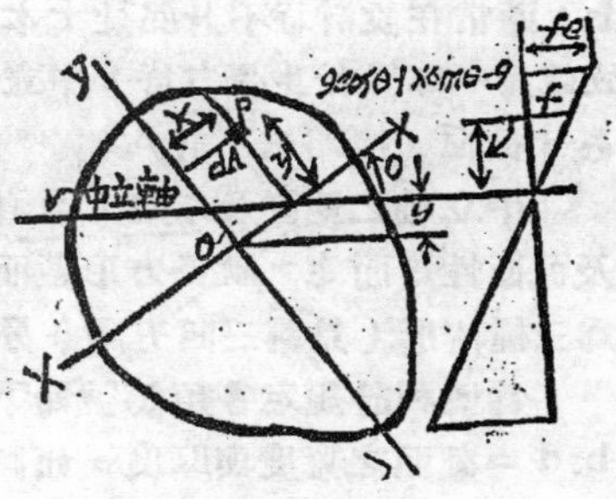

第一圖

式中 $\frac{f}{y\cos\theta+x\sin\theta-g}$ 爲常數，蓋此處仍假定應力與距中立軸之距離爲正比也。(2)(3) 兩式，各以 (1) 式除之，並令 $A=\int_A^B dA$, $Q_x=\int_A^B y dA$ $Q_y=\int_A^B x dA$, $I_{xy}=\int_A^B xy dA$, $I_x=\int_A^B y^2 dA$, $I_y=\int_A^B x^2 dA$. 得

$$\frac{M_x}{N}=\frac{\int_A^B(y^2\cos\theta+xy\sin\theta-gy)\,dA}{\int_A^B(y^2\cos\theta+x\sin\theta-g)\,dA}=\frac{I_x\cos\theta+I_{xy}\sin\theta-gQ_x}{Q_x\cos\theta+Q_y\sin\theta-gA} \cdots\cdots(4)$$

$$\frac{M_y}{N}=\frac{\int_A^B(xy\cos\theta+x^2\sin\theta-gx)\,dA}{\int_A^B(y\cos\theta+x\sin\theta-g)\,dA}=\frac{I_{xy}\cos\theta+I_y\sin\theta-gQ_y}{Q\cos\theta+Q_y\sin\theta-gA} \cdots\cdots(5)$$

上列五式，爲分析彎軸應力與直接應力之基本公式，普通所用截面形狀，有圓形，方形，長方形數種，圓形之軸通過圓心者，均可視爲主軸，並無不對稱彎轉情形發生之可能，故可用普通分析方法求之，茲不贅述，方形可視爲長方形之一種，故以下所論，係專就長方形截面而言。

$$\frac{M_x}{N}=-\frac{I_x\cos\theta}{gA}\text{或}\frac{\cos\theta}{g}=-\frac{M_xA}{NI_x}$$

$$\frac{M_y}{N}=-\frac{I_y\sin\theta}{gA}\text{或}\frac{\sin\theta}{g}=-\frac{M_yA}{NI_y}$$

代入(I)式得

$$f=\frac{N(y\cos\theta+x\sin\theta-g)}{-gA}=\frac{N}{A}+\frac{M_yy}{I_y}+\frac{M_xx}{I_x}\cdots\cdots(6)$$

故，f_c＝混凝土最大壓力$=\frac{N}{A}+\frac{M_yd}{2I_y}+\frac{M_xb}{2I_x}$

(II)截面一部分發生張力時　鋼筋混凝土，通常在設計時不計混凝土本身之張力，故截面一部分發生張力時，中立軸以下之混凝土截面，概略去不計。

中立軸之地位及方向，均須視受力情形及截面性質而定，就長方形截面而言，須分爲三種情形（見第三四五圖）分析之：——

爲便利計規定各類符號如下：

b.d ＝截面之寬度與厚度，如圖所只。

g ＝中立軸至截面中心o點之垂直距離，上正下負。

θ ＝中心軸與 xx 軸所成之角度，以順時鐘方向計。

n ＝鋼筋與混凝土彈性率 (Modulus of Elasticity)之比

A_s ＝全截面內之鋼筋面積。

I_{sx} ＝鋼筋沿 xx 軸之惰性率 (Modulus of Inertia).

第三節　長方形截面諸公式

(I)全截面爲壓力時　設o點爲截面之重心，xx及yy爲其主軸，因截面各部份對於主軸均對稱，故$I_{xy}=0$，$Q_x=0$，$Q_y=0$，由(4)(5)兩式，得

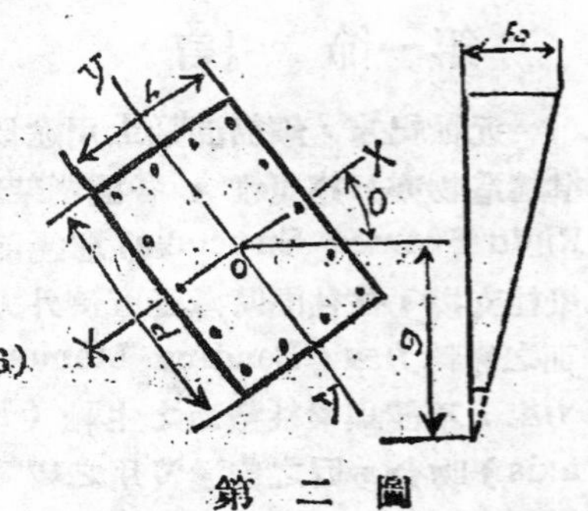

第二圖

I_{sy} ＝鋼筋沿 yy 軸之惰性率。

N ＝截面內直接壓力。

M_x ＝沿 xx 軸之彎轉力率。

M_y ＝沿 yy 軸之彎轉力率。

f_c ＝混凝土所受最大壓力。

f_s ＝鋼筋所受最大張力，

b'd' ＝鋼筋中心至表面之寬度。

$a=\frac{nA_s}{bd}$.

$i_x=\frac{nI_{sx}}{bd^3}$.

$i_y=\frac{nI_{sy}}{b^3d}$.

$\rho_x=\frac{M_x}{Nd}$.

$\rho_y=\frac{M_y}{Nd}$.

$k=\frac{g\sec\theta}{d}$.

$j=\frac{b\tan\theta}{d}$.

(a) 第一種情形　如第三圖，當 $-g>{}^d/_2\cos\theta+{}^b/_2\sin\theta$ 及 $-g<{}^d/_2\cos Q+{}^b/_2\sin\theta$ 時，換言之，即$-2K\geq1-j$及$-2K<1+j$截面性質如下：

$A\quad=bd+nA_s-{}^1/_2({}^d/_2+{}^b/_2\tan\theta+g\sec\theta)^2\cot\theta=bd+nA_s-A'c.$

$A'_c=^1/_2({}^d/_2+{}^d/_2\tan\theta+g\sec\theta)^2\cot\theta$

$$Q_x = +A'_c[d/2-1/3(d/2+b/2\tan\theta+g\sec\theta)] = +A'_c(d/3-b/_b\tan\theta-g/3\sec\theta)$$

$$Q_y = +A'_c[d/2-1/3(b/2+d/2\cot\theta+g\csc\theta)] = +A'_c(b/3-d/6\cot\theta-g/3\csc\theta)$$

$$I_{xy} = A'_c 1/36(d/2+b/2\tan\theta+g\sec\theta)^3\cot\theta - A'_c(d/3-b/6\tan\theta-g/3\sec\theta)$$
$$(b/3-d/6\cot\theta-g/3\csc\theta) = A'_c[b^2/16\tan\theta+d^2/16\cot\theta-1/8\,bd$$
$$+dg/12\csc\theta+bg/12\sec\theta-g^2\sec\theta\csc\theta/12]$$

$$I_x = bd^3/12+nI_{sx}-A'_c[1/18(d/2+b/2\tan\theta+g\sec\theta)^2+(d/3-b/6\tan\theta$$
$$-g/3\sec\theta)^2] = bd^3/12+nI_{sx}-A'_c[d^2/8+b^2/24\tan^2\theta+g^2/6\sec^2\theta-dg/6$$
$$\sec\theta+bg/6\tan\theta\sec\theta-bd/12\tan\theta]$$

$$I_y = b^3d/12+nI_{sy}-A'_c[1/8(d/2\cot\theta+b/2+g\csc\theta)^3+(b/3-d/6\cot\theta-g/3$$
$$\csc\theta)^2] = b^3d/12+nI_{sy}-A'_c[b^2/8+d^2/24\cot^2\theta+g^2/6\csc\theta^2+dg/6\cot$$
$$\theta\csc\theta-bg/6\sec\theta-bd/12\cot\theta]$$

以上列諸值，代入(4)(5)兩式中並化簡之，則得

$$\frac{M_x}{N} = \frac{1/2(d/2+b/2\tan\theta+g\sec\theta)^2\cot\theta[\frac{1}{48}b^2\tan\theta\sin\theta-\frac{1}{16}d^2\cos\theta}{\frac{1}{2}(\frac{d}{2}+\frac{b}{2}\tan\theta+g\sec\theta)^2\cot\theta}$$

$$+\frac{\frac{1}{12}g^2\sec\theta-\frac{1}{12}dg+\frac{1}{12}bg\tan\theta-\frac{1}{24}bd\sin\theta]+\frac{bd^3}{12}\cos\theta+nI_{sx}\cos\theta}{(\frac{1}{3}g+\frac{d}{6}\cos\theta+\frac{b}{6}\sin\theta)-bdg-nA_sg}$$

$$\frac{M_y}{N} = \frac{1/2(d/2+b/2\tan\theta+g\sec\theta)^2\cot\theta[\frac{1}{48}d^2\cot\theta\cos\theta-\frac{1}{16}b^2\sin\theta+\frac{1}{12}g^2\csc\theta}{\frac{1}{2}(\frac{d}{2}+\frac{b}{2}\tan\theta+g\sec\theta)^2\cot\theta}$$

$$+\frac{\frac{1}{12}dg\cot\theta-\frac{1}{12}bg-\frac{1}{24}bd\cos\theta]+\frac{b^3d}{12}\sin\theta+nI_{sy}\sin\theta}{(\frac{1}{3}g+\frac{d}{6}\cos\theta+\frac{b}{6}\sin\theta)-bd-nA_sg}$$

因 $P_x=M_x/Nd$，$P_y=M_y/Nb$，$a=nA_s/bd$，
$i_x=nI_{sx}/bd^2$，$i_y=nI_{sy}/b^3d$，$K=g\sec\theta/d$，
$j=b\tan\theta/d$ 分別納入上式簡化之，得

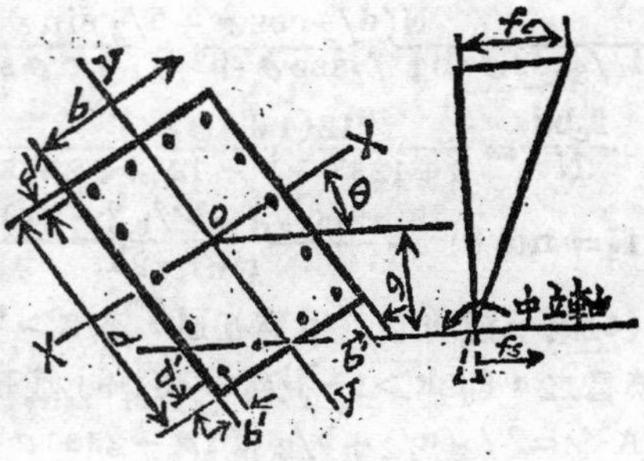

$$\rho_x=\frac{1/8(1+j+2k)^3(2k+j-3)+4(1+12ix)j}{(1+j+2k)^3-48(1+a)kj} \quad\cdots\cdots(7)$$

$$\rho_y=\frac{1/8j(1+j+2k)^3(2k-3j+1)+4(1+12iy)j^2}{(1+j+2k)^3-48(1+a)kj} \quad\cdots\cdots(8)$$

第三圖

由(1)式知 $$f_c=\frac{N(d/2\cos\theta+b/2\sin\theta-g)}{Q_x\cos\theta+Q_y\sin\theta-gA}$$

$$=\frac{N(d/2\cos\theta+b/2\sin\theta-g)}{1/2(d/2+b/2\tan\theta\,g\sec\theta)^2\cot\theta(1/3\,g+d/6\cos\theta+b/6\sin\theta)}$$

或 $$f_cbd/N=\frac{24(1+j-2k)j}{(1+j+2k)^3-48(1+a)kj}\quad\cdots\cdots(9)$$

因應力與距中立軸之距離爲正比，故 $f_s=+nf_c\frac{(d/2-d')\cos\theta+(b/2-b')\sin\theta+g}{d/2\cos\theta+b/2\sin\theta-g}$

或 $f_s=nf_c\left[1-\frac{2(d'/d+b'/b\,j-2k)}{1+j-2k}\right]$ ……………………………………………(

(b)第二種情形 如第四圖，當 $-g<d/2\cos\theta-b/2\sin\theta$ 及 $+g<d/2\cos\theta-b/2\sin\theta$ 時，換言之，即 $-2k<1-j$ 及 $+2k<1-j$ 截面性質如下：

$A=b(d/2-g\sec\theta)+nA_s=bd/2-bg\sec\theta+nA_s$

$Q_x=b(d/2-g\sec\theta)(d/2-d/4+1/2\,g\sec\theta)+b^2/8\tan\theta[(g\sec\theta-b/6\tan\theta)-(g\sec\theta+b/6\tan\theta)]=bd^2/8-bg^2/2\sec^2\theta-b^3/24\tan^2\theta.$

$Q_y=b/2(b/2\tan\theta)(\frac{1}{3}b)=b^3/12\tan\theta.$

$I_{xy}=b/2(b/2\tan\theta)(1/3b)(g\sec\theta)=b^3/12\,g\tan\theta\sec\theta.$

$I_x=b/2(d/2-g\sec\theta)^3+b(d/2-g\sec\theta)(d/4+1/2\,g\sec\theta)^2+b^2/8\tan\theta[(g\sec\theta-b/6\tan\theta)^2-(g\sec\theta+b/6\tan\theta)^2]+nI_{sx}=bd^3/24-bg^3/3\sec^3\theta-b^3g/12\tan^2\theta\sec\theta+nI_{sx}$

$I_y=b^3/12(d/2-g\sec\theta)+nI_{sy}=b^3d/24-b^3g/12\sec\theta+nI_{sy}$

以上列者直代入(4)(5)兩式，並用同法簡化之，則得

$$\frac{M_x}{N}=\frac{bd^3/24\cos\theta-bg^3/6\sec^2\theta+b^3g/24\tan^2\theta-bd^2/8\,g+nI_{sx}\cos\theta}{bd^2/8\cos\theta+bg^2/2\sec\theta+b^3/24\tan\theta\sin\theta-bdg/2-gnA_s}$$

$$\frac{M_y}{N}=\frac{b^3d/24\sin\theta-b^3g/12\tan\theta+nI_{sy}\sin\theta}{bd^2/8\cos\theta+bg^2/2\sec\theta+b^3/24\tan\theta\sin\theta-bdg/2-gnA_s}$$

或 $P_x=\frac{1+4k^3+kj^2-3k+24i_x}{3+12k^2+j^2-12(1+2a)k}$ ……………………(11)

$P_y=\frac{(1-2k+24iy)j}{3+12k^2+j^2-12(1+2a)k}$ ……………………(12)

由(1)式知 $f_c=\frac{N(d/2\cos\theta+b/2\sin\theta-g)}{Q_x\cos\theta+Q_y\sin\theta-gA}$

$$=\frac{N(d/2\cos\theta+b/2\sin\theta-g)}{bd^2/8\cos\theta+bg^2/2\sec\theta+b^3/24\tan\theta\sin\theta-bdg/2-gnA_s}$$

或 $\frac{f_cbd}{N}=\frac{12(1+j-2k)}{3+12k^2+j^2-12(1+2a)k}$ ……………(13)

第四圖

$f_s=nf_c\left[1-\frac{2(d'/d+b'/b\,j-2k)}{1+j-2k}\right]$ 與第一種情形同

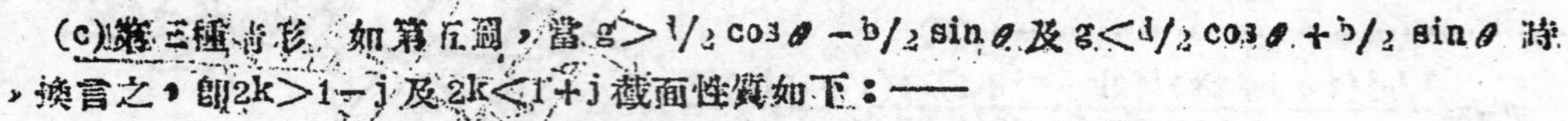

(c)第三種情形 如第五圖，當 $g>d/2\cos\theta-b/2\sin\theta$ 及 $g<d/2\cos\theta+b/2\sin\theta$ 時，換言之，即 $2k>1-j$ 及 $2k<1+j$ 截面性質如下：——

$A=1/2(d/2+b/2\tan\theta-g\sec\theta)^2\cot\theta+nA_s=A'_c+nA_s$

$A'_c=\frac{1}{2}(d/2+b/2\tan\theta-g\sec\theta)^2\cot\theta.$

$Q_x=A'_c[d/2-\frac{1}{3}(d/2+b/2\tan\theta-g\sec\theta)]=A'_c(d/3-b/6\tan\theta+g/3\sec\theta)$

$Q_y=A'_c[b/2-\frac{1}{3}(d/2+b/2\tan\theta-g\sec\theta)\cot\theta]=A'_c(b/3-d/6\cot\theta+g/3\csc\theta)$

$I_{xy}=-A'_c\,1/36(d/2+b/2\tan\theta-g\sec\theta)^2\cot\theta+A'_c(d/3-b/6\tan\theta+g/3\sec\theta)(b/3-d/6\cot\theta+g/3\csc\theta)=-A'_c[b^2/16\tan\theta+d^2/16\cot\theta-bd/8-bg/12\sec\theta$

$$-dg/_{12}\csc\theta - g^2/_{12}\sec\theta\csc\theta)$$

$$I_x \quad 1/_{36}(d/_2 + b/_2\tan\theta - g\sec\theta)^4\cot\theta + 1/_2(d/_2 + b/_2\tan\theta - g\sec\theta)^2\cot\theta\,[d/_3 - b/_6\tan\theta + g/_3\sec\theta]^2 + nI_{sx} = A'_c(d^2/_8 + b^2/_{24}\tan^2\theta + g^2/_6\sec^2\theta - bd/_{12}\tan\theta + dg/_6\sec\theta - bg/_6\tan\theta\sec\theta) + nI_{sx}$$

$$I_y \quad 1/_{36}(d/_2 + b/_2\tan\theta - g\sec\theta)^4\cot^4\theta + 1/_2(d/_2 + b/_2\tan\theta - g\sec\theta)^2\cot\theta\,(b/_3 - d/_6\cot\theta + g/_3\csc\theta)^2 + nI_{sy} = A'_c(b^2/_8 + d^2/_{24}\cot^2\theta + g^2/_6\csc^2\theta - bd/_{12}\cot\theta + bg/_6\csc\theta - dg/_6\cot\theta\csc\theta) + nI_{sy}$$

上列諸值，代入(4)(5)兩式，並同法簡化之，則得

$$\frac{M_x}{N} = \frac{1/_2(d/_2+b/_2\tan\theta - g\sec\theta)^2\cot\theta\,(d^2/_{16}\cos\theta - b^2/_{48}\tan\theta\sin\theta - g^2/_{12}\sec\theta + bd/_{24}\sin\theta - dg/_{12} + bg/_{12}\tan\theta) + nI_{sx}\cos\theta}{1/_2(d/_2+b/_2\tan\theta - g\sec\theta)^2\cot\theta\,[\tfrac{1}{6}d\cos\theta + b/_6\sin\theta - g/_3] - gnA_s}$$

$$\frac{M_y}{N} = \frac{1/_2(d/_2+b/_2\tan\theta - g\sec\theta)^2\cot\theta\,[b^2/_{16}\sin\theta - d^2/_{48}\cot\theta\cos\theta - g^2/_{12}\csc\theta + bd/_{24}\cos\theta - bg/_{12}\,dg/_{12}\cot\theta) + nI_{sx}\sin\theta}{1/_2(d/_2+b/_2\tan\theta - g\sec\theta)\cot\theta\,[\tfrac{1}{6}d\cos\theta + b/_6\sin\theta - g/_3] - gnA_s}$$

或 $$\rho_x = \frac{1/_8(1+j-2k)^3(2k-j+3) + 48i_xj}{(1+j-2k)^3 - 48akj} \cdots\cdots(14)$$

$$\rho_y = \frac{1/_8\,j(1+j-2k)^3(2k+3j-1) + 48i_yj^2}{(1+j-2k)^3 - 48akj} \cdots\cdots(15)$$

第五圖

由(1)式知 $$f_c = \frac{N(d/_2\cos\theta + b/_2\sin\theta - g)}{Q_x\cos\theta + Q_y\sin\theta - gA}$$

$$= \frac{N(d/_2\cos\theta + b/_2\sin\theta - g)}{1/_2(d/_2+b/_2\tan\theta - g\sec\theta)^2\cot\theta\,(d/_6\cos\theta + b/_6\sin\theta - g/_3) - gnA_s}$$

或 $$\frac{f_cbd}{N} = \frac{24(1+j-2k)j}{(1+j-2k)^3 - 48akj} \cdots\cdots(16)$$

$$f_s = nf_c\left[1 - \frac{2(d'/_d + b'/_d\,j - 2k)}{1+j-2k}\right]$$ 與第一種情形同

第四節　公式之圖解

普通設計步驟，大抵先假定截面尺寸及鋼筋佈置，然後分析其受力情形，再次分析截面所受之最大應力，因在鋼筋混凝土中，須先由截面之性質方能決定外力之分佈也，故在上節各組公式中，$\rho_x\,\rho_y\,a\,i_x$ 及 i_y 五值，通常爲已知數，所餘 $k\,j\,f_c\,f_s$ 四值爲未知數，需由聯立方式中解决之，惟k,j值爲高次聯立式，不易求得其解答，且每組公式應用之範圍，事先不能預定，故爲解決此種困難起見，特假定 $a\,i_x\,i_y$ 三值而以 $\rho_x\,\rho_y\,k\,j$ 四值爲變數製成圖解數幀（見圖解一二三四）

圖中△AoB範圍，屬於第一種情形，蓋在此範圍之內，$2k>1-j$ 及 $2k<1+j$ 故也。同理，△BoC屬於第二種情形，△CoD屬於第三種情形，在此圖解中，循 $\rho_x\,\rho_y$ 兩線之交點，即可讀得 $k\;j\;\frac{f_cbd}{N}$ 三值，並可決定屬於何種情形。

圖中 j 之值，係以 1 爲限，換言之即 θ 之值不能超過 $\tan^{-1} d/b$ 是也，故如有時 ρ_x ρ_y 兩線交點落於圖解之外，則可將xx及yy兩軸互換，以求其結果（詳見後例二）。

第五節　圖解數值修正法

如上節所述，每組 a i_x i_y 之值，即需一種圖解，惟此三值相互間之變化甚繁，因而可能性之組合亦過多，勢不能製備如許圖解，以應事實需要，故如 a i_x i_y 不能與圖解中原假定之值吻合，則就其最接近之一種，讀出 k j 之值，然後再設法修正之。

設 da, di_x 及 di_y 爲 a i_x 及 i_y 與圖解上原假定數值相距之微差，因此差異所引起 k j 兩值之差誤 dk 及 dj 可由全微分（Total Differential）原理決定之。

由(7)(8)(11)(12)(14)(15)各式，可知 $i_x = f_1(k,j,a)$ 及 $i_y = f_2(k,j,a)$，由全微分原理，則得

$$di_x = \frac{\delta i_x}{\delta k}dk + \frac{\delta i_x}{\delta j}dj + \frac{\delta i_x}{\delta a}.da,$$

$$di_y = \frac{\delta i_y}{\delta k}dk + \frac{\delta i_y}{\delta j}dj + \frac{\delta i_y}{\delta a}.da,$$

式中 da, di_x 及 di_y 三值爲已知數，$\frac{\delta i_x}{\delta x}$，$\frac{\delta i_x}{\delta j}$，$\frac{\delta i_x}{\delta a}$，$\frac{\delta i_y}{\delta k}$，$\frac{\delta i_y}{\delta j}$ 及 $\frac{\delta i_y}{\delta a}$ 爲原式之偏微分式，亦係已知，故 dk 及 dj 可由聯立方程式決定如下：——

$$dk = \frac{\delta i_y/\delta j\,(di_x - \delta i_x/\delta a\,da) - \delta i_x/\delta j\,(di_y - \delta i_y/\delta a\,da)}{(\delta i_x/\delta k)(\delta i_y/\delta j) - (\delta i_x/\delta j)(\delta i_y/\delta k)} \cdots\cdots(17)$$

$$dj = \frac{\delta i_x/\delta k\,(di_y - \delta i_y/\delta a\,da) - \delta i_y/\delta k\,(di_x - \delta i_x/\delta a\,da)}{(\delta i_x/\delta k)(\delta i_y/\delta j) - (\delta i_x/\delta j)(\delta i_y/\delta k)} \cdots\cdots(18)$$

k j 之修正數值，當爲 $k_1 + dk$, $j_1 + dj$. 此處 k_1 j_1 即指由圖解上找出之近似數值。

各種偏微分式，特分類演繹如下：——

(a) 第一種情形

由(7)式　$i_x = \frac{\rho_x}{48j}(1+j+2k)^3 - (1+a)\rho_x k - \frac{(1+j+2k)^3}{384j}(j+2k-3) - \frac{1}{12}$

由(8)式　$i_y = \frac{\rho_y}{48j^3}(1+j+2k)^3 - (1+a)\rho_y\frac{k}{j} - \frac{(1+j+2k)^3}{384j^3}(2k-3j+1) - \frac{1}{12}$

故

$$\left.\begin{aligned}
\frac{\delta i_x}{\delta k} &= \frac{(1+j+2k)^2}{48j}(6\rho_x - 2k - j + 2) - (1+a)\rho_x \\
\frac{\delta i_y}{\delta k} &= \frac{(1+j+2k)^2}{48j^3}(6\rho_y j - 2k + 2j - 1) - (1+a)\rho_y/j \\
\frac{\delta i_x}{\delta j} &= \frac{(1+j+2k)^2}{384j^2}[8\rho_x(2j-2k-1) + (4k^2 - 3j^2 - 4kj - 4k + 6j - 3)] \\
\frac{\delta i_y}{\delta j} &= \frac{(1+j+2k)^2}{384j^4}[8\rho_y j(j-4k-2) + 3(2k-j+1)^2] + (1+a)\rho_y k/j^2 \\
\frac{\delta i_x}{\delta a} &= -\rho_x k \\
\frac{\delta i_y}{\delta a} &= -\rho_y k/j
\end{aligned}\right\}(19)$$

(b) 第二種情形

由(11)式　$i_x = \rho_x/24(3+j^2+12k^2) - (1/_2+a)k\rho_x - \frac{1}{24}(1-3k+kj^2+4k^3)$

由(12)式 $i_y = \rho_y/24j(3+j+12k^2)-(^1/_2+a)k\rho_y/j-{}^1/_{24}(1-2k)$

故

$$\left.\begin{aligned}
\frac{\delta i_x}{\delta k} &= \rho_x(k-a-{}^1/_2)-{}^1/_{24}(j^2+12k^2-3)\\
\frac{\delta i_y}{\delta k} &= \rho_y/j(k-a-{}^1/_2)+{}^1/_{12}\\
\frac{\delta i_x}{\delta j} &= (\rho_x-k)j/12\\
\frac{\delta i_y}{\delta j} &= \rho_y/24j^2[j^2-12k^2-3+12(1+2a)k]\\
\frac{\delta i_x}{\delta a} &= -\rho_x k\\
\frac{\delta i_y}{\delta a} &= -\rho_y k/j
\end{aligned}\right\}\quad(20)$$

(c)第三情形

由(14)式 $i_x = \frac{\rho_x}{48j}(1+j-2k)^3-a\rho_x k-\frac{(1+j-2k)^3}{384j}(2k-j+3)$

由(15)式 $i_y = \frac{\rho_y}{48j^2}(1+j-2k)^3-a\rho_y k/j-\frac{(1+j-2k)^3}{384j^3}(2k+3j-1)$

故

$$\left.\begin{aligned}
\frac{\delta i_x}{\delta k} &= \frac{(1+j-2k)^2}{48j}(-6\rho_x+2k-j+2)-a\rho_x\\
\frac{\delta i_x}{\delta k} &= \frac{(1+j-2k)^2}{48j^2}(-6\rho_y j+2k+2j-1)-a\rho_y/j\\
\frac{\delta i_x}{\delta j} &= \frac{(1+j-2k)^2}{384j^2}[8\rho_x(2j+2k-1)-(4k^2-3j^2+4kj+4k+6j-3)]\\
\frac{\delta i_y}{\delta j} &= \frac{(1+j-2k)^2}{384j^4}[8\rho_y j(j+4k-2)-3(2k+j-1)^2]+a\rho_y k/j^2\\
\frac{\delta i_x}{\delta a} &= -\rho_x k\\
\frac{\delta i_y}{\delta a} &= -\rho_y k/j
\end{aligned}\right\}\quad(21)$$

第六節　例題

例一　如第六圖 b=16", d=24", d'=b'=2", N=60,000#, M_x=600,000"#, M_y=200,000,#" n=15, 10-$^7/_8$"□ 鋼筋分佈如圖，求 f_c, f_s 及中立軸之位置。

$a=\frac{nA_s}{bd}=\frac{15\times10\times.77}{16\times24}=0.30$,　$i_x=\frac{nI_{sx}}{bd^3}=\frac{15\times0.77(6\times10^2+4\times4^2)}{16\times24^3}=0.035^3$

$i_y=\frac{nI_{sy}}{b^3d}=\frac{15\times0.77(8\times6^2)}{16^3\times24}=0.034$,　$d'/d={}^1/_{12}$,　$b'/b={}^1/_8$.

$\rho_x=\frac{M_x}{Nd}=\frac{600,000}{60,000\times24}=0.417$,　$\rho_y=\frac{M_y}{Nb}=\frac{200,000}{60,000\times16}=0.205$.

9995

由圖解二 $a=0.30$，$i_x=i_y=0.035$，與本題恰相吻合，故在該圖上循 $\rho_x=0.417$，$\rho_y=0.208$ 兩線之交點，得知

$$k=-0.083,\quad j=0.515,\quad \frac{f_c bd}{N}=$$

故 $$f_c=4.10\frac{N}{bd}=4.10\frac{60,000}{16\times 24}=640^{\#}/in^2$$

$$f_s=nf_c\left[1-\frac{2(d'/d+b'/d\,j-2k}{1+j-2k}\right]$$

$$=15\times 640\left[1-\frac{2(1/12+1/8\times 0.515+0.083\times 2)}{1+0.515-2(-0.083)}\right]$$

$$=15\times 640\times 0.627=6020^{\#}/in^2.$$

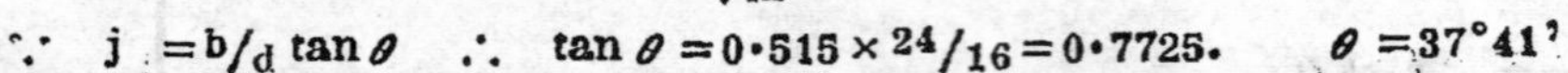

$\because\ j=b/d\tan\theta \quad \therefore\ \tan\theta=0.515\times 24/16=0.7725.\qquad \theta=37°41'$

$k=g/d\sec\theta \quad \therefore\ g=kd\cos\theta=0.083\times 24\times 0.7914=1.58''.$

中立軸之位置及方向，如第六圖所示。

第六圖

例二　如上題，截面尺寸及鋼筋佈置不變，假如 $N=60,000^{\#}$，$M_x=360,000''^{\#}$，$M_y=300,000''^{\#}$　故 $P_x=\frac{M_x}{Nd}=\frac{360,000}{60,000\times 24}=0.25$，

$$P_y=\frac{M_y}{Nb}=\frac{300,000}{60,000\times 16}=0.313.$$

由圖解二循 $\rho_x=0.25$，$\rho_y=0.313$ 兩線其交點落於圖外，蓋此時 j 之值大於 1 故也，但吾人如假想 xx 軸與 yy 軸互換，再循 $\rho_x=0.313$，$\rho_y=0.25$ 至其交點，則得

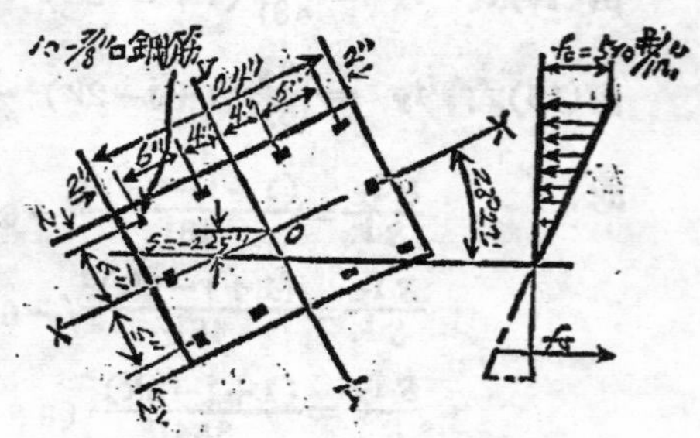

第七圖

$$j=\frac{24}{16}\tan\theta=0.81,\qquad \tan\theta=.54\qquad \theta=28°22'$$

$$k=\frac{g}{16}\sec\theta=-0.16,\qquad g=-0.16\times 16\times 0.87993=-2.25''$$

$$\frac{f_c bd}{N}=3.64.\qquad f_c=3.64\times\frac{60,000}{16\times 24}=570^{\#}/in^2$$

此處所應注意者，即 xx 軸與 yy 軸互換後，ρ_x 與 ρ_y，b與d，i_x 與 i_y 所表示之數值亦應互換也。

例三　如第八圖 $b=16''$，$d=24''$，$b'=d'=2''$，$N=40,000^{\#}$，$M_x=384,000''^{\#}$，$M_y=128,000''^{\#}$，$n=15$，18－7/8"φ 鋼筋分佈如圖，求 f_c f_s 及中立軸之位置。

$$a=\frac{NA_s}{bd}=\frac{15\times 18\times 0.6}{16\times 24}=0.422$$

$$i_x=\frac{nI_{sx}}{bd^3}=\frac{15\times 0.6(10\times 10^2+4\times 6^2+4\times 2^2)}{16\times 24^3}$$

$$=0.047$$

$$i_y=\frac{nI_{sy}}{b^3 d}=\frac{15\times 0.6(12\times 6^2+4\times 3^2)}{16^3\times 24}=0.43$$

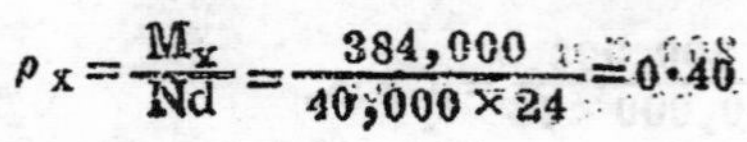

$$\rho_x=\frac{M_x}{Nd}=\frac{384,000}{40,000\times 24}=0.40$$

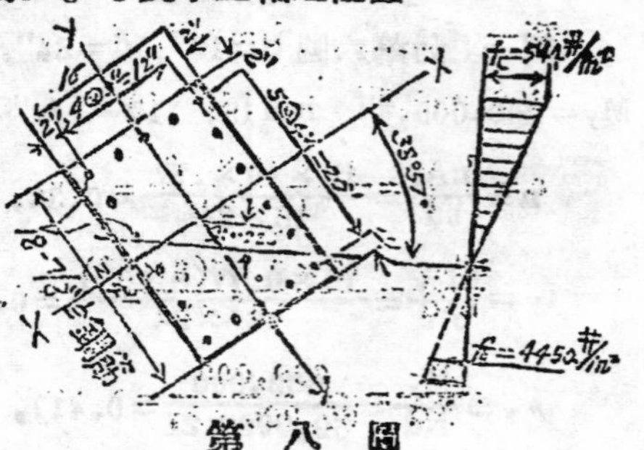

第八圖

$$\rho_y=\frac{M_y}{Nb}=\frac{128,000}{40,000\times16}=0\cdot20$$

由圖解三 $a=0\cdot40$，$i_x=i_y=0\cdot05$，循 $\rho_x=0\cdot40$，$\rho_y=0\cdot20$

兩線至其交點，讀得 $k_1=0\cdot136, j_1=0\cdot52, \frac{f_c bd}{N}=3\cdot35$。惟本題 $a_1\ i_x\ i_y$ 與圖上原假定之數互有出入，故所求得之 $k, j, \frac{f_c bd}{N}$，尚須照第五節辦法修正之。

$da=0\cdot422-0\cdot40=+0\cdot022$，　　$di_x=0\cdot047-0\cdot05=-0\cdot003$，

$di_y=0\cdot043-0\cdot05=-0\cdot007$。

因 $\rho_x=0\cdot40$，$\rho_y=0\cdot20$ 兩線之交點落於 $\triangle Boc$ 之內，故知本題屬於第二種情形，修正時須用(20)式，卽

$$\frac{\delta i_x}{\delta k}=0\cdot40(-0\cdot136-0\cdot40-0\cdot50)-{}^1/_{24}(0\cdot270+0\cdot222-3)=-0\cdot310$$

$$\frac{\delta i_y}{\delta k}=\frac{0\cdot20}{0\cdot52}(-0\cdot136-0\cdot40-0\cdot50)+{}^1/_{12}=-0\cdot315$$

$$\frac{\delta i_x}{\delta j}=(0\cdot40+0\cdot136)^{0\cdot52}/_{12}=+0\cdot023$$

$$\frac{\delta i_y}{\delta j}=\frac{0\cdot20}{24\times0\cdot52^2}[0\cdot270-0\cdot222-3-2\cdot936]=-0\cdot181$$

$$\frac{\delta i_x}{\delta a}=-0\cdot40\times(-0\cdot136)=+0\cdot054$$

$$\frac{\delta i_y}{\delta a}=-0\cdot20\times{}^{-0\cdot136}/_{0\cdot52}=+0\cdot052$$

以上列數值代入(17)(18)兩式則得

$$dj=\frac{-0\cdot310(-0\cdot007-0\cdot052\times0\cdot022)+0\cdot315(-0\cdot003-0\cdot054\times0\cdot022)}{(-0\cdot310)(-0\cdot181)-(0\cdot023)(-0\cdot315)}$$

$$=\frac{-0\cdot310(-0\cdot00814)+0\cdot315(-0\cdot00419)}{0\cdot0561+0\cdot0072}=0\cdot019$$

$$dk=\frac{-0\cdot181(-0\cdot00419)-0\cdot232(-0\cdot00814)}{0\cdot0561+0\cdot0072}=+0\cdot015$$

故 k j 之修正數值，當為

$k=-0\cdot136+0\cdot015=-0\cdot121$，　　$j=0\cdot520+0\cdot019=0\cdot539$

為校對 k. j 數值有無誤差計，可將 $k=-0\cdot121$，$j=0\cdot539$，$a=0\cdot422$，$i_x=0\cdot047$，$i_y=0\cdot043$ 分別代入(11)(12)兩式，得

$$\rho_x=\frac{1-0\cdot0071-0\cdot0351+0\cdot363+1\cdot127}{3+0\cdot176+0\cdot291+2\cdot678}=\frac{2\cdot4478}{6\cdot145}=0\cdot399$$

$$\rho_y=\frac{(1+0\cdot242+1\cdot031)\times0\cdot539}{6\cdot145}=0\cdot199$$

此處 $\rho_x\ \rho_y$ 與原值相差無幾，故知 k j 已無誤差，由(13)式，得

$$\frac{f_c bd}{N_{\Xi}}=\frac{12(1+0\cdot539+0\cdot242)}{6\cdot145}=3\cdot48,\quad 或\ f_c=544^{\#}/_{in^2}$$

$$f_s=nf_c\left[1-\frac{2(d'/_d+b'/_b\,j-2k)}{1+j-2k}\right]15\times544\left[1-\frac{2({}^1/_{12}+{}^1/_8\times0\cdot539+0\cdot242)}{1+0\cdot539+0\cdot242}\right]$$

$= 15 \times 544 \times 0{\cdot}554 = 4500\ ^{\#}/in^2$

$\tan\theta = \frac{jd}{b} = 0{\cdot}539 \times {}^{24}/_{16} = 0{\cdot}8085$, $\therefore \theta = 38°57'$, $g = kd\cos\theta = -0{\cdot}121 \times 24 \times 0{\cdot}7777 = -2{\cdot}26''$

中立軸之位置及方向，如第八圖所示。

例四　如第九圖，$b = 16''$, $d = 19''$. $b' = d' = 2''$, $N = 60{,}000^{\#}$. $M_x = 360{,}000''^{\#}$, $M_y = 180{,}000''^{\#}$ $n = 15$, $16 - {}^7/_8''\phi$ 鋼筋分配如圖，求 f_c, f_s 及中立軸之位置。

$$a = \frac{nA_s}{bd} = \frac{15 \times 16 \times 0{\cdot}6}{16 \times 19} = 0{\cdot}474 \qquad d'/d = 2/19, \qquad b'/b = 1/8$$

$$\rho_x = \frac{M_x}{Nd} = \frac{360{,}000}{60000 \times 19} = 0{\cdot}316$$

$$i_x = \frac{nI_{sx}}{bd^3} = \frac{15 \times 0{\cdot}6(8 \times 7{\cdot}5^2 + 4 \times 4{\cdot}5^2 + 4 \times 1{\cdot}5^2)}{16 \times 19^3} = 0{\cdot}044$$

$$\rho_y = \frac{M_y}{Nb} = \frac{180{\cdot}000}{60000 \times 16} = 0{\cdot}187$$

$$i_y = \frac{nI_{sy}}{b^3 d} = \frac{15 \times 0{\cdot}6(12 \times 6^2 + 4 \times 3^2)}{16^3 \times 19} = 0{\cdot}054$$

由圖解四 $a = 0{\cdot}5$, $i_x = i_y = 0{\cdot}06$ 循 $\rho_x = 0{\cdot}316$, $\rho_y = 0{\cdot}187$ 至其交點，讀得 $k = 0.23$, $j = 0{\cdot}61$, $\frac{f_c bd}{N} = 2{\cdot}62$.　並知本題暫時屬於第一種情形，修正時須用(19)式。

此處　$da = 0{\cdot}474 - 0{\cdot}50 = -0{\cdot}026$,　　$di_x = 0{\cdot}044 - 0{\cdot}60 = -0{\cdot}016$,

$i_y = 0{\cdot}054 - 0{\cdot}060 = -0{\cdot}006$.

故　$$\frac{\delta i_x}{\delta k} = \frac{1{\cdot}15^2}{48 \times 0{\cdot}61}(3{\cdot}746) - 1{\cdot}5 \times 0{\cdot}316 = -0.305$$

$$\frac{\delta i_x}{\delta k} = \frac{1{\cdot}15^2}{48 \times 0{\cdot}61^3}(1{\cdot}364) - 1{\cdot}5 \times {}^{0{\cdot}187}/_{0{\cdot}61} = -0.294$$

$$\frac{\delta i_x}{\delta j} = \frac{1.15^2}{384 \times 0.61^2}(2.528 \times 0.68 + 0.2118 - 1.118 + 0.5612 + 0.92 + 3.66 - 3) = +0.0273$$

$$\frac{\delta i_y}{\delta j} = \frac{1.15^2}{384 \times 0.61^4}[-1.496 \times 0.61 \times 0.47 + 3(-0.07)^2] \times 1{\cdot}5 \times 0{\cdot}187 \times 0{\cdot}23/_{0{\cdot}61^2} = -0.1837$$

$$\frac{\delta i_x}{\delta a} = -(0.316)(-0.23) = 0.0726$$

$$\frac{\delta i_y}{\delta a} = -(0.187)\frac{(-0.23)}{0.61} = 0.0705$$

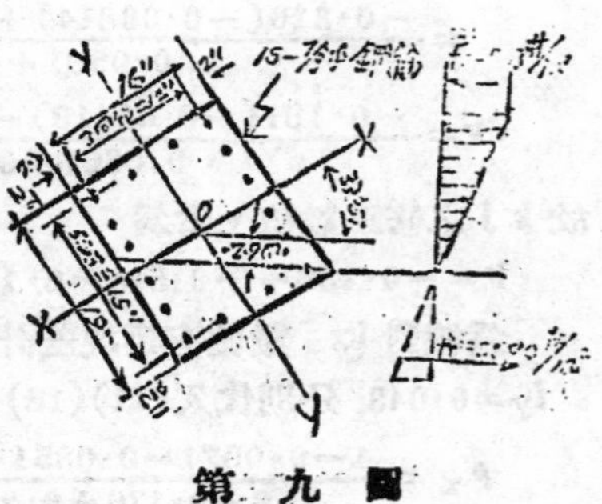

第九圖

以上列諸值，代入(17)(18)兩式，得

$$dj = \frac{-0.305[-0.006 + 0.0705 \times 0.026] + 0.294[-0.016 + 0.0726 \times 0.026]}{+0.305 \times 0.1837 + 0.0273 \times 0.294}$$

$$= \frac{-0.305(-0.00417) + 0.294(-0.01412)}{0.06405} = -0{\cdot}045$$

$$dk = \frac{(-0{\cdot}1837)(-0{\cdot}01412) - 0.0273(-0.00417)}{0{\cdot}06405} = +0.042$$

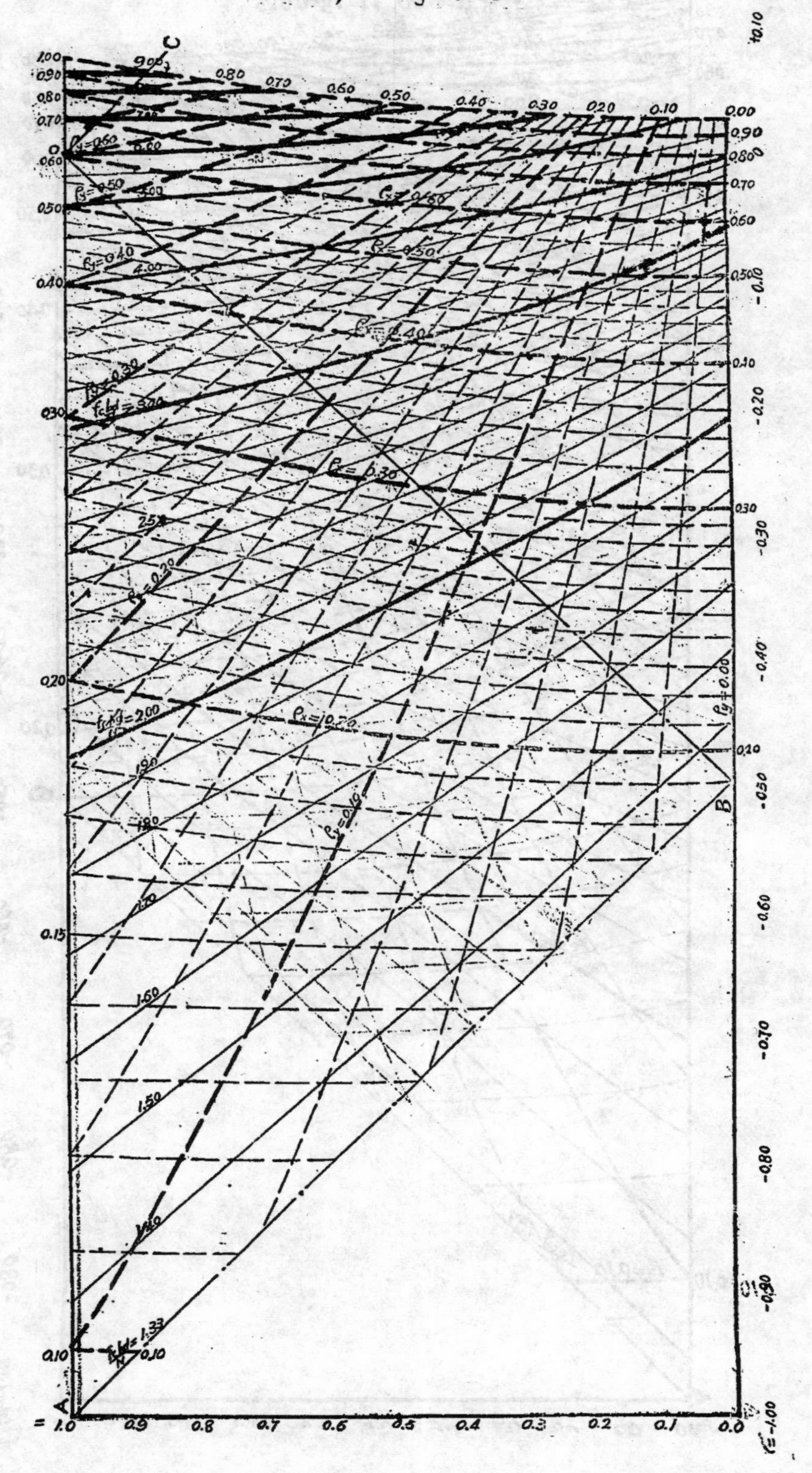

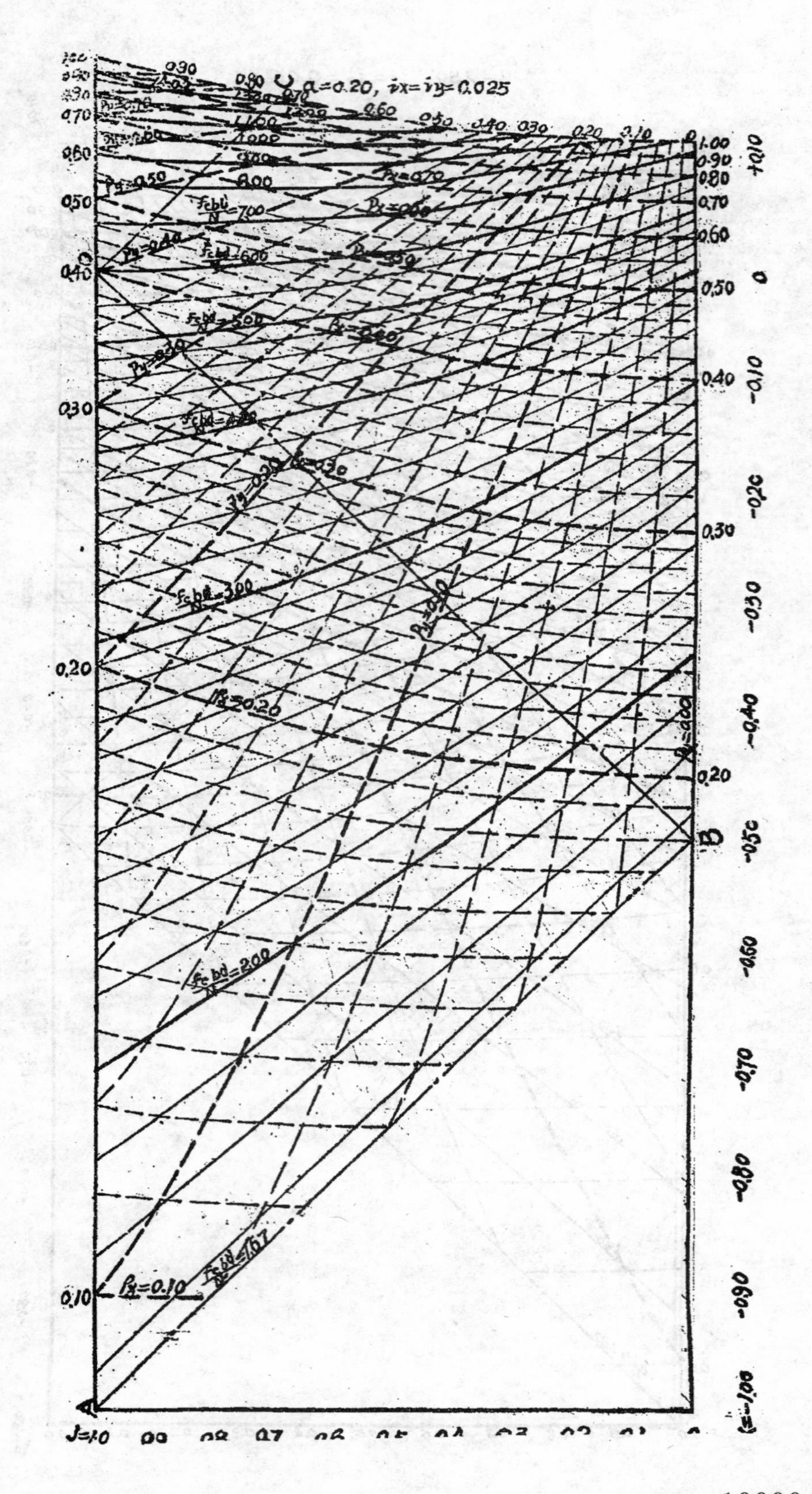

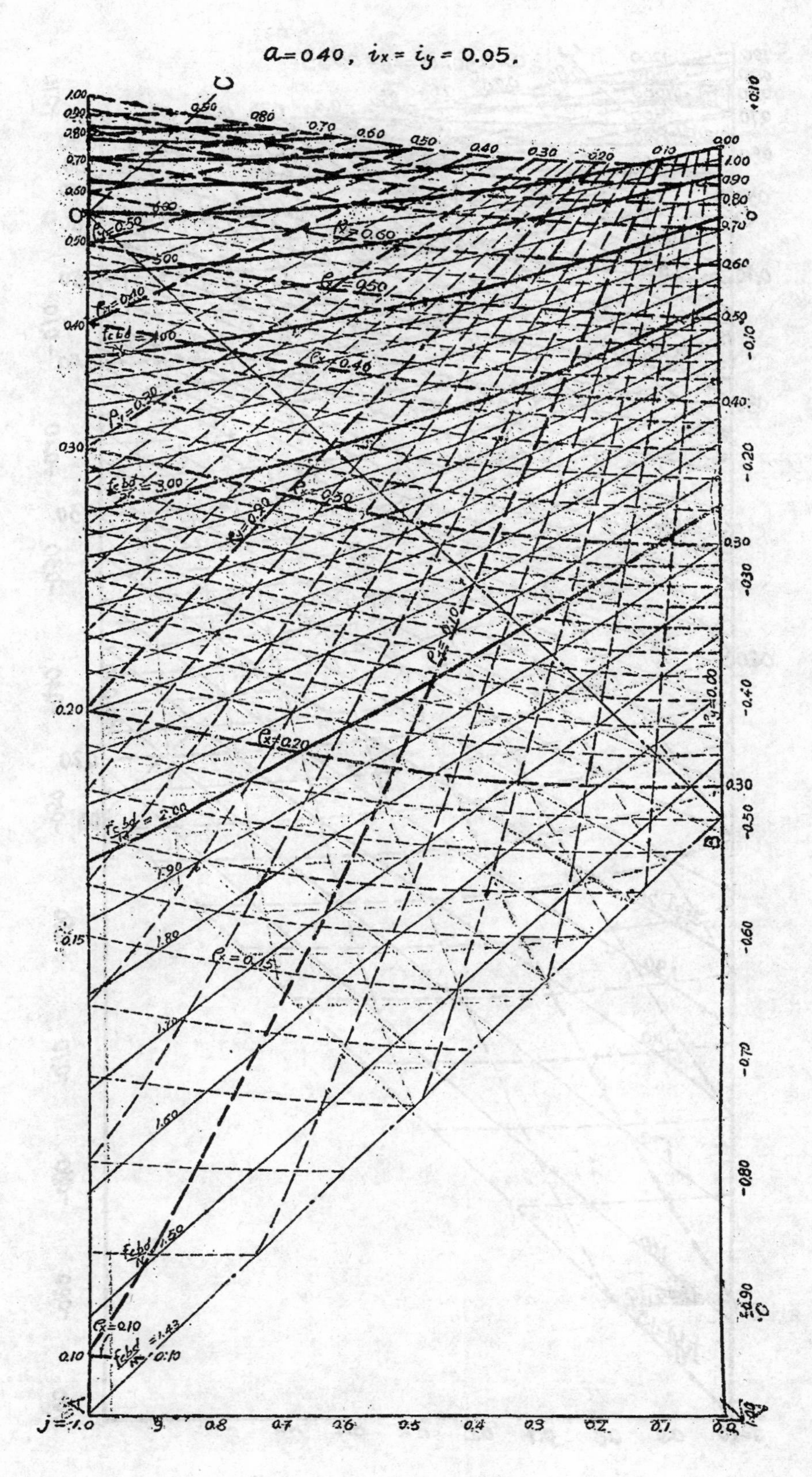

10001

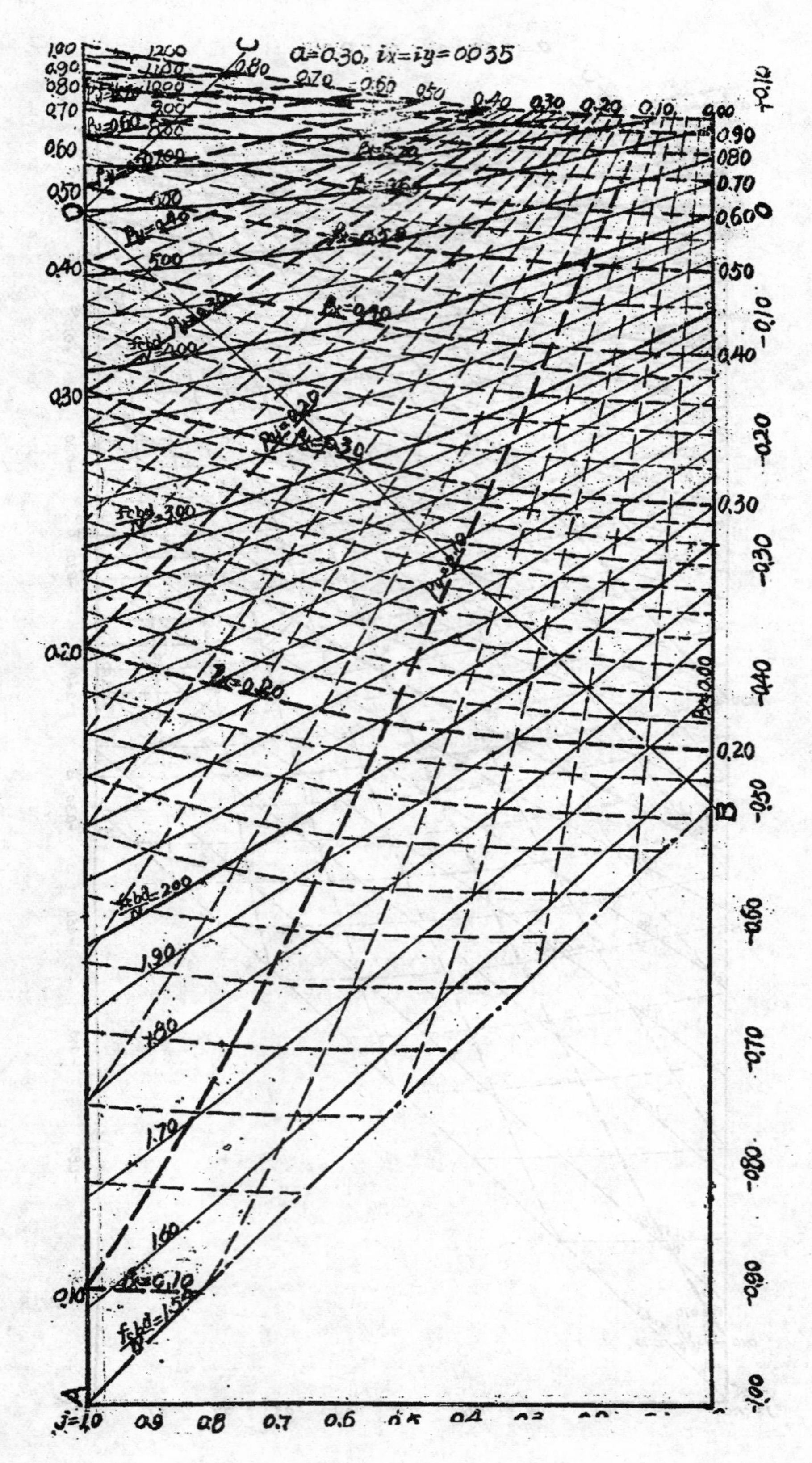

a=0.30, ix=iy=0.035

說明	$a=\frac{nA_s}{bd}$, $i_x=\frac{nI_{sx}}{bd^3}$, $i_y=\frac{nI_{sy}}{b^3d}$, $P_x=\frac{M_x}{Nd}$, $P_y=\frac{M_y}{Nb}$, $K=\frac{g}{d}\sec\theta$, $j=\frac{b}{d}\tan\theta$			符號說明
	第一種情形 $-2K>1-j$ 及 $-2K<1+j$	第二種情形 $-2K<1-j$ 及 $2K<1-j$	第三種情形 $2K>1-j$ 及 $2K<1+j$	$2K=1+j$ A $2K=1-j$ B $-2K=1-j$ C $-2K=1+j$ D f_c, f_s, 中立軸
長方形截面諸公式	$P_x=\frac{\frac{1}{8}(1+j+2K)^3(2K+j-3)+4(1+2i_x)}{(1+j+2K)^3-48(1+a)Kj}$ (7) $P_y=\frac{\frac{1}{8j}(1+j+2K)^3(2K-3j+1)+4(1+2i_y)}{(1+j+2K)^3-48(1+a)Kj}$ (8) $\frac{f_cbd}{N}=\frac{24(1+j-2K)j}{(1+j+2K)^3-48(1+a)Kj}$ (9) $f_s=nf_c\left[1-\frac{2(\frac{d'}{d}+\frac{b'}{b}j-2K)}{1+j-2K}\right]$ (10)	$P_x=\frac{1+4K^2+Kj-3K+24i_x}{3+12K^2+j^2-12(1+2a)K}$ (11) $P_y=\frac{(1-2K+24i_y)j}{3+12K^2+j^2-12(1+2a)K}$ (12) $\frac{f_cbd}{N}=\frac{12(1+j-2K)}{3+12K^2+j^2-12(1+2a)K}$ (13) f_s 與前條同	$P_x=\frac{\frac{1}{8}(1+j-2K)^3(2K-j+3)+48i_xj}{(1+j-2K)^3-48aKj}$ (14) $P_y=\frac{\frac{1}{8j}(1+j-2K)^3(2K+3j-1)+48i_yj^2}{(1+j-2K)^3-48aKj}$ (15) $\frac{f_cbd}{N}=\frac{12(1+j-2K)}{(1+j-2K)^3-48aKj}$ (16) f_s 與前條同	中立軸在CD之間者屬於第一種情形如圖解之△AOB —〃—BC—〃—二—〃—△BOC —〃—BA—〃—三—〃—△COD
修正公式	$dK=\frac{\frac{Si_y}{Sj}(di_x-\frac{Si_x}{Sa}da)-\frac{Si_x}{Sj}(di_y-\frac{Si_y}{Sa}da)}{(\frac{Si_x}{SK})(\frac{Si_y}{Sj})-(\frac{Si_x}{Sj})(\frac{Si_y}{SK})}$ (17) $dj=\frac{\frac{Si_x}{SK}(di_y-\frac{Si_y}{Sa}da)-\frac{Si_y}{SK}(di_x-\frac{Si_x}{Sa}da)}{}$ (18) $\frac{Si_x}{Sa}=-P_xK$ $\frac{Si_y}{Sa}=-P_y\frac{K}{j}$ $\frac{Si_x}{SK}=\frac{(1+j+2K)^2}{48j}(6P_x-2K-j+2)-(1+a)P_x$ $\frac{Si_y}{SK}=\frac{(1+j+2K)^2}{48j^3}(6P_yj-2K+2j-1)-(1+a)\frac{P_y}{j}$ $\frac{Si_x}{Sj}=\frac{(1+j+2K)^2}{384j^2}[8P_x(2j-2K-1)+(4K^2-3j^2-4Kj-4K+6j-3)]$ $\frac{Si_y}{Sj}=\frac{(1+j+2K)^2}{384j^4}[8P_yj(j-4K-2)+3(2K-j+1)^2]+(1+a)P_y\frac{K}{j^2}$ (19)	dK 〃 〃 〃 〃 dj 〃 〃 〃 〃 $\frac{Si_x}{Sa}$ 〃 〃 〃 〃 $\frac{Si_y}{Sa}$ 〃 〃 〃 〃 $\frac{Si_x}{SK}=P_x(K-a-\frac{1}{2})-\frac{1}{24}(j^2+12K^2-3)$ $\frac{Si_y}{SK}=\frac{P_y}{j}(K-a-\frac{1}{2})+\frac{1}{12}$ $\frac{Si_x}{Sj}=(P_x-K)\frac{j}{12}$ $\frac{Si_y}{Sj}=\frac{P_y}{24j^2}[j^2-12K^2-3+12(1+2a)K]$ (20)	dK 〃 〃 〃 〃 dj 〃 〃 〃 〃 $\frac{Si_x}{Sa}$ 〃 〃 〃 〃 $\frac{Si_y}{Sa}$ 〃 〃 〃 〃 $\frac{Si_x}{SK}=\frac{(1+j-2K)^2}{48j}(-6P_x+2K-j+2)-aP_x$ $\frac{Si_y}{SK}=\frac{(1+j-2K)^2}{48j^3}(-6P_yj+2K+2j-1)-a\frac{P_y}{j}$ $\frac{Si_x}{Sj}=\frac{(1+j-2K)^2}{384j^2}[8P_x(2j+2K-1)-(4K^2-3j^2+4Kj+4K+6j-3)]$ $\frac{Si_y}{Sj}=\frac{(1+j-2K)^2}{384j^4}[8P_yj(j+4K-2)-3(2K+j-1)^2]+aP_y\frac{K}{j^2}$ (21)	b,d = 截面之寬度及厚度。 $b'd'$ = 鋼筋中心至表面之厚度。 g = 中立軸至截面中心O點之垂直距離，上正下負。 θ = 中立軸與XX軸所成之角度，以順時針方向計。 n = 鋼筋與混凝土彈性率之比。 A_s = 全截面內之鋼筋面積。 I_{sx} = 鋼筋沿XX軸之惰性率。 I_{sy} = —〃—YY—〃— N = 截面內直接壓力。 M_x = 沿XX軸之彎轉力率。 M_y = 〃YY—〃— f_c = 混凝土所受最大壓力。 f_s = 鋼筋所受最大張力。

10003

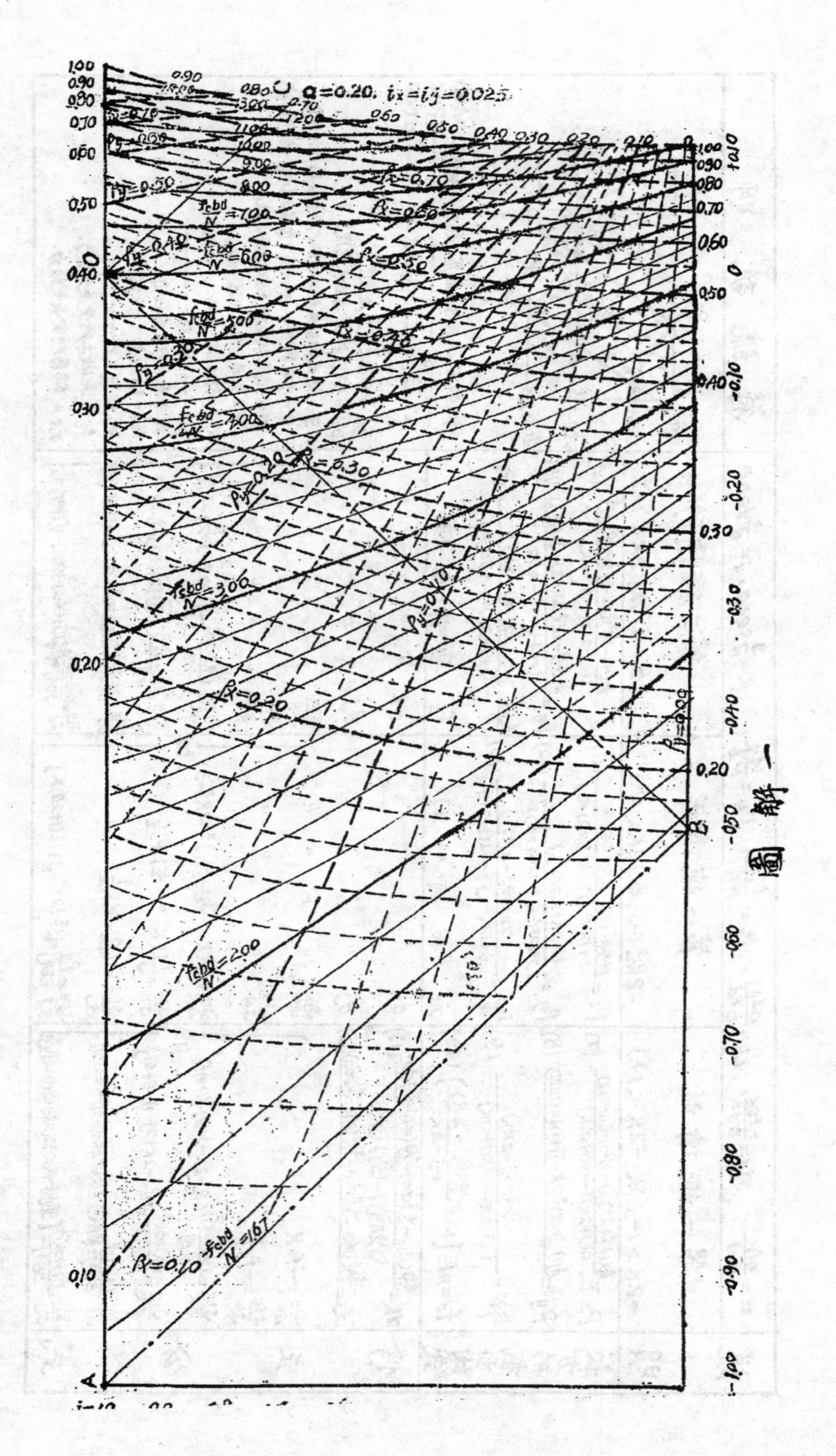

圖解一

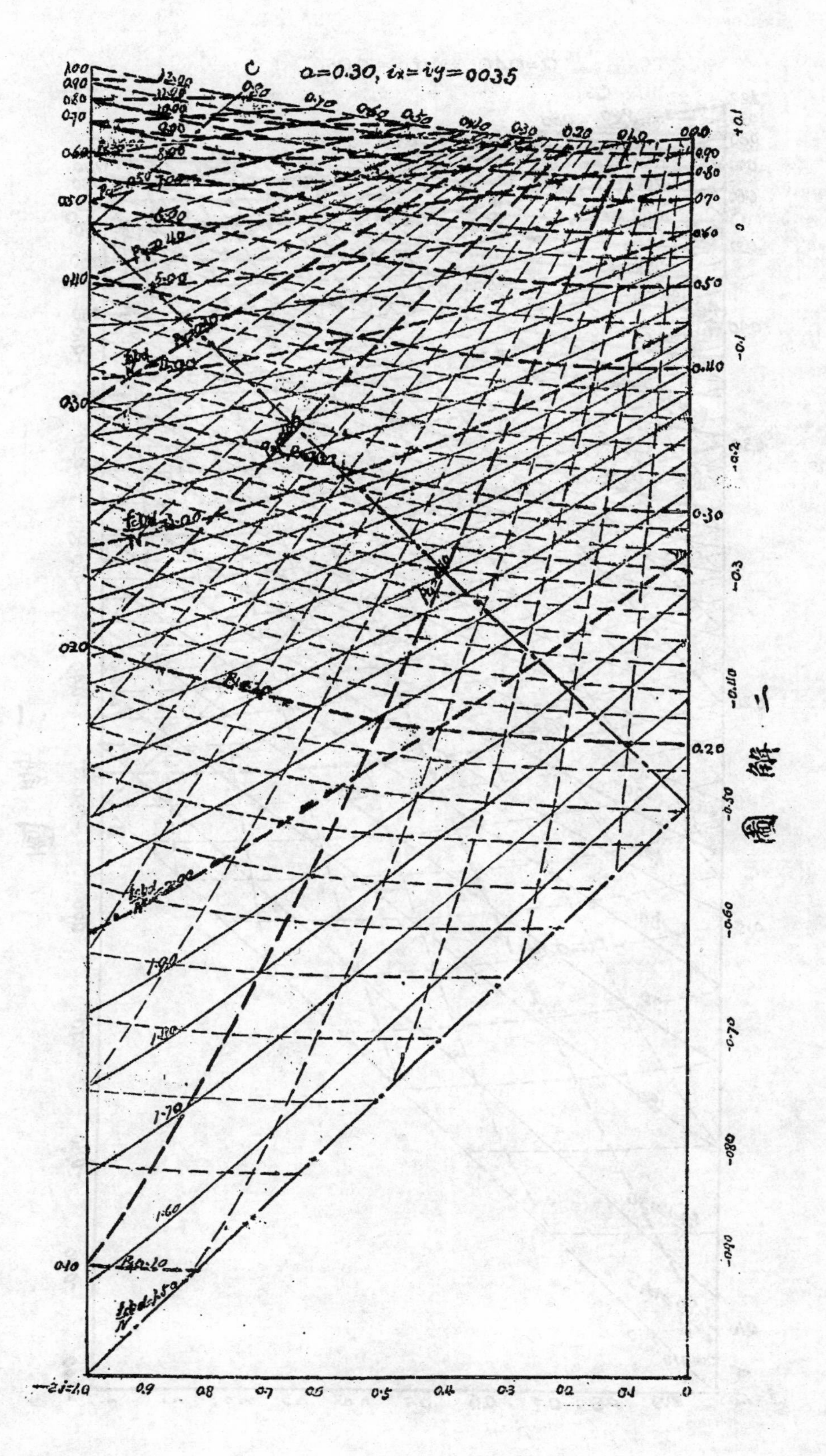
C
a=0.30, ix=iy=0035
圖解二

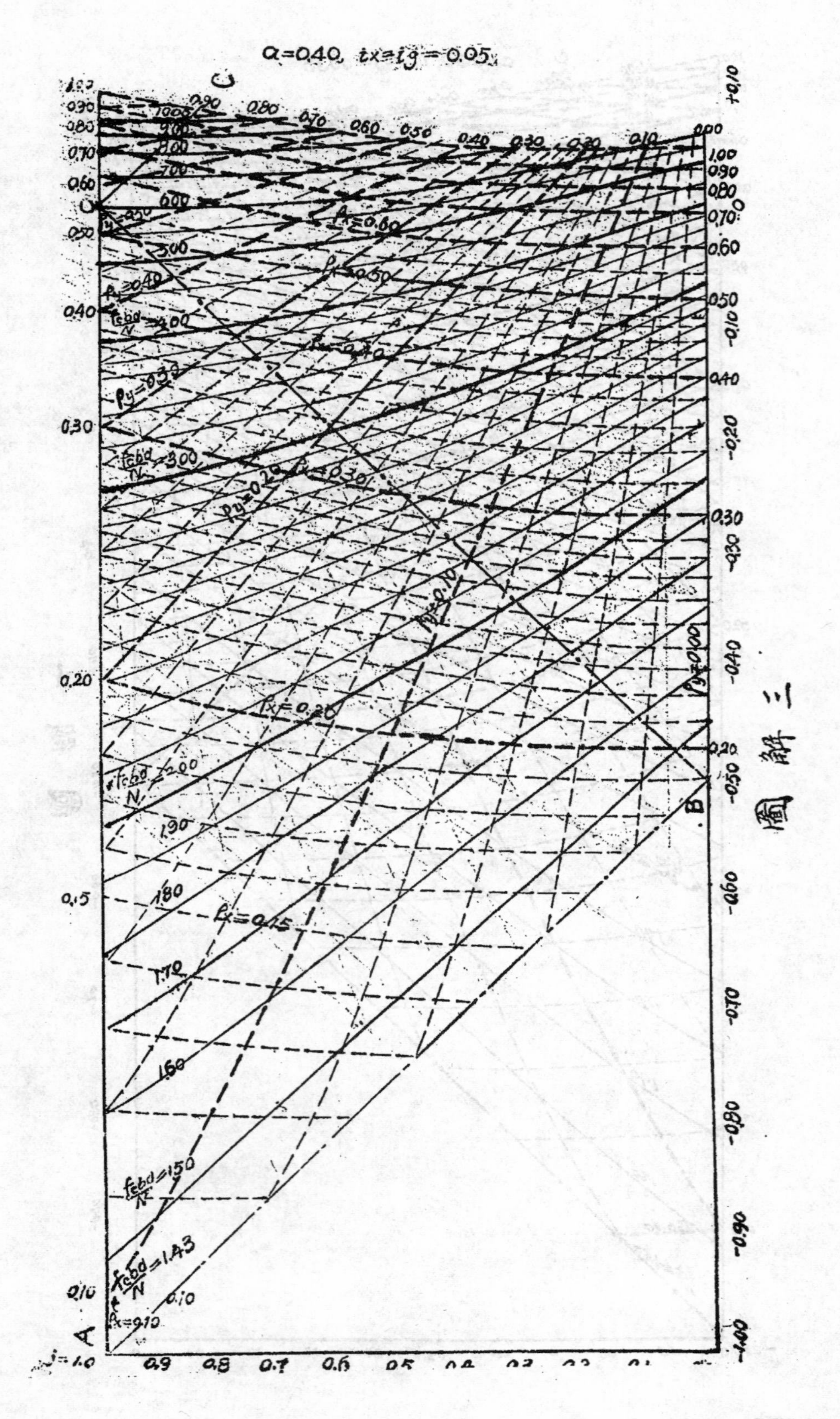

圖解三

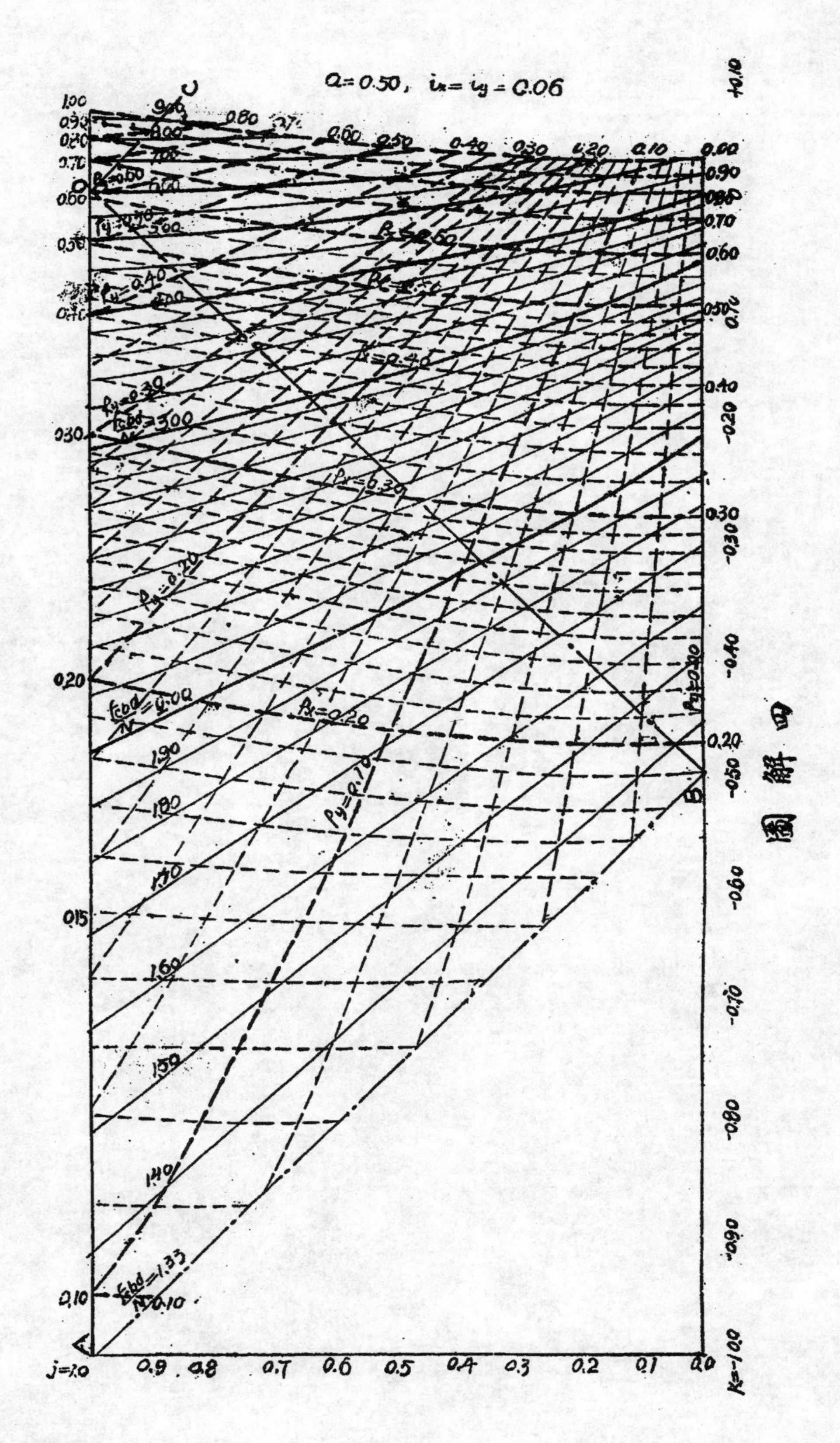

a=0.50, ix=iy=0.06
1.00
0.90
0.80
0.70
0.60
0.50
0.40
0.30
0.20
0.15
0.10
j=1.0
0.9
0.8
0.7
0.6
0.5
0.4
0.3
0.2
0.1
0.0
k=-1.00
-0.90
-0.80
-0.70
-0.60
-0.50
-0.40
-0.30
-0.20
+0.10
0.00
0.90
0.80
0.70
0.60
0.50
0.40
0.30
0.20
C
B

圖解四

故 k j 之修正值，當為 $k=-0.23+0.042=-0.188$，$j=+0.61-0.045=+0.565$。此時 k j 之值，已屬第二種情形，故為校正計，將 $k=-0.188$，$j=0.565$，$a=0.474$，$i_x=0.004$，$i_y=0.054$，代入(11)(12)兩式，即

$$\rho_x=\frac{1-0.0266-0.0601+0.564+1.056}{3+0.424+0.319+4.39}=\frac{2.5333}{8.133}=0.312$$

$$\rho_y=\frac{(1+0.376+1.296)0.565}{8.133}=\frac{1.51}{8.133}=0.186$$

即此可見 k j 已無大誤，故代入(13)式得 $\frac{f_c bd}{N}=\frac{12(1.941)}{8.133}=2.86$，或 $f_c=563\ \#/in^2$

由(10)式，$f_s=15\times563\left[1-\frac{2(0.106+0.070+0.376)}{1.941}\right]=15\times563\times0.43=3620\ \#/in^2$。

$\tan\theta=jd/b=0.565\times19/16=0.671$，　$\theta=33°51'$

$g=kd\cos\theta=-0.188\times19\times0.8305=2.96''$

中立軸之位置及方向，如第九圖所示。

第七節　結論

上述分析方案，初視之似覺繁複，惟幸有既定步驟可循。計算尚不十分困難。所擬修正辦法，係備為精確複核時之用，在初步設計中，由圖解上直接查得 $\frac{f_c bd}{N}$，k，j，之近似值，與實際相差無幾，可供參考之用。

本分析法今後工作，尚擬進行者有兩點：

(1)修正公式(17)(18)內，

$$\frac{\delta i_y/\delta j}{(\frac{\delta i_x}{\delta k})(\frac{\delta i_y}{\delta j})-(\frac{\delta i_x}{\delta k})(\frac{\delta i_y}{\delta j})},$$

$$\frac{\delta i_y/\delta k}{(\frac{\delta i_x}{\delta k})(\frac{\delta i_y}{\delta j})-(\frac{\delta i_x}{\delta j})(\frac{\delta i_y}{\delta k})},$$

$$\frac{\delta i_x/\delta j}{(\frac{\delta i_x}{\delta k})(\frac{\delta i_y}{\delta j})-(\frac{\delta i_x}{\delta j})(\frac{\delta i_y}{\delta k})},$$

$$\frac{\delta i_x/\delta k}{(\frac{\delta i_x}{\delta k})(\frac{\delta i_y}{\delta j})-(\frac{\delta i_x}{\delta j})(\frac{\delta i_y}{\delta k})},$$

諸項，亦可設法圖解，以省計算之勞。

(2)現有圖解中，ρ_x之值以1為限，大於1部份，擬將比例尺放大，賡續進行。

作者前年在設計剛架時，遇有不對稱彎轉力率，即感無法分析，深以為苦為解決此種困難起見，爰有本文之草擬，自揣學術譾陋，內容謬誤，在所不免，故不惜先行提出，以待海內工程先進之教正也。

總裁語錄

特別發展國防科學運動，增加國民的科學知識，普及科學方法的運用，改進生產方法，增加生產總量，使國民經濟迅速地達到工業化，一切工業達到標準化的地步。

具有固定邊及自由邊之長方形薄板

黃 玉 珊

中 央 大 學

(1) 引言

通常結構上之橫樑直柱等僅爲直線的或一方位的問題解算甚爲簡便。而一般薄板之離正與應力之計算，則屬於平面的或二方位的，自爲困難。尤以其邊沿情形，比較複雜，致令解析不易。長方形之薄板，常見用於樓板，船殼，牆壁，及金屬飛機等處以其邊沿平直，尚稱簡易。惟若邊沿不爲簡單支持時，則亦有相當繁難焉。

四邊簡單支持之長方形薄板受各種不同情形之壓力，其解答於通常討論薄板書籍中均易尋得。二對邊爲簡單支持，其餘二對邊爲固定，或自由，或其他支持情形者，S.P. Timoshenko 氏於其新著 Plates and Shells 一書中，敘論綦詳。四邊成爲固定之薄板，以前之解法雖彩，而以鐵木興哥氏於第五次國際應用力學大會（1938年在美國麻省舉行者）所宣讀之 Bending of Rectangular Plates with clamped Edges，法尤新穎簡便，至其他邊沿情形之薄板，以應用較少，解算不易，尚少有注意及之者。

去秋中國工程師第十屆年會中，筆者曾獲閱西北工學院鄭運南先生之「具有固定邊及自由邊之長方形薄板解法」一文。該文將三邊固定一邊自由受靜水壓力之方形薄板，得一近似之結果。似此艱難之問題，作甚詳細之計算，其獨到之處，頗足以啓迪後學。

筆者則利用累加原理，先假設板之四周爲簡單支持，其結果可自任何有關書籍中查得或自行計算，亦良簡捷；繼求四邊簡單支持而受有邊沿力距，以及有邊沿離正之情形，三者結果相加，視邊沿之爲固定，爲自由，抑爲其他情形，以定其條件求得邊沿力距與邊沿離正之大小，然後薄板上各點之離正與應力自易於推算矣。

本文用無窮級數，且其收斂甚爲迅速，故計算簡單而準確，所舉之例，雖係最簡單之情形。實則所述方法適用於任何具有自由邊與固定邊之長方形薄板，且可推衍之使應用於彈性支持與彈性固持之邊沿。用敢不自揣量，略陳一得之愚，尚希方家多予指正是幸。

(2) 總論

大凡以數理方解算薄板之問題，宜先求得薄板之離正，使其——

（甲）符合彎曲公式　薄板之彎曲公式可寫成下列之偏微分方程式：

$$\frac{\partial^4 W}{\partial x^4}+\frac{2\partial^4 W}{\partial x^2\partial y^2}+\frac{\partial^4 W}{\partial y^4}=\frac{P}{D}\quad\cdots(1)$$

式中 x,y,z 爲薄板之長寬厚三方向，相互垂直，W爲Z方向之離正，P爲Z方向之壓力，而D則爲薄板之彎曲韌度，若薄板之彈性倍數爲E，厚度爲h，側伸縮比爲μ則D

$$=\frac{Eh^3}{12(1-\mu^2)}$$

（乙）符合邊沿條件　W此在長方形薄板其邊沿爲直線時，因其支持情形之差異，而有下列各種不同之公式，以 x=a 邊爲例；—

固定　$W=0$，$\frac{\partial W}{\partial x}=0$ ………(2a)

簡單支持$W=0$　$\frac{\partial^2 W}{\partial x^2}+\mu\frac{\partial^2 W}{\partial y^2}=0$ ……………………(2b)

自由　$\frac{\partial^2 W}{\partial x^2}+\mu\frac{\partial^2 W}{\partial y^2}=0$，

$$\frac{\partial^3 W}{\partial x^3}+(2-\mu)\frac{\partial^3 W}{\partial x\partial y^2}=0 \quad (2c)$$

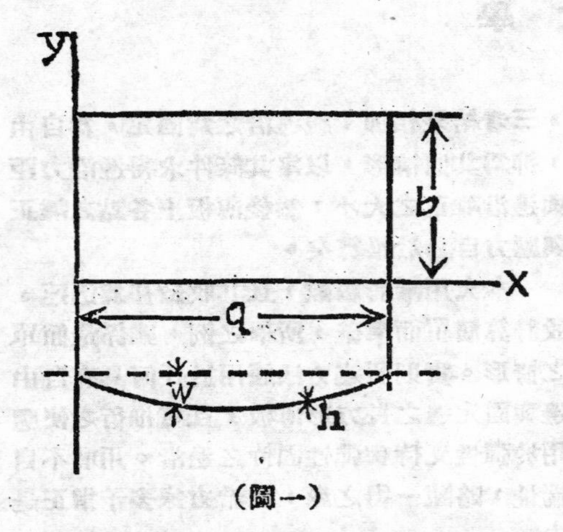

（圖一）

彈性支持與彈性固持　設其支樑之彎曲韌度爲B，其扭轉韌度爲C，則

$$B\left(\frac{\partial^4 W}{\partial y^4}\right)=D\frac{\partial}{\partial x}\left[\frac{\partial^2 W}{\partial x^2}+(2-\mu)\frac{\partial^2 W}{\partial y^2}\right] \cdots\cdots(2d)$$

$$-C\frac{\partial}{\partial y}\left(\frac{\partial^2 W}{\partial x\partial y}\right)=D\left(\frac{\partial^2 W}{\partial x^2}+\mu\frac{\partial^2 W}{\partial y^2}\right) \cdots\cdots(2e)$$

求得離正之函數 $W=f(x,y)$ 以後，可再由下列諸公式分別計算各點之彎曲力距，扭轉力距，剪力，邊沿之支力與角點之集中力等：——

$$M_x=-D\left(\frac{\partial^2 W}{\partial x^2}+\mu\frac{\partial^2 W}{\partial y^2}\right),$$

$$M_y=-D\left(\frac{\partial^2 W}{\partial y^2}+\mu\frac{\partial^2 W}{\partial x^2}\right) \cdots\cdots(3a)$$

$$M_{xy}=-M_{yx}=D(1-\mu)\frac{\partial^2 W}{\partial x\partial y} \cdots\cdots(3b)$$

$$Q_x=-D\frac{\partial}{\partial x}\left(\frac{\partial^2 W}{\partial x^2}+\frac{\partial^2 W}{\partial y^2}\right),$$

$$Q_y=-D\frac{\partial}{\partial y}\left(\frac{\partial^2 W}{\partial x^2}+\frac{\partial^2 W}{\partial y^2}\right) \cdots\cdots(3c)$$

$$V_x=Q_x-\frac{\partial M_{xy}}{\partial y}=-D\frac{\partial}{\partial x}\left[\frac{\partial^2 W}{\partial x^2}+(2-\mu)\frac{\partial^2 W}{\partial y^2}\right], \quad V_y=Q_y-\frac{\partial M_{yx}}{\partial x} \cdots\cdots(3d)$$

$$R_{角點}=2D(1-\mu)\frac{\partial^2 W}{\partial x\partial y} \cdots\cdots(3e)$$

式(1)最簡捷之解法，爲應用 Fouriers 級數，令

$$W=f(x,y)=\sum_{1}^{\infty}[a_m+F_m(y)]\sin\frac{m\pi x}{a} \cdots\cdots(4)$$

代入(1)式，再由壓力 $q=q_0 f(x)$ 及邊沿情形以決定 a_m 與 F_m 之值。因 $\sin\frac{m\pi x}{a}$ 當 $x=0$ 及 $x=a$ 時均等於零，以用於兩端簡單支持〔式(2b)〕正能適合。若爲其他支持情形，則此正弦無窮級數卽難盡合，須加 $\cos\frac{m\pi x}{a}$ 諸項，計算斯繁難矣。

(3)　簡單支持薄板受各種壓力之情形

此項解法，已甚普通，故僅約略敍述如下。法將離正W分爲二部，$W=W_1+W_2$，一爲每一單獨狹條之離正，適合 $\frac{\partial^4 W_1}{\partial x^4}=\frac{q}{D}$ 之條件；另一適合 $\frac{\partial^4 W_2}{\partial x^4}+\frac{2\partial^4 W_2}{\partial x^2\partial y^2}+\frac{\partial^4 W_2}{\partial y^4}=0$ 之條件，並能使 W_1+W_2 適合 $y=0$ 與 $y=b$ 兩邊之支持情形。

平均分佈壓力 $q=q_0$ 此時 $W_1=\frac{q}{24D}(x^4-2a^3x^3+a^3x)=\frac{q_0a^4}{D}\sum_{1,3,5}^{\infty}\frac{4}{\pi^4 n^5}\sin\frac{m\pi x}{a}$，更令 $W_2=\sum_{1}^{\infty}F_m(y)\sin\frac{m\pi x}{a}$ 則得

$$\Sigma\left[F_m''''(y)-2\frac{m^2\pi^2}{a^2}F_m''(y)+\frac{m^4\pi^4}{a^4}F_m(y)\right]\sin\frac{m\pi x}{a}=0 \cdots(5)$$

在 $0<x<a$ 中之無窮個x之值，式(5)皆須成立，則必需每項正弦前之係數皆爲零不可解四次微分程式，乃得

$$F_m(y)=\frac{q_0a^4}{D}\left(A_m\cosh\frac{m\pi y}{a}+B_m\frac{m\pi y}{a}\sinh\frac{m\pi y}{a}+C_m\sinh\frac{m\pi y}{a}+D_m\frac{m\pi y}{a}\cosh\frac{M\pi y}{a}\right)\cdots\cdots(5^I)$$

式中之常數則由邊沿條件 $\left(W=\frac{\partial^2W}{\partial y^2}=0\right)_{\substack{y=0\\y=b}}$ 求之，設 $\alpha_m=\frac{m\pi b}{2a}$ 則得

$$W=\frac{4q_0\alpha}{D\pi^5}\sum_{1,3,5}^{\infty}\frac{1}{m^5}\left\{1-\frac{\alpha_m\tanh\alpha_{m+2}}{2\cosh\alpha_m}\operatorname{Cosh}\alpha_m\left(\frac{2y}{b}-1\right)+\frac{\alpha_m}{2\cosh\alpha_m}\left(\frac{2y}{b}-1\right)\sinh\alpha_m\left(\frac{2y}{b}-1\right)\right\}\sin\frac{m\pi x}{a}\cdots\cdots(6a)$$

若受靜水壓力 $q=\frac{q_0x}{a}$ 仿上法可得

$$W=\frac{q_0\alpha^4}{D\pi^6}\sum_{1}^{\infty}\frac{(-1)^{MH}}{m^6}\left[2-\frac{\alpha_m\tanh\alpha_m+2}{\cosh\alpha_m}\cosh\alpha_m\left(\frac{2y}{b}-1\right)+\frac{\alpha_m}{\cosh\alpha_m}\left(\frac{2y}{b}-1\right)\sinh\alpha_m\left(\frac{2y}{b}-1\right)\right]\sin\frac{m\pi x}{a}\cdots\cdots(6b)$$

此在 b>a 時收斂甚速；若 a>b 時則不若將軸移轉，使 $P=\frac{P_0y}{b}$，則

$$W=\frac{q_0a^4}{D\pi^5}\sum_{1,3,5}^{\infty}\left[(2+\alpha_m\tan\alpha_m)\operatorname{cooh}\alpha_m\left(\frac{2y}{b}-1\right)-\alpha_m\left(\frac{2y}{b}-1\right)\operatorname{sih}\alpha_m\left(\frac{2y}{b}-1\right)+(2+\alpha_m\coth\alpha_m)\sinh x_m\left(\frac{2y}{b}-1\right)-\alpha_m\left(\frac{2y}{b}-1\right)\cosh\alpha_m\left(\frac{2y}{b}-1\right)+4\frac{y}{b}\operatorname{coeh}\alpha_m\right]\frac{\sin\frac{m\pi x}{a}}{m^5\operatorname{cooh}\alpha_m}\cdots\cdots(6c)$$

其他如受三角形式之壓力，一部份之平均壓力，以及集中力等，均詳見鐵木氏書中第五章茲不贅述。

(4) 同上之薄板受邊沿力距之情形

此在鐵木氏書中第六章，亦有詳細之解答，若有對稱之邊沿力距 $M=\sum_{1}^{\infty}E_m\sin\frac{m\pi x}{a}$ 作用於 y=o 與 y=b 兩邊時其結果為

$$W=\frac{a^2}{2\pi^2D}\sum_{1}^{\infty}\frac{E_m\sin\frac{m\pi x}{a}}{m^2\cosh\alpha_m}\left[\alpha_m\tanh\alpha_m\operatorname{coeh}\alpha_m\left(\frac{2y}{b}-1\right)-\alpha_m\left(\frac{2y}{b}-1\right)\sinh\alpha_m\left(\frac{2y}{b}-1\right)\right]\cdots\cdots(7a)$$

若有反對稱之邊沿力距 $M=\pm\sum_{1}^{\infty}E_m\sin\frac{m\pi x}{a}$ 分別作於 y=o，y=b 兩邊，則結果為

$$W=\frac{a^2}{2\pi^2 D}\sum_1^{\infty}\frac{E\sin\frac{m\pi x}{a}}{m^2\sinh\alpha_m}\Big\{\alpha_m\coth\alpha_m\sinh\alpha_m\left(\frac{2y}{b}-1\right)-\alpha_m\left(\frac{2y}{b}-1\right)$$

$$\cosh\alpha_m\left(\frac{2y}{b}-1\right)\Big\} \cdots\cdots (7b)$$

若僅有 $M=\sum_1^{\infty}E\sin\frac{m\pi x}{a}$ 作用於 $y=b$ 一邊時，則將 (7a) (7b) 相加得

$$W=\frac{b^2}{2\pi^2 D}\sum_1^{\infty}\frac{E\sin\frac{m\pi x}{a}}{m^2}\alpha_m$$

$$\Big[\frac{\tanh\alpha_m\cosh\alpha_m\left(\frac{2y}{b}-1\right)-\left(\frac{2y}{b}-1\right)\sinh\alpha_m\left(\frac{2y}{b}-1\right)}{\cosh\alpha_m}$$

$$+\frac{\coth\alpha_m\sinh\alpha_m\left(\frac{2y}{b}-1\right)-\left(\frac{2y}{b}-1\right)\cosh\alpha_m\left(\frac{2y}{b}-1\right)}{\sinh\alpha_m}\Big] \cdots\cdots (7c)$$

若有 $M=\sum_1^{\infty}E_m\sin\frac{m\pi x}{a}$ 作用於 $x=o$ 與 $x=a$ 二邊時，將軸移轉令 $\beta_m=\frac{m\pi a}{2b}$ 則

$$W=\frac{b^2}{2\pi^2 D}\sum_1^{\infty}\frac{E_m\sinh\frac{m\pi y}{a}}{m^2\cosh\beta_m}\Big\{\beta_m\tanh\beta_m\cosh\beta_m\left(\frac{2x}{a}-1\right)-\beta_m\left(\frac{2x}{a}-1\right)$$

$$\sinh\beta_m\left(\frac{2x}{a}-1\right)\Big\} \cdots\cdots (7d)$$

餘均倣此。(7d) 又可利用 Fourier 級數原理使化成 $\sin\frac{m\pi x}{a}$ 之無窮級數為

$$W=\frac{b^2}{2\pi^2 D}\sum_{m=1}^{\infty}\sum_{n=1,3,5}^{\infty}\frac{E_m}{m^2}\frac{n\pi\beta_m(-1)^{n-1}}{\left[\left(\frac{n\pi}{2}\right)^2+\beta_m^2\right]^2}\sin\frac{m\pi y}{b}\sin\frac{n\pi x}{a} \cdots\cdots (7e)$$

(5) 同上之薄板有邊沿離正之情形

由式(1)及 $P=o$，可得

$$W=\sum_1^{\infty}\Big(A_m\cosh\frac{m\pi y}{a}+B_m\frac{m\pi y}{a}\sinh\frac{m\pi y}{a}+C_m\sinh\frac{m\pi y}{a}+D_m\frac{m\pi y}{a}$$

$$\cosh\frac{m\pi y}{a}\Big)\sin\frac{m\pi x}{a} \cdots\cdots (8a)$$

由(3a)得

$$M_{y=o}=-D\left(\frac{\partial^2 W}{\partial x^2}+\mu\frac{\partial^2 W}{\partial y^2}\right)_{y=o}$$

$$=-\frac{D\pi^2}{a^2}\sum_1^{\infty}\Big\{(1-\mu)A_m+2B_m\Big\}m^2\sin\frac{m\pi x}{a}$$

$$M_{y=b}=-\frac{D\pi^2}{a^2}\sum_1^{\infty}\Big\{\big((1-\mu)A_m+2B_m\big)\cosh 2\alpha_m+(1-\mu)B_m 2\alpha_m\sinh 2\alpha_m$$

$$+\big((1-\mu)C_m+2D_m\big)\sinh 2\alpha_m+(1-\mu)D_m 2\alpha_m\cosh 2\alpha_m\Big\}m^2\sin\frac{m\pi x}{a} \cdots\cdots (8b)$$

更由(3d)得

$$\left.\begin{aligned} V_{y=o} &= \frac{\pi^3 D}{a^3}\sum_1^\infty \left\{ (\overline{1-\mu}\, C_m - \overline{1+\mu}\, D_m) \right\} m^3 \sin\frac{m\pi x}{a} \\ V_{y=b} &= \frac{\pi^3 D}{a^3}\sum_1^\infty \Big\{ (\overline{1-\mu}\, A_m - \overline{1+\mu}\, B_m)\sinh 2\alpha_m + \overline{1-\mu}\, B_m 2\alpha_m \cosh 2\alpha_m \\ &+ (\overline{1-\mu}\, C_m - \overline{1+\mu}\, D_m)\cosh 2\alpha_m + \overline{1-\mu}\, D_m 2\alpha_m \sin 2\alpha_m \Big\} m^3 \sin\frac{m\pi x}{a} \end{aligned}\right\} \cdots (8c)$$

若 $y=o$ 與 $y=b$ 兩端爲簡單支持，式(8b)皆等於零若 $y=o$ $y=b$ 兩端有對稱之離正 $W=\sum G_m \sin\frac{m\pi x}{a}$ 則知

$$\left.\begin{aligned} & A_m = G_m \qquad \overline{1-\mu}\, A_m + 2B_m = o \\ & A_m \cosh 2\alpha_m + B_m 2\alpha_m \sinh 2\alpha_m + C_m \sinh 2\alpha_m + D_m 2\alpha_m \cosh 2\alpha_m = G_m \\ & \overline{1-\mu}\, \beta_m 2\alpha_m \sinh 2\alpha_m + (\overline{1-\mu}\, C_m + 2D_m)\sinh 2\alpha_m + \overline{1-\mu}\, D_m 2\alpha_m \cosh 2\alpha_m = o \end{aligned}\right\} (8d)$$

解之得

$$\left.\begin{aligned} D_m &= \frac{G_m}{2\sinh 2\alpha_m}(1-\mu)\ (\cosh 2\alpha_m - 1) \\ C_m &= \frac{G_m}{\sinh^2 2\alpha_m}\left[-\alpha_m(1-\mu) + \sinh 2\alpha_m\right](1-\cosh 2\alpha_m) \end{aligned}\right\} \cdots\cdots\cdots\cdots (8e)$$

代入(8c)式可知

$$V_{y=o} = \frac{\pi^3 D}{a^3}\sum_1^\infty \frac{G_m(1-\mu)\ (1-\cosh 2\alpha_m)}{2\sinh^3 2\alpha_m} \left[(3+\mu)\sinh 2\alpha_m - 2\ (1-\mu)\ \alpha_m\right] m^3 \sin\frac{m\pi x}{a} \cdots\cdots\cdots\cdots (8f)$$

反之，若 $y=o$ 與 $y=b$ 兩端有反對稱之離正 $W=\sum \pm G_m \sin\frac{m\pi x}{a}$ 則因式(8c)中之第三式之右側改爲 $-G_m$ 而 C_m, D_m, 改爲

$$\left.\begin{aligned} C_m &= \frac{G_m}{\sinh 2\alpha_m} - \frac{(1-\mu)\alpha_m}{\sinh 2\alpha_m}(\cosh 2\alpha_m + 1) - 1 - \cosh 2\alpha_m \Big] \\ D_m &= \frac{G_m}{2\sinh 2\alpha_m}(1-\mu)\ (\cosh 2\alpha_m + 1) \end{aligned}\right\} \cdots\cdots\cdots\cdots (8g)$$

代入(8c)式則

$$V_{y=o} = -\frac{D\pi^3}{a^3}\sum_1^\infty \frac{G_m(1-\mu)\ (1+\cosh 2\alpha_m)}{2\sinh^3 2\alpha_m} \left[(3+\mu)\sinh 2\alpha_m + 2(1-\mu)\alpha_m\right] m^3 \sin\frac{m\pi x}{a} \cdots\cdots\cdots\cdots (8h)$$

若僅在 $y=o$ 處有 $W=\sum G_m \sin\frac{m\pi x}{a}$ 而 $y=b$ 處並無離正則將(e)(g)之一半相加，即得

$$W = \sum_1^\infty \Big[G_m \cosh\frac{2\alpha_m y}{b} - \frac{1-\mu}{2} G_m \frac{2\alpha_m y}{b}\sinh\frac{2\alpha_m y}{b} + \frac{G_m}{2\sinh 2\alpha_m}(1-\mu)\cosh 2\alpha_m \frac{2y\alpha_m}{b}\cosh\frac{2\alpha_m y}{b}$$

$$-\frac{G_m(1-\mu)}{\sinh^2 2\alpha_m}\sinh\frac{2\alpha_m y}{b}\left(\overline{1-\mu}\,\alpha+\sinh 2\alpha_m\cosh 2\alpha_m\right)\Big]\sin\frac{m\pi x}{a}\cdots\cdots(8i)$$

而

$$V_o=-\frac{\pi^3 D}{a}\sum_1^\infty\frac{G_m(1-\mu)}{2\sinh^2 2\alpha_m}\left[(3+\mu)\sinh 2\alpha_m\cosh 2\alpha_m+2(1-\mu)\alpha_m\right]\cdots(8j)$$

(6)　通法

長方形之薄板具有任何邊沿支持情形及受有任何壓力均用累加原理：

第一　先假設四邊爲簡單支持，求得受壓力時離正W之函數

第二　在固定邊或彈性固定邊處，先任意加邊沿力距$\sum E_m\sin\frac{m\pi x}{a}$求得薄板離正之函數

第三　在自由邊或彈性支持邊處，則任意假設有邊沿離正$\sum G_m\sin\frac{m\pi x}{a}$求得薄板離正之函數

第四　將上列三種W累加，其中之E_m與G_m則由各邊之扭轉，離正力距，與支力等關係求得之

第五　將求得之總W代入第三節中各式卽可得各點之剪力力距支力等

(7)　簡例

設一正方形薄板受均匀分佈之壓力q，在x＝o, y＝o 二邊爲自由，而x＝a, y＝a 二邊爲固定，在x＝a, y＝a 之一角則有一簡單支持點，將(6a),(7c)與(8i)和加可得

$$W=\frac{4q_o a^4}{D\pi^5}\sum_{m=1,3,5}^{\infty}\frac{1}{m^5}\left\{1-\frac{2+\frac{m\pi}{2}\operatorname{th}\frac{m\pi}{2}}{2\operatorname{cth}\frac{m\pi}{2}}\operatorname{ch}\frac{m\pi}{2}\left(\frac{m\pi}{a}-1\right)\right.$$

$$+\frac{\frac{m\pi}{2}}{2\operatorname{ch}\frac{m\pi}{2}}\left(\frac{2y}{a}-1\right)\operatorname{sh}\frac{m\pi}{2}\left(\frac{2y}{a}-1\right)+\frac{a^2}{8\pi^2 D}\sum_1^\infty\frac{E_m\sin\frac{m\pi x}{a}}{m}$$

$$\left[\frac{\operatorname{th}\frac{m\pi}{2}\operatorname{ch}\frac{m\pi}{2}\left(\frac{2y}{a}-1\right)-\left(\frac{2y}{a}-1\right)\operatorname{sh}\frac{m\pi}{2}\left(\frac{2y}{a}-1\right)\operatorname{sh}\frac{m\pi}{2}\left(\frac{2y}{a}-1\right)}{\operatorname{ch}\frac{m\pi}{2}}\right.$$

$$\left.+\frac{\operatorname{cth}\frac{m\pi}{2}\operatorname{th}\frac{m\pi}{2}\left(\frac{2y}{a}-1\right)-\left(\frac{2y}{a}-1\right)\operatorname{ch}\frac{m\pi}{2}\left(\frac{2y}{a}-1\right)}{\operatorname{sh}\frac{m\pi}{2}}\right]+\frac{a^2}{8\pi D}\sum_1^\infty\frac{E_m\sin\frac{m\pi y}{a}}{m}$$

$$\left[\frac{\operatorname{th}\frac{m\pi}{2}\operatorname{ch}\frac{m\pi}{2}\left(\frac{2x}{a}-1\right)-\left(\frac{2x}{a}-1\right)\operatorname{sh}\frac{m\pi}{2}\left(\frac{2x}{a}-1\right)}{\operatorname{ch}\frac{m\pi}{2}}\right.$$

$$+\frac{\operatorname{cth}\frac{m\pi}{2}\operatorname{sh}\frac{m\pi}{2}\left(\frac{2x}{2}-1\right)-\left(\frac{2x}{a}-1\right)\operatorname{ch}\frac{m\pi}{2}\left(\frac{2x}{a}-1\right)}{\operatorname{sh}\frac{m\pi}{2}}$$

$$+\sum_{1}^{\infty} G_m \sin\frac{m\pi x}{a}\left[ch\frac{m\pi y}{a}-\frac{1-\mu}{2}\frac{m\pi y}{a}sh\frac{m\pi y}{a}+\frac{1-\mu}{2}cth\, m\pi\frac{m\pi y}{a}ch\frac{m\pi y}{a}\right.$$

$$-\frac{1}{sh^2 m\pi}\left(\frac{1-\mu}{1}m\pi+shm\pi chm\pi\right)sh\frac{m\pi y}{a}\Big]$$

$$+\sum_{1}^{\infty} G_m \sin\frac{m\pi y}{a}\left[ch\frac{m\pi y}{a}\frac{1-\mu}{1}\frac{m\pi x}{a}sh\frac{m\pi y}{a}+\frac{1\pi\mu}{2}cth\, m\pi\frac{m\lambda x}{a}ch\frac{m\pi x}{a}\right.$$

$$-\frac{1}{sh^2 m\pi}\left(\frac{1-\mu}{2}m\pi+shm\pi chm\pi\right)sh\frac{m\pi x}{a}\Big] \quad\cdots\cdots(9a)$$

更由邊沿條件得知 $\left(\frac{\partial W}{\partial y}\right)_{y=a}=0$ 將(9a)代入化簡可得

$$\frac{2qa^3}{D\pi^4}\sum_{1,3,5}^{\infty}\left\{\frac{\frac{2m\pi}{2}}{ch\frac{m\pi}{2}}-th\frac{m\pi}{2}\right\}\frac{sm\frac{m\pi x}{a}}{m^4}+\sum_{1}^{\infty}\left\{\frac{E_n a}{D}\frac{1}{2}\left(\frac{1}{sh^2 m\pi}-\frac{cth\, m\pi}{m\pi}\right)\right.$$

$$-\frac{G_m}{a}\frac{m\pi}{2sh\, m\pi}\left[(1+\mu)+(1-\mu)cth\, m\pi\right]+\sum_{1}^{\infty}\frac{E_n a}{D}\frac{2mn(-1)^{m+wn}}{\pi(m^2+n^2)^2}$$

$$\sum_{1}^{\infty}\frac{Gm}{a}\frac{2mn(-1)^n}{(m^2+n^2)^2}\left[m^2+(2-\mu)n^2\right]\sin\frac{m\pi x}{a}=0 \quad\cdots\cdots(9b)$$

及 $\quad \frac{\partial^3 W}{\partial y^3}+(2-\mu)\frac{\partial^3 W}{\partial x\partial y}=0$ 卽

$$\frac{2qa^3}{D\pi^4}\sum_{1,3,5}^{\infty}\frac{\pi^2}{m^2}\left[(1-\mu)\frac{\frac{m\pi}{2}}{ch\frac{2m\pi}{2}}-(3-\mu)cth\frac{m\pi}{2}\right]\sin\frac{m\pi x}{a}$$

$$+\sum_{1}^{\infty}\left\{-\frac{E_m q}{D}\frac{m\pi}{2shm\pi}\left[(1+\mu)+(1-\mu)m\pi\, cth\, m\pi\right)\right.$$

$$\frac{G_m}{a}m^4\pi^4\left(\frac{1-\mu}{2}\right)\left(\frac{1-\mu}{sh^2 m\pi}+\frac{3+\mu}{2}\frac{cth\, m\pi}{m\pi}\right)$$

$$+\sum\frac{G_m}{D}\frac{mn(-1)^m}{(m^2+n^2)^2}\left[m^2+(2-\mu)m^2\right]$$

$$-\sum\frac{G_m}{a}\frac{2\pi^2 mn}{(m^2+n^2)^2}\left[m^2+(2-\mu)n^2\right]\left[n^2+(2-\mu)m^2\right]\Big\}\sin\frac{m\pi x}{a}\quad(9c)$$

取其首四項計算之，卽得下列方程式：

$-.1729x_1+.0162x_2-.0061x_3+.0028x_4-1.827y_1+1.248y_2-.9780y_3+.7806y_4$
$-.6677=0$

$.0162x_1-.0922x_2+.0072x_3-.0040x_4-.9120y_1+1.2832y_2-1.3704y_3+1.248y_4+=$

$-.0061x_1+.0072x_2-.0587x_3+.0039x_4-.6420y_1+1.1219y_2-1.356y_3+1.3901y_4 0$
$-.0123c=0$

$+.0028x_1-.0040x_2+.0039x_3-.0430x_4-.4900y_1+.9120y_2-1.2019y_3+1.3497y_4+$
$=0$

$-1.8271x_1-.9120x_2-.6420x_3-.4900x_4+14.964y_1-70.22y_2-103.07y_3$
$-136.37y_4-27.335c=0$

$1.9480x_1+1.2832x_2+1.1219x_3+.9120x_4-70.22y_1+61.86y_2-213.71y_3-280.83y_4=0$

$-.9780x_1-1.3704x_2-1.356x_3-1.2019x_4-103.07y_1-213.71y_2+1018.9y_3-429.41y_4-2.940c=0$

$.7806x_1-12480x_2+1.3901x_3+1.3497x_4-136.37y_1-280.83y_2-429.41y_3+2683.0y_5=0$

解此組聯立方程式得下列近似值.

$x_1=-6.5c \quad x_2=-9.4c \quad x_3=-6.7c \quad x_4=-4.5c$

$y_1=0.067c \quad y_2=-0.24c \quad y_3=-0.05c \quad y_4=-0.03c$

其中 C代表$\frac{4qa^3}{D\pi^4}$ x_1代表$\frac{E_1a}{D}$，y_1代表$\frac{G_1}{a}$餘類推由此可知邊沿之力距與雛正如下：——

$\frac{x}{la}$	0	$\frac{1}{6}$	$\frac{1}{4}$	$\frac{1}{3}$	$\frac{1}{2}$	$\frac{2}{3}$	$\frac{3}{4}$	$\frac{5}{6}$	[illegible]	
力距	—	−22	−18	−10	—	−1	+1	+2	—	$\left(\frac{4qa^2}{\pi^3 Xa}\right)$
雛正	—	—	—	—	.13	.25	.20	.22	0	$\left(\frac{4qa^4}{\pi^4 D}\right)$

表中數字室缺之處乃以計算結果不甚妥當，若須求得較精確之數字，倘應多取數項始可

此例題計算承陳百屏先生襄助之處甚多，並誌謝意。

我國鐵路究應採用何種軌距

王竹亭

西北公路工務局

鐵路軌距(Roilway gauge)乃兩軌內邊之距離；嚴格以言，乃指軌道直線部份自鋼軌頂面向下離開相當距離處(德國國家鐵路定爲 14 公厘，美國 AREA 定爲5/8吋)兩軌內邊之垂直距離，此距離尺寸之採用，考據鐵路建築史料，多認爲出於偶然，而無若何學理之根據，1823 年史梯芬孫(G. Stephenson)在世界第一條鐵路 Stockton Dorlington 上使用4呎 8½ 吋，即 1435 公厘之軌距，其後在英國採用了七種不同之軌距，以 1435 公厘者爲最小，至 1846 年英國國會規定所有鐵路應以 435 公厘爲軌距，以求劃一，嗣後各國築路，除大部沿用此 1435 公厘軌距外，尙有若干不同之尺寸發生，截至目前，各種主要軌距，約有 1676－1670 公厘(約有 53,000 公厘，佔世界路綫總長6%)，1600 公厘(約 13,000 公里，－1.5%)，1524 公厘(約 57,000 公里 －7%)，1448－1435 公里約620,000 公里 －71%) 1067 公厘(約 53,000 公里 －6%)，1000 公厘(約 54,000公里 －6% 及小於 1000 公厘(約 23,000 公里 －2.5%)多種，至不統一，一國之內甚至有數種不同之軌距存在。

現代鐵路建設，一切力求劃一，軌距尤然，近年來漸有統一軌距標準之趨勢，各國多以 1435 公厘爲標準，(蘇聯則用 1524 公厘)凡其大於或小於此者，分別與以寬轍窄轍之稱

我國鐵路建設，至爲落後，在鐵路史第二世紀開始之初，吾人方決定積極建立路網，作迎頭趕上之計，因限於人力物力之缺乏，及由於待築鐵路數量之龐大與夫吾人需要鐵路之急迫，乃發生一種經濟技術問題，迄未獲得澈底之解答，此即「究應採用何種軌距始爲經濟而合理？」在英人試辦鐵路之初，絕未想到今日尙有若此問題之發生，而且若是之嚴重，同實昔人爲何採用 1435 公厘軌距而不用任何其他尺寸，必歸鳥益，即使史梯芬孫生存至今，恐亦難解答，吾人今日之問題不在另行設計一種特殊軌距，而在比較現行通用之軌距，應以某種或某兩種配合，較爲適於今日之經濟條件；其理由則在能探索現行軌距之運用經驗及統計數字，爲配合吾人經濟條件，研究之基礎也，作者認爲問題只在兩種軌距內求解答，即 1435 公厘之標準軌距及 1000 公厘之窄轍。

當前問題有二，一曰如何決定採用兩者之一，俾全國通用，且在任何情況之下，皆用此種軌距，(地理的經濟的特殊範圍中，不與全部路網直接連貫之路線，自可不受此種限制)，一曰如何配合兩種軌距，使彼此聯繫得宜，既能個別適應其經濟環境，又可將因用兩種軌距而發生之困難，減至最小限度，此純爲一種技術問題，問題重心在解決兩種軌距聯運車站上，業務執行之困難，有如聯運貨載如何可減少裝卸上之金錢時間消耗(在裝卸設備及工具設計上，在運品包裝方法上，求解答尋出路一例如使用尺寸合度之裝貨箱 Freight Container 可減少裝卸之困難與損失)，又如機務設備，如何可以聯合使用，(如標準轍內，再加一軌條，俾寬轍窄轍機車車輛，得以兼駛其間)，皆屬技術問題，此種技術問題，偏於補救性質，併非軌距問題之核心，吾人如能判定公尺軌距

可普遍採用，則兩種軌距配合問題，根本不再存在，故當前問題，在以科學方法客觀態度，精詳研究公尺軌距，是否可定為中國之標準軌距，併且普遍採用而不再作任何他種軌距。

解答此問題之法，可按建築工款運輸能力與運輸成本各項，比較 1435 與 1000 公厘軌距之孰優孰劣，再參酌中國經濟情形，以求結論。

國內有關鐵路工程費款及營業收支之詳確統計數字，極感缺乏，惟有假定一種路線，運用學理，推算其工款，營業收支，運輸能力與夫運輸成本，以作比較，固不能保證絕對數字之精確無疑，但相信其足為比較之基礎也。

茲假定有 1000 公里路線，試就四種設計，加以比較：

(甲) 1435^{mm} 單轍，單機列車。（每列車用機車一輛拖引）。

(乙) 1000^{mm} 單轍，單機列車。

(丙) 1000^{mm} 單轍，雙機列車。

(丁) 1000^{mm} 雙轍，單機列車。

我國全部地形，可分為三種：曰平地、曰半山地、曰山地、假定路基挖填，均按水平斷面計算，並挖填各半，路基挖填之中心高，可按下列數字計算（參考 Blum Linienführung 1924 年版，頁 333）。

$$\begin{cases}\text{平　地：} & h=1.5m\\ \text{半山地：} & h=3.5m\\ \text{山　地：} & h=6.5m\end{cases}$$

每公里填方 $=(bh+1.5h^2)\times 500\ m^3$;

挖方 $=(bh+2h+h^2)\times 500\ m^3$;

（未計側溝）

每公里路基挖填總計 $=(2bh+2h+2.5h^2)\times 500\ m^3$ 此處以 b 表示路基頂寬，挖方邊坡坡度用1:1，填方邊坡坡度用 1:1.5，側溝頂寬，1公尺，側溝邊坡與挖方同，路基頂寬規定為：標準軌距 $=5400^{mm}$，公尺軌距單轍為 4000^{mm}，公尺軌距雙轍為 7500^{mm}，詳見附圖及說明。

路基土石方數量　按前述假定計算可知每公里土石數量為 $(2bh+2h+2.5h^2)\times 500\ m^3$

	1435 單轍	1000 單轍	1000 雙轍
平　地 (h=1.5)	12.500	10.300	15.600
半山地 (h=3.5)	37.700	32.800	45.000
山　地 (h=6.5)	94.400	85.300	108.100

至於每公里平均土石數量之推算，併非徒將三種中心高度之數量，平均而已，乃根據兩種因素，以計算之：(a) 全國面積中，平地半山地與山地之比數為 3:5:3。此為根據申報館發行之地圖，用面積計約略估計所得。(b) 總理全國鐵路計劃，按平地，半山地山地約略分別估計其長；平地約為54,000公里，半山地約為 90,000 公里，山地約為18,000 公里，其比數為 3:5:1 將此兩種比數對應部份相乘得一綜合比數 3:5:2，作為計算土石平均數量之根據即得：

1435	單轍	$B_1=5400^{mm}$	$V_m=41,500$	m^3/Km
1000	單轍	$B_2=4000^{mm}$	$V_m=36,500$	m^3/Km
1000	雙轍	$B_3=7500^{mm}$	$V_m=48,800$	m^3/Km

在德國 Ziffer 統計上公佈 1435^{mm} 單轍與 1000^{mm} 單轍路線路基土石費款之比為 1000:900。此間所得者約為 1000:880。甚相近也，以下計算路基工款時，即以此三種平

均數量爲依據。

道碴厚度寬度擬定如下：

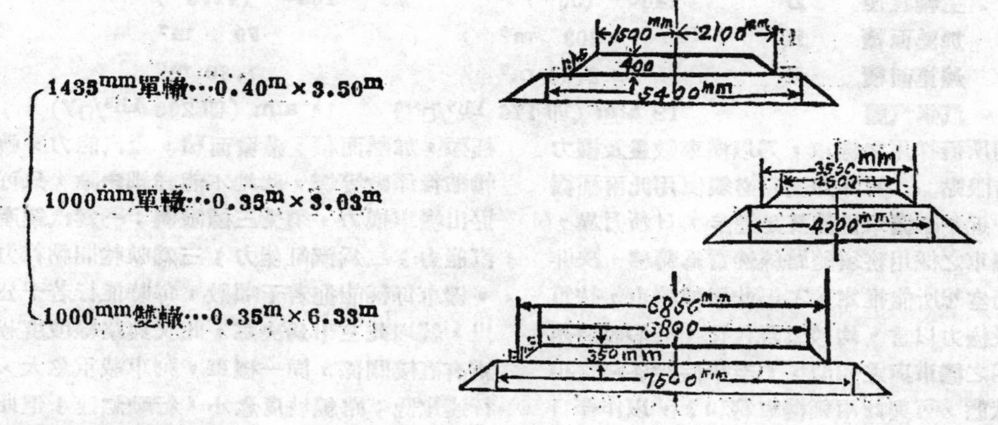

1435mm單軌…0.40m × 3.50m
1000mm單軌…0.35m × 3.03m
1000mm雙軌…0.35m × 6.33m

每公里道碴數量爲：

1435	單軌	3.60 × 0.40 × 1000 = 1440	m^3/Km
1000	單軌	3.03 × 0.35 × 1000 = 1060	m^3/Km
1000	雙軌	6.33 × 0.35 × 1000 = 2220	m^3/Km

枕木（假定用木枕），假定長度厚度寬度如下：

1435	單軌	$2.44^m \times 0.15^m \times 0.23^m$
1000	單軌	2.10 × 0.12 × 0.20
1000	雙軌	2.10 × 0.12 × 0.20

每公里枕木數量，擬定爲 1400 根，雙軌按 2800 根估計，此間 1000 軌距碴床及枕木尺寸數量之規定，均具相當高強之標準，意在使窄軌之軌道加強，俾爭取運輸能力。德國標準 1000 單軌路線每公里鋪碴 900m.³ 吾人此間定爲 1060m.³（見得Blum: Linienführung 頁 335）。

鋼軌及配件： 鋼軌重量爲路線運輸能力限制因素之一，因其與行車速度與機車主軸重量，均有直接關係，而主軸重量，又直接左右了機力之大小也，各國專家創立許多公式，以規定行車速度機車軸重與軌重之關係，茲暫不深入理論，只假定 1435 軌距用每公尺 40 Kgs 鋼軌， 1000 軌距用每公尺 25 公斤鋼軌（將魚尾鈑道釘螺絲等包括在內），則每公里所需軌料爲

1435 單軌	1000 單軌	1000 雙軌
80 噸	50 噸	100 噸

機車之式樣 機車式樣，與路線運輸能力有直接關係，此時此地因無最新機車目錄可供參考；暫假定 1435 軌距用德國國家鐵路之G10式（爲 0－10－0 式貨運機車，見 Blum: Linienführung 頁 130），1000 軌距用 Eisenbahntechnik d, Gegenwart 卷IV，頁 306 之12號機車，兩種機車主要尺寸如下：

	1435 軌距	1000 軌距
每個主軸重量 (噸)	14.30	10.12
總　重 (噸)	71.49	45.00
主軸總重 (噸)	71.49	40.50

氣缸尺寸(長×直徑)		$66^{Cm}\times63^{Cm}$(26"×25")	$55^{Cm}\times40^{Cm}$(22"×16")
主輪直徑	D	140^{Cm} (55")	105^{Cm} (41.3")
加熱面積	H	203 m^2	79 m^2
爐篦面積	R	2.63 m^2	1.30 m^2
汽鍋汽壓		12 atm (即176 $Lbs/\square$")	14 atm (即206 $Lbs/\square$")

此間所擬採用之機車，乃以機車數量及機力為着眼點，並非即決定必須使用此兩種機車，近年來機車性能長足進步，日新月異，且機車之採用務須隨路線性質為轉移，決非此間空想所能推定，不過此兩種機車，按重量及機力以言，均較為現代化，故假設將來所用之機車與之相似，（至少假設各路之平均狀態，可與此兩種機車符和），以作今日之比較基礎，或無不妥。

今日問題既以比較兩種軌距之最大運輸能力為主，故擬定之路基碴床枕木鋼軌及一切設備，皆以最大運輸能力之需要為基礎，此併不謂每條路綫通車之始，即須使用此種標準，而毫不顧慮其是否已有最大運務之存在；下文討論路線運輸能力時，以貨列車計算，至於客列車對於貨列車行駛密度之擾亂(Interferonce)暫不計及，（客車速度高大，對於貨列車密度，有不利影響見 Williams: Railway Location 頁218）。

機車挽力之計算，甚為繁複，論其形成因素，亦為至夥，如汽鍋氣壓，主輪直徑，主軸重量，汽缸尺寸，汽缸數目，蒸汽種類（過熱或飽和）爐篦面積，給煤方法，燃料種類，加熱面積，蒸發面積，產汽能力，軌輪黏着係數等等，此地不能詳細申論，只可提出機車挽力，須受三種限制：一為汽鍋產汽能力；二為汽缸能力；三為軌輪間黏着力，機車每輛能拖若干噸數，每時能行若干公里，就以此三事為決定，此又與路線坡度載重有直接關係，同一機車，列車載重愈大，行速愈低；路線坡度愈小，行駛愈速；但此併此直線比例，其計算也理論繁複，茲為簡捷起見，用一種普通公式以推算速度與挽力間之關係；此固非絕對準確之公式，但可適合普通運用之機車，用之於此當無不適合也（見 Williams: R.L. 頁154）：

$$Z=d^2p\frac{L}{D}(0.95-\frac{392\,L}{11000\,D}V)$$

此處　Z＝挽力，以磅計。
　　　d＝汽缸直徑，以吋計。
　　　p＝汽鍋汽壓，以 $\#/\square''$ 計。
　　　D＝主輪直徑，以吋計。
　　　V＝行車速度，以小時英哩($m/_{hr.}$)計

茲根據此式計算上列兩種機車之挽力速度變化如下：

1435 軌距 速度 ($km/_{hr}$)	挽力 (kgs.)	1000 軌距 挽力 (kgs.)	速度 ($km/_{hr}$)
5	20,800	11,500	5
10	18,700	10,700	10
15	18,400	9,900	15
20	17,200	9,200	20
25	16,000	8,400	25
30	14,800	7,700	30
35	13,600	6,900	35
40	12,300	6,100	40
45	11,100	5,400	45

10022

50	9,000	4,600	50
55	8,700	3,900	55
60	7,500	3,100	60

輪緣軌頂間黏着力之限制　機車黏着挽力等於主軸總重乘以黏着係數(機車配有Booster時，黏着重量相應增加），所謂黏着係數，乃一變幻數值，推求繁複，茲假定使用一種數值，爲 $\frac{1}{5}$（見Blum: Linienführung. 頁159)，因而得兩種機車之黏着挽力，俾核對列車計算儎重之是否合宜：

1435 軌距: $71490\times\frac{1}{5}=14,298$ kgs.

1000 軌距 $40500\times\frac{1}{5}=8,100$ kgs.

軌重枕木距離對於行車速度之限制　軌重及枕木距離，與行車速度及機車軸重間有複雜關係存在，但迄今亦未見有詳確算式成立，足以表示此種關係者；茲爲簡便起見，使用瑞典工程師所慣用之算式如下(見 Saller: Eisenbahnoberbau. 1928. 頁 52)：

$$(\text{每公尺軌重})=0.41\ \sqrt[3]{\frac{(\text{每個主輪重量若干公斤})^2(\text{枕木中心距離若干公分})^2}{[1100-5(\text{行車速度，每小時若干公里})]^2}}$$

機車所拖車輛重量　可用下式計算車輛重量 G.（噸數）：

$$G=\frac{Z}{\omega_0+S‰}-(L+T)$$

此處　ω_0＝列車行駛基本阻力，kgs/t

L ＝機車重量，t.

S ＝路線坡度，‰

T ＝煤水車重量，t.

ω_0 之計算，理論甚爲複雜，須隨速度，機車車輛構造，天氣等因素，而變幻，爲約略估計，以作比較之用，可使用下列公式（見 Blum: 頁 145～150）：

1435 軌距…………………………$\omega_0=2.4+0.08\left(\frac{V}{10}\right)^2$ kgs/t.

1000 軌距…………………………$\omega_0^{LT}=3\sqrt{3}+0.0015V^2$（機車煤水車適用)。

$\omega_0^{G}=2.6+0.0003V^2$（車輛適用)。

因而可知機車所拖車輛重量可遂：

1435 軌距 $G=\frac{Z}{2.4+0.08\left(\frac{V}{10}\right)^2+S}-(L+T)$

1000 軌距 $G=\frac{Z-(L+T)(3\sqrt{3}+0.0015V^2+S)}{2.6+0.0003V^2+S}$

茲假定平坦路線限制坡度爲 5‰；半山地—10‰；山地—20‰；平均坡度可分別假定爲 2.5‰，5‰ 及 10‰，再求其綜合平均坡度，約爲 5.25‰，(即 $\frac{3\times2.5+5\times5+2\times10}{3+5+2}=5\frac{1}{4}‰$)。

根據綜合平均坡度 $=5\frac{1}{4}‰$，按上列兩種列車重量算式，以分別計算兩種機車所拖列車重列量，可得下列結果：

軌距＼速度	5	10	15	20	25	30	35	40	45	50	55	60
1435	2640	2348	2279	2087	1892	1697	1504	1306	1126	955	792	641
1000	1390	1290	1180	1080	970	870	765	650	———	475	———	265

此爲理論的列車重量，在實際運用上，尙須將此數値略爲減低，以便克服行車上之偶然困難；有如惡劣天氣足使G之數値降低；車輛中難免有不能充份利用者；在列車總噸數上，亦受損失，茲擬將理論重量減低[illegible]，可得下表數字：

軌距＼速度	5	10	15	20	25	30	35	40	45	50	55	60
1435	1980	1760	1710	1565	1420	1270	1130	980	845	715	590	481
1000	1040	970	885	810	730	660	575	487	---	360	---	200

機車所拖車輛重量之增減，足以左右行車速度，兩者雖不成爲反比例，但成爲一種相反現象，欲使列車重量增加，勢須將行車速度減低，反之亦然，速度提高，須將儎重減低，列車行速及儎重究以何者爲宜，此乃運用上之經濟問題，理論證明在行車速度與列車儎重乘積爲最大數値時，路線運輸能力最大，而運輸成本亦最小，此種速度稱爲經濟速度，茲作下表，以便推求經濟速度及其相應儎重：

軌距＼速度V		5	10	15	20	25	30	35	40	45	50	55	60
1435	G	1380	1760	1710	1565	1420	1270	1128	980	845	715	590	481
	GV	9900	17610	25635	31300	35500	38190	39480	37160	37980	35800	32670	28860
1000	G	1040	970	885	810	730	660	575	487	——	360	——	200
	GV	5200	9700	13300	16200	18300	19800	20000	19600	——	18000	——	12000

根據上表計算可知經濟速度及其車輛總重如下：

	Z (kgs)	V ($^{km}/_{hr}$)	G (t)	GV (t−km)
1435	13,600	35	1,128	39,480
1000	6,900	35	575	20,000

遵照前列輪重軌重與速度關係之算式計算可得行車速度爲 120 及 75 $^{mk}/_{hr}$ 可知所用鋼軌重量，倂無車行過速之嫌在上列Z之數比黏着挽力爲小，故無挽力不夠之虞。

車輛皮重與總重　車輛尺寸愈大，則皮重與總重之比數愈小，1000 軌距貨車皮重與總重比數可爲$\frac{30}{100}$；儎重爲 20^t，（見Eisenbahnlechnik d. Gegewart 卷IV，頁 552～553）。現代標準軌距貨車此比數可爲$\frac{27}{100}$，（見Williams R.L. 頁 175）。茲按$\frac{27}{100}$（1435 軌距）及$\frac{30}{100}$（1000 軌距）計算皮重與總重，則兩種軌距路線，每個列車所拖貨物淨重爲：

$$\begin{cases} 1435\ 軌距\cdots\cdots\cdots\cdots 823^{t} \\ 1000\ 軌距\cdots\cdots\cdots\cdots 403^{t} \end{cases}$$

運輸能力　假定路線長 1000 公里（簡以述及），單軌路線之最大行車速度每晝夜對開24對列車，每年運輸能力爲：

$$\begin{cases} 1435\ 軌距\cdots\cdots\cdots\cdots 14,419,000,000\ t-km. \\ 1000\ 軌距\cdots\cdots\cdots\cdots 7,060,600,000\ t-km. \end{cases}$$

1000 軌距雙軌路線，如用同樣之機車，其運輸能力至少可增高四倍，且建築費除開路基軌料及機車車輛（連同機務設備等）外，不至顯著增高，如欲以 1000 軌距雙軌路線運輸能力高出於 1000 軌距單軌路線之六倍，只須每兩個車站之間（根據上邊計算，行車速度爲 $35^{km}/_{hr}$ 每 24 小時對開 48 列車，站間距離約在 15 公里左右）加設區截點兩處卽可，（機車車輛數目，固須顯著的增加），此爲極易舉辦之事，且所費無多。根據理論及統計，單軌改爲雙軌後，運輸能力可增至 12 倍之多，（每兩站之間，須添設區截五處），此可見諸 Blum: Linienührung 頁 192 ，茲按增加六倍計，俾數字上不至爲雙軌路線過事誇張，我國經濟不發達，鐵路運輸能力自可逐步擴展先作 1000 軌距單軌，再改雙軌，運輸能力卽增加兩倍，復於兩站之間設區截點兩處能力卽增加六倍，在兩區截點間再各增設區截點一處，能力卽增爲 12 倍，此間按 1000 軌距雙軌運輸能力增高六倍計算，又因 1000 軌距路線運輸能力，乃限於機車構造，不能使機力特別擴充，但吾人儘可於必要時使用雙機，列車重量當可加倍，茲就1435軌距單軌，1000軌距單軌，雙軌及單軌雙機分別計算運輸能力如下(t－km/年)：

（以每年噸公里計）

1425^{mm} 軌距	1000^{mm} 軌距		
	單　軌　單　機	單　軌　雙　機	雙　軌　單　機
14,419,000,000	7,061,000,000	14,122,000,000	42,364,000,000

車輛需要數量　假設 n 爲每晝夜列車對數，L爲路線長度，（公里）＝1000，m 爲每列車所拖之車輛數目，V_c 爲平均商業速度，（包括列車在中途各站停留時間）比較平均行駛速度爲小，茲假定爲 $30.^{km}/_{hr}$，又 t_t 爲列車在兩個端站停留時間，可按兩晝夜計，如此則每對列車往返全線一次，須「在路上行駛，併在站停留」。

$$\left(\frac{2L}{24V_c}+t_t\right)\text{天}$$

全線所得最低限度之列車數目當爲 $\left(\frac{2L}{24V_c}+t_t\right)n$。爲安全計，須留以 10% 之富裕，作爲修理或備用，如此則共需車輛數目爲：

$$N=1.10\left(\frac{2L}{24V_c}+t_t\right)nm$$

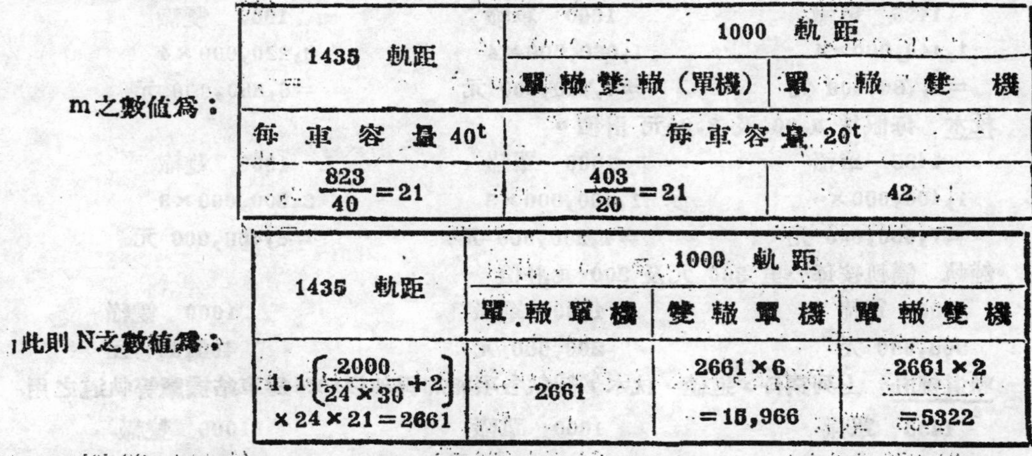

m之數值爲：

1435　軌距	1000　軌距	
	單軌雙軌（單機）	單　軌　雙　機
每　車　容　量 40^t	每　車　容　量 20^t	
$\frac{823}{40}=21$	$\frac{403}{20}=21$	42

此則N之數值爲：

1435　軌距	1000　軌距		
	單軌單機	雙軌單機	單軌雙機
$1.1\left(\frac{2000}{24\times30}+2\right)\times24\times21=2661$	2661	$2661\times6=15,966$	$2661\times2=5322$

車需要數量　實際行車所佔用之機車數量，再加以 15% 修理， 15% 調車，5% 備用卽需要總數。

1345 軌距	1000 軌距		
	單轍單機	雙轍單機	單轍雙機
$1.35\left(\frac{2000}{24\times30}+2\right)\times24=156$	156	156×6＝936	156×2＝312

建築工款估計

(1) 用地　根據˙計(見Blum: Linienführung. 頁 333)，1435 軌距單轍路線，每公里平均需要地畝3.5ha(公畝)，每公畝可按500元計價，則每公里路線平均須付地價 1750 元，茲按 1435 單轍，1000 單轍及 1000 雙轍路基土石方數之比數，(42:37:49)估計用地，則1000公里之路線，其用地費款應爲：

1435 單轍	1000 單轍	1000 雙轍
1,750,000 元	1,541,000 元	2,041,000 元

(2) 路基　土方每 m^3 按 0.40 元計價，石方每 m^3 按 2.00 元計價，路基以土石各半論，平均每 m^3 計價 1.20 元，路基共值：

1435 單轍	1000 單轍	1000 雙轍
41,500×1000×1.20＝	36,500×1000×1.20＝	48,800×1000×1.20＝
＝49,800,000 元	＝43,800,000 元	＝58,560,000 元

(3) 橋梁涵管　费款假定與路基相同。

(4) 軌道　鋼料每噸按 200 元計價；

1435 單轍	1000 單轍	1000 雙轍
80,000×200	50,000×200	100,000×200
＝16,000,000 元	＝10,000,000 元	＝20,000,000 元

道碴　每 m^3 按 4.00 元計價(包括鋪碴工費)：

1435 單轍	1000 單轍	1000 雙轍
1,440,000×4	1,060,000×4	2,220,000×4
＝5,760,000 元	＝4,240,000 元	＝8,880,000 元

枕木　每眼按 5.00 及 3.00元 計價。

1435 單轍	1000 單轍	1000 雙轍
1,400,000×	1,400,000×3	2,800,000×3
＝7,000,000 元	＝4,200,000 元	＝8,400,000 元

鋪軌　鋪軌按每公里 300 元及 200 元計價

1435 單轍	1000 單轍	1000 雙轍
300,000 元	200,000 元	400,000 元

軌道總計　上列鋼料，道碴，枕木，鋪軌各項相加再加以10％爲車站機廠等軌道之用

1435 單轍	1000 單轍	1000 雙轍
31,966,000 元	20,504,000 元	41,448,000 元

(5) 機車車輛　機車每噸按 1000 元，車輛每噸按500 元計價：

軌距及轍數 / 機車或車輛	1435 單轍	1000 軌距		
		單轍單機	雙轍單機	單轍雙機
機車	156輛×71.5噸×1000元＝11,154,000元	156輛×45噸×1000元＝7,020,000元	936輛×45噸×1000元＝42,120,000元	312輛×45噸×1000元＝14,060,000元
車輛	2661輛×17噸×500元＝22,619,000元	2661輛×8噸×500元＝10,644,000元	15,966輛×8噸×500元＝63,864,000元	5322輛×8噸×500元＝21,288,000元
機車車輛總計	33,773,000元	17,664,000元	105,984,000元	35,328,000元

(6) 建築費總計

軌距及轍數 / 項別	1435 單轍	1000 軌距		
		單轍單機	雙轍單機	單轍雙機
用地	1,750,000元	1,541,000元	2,041,000元	1,541,000元
路基	49,800,000元	43,800,000元	58,560,000元	43,800,000元
橋涵	49,800,000元	43,800,000元	58,560,000元	43,800,000元
軌道	31,966,000元	20,504,000元	41,448,000元	20,504,000元
機車車輛	33,773,000元	17,664,000元	105,984,000元	35,328,000元
五項共計	167,089,000元	127,309,000元	266,593,000元	144,973,000元
房屋及通訊設備15%	25,063,000元	19,090,000元	39,989,000元	21,746,000元
共計	192,152,000元	146,399,000元	306,582,000元	166,719,000元
總務費 5%	9,608,000元	7,320,000元	15,329,000元	8,336,000元
總計	201,760,000元	153,719,000元	321,911,000元	175,055,000元
每公里平均	201,800元	153,700元	321,900元	175,100元

運輸業務開支

運輸業物費，大概可分爲四個項目：(甲)投資義務——付息折舊二項在內，(乙)機構組織費，(丙)業務人員薪費及(丁)業務材料消耗。此處將路線及設備之保養歸類於運輸業務開支，即將路線及設備之損壞朽老，皆視爲因運輸而形成。

資產折舊，本須視還本之期限，及工程與設備各部門平均服務壽命以定（我國鐵路會計則例將鐵路設備有效壽命定爲 25 年），今爲簡捷起見，即用德國統計數字，每年路線投資總數1.4%，作爲折舊（見 Blum: Linienführung. 頁 347），所謂路線投資總數，包括不必折舊部份在內，若只論機車車輛機務電訊等設備，折舊款額，當不只此數矣，資本利率，按每年4%計；（此爲我國平時普遍通用之利率），折舊付息合計爲5.4%

機構組織總務費，可按業務費2.5%估計(Blum: Linienführung. 頁 344)。

業務人員數目，估計甚難，因無詳盡之統計可供參考，按德統計，（見 Statistische Angaben über die Deutsche Reichsbahn. 1933 年，頁31 ）每公里路線平均 11 人，此爲各種路線（單轍復轍電力汽力等）之綜合平均數，未必能適合於我國，我國各鐵路之人事組織，復極不劃一，多失於組織龐大，工效低微，此不足滿足大規模現代鐵路機構之要求，今日設計鐵路組織，須趨向於「少用人，而提高工作效率」之一途，戰前粵漢鐵路用人較少，千數十公里之路線，行車密度最大爲每天 10 對列車，員司約爲 2400 人，道工約爲 3000 人，其中車務人員約佔半數，（1200），而此半數之半數，左右隨列車流動工作；即謂 2400 人中， 1800 人分配於局處段廠，等機關工作，600 人隨列車而行，此文所假設之兩種單轍路綫；長度與此相似，行車密度較此加倍，隨車工作人員，亦須加倍，此間假設之雙轍路線，行車密度增加六倍，隨車工作人員亦增加六倍，養路道工及機廠匠工等，可按 1435 單轍路線每公里 3 人， 1000 單轍每公里 2.5 人，1000 雙轍每公里 3.5 人估計，又雙機列車隨車工作人員，較單機車工作人員加多 $\frac{1}{3}$，因而估得四種，路線之員工總數如下：

軌距 / 員工	1435　單轍	1000 軌距		
		單轍單機	雙轍單機	單轍雙機
員司	3,000 人	3,000 人	9,000 人	3,400 人
道工	3,000 人	2,500 人	3,500 人	2,500 人
共計	6,000 人	5,500 人	12,500 人	5,900 人

員司薪費每人每年按 1000 元計，工人每人每年按 500 元計，則員工薪費每年開支約爲：

1435　單轍	1000 軌距		
	單轍單機	雙轍單機	單轍雙機
4,500,000 元	4,250,000 元	10,750,000 元	4,650,000 元

業務材料，主要部份爲煤水滑油三項，（乾沙及溝道塗油等消耗不多），按統計（Blum: Linienführung. 頁 181 ）。可估計煤量消耗，每機車公里爲 0.007Z，此處Z爲機車挽力，以公斤計，水之消耗爲煤之七倍。（Blum: Linienführung. 頁 182，又 Eisenbahntechnik d. Gegenwart 卷 1，頁 137）。茲按機車時速 35 公里，機力爲 13600 及 6,900 公斤估計每公里機車煤水消耗。

1435 軌距　煤 $=13600\times0.007=95$ 公斤/機車公里，水 $=7\times95=665$ 公斤/機車公里，

1000 軌距　煤 $=69000\times0.007=48$ 公斤/機車公里，水 $=7\times48=336$ 公斤/機車公里，

煤水消耗，按機車實際行駛數目，每日工作 20 小時，每小時行 35 公里估計，（實際行駛機數目，單轍單機可估爲 70 輛雙轍單機爲 420 輛，單轍雙機爲 140 輛

此已將調車各爐等煤水消耗包括在內）煤價 按$15/t，水按 $0.05/t 估計。

料別 \ 軌距	1435 單轍	1000 軌距		
		單轍單機	雙轍單機	單轍雙機
煤	365×70×20×35×0.095×15=25,486,000 元	365×70×35×20×0.048×15=12,877,000 元	77,262,000 元	25,754,000 元
水	7×365×70×20×35×0.095×0.05=595,000元	7×365×70×20×35×0.048×0.05=300,000元	1,800,000 元	600,000 元
共計	26,081,000元	13,177,000元	79,062,000 元	26,354,000 元

滑油消耗，如按（見 Blum: Linienführung. 頁 350）

機車……………………………………2公斤/100機車公里

車輛……………………………………0.04公斤/100車軸公里

估計，每公斤滑油估價 0.50 元，實際行駛機車每年完成之機車公里總數為：

1435 單轍	1000 軌距		
	單轍單機	雙轍單機	單轍雙機
365×70×20×35=17,885,000	17,885,000	107,310,000	35,770,000

實際行駛車輛年完成之車軸公里總數為（每車四軸，每個機車拖 84 軸）：

1435 單轍	1000 軌距		
	單轍單機	雙轍單機	單轍雙機
48×17,885,000=1,502,340,000	1,502,340,000	9,014,040,000	3,004,680,000

滑油消耗及費款則為：

1435 單轍	1000 軌距		
	單轍單機	雙轍單機	單轍雙機
(600+360)噸×500元=480,000 元	(600+360)×500=480,000 元	(3600+2160)×500=2,880,000 元	(1200+720)×500=960,000 元

煤水滑油消耗總計：

1435 單轍	1000 軌距		
	單轍單機	雙轍單機	單轍雙機
26,561,000 元	13,657,000	81,942,000	27,314,000 元

每年業務總計費：

	1435 單轍	1000 軌距		
		單轍單機	雙轍單機	單轍雙機
投資義務	201,760,000×5.4% =10,895,000 元	153,719,000×5.4% =8,301,000 元	321,911,000×5.4% =17,383,000 元	175,055,000×5.4% =9,453,000 元
人員薪費	4,500,000 元	4,250,000	10,750,000	4,650,000
材料消耗	26,561,000	13,657,000	81,942,000	27,314,000
三項共計	41,956,000 元	26,208,000 元	110,076,000 元	41,417,000 元
總務費 2.5%	1,049,000	655,000	2,750,000	1,085,000
總計	43,005,000 元	26,863,000	112,825,000 元	42,452,000 元

業務進款

運費之規定，固須以運價政策，貨品種類等級及運輸成本為基礎；但為約略估計，以作比較之用，可假定一種普通貨品運費，不過吾人須知此假設之運費，並無絕對性，而祇作比較之用，假定每「噸公里」運費0.01 元，則每年最大可能之業務進款為：

1435 單轍	1000 軌距		
	單轍單機	雙轍單機	單轍雙機
14,419,000,000×0.01 =144,190,000 元	7,060,600,000×0.01 =70,606,000 元	423,636,000 元	141,212,000 元

營業係數

業務開支除以業務進款，稱為營業係數：

1435 單轍	1000 軌距		
	單轍單機	雙轍單機	單轍雙機
$\frac{43,005,000}{144,190,000}=30\%$	$\frac{26,863,000}{70,606,000}=38\%$	$\frac{112,825,000}{423,636,000}=27\%$	$\frac{42,453,000}{141,212,000}=30\%$

投資贏餘利率

投資贏餘利率等於 $\frac{(進款)-(開支)}{(投資)}$

1435 單轍	1000 軌距		
	單轍單機	雙轍單機	單轍雙機
$\frac{144,190,000-43,005,000}{201,764,000}=50\%$	$\frac{70,606,000-26,363,000}{153,719,000}=28\%$	$\frac{423,636,000-112,825,000}{321,911,000}=96\%$	$\frac{141,212,000-42,453,000}{175,055,000}=57\%$

投資贏餘利率，固不至（亦不宜）如此之高，此不過作爲比較之用而已，運費減低，足以減輕運戶担負，但路方投資贏餘利率亦必減低，運輸來源不能經常到達鐵路運輸能力之100%亦足使此利率減低，此間乃在相同經濟環境之假設下，比較四種路線，故用最大運輸能力爲估計進款與開支之基礎，所得比數當可作爲路線價值比較之權衡也。

運輸成本

業務開支除以運輸能力，即得理想的平均運輸成本(元/t－km)：

1435 單轍	1000 軌距		
	單轍單機	雙轍單機	單轍雙機
$\frac{43,005,000}{14,419,000,000}=0.0030$元	$\frac{26,863,000}{7,060,600,000}=0.0038$	$\frac{112,325,000}{42,363,600,000}=0.0026$	$\frac{42,453,000}{14,121,200,000}=0.0030$

綜合比較

玆就運輸能力，營業係數，贏餘利率，運輸成本，建築費款等項，作綜合表如下：

		1435 單轍	1000 軌距 單轍單機	1000 軌距 雙轍單機	1000 軌距 單轍雙機
運輸能力	噸公里	14,419,000,000	7,060,600,000	42,363,600,000	14,121,200,000
	比數	100 (乙)	50 (丙)	300 (甲)	100 (乙)
營業係數		30% (乙)	38% (丙)	27% (甲)	30% (乙)
贏餘利率		50% (丙)	28% (丁)	96% (甲)	57% (乙)
運輸成本	元/噸公里	0,0030	0,0038	0,0026	0,0030
	比數	100 (乙)	127 (丙)	87 (甲)	100 (乙)
建築工款	元/公里	201,300	153,700	321,900	175,100
	比數	100 (丙)	76 (甲)	158 (丁)	86 (乙)

結論

就以上分析結果而言，1000 公厘軌距單轍之運輸能力爲 1435 公厘軌距單轍之半倍，1000 公厘軌距單轍上行駛雙機列車，則運輸能力與 1435 公厘軌距單轍相等，如加舖雙轍，仍用單機列車，則運輸能力較 1435 公厘軌距單轍增高三倍，再以建築工款（包括機務設備）論，1000 公厘軌距單轍只當 1435 公厘軌距單轍之$\frac{3}{4}$；即謂有築75 公里之標準軌距路線之財力，即可築成100 公里之公尺軌距路線，運輸成本，以1000 公厘軌距單轍最高，雙轍最低；標準軌距與公尺軌距單轍雙機者等，以利潤計，1000 公厘軌距雙轍爲最高，單轍單機爲最低；而 1000 公厘軌距單轍雙機尙較 1435 公厘軌距高出$\frac{1}{7}$，在此數字指示之下，作者甚主張「全國普遍而劃一採用公尺軌距，且以逐步改用「雙機列車」「雙轍單機」甚至「雙轍雙機」以與運輸需要，吻切配合，」敢作如此主張之理由，請擇要申論於次：

(1)我國工業落後，經濟建設甫始，而待築鐵路之路線，大半位於荒涼地帶，如即興築標準軌距路線，其最大運輸能力，絕對不能充份利用，即謂投資之運用不能達到最高經濟效率，若先築公尺單轍，在投資效率上，遠較前者爲高；且可配合國家經濟發展與運務要求，逐步提高運輸能力：最初駛行單機列車，次改為雙機列車，再改為雙轍，如仍需要較大之能力，尚可改用雙機列車，（或在機車構造上改進，以求機力提高，意與增加機車數目等）1000^{mm}軌距優點，在能依隨需要逐漸擴充，而擴充措施所需財力，儘可以每路自力更生為原則。

（2）我國待築路線甚多，若 1000 公厘軌距，在財力物力人工三項要素上，得減輕 $\frac{1}{4}$，即謂 160,000 公里路線可省去 40,000 公里之財力物力與人工，亦即以築 120,000 公里，標準軌距路線之力量，可築成 160,000 公里之公尺軌距路線，我國財力困窘，物資缺乏，戰後尤甚，築路經費，如能減省 $\frac{1}{4}$，其事甚值吾人注意。

（3）修築公尺軌距路線，在完成時間上可縮短 $\frac{1}{4}$，此意義尤為重大，戰後百事待舉，且須在國防工業各部門上速圖建立基礎，工人數量有限，以固定工人數量，担任鐵路工程，則工程愈小，完成愈速，此必然之理，交通為任何國防工業部門建設之基礎，如能在鐵路建設上，爭取時間，其他事業，必亦隨之而提前完成，十年之事，於七年半中完成，無論國防上，經濟政治以至民衆文化水準上，均有莫大裨益。

（4）吾人當前需要於鐵路建設者，不在如何使其能力高大，俾與美國鐵路齊驅，而在如何使路線延長，使全國廣闊幅員，普沾利便，即謂不宜集中財力物力於一短小路線以求其運輸能力特強，設備完備，行旅舒適（爭取特高速度，亦舒適之一種）而須使路網早遍全國，俾經濟文化隨之邁進，以有限之力量，以求路線之延長，只有在最初建築工款上力求減低，又因鐵路建設，乃百年事業，如只以省費而貽誤將來，亦所不取，作者認為採用 1000 公厘軌距，既可解救當前財力之困窘，復可逐步開展，不使將來運輸能力上受到束縛，在「財力」與「需要」上可謂配合咸宜。

（5）一路之成，通車三五年後，（一般而言）即可利用贏餘，作本身發展改進之計，公尺軌距路線既能爭取 $\frac{1}{4}$ 的時間，則「自力更生」之發展與改進計劃，亦可提前 $\frac{1}{4}$ 的時間以完成。

（6）按鐵路本身之經濟而言，路線愈長，則經濟行地帶愈廣，直達貨運愈多；每公里路線每年平均之運輸數量愈大，然則在同一地區之內，1000 公里路線之運輸事務，必較 750 公里者為大，因此而發生之有益結果至少有兩點：一為鐵路進款增加，投資運用效率提高；二為地方經濟發展較速。

（7）談到運輸能力之絕對數字，則公尺軌距單轍路線，如運用得宜，其每年可完成之噸公里數，亦甚鉅大，一千公里之公尺軌距路線，最大能力可達七十萬萬之多，目前我國任何富裕之區，此皆足應付需要無疑，況於必需時，（如軍事需要），尚可行駛雙機列車乎？

（8）多謂我國既成路線，多係 1435 公厘之標準軌距，目前改用公尺軌距，此已成之標準軌距，將如何處理？余謂吾人需要之路線至少在十六萬公里，而已完成之標準軌距路線至多不過當其 $\frac{1}{20}$，為此少數路線，犧牲整個鐵路建設方針，實同因噎廢食，作者主張將已成路線，皆改用公尺軌距（戰事結束，原有鐵路設備，如機車車輛等必遭敵人破壞無遺，故實際上併無廢棄大量鐵路設備之事），其運輸事務特繁，而不能只以加強運輸組織之手段以克服時，平均加寬路基（已成幹線，鐵路路基頂寬多在 5 公尺至 6 公尺之間）至 2 公尺，即可加鋪雙轍，其運輸能力即可增高六倍。

（9）或謂機車機力愈大，車輛愈大，則運用愈爲經濟(見 Williams: Railway Location, 頁 156)，公尺軌距上行駛之機車車輛，較標準軌距者爲小，故較爲不經濟；但此說乃根據一種假定而成立，即「運務來源可無限制的增加」，即謂在運務來源毫無極限得隨運輸能力以俱增時，機車車輛愈大，則運用經濟率愈高，不過實際上運務來源併非毫無限制的增高，而須隨經濟發展漸漸增長，與假定不符，此亦所以美國鐵路雖稱極端發達，而所用機車車輛重量之增長，吻密與運輸需要配合，絕無任意提高之事，我國經濟窮困，且發展不會甚快，此機車車輛重量之提高，更不能不與以限制也，世界各國鉄路所用機車重量以美陸爲最大，歐洲較美陸爲小，我國目前自宜略小於歐洲，蓋工業基礎尚遠不如歐洲也。

(10)或謂鋼軌重量愈大，所付之鋼軌抗力代價愈廉，因爲抗力與軌重之$\frac{3}{2}$次方爲正比(見 Wellington: Economical Theory of Railway Location 頁 743)。公尺軌距之鋼軌較標準軌距者爲輕，故較爲不經濟，此亦似實而非，其反駁理由與關於機車車輛之重量者同。

(11)歐陸人士，習見輕軌窄轍，對於公尺軌距之論多爲支持，美國經濟發達，專家不願討論窄轍問題(但亦無人以軌距愈大愈經濟爲理由，提倡改用 1524mm 之俄式軌距)，韋林存亦以重軌重機爲經濟之理論，著書立說，但即韋林存本人在其名著 Economical Theory of Reilway Location 中(見頁 748)亦曾坦白說明；

(甲)將來的需要，現在可不必付以代價，(乙)有人只需要三碼布料作衣，不宜因購四碼布價較廉而妄爲多購一碼，吾人目前經濟不爲發達，運輸需要一時不會驟大，合於上列(乙)條，目前倘即建築能力高大之路線以應將來之需要，有如(甲)條所謂之不必要。

(12)軌距尺寸，本出偶然，若謂 1000 公厘軌距不若1435公厘者爲經濟，請問1435公厘者又何若1524公厘者爲經濟乎！我國工程專家多認爲若此老大國家，廣闊領土，非作 1435 公厘軌距，不足表示吾人之偉大，此則誤矣，蓋此建設大計，應就事論事，以追求最大經濟效率爲最後目的，不應好高務遠，妄自誇詡也。

作者斯文之提出，不在決定的鼓吹吾人即須決定採用公尺軌距，更不在貢獻上列有關運輸能力，建築工款等各項絕對数字，而只在向國內工程專家交通主管提起對此問題之興趣及重視；俾在抗戰結束前從容詳議，早爲決定，俟敵敗退，建設大時代到來之際，作合理之措施，作者相信即使文中所用假設數字未能完全合於實際，至少所得對照比數能與實際相去不遠，而所用研究方法，亦近於合理，對照比數可使工程同仁構成大致觀念；研究方法可爲進一步研究之參考。

願海內工程同仁齊起研究，以求軌距尺寸最後決定，本文之作，動機即寓於此。

31,6,13　天水

(1) 1435$^{m.m}$單軌

(2) 1000$^{m.m}$單軌

(3) 1000$^{m.m}$雙軌

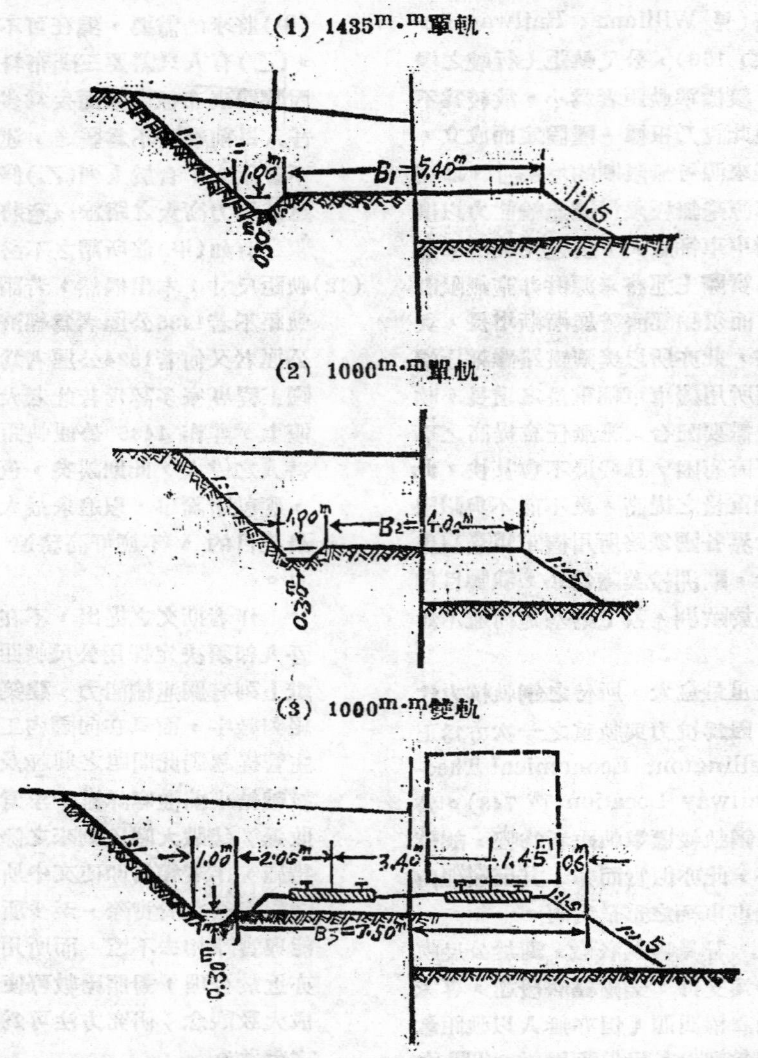

說明：(1) 1435$^{m.m.}$ 單轍路基頂寬 $B_1=5.40^m$ 此數爲標準轍之平均數(見 Blum: 頁 23

(2) 1000$^{m.m.}$ 單轍路基頂寬 $B_2=4.00^m$ 乃根據(a)最小淨空 3.00^m* (b)每邊留

0.5^{m}之隙地作安置號誌，停放工具，躲避道工之用。

(3) 1000$^{m.m.}$ 雙轍路基頂寬 $B_3=7.50^m$ 乃根據 (a) 機車寬度 ＝2.90^m** 再加

(b)兩轍之間機車最外部份應相隔 0.5^m 之空隙 ***

*見　Blum: Linienfuhrung 頁 224

**見　Barkhusen Eisenbahn-technik der Gegenwart 卷IV頁 352

***見 Blum: Linienfuhrung 頁 226

工程技術獎進資料

國防科學技術策進會研究專題應徵辦法

一、應徵者，應將實驗經過，及製造程序，詳細敍述，編成報告兩份，並附本人學歷、經歷、服務機關，及最近通訊處。

二、應徵者，應聲明製造方法，爲實驗室製造方法，抑爲工業上製造方法。

三、應徵者，應附繳實物或模型。

四、應徵者，應將報告等件，於三十二年十二月三十一日以前，寄繳重慶兩路口巴縣中學內本會，外埠以發信郵戳爲憑。

五、本會審查報告，認爲必要時，得約應徵者來會作口頭談話，並作公開表演。

六、應徵專題答案，經審查合格，並證明確有價值後，本會按成績及功效，每題予以國幣三萬元至十萬元之獎金。

七、應徵專題得獎者姓名金額定於三十三年三月一日揭曉，登載渝市中央、大公、掃蕩、時事新報，及外埠各大報。

八、十種專題，說明如左：

(1)直接鍍鎳於鋼鐵之方法

直接鍍鎳於銅及銅之合金，全無困難。若直接鍍鎳於鑄鐵，及硬化之鋼，則困難甚大。其原因由於其所包含之氧化物，而使表面現有砂孔。由鑄鐵之成分及組織觀之，其表面之砂孔，較鍛鐵爲多。此種砂孔，鍍鎳後仍然存在，而不易填滿。祗在氰化物溶液內，先經過鍍銅手續，以填滿砂孔，方能得圓滿結果。如鋼鐵能直接鍍鎳，而堅牢附着，不易脫落，則所有樁製零件之樁模，長時間應用至消磨而不能再用時，經鍍鎳一層以後，仍可應用，而節省工料不少。

(2)舊胎橡皮之復原

舊胎橡皮，與新橡膠合煉，可改製新橡皮，惟效用減少甚多，國內尚無廠煉製。至利用舊車胎翻製新車胎，在國內已有中南橡膠廠試製成功。其法係利用舊胎原有之布絡，及胎壳，將損壞之外皮割去，加以磨擦，補以膠片，置入原胎尺寸大小花紋相同之模型機爐烘製，然後再將胎邊及胎裏破壞部份之布絡修補，即可復原應用。翻製車胎之壽命，約等於新胎百分之八十，我國每年需用車胎，約數萬套，如能將舊胎翻製，則每年可節省國幣甚鉅。

(3)合成橡皮及橡皮代用品

合成橡皮，我國尚未研究製造。德國在一九一八年，曾利用乙炔(acetylene)或苯化(Ben-zol)製成 polymerized isoprene. [CH_2:CHC(CH_3):CH_2] Butadiene [CH_2:CH.CH:CH_3] 並以之製成合成橡皮，惟斯項製成品之效用，較眞橡皮相差甚多。至一九三二年，有用新法製成之合成橡皮問世，名爲 neoprene，其法先使氣態 Vinylacetylene，通過氯化亞銅，氯化銨，及濃鹽酸之溶液，使其溫度保持在攝氏三十度時，即起化學作用，而生成 Chlorohrene[CH_2:ccl CH:CH_2]，因溶液中有過量之氯化氫存在，使 Chloroprene，一經生成，即行逸出，嗣使 Chloropene 凝結，而成液體，再與空氣接觸，即成濃厚可塑之膠質物。此項膠質物經擱置四十八小時後，即失去可塑性，而成所需之橡皮矣。此項合成橡皮，可應用於製造車胎，及其他橡皮用具。

橡皮代用品，範圍甚廣，國內已有研究製造者，如中央工業試驗所曾利用桐油加熱至四百度，壓製假橡皮，林繼庸等利用新疆產草根，製造橡皮，惟其詳細製法，及實際效用，尚未宣布。至在國外設廠製造橡皮代替品者甚多，如美國 Ford 廠用甲醛（formaldehyde）爲原料，製造假橡皮，俄國有用溫帶植物，製造橡皮者，其製造方法，多守秘密，該項橡皮代用品，在行駛工具，及絕緣方面，用途較廣。

(4)鐵路機車用鋼胎之製造

此處所言機車鋼胎，卽各國各鐵路所通稱之輪箍（wheel tyre），其製造方法，須有大規模之軋鋼設備。不過其所用之鋼料，不但硬度要極高，且同時要有極強之抗拉力，其極限拉力，每平方公厘，須在八千公斤以上）。其所含之硫質磷質，須減至極低限度，使不受冷熱之變化，（大約兩物各在00.5%以下）此種鋼料，我國至今尚不能大量製造。其製造程序，係將鋼料製成圓形鋼錠，置入軋鋼機模型內，循序壓成鋼胎形狀。我國在戰前曾研究設廠試製，終未實現，抗戰軍興，後方因鋼之產量無多，且無軋鋼設備，迄今尚未舉辦，我國在戰前共有機車約數千輛，每車平均有二十四只鋼胎，鋼胎壽命可行駛二十萬公里，此項鋼胎，均購自外洋。

(5)高溫度汽缸油

高溫度汽缸油，卽普通所謂過熱汽缸油，（Superheated Cylinder oil）世界各國均由石油（petroleum oil）中提煉，再加少許脂肪油，以使滑油易於附着於汽缸及活塞之表面。動力油料廠，本擬試製，惟缺乏眞空蒸餾設備，故仍未進行。我國各鉄路所需過熱汽缸油，向均購自外洋。自抗戰軍興，來源困難，國內各煉油廠，乃研究以動植物油製造。其製造方法，earlier程序如下：菜蔴油，精煉牛油，漂洗、過濾、濃縮、煉製、除酸，壓濾、檢定。我國各鉄路，現在年需過熱汽缸油約二百噸，其用途爲置於機車汽缸內作潤滑之用，以免磨損，惟現國內提煉之過熱汽缸油，試驗結果，酸度太高，應用時易生腐蝕作用，着火點及燃燒點均太低，在高溫度之蒸汽缸內，每易發生氧化，以減少其潤滑作用，皂化値太高，應用時易生膠質，有礙工作。

(6)尿素之大量提取

歐美各國，尿素均由氨氣體與二氧化炭氣體，（kare Bosch與Wilhelm Meiser法），或氨溶液，與二氧化炭溶液（krase法）合成之，其純粹產物之外觀，爲潔白結晶粉末，比重爲1.333，融點132°c，含氮量爲46.6%，游離氨須在70%以下，以尿素與甲醛，再加少許其他有機物質，共同加熱，則得不熔融，不溶於酸鹼與透明之物質，是卽尿素甲醛膠體（urea--formaldehyde--resin）

(7)汽油精

用合成法製造之，用以滲合高辛烷汽油，其物理性質，及各種配分劑如下：

	motor mix	1－T Auiation mix
20°c時之比重	1.670	1.755
lead tetracthyl %	63.30	61.42
ethylene dibromide %	25.759	35.689
cthylene dichloride %	8.72	——
染料（紅或藍）%	0.13	0.13
kerosene 及雜質 %	2.10	2.75

以上混合物須不含有酸度，鉛質，及遊離氯溴等物質，並能自由與汽油滲合。

(8)防火塗料

木材防火塗料之本質爲流體，具有各種色彩，富於甚強之滲入性。漆後一小時內，完全乾透，漆膜表面光滑堅硬，不受潮濕影響而鬆裂或脫落。木材經塗後，須不受潮濕，而致腐蝕，應仍保持原有木質之優良膠結性與堅強性，在200°-300°c之低溫度時，其所含重量損失，應甚遲緩，在1000°-1200°c之本生燈火焰上，（試片離焰高度約約一吋），燃燒三十分鐘，木材應仍保持原有形狀，而無破裂，崩散，穿洞等現象，蒙布防火塗料，須爲液體，而便於噴刷，塗後一小時內，完全乾透蒙布經噴刷後，油膜堅強，而張力不減，在垂直之情形下，應無延燒之現象。

(9)耐酒精塗料

該項塗料，用以塗鋁質金屬容器，此容器乃爲盛羅盤減震溶液之用，塗後一小時內，完全乾透，漆膜表面光滑堅硬，經與酒精汽油及苯等接觸一年之久，應無溶化，剝落、起泡，變色、及洸濺斑等，又塗有該項塗料之容器，經長期劇烈震盪後，須無剝落變色等現象。該塗料應不易着火，即着火亦不易燃燒。

(10)各種汽焊條

各種汽焊條，向均由國外購置，茲徵求以下各種汽焊條，其大概成分如左：

焊條＼成分	炭%	錳%	矽%	燐%	硫%	鎳%	鋁%
炭中鋼	<0.06	<0.15	<0.08	<0.04	<0.04		
高炭鋼(1)	0.60-0.75	0.60-0.90		<0.04	<0.04		
高炭鋼(2)	0.85-1.10	0.30-0.60		<0.04	<0.04		
鎳鋼	0.15-0.25	0.50-0.80		<0.04	<0.04	3.25-3.75	
鉻鉬鋼	0.10-0.18	0.40-0.60					
鑄鐵	3.00-3.50	0.50-0.70	3.00-3.60	0.50-0.75			
鋁							99

西北工程問題參考資料(四)

(第二)論文索引(二續)——水利、水力

水　利

一、總載　二、新疆省　三、青海省　四、甘肅省　五、寧夏省　六、綏遠省　七、陝西省

一、總載(水利)

鑿井工程　李吟秋　華北水利　3:6-7(19.6)

井泉通論(鑿井之歷史觀　水井之源流　地下滲水岩層　地下水之潛行及其性質　泉源　自流水　井之水理)

鑿井方法(淺井之人工掘鑿法　機器標準鑿井法　加利弗利亞式鑿井法　空桿法施鑽法及水射法　濾水管之構造　鑿井之困難與其救濟法　汲水與滲水)

附冀晉察綏四省興辦水利獎勵鑿井條例

中國水利史說略　張念祖　華北水利　4:2-3(20.2)

上古及周秦之水利　兩漢之水利　魏晉南北朝隋唐五季之水利　宋之水利　遼金之水利　元之水利　明之水利　清之水利

中國古代之灌溉成績　陳澤榮　水利　1:4(20.10)

渭水平原　漢中平原　河套平原　寧夏平原

陝甘青寧省之災情及救濟方法　郭維屏　拓荒　1:2(22.10)

黃河上游水行的兩個深刻印象　任美鍔　法治　6:11(22)

黃河水利委員會工作綱要　黃河水利　1:2(23.2)

測量工作　研究設計工作　實施根本治導工作　整理支流工作　植林工作　墾地工作　整理材料工作

民國二十二年黃河水災調查統計報告　黃河水利　1:3(23.3)

寧夏省　綏遠省　陝西省

陝甘寧青四省災情之現狀及救濟方法　郭維屏　西北問題　:1(23.3)

黃河水利委員會黃河測量計劃及預算　黃河水利　1:3(23.3)

黃河概況　高鈞德　黃河水利　1:4(23.4)

蘭州至潼關

黃河流域土壤冲刷之制止　安立森　李燕南　黃河水利　1:4(23.4)

民國二十二年黃河之洪水量　安立森　張慶　黃河水利　1:6(23.6)

支流與黃河洪水之關係　潼關陝州間注入諸水　渭河河系　汾河　包頭潼關間注入諸水　包頭上游之流量

黃河治本的探討　李儀祉　黃河水利　1:7(23.7)

西行沿途農情概況　安漢等　新青海　2:7(23.7)

西安至蘭州一帶之地勢水利作物等概況

畜水　李儀祉　黃河水利　1:8(23.8)

陝甘災民的回憶　弱音　生存月刊　4:10(23.9)

沙荒之進展　蘇蘭生　黃河水利　1:0(30.9)

西北水利計劃　開發西北　2:3(23.9)

陝西漢中灌溉地畝表　綏遠河套灌溉地畝表　新疆河渠灌溉地畝表　陝西渭北涇水灌溉地畝表　寧夏河渠灌溉地畝表

黃河上游視察報告　李儀祉　黃河水利　1:11(23.11)

上游河道之概況　甘寧青綏水利狀況

森林概況　對於黃河上游交通及水利之意見

西行沿途農情概況　李自發　新青海　2:11 (23.11)

甘肅寧夏灌溉與航運之改進　開展西北　2:5 (23.11)　海事月刊　8:6 (23.12)

建設西北水利與救濟農村　拓荒雜志　2:7 (23.11)

黃河水文之研究　黃河水利　2:1 (24.1)

中國西北部降雨及流量與氣象之關係　流域之性質　流量之情狀　低水時流量　漲水時流量　含沙問題　洪漲時間河槽之冲刷及淤澱　黃河創造冲積平原之速率

黃河上游交通和水利的一瞥　袁　鎮　科學畫報　2:14 (24.2)

黃河沿岸經緯度　陝西水利　3:2 (24.3)

寧夏綏遠開渠灌溉屯墾初步計劃　黃河水利　2:4 (24.4)

黃河上游視察報告　李儀祉　陝西水利　3:3 (24.4)

西北之亢旱與其救濟　竇震寰　建國　12:4 (24.4)

西北各地常年雨量之剖析　西北亢旱的幾個成因　西北亢旱成災之慘況　西北亢旱之根本救濟之探討

黃河與中國水利之關係　朱延平　浙江建設　8:10 (24.4)

建設西北與水利問題　孫玉如　西北評論　2:4 (24.5)

黃河二十三年水文記載之研究　張含英　黃河水利　2:5 (24.5)

徐光啓氏水利學說在西北墾荒之效用　王棨如　新北辰　:12 (24.12)

西北水利鳥瞰　王樹滋　建國　14:2 (25.2)

西北水利之展望　李儀祉　西北導報　2:3 (25.9)

西北水利的建設　李翰如　新經濟　3:12 (29.6)

西北水利建設與國防　李翰如　學生之友　1:2-3 (29.8)

發展農業與建設西北　姜國幹　西北資源　1:3 (29.12)

可資灌溉之西北水源　興修水利

甘青砂田概況　任承憲　農報　5:19-20 (29.)

開發西北應有的中心工作　宮廷璋　西北資源　1:5 (30.2)

恢復水利

西北交通概况　傅安華　西北資源　1:5 (30.2)

西北水利交通概況

西北的水利事業　傅安華　西北資源　2:1 (30.4)

經濟建設中之西北水利問題　黎小蘇　西北資源　2:1 (30.4)

灌溉　水力　航運　防洪　水文

西北水的問題　張之毅　新經濟　5:4 (30.5)

甘寧青之水利建設　李祖憲　新西北　4:5 (30.7)

西北與西南農田水利之展望　張有齡　中農月刊　2:7 (30.7)

農田水利與西北後方　葉過春　西北論衡　9:8 (30.8)

興修農田水利事項　農產促進委員會

西北灌溉區的原動力　李國楨　農業推廣通訊　3:8 (30.8)

防沙與防旱　楊弱水　邊政公論　1:3-4 (30.11)

考察西北水利紀要　沈百先　水利特刊　3:6 (30.12)

西北之概況　黃河之水利　陝西之水利　甘肅之水利　寧夏之水利　青海之水利　建議

邊疆水利之回顧與前瞻　薛篤弼　邊政公論　1:5-6 (31.1)

二、新疆省（水利）

181 天山與路巴格喇赤湖　史廷颺　地學雜誌　1:

渠關羌河探源　華企雲　新亞細亞　4:2
新疆水渠灌田概況　新青海　2:3　(23.3)
新疆之河流與湖泊　郭維屏　天山月報　1:3　(23.12)
新疆水利發展與租佃概況　廖兆駿　西北論衡　6:7　(27.4)
新疆氣候與水利　黄文弼　西北研究　:2

三、青海省(水利)

青海墾務概況　李積新　新青海　:10　(22.10)
青海已成及計劃之水利建設　張祐周　開發西北　1:6　(23.6)
青海水利調查　青海通訊　新青海　2:7　(23.7)
青海農田水利概況　安漢　開發西北　3:5　(24.4
青海水利灌溉調查　安漢　新青海　3:5　(24.5)
　青海水利沿革　各縣水利現狀　各縣水利計劃
青海興修水利計劃
青海各縣災情調查　新青海　3:12　(24.12)
青海省的交通墾務農田水利　王克明　西北嚮導　:17　(25.9)
青海省地理誌　孟昭藩　新西北　2:6　(29.7)
　:土壤　氣候　水理　水利　耕地
西寧與都蘭之間　新西北　3:1　(29.8)
　氣候　水利　土壤
柴旦臨墾植錫鐵　王澤戎　邊政公論　1:3-4　(30.11)
　可墾之區域　(各河流域)

四、甘肅省(水利)

西北水利新考　生人　東方新誌　10:11-12　(3.5.6)
　甘肅省
二十二年甘肅災情調查　郭維屏　拓荒　1:2　(2210)
會寧的飲料和燃料　李顯承　農業　2:16
甘肅水利過去情形及將來計劃　甘肅省建設廳　黄河水利　1:5　23.5)　新亞細亞7:5　(29.5)
　甘肅雨量　甘肅河流　水車　已完成水渠　未完成水渠　擬開濬水渠
甘肅全省主要河流略圖　甘肅建設　:1　(23.6)
甘肅水利過去情形及將來計劃　甘肅建設　:1　(20.6)　黄河水利　1:5　(23.5)
勘查遂家川及古城擬設抽水機報告書
甘肅自動水車改良之商榷　劉振聲
甘肅建有水車各縣水車數目及受益田畝面積統計表　甘肅建設　:1　(23.6)
甘肅靖遠北灣河工之研究　郭繼峇　水利　7:5　(23.11)
　北灣及高崖子灘前正堤不時沖擠之原因及其應行改善者所淤灘地未見成效之原因及其應行改善者　續修提壩
甘肅省水利工程計劃概要　何之泰　邱錫衡
甘肅省水利計劃意見書
靖遠北灣河工概要及其應行改善之點　郭繼峇
查勘黄河條城東灘築堤護岸報告　宋景楠
甘肅省河流調查表　甘肅建設　:2　(23.12)
甘肅山水調查記　慕壽祺　拓荒　2:4-5　(23)
一年來甘肅之建設　許顯時　開發西北　3:1-2　(24.1)
嚴重倖賑之甘肅災情　西北季刊　1:2　(24.1)
甘肅水地現況及發展計劃　內政消息　:10　(24.3)
甘肅農田水利調查概況　安漢　西北　2:9-10　(24.4)
甘肅之水利問題　沈家驥　西北季刊　1:4　(24.8)
甘肅洮惠渠工程計劃　甘肅建設　:3　(24.12)

10041

論農田壓沙之利 張鶴年 甘肅建設 :3 (24.12)

甘肅洮惠渠工程計劃 何之泰 水利 9:3 (24)

甘肅臨洮縣洮惠渠工程進行近況 孫凱根 工藝季刊 1:1 (25.4)

甘肅省之水利 徐世大 工商 8:1 (25.5)

甘肅水渠工程視察報告 華北水利 3:5-6 (25.6)

甘肅水渠工程視察報告 彭濟羣 徐世大 水利 11:1 (25)

湟惠渠工程設計說明 王力仁 新西北 1:5-6 (28.7)

臨洮溥濟渠灌溉工程設計 楊廷玉 新西北 1:5-6 (28.7)

甘肅水利建設 程守禮 隴鐸 1:4 (29.1)

皋蘭石田 吉 雲 西北研究 2:1 (29.3)

甘肅農田水利建設之基本問題 陳紹明 西北水聲 1:4 (29.7) 水利特刊 2:8 (30.2)

水源問題 材料問題 推行問題

甘州水利溯源 慕少堂 新西北 3:4 (29.10)

甘肅水利事業 陳宗和 隴 鐸 1:11-12 (29.11)

甘肅現在的水利建設及可利用的水源

甘肅水利建設的困難及其發展應採取之途徑

甘肅水利概述

各渠報告 甘肅建設年刊 (29)

洮惠渠 湟惠渠 溥濟渠 永豐川渠 涇河渠 喇嘛川渠 漪河渠 莊浪河渠 秦王川渠 新開渠 酒金鴛鴦池蓄水庫

甘肅水土保持問題之研究 任承統 農報 5:38-39 (29)

甘肅經濟建設之商榷 梁好仁 隴鐸 2:2 (30.1)

交通建設(河道水運) 發展農田水利

甘肅農林水利概況 劉克讓 西北論衡 9:3 (30.3)

甘肅之自然環境 甘肅之耕地 甘肅水利概況

河西地理概要 任時中 西北論衡 9:4 (30.4)

地勢之一斑 水利與氣候

河西之地文與人文 尹仁甫 西北論衡 9:12 (30.12)

河流 耕田 氣候

黃河上游水車之初步研究 陳紹明 中農月刊 2:2 (30.12)

甘肅省各種統計彙編 西北問題論叢 :1 (30.12)

水利

甘肅水利林牧公司概述 沈 怡 中行農訊 :6 (30.12) 中農月刊 2:12 (30.12)

緣起 成立經過 內部組織 經營方針 各部份工作計劃 尾聲

隴西地方誌 陳宗周 西北論衡 10:1 (31.1)

水系與水利

祁連山之雪水 施之元 西北論衡 10:3 (31.3)

五、寧夏省(水利)

寧夏省十八年興辦水利計劃之追述 周廷元 中國建設 6:5 (21.11)

舊有河渠各縣與辦水利計劃 舊無河渠各縣興辦水利計劃

寧夏省辦理河渠水利規略述 魏恩霖 中國建設 6:5 (21.11)

管理之法 工作之法 宣洩之法 封淺之法

寧夏省河渠工程整頓計劃之述要 周廷元 中國建設 6:5 (21.11)

改修渠口　開寬渠身　購機船挖深渠底
改修橋梁行船運輸
寧夏有九大幹渠　開發西北　1：4　(23.4)
寧夏開鑿雲亭渠　科學的中國　5：2　(24.1)
寧夏水利　陝西水利　3：2　(24.3)
寧夏全省水利之調查　趙蘊華　西北公論　：10
寧夏墾務調查概況　安　漢　開發西北　3：3　(24.3)
荒地致荒原因　荒地面積統計　墾殖計劃區域　整理耕地進行辦法　全省清丈地畝計劃
寧夏水利概況　農報　2：26　(24.9)
寧夏水利的改進問題　馮如龍
續開雲亭渠
疏濬渠道
呈報本省此次河渠堤埂沖決及各地被災大概情形
寧夏省建設廳二十五年建設計劃大綱草案
整理河渠
擬修滿恩渠之計劃
擬修天水渠之計劃
擬引修七星渠之計劃
擬引修淡渠之計劃
疏濬各大渠土方之估價表
各渠整理後之灌田畝數表
寧夏省政府建設水利行政會議紀錄
寧夏省各縣渠水利委員會通則
寧夏省河渠水利委員會組織簡章
辦理水利人員訓練班之經過情形
寧夏省水利人員訓練所實施辦法
寧夏各縣渠估工辦法
寧夏省政府建設廳暫行規定漢唐惠濟四渠浪稻辦法
寧夏省水利人員訓練所第一期實施課程表第二期實施課程表
改渠局為委員制　寧夏建設　：1　(25.12)
購土　寧夏建設　：1　(25.12)
成立防河工程處　工程概況　設立水文站
寧夏省河渠一覽　一萍　新西北　1：5-6　(28.7)
寧夏省水利事業概況　李翰園　西北水聲　1：5　(29.10)
組織　春工　管理　各渠灌溉　排水工程　經費
寧夏水利狀觀　白雲　西北論衡　9：2　(30.12)

六、綏遠省（水利）

河套與治河之關係　張相文　地學雜誌　3：10-11(3.10)　黃河水利　1：3　(23.9)
河套五原縣調查記　王　陶　地學雜誌　12：2　(10.2)
墾法　水利
綏遠黃河水利之調查　地學雜誌　12：11-12　(10.2)
黃河後套之三件寶　天　問　新亞細亞　2：6　(17)
遠河套水利調查報告書　劉鍾瑞　華北水利3：2　(19.2)
沿革　水源　渠水選辦　各渠現狀　挺勝渠　義和渠　剛目渠　水濟渠　附整理意見　水車紀沿
綏遠薩托最近灌溉工程　陸爾康　中國建設　1：5　(19.5)
渠工概況　工作情形　建築費
綏遠薩托民生渠之概況　蕭間瀛　水利　1：3　(20.9)
開辦民生渠之經過　民生渠之施工計劃　民生渠之建築物　民生渠進水量之研究　收用民地辦法
綏遠民生渠工程問題與前瞻　李仲深　山東建設　1：4　(20)
薩縣水洞門渠調查記　綏遠建設　3：　(20)
薩托民生渠水量性質及澆地數目調查表　綏遠建設　：4
建議修挖綏遠河套黃河故道案　建設委員會

促進大黑河水利意見　周晉熙

綏遠大黑河開渠及疏濬計劃　裴士毅

建議開拓大黑河水利分別進行案

歸綏固陽包頭臨河豐鎮等五縣河渠調查表　綏遠建設　：5

勘測歸綏縣民生渠土方數目表

薩拉齊和林涼城集寧大佘太等五縣局河渠調查表　綏遠建設：6

綏遠整頓水利　河北建設　2：1（.12）

綏遠省治河議　內政部黃河河務會議

改訂歸薩托三縣四十四鄉引用黑河澆水章程　綏遠建設　10

綏西水利情況一般

河套水利極待興辦　河北建設　3：8（21）

綏遠包西各渠水利管理局二十一年第二次召集各渠水利社經董會議紀錄　綏遠　：11-12　(21)

綏遠建設廳擬定二十二年各縣水利方案

綏遠各縣局未完渠道表

整頓包西各渠水利綱要

改善包西各渠水利辦法

改進三湖河水利辦法　綏遠季刊　1：19（22.4）

包西各渠民國二十二年份應修工程勘估土方暨需款數目一覽　綏遠建設　：14（22.8）

綏遠災情及其救濟　王新民　西北論衡　：11

後套水渠灌田概況　新青海　2：3（23.3）

綏遠河套黃河故道烏加河應從速修挖以減下游水禍案

開發綏遠水利以減下游水害案

綏遠水災應請救濟案　綏遠建設　：15（23）

測量綏遠河套各大幹渠計劃

修挖綏遠河套黃河故道烏加河工程概測計劃

測量綏省黃河暨烏加河計劃

包西各渠水利管理局二十三年分計劃改進實施方案

綏遠各縣局二十三年分水利方案　綏遠建設　：16（23）

綏遠包西各渠水利管理局召開第四屆水利會議紀錄　綏遠建設　：18.19.（23.9.12）

綏遠的農業與水利　胡鳴龍　新亞細亞　8：5（23.10）

陳述河套水利水害及辦理情形並籌維防災工賑辦法　綏遠建設　：19（23.23）

綏遠民生渠概況　褚紹唐　任三友

包頭寧夏間黃河測量與輪計劃　李級庭　任亦民　西北季刊　1：2（24.11）

綏察之農業　袁　勃　開發西北　：3-1-2（24.1）

　地勢山脈　河流湖泊　土壤　氣候　墾殖　農民與耕地　農產物種類及產額

王同春開發河套記　顧頡剛　禹　貢　2：（24.2）　黃河水利　2：2（24.2）

　附錄三　張相文　王同春小傳　附錄四　張星懷　谷居士年譜　附錄五　王文墀　士紳同春行狀

擬濬修河套渠堤　開發西北　3：6（24.5）

豐鎮縣二十四年分開渠防水鑿井計劃　綏遠建設　：21（24.4）

民生渠前途之展望　張仲伊　水利　8：3（24.3）

大黑河測量隊報告勘測大黑河下游今昔情形暨修治意見　綏遠建設　：22（24.9）

勘查綏遠省沿河各縣被災情形防汛工程及救濟辦法報告　李賦泰　黃河水利　2：10（24.10）

應如何整理河套水利　周維瀋　開發西北　4：3-4（24.10）

二十四年佐修五加河過水渠工程㴱摺

二十四年佐修永濟渠工程清摺

二十四年佐修豐濟渠工程清摺

綏遠省沿黃河各縣二十四年度防汛緊急工程計劃一覽表

包西水利管理局二十四年各渠修理工程及將

來應修緊要渠工計劃
最要次要工程及需款數目一覽表 綏遠建設
1 水 :23 (24.12)
內蒙前後套之水利及其改革討論 金 濤
邊事研究 3:4 (25.3)
綏遠省五臨安水利管理局視察規則
包西各渠二十五年應修緊要工程計劃
五臨安各渠二十五年應修工程計劃表 綏遠
建設 :25 (25.7)
綏遠後套河渠誌要 ○ 海 新西北 1:3
-6 (28.7)
後套的墾務與水利 西北論衡 9:4 (30.4)
後套農墾的發端 後套農墾的現狀 後套水利的重要性 後套開渠史略 後套渠道概觀 幹渠工程一班 綏省府革新水利方案
後套的水利 黎聖倫 西北資源 2:1 (30.4)
後套水利概況 後套水利興廢之癥結 如何復興後套的水利
後套地理概況 張鵬舉 西北論衡 9:7 (30.7)
河流及水漲季節

七、陝西省(水利)

西北工程建設 李儀祉 工程週刊 1:10
黃渭通航議 地學雜誌 1:0
水利 灌溉
山陝間一段黃河之防治芻議 楊炳堃 華北水利 2:7 (18.7)
陝西渭北灌溉工程 劉鍾瑞 華北水利 2:7 (18.7)
涇河平原情形 引涇方法之研究 灌溉地畝之估計 計劃綱要 經費估計 工程步驟及經費支配 施工後利益
陝西水利工程之急要 李儀祉 華北水利 3:12 (19.7)
地理 氣候 水利 救苦之歷史 測量之結果
陝西渭水流域採集土壤標本及報告 常隆慶
土壤專報 :2 (20.3)
附渭水流域之泉水
龍門與壺口 李儀祉 水利 1:5 (20.11)
位置 形勝 黃河之水 壺口之水跌及降度 水道之交通 水力
漢中區褒南城洋等縣水利調查報告書 楊炳堃 水利 1:6 (20.12)
紫金河諸堰 南鄭冷水河諸堰 城洋湑水河諸堰
鈎兒嘴引涇工程之簡報 孫紹宗 新陝西 1:4 (20)
陝西農田水利之新調查 王光如 新陝西 1:6 (20)
陝西水利調查報告 李儀祉 山東建設 1:4 (20)
陝西水利工程之急要 李儀祉 山東建設 1:4 (20)
陝西涇惠渠工程報告 李儀祉 華北水利 5.78 (21.8) 水利 3:112
略史 概況 工程報告 水文 建築 經濟
涇惠渠管理管見 李 協 華北水利 3:1-12 (21.10)
附涇惠渠管理章程擬議
陝西之水運 中國建設 6:4 (21.10)
陝西水運之情形及其整理計劃之概況
引涇工程計劃及工程進展 中國建設 6:4 (24.11)
引涇計劃略述 測定澆灌面積 水量分配及澆灌方法 灌溉應需之水量 渠線之選擇 設計之綱要 工費約略之之預算 渠成後之利益 工程進度
陝西省水利上應做的許多事 李 協 陝西水利 1:1 (26.12)
水政 水工 灌溉方面者 航運方面者 水力方面者
涇洛渭三水之鳥瞰 張嘉瑞 陝西水利 1:1 (21.12)

河道之概況 各水之最大流量與最小流量之時期及情況 各流域土壤情形 含沙百分數及來源 水患之地段及情形與發生之原因 河槽易於變動之地段 岸地鹹沙情形 河源結冰溶化時期及情形 森林之情形可以利用灌溉之地段 歷代辦理水利情形 現時計劃

陝西水利通則 陝西水利 1:1 (21.2)

總則 用水權之得喪變更 用水之限制 防災獎懲

涇惠渠養護及修理章程 陝西水利 1:1 (21.12)

用水灌溉註册暫行章程 臨時灌溉章程

測量禹門口與三河口一段黃河河道計劃書 傅健 陝西水利 1:1 (21.12)

整理龍門以下黃河河道說明書 李靜慈 陝西水利 1:1 (21.12)

查勘蒲城虎霄山石洞報告 陳 靖 傅 健 1:1 (21.12)

勘查洛河由狀頭至白水一段報告 陳 靖 傅 健 陝西水利 1:1 (21.12)

陝西水利局組織規程 陝西水利 1:1 (21.12)

進行中陝渭北引涇渠工 河北建設 3:6 (21)

漢江上游之概況及希望 李儀祉 陝西水利 1:2.3 (22.12)

航運 漢江水道之原委 灌溉 陝南各縣渠名及灌溉田畝調查表 各渠說明 附城固縣五門堰說明書

整治郃邰朝華灘沿岸灘地屯墾建議書 李靜慈 陝西水利 1:2 (22.1)

引洛工程初步渠綫測量報告 傅 健 陳靖 李賦林 陝西水利 1:2 (22.1)

引洛初步計劃及工程估計 孫紹宗 陝西水利 1:3 (22.2)

計劃 工程估計

引渭問題 張嘉瑞

洛河下游概況 傅 健 陝西水利 1:4 (22.3)

陝西省各縣農田水利現狀調查表 陝西水利 1:4.5 (23.3.5)

水庫在陝西水利之重要 張光廷 陝西水利 1:5 (22.4)

建築石川河糯谷水庫 張光廷 陝西水利 1:5 (22.4)

設計之概要 工費之估計

引白水灌田估計 張光廷 陝西水利 1:5 (22.4)

工程設計之概況 工程之估計

陝西災情與農村經濟破產原因及狀況報告 李儀祉 陝西水利 1:5 (22.4)

議闢黃渭航道 李儀祉 陝西水利 1:6 (22.5)

漢江上游之概況及希望 李儀祉 水利 4:5-6 (22.15)

航運 灌溉 水力

整理渭河以利航運之估計

洴惠渠初步計劃及工料估計

陝西省各河堤防協會組織大綱

陝西省各河隄修護防汛章程 陝西水利 1.6 (22.6)

韓城間黃河灘之墾法 李儀祉 陝西水利 1:1 (12.1)

渭河測量計劃及測費估計 陝西水利 1:7 (22.7)

渭河概況 開通航道測量計劃及估計 引渭灌溉測量計劃及估計

龍門瀦關間之黃河 趙鍾瀛 張嘉瑞 陝西水利 1:7 (22.7)

現代黃河和陝西境內各支流的成因 水文 航船的比較

徵收涇惠渠灌溉田地水捐暫行辦法 陝西水利 1:7 (22.7)

附涇惠渠灌溉地畝總分各册式樣及册式樣

陝西省水利協會暫行組織大綱

陝西省各河堤防協會暫行組織大綱

陝西省水利事業註册暫行章程

陝西省水利事業册暫行章程施行細則

涇河暴漲時「涇惠渠」防範經過　陝西水利 1：8 （22.8）

整理涇惠渠第二期工程估計　陝西水利 1：9 （22.9）

修復各河堤以防水災計劃及估計　陝西水利 1：9 （22.9）

　修築蘆泥黑三河通堤　培修澇河河堤　培修渭河堤塲

測量漢江上游計劃及測費估計　陝西水利 1：9 （22.9）

　河道概況　設計概況　測費估計

整理關中水利計劃及經費之估計　陝西水利 1：10 （22.10）

　整理清冶峪河堰渠　建築石川河水庫　建築澇峪水庫

整理陝南水利計劃及經費估計　陝西水利 1：10 （22.10）

　山河堰整理計劃　整理湑水河各堰計劃

陝西省水利區　陝西水利 1：10 （22.10）

　漢水流域　渭河流域　洛河流域　黃河流域

引洛測量工程概況　傅　健　陝西水利 1：10 （22.10）水利 5：4 （22.10）

　測量隊之組織　測量工作　壩址測量　總幹渠綫測量　灌溉面積測量

勘測盩厔境渭河決口報告

寶鷄縣陽平鎮勘查渭河汎濫情形報告　陝西水利 1：10 （22.10）

導渭之真諦　李儀祉　陝西水利 1：11 （22.11）黃河水利 1：2 （23.2）

導渭之範圍　導渭之目的　工程之種類　工程步驟

陝西渭北引洛工程計劃書　陝西水利 1：11 （22.11）

　洛河狀況　灌溉區域　灌溉應需水量（附灌溉時期及需水深度表）　測量經過　各種工程之設計及估價　渠成後之利益

涇惠渠水捐的釋疑　李靜慈 1：12 （22.12）

渭河陽平鎮護岸工程工賑計劃　陝西水利 1：12 （22.12）

陝西省水利經費保管委員會組織章程會議規則辦事細則　陝西水利 1：12 （22.12）

查勘華陰縣各河流淤塞情形報告　何　鼎　房德寶　陝西水利 1：12 （22.12）

對於目前涇惠渠救災之管見　馬仲清　河北建設 4：10 （22）

亟待進行之導渭計劃　呂益齋　山東建設 3：4 （22）

勘測渭河報告　安立森　陸克銘　黃河水利 1：1 （23.1）

　渭河洪水與黃河之關係　黃河下游之治導

漢南水利談　陳　靖　陝西水利 2：1-5 （23.1）水利 6：4 （23.4）

　航運　灌溉　渠堰　水力　附各堰灌溉田畝表

漢南水利視察報告書　孫紹宗　陝西水利 2：1 （23.2）

　各渠現況　山河堰　五門堰　楊鎮堰　整治各堰（整理湑水堰　整理褒水堰）

汾洛涇渭四大支流與黃患之關係　張光廷　陝西水利 2：1 （23.2）水利 6：4 （23.4）

　黃患主要原因　黃河河道形勢概要　黃河與四支流之關係

陝西水利局各河堰之平面及灌溉圖　陝西水利 2：2 （23.3）

　褒水　水寨　蕭洲　黃沙　湑水　龍家河　廉水河　木馬河　溢河　灃水　冷水　及南沙河等河各堰灌溉圖　班公楚枝　廠柳白馬　山河五門等堰平面圖

控制渭河洪澇說明 孫紹宗 陝西水利 2:3 (23.4)

寶鷄峽洪量之推測 渭河咸陽附近安全洩量之研究 峽口應攔之洪量 攔洪壩之高度 壩下之洩洞

陝西省水利狀況 謝昶鎬 陝西水利 2:4 (23.5)

開渠灌溉略史 古今灌溉狀況表 航運狀況表 水力狀況表 水產狀況表

平朝護堤工程計劃 陝西水利 2:4 (23.5)

平民縣護岸工程計劃 朝邑護灘築堤計劃 堤工護堤石垛

視察武功荒地調查報告書 李靜慈 陝西水利 2:5 (23.6)

荒地面積調查 現有人口及救濟方法 災後居民生活 荒地所在地點及畝數估計 劃區開墾次序 現在農民生計狀況 全縣水利概況 現擬興辦引渭灌溉小計劃 木炭的調查與大衆的使用 災荒的由來與現在治安

二十三年度渭南水利計劃 陳 靖 陝西水利 2:5 (23.6)

陝西省渭河上流概況 傅 健 陝西水利 2:5 (23.6)

洪水期內防禦水災辦法

平民縣防禦水災移民遷居暫行辦法 陝西水利 2:1 (23.6)

涇惠渠渠道計劃之研究 劉鍾瑞 陝西水利 2:1 (23.7) 水利 7:2 (23.8)

陝西省水利局渭河勘查隊組織工作綱要 陝西水利 2:1 (23.7)

附預算表

關中八惠 陝西水利 2:7 (23.8)

涇河概況 傅 健 陝西水利 2:7 (23.8)

河流形勢 地質石層 流量及含沙量 灌溉 沿河物產 河床坡度 涇河特性 涇河泥沙之來源

陝西渭河流域灌溉計劃書 巴爾格 顧葆康 黃河水利 1:8 (23.8)

瀦水湖 水力廠 灌溉設備 估價 經濟方面 附灌溉計劃圖

涇惠渠本年初夏灌溉管理之經過 陝西水利 2:7 (23.8)

黃河水利委員會導渭工程處組織規程 黃河水利 1:8 (23.8)

黃河治本的探討 李儀祉 陝西水利 2:8 (23.9)

涇惠渠各幹支渠降度與含沙量之關係 劉鍾瑞 水利 7:3 (23.9)

黃河水利委員會導渭工程處陝西引渭灌溉計劃 黃河水利 1:9-10 (23.9)

陝西引渭灌溉工程計劃概略 西北評論 1:7 (23.10) 國防論壇 2:19 (23.9)

恩格斯函 李儀祉 黃河水利 1:9 (23.9)

(函中第一節討論渭河及支流築庫攔洪問題)

函德國恩格斯教授關於黃河質疑之點 李儀祉 黃河水利 1:9 (23.9)

(函中第一點討論渭河及其支流築停沿水庫攔洪問題)

涇惠渠各幹支渠降度與含沙量之關係 劉鍾瑞 陝西水利 2:9 (23.10)

涇惠渠北幹渠之過去現在及將來 蔡紹仲 陝西水利 2:9 (23.10)

龍洞渠時代 涇惠渠開工時期 目前狀況 最近放水之考慮假定辦法

黃河上流之水上交通 何之泰 水利 7:4 (23.10)

管理渭中水利一年來之回顧 陳 靖 水利 7:4 (23.10)

已往管理情形 設管理局之經過 管理過程中之感想 管理舊有水利困難

陝西郿縣渠堰之調查 傅 健 水利 7:4 (23.10) 史地社會 1:3 (23.12)

渠堰灌田 泉水堰田 潮水灌田及其他

各渠堰灌田情形
整理南褒山河堰計劃大綱　陳靖　陝西水利 2:9 (23.10) 水利 7:6 (23.12)
陝西引渭灌溉工程計劃書　黃河水利委員會導渭工程處　黃河水利 1:10 (23.10)
渭河概況　灌溉區域　測勘經過　工程概算　渠成後之利益
涝高渠堤外低地細則　涇惠渠管理處　陝西水利 2:9 (23.10)
黃河水利委員會導渭工程處
陝西省水利局　測量隊組織規程
陝西水利 2:9 (23.10)
郿惠渠工程計劃及估計　陝西水利 2:10 (23.11)
郿縣各峪口河流渠堰水利概況　傅健　陝西水利 2:10.11 (23.11.12)
管理漢中水利一年來之回顧　陳靖
滑惠渠工程計劃及其估計
龍惠渠工程計劃及其估計　陝西水利 2:11 (23.10)
一年來陝西建設概況　邵力子　開發西北 3:1-2 (24.1)
水利
陝西省售有水利概述　張光廷　陝西水利 2:12 (24.1) 3:24 (24.3.5)
關中水利　漢南水利　陝北水利
渭河寶雞峽水庫工程計劃　徐仲權　陝西水利 2:12 (24.1)
渭惠渠計劃書序　李儀祉　黃河水利 2:1 (24.1)
陝西郿縣各峪口河流渠堰水利調查報告　傅健　黃河水利 2:1 (24.1)
渠水灌田　泉水灌田　湖水灌田及其他
本廳鑿井隊最近之工作　陝西建設 :1 (24.1)
陝西省各縣急待建設之種種　陝西建設 :12 (24.22)
臨潼縣　淳化縣
一年來之陝西水利　李儀祉　陝西水利 3:1 (24.2)　開發西北 3:1-2 (24.2)
水利工程　水利行政
渭惠渠工程實施綱要　陝西水利 3:1 (24.2)
洛惠渠工程計劃　孫紹宗　水利 8:2 (24.2)
緣由　水文研究　工程　工資估計表　工料調查　工程利益
漢江各縣水利調查情形與見聞紀實　謝組綺　陝西水利 3:1-2 (24.2.3)
國聯水利專家沃摩度視察涇惠渠紀實　劉輯五
二十三年份陝西省各主要河流水害情形統計表　陝西水利 3:1 (24.2)
繼續掘鑿省城及外縣灌田飲用各水井　陝西建設 :2 (24.2)
陝西省農田水利委員會暫行組織章程
渭惠渠工程處暫行組織章程　陝西水利 3:1 (24.2)
視察壺口及龍門行凌報告　楊有同　黃河水利 2:3 (24.3)
澧惠渠工程初步估計　陝西水利 3:2 (24.3)
陝西省各河流域歷年人民水利糾紛案件處理情形統計表　陝西水利 3:23.4.5 (243.4.5.6)
去年水災調查表　陝西水利 3:2 (24.3)
漢陰月河兩岸工程設計說明書　謝組綺
瀰惠渠工程初步估計　陝西水利 3:3 (24.4)
踏勘洛河水庫報告　鄭士彥　黃河水利 2:4 (24.4)　陝西水利 3:5 (24.6)
涇惠渠近況　黃河水利 2:5 (24.5)　西京水利 :21-39 (24.10)
灌溉情形　養護各幹渠情形　整理各斗渠情形　發護沿渠樹木情形　各支渠工作情形
灑惠渠初步工程估計　陝西水利 3:4 (24.5)

渭惠渠 西京水利 :21 (24.5)
涇惠渠架設天車引流暫行規則 陝西水利 3:4 (24.5)
踏勘涇河水庫報告 鄭士彥 黃河水利 2:6 (24.6) 陝西水利 3:1 (24.8)
組辦各縣水利及堤防協會之概況 趙玉璣
汧惠渠工程初步估計 陝西水利 3:5 (24.6)
本廳鑿井隊最近工作實況 陝西建設 :6 (24.6)
定惠渠工程初步估計 張光廷 陝西水利 3:6 (24.7)
陝西省建設廳推廣鑿井實施辦法 陝西建設 :7 (24.)
陝西省督促各縣農村自動組織鑿井班辦法
本廳擴充開鑿灌田水利 陝西建設 :7 (24.7)
洛惠工程參觀印象記 曾新 西北生活 2:7 (24.7)
渭河護岸 張光廷 陝西水利 3:7 (24.8)
梅惠渠初步工程計劃 陝西水利 3:7 (24.8)
澇惠渠工程局初步估計 張光廷
渭惠渠總幹渠定綫測量 傅 健
陝西省水利局歷年水利工程設施狀況統計表
整理灞河黑河增進農田水利 陝西水利 3:8 (24.9)
堵修澧河幹支流決口之經過 西京水利 :40 24.10) 陝西水利 1:4 (24.10)
澧河蕭家橋決口堵塞法 朱浩元 陝西水利 3:9 (24.10) 西京水利 :39 (24.10)
澧滻灞根本治導之探討 何幼良 陝西水利 3:9 (24.10)
陝西省冬令徵工辦理各項水利工程計劃 陝西水利 3:9 (24.10) 西京水利 :39 (24.10)
陝西省各河流灌溉水利灌溉情形統計表 陝西水利 3:9 (24.10)
堵修滻灞河決之經過 謝紀鑑 陝西水利 3:10 (24.11) 西京水利 :41-2 (24.11)
漢江航道之改良 張光廷 陝西水利 3:10 (24.11)
整理延水興辦航運灌溉 西京水利 :42 (24.11)
涇惠渠工作概況 西京水利 :45 (24.11)
洛惠渠工程近況 西京水利 :43.44 (24.11)
洛惠渠工程 李儀祉 西京水利 :44 (24.11)
整理石泉境內諸渦及堰渠 西京水利 :44.45 (24.11)
涇惠渠用水執據施行細則 陝西水利 3:10 (24.11)
培修澧滻渠幹支流河堤及渠道計劃 陝西水利 3:1.12 (24.12) 25.1)
本廳最近建設事業進行概況 陝西建設 :10 (24.12)
（鑿井進行概況）
陝省各縣耕地與農田水利統計比較表 陝西水利 3:11 (24.12) 3:12 (25.1) 4:6 (25.7)
涇惠渠水費徵收經過 李賦林 陝西水利 3:12 (24.12)
河曲潼關間黃河幹支各流概述 賴乾貞 黃河水利 3:12 (25.1)
（黃河幹支流河道狀況 幹支流水文情形 河曲潼關間之航運 治導芻議）
陝西水利局二十四年度水利行政計劃
培修河堤及疏濬渠道施工細則
渭北高原上之飲水用水問題 李 惟 陝西水利 3:12 (25.1)
陝西水利交通建設概況 邵力子 建設評論 1:5 (25.2)
一年來陝西水利概況 陝西水利 4:1 (25.2)
陝西之水利事業 河南民國日報 黃河水利

3:2 (25.2)

寶鷄峽水庫勘查報告　鄭士彥　黃河水利 3:2 (25.2)

寶鷄峽建築水庫之意義　庫址之勘定　三處水庫之比較　引渠之難易　水電灌溉與發電並舉問題　峽口石門一段水濤之如何利用　峽內堤高之研究　壩形之採取　研究水庫應有之材料

建築渭河寶鷄峽水庫之利弊　齊壽安　黃河水利 3:2 (25.2)

黃渭河航運概況及希望　楊炳堃　陝西水利 4:1 (25.2)

查勘壺口龍門攔洪水庫地址報告　丁緝武 沈錫上　黃河水利 3:7 (25.4)

行程　壺口附近黃河情勢　龍門附近黃河形勢

分期整理開發漢中區水利計劃　楊炳堃

漢江第一堰初步計劃

整理滑水渠堰初步計劃

渭河寶鷄峽攔洪水庫計劃　何幼良

涇惠渠灌溉田畝清丈之經過　蔡維棨　陝西水利 4:3 (25.4)

龍惠渠灌溉工程初步計劃書

涇惠渠用水權註冊工作之經過　蔡維棨　陝西水利 4:3 (25.4)

勘查長安澧滻灞等河河隄防汛事宜報告　高憲鐵

勘查咸陽澧河河隄防汛事宜報告　秦鴻鈴

涇惠渠農民灌溉成績測驗方法　陝西水利 4:6 (25.7)

陝西渭河流域灌溉計劃書　巴爾格　顧葆康　西北農林 (25.7)

本校附近十四縣農業調查報告　翁德齊　沈學年　西北農林 :1 (25.7)

灌溉　土壤

關於涇惠渠之管理兼老斗尖渠保應有之認識　楊光廷　陝西水利 4:6 (25.7)

勘查渭河報告書　高鈞德　黃河水利 3:8–9 (25.8)

渭河流域之山脈　地質　氣候　渭河之形態　網狀山谷及水文　渭河之特徵

渭惠渠攔河大壩工程及實施情形　劉鍾瑞

渭惠第一渠挖土工程　傅　健

涇惠渠二十五年灌溉記略　楊光廷

調查澧河幹支洸堰渠報告　周克哲

調查盩鄠兩縣河流渠道農田水利概況報告　賈順鑫

浪店灘灌溉工程計劃書　陝西水利局　陝西水利季報 1:1 (25.9)

陝西省水利局渭惠渠工程處第一期工程紀略　胡步川　陝西水利季報 1:2 (25.12)

陝西之灌溉事業　李儀祉

陝西渭惠渠土渠工程　傅　健

渭惠渠攔河大壩工程計劃及實施情形　劉鍾瑞　水利 11:6 (25)

勘查咸陽護城河北岸護岸工程報告　張　琦

改良涇惠渠鹼地排水計劃　陝西水利刊報 1:3 (26.3)

漢江上游蓄水及航運問題商榷　胡步川

藍田渠河農田水利調查報告　賈繼義

懷寧河灌溉工程計劃書

陝西榆米綏織女渠灌溉計劃書　陝西水利季報 2:2 (26.6)

陝西省貸款鑿井及開修塘堰實施計劃

陝西消防旱工作中林業之任務　齊堅如　陝西建設 2:2 (26.9)

本年陝西水利建設及今後展望　胡步川

渭惠渠第一渠放水及灌溉　傅　健

整理秦嶺山下各水　李儀祉

石泉漢陰安康三縣水利調查報告　楊炳堃

灞河申家村決口堵修工程報告

二十六年份滻灞河及各支流並黑惠渠測量報告

榆綏葭河邊水子灣工程竣工報告　陝北水利工程處

勘查華縣各河隄決口報告　張　琦　張漳平

黑水河灌溉工程計劃

黑惠渠灌溉工程計劃

織女渠計劃之變遷

涇惠渠管理局汛期人民巡察隊規程
南褒山河第二堰臨時防汛委員會組織暫行規程
陝西省水利局管轄各渠用水浪費處罰規則
民國二十六年份陝西省各主要河流水災狀況調查統計表　陝西水利季報　2:3-4　(26.12)
洛渭渠工程紀略　孫紹宗
陝西涇惠渠二十五年灌溉情況　張光廷　水利　12:1
渭惠渠第一期工程紀略　水利　12:4
涇惠渠二十六年份灌溉情況紀實　張光廷
涇惠渠增高攔河大壩工程計劃
灞河防洪工程計劃
按期實紀涇惠渠各斗渠流量辦法　陝西水利季報　3:1　(27.3)
陝西省渭惠渠攔河大灞南七灞堵口紀實
　用梢排及梢龍合龍
黃龍山墾區水利調查報告
黃龍山墾區水利調查報告
　白水澄城宜川洛川長安渭南等縣等測站雨量
渭惠渠水電灌溉工程計劃
澧河三里橋附近防洪計劃
灞河防洪工程修正計劃　陝西水利季報　3:2　(27.7)
陝南陝北災荒問題　商　隱　陝西彙刊　3:6　(28.7)
陝西省水利建設　孫紹宗　西北論衡　7:22　(28.11)
涇渠之及其應有之努力　孫紹宗
　涇渠的建築與管理　灌溉的區域及面積　現行的放水辦法　灌溉地價今昔的比較　沿渠樹木的統計　碱地的改良　今後應有的努力
陝惠渠施工概述　孫紹宗
梅西水利事業述要　劉鍾瑞
　已成之灌溉工程　進行之灌溉工程　計劃中之灌溉工程　整理水道工程
整理南鄭安康段漢江水道勘查報告
勘查嘉陵江航道情形報告
陝北五處水利工程勘查報告
　靖邊紅柳河　綏德三皇茆　綏德周家險　靖邊楊橋畔　榆林魚河堡
灞河防洪工竣工報告
漢惠渠工程計劃
澧惠渠灌溉工程計劃
灞河譚家村堵口工程計劃
渭惠灌溉管理暫行章程
徵收渭惠渠水費暫行章程　陝西水利季報　3:3-4　(28.12)
陝西水利之回顧與前瞻　胡步川
兩年來陝西水利之回憶　劉鍾瑞
洛惠渠第五號隧洞兩年來之設施　陸士基
測探渭惠渠攔河大壩海漫損壞情形報告
實測郿縣攔河壩上下游河流變遷情形報告
勘查澇河報告　房寶德
田峪河水利芻議　盧守珪
就涇惠渠現狀談灌溉管理　劉秉鐸　陝西水利季報　4:1-4　(29.3)
陝西省水利事業述要　劉鍾瑞　西北研究　2:2-4　(29.4)
陝西的農田水利　浪　非　陝行彙刊　4:2　(29.4)
　沿革　現狀　經濟價值
整理嘉陵江航運之重要　孫紹宗　陝西水利季報　5:1-2　(29.6)　西北論衡　8:1　西北研究　2:1
黑惠渠攔河壩工程　鄭燿西
渭惠渠第二期工程紀略　胡步川
查勘韓城縣境芝川鎮黃河險工報告
兩年來涇惠渠灌溉區內農田灌溉測驗簡要報告
褒惠渠灌溉工程計劃
陝境嘉陵江航道整理工程計劃
漢惠渠工程修整計劃
二十八年份灞河防洪工程計劃
渭惠渠第二第四兩渠延長工程計劃

陝西省織水渠管理所暫行組織規程
陝西省織水渠灌溉管理暫行章程
陝西省各渠水費滯納處罰辦法
修正陝西省涇惠渠灌溉管理暫行章程　陝西水利季報　5:1.2　(29.6)
城固縣水利志　劉鍾瑞
　滑水河系之水利　南沙河系之水利　文川河系之水利
西北水利紀實　陳　靖
　舊有水利　新興水利　待辦水利
陝北橫山七處水利勘測報告　陳　靖
　圖惠渠　胡家灣渠　哈兔灣渠　百城渠　雷龍灣渠　海里兔渠　蘆河口渠
二十八年份灞河防洪工程竣工報告　李士林　張殿卿
二十八年渭惠渠灌溉區域農村經濟狀況調查
　渭惠渠的簡單介紹　調查意義　調查範圍　調查方法　灌溉區內人口消長情形　灌溉區內地值變遷情形　灌溉渠內農產收穫普查結果　灌溉區內耕地面積　灌溉地畝數及租佃狀況　灌溉區內普通農家經濟狀況
漢南一瞥　胡步川
榆東渠灌溉工程計劃
涇惠渠改善南幹渠寶峯寺渡槽左近渠道工程計劃
二十九年份灞河防洪工程計劃
華縣石堤河治導工程計劃
華陽長澗河治導工程計劃
華陰方山河治導工程計劃
陝西省各河流水利協會一覽
陝西省各河流隄防協會一覽
陝西省漢惠灃惠西渠工程處暫行組織規程
陝西省褒惠渠工程處暫行組織規程
陝西省漢南水利管理組織規程
陝西省渭惠渠管理局工業用水暫行簡則
陝西省水利局管轄各渠沿渠樹木保護辦法
　陝西水利季報　5:3-4　(29.12)
武功水工試驗室近況　西北水擘　1:2　(30)
陝西省土地利用問題　崔子平　西北資源　1:6　(30.2)
　水利　灌溉問題　鑿井
兩年來之陝北水利　陳　靖
涇惠渠攔河堰及筏道模型試驗初步報告　中央水工識
黑惠渠攔河壩洪水中壞情形報告　房寶德
陝西梅惠渠攔河壩施工紀實　陳　靖
陝境嘉陵江灘險治理工程紀略　范慶鴻　秦新民　陝西水利季刊　6:1　(30.3)
武功水工試驗室基本設備概況　西北水擘　2:4　(30.3)
紀念李儀祉先生並談陝西水利　白書之　西北論衡　9:3　(30.9)
論渠道灌溉工程進行之步驟　傅　健
管理灌溉渠道之研究　員銘新
陝省水利事業之我見　陳之頵
陝西水利工程之新姿態　劉鍾瑞
涇惠渠灌溉區之農田灌溉試驗　趙家瑛
對於涇惠渠改善的管見　劉秉鑽
三年來渭惠渠郿縣大堤管理述要　李心鏞
郿縣大壩進水閘與冲刷閘之管理　李康翠
漢南之水政與水工　張嘉瑞
陝西農田水利之概況　王仲的
爲增加進水量涇惠渠渠首工程之改善問題　田鴻賓　陝西水利季報　6:1　(30.3)
陝西之灌溉事業　李儀祉先生遺著　西北資源　2:1　(30.4)
　泛論灌溉　陝西農業概況　陝西灌溉之歷史　陝西之氣候與土質　陝西灌溉擴充之可能性　現在進行中之新灌溉
陝西水利灌溉　孫紹宗　西北資源　2:1　(30.4)
　灌溉事業　航運事業　防洪事業　水文暨氣象測驗
陝西水電資源之利用　李賦始
　陝西之水源　陝西之農業灌溉事業　水電利用與灌溉

關中水利與西北盛衰之史的研究 史念海
西北資源 2:1 (30.4)
勘測寶鷄各河水力報告 李翰如 張長地
戴英本 西北水聲 2:5.7 (30.4.6)
陝西楊墕堰水利貸款調查 王田夫 中行農
訊 :1 (30.7)
沿革 渠堰概況 工程及費用 水利分
會之組織 調查結果
陝西武功水利試驗室概況 沙玉清 水利特
刊 3:2 (30.8)
西北水利與根治黃河 張君俊 力行月刊
4:6 (30.12)
秦漢時關中的水利 關中水利之失修
隋唐時關中之水利 歷代河患之頻率
都成地位與西北水利 政治修明與
治河關係 根治黃河與流域水保 優
秀人才與根治黃河
渭河上游農田水利事業之概況 劉鍾瑞
陝西省農田水利工程概況及其可能發展 陳
之顥 中農月刊 2:12 (30.12)
武扶郿沿渭夾灘紀要 高家驥 西北論衡
10:2 (31.2)
土壤 氣候 防洪工作 防滑工作 防
鹹工作 墾殖之途徑

水 力

一、總裁 二、甘肅省 三、陝西省

一、總收(水力)

西北動力資源 趙亦珊 西北資源 1:3
(29.12)
水力
經濟建設中之西北水利問題 裴小蘇 西北
資源 2:1 (30.4)
水力
考察西北水利紀要 沈百先 水利特刊 3:
6 (30.12)
黃河之水利(水力) 陝西之水利(水力)
甘肅之水利(水力) 青海之水利(水力)

二、甘肅省(水力)

享堂水力勘查報告
岷縣水力發電查勘報告 甘肅建設年刊
(29)

三、陝西省(水力)

龍門與壺口 李儀祉 水利月刊 1:5 (2
0.11)
水力
陝西水力之概況 中國建設 6:4 (21.10)
陝西省水利上應做的許多事 李 協 (2.1
12)
水力方面者
測勘洛河大小洑頭水力報告 傅 健 陝西
水利 1:1 (21.12)
漢江上游之概況及希望 李儀祉 水利 4:
5-6 (22.5)
水力
渭南水利談 陳 靖 陝西水利 2:1,2,3,4
,5 (23,1,2,3,5,6) 水利 6:4 (23.
4)
水力 渭南水力現時之應用
陝西省水力狀況 謝紀綸 陝西水利 2:4
(23.5)
水力狀況表
陝西渭河流域灌溉計劃書 巴爾格 顧葆康
黃河水利 1:8 (23.8)
滌水湖 水力廠
寶鷄峽水庫勘查報告書 鄭士彥
水電 灌溉與發電並舉問題
建築渭河寶鷄峽水庫之利弊 齊壽安 黃河
水利 3:2 (25.2)
渭惠渠水電灌溉工程計劃 陝西水利季刊
3:2 (27.7)
渭惠渠第二期工程紀略 胡步川 陝西水利
季刊 5:1-2 (29.6)
第一渠跌水馬力統計表
陝西水力事業之我見 陳之顥 陝西水利季
刊 6:1 (30.3)
水力工程

陝西水電資源之利用 李翰如 西北資源 2:1 (30.4) 秦水 河道概況 最大流量 最小流量 水面坡降 水力估計 工程建築

勘測寶鷄各河水力報告 李翰如 張長地 戴英本 西北水聲 2:5.7 (30.4.6) 水電利用 大太寅河 渭河太寅峽

會員繳費須知

查本會會員對於繳費辦法及應繳數目等等尚有不甚明瞭者茲特擬就繳費須知數條於後供 各會員參閱

一、繳費手續

甲、新會員：各級新會員一俟本會審查合格接到本會通知准予入會後應即向各該會員所在地或所屬之分會會計依照後表（見二）繳納一切應繳之會費

乙、老會員：各級老會員應於每年一月至三月間向各該會員所在地或所屬之分會會計處繳納該年度各該級之全年常年費

二、應繳數目

各種各級之會員應繳之各項會費如下表

費別 / 會員種類	入會費	常年費	永久會費	備考
團體會員	無	五〇〇·〇〇元	*五·〇〇〇·〇〇元	*係經去年蘭州第十一屆年會時改訂通過
正會員	一五·〇〇元	一〇·〇〇元	*五〇〇·〇〇元	
仲會員	一〇·〇〇元	六·〇〇元	×	仲會員不得請求爲永久會員
初級會員	五·〇〇元	二·〇〇元	×	初級會員不得爲永久會員

（附註）凡會員所在地未成立分會者可直接向總會朱總會計繳費凡會員逾期三個月不繳會費者得停止其會員資格詳見本會會章第四十三條

西康省立製革廠

The Provincial Lether Factory of Sai Kong

精製各種皮革

一、軍用革
二、輪帶革
三、底革
四、鞋面革
五、衣服革
六、錦羊革
七、皮箱革
八、麂皮
九、反面革

出品特點

耐用　美觀　實惠　經濟

商標

廠　址：西康雅安
電報掛號：七二四五

震旦機器鐵工廠重慶分廠

出品一覽

工業用	消防用
(1) 單變人手搖活塞幫浦	(1) 大號救火幫浦汽車
(2) 各級高低壓離心力幫浦	(2) 各式藥沫滅火機
(3) 6HP 14HP 輕式二衝程汽油引擎	(3) 6HP 14HP 20HP 引擎救火幫浦車
(4) 7HP 9HP 四衝程煤油引擎	(4) 一號 二號 人力救火幫浦龍
(5) 承製汽油引擎零件	(5) 各種尺寸蔴帆出水帶
(6) 承造各種機械工程	(6) 各項消防應用器材

重慶分廠：上清寺街35號　分　行：昆明寶善街

辦事處

貴陽新東門外坪子上五十八號
桂林北極路八十號

工程雜誌第十六卷第一期

民國三十二年二月一日出版

內政部登記證　警字第788號

編輯人　中國工程師學會　總編輯　吳承洛

發行人　中國工程師學會　副總編輯　羅　英

印刷所　中新印務公司（桂林太平路）

經理處　中國工程師學總會（重慶上南區馬路194號）及各地分會重慶　成都　昆明　貴陽　桂林　蘭州　西安　泰和　康定　衡陽　西昌　嘉定　瀘縣　宜賓　長壽　自貢　大渡口　遵義　平越　宜山　柳州　全州　耒陽　祁陽　麗水　城固　永安　天水　迪化　辰谿　大庾　贛縣　曲江　灌縣

本刊定價表

每兩月一期　全年一卷共六期　逢雙月一日發行	
零售每期國幣二十五元 預定全年國幣一百五十元	郵購時須寫真實姓名或機關名稱及住址
會員零售每期國幣十元 會員預訂全年國幣六十元	訂購時須有本總會或分會證明
機關預定全年國幣一百二十元	訂購時須有正式圖章

廣告價目表

地位	每期國幣
外底封面	2000元（繪圖製版費另加）
內封裏	1500元（繪圖製版費另加）
內封裏對面	1200元（繪圖製版費另加）
普通全面	1000元（繪圖製版費另加）
普通半面	600元（繪圖製版費另加）
定閱及登載廣告請向上列編輯人發行人及經理處函洽或面洽	

黔桂鐵路

開辦日用必需品整車貨運啓事

本路遵奉管制物價方案定自三十二年二月二十一日起，柳州六甲間各站開辦日用必需品整車貨運。如按三路整車貨物聯運時本路段內亦改按貨物運價計費。其品名如下表：

類別	貨物名稱
糧	穀，米，麥，黍，及貨物分等表農產門第一類全部
鹽	食鹽
食油	豆油，菜油，花生油，芝蔴油，茶油及榨油用之菜子花生芝蔴茶子等
棉花	棉花，棉絮，籽棉，廢棉，木棉，棉胎。
棉紗	棉紗
布疋	棉織疋頭，棉織絨布，手織土布，夏布，蔴布。
燃料	烟煤，無烟煤，煤球，煤磚，柴薪，木炭。
紙張	紙，紙纖維廢紙。

黔桂鐵路工程局啓

東川郵政管理局執照第六八七號
廣西郵政管理局執照第四五一號

工程

第十八卷 第一期

中華民國三十四年四月一日出版

目錄提要

譚炳訓	公共工程與戰後建設
顧毓瑔	大戰中工業技術進展之一瞥
吳有榮	飛車——直昇轎車
張力田	台灣糖業概況
林致平	通化平面應力問題之進展
吳毓崐 沈　誠	木炭汽車增力機之設計及試驗
吳毓崐 沈　誠	電石汽車之設計及試驗
王善政	天然煤氣行車試驗及行車公路網
張文治	特種淺水輪船
金叉民	改良淺水航輪推進器
毛煉夫	閘門橫樑之設計
嚴演存	火藥爆發論
李丙璧	金質提取在選冶過程中所生困難之研究
陳厚封	讀吳祖塏氏熒光粉劑中活性素之研究後
	日本製鐵會社皖省馬鞍山製鐵場概況

中國工程師學會發行

中國工程師學會會刊

工程

總編輯 吳承洛

第十八卷第一期目錄

（民國三十四年四月 日出版）

著述： [illegible]訓 公共工程與戰後建設……（1）

專載： 顧毓瑔 大戰中工業技術進展之一斑……（5）

吳有榮 飛車——直昇飛車……（10）

張力田 台灣糖業概況……（14）

論文： 林致平 變化平面應力問題之進展……（29）

[illegible] 沈[illegible] 木炭汽車增力機之設計及試驗……（36）

[illegible] 電石汽車之設計及試驗……（42）

王善政 天然煤氣行車試驗及行車路網……（49）

張文治 特種淺水船……（53）

金又民 改良淺水航輪推進器……（58）

毛煥夫 閘門橫梁之設計……（62）

嚴演存 火藥爆發論……（64）

李丙璧 金質提取在選冶過程中所生困難之研究……（77）

陳厚[illegible] 讀吳祖垣氏螢光粉劑中活性素之研究後……（90）

附錄： 日本製鐵會社[illegible]鞍山製鐵場概況……（91）

勘誤表……（95）

中國工程師學會發行

論　著

公共工程與戰後建設

譚炳訓

一

我們談戰後建設，必言公共工程。在高度工業化的國家中，公共工程是維持戰後經濟繁榮和提高人民生活水準的唯一良策。我國戰後建設，以工業化為中心，由農業經濟過渡為工業經濟的過程中，公共工程應居一個什麼地位？時論有見仁見智之不同，就有偏輕畸重的各種主張。

說明公共工程在國際上的沿革與趨勢，進而研究我國公共工程之範疇與任務，然後才能認識公共工程在戰後建國中的價值，并確定其應佔的地位。

二

美國一九二九年開始的經濟恐慌，到一九三三年達到高潮，羅斯福總統乃施行「新政」，以圖挽救，頒佈了許多法律，即所謂「新政法案」，設立了國家復興署及其他執行法案的機構，舉辦大規模的公共工程，以減失業，為恢復經濟繁榮的重要政策之一。特設「公共工程署」(Public Work Administration)，專司其事。公共工程署舉辦的工程中規模最大之事業是泰納西河工局(T.V.A.)，包括林墾、治河，水電及化學工業等項，投資在七萬萬美金以上，工程經十年，至一九四三年始大部告竣。這是政府大規模舉辦公共工程之狀態。

美國國家資源計劃局，一九四二年十月的第七號專刊，論國防經濟發展中之公共工程問題，為公共工程立界說如左：

一、由政府或公眾主持監督或補助的工程。

二、長期建設性質的工程。

三、用公款或受公款補助的工程。

四、以增進大眾福利為目的之工程。

同時說明「公共服務」(Public Service)，如辦理社會福利之社會事業，及「公營事業」(Pablic Entoprise)，如政府經營之生產及運輸等經濟事業，皆不屬於公共工程之範圍。

依此界說，公共工程即公共建設事業，可以包括林墾水利交通工業市政等一切建設在內。在自由企業制度之美國，由政府舉辦的建設事業向來很少，所以包括的部門雖多，而事業的範圍并不廣。社會主義的蘇聯，國家一切建設無不以公款公營。實行民生主義的我國，戰時私營事業已渺乎其小，將來公共建設事業，必然以節制私人資本發達國家資本為準則。因此，不但上項界說一三兩點的無作用，即一二兩點亦不足以定為公共工程之要素。惟能闡明「以增進大眾福利為目的之工程」，才是國際間共通的公共工程之特質。

我國之公共工程，固可適用增「進人人福利為目的之原則，惟仍嫌其籠統，而欠確切。就實際生活之經驗，其能直接增進」民福利之公共工程，是以「住」的問題最為必的

・實業計劃第五計劃第三部居室工業中曾說

『居室為文明之因子，人類由是所得之快樂，較之衣食更多。改建一切居室，以合近世安適方便之生活方式，為本計劃最大企業。』

以居室為出發點，集若干居室於一處，就需要道路，於是有道路工程；每一居室皆需要淨水，排洩汚水，於是有給水與溝渠工程；每一居室皆需要光與熱，於是有電力煤氣等公用事業之工程；若干道路相連，就需加以規劃，於是有『市區計劃』；在市的內部，居民需要社會與文化生活，於是有公園運動場圖書館娛樂場商場菜場等之公共建築工程；市區之內與兩市之間，居民要有來往，物貨需要交換，於是有車站港埠航空站之交通工程。再具體的規定，我國公共工程可以包括以下六個項目：

一、市區計劃　　市區與鄉區之測量，調查，設計等。

二、交通工程　　街道、橋樑、車站、碼頭、飛機場等。

三、衛生工程　　給水、溝渠、浴室、屠宰場等。

四、建築工程　　居室、官署、學校、醫院、圖書館等。

五、公用事業工程　　電車、輪渡、電廠、煤氣廠等。

六、特種工程　　公園、運動場、公墓、防衛工程等。

上述公共工程的六個項目，大體上皆可歸納在市政的範圍之內，那麼為何不稱為市政工程，而名之曰公共工程呢？

按我國現行政制，十萬人口以上聚居之地區，稱之為市。地方政府是以「縣」與「市」為主，不過中間又加上一個『鎮』，鎮其實就是小市。這是我國地方行政制度尚待研究的問題。在工業先進國，地方政府是以市為主體。美國二千五百人以上的地方皆稱為市。市人口佔總人口的 56¾ 。英國的市沒有設定人口的限制，人口在四百以上者皆有市政府設施。市人口佔總人口的 08% 以上，在英倫南部，市與市差不多接連成一片。我國一般人則認為市是龐大的都會，這種觀念一時恐不易改正，且現時我國鄉村人口佔多數，鄉村物質建設極為重要，狹義的市政工程，不能包括廣的鄉村建設，故以綜合性之公共工程代市政工程。

由以上之檢討可知我國公共工程之範圍以市政工程為骨幹，居室工業為重心，包合市政計劃，交通工程，衛生工程，建築工程，公用事業工程與特種工程等六個重要部門。

四

所有科學與工程上的創造，大部份通過公共工程，再為公衆所享用。近代人類之衣食起居行動，無一不仰賴於公共工程之設施。所以工程是建設人民日常生活的物質基礎，能以改變日常生活的習慣與方式，日常生活的物質基礎科學化；日常生活的習慣與方式才能現代化。居民的福利增進，生活的範圍擴大，才能進而創造精神的文化生活。

在新的物質生活的基礎上，人與人的關係，藉公共設備的聯繫，日益密切，生活集體化，人民逐漸社會化，自覺為社會之一份子，從數千年家庭的小天地中解放出來。

公共工程的任務，是實施實業計劃中居室工業計劃，解決民生主義中之居住問題，建設現代生活所需要之物質基礎，提高人民物質生活與文化生活的水準，培養人民集體習慣，使家庭本位之一個人，變為社會本位的公民。

五

戰後英美兩國的復員計劃，為防止經濟恐慌，皆以提高人民生活為目標，與辦公共工程為主要手段，轉變戰時國平時經濟，而仍維持其繁榮。

祇有繁榮的國家，必須有繁榮的世界。戰後公共工程是由一個國家擴展到整個世界，就是英國所倡導的國際公共工程。以我國在戰後世界中地位之重要，無疑的將爲國際公共工程活動的理想處女地。

國際公共工程是國際經濟合作之重要部分，就孫聞言，可以有下列三種型式：

一、區域的（Regional）包括特殊地理區域內，毗鄰的若干國家。

二、全洲的（Continental）包括一洲之全部或大部。

三、洲際的（Inter—Conti nental）就組織言，亦有三種區分：

一、國外的（Extra—notiunal）一國在另一國家內投資或主辦公共工程。

二、國聯的（Infra—natiurnal）二個以上的國家聯合興辦一項公共工程。

三、國際的（ntearational）由永久性之國際機構主辦之公共工程，其由影響及於若干個國家者。

我國公共工程的範疇，就本文之所論，雖然比較狹小，但仍爲國際公共工程之中心部分，仍然受到國際公共工程之發展及其所採之政策的影響。至於我國公共工程之任務，不僅同於英美，但是提高人民生活，增進人民幸福，則是共同的目標。

戰後我國應積極參加國際公共工程的活動，事實上也不容我們退出國際公共工程的舞台。不過我們要爭取主動，預先建立公共工程之基本政策，然後周旋於國際經濟建設的論壇之上，辦退有據，免致臨事張惶。

六

戰後我國之建設政策，時論以爲應學蘇聯，縮衣節食，吃苦奮鬥，先建設重工業爲第一要義；至於提高人民生活程度的建設，屬次要，應爲第二步的工作。

所謂農業與工業，工輕業與重工業，民生建設與國防建設，都是相對性的名詞，不僅難以截然劃分，且其世界限逐漸消除。農業的機械化與集體化，就是農業的工業化。輕工業是重工業的培養線，是相輔相成的。民生與國防更難截然劃清。民生建設與國防建設，也不過是平時與戰時之分，直接與間接之別。

咸同之間，在「中學爲體西學爲用」的口號下，我們想學洋人的「堅甲利兵」，不去理會堅甲利兵之母的科學與現代西洋文明，結果失敗了。必須有近代科學文明與科學的物質生活，才能產生科學的武力。我們效法他人，要學成一整套，分爲體與用，貪戀科學的物質享受，而忽略了根本的科學思想與科學精神，或者探討科學原理原則，而不建立科學物質生活之基礎，這種支離破碎的見解，頭痛醫頭的辦法，將陷建設於非驢非馬之四不像，是不能發生國防或民生之功用的。

我們興辦一萬工人的工廠，就必然落成一個約五萬人口的小市。現代工業技術需要高效率的訓練工人；要維持工人的高度效率，必須使之有充分的休息，適當的娛樂，俾維持其物質與精神生活至某種水準。因此須於建廠之始，同時建造工人住宅，裝設電燈自來水等一切現代公用設備，修治道路，開闢公園，設立學校圖書館醫院及娛樂場等。以謀工人生活之安適，使其體力健康，精神充沛，工作效率因之增高，才能適應現代工業技術的要求。我們不能在第一五年建工廠，第二五年再造宿舍，第三五年才辦市政。

美國西海岸造船業中心地之波特蘭，於一九四三年爲四萬船工及眷屬建築居室，其計劃包括公寓建築七〇三座，複式住所十七棟，郵局一，小學五，育嬰院六，救火站三，電影院一，警所一，冰房十，商場二，醫療處六，這是多樣完備的一套市政建設。

蘇聯一九二八年開始實施的第一五年計劃，以建設國防重工業爲任務，而用於市政

10067

及住宅之經費約達工業投資總額的百分之三十。

建立工廠而不造職工住宅，不辦工廠附近的市政衛生，工人住在垃圾堆上貧民窟內，整年在傳染病的死亡線上掙扎，工作效率當然談不到。蘇聯建立重工業與建設工人新生活物質基礎，同時并進，是有遠見的政策，應爲我人所取法。

所以公共工程在戰後初期建設中，無所謂先後或輕重緩急，而是如何配合工業建設，適應工業社會，使工業化得以最迅速最切實的全面發展，并在發展過程中，使人力物力的浪費與損害減至最低。

（完）

專　載

大戰中工業技術進展之一瞥

顧毓瑔

甲　前言

現代戰爭是國力的鬥爭，亦是工業生產力的鬥爭，更是科學技術的鬥爭。勝負決定之因素，不僅為物質資源。而更重要的是科學技術。世界大戰已屆六年，交戰各國動員全體人力，動員整個工業生產。而最重要的是工業技術的突飛猛進，日新月異。若干技術進步是劃時代的。此種高超的技術進步，實是決定戰爭勝負最重要的因素。而無數新奇武器之發明，代替物品之尋獲，工業生產之突增，以及製造技術之革新，皆是多少工程師與科學家窮年累月絞腦汁，竭心力並經過多次犧牲與失敗之結果。

乙　資源情勢

在比較同盟國與軸心國的總力量時。人力以外應該研究資源的比較。國防所需的材料可以列四十餘種，但最重要者不過十四種。在歐戰發生以前，德義日三國常常向世界發出不平的呼聲，說他們是屬於「無的」的國家，重要資源不能自給。譬如德國許多材料仰給於外國，重要之項目及仰給於外國的數量有如下列：石油百分之九十四、銅百分之七十五，錫百分之百，棉百分之百，橡皮百分之百，羊毛百分之七十五。義大利也有若干材料依賴於外國之輸入：煤百分之八十六，石油百分之百，銅百分之九十，鐵百分之二十五，錫百分之百，橡皮百分之百，羊毛百分之五十，棉花百分之百。日本仰給予外國輸入之物資重要者：如石油百分之六十五，鐵百分之四十，錫百分之八十，棉花百分之八十五，橡皮百分之百，羊毛百分之百，但是歐戰開始以後，德國先後佔領歐洲各國，世界資源分配已為改觀。德國佔有了捷克，給他多量的礦產，以及鋼鐵，紡織品，化工品。煤一項就值一七〇，〇〇〇，〇〇〇元美金。捷克的鋼鐵，及機械廠，像有名的史哥達工廠，可以製造橋樑火車頭車輛飛機及軍器，增加德國的生產不少。因為德國佔領奧國的結果，得到很多的鐵礦木材及鎂礦。波蘭被佔領，給予德國煤礦鋅礦紡織品及木材。佔領了波蘭比利時法國挪威世界上三分之一之鋅礦落到德國手裏。佔領了法國挪威得到了世界上最大之鋁礦，法國給予德國全世界百分之九十五礬土。羅馬尼亞除給德國大量之農產以外還給他世界有名之油田。南斯拉夫給予德國銻鉛銅鋅及鋁礦。

日本於一九四一年珍珠港事件以後，直至一九四二年底，佔領了東印度各島。荷屬東印度的面積七三五、二六七平方英里，人口七一、〇〇〇、〇〇〇人。菲列賓美屬東印度馬來島泰國及緬甸全部，面積相當於美國之半。荷屬東印度煤之生產每年兩百萬噸，石油八、〇〇〇、〇〇〇噸，再加上英屬婆羅洲之石油一、〇〇〇、〇〇〇噸，緬甸萬噸，爪哇的鹽一萬二千噸。結果日本控制的資源，數量大為增加。

在一九四二年年底將同盟國及軸心國之資源情形作一總比較時有如下列表：

軸心國家控制世界資源情勢表（美國礦務局數字）

資源項目	軸心國家控制世界資源之百分數 一九三八年	一九四二年
羊毛	三、八	一二
橡皮	〇	九一、一
大麻	六、八	三五、八
棉花	〇、八	二、六
紙漿	一一、四	三二、九
水泥	三三、七	五一、六
煤及褐煤	三、一	四五、四
石油	〇、四	六、七
鋼	二四、七	四三、一
鐵砂	七、三	四四、六
錳礦	一、〇	三八、九
鎳礦	〇	二、九
銅礦	六	九、一
鉛礦	八、四	二一、九
鋅礦	一五	二八、五
錫礦	九、四	七三、二
鎢礦	二、七	一六、九
鋁礦	二五、二	六五、八

從上表可以了解一九四二年同盟國與軸心國資源形勢的消長若干重要的國防資源，被軸心國控制，[illegible]大[illegible]增，但是因為最大的工業生產的能力，以及最優良的科學技術，還是掌握在同盟國手裏，特別是在美國手裏，[illegible]上述資源的形勢，還不致影響到[illegible]利

美國的工業生產能力之大，與科學技術之精，誠不愧為「民主國家之兵工廠」，而給予同盟國最可靠的勝利保證。在一九四〇年時美國的各項生產品及工作已佔全世界[illegible]分之一，比英國大三倍，比蘇聯大將近三[illegible]，比德國及其佔領國家大兩倍。美國的生[illegible]能力較全歐洲還要大。美國的工業生產品[illegible]足驚人。一九三七年時的統計其工業產品[illegible]全世界百分之四十，歐洲大陸（蘇聯除外[illegible]佔百分之二十八，英國佔百分之十五，[illegible]百分之十二，日佔百分之三、五意大利[illegible]三。

美國生產總值（物品及服務工作）有[illegible]

列：

1936——81,790,000,000美元

1937——87,700,000,000美元

1938——80,600,000,000美元

1939——88,100,000,000美元

1940——87,100,000,000美元

1941——151,700,000,000美元

1942——151,700,000,000美元

1943——188,000,000,000美元

鋼鐵係可作工業生產之指核，一九四〇鋼鐵出產能力之統計，美國佔全世界百分五十五，英國佔百分之十，蘇聯佔百分之一，德國及其佔領地域佔百分之十六、八意大利佔百分之二，日本佔百分之四、四世界其他各國佔百分之十一。美國其他工和機化學金屬等工業約可占全世界之半數

關於科學技術，德國的科學技術向爲世所稱道的。他的四年計劃，充滿着科學技的奇績。在他的替代品運動下，人造炸藥固上次歐戰的遺物，汽油可以人造，橡皮可人造，羊毛可以人造。德國的機械工業早參謀本部指導之下，準備兵器之製造。飛戰車之樣板早已準備好，只待大量製造之令。德國用這種科學技術來備戰在一九三年九月一日歐戰爆發時，充份證明資源不給的德國，居然用科學技術來補充足了缺，克服了困難。

美國現在担負的責任，當遠比一九三九以前的德國爲大。不但要克服因爲珍珠港件發生的所受的損失，還要替整個同盟國強補上列所列國防原料的劣勢，製造同盟家所需要的各種軍火，食品，衣料，藥品所以美國非但做了民主的兵工廠，且做了盟國家的軍需署及後方勤務部。缺乏的原找代替品不能像在平日可以從容研究、要短期內得到結果，美國的工業都是平時性，更要在短時改成戰時性質。要大量生產非易事。結果都能在預定的期間內完成，不能不說是美國科學與工業技術的奇績。

丙．國防材料

先述各項國防工業材料之增產與代替。

(一)鋼鐵爲國防工業之脊柱。美國鋼鐵產量的增加有下列：

1939——81,000,000噸

1940——84,000,000噸

1941——88,000,000噸

1942——93,000,000噸

1943——98,000,000噸

1944——100,000,000噸

(二)合金鋼——合金鋼需要的金屬是錳，鉬，鎢，釩等。(a)錳——美國產量極大。一九四〇年用量爲六五七、六八九噸，其中六五五、〇二三噸係由非洲古巴列賓及土耳其運來的。一九四三需要量增至三倍，只能就蘭自產。在美國的蒙太那及加利福尼亞兩洲利用被羞之錳鑛。已能自給。(b)鉬——美國產量佔世界百分之六十五，可以自給而有餘。(c)鎢——大部從中國運去。

中國的運輸路線被切，只能從南美阿根廷設法。美國加利福尼亞及奈凡大兩省產，少許。但不過總量之百分之三十四。若鎢一業以國者民一部份鎢 。是需要發明之計工(d)釩——美國產量足夠自給。(e)鎳——美國自產二、〇〇〇，需三、〇〇〇噸現。從古巴運入一部份可以足用。(f)鉻——每噸鋼需鉻十二磅。無論普通鋼及合金鋼，皆所需要。美國自產每年不過四萬噸，一九四〇年輸入一、二九四、〇〇〇噸，主要輸入國是巴西及古巴。

(三)銅——銅爲重要國防材料之一，美國用銅量約如下數列：

1941——2,460,000噸

1942——3,000,000噸

1943——3,330,000噸

1944——3,385,000噸

大量的銅係從南美及加拿大輸入，國際

事大量生產。從舊鋁料收回者年約六〇〇、〇〇〇噸。

(四)鋁——鋁之用途極廣，每一轟炸機，需鋁八〇、〇〇〇磅，每一戰鬥艦需鋁九五二、〇〇〇磅。美國歷年需要情形如下：

1941——　917,200,000磅

1942——2,300,000,000磅

1943——3,000,000,000磅

在一九四一年鋁最感缺乏之時曾收集日用鋁器，共得四〇〇、〇〇〇、〇〇〇磅。在一九四二年美國鋁工業最顯著之發達。是能以品質最劣之鋁鑛煉製成鋁。故一九四三年五月後可以自給。九月以後可有多餘以供加拿大之用。近一年來更發明新法，舉凡含氧化鋁百分之三十之土壤者可煉鋁，而鋁之供應更變無限矣。

(五)鎂——飛機用鎂日增，引擎用鎂達百分之六十四，機身用鎂達百分之一七，美國用鎂數量如下列：

1938——　2,000噸

1939——　3,000噸

1940——　6,000噸

1941——　15,0,0噸

1942——130,0,0噸

1943——　300,000噸

美國鎂鑛不多，并鹽副產亦甚少。主要來源係海水及白雲石中提製，現有八個工廠在大量製造。技術上最感新奇的是美國杜氏化學工廠在海水中提鎂，每年 18,000,000 磅，以及用矽鐵法從白雲石中提鎂。

(六)鋅——在一九四二年最感缺乏，政府竭力鼓勵，在一九四三年時每年產量已達216,000噸　，一九四四年時已可自給。

(七)錫——美國所需錫百分之七十原自遠東輸入。太平洋戰爭起後，遠東錫源被切，僅可靠兩個來源。一為波立維亞，一為廢物堆中。從鐵皮罐頭上收回之錫，年約五千噸，一九四二年製罐業不用浸錫法，(用錫百分之一、五)而改用電渡法(用錫百分之〇、五)可以節用錫約二萬噸。

(八)鉛——美國每年用鉛約在 1,38000 噸，其中有350,000噸係從舊料中收回 同時經濟使用辦法，盡力推廣已不再感缺之。

(九)橡皮——兩年前美國政府估計於一九四三年五月所有橡皮儲量行將用罄，至少須找代替品300,000 噸，方能渡此難關。嗣美國特傍化學公司及美國石油工業之分別努力，人造橡皮得以成功。歷年產量如下：

1941——　11,000噸

1942——　31,000噸

1943——300,000噸

1944——700,000噸

1945——(預計)800,000噸

所用原料係石油品，並在推進以酒精作原料，預計以200,000,000加侖之酒精可製200,000噸人造橡皮，故最終希望可達1,0[illegible]0,000噸之數。

(十)飛機汽油——美國儲油之富產油量之大為世界冠，其已知之儲量為4,000,00[illegible],000噸。產油之量一九四三每天約為3 54[illegible],000桶(每桶四十二美加侖，)一九四四每天為4,400,000 桶。軍隊方面需要量一九四三每天約 600 000桶，其數量之大實足驚人。汽油之辛烷值 (Octane Number) 為決定[illegible]機性能之重要因素，以前飛機所用辛烷值[illegible]十七之汽油，近年來飛機汽油技術之進步已將辛烷值提高至一百甚至一百以上。辛[illegible]值之不同影響飛機之速度，高度，載重，[illegible]有如下表：(以普通道格拉司Dc－3為例)

	辛烷值807	辛烷值100	辛烷值超過100
起飛需要長度	2400呎	2000呎	1800呎
每分鐘最大升高率	1000呎	1400呎	1800呎
飛行速度（用起飛時一半馬力）	每小時176英里	每小時191英里	每小時205英里
淨載重	6150磅	7400磅	9180磅
上昇最高度	22 000呎	28 000呎	34,000呎

高辛烷值汽油在一九四一年時每日產量僅24,000桶，但至一九四三年已增至250,000桶。製造高辛烷值汽油之技術，在一九四〇年時僅能得千分之五現在可得百分之十。製造超過一百之辛烷值汽油，至今尚保軍事秘密。而在此辛烷值，一二十之差別，決定空戰最後之勝負。

丁 生產工具

機器工業是生產的重要工具。美國機器工業所有的工具機，在一九四〇年時為1,32[illegible],131部，冠於世界。機器工業中之工具機生產價值，有如下表：

1937年	生產值	260,090,000元
1940年		400,000,000元
1941年		750,000,000元
1942年		1,200,000,000元

與飛機及戰車製造最有關係的是汽車製造工業。美國每四人可有一輛汽車，世界其他各國每一五五人可得一輛。一九四一年時全世界汽車共計45,376,891輛，美國佔[illegible],452,861輛，英國佔2,439,580輛。美國汽車工業曾製造總開支錄的數目每年約5,0[illegible],000輛但一九四三年美國的汽車工業的生產用器材三倍於此數的紀錄之價值。

歐戰開始以前美國之機器業計畫要作六份，一九四〇年十二月建立戰時大量月於造軍器。當時想法，以為汽車業能可以一部改做飛機製造或准備造軍車。然不久一代車製造廠皆用於軍需機構，汽車業汽車製造者，（可佔百分之八十五）不適用於飛機製造。故必經改換工作始可改製。此項改造及建廠工作自一九四〇年之秋開始，至一九四一年之八月大部完成。於是福特汽車廠可以製造撲辣脫克飛機引擎，及製造轟炸式飛機。克拉斯勒汽車廠大量製戰車。通用汽車公司及派克特公司分別製造飛機引擎。

戊 製造技術

此次戰爭期間各種製造技術之進步，實前所未見。每一門工程每一類工業皆有其特殊之進步。欲盡行介紹，即列舉其項目，亦屬巨帙。而製造技術中最重要之兩大類，一為如何得大量生產；一如何得高度精確之生產。此兩類中現試舉其重要者十項如下：

（一）超高度的精確——現代普通機械製造其精確度之允差可達一吋千分之一。而軍器及飛機之製造最高精確度之允差不能超過一吋之一百萬分之一。

（二）粉狀金屬鑄法——以前合金鑄品製造不易，現用粉狀金屬鑄法，以各種金屬磨成極細之粉狀，以適當份之配合傾於精確鋼模型中，以極高之壓力，（每平方吋可至十萬磅），然後再加特種熱處理，即可得各種金屬機件。此法製造可較合金鑄件省時而經濟。

（三）玻璃測驗儀器——若干美工廠所用之精確測驗儀器，現用玻璃替代鋼鐵，不獨免鋼鐵之可能生銹，且以其漲縮率較小，而影響精確度。

(四)焊接技術——焊接技術在此次戰爭中有重要之貢獻。兵艦已不用鉚釘而全部用焊接。飛機上數千個鉚釘，若用以前之方法，費時必多。美國[illegible]公司發明用無線電波作鉚釘工作，可以在極短期間完成。美國無線電器製造公司且發明無線電波焊接法，使過去不能焊接之物品，如橡皮木片等皆可[illegible]接。[illegible]使電焊[illegible]之溫度在華氏零下八十五度，[illegible]

(五)[illegible]冷處理——[illegible]料冷卻至華氏零下一百度至一百五十度，使鋼[illegible]中之[illegible]，可製工具及軸承等，較用[illegible]之鋼料為佳。

(六)[illegible]現在之[illegible]年來[illegible]有驚人之進步[illegible]檢驗者計141,000[illegible]

[illegible]。一九四二年一年中各工廠購辦此項檢驗[illegible]可[illegible]見

(七)[illegible]技術本文已略述及。美國在戰爭期間[illegible]

技術之進步，亦足驚人。現在已有[illegible]百餘種物品，均用高壓合成法製造。所用原料係煤、水及空氣三者。壓力每平方英吋[illegible]萬二千磅。所用各種壓縮機及設備均用特種鋼料，亦係近年來鋼鐵工業之新發展。

(八)可塑體技術——可塑體工業雖有多年歷史，但近數年來之發達足以驚人。若干可塑[illegible]可以製造機器零件，替代[illegible]

(九)[illegible]之技術[illegible]

若干飛機全部皆用木材。[illegible]為數年中最重要之發展。[illegible]週波[illegible]可以[illegible]

製造及所需時間之短，可以想見。

(十)[illegible]——此次戰爭中[illegible]業方面[illegible]去水乾製[illegible]肉類、牛乳[illegible]，減輕重量[illegible]大減，菜蔬等經去水[illegible]可減百分之八十五，[illegible]可減百分之七十五，而於其所含[illegible]損失。此項技術[illegible]

[illegible]於飛機汽油及[illegible]金屬材料之發明。

已生產結果

[illegible]生產工具[illegible]大量生產技術[illegible]應有大量生產之效果。[illegible]生活[illegible]情形有如下列

1941年10月 生產指數 100

1942年[illegible]月 [illegible] 213

1942年6月 [illegible] 309

1942年10月 [illegible] 498

1943	8月	520
1943年	10月	814

易言之，從一九四一年珍珠港事變行將爆發前起，兩年間美國的工業生產增加至六倍

(一)飛機——若研究數年來同盟國與軸心國之飛機生產數字，可以看到同盟國工業動員之結果。

飛機生產數目比較表

年份	英美兩國	德義兩國	差	別
1938	5.730	10.700	差	4.970
1939	17.915	28,600	差	10,715
1940	41.139	57.850	差	12.711
1941	82.700	85.919	差	3.290
1942	154.800	122.210	多	32.670
1943	268.660	159.470	多	109.190

一九四四年美國政府發表美國共製造飛機八七、〇〇〇架

（註：蘇聯飛機產量足以抵過日本之產量而有餘故雙方情勢仍不致變更）

從上表可見在一九四一年美國工業總動員後，同盟國之飛機製造劣勢始逐漸改觀，一九四二年起同盟國已居優勢，一九四四同盟國已佔壓倒之優勢矣

(二)軍器——美國軍器之生產數字一九

(a)機關槍　　670.000

（較 1941 年增六倍）

(b)小型軍器　11,250.000

（較 1941 年增六倍）

(c)砲兵軍器 181,000.000

（較1941年增加二倍）

(d)戰　　車　　56.000

（1944年增加68.000輛）

(e)炸　　彈 43.400.000

（1944 之數字）

(三)船艦——每一兵在各地戰場作戰需給養品約爲五噸，船艦噸位需要之大可想見。一九四二年時德國聲言擊沉同盟國船艦七百萬至八百萬噸，同年美英加拿大三國共建造一千萬噸，足以抵償失而有餘一九四三年美國造船達一九、〇〇〇・〇〇〇噸，本佔壓倒之優勢，茲將各國每月造船數字比較如下：

美國——一、六〇〇、〇〇〇噸

英國——一四〇、〇〇〇噸

蘇聯——　四〇、〇〇〇噸

日本——　六〇、〇〇〇噸

德國——　六〇，〇〇〇噸

造船技術之進步亦前所未聞，以前一艘一萬噸之船艦，建造需時一年。其後縮短至一百五十天，美國凱薩先生造船僅須十天，建立了空前記錄。

(四)食品及衣料——現代一師步兵每月需要食品二、六四〇、〇〇〇磅，羊毛衣料四七八、〇〇〇碼，布衣料一、九六五、〇〇〇碼。美國戰鬥人員在一千萬人以上，所需之食品衣料之巨可觀。其他各國尚在依賴美國之給養所需總數自更驚鉅。不但如此，增加工業生產之大量工人亦需適量之食品及衣料。此項工人一部份或係自農間移轉者。如建造五千噸之戰鬥艦，需要六、九〇〇、〇〇〇工時，此項工人一年所需之食料，相當於四萬二千英畝田地之產品。建造一個轟炸機所需之工人，全年食料相當於一百五十五英畝之產品。建造一個戰車需要四十三英畝。所以美國之軍器生產，其數量之大，不易想像。只以牛乳一項而論，美國的乳牛計二千五百萬頭，每年所產牛乳之數量相當於七十四英里長，一百五十英里闊，及三十英尺之湖沼。如此大湖，可以容納聯合國之所有海軍之船艦，其量之大，可以想見。而此中百分之四十，係供給租借法案之各國需要。

庚　尾語

以上各節在說明：(一)工業技術爲發展資源及利用物資之要工具，此項工具如不操於我，則資源縱富，仍無法利用。反之，如

項技術如操之在我，則資源雖有缺陷，亦可補其不足。(二)戰爭之勝負決定在大量的，精確的工業生產，尤在競賽時間，爭取最後勝利。而有高超之工業技術，才能達到大量的與精確之生產，才能穩得最後勝利。

聯合國的勝利日近，我們應該了解勝利之各種重要因素。願以此短文來說明工業技術之進步，是獲取勝利重要因素之一。同時工作勝利以後，中國工業建設的序幕。

（注：本文係中國工程師學會桂林年會公開演講稿並加入最近之數字）

三十四年二月於中央工業試驗

飛車——直昇轎車

吳 有 榮

各種航空器中，除飛艇及火箭外，皆需有翼面擡駛于空氣中之作用，方能生上昇力，普通所謂飛機，其翼面固定于機身，故翼面與機身駛于空氣中之速率相同，飛車之翼面則與機身分離，其翼面可旋轉，飛行時翼面在空氣中之速度與機身無關。飛機之速率有最低之限制，過此則將有失速危險，飛車則不然，可停留空間，直昇直下，無失速之虞，[illegible]縱操自如。飛車約可分為旋翼機（Autogiro）及直昇機（Helicopter）兩種，前者[illegible]飛導翼面空轉，工作效率較低，而其他[illegible]性與飛機相若。後者之旋翼則常為發動機[illegible]，但是機身受旋翼副之推動反應力，使[illegible]異常困難，然其操縱性則遠較飛機為靈活如。

飛車之理想由來甚久，我國小孩之[illegible]玩竹蜓，即可為例。一七八四年法人Launoy及Bienvenu，即曾製造旋翼直昇機之模型。一九一六年澳人Petrocgy ven Kacman有飛高160呎之紀錄及一九二四年法人Oehmichen經無數次之試驗，亦創有一公里之紀錄，惜均未成功，故一般航空工廠多致力于飛機及旋翼機之製造。直至此次世界大戰，直昇機之設計困難始完全克服。本年工[illegible]博覽大會紀念會上特放映最近來[illegible]之飛機短片一幕，以喚起工業界之注意與興趣。

此機長二十呎闊六呎高八呎旋翼直徑三十三呎位于座艙後。坐艙可容二至五人。機首為鼻形透明膠體，[illegible]。駕駛員及乘客之視線可[illegible]四週。[illegible]一百二十五匹馬力，[illegible]一般設計為[illegible]。機尾有六呎直徑之立式螺旋槳以[illegible]主旋翼之轉動反應力。此機[illegible]負荷為一七〇〇磅，可裝水用或陸用之起落架，[illegible]操縱，甚為靈活。駕駛員于飛行時[illegible]或運動場人員授受物件，[illegible]飛人。美國稱此新型之直昇機為"Helicad"，[illegible]。以其作用近乎「飛人」，可于網球場[illegible]之地面起飛或降落，實為大城市中[illegible]之交通工具。我國[illegible]在北伐時，曾有[illegible]機停留空中及進退旋轉自如之[illegible]說，今已果成事實。預測戰後此機必為[illegible]民採用作[illegible]交通之工具，並估計可較目前之市內交通時間節省四分之三。去年八月美國航空文選上，曾載有此機說明，近聞美國[illegible]公司已有此一萬架之定單。茲摘述之，以引起國人之注意及研究[illegible]，並供戰後交通工業市[illegible]上[illegible]之參考。

台灣糖業概況

張力田

要　　目

一、發展史略
二、甘蔗品種及種植之改良
三、製糖技術之改良及新式糖廠之設立
四、糖品
五、糖業政策，及糖業機關

甲午年中日之戰，我國失敗，台灣割讓日本。該島夙產甘蔗豐，後又經日本多年之經營，已成爲世界主要產糖區之一。抗戰已以勝利結束，台灣被復在即，如何接收該島工業，早[illegible]。關於該島糖業情形，尚乏完整參考資料，爰搜集成此文，以供有關各方之參考。謬誤之處，當所難免，尚希賢達不吝指教是幸！

一、發展史略

明朝時(十六世紀)我國人移民台灣，將甘蔗及製糖方法輸入，乃台灣糖業之起源。迨[illegible]天啓三年(一六二三)荷蘭人佔據該島時，糖品已爲主要出口商品之一。自一六二三年荷蘭東印度(Dutch East Indian Co.)公司即不斷運輸台灣糖至荷蘭銷售，嗣後西印度群島(West Indian Colonies)一帶糖業興起，台糖[illegible]荷蘭，乃行終止。荷蘭人佔據台灣[illegible]，糖業發展甚速，[illegible]台灣中部植蔗者甚多，糖品以日本爲主要市場，每年輸出日本之量達約70,000—80,000担(一133磅)。順治十八年(一六六一)鄭成功驅走荷蘭人佔據台灣，復由福建移入蔗種，獎勵人民種植，糖業之發展更爲迅速。光緒二年(一八七六)糖品輸出量已達1,060,400担。此項糖品大部爲青糖，少量爲白糖，品質甚劣，製造方法與福建省相同。

甲午年(一八九四)中日戰爭，我國失敗，台灣割讓日本，其時因受世界糖業不景氣之影響，台灣糖業頗形衰落，產量約500,000担，輸出僅約700,000[illegible]，主要運銷中國、日本及香港等地。其時約有舊式糖房[illegible]所，種植技術甚爲幼稚，大都集中於該島南部。嗣經日本政府積極提倡，發展甚速，遂成今日之規模。歷年植蔗面積之增加見下表：

植蔗面積及產量表

年別	新式糖廠種植面積(甲)	種植總面積(甲)	每畝產量(斤)
1912—13	54,477	67,838	22,723
1913—14	61,755	76,277	34,645

1914—15	76,075	85,150	46,199
1916—17	109,636	129,462	65,462
1917—18	122,814	150,450	45,314
1918—19	101,130	120,410	46,763
1919—20	94,642	108,376	40,488
1920—21	106,701	119,888	41,191
1921—22	132,709	142,033	47,544
1922—23	110,644	116,620	56,878
1923—24	112,223	1 3,223	63,243
1924—25	114,469	130,430	67,805
1925—26	106,772	123,426	69,463
1926—27	86,955	101,531	76,454
1927—28	92,262	108,313	92,773
1928—29	108,514	120,046	113,748
1929—30	100,055	109,397	111,872
1930—31	89,889	99,094	116,656
1931—32	97,769	101,697	118,150
1932—33	70,387	74,382	107,760
1933—34	73,738	77,368	101,180
1934—35	101,703	107,164	116,570
1935—36	108,534	113,695	106,240
1936—37	105,985	108,168	114,467

註：1 甲＝24 英畝，1 斤＝0,6 公斤

在台灣被割讓日本時，甘蔗之種植僅集於濁水溪以南之旱地，總面積約20,000000甲。日俄戰爭以後，糖業試驗場松岡氏以虞新曼布品種植於水田，成績甚佳，於一九〇六年(明治三十九年)於中部之水田開始栽植。一九〇七年(明治十四年)建設能力百噸之改良糖房一所，當年即開工，乃製糖工廠採用水田之嚆矢。一九〇九年(明治四十二年)林根源製糖廠，新高製糖廠，一九一〇年(明治四十三年)帝國製糖廠均於濁水溪以北之水田地帶成立，同年台北製糖工廠，大日本製糖工廠相繼成立。迄

作地成遍及於全島矣。

一九一一及一九一二（明治四十四年及大正元年）有颱風之災，致影響此後數年產量低減，嗣後逐漸增加，至一九一七——一八年植蔗面積達150—150甲。歐戰結束後（一九一八）日本工業特別繁榮，細利工人多趨向工廠。加之米價及其他糧價之高漲，利潤增高，植蔗者大減，影響產量減少。一九二〇年日本財政恐慌，雜糧及米價下跌，而糖價下跌較少，於是植蔗者之利潤增高，種植者又行增加，至一九二一——二二年植蔗面積增高至一四二，〇三三甲；嗣後淘汰不良品種及改良種植方法，蔗產量稍減。

在日本初領台灣時，糖產量每年僅為500,000担，嗣後增加亦甚少，至一九〇二年為900,000担。一九〇二年（明治三十五年）六月十四日台灣總督府頒佈糖工業獎勵政策，同年第一個新式大糖廠台灣製糖工廠開工，糖產量急劇增加。至一九〇五——〇六年（明治三十八三十九年）已達1,270,600（其中約90%係粗糖）。由於植蔗面積及新式糖廠之增加，至一九一〇——一一年（明治四十三——四十四年）產量增至4,500,000担，（其中3,200,000担為分蜜糖）。至一九一一——一二及一九一二——一三年因風災，影響產量低減，嗣後又行增加，至一九一六——一七年（大正五六年）達7,600,000担，（6,400,000担為分蜜糖，86,000担為含蜜糖）一九一九——二〇年（大正八——九年）因製糖利潤低減，產量減至3,700,000担，但第一次世界大戰爆發後，糖價上漲，情形趨向好轉；製糖廠又更努力推廣種植，再經改良技術至一九二八——二九年（昭和三——四年）產量突破10,000,000担之紀錄。歷年變遷情形詳下表所列：

年別	含蜜糖	分蜜糖	耕地白糖	總計	備考
1912—13	141	1.050		1.191	單位 1.000担
1914—14	289	2.105	117	1.512	
1914—15	356	2.924	192	3.474	
1915—16	508	4.552	289	5.351	
1916—17	865	6.392	376	7.634	
1917—18	767	4.533	434	5.735	
1918—19	504	3.864	494	4.863	
1919—20	205	3.705	147	3.720	
1920—21	192	3.705	314	4.212	
1921—22	147	5.019	710	5.877	
1922—23	124	5.200	598	5.923	
1923—24	188	6.524	823	7.536	
1924—25	[illegible]	[illegible]	[illegible]	[illegible]	

1925—26	218	7,026	1,087	8,332	
1926—27	141	5,747	962	6,851	
1927—28	142	8,513	1,105	9,760	
1928—29	213	11,462	1,505	13,183	
1929—30	203	11,771	1,533	13,508	
1930—31	169	11,456	1,662	13,287	
1931—32	191	13,962	2,065	16,218	
1932—33	282	8,719	1,587	10,568	
1933—34	210	8,993	1,581	10,784	
1934—35	382	13,210	2,499	16,091	
1935—36	347	11,928	2,744	15,019	
1936—37	339	15,690		16,292	

二　甘蔗品種及種植之改良

台灣原來種植甘蔗品種有竹蔗、蚋蔗、紅、南實蔗、青蔗、及度蔗等種，用以製糖以竹蔗為多，品種不佳，種植技術亦差，致台灣甘蔗含糖份及產量俱低。日人佔領台灣次年總督府殖產局向夏威夷購入廬斯曼(Rose Bamboo) 及辣伯伊那(Labirnu)等優良蔗苗在台北城外古寺莊及龍峒基隆畔之台北農事試驗場試行種植。一九〇〇(明治三十三年)將此種蔗苗在台中，台南縣及宜蘭，台東二縣分別試種，舊有蔗種漸淘汰，乃該島甘蔗改良之始。試驗結果廬斯曼布種之成績最優，辣伯伊那種亦逐漸淘汰。至一九一二年——一三年(大正二年)全島百分之八六三之蔗苗為廬斯曼布品種。此品種較舊地原有品種含糖份高纖維素低，但體易受損害，一九一一年(明治四十四年)及次年遭暴風之災，受損失大，於是製糖廠家乃開始感覺對風災，虫害抵抗力大之品種。該局總督府當局遂提倡爪哇實生種代替之，同時設立蔗苗養成所，訂立蔗苗三年更新計劃，由一九一三年(大正二年)起，試種之結果以P.O.T.36.P.O.T.105.P.O.T.161.ROT.234.等成績最佳，一九一六年(大正五年)起，蔗苗養成所開始將育成之蔗苗分送農民種植，原特選種植之廬斯曼布品種即漸淘汰，至一九二四——二五年，全島百分之九十以上之蔗田種植之。

台灣製糖廠家對式項品種仍不滿意，蓋因其抵抗力雖強，但較原有改良品種含纖維素高，糖份低。恰於此時爪哇新育有粗莖種品種，抵抗力及含糖分俱高，一九二〇年(大正九年)帝國製糖公司農事部由爪哇輸入P.O.T.2714.R.O.T.2725等粗莖種試種，試驗結果甚佳。乃於一九二三——二四年(大正一二——一三年)開始種植，嗣後逐漸增多，至一九二八年—二九年(昭和二——三年)已達全島蔗田面積百分之八十以上。此時原先之廬斯曼布種已完全淘汰，原先輸入之爪哇實生種之種植面積亦減至百分之五十以下。一九二七——二八年後產量之驟然增高，乃大量種植此項粗莖種品種所致。於一九二九—三〇年(昭和三——四年)又由爪哇輸入若干其他粗莖品種，普遍種植各地。最初輸入之粗莖品種爲P.O.T.2714.P.O.T.2725.及2747三種其中以P.O.T.2725最適於台灣土壤，其餘二種則行放棄，最後輸入者爲P.O.T.2878。現時種植最多者爲P.O.J.2725,2878及2883三種；粗莖品種之輸入，使台灣蔗業發生一大革命。

該島蔗作昔日通用甘蔗梢頭爲蔗苗，自明治三十九年以來，督府當局向國外購入新種蔗苗，在各地設立苗圃，供給蔗苗，實行品種之改良及蔗苗之更新。蔗苗養成所設置四百甲苗圃。培育原苗，送與民營苗圃，民營苗圃育成之種苗，再轉發各地蔗農，其數可供全島蔗田三分之一之用，於是全島蔗田之蔗苗三年得更新一次。一九一六年（大正五年）起蔗苗養成所開始分送蔗苗

台灣植蔗習慣，當收穫時期（十二月至次年四月）採苗種植歷十二至十六個月方可成熟，後經糖業試驗場試驗結果，提早種植，則於產量及含糖量均有增加，遂積極提倡，歷年早植者均增加之數甚多，茲例新式製糖工廠甘蔗種植面積及早植面積比較，如下可見一斑：

種植年	種植總面積（甲）	早植面積（甲）	早植%	備考
1916——17年（大正5——6）	121,295	1,291	1.06	
1942——25年（大正13——14）	117,205	64,240	54.81	
1925——26年（大正14——15）	98327	60,907	61.94	
1930——31年（昭和4——5）	89,617	73,704	81.07	

[illegible]蔗苗[illegible]台灣[illegible]部一帶之旱地，僅[illegible]雨水，[illegible]灌溉排水設施，故[illegible]時遭[illegible]，糖務局於一九〇二年（明治三十五年）起獎勵鑿井及設置揚水風車等，以資灌溉，至一九〇八年（明治四十一年）起對灌溉排水施行大規模工程，補助工程費十分之五以下。此時各大製糖工廠如大日本、北港、台灣、東洋、明治、鹽水港、新興等均自有大規模之灌溉及排水工程。自一九〇二年起至一九二九年（明治三十五年以至昭和四年）止；灌溉面積受補助者達[illegible]〇三、五七九甲，未受補助者五[illegible]、八七二甲，共爲一五五、[illegible]七〇甲。由此數字，可知一般蔗農已深知灌溉之利益。

台灣當時植蔗僅施堆肥，未施燐肥氮[illegible]，糖務局成立之後即積極提倡施用新式肥料，自國外購入，送予農民使用，並施相當條件）一九〇三年（明治三十六年）起施行現金補助，肥料之購入，檢查及分配等手續均由糖務局負責指導監督；歸各大製糖公司自定獎勵條件，向農民宣傳肥料之利益，蔗農施用者日多。一九一六（大正五年）起總督府廢止肥料之補助。一九一五年（大正四年）度施肥面積一〇一、三三甲，肥料總量一七一，一〇〇，一八一，價額三、八九九，二三一，平均每甲施肥一、六八[illegible]價，值三八[illegible]。一九二八—二九年（昭和三——四年）施肥面積達一一一、七四〇甲，肥料總量二九四、八八三，六八貫，價值一六、三〇五、一九九元，均每甲施肥二、四五八貫價一三七[illegible]。由可見肥料施用之如何發達也。所施人造肥以硫酸錏爲主，約佔八萬噸以上

關於耕作方法，如深耕密植、栽培、施肥、除蟲、蔗苗處理等等，糖務局支局時派員赴鄉間講演，指導改良，並曾指導用蒸汽犂耕作。

關於甘蔗虫害之驅除，除對輸入種苗施行檢查及消毒外，並隨時派病虫巡視員導補殺，有時並懸賞獎勵之。另外曾由爪哇輸入害虫之敵虫寄生蜂立種，放飼蔗田中，收[illegible]效。

製糖技術之改良及新式製糖廠之設立

台灣舊有糖房一千餘所，採用土法製造，與福建土法製造情形相同。甘蔗壓榨用水牛拖動之石磨，榨出蔗汁經石灰澄清，盛於數個平鍋中煮濃，冷凝後爲赤糖，名青糖，或製白糖，再進一步製成精糖，係用泥手續製成白糖。產品品質既[illegible]，生產成本亦高。

一八九八年（明治三十一年）二月台灣總督兒玉源太郎男爵就任，見於發展該島糖業重要，勸說[illegible]業界[illegible]投資建設新正式工廠。於是三井[illegible]毛利等資本家遂有設立新式工廠計劃。一九〇〇年（明治三十三年十二月）台灣製糖株式會社首先成立，資本二百萬元，於台南縣之橋仔頭莊設立每日夜榨蔗二百噸甘蔗之工廠，一九〇二（明治三十五年[illegible]月十五日開工製造，乃台灣新式糖廠之嚆矢。後繼續提倡，新式糖廠遂年增加甚多。另外並曾改良舊式糖房，僅採用動力拖動榨蔗機，每日夜榨蔗四十五至三十噸，其他設備，均仍利用舊式設備，製造赤糖。歷年新舊糖廠之變遷情形見下表：

期	新式工廠		改良糖房		舊式糖房
	數量	總能力（噸）	數量	能力（噸）	
1901——2年（明治34——35年）	1	336			1,117
1912——3年（大正1——2年）	26	22,596	32	2,560	191
1931——2年（昭和6——7年）	46	43,582	8	640	68

舊式糖房只於偏僻山地尚有少數。歷年[illegible]耕地白糖之工廠繼續增加，亦爲台灣糖業之重要發展。據一九三六年砂糖年鑑之統計，新式糖廠數量及能力如下：

台灣新式製糖工廠一覽表：

廠名	地址	開工時期	能力 英噸	能力 美噸	作蔗面積（甲）	自設鐵道（哩）
製糖株式會社						
橋子頭製糖所						
第一工廠	高雄州	1902年（明治35）	650		10,101	44.85
第二工廠	同	1908年（明治42）		400		
後壁林製糖所	同	1909年（明治42）		（白）1,000	6,015	27.55
阿候製糖所	同	同		3,000	27,133	119.26
東港製糖所	同	1921年（大正10）		700	14,171	27.61
車路乾製糖所	台南州	1911年（明治44）		（白）1,200	[illegible]	56.40

灣裏製糖所								
第一工廠	同	1906年(明治39)		180			10,553	46,2
第二工廠	同	1929年(昭和4)				1,000		
三崁店製糖所	同	1909年(明治42)		800			8,020	37,4
埔里社製糖所	台中州	1912年(明治45)		300			6,460	6,5
台北製糖所	台北州	1912年(明治45)	(白)	500			12,769	
旗尾製糖所	高雄州	1911年(明治44)	(白)	1,200			9,201	66,7
恆春製糖所	同	1927年(昭和2)		350			3,608	
計 13 工廠				4,080		7,300	116,580	443,4
新興製糖株式會社								
山子頂工廠	高雄州	1905年(明治38)		850			7,877	15,1
明治製糖株式會社								
總爺工廠	高雄州	1912年(明治45)				1,000	7,585	2.6
蕭壠工廠	同	1909年(明治42)	(白)	750			10,654	30.
烏樹株工廠	同	1911年(明治44)	(白)	750			7,726	45.
南靖工廠	同	1909年(明治40)	(白)	1,000			16,308	59.
蒜頭工廠	同	1911年(明治44)				2,200	18,184	55.
南投工廠	台中州	1912年(明治45)		750			12,919	2
溪湖工廠	同	1921(大正10)		1,500			17,098	52
計 7 工廠				4,750		3,200	90,424	298
鹽水港製糖株式會								
社新營製糖所	台南州	1909年(明治42)	(白)	1,000			14,437	6
岸內製糖所								
第一工廠	同	1905年(明治38)	(白)	500			11,388	7
第二工廠	同	1912年(明治45)	(白)	700				
花蓮港製糖所								
壽工廠	花蓮港	1914年(大正3)		500			7,347	

火和工廠	同	1922年(大正11)	550		11,221	45.00
溪州製糖所	台中州	1909年(明治42)	1,950		17,015	72.32
計 6 工廠			5,250		61,408	253.00
日本製糖株式會社						
虎尾製糖所						
第一工廠	台南州	1909年(明治42)	2,200		41,247	146.52
第二工廠	同	1912年(明治45)	(白)1,000			
龍巖製糖所	同	1935年(昭和10)	1,200			
斗六製糖所	同	1952年(明治45)	(白) 500		8,488	20.14
北港製糖所	同	1912年(明治45)	2,000		18,819	56.78
月眉製糖所	台中州	1914年(大正3)		750	11,582	17.39
烏日製糖所	同	1922年(大正11)	450		4,188	17.38
計 7 工廠			7,350	750	84,324	282.33
新高製糖株式會社						
彰化第一工廠	台中州	1911年(明治44)	750		20,593	70.48
同 第二工廠	同	1921年(大正10)		1,100		
嘉義工廠	台南州	1913年(大正2)	1,200		13,677	55.39
計 3 工廠			1,950	1,100	34,270	126.07
帝國製糖株式會社						
台中第一工廠	台中州	1912年(明治45)		750	19,737	69.08
同第二工廠	同	1914(大正3)		300		
潭子工廠	同	1918年(大正7)	750			
新竹製工所						
南竹工廠	新竹州	1913年(大正2)	550		6,046	
新竹工廠	同	1915年(大正4)	650		7,967	7.68
計 5 工廠			1,950	1,050	33,750	86.56
和興製糖株式會社						

宜蘭製糖所								
第一工廠	台北州	1917年（大正6）		400			7,156	23.41
第二工廠	同	1920年（大正9）		750				
玉井製糖所	台南州	1913年（大正2）		420			4,937	
苗栗製糖所	新竹州	1920年（大正9）		500			6,321	
沙鹿製糖所	台中州	1922年（大正11）		300			4,039	
計 5 工廠				2,370			22,503	23.41
台東製糖株式會社								
第一工廠	台東廳	1916年（未設5）		350			7,224	11.69
第二工廠		未設		150				
計 2 工廠				500			7,224	11.69
三五公司								
源成農場製糖所	台中州	1934年（昭和9）		350			2,290	7.41
總計				29,350	13,400		460,150	4,548.04

註：標(口)者為耕地白糖。

台灣製糖技術之進步，已達世界之最高水準。雖然在農業方面尚不及爪哇等最進步之國家，但工廠管理技術之進步，已與夏威夷、爪哇等地之新式糖廠並駕齊驅。技術之進步，可由糖產率之增高情形見之。糖產率原只有百分之七——八，至一九三四——（昭和九——十年）增至百分之一四，九〇。一九三二至一九三七諸年，新式工廠之平均產糖率如下：

1932　33年　13.40 %
1933　34年　14.10 %
1934　35年　14.90 %
1935　36年　12.70 %
1936　37年　13.40 %

由一九二四——三二年統計，壓榨蔗糖收回率之增加情形，亦可見技術進步之一斑：

1924——1925　84.43 %
1925——1926　84.90 %
1926——1927　85.28 %
1927——1928　87.56 %
1928——1929　87.87 %
1929——1930　89.91 %
1930——1931　91.28 %
1931——1932　91.31 %

台灣糖廠設備之精良，管理之完善，可以與世界任何地區相比較，茲列一千噸糖廠之主要設備如下：

一、斬蔗機二部，50"×72"具48斬蔗刀，用50匹及75匹馬力電機各一。
二、碎蔗機一部，26"×72"。
三、撕裂機一部，42"×72"使用300匹電動機一具。
四、壓榨機一套，34"×67"使用2,000

力[illegible]汽機[illegible]動之：
鍋爐一[illegible]，加熱面積20,000平方呎。
鍋爐[illegible]唧筒一，42立方呎/分。
[illegible]汁加熱[illegible]，加熱面積1,880 平方呎。
澄清[illegible]容積3,880及1,060平方呎。
壓濾機九具，總計過濾面積 4,840平方呎
真空蒸發器一套，加熱面積12,920平方呎
、濃汁供給槽一，容量6,000立方呎。
、[illegible]結晶罐四具，糖漬容量 3,180立方呎
、[illegible]唧筒一，1,590立方呎/分。
、冷[illegible]唧筒一，460立方呎/分。
、[illegible]槽十具，糖漬容量 8,120平方呎
，離心機十六具，[illegible]蜜面積 280平方呎
、[illegible]唧筒一，90立方呎/分。
、5[illegible]0KVA發電機一。
，0[illegible]耕地白糖工廠設備，除處理甘[illegible]動力設備與粗糖廠相同外，但需[illegible]（加熱面積24,000平方呎）。及真[illegible]離心機二十四具，分蜜面[illegible]方呎，另外應加設備計有：1,940[illegible]第一座，二氧化碳唧筒一(1,060[illegible]；第[illegible]飽和槽五個，(2,500[illegible]；第二碳酸飽和槽一個，(500立[illegible]；第一碳酸汁壓濾機十二組（過濾面[illegible]80平方呎）；第二碳酸汁壓濾機四組（[illegible]面積(2,150平方尺)；燃硫灶一；稀汁[illegible]一，容量 180立方尺；五個濃汁壓濾機，過濾面積 2,690平方尺；濃汁燒硫器一，容積 180立方尺。

1,000噸粗糖廠約需動力2,200匹馬力，各部份分配如下：運蔗車起蔗十四馬力，[illegible]蔗機75；運蔗機15；斬蔗機(二組) 100；撕裂機300；榨蔗機500；蔗汁唧筒10；浸漬水唧筒6；水力唧筒6；蔗渣昇運機10；蔗渣運輸機15；給水唧筒50；上煤機 5；蔗汁加熱機唧筒，30；消石灰器2[illegible]石灰乳唧筒[illegible]；石灰澄清[illegible]汁唧筒 75；[illegible]唧筒 15；熱水唧筒 4；過濾蔗汁唧筒 2；排水唧筒 10；蔗汁唧筒 75；冷凝唧筒 80；真空唧筒 60；普通用水唧筒 25；離心機馬達 200；[illegible]運輸機 20；[illegible]昇運機 15；乾燥[illegible] 10；結晶槽 20；糖漬容槽 75；沉澱唧筒 10；[illegible]槽 75；[illegible]蜜唧筒(二組) 10；[illegible]糖蜜唧筒；發電機，600；其他 13。

1,000 噸粗糖廠約需職工275 人，分配如下：壓榨間，36；鍋爐間，34；發電間，22；澄清間，44；唧筒間，2；真空罐間，26；離心機間，32；試驗室，18；乾燥間，8；包裝間，30；修理間，20；木工 8；其他 5。

1,0000噸耕地白糖廠約需職工339 人，主要增加在澄清部，需90人，離心機間60人，試驗室26人，石灰窯26人。

四　糖品貿易情形

台灣出產糖品，除當地食用者外，主要銷售日本本部及我國，歷年當地銷糖數及輸出情形如下表所列：

歷年台灣當地各種糖品銷用量：

度	精糖及白糖	赤糖	分蜜糖	合計(担)	人口	平均每人每年食糖量(斤)
-13	50,598	78,543	107,421	236,563	3,353,345	7.05
-14	27,843	16,6267	74,710	268,825	3,416,270	7.86

1914—15	24,021	111,2?5	92,938	228,184	3,468,719	6.58
1915—16	24,402	132,046	48,112	204,560	3,483,266	5.87
1916—17	30,463	175,439	68,469	274,372	3,510,110	7.2
1917—18	45,203	256 212	108,688	410,140	3,560,050	11.5
1918—19	43,008	188,068	71,561	302,687	3,583,395	8.4
1919—20	69,764	89,337	76 129	235,230	3,630,385	6.4
1920—21	47,516	120,070	158,586	326,273	3,673,290	8.8
1921—22	62,045	120,695	135,233	317,973	3,751,217	8.4
1922—23	629,98	87,696	212,421	363,115	3,821,528	9.5
1923—24	87,190	112,082	152,606	351,878	3,891,921	9.0
1924—25	117,113	150,428	252,462	520,002	3,956,706	13.1
1925—26	127,635	149,949	274,013	551,597	4,061,524	13.
1926—27	129,085	150,134	239,928	519,120	4,155,026	12.
1927—28	154,421	138,049	359,109	651,579	4,250,160	15.
1928—29	143,665	206,776	272,233	622,694	4,351,828	14.
1929—30	138,190	223,024	327,582	688,805	4,351,828	15.
1930—31	120,295	201,331	314,127	662,753	4,592,537	14.
1931—32	139,182	200,458	331,424	671,064	4,715,278	14.
1932—33	147,523	231,772	304,808	684,103	4,932,433	13.
1933—34	157,309	192,529	378,?08	723,946	5,194,980	13.
1934—35	170,617	274,126	385,073	829,852	5,212,719	15.

註：本表所列年度以第一年十一月至次年十月止爲一個年度。

歷 糖品輸出量統計表：（單位擔）

地區＼年別	中國	香港	俄國	埃及	日本本部及朝鮮	其他	總
1920—21	9,104	3,000		51,272	3,660,153	51,009	3,863
1921—22	106,713				4,242,491		4,349

1922—23	197,245	85			5,913,264		6,430,864
1923—24	160,942	170			6,270,002		6,430,864
1924—25	398,683	19,705			7,140,660		7,559,048
925—26	388,765	25,840			7,170,188		7,584,793
926—27	192,41	24,739			7,487,915		7,705,072
927—28	149,146	50,427			7,127,958		7,1 7,958
928—29	83,785	48,423			9,768,041		9,900,249
930—31	44,551	31			12,385,857		12,430,718
931—32	5,000	1,167			12,457561		12,463,732
932—33	247,898	1,059	336		13,200,063		13,449,356
933—34	710,511		504		13,974,177		14,685,192
934—35	93,166				9,830,696		9,923,862
35—36	20,934	1,900			11,022,582		11,045,416
36—37	725,510	129,852			14,249,347		15,104,709

糖品輸入之量，因該島糖業之發展，逐減，至一九三四年(昭和九年)，除日本本部尚有糖品輸入外，其他各地已無糖品輸入，歷年情形如下表所列：

歷年糖品輸入總計表：（單位擔）

地區 年別	中國	香港	菲律賓	爪哇	古巴	日本	其他	總計
0—21	33,888	1	18,215	338,296		28,792	23	414,215
1—32	14,603	253	25,099	321,366		27,922		389,243
2—23	14,043	157	26,218	390,215	140,629	24,489	8	595,762
3—24	19,060	168	8,181	343,429	25,190	24,444		420,472
4—25	181			304,736		40,343		345,260
5—26	371			354,901		28,178		383,750
6—27	279			446,183	36,223	27,945		505,630
—28		310	5,011	298,254	35,695	39,664		418,924

10089

[illegible]	126,695	49,925	[illegible]
[illegible]	24,824	34,770	[illegible]
[illegible]	6	[illegible]	[illegible]
[illegible]	24	[illegible]	[illegible]
[illegible]	2	[illegible]	[illegible]
[illegible]	6	48,330	[illegible]
[illegible]		57,156	[illegible]
[illegible]		66,232	[illegible]

糖業政策及糖業機關

台灣糖業發展能如此迅速，主要應歸功於一九〇二年（明治三十五年）頒布糖業獎勵規例，並設立臨時臺灣糖務局執行其務，舉凡糖工業之改良，以及新式糖廠之設立，均分別予以補助及獎勵，茲將各年補助金額及其發放列下表，即可知獎勵政策之如何努力推行也。

費目	金額數（元）	會計年度
製糖公司及製糖工廠補助	454,093.00	明治33—41/9年度間
製糖機械購入補助	551,153.00	明治33—43/10年度間
改良糖廍補助	202,929.00	明治[illegible]—43/[illegible]年度間
原料糖補助	3,111,934.00	明治41—43/2年度間
原料消費補助	1,351,963.00	明治43年度
[illegible]補助	27,334.00	大正3,4,6—9/6年度間
蔗苗補助	720,[illegible].00	明治40—大正[illegible]年度間
苗圃補助	532,[illegible].00	大正[illegible]10/5年度間
[illegible]補助	[illegible]	明治[illegible]—大正5[illegible]年度間
灌溉排水補助	[illegible]	明治35—36,37,40,41,43—[illegible] 5/26年度
開墾補助	15,[illegible].00	明治35—40/6年度間
農具補助	27,[illegible].00	明治41,43,44—大正[illegible]年度間
蔗園耕作費補助	2,[illegible].00	明治34年間
[illegible]本補助	1,[illegible].00	明治[illegible]—大正3/4年度間

甘蔗品評會補助	14,300	00	明治41、43—大正3、4年度間
合　計	12,966,619	00	
總督府補助(第一次總督府)	72,888,419		明治33—大正2年度間
同　上(中國官廳)	339,378,080		大正11—昭和17年度間現存總督府
合　計	412,266,499		

一九〇二年(明治三十五年)購入鐵製壓榨機三十架，又由殖產局移交五架，均分別予人民使用。成績優良者並予以獎勵。同時陸續購入大規模之壓榨機，石油發動機，離心分離機，結晶罐等新式製糖機械，出借予糖工廠使用。

台灣歸日本佔領後，關稅雖仍襲前清之舊制，後於一八九六年(明治二十九年)二月施行日本內地稅關，輸出糖徵從價百分之五之輸出稅，輸入糖品則征赤糖每百斤二錢六厘，白糖二十三錢六厘，冰糖三十二錢五厘之輸入稅。後感此項稅率過低，不能保護該島之糖業，乃於一八九九年(明治三十二年)以後，加以修改，效果漸著。結果糖品生產大增，有與開拓市場之需，輸出稅則與產業發展相抵觸，遂於一九一〇年(明治四十三年)十一月撤廢之。一九一二年(明治四十五年)七月又改正輸入稅率。一九二七年(昭和二年)又再加修正，赤糖依其色澤每百斤得二元五十錢至二元[illegible]錢之保障，分蜜糖及粉碎白糖依其色澤得三元九十五錢至五元三十錢之保障，該島糖業受關稅之保障，乃能與外糖相競爭矣。

新式大糖廠漸漸增多，甘蔗之供給，必須有適當之管理，否則難免有糾紛發生。一九〇五年(明治三十八年)六月台灣總督府頒布製糖工廠取締條例，施行原料採取區域制，各工廠採取原料既有一定之區域，供給得以確保，同一區域內製糖工廠之設立有限制，則原料供給與需要得互相配合，無競爭

台灣糖產歷年增多，一九一〇年(明治四十三—四年)達四百餘萬擔，再加上日本本部所產四百餘萬擔，足可供日本全國及台灣等地之消用而且有餘，但因生產成本及品質關係，尚不能與爪哇等地外國糖相競爭，如該島糖產再繼續增加，則日本本部勢必充斥台灣之糖，本部之糖業將必受影響，深感該島製糖能力有暫時限制增加之必要，一九一〇年(明治四十三年)八月乃明令禁止新式糖廠及改良糖廍之設立，及能力之增加。嗣後消糖量增加，世界糖價亦因大戰影響上漲，能力限制辦法於一九一七年(大正六年)廢止撤銷。

一九一一年及一九一二年(明治四十四年及大正元年)因遭大暴風之災，蔗苗不足，各製糖廠向爪哇等地購入大量蔗苗補充，因急欲需用，不避病蟲害及品質及病虫害之有無。後經糖務局派員檢查，合格者僅為百分之一，更於種植後發芽時檢驗之，合格者尚不及十分之一，為防止以後為害計，對於蔗苗之輸入應予以檢查及管理，乃於一九一四年(大正三年)四月頒佈蔗苗取締條例，以行管理。

一九〇一年(明治三十四年)十一月於台南設立殖產局台南辦事處，主持甘蔗種植及製糖之改良，糖業補助金之支付，以及其他有關事宜，乃該島首先成立之糖政機關。並設置甘蔗試驗苗圃於台南及鹽水港廳蕭豆堡[illegible]子，訓練技術人員，並派員赴夏威夷購置蔗苗。

一九〇二年(明治三十五年)頒佈糖業獎

勵條例，並成立臨時台灣糖務局隸屬台灣總督府。主管甘蔗種植及製糖之改良及獎勵等事宜。另於嘉義、鹽水港、鳳山、阿緱四地各設支局辦事處。一九〇三年(明治三十六年)增設斗六辦事處。並於台南廳大目降支廳管內王公廟莊設立大規模之甘蔗試作場。經該局之積極努力，台灣糖業得以大量發展。至一九一一年(明治四十四年)台灣當局因見糖業已發展至相當階段，同時米作等物亦大進步，各種產業之關係日益密切，實有統籌管理之必要。乃於該年十月十六日明令撤銷糖務局，於民政部殖產局內設置糖務課，繼辦原糖務局之工作。一九二四年(大正十三年)十二月台灣總督府改正官制，糖務課改正特產課，除糖業外兼管茶、鳳梨、芭蕉、青果、柑橘等特產，實際仍以糖業為主。

糖業發達，交易日繁，買賣雙方時因價格品質問題，發生糾紛，糖務局乃應糖業聯合會之請，設立檢糖所於高雄，負責化驗糖品糖度，以為決定價格之標準。糖務局撤銷後，檢糖所於一九一二年(明治四十五年)四月改歷殖產局。大正七年四月改正官制將檢糖所改隸於總督府中央研究所，以迄於今。

一九一二年(明治四十五年)台灣總督府有設立大規模蔗苗養成所之計劃，一九一三年(大正二年)收買台中廳大南莊廳土地，正式成立殖產局大南莊蔗苗養成所。該養成所所培植之優良蔗苗，自一九一六年(大正五年)起，開始供應蔗農採用。該蔗苗養成所之培植面積約為五百甲，每年可供給蔗苗千五百萬至五千萬根。

一九〇二年(明治三十五年)六月糖務局於台南廳大目降支廳王公廟莊設立甘蔗試作場，一九〇五年(明治三十八年)大目降廳立糖業講習所，訓練農工下級幹部人員。一九〇六年試作場內附設之製糖工場竣工。等機關，統稱為糖業試驗場。原隸屬於糖務局台南支局，一九〇七年(明治四十年)七改隸糖務局，糖務局取消後改屬殖產局，一九二一年(大正十年)八月又移屬於中央研究院農業部糖業科。其工作為研究改良甘蔗種植，及製糖方法等，並訓練技術人員。開辦以來試驗項目達二百餘種，對該島糖業之貢獻至巨。

參考資料：

一、Morio D. Otaki—"The Sugar Industry of Formosa,"(Facts about Sugar Vol,34 No.6.P.23-27 June,1939)

二、日本砂糖協會——砂糖年鑑(一九三

三、H.C.P.Geerligs—The World's Cane Sugar Industry(1912)

四、陳駒聲——世界各國之糖業(一九三

論　文

通化平面應力問題之進展

林　致　平

夫彈性平板內應力分佈之研究，夙受多方之注意，蓋其結果之獲得，不僅對於立體彈性物體內應力分佈情形，可透闢一線曙光以供參考，並對於工程方面實際問題之計算，關係尤深，凡各種結構或機體，其一部或全部，由平板組成者，不勝枚舉。晚近斯學，實已突飛猛進，結果豐碩，但考諸實際，殊不盡然。範圍以內，彈性之理論自 Airy 氏創用應力函數，Filon 氏發表通化平面應力理論，Michell 氏證實多接連定理後，幾已為大成而臻完滿之境。而特殊問題之解答，問世者迄今尚寥寥無幾，以多接連緣之問題為然。推原其故，率半由於數學方面之困難阻塞，有以致之。蓋一解之成立，一方面須適合應力函數之四次微分方程式，一方面須適合該特殊問題之邊緣條件；不僅惟是，所獲之函數，並須便於實際數學計算，不過形繁複。因成級數形，若級數之收斂過緩，則計算不便。有鑒於此，由是觀之，本門學術之進展，要努力求解特殊邊緣之問題累積而來。而非恃建立通性之理論以為斷。Jeffery 氏嘗有斯言，筆者同具斯感也。

此文之作，在示通化平面應力問題之境域，與晚近之進展情形。以及筆者數年來一部分之研究所得。約述其方法，介其結果，期能促進學術界人士更進之注意，筆者之所望也。

首論述通化平面應力之理論，(註一)以明其所涵。

設有一平板於此，在平衡狀態中。其邊緣或板中，加有外力，各力均在板之平面內。如不計重力之影響，則各力必須符合靜力條件。彰彰甚明平板內之應力分佈情形。根據彈性學理論，可由一應力函數或稱Airy氏函數表示之。如令 xy，為位於板之平面內之直角坐標，則此函數必須適合下列四次偏微分方程式，或雙諧方程式。

$$\frac{\delta^4 X}{\delta x^4} + 2\frac{\delta^4 X}{\delta x^2 \delta y^2} + \frac{\delta^4 X}{\delta y^4} = \nabla^4 X = 0$$

式中之∇^2為 Laplace 氏運算子 $\frac{\delta^2}{\delta x^2} + \frac{\delta^2}{\delta y^2}$。此式示應力函數必須為一雙諧函數，由此應力函數，可導得平板內任何點，沿厚度之平均正應力與剪應力如下：

$$\widehat{xx} = \frac{\delta^2 X}{\delta y^2} \qquad \widehat{yy} = \frac{\delta^2 X}{\delta x^2}$$

$$\widehat{xy} = \frac{\delta^2 X}{\delta x \delta y}$$

前二者為 x 向與 y 向之正應力，後者為剪應力。平板內任何點沿厚度之平均位變，由下式定之。

$$2\mu u = -\frac{\delta X}{\delta x} + (1-\sigma)\frac{\delta \psi}{\delta y}$$

$$2\mu v = -\frac{\delta X}{\delta y} + (1-\sigma)\frac{\delta \psi}{\delta x}$$

式中之 u 為 x 向之位變，v 為 y 向之位變，ψ 為位變函數，可由應力函數求之如下：

$$\nabla^2 X = \frac{\delta^2\psi}{\delta x\delta y}$$

此函數須適合下列二次偏微分方程式

$$\frac{\delta^2\psi}{\delta x^2}+\frac{\delta^2\psi}{\delta y^2}=\nabla^2\psi=0$$

位變函數，必須為一諧函數是也，式中之μ與σ，為平板材料之彈性常數，其物理方面之意義，μ為平板材料之剛性常數，並由通[illegible]平面應力理論，知σ可以下式表之

$$\sigma=\frac{\rho}{1+\rho}$$

ρ為平板材料之帕森比

由平板之物理觀點觀之，知平板受外力，而平衡時，各點之應力與位變，均應具單一性，即於每點僅能具有一個數值，否則板內各點，將失去其連續性。換言之，即由應力函數所得之應力與位變，在板內各點，均祇為單值，不能為多值是也。

[illegible]上述之式中，與應力函數之偏微分方程式內，不含任何彈性常數。乍觀之，似單由之應力，亦應不含任何彈性常數，換言之，似應力函數與彈性常數，不發生任何關係，[illegible]際上此種情形，僅以單接邊緣之平板為然。單接邊緣者，亦即平板內並無洞孔存在之謂。若多接邊緣之平板，則須受Michells氏定理之限制。（註二）Michells氏之定理曰：「穿有洞孔之平板，如其各邊緣受外力而平衡時，若所加外力之合力，在每一洞孔均為零值，則平板各點之應力，與彈性常數不發生關係。」此定理僅須各個邊緣之合力為零值，若其合值為一力偶，則仍與上定理之涵相符合，而不與彈性常數發生關係。若洞孔邊緣之合力，並非零值，則因位變必須為單值之故，應力函數內，重又引入彈性常數之帕森比焉。

更有進者，以上所述，均係就外力悉加於平板之[illegible]言。若外力係加於板內者，則與前者之[illegible]，[illegible]力函數內將含有帕森比。但若所加者，係孤立之力偶，則應力函數內仍不含帕森比。

由上述理論，知應力函數，必須為一複諧函數。但現今關於複諧函數之知識迄不諧函數之充沛，如以諧函數為出發點，吾知凡複變數函數之實數或虛數部分，悉為諧函數。又諧函數任何次之誘導式，仍為函數，諧函數並可視為一複諧函數。此外函數與x或y或x^2+y^2之乘積，均為複函數其理甚易證明如以算式表示，令φ為函數，則下列四式均為複諧函數。

$$X=\phi$$

$$X=x\phi$$

$$X=y\phi$$

$$X=(x^2+y^2)\phi$$

[illegible]諧函數與諧函數之關係，既如上所，欲求取特殊邊緣問題之解答時，可先取宜之諧函數，或[illegible]，[illegible]，[illegible]級文，依上法轉成合於題意之複諧函數，使由此導出之應力與位變，在板內各點有單一性，然後再調整其附着之係數。使合於題中之邊緣條件，則應力函數覓得後，板內各點之應力與位變，均迎刃而解矣。適當之函數，頗不易求耳，為問題之癥所在。

[illegible]通化平面應力之理論，既約如上述。論中選舉已求獲解答之各種特殊邊緣之題。

依據何形狀，平板可分為下列數類：

(一)無限大之平板

(二)半無限大之平板

(三)無限長之條板

(四)平板之一端為無限長者

(五)有限大之平板，其邊緣為單者

(六)有限大之平板，其邊緣為多者

今依類分論之。

一 無限大平板之問題

無限大平板內受集中之分析，其解答久問世。如取集中力之作用點，爲坐標之原。則其應力函數爲(註三)

$$X = \frac{P}{4\pi}\left\{\frac{1-\rho}{2}x\log\left(x^2+y^2\right) - 2y\tan^{-1}\frac{y}{x}\right\}$$

式中之P。爲作用於原點每單位厚度之力，其方向沿x軸。如作用於原點者爲立力偶G，則其應力函數，更形簡單，如下：(註四)

$$X = -\frac{G}{2\pi}\tan^{-1}\frac{y}{x}$$

平板穿有圓孔，其兩邊受引力時之解答，尚簡單，如以圓孔之圓心爲原點，則其函數爲(註五)

$$X = \frac{1}{4}Tr^2 - \frac{a^2}{2}T\log r - \frac{1}{4}T\left(1-\frac{a^2}{r^2}\right)^2 r^2\cos 2\theta$$

式中T爲其兩端之單位引力，其方向沿，a爲圓孔之半徑；(r，θ)爲極坐標。與x，y之關係爲

$$x+iy=re^{i\theta}$$

由此導出沿圓孔邊緣之應力爲

$$\widehat{\theta\theta}_a = T(1-2\cos 2\theta)$$

其最大應力爲T之三倍，位於圓孔與x軸相交之兩點。

孔邊緣，受有各種外力之分析。Bic氏論之甚詳(註六)，茲不具述。

板穿有一橢圓孔之問題。亦經求獲，其函數係以橢圓坐標表示之。橢圓坐標(ξ，η)之關係如下：

$$x+iy=c_0\cosh(\xi+i\eta)$$

式中之c爲橢圓兩焦點間距離之半長。如於板之兩端施一單位引力T。其應力函數爲(註七)

$$= \frac{1}{8}Tc^2\left\{\sinh 2\xi - 4\xi\sinh 2\alpha + e^{2\alpha}\left[e^{-2\xi} - \sinh^2(\xi-\alpha)\cos 2\eta\right]\right\}$$

由此可得沿圓邊緣之應力爲

$$\left[\widehat{\eta\eta}\right]_\alpha = T\left\{e^{2\alpha} - \frac{(e^{2\alpha}-1)\sinh 2\alpha}{\cosh 2\alpha - \cos 2\eta}\right\}$$

其最大應力爲 $\eta = \frac{\pi}{2}$

$$\left[\widehat{\eta\eta}\right]_{\alpha,\frac{\pi}{2}} = T\left(1+\frac{2b}{a}\right)$$

式中 $a = c\cosh\alpha$，$b = c\sinh\alpha$

爲橢圓兩主軸之半長，如引力係加於y向，其應力函數稍異，但最大應力之式仍相似，僅b/a之值代以倒數a/b之值而已。

平板穿有大小二孔之問題。Jeffery氏引用雙極坐標獲得之通解，可引伸以解本題。詳情概不具述，平板穿有一串長列之圓孔。Howland氏曾求獲之，(註八)法由

$$W_0 = -\log\sin\pi z \quad (z = x+iy)$$

逐求之誘導式，分裂實數與虛數部分而得之諧函數取其適宜者，構成合於題意之複諧函數，以級數表示之。然後由邊緣條件與圓孔半徑之值，用逐步近似法，以定附常係數之數值。引力僅加於縱向或橫向，或四邊皆受引力之問題，均曾加以探討，並示釋例。

平板穿有一串列成環形之圓孔。筆者與王揩生君，曾獲其解答，(註九)由下式

$$W_0 = \log(z^k - b^k)$$

展開後，求以b爲變數之逐次誘導式，分裂其實數與虛數部分式中之k爲圓孔之個數，b爲環形之半徑，如是求得之諧函數，對於轉動變換，具有不變之特性，應用之以構成符合題意之複諧函數。復由圓孔之個數與半徑之值，及邊緣條件，用逐步近似法，以求係數之值。文中曾舉穿有二孔三孔及四孔之釋例，並求圓孔邊緣之應力，並相互比較之。就筆者所知，本類問題當推筆者曾首先致此矣。茲言半無限大平板之問題。

二 半無限大平板之問題

半無限大平板之直線邊界，受各種不同狀態

荷之問題，其解答均較簡單。如載荷係一集中力P以斜向加於原點，平板為x軸正向之上下全部，β為集中力與x軸所成之角度，則其應力函數為(註十)

$$X=\frac{P}{\pi}r\theta\sin(\theta-\beta)$$

如載荷係一勻佈之力，加於直線之一段，雖載荷之情形略異，但應力函數亦殊簡單，茲不詳述；倘若直線上有一半圓形凹口，或直線鄰近有圓孔存在時，則應力函數之簡繁迥異，前者係Maunsell氏求獲之，(註十一)其法與上述Howland氏之法，頗形相仿，係由上述集中力垂向時之應力函數，求逐次誘導式，併合得之，後者則爲Jeffery氏著名之結果，頗受推崇(註十二)法用雙極坐標表示之，首將複諧方程式變換爲雙極坐標之微分方程式，然後求解此方程式，獲應力函數之通解，附着之級數，由邊線條件定之。其解答之應用有三：一爲本題，二即前述無限大平板穿有大小二孔之問題，三爲偏心圓環，茲不詳述。此解答所以重視者，蓋由於可應用以探求直線旁之洞孔附近之應力故也。

直線附近，穿有一串圓孔之問題，適於應用以探求平板沿邊以多個鉚釘鉚合時，應力之分佈情形，筆者近以求獲之。(註十三)中先創立一個特殊諧函數，用以構成複諧函數，次乃疊合各個應力函數，使直線上無垂力及剪力存在、然後用逐步近似法，調整其附着之係數，使合於圓孔之邊線條件。本類中其他多孔邊問題之解答，似尚無所聞焉。

三　無限長條板之問題

無限長條板之問題，其兩直線受有各種平衡載荷之問題，Howland氏曾綜合討論之，(註十四)爲文以示各種應力函數之體系，法以Fourier氏積分式表示之。釋例中並求條板內受一集中力之解答，至條板內穿有一圓孔，不論其居中或鄰近一邊之問題，Howland與Knight氏等曾先後發表其解法，(註十五)(註十六)(註十七)Howland氏之法，其應力函數係由逐步近似法得之爲一級數之總和，級數內之任何一項，係以抵銷前項剩留於邊線上之應力；如是互抵消直邊上或圓孔上之應力，至剩留之值不計爲止。其級數雖富收斂性，並曾加釋，但未能證明，Knight氏之解法，雖較法爲簡捷，但兩法所獲之應力函數，均僅用以求圓孔鄰近之應力，如距圓孔較遠，則級數收斂之關係，未能求取，似爲兩法之中不足處。Knight氏並曾探討圓孔邊緣有外力之問題，(註十八)其解答可用以求條板由一鉚釘鉚合時之應力分佈情形。

條板穿有一串勻部之圓孔，其兩緣受力時之問題，筆者與王培生荆廣生二君求合其解答。(註十九)法係由Weierst氏橢圓函數之逐次誘導式，分裂其實數部分而得之諸函數，構成二組複諧，復另行構成含有三角函數之複諧函，以級數表示之。如是共有四組複諧函每組均以一級數表示之。前二組內之諧，均具有雙週期性；而後二組之複諧函均具有單週期性，與Howland氏所示條力體系內之應力函數，有相似處，所以有週期性之三角級數表示，而非以積表示而已，疊合四組複諧函數，以爲數，每組之一項均附有一係數，如是組待定之係數。其中兩組由兩直線之件，求得可用另兩組表示之，餘二組力函數展爲極坐標後，可由各圓孔之件，求得若干聯立方程式，然後用逐法以定之。所得應力函數，可用以求之任何點之應力，文中並詳示釋例，其結果。此法有二特例：一爲圓孔離無限增長時，則條板僅留一單孔；直線之距離，無限增廣時，則條板無限大之平板，由前文所述，知此二

owland 氏均曾異途求獲其解答。惟互較，知第二特例之解答兩法相異似之處甚，但第一特例則不然，雖同屬確解，兩法步迴殊。由特例所獲之結果，似較爲完滿，可求條板內任何點之應力也。至Howland之法，則僅限於求圓孔鄰近之應力焉。

上述之問題，似爲本類已解之各問題中緣條件之最繁複者。

四　平板一端無限長之問題

本節所述之問題，爲平板僅其一端爲無限長者，或爲一半無限長之條板，或爲一無大之扇形平板。就後者而言。若於扇形平之頂點加一集中力時，則其應力函數爲（註二十）

$$X = P\left(\frac{\sin\beta\cos\theta}{2\alpha-\sin2\alpha} - \frac{\cos\beta\sin\theta}{2\alpha+\sin2\alpha}\right) r\theta$$

式中 β 係集中力P與扇形對稱軸 ox 所成之角度，α 爲扇形兩直線之夾角，極坐標 r θ 係以扇形之頂點O爲原點。

若於扇形之頂點加一力偶G時，則應力函數爲（註二十一）。

$$X = -\frac{1}{2}G\frac{2\theta\cos2\alpha-\sin2\theta}{2\alpha\cos2\alpha-\sin2\alpha}$$

兩式均尙簡單，若於兩直線上加任何外力，則其通解，殊形繁複，茲不多贅。（註二十二）

就條板而言，若於條板之邊緣上加一集中力，則其解答爲一級數，（註二十三）形式繁茲從略。本類問題之具多接邊緣者，其解答者尙無所聞，惟條板之短線附近，有圓孔之問題，其應力函數，[illegible]，可由上述之半無限大平板直線附近有一串鉚釘之解答，以爲出發點，更疊合其他適宜之函數得之，其解答可用以探求有鉚釘孔之「接頭」內應力分佈情形。至詳細分析方法，容後再爲文申論之。

五　單接邊緣有限大平板之問題

上述有限大平板，已獲解答之各種問題，先述其邊緣爲單接者。

圓形之平板，以極坐標表示之解答，因所夙知者，（註二十四）應用於車輪之應力分析，Pipperd 與 Chitty 二氏，曾爲文申論之。（註二十五）其他由圓弧合成之特殊邊緣，可用圓形平板之解答，以「倒變」後分析者，Michell氏與Timple氏等各曾申論之。（註二十六）（註二十七）若平板爲同心圓環之一部分，則可由後述同心圓環之解答引伸求獲之。（註廿八）橢圓之平板，其解答以橢圓坐標表示者，亦夙已問世，（註廿九）詳情茲不具述。

長方形之平板，其中兩對邊各加一對稱之集中力者，黄玉珊君近曾求獲之。（註卅）

若此兩集中力係對稱加於板內者，筆者與李迪端君最近曾設法求獲之，（註卅一）步驟雖繁複，結果則殊簡，筆者與張捧雲君並曾綜合探討以求長方平板之各種應力體系，（註卅二）而獲一各邊緣任何載荷時之通解，所獲之解答，並可用以求狹深之短樑之應力分佈情形焉。

六　多接邊緣有限大平板之問題

有限大之平板，其邊緣爲多接者，已解問題，爲數甚寡。同心圓環之應力分析，Filon氏曾詳論之，（註卅三）偏心圓環之應力分析，上述 Jeffery 氏雙極坐標之通解，可包括其解答。獲解者僅此而已，餘似未聞也。若長方形平板之中央穿一圓孔之問題，筆者近曾探討之，（註卅四）以含邊線較多，解法之繁復，自可想見，若板內穿有兩對稱圓孔之問題，筆者意可由上述平板內受兩集中力之解答，引伸得之，分析之詳情，容後爲文再申論之。

綜上所述，通化平面應力已獲確解之諸問題，其緊要者略盡於此矣。工程方面之應用，雖未一一列述，要不難一索而知之。由此以觀，國地以內似不無寥落之感，查獲所者實聽闕爲豐碩也，即以工程方面而言，其待解之問題，尚多而且巨，然則耕耘之責， 端在吾人今後之努力矣。

本文重要名譯

通化平面應力	Generalized Plane Stress	帕松比	Poisson's Rat
應力函數	Stress Function	諧函數	Harmonic Function
多段邊緣	Multi-connected Boundary	複諧函數	Biharmonic Funtion
確解	Exact Solution	鋒頭	Lug
剛性模數	Modulus of Rigidity	倒變法	Method of Inversion

參考文獻

（註一） 見 Coker 與 Filon：Photo—Elasticity 第 125 頁（1931）或 Love：Mathemtatical Theory of Elasticity 第 207 頁，第四版：（1934），一第書以後簡稱甲書。

（註二） 見甲書第518頁

（註三） 見甲書第327頁

（註四） 見甲書第360頁

（註五） 見甲書第484頁

（註六） Bickley：The Distributon of Stresses around a Circular Hole in A Plate。Phil。Trans。A.227 第388—415頁（1928）

（註七） 見甲書第542頁

（註八） Howland：Stresses in a Plate Containing an Infinite Row of Holes. Proc. Roy. Soc. A. 14第8471—491頁（1930）

（註九） 林致平，王培生：平板雙洞圓孔之應力分析，航空研究院研究報告第六號（1943）

（註十） 見甲書第336頁

（註十一） Maunsell: Stresses in a Notched Plate under Tensio Phil. Mag. Series 7 vol 第765頁（1936）

（註十二） Jeffery：Plane Stress a Plane Strain in Bipolar ordinates. Phil. Trans. A 221第235—293頁（1921）

（註十三） 林致平：鉚合平板之應力（1944）

（註十四） Howland：Stress Syste in an Infinite Strip. Pr Roy. Soc. A.124第89—頁（1929）

（註十五） Howland：On the Stres in Neighbourhood of a c lar Hole in a Strip und Tension. Phil Trans, A 第349—86頁（1930）

（註十六） Howland and Steveson：harmonic Analysis in

orated Strip. Phil. Trans. A. 232第155—222頁(1934)

註十七) Knght: Onthe Setresses in a Perforated StriP. Quart. J. Math. Oxford Serics Vol. 5 第255－268頁(1934)

註十八) 見Knight之文，載Phil. Mag. Series 7 vol. 19 第517頁(1935)

註十九) 林致平，王培生，荊廣生：多孔長條之應力分析，航空研究院研究報告第九號(1944)

註二十) 見甲書第328頁

註廿一) 見甲書第366頁

註廿二) 見 Timoshenko : Elasticity，121頁

註廿三) 見 Timoshenko : Elasticity 50頁

註廿四) 見甲書第367頁

註廿五) Pippard dand Chiffy : The Strsses in a Disk Wheel under Loaods Applied to the Rim. Phil. Mag. Series vol. 21. (1933

(註 廿 六) 見Michell文；載Proc. London Math. Soc. vol. 34 第134頁(1901)

(註 廿 七) 見Timple 文，載Z. Math. Physik vol.，第384頁(1905)

(註 廿 八) 見甲書第373頁

(註 廿 九) 見 Timoshenko : Elasticity 第175頁

(註 三 十) 賀玉珊；長方形平板之應力分析(1943)

(註三十一) 林致平，李迪璈：長方平板內受對稱集中力之分析

(註三十二) 林致平，張搢雲；長方平板之應力體系

(註三十三) Filon: The Stresses in a Circular Ring. Selected Eng'g Papers of Inst. of C.E. (1924)

(註十三四) 林致平：穿孔長方平板之應力分析。

木炭汽車增力機之設計及試驗

吳毓崐　　沈　誠

目　次

(一)緒言　　(二)馬力之增加
(三)增力機之設計　　(四)壓力試驗
(五)長途試車　　(六)結論

一　緒言

國際路線切斷後，汽油不能進口，而國產代汽油酒精價格高昂，不敷運輸成本甚鉅，於是木炭爐之裝置，成為唯一救星。但木炭爐所得之氣體，除可燃燒者一氧化炭及輕氣等外，尚有不能燃燒之氮氣等約佔百分之五十以上，絕無減少希望，遂使馬力大減，上坡無力。每逢爬越高山時，仍須汽油輔助，雖為數無幾，累計亦甚可觀。故如何增加木炭車之馬力，誠為當務之急。一般人研究途徑可分為三：

1. 變更壓縮比例。刨薄汽缸蓋，減少燃燒室容積，增加壓縮比例及熱力效率。(Thermal Efficiency)以得到較大之馬力。
2. 變更齒輪比率，或用雙重齒牙箱裝置。用犧牲速度之方式，增大動輪扭力，藉以增加機械利益 (Mechanical Advantage)
3. 增量給氣，內燃機之進氣，原利用引擎傳動所生之真空。吸入燃料，今若加裝壓氣機後。則用壓縮方法將木炭氣壓入汽缸。換言之；即在同一容量之汽缸內，設法增多燃燒氣體之體積，或增加容積效率，(Volumetric Efficiehcy)結果汽缸內之進汽壓力及壓縮壓力，均大為增加熱能之吸入既多，馬力遂因而加大。

上三項，第一第二、皆在原來進入汽缸之燃料體積內設法，終以容積效率(Volumetric Efficiehcy)未變，受其限制。第三種打破此項範圍增加熱能之進入量，用以增動力，係屬比較基本之辦法，自為最有利。木炭汽車增力機即採用第三種方法以
。

增量給氣機，應用於飛機及賽跑汽車已有多年，其目的在適合環境，增得最大動力故其機件複雜，而拖動之馬力，需用多，研究木炭車增量給氣者，往往循此途，因而得不償失，或在傳動上，製造上，缸進汽上，發生種種困難致裹足不前或未成，竟告失敗，今經設計試驗之增力機所需不奢，祇求用於木炭車上使不消耗汽油而能越過吾國公路上最陡最長之斜坡故設備較為簡便，而上述目標，得以完全達。

增量給氣機所用之壓氣機，約可分為列三種：

(一)往復式 Reciprocating Type
(二)路氏式 Root's TyPe
(三)離心式 Centrifugal Type

第一第二兩種，構件複雜，製造較難，故現採用離心式，此種壓氣機，通常所得之壓力不大，而需送量甚多，今木炭車增量給氣所需適與相反，即壓力須高而輸送量小，又因某轉數特高而離心力甚大，故其每一配件，必須縝密計算與製造及試驗，方得到預期之效果。

汽油車改裝木炭爐後，馬力約減低至原有之百分之五十八，故上坡無力，今加裝增量給氣機後，進入汽缸混合之汽容量增加百分之二十七，而其馬力之加大除去壓氣機所用者外，尚可實得八匹半馬已增加百分之十八以上，故上坡可無問題也。

二　馬力之增加

普通木炭爐所發生之氣體，在良好之狀態下，效率80%左右時成份大致如下：

(表一)

一養化炭	CO	25.5%
輕　氣	H_2	13.2%
二養化炭	CO_2	6.6%
水　汽	H_2O	6.2%
淡　氣	N_2	48.5%

其所含熱能每分子重量(Molecular Weight)為44640 B.T.U.每立方英尺為137 B.T.U.(溫度在62°F)

木炭爐汽進入汽車引擎之汽缸，與隨同入空氣中之養氣發生燃燒作用其化學變化應如下列二式

$$2CO + O_2 \longrightarrow 2CO_2$$

$$2H_2 + O_2 \longrightarrow 2H_2O$$

故燃料與養氣之比例為2：1按照表一則木炭氣內可燃燒之氣體為百分之三十八七故每立方英尺之木炭氣需用.387 × ½ .194立方英尺之養氣。

大氣中養氣與淡氣之比約為1：4故每立方英尺之木炭氣必須有According 容量之空氣方能完全燃燒。

原來汽車汽缸之進氣壓力，以絕對力壓(…)每平方吋為14.7磅，壓縮壓力(Compression Pressure)P_2約為90 + 14.7 = 104.7磅 今以道奇汽車計算其RF型之引擎壓縮比例原為5.8依照下式計算

$$\frac{P_2}{P_1} = \left(\frac{V_1}{V_2}\right)^k$$

$$\frac{104.7}{14.7} = (5.8)^k = 7.15$$

$$故\ k = \frac{\text{Log } 7.15}{\text{Log } 5.8} = \frac{.8543}{.7634}$$

$$= 1.11$$

今設木炭汽車加裝增力機後其進氣壓力增多四磅則

$$P_1' = 14.7 + 4 = 18.7$$

其壓縮壓力則為

$$P_2' = P_1\left(\frac{V_1}{V_2}\right)^k = 18.7 \times 7.15 = 134$$

磅(絕對壓力Absolute Pressure)或 = 119磅(錶示壓力Gage Pressure)

設原來氣缸容積為100%進氣壓力本為每方吋14.7磅，今進氣壓力增至18.7磅，進入氣缸氣體之容積雖仍不變，而其比重以壓力增加之關係則已隨而增加，換言之，即其實量已經增加，其實在增加之數值，應將其容積換算為14.7磅之壓力，即原來之情況，方可用以比較，計算之方式如下

$$v_1 p_1 = 100(p_1 + 4)$$

$$v_1 = 100 \times \frac{18.7}{14.7} = 127$$

故實在進入汽缸氣體之實量為原來之127%亦即容積效率(Volumetric Efficiency)增加27%。

道奇RF型引擎之汽缸總容積為228立方英吋，在每分鐘3000轉時馬力B.H.P.為80其時之容積效率約為70%，混合氣體之需要量每分鐘為

$$228 \times 3000 \times \frac{1}{2} \times \frac{1}{1728} \times 70\% = 138$$

立方英尺本發動機之熱能效率(Overall Thermal Efficiency)為：

$$\text{Th.Eff} = \frac{\text{Power output in B.H.U.}}{\text{Power input in B.T.U.}}$$

$$=\frac{80\times 24500}{3700\times\frac{1}{37}\times 138\times 60}$$

$=24.5\%$

今改用木炭氣後每小時進入汽缸之熱能爲：

$$138\times\frac{1}{2}\times 117\times 60=484000\text{B.T.U.}$$

如柴引擎之熱能效率不變更，則所得之馬力如下：

$$\frac{484000}{2545}\times 24.5=46.5\text{ H.P.}$$

馬力之減低爲 $\frac{80-46.5}{80}=\frac{33.5}{80}=42\%$

今改用增力機後，馬力之增加應與容積效率，互成正比例，其率爲

$46.5\times 27\%=12.6$ H.P.

離心式壓氣機通常每分鐘輸送 100 立方英呎自大氣壓力至每平方英吋五磅壓力時約需 1.95 H.P.

現每分鐘需用之氣體爲 $138\times 1.27=175$ 馬方英呎，設50%爲各種損失，其需用之馬力爲

$$1.95\times\frac{175}{100}\times 1.5\times\frac{4}{5}=4.1\text{H.P.}$$

馬力增加之淨值爲：

$12.6-4.1=8.5$ H.P.

馬力增增之百分數爲：

$8.5\div 46.5=18.3\%$

(三)增力機之設計

根據理論離心式壓氣機所得之壓力如下式：

$$P_2=14.7\left[1+\left(\frac{.00Ua^2S}{4,300,000}\right)\right]^{3.44}$$

內 P_2 爲壓縮壓力

U_a 壓氣機葉子邊緣轉動之速度以每秒鐘轉動英呎計

S進氣之標準比重（以空氣爲比較之對象）

由上式研究之結果可知離心式壓氣機所得之壓力與壓氣機葉子之邊緣速度及進氣之標準比重均有深切之關係今 P_2 既已定爲十磅S可照下式推算

木炭氣所含之成分	百分數	比重(在標準情況下)	積數
CO	25.5	0.0781	1.98
H_2	13.2	0.0056	0.07
CO_2	6.6	0.1227	0.81
H_2O	6.2	0.0502	0.31
N_2	48.5	0.0783	3.79
總計	100.0	0.0696	6.96

空氣之比重爲0.072

木炭氣與空氣之混合比例既爲1：1故混合氣體之比重爲：

$$\frac{0.0696+0.072}{2}=0.0699$$

而其與空氣之比較比重爲 $\frac{0.0699}{0.072}$

$=0.970$

故 $P_2=14.7+4=18.7$

$S=0.970$

替入前式

$$18.7=14.7\left[1+\left(\frac{U_a^2\times 0.970}{4,300,000}\right)\right]^{3.44}$$

$$(1.27)^{.291}-1=\frac{U_a^2\times 0.970}{4,300,000}$$

$$\frac{0.07\times 4,300,000}{0.970}=U_a^2$$

$U_a^2=337,000$

$U_a=580$ 呎／每秒

U_a 原等於兀ND

今設離心式壓氣機葉子之轉動速度爲每分鐘一萬轉

$$\text{故D}=\frac{580\times 60\times 12}{兀\times 10,000}=13.3''$$

預留壓氣機內氣流之損失故壓氣機葉子直徑應爲 $13\frac{1}{2}''$

前設壓氣機之葉子轉動速度爲每分鐘一萬轉故必須加裝副軸一具利用V形皮帶由引擎傳輸動力至壓氣機方能達到此種速度。

10102

今皮帶輪之比例如引擎與副軸間爲：

$6\frac{1}{2}'' : 3\frac{1}{4}'' = 1:2.00$

副軸與壓氣機間爲：

$7\frac{3}{4}'' : 3\frac{1}{4}'' = 1:2.38$

則其總比例爲： 1:4.76

引擎在每分鐘2500轉時，設5%爲每根滑行之損失則壓氣機之速度應爲：

$2500 \times 4.76 \times 95\% \times 95\% = 1070$ R.P.M.

其裝置係在引擎曲軸之前部，原裝風扇輪處，加裝皮帶輪一具，另在引擎左側副軸一具，用雪佛蘭車之風扇皮帶一根連繫，離心式壓氣機則裝在引擎上部用車風扇皮帶一根，與副軸相連接。副軸氣機兩面皆用鋼珠軸承，俾易運轉。

按第二節之計算，道奇車 RF 型未裝增時每分鐘需用138立方英尺之混合氣體在每分鐘3000轉時）在加裝增力機後，合氣體之需用量增至每分鐘175立方英305,000立方英吋。

今設壓氣機之形式如下圖：

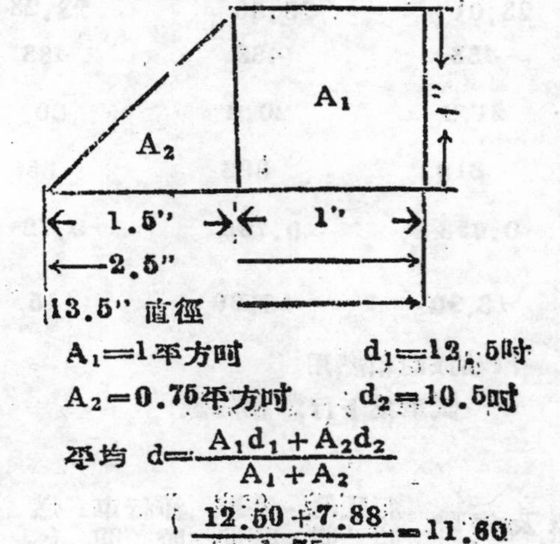

$A_1 = 1$平方吋 $d_1 = 12.5$吋

$A_2 = 0.75$平方吋 $d_2 = 10.5$吋

$$平均\ d = \frac{A_1 d_1 + A_2 d_2}{A_1 + A_2}$$

$$= \frac{12.50 + 7.88}{1.75} = 11.60$$

論上壓氣機所輸送混合氣體之容量爲 A

$= \pi \times 11.60 \times 10,000 \times 175$

$= 580,000$立方英吋

設壓氣機之容積效率爲60%則實際之氣體輸送量爲：

$580,000 \times .60 = 348,000$立方英吋。

上列數字足敷引擎之需用。

今以輸送量尙不爲大，故以輻射形之小葉十二個附於底板之上，每小葉之相互距離爲 $3\frac{1}{2}''$ 壓氣機之外殼則用螺旋蝸大形以減流之渦旋

壓氣機上裝用安全瓣一具壓力超過規定時卽自動開啓以策安全。

(四)壓力試驗

今取裝有增力機之道奇木炭汽車一輛，試用汽缸壓力表，在取去火星塞之孔，由低速度至高速度，分數個階段，測驗其汽缸壓力，每次得一個紀錄後，卽將引擎連接副軸之V形皮帶取下，再作無增力機之壓力紀錄，換言之，卽在每種速度情形下，取得未裝，及已裝增力機汽缸壓縮壓力之數字，速度之量取則用速度表在引擎前端行之。由每分鐘800轉至3000轉所得之紀錄有如下表，由此藉以算得裝用增力機後，進氣壓力增多之實在數字，其簡字代表之意義如下：

	未裝用增力機	已裝用增力機
每方吋壓縮壓力(磅)(錶示壓力)	P_2	P_2'
每方吋壓縮壓力(磅)(絕對壓力)	P_2	P_2'
每方吋進氣壓力(磅)(錶示壓力)	P_1	P_1'
每方吋進氣壓力(磅)(絕對壓力)	P_1	P_1'

$$因\ \frac{P_2}{P_1} = \left(\frac{v_1}{v_2}\right)^K 而\ \frac{P_2'}{P_1'} = \left(\frac{v_1}{v_2}\right)^K$$

壓縮比例 $\left(\frac{v_1}{v_2}\right)^K$ 在已裝及未裝增力機

10103

系數值不變，道奇RE型引擎為5.8

故$\frac{P_2}{P_1}=\frac{P'_2}{P'_1}$ 或 $\frac{P'_2}{P_2}=\frac{P'_1}{P_1}$

令$P_1=14.7$由此可求$P'_1=14.7\left(\frac{P'_2}{P_2}\right)$

而$p'_1=P'_1-14.7$即實在進氣壓力增多之數字也。

茲將試驗記錄列表

轉數	p_2	P_2	p'_2	P'_2	$\frac{P'_2}{P_2}$	P'_1	p'_1
800	55	70	60	75	1.07	15.8	1.1
1300	61	76	66	81	1.06	15.6	
2000	66	81	85	100	1.23	18.1	
2600	73	88	101	116	1.31	19.2	
3000	85	100	98	113	1.13	16.6	

根據上列表之數字可以畫出下列之引擎每分鐘之轉數。

由此證明，裝用壓力機後，增加之壓力在每分鐘2600轉時，為最大，可至左右，適與原來之設計相吻合。

（五）長途試車

1. 日期　上行　31年8月14日至16日

　　　　下行　31年8月24日至27日

2. 起訖　貴陽—海棠溪

3. 距離　488 公里

4. 車號　國西南 5487 號

5. 載重　2

6. 引擎號　T41—25358

7. 車輛車型　DODGE 1938 TF MODEL

8. 行駛紀錄

		上行	下行	平均
行駛時間	小時	23.01	23.56	23.28
行駛距離	公里	488	488	488
平均速度	公里每小時	21.2	20.4	20.
木炭消耗	公斤	319	396	35[illegible]
木炭消耗率	公斤每公里	0.653	0.790	0.72
木炭消耗率	公斤每小時	13.90	16.60	15.

試車前所有輸油系之化油器，油幫浦，油管等件，皆已拆除，故往返兩程並無點滴汽油或酒精燃用

試車上下行詳細紀錄

1. 上　行

日　期	區　間	里程	開車及停駛	行駛總時間	停車時間	淨行車時間	燃（
8月14日	貴陽—桐梓	221	8.35—21.20	12.45	2.42	10.03	
8月15日	桐梓—綦江	183	8.00—21.25	13.25	3.43	9.42	
8月16日	綦江—海棠溪	84	7.14—12.10	4.56	1.40	3.16	
總　計	貴陽—海棠溪	488		31.06	8.05	23.01	

10104

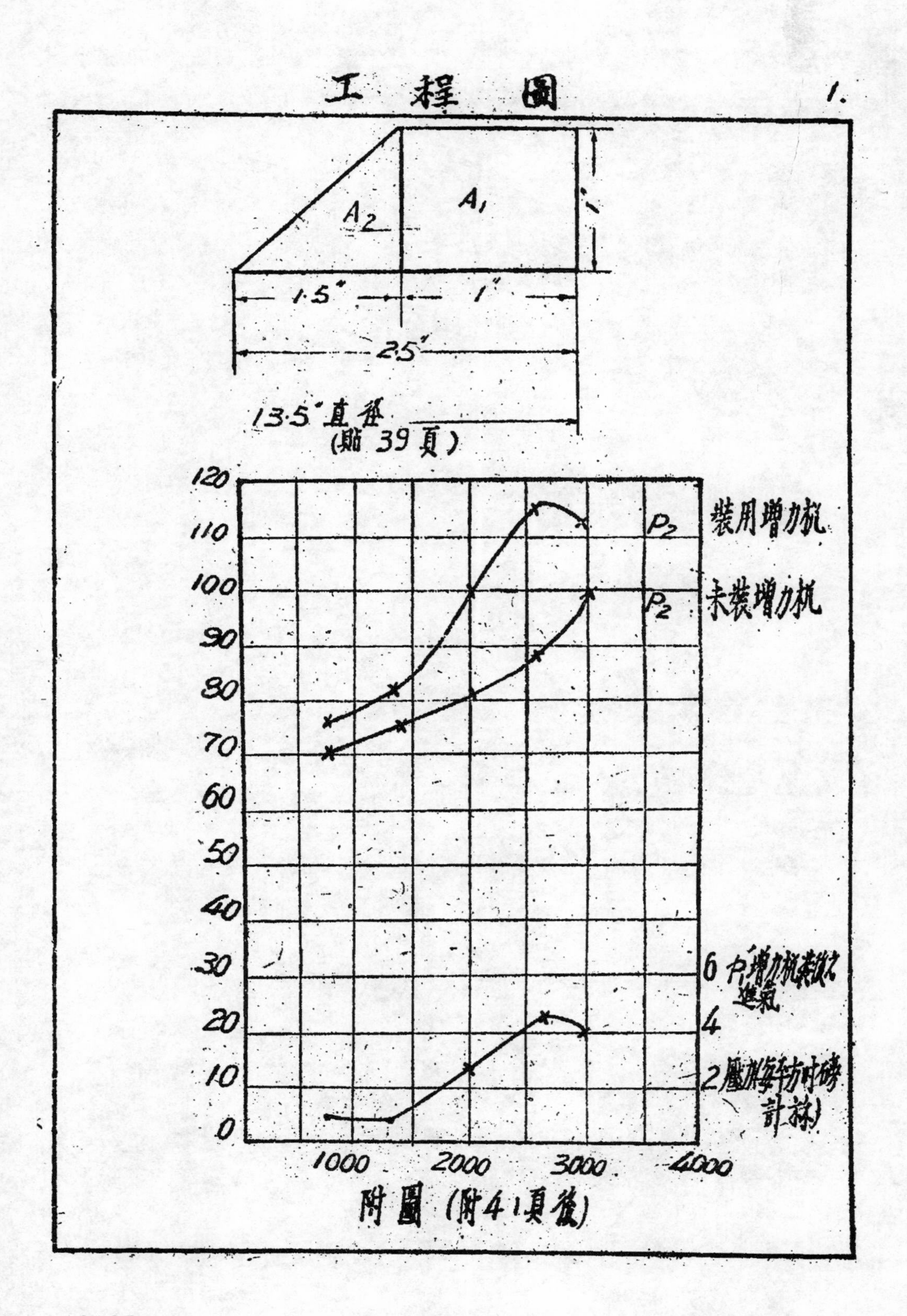
工程圖
1.
A_2
A_1
1″
1.5″
1″
2.5″
13.5″直徑
(貼39頁)
120
110
100
90
80
70
60
50
40
30
20
10
0
1000
2000
3000
4000
P_2 裝用增力机
P_2 未裝增力机
6 P_1增力机裝設之進氣
4
2 壓力(每平方吋磅計算)
附圖(附41頁後)

10105

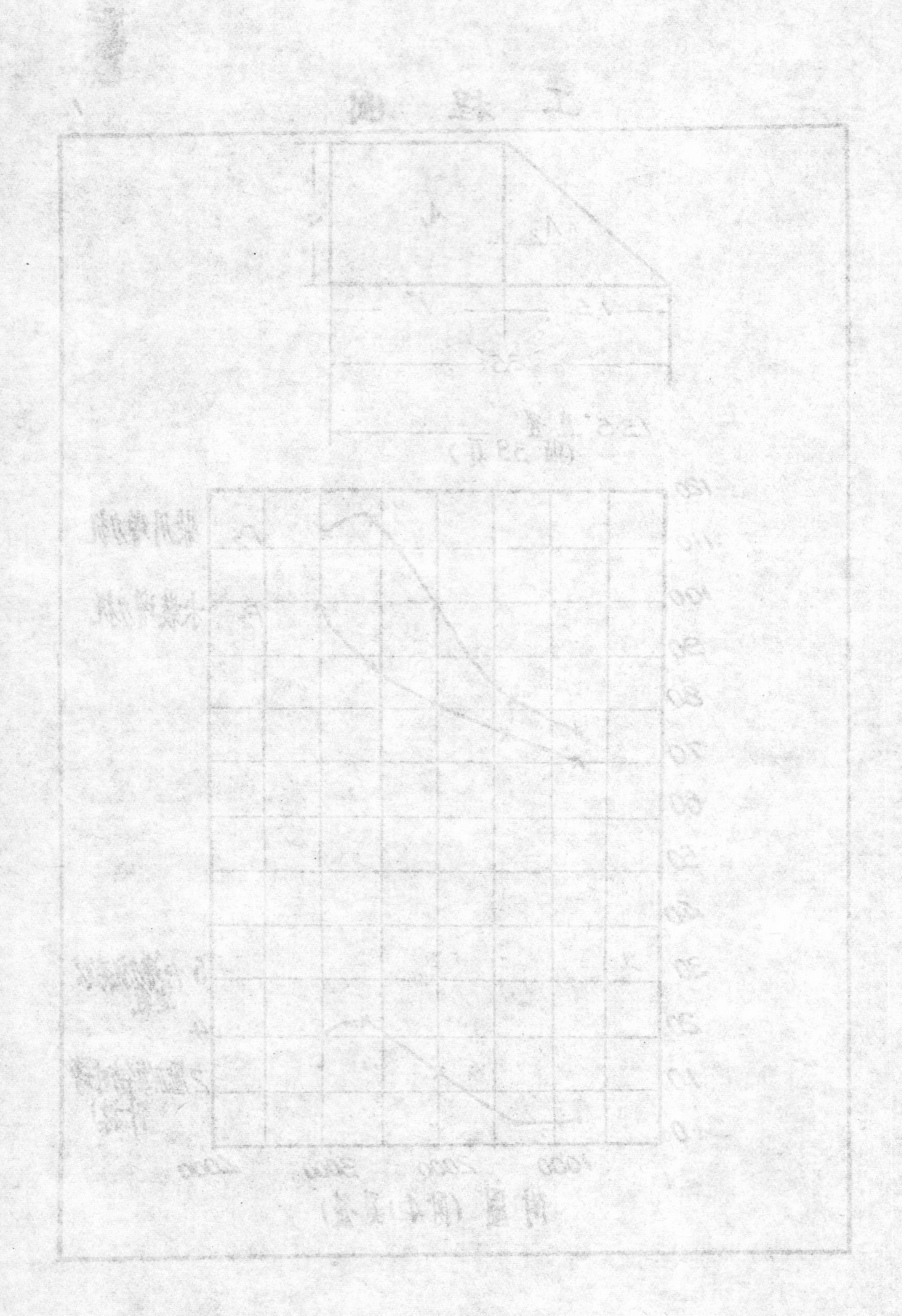

2.下　行

8月24日	海棠溪—東溪	134	9.30—17.55	8.25	2.80	5.55	88
8月25日	東　溪—桐梓	133	7.47—19.20	11.33	3.30		
8月26日	桐　梓—烏江	116	7.00—18.10	11.10	6.20	4.50	131
8月27日	烏　江—貴陽	105	7.40—13.35	5.55	0.45	5.10	
總　計	海棠溪—貴陽	488		37.03	13.07	23.56	396

(六)結　論

按照以上設計之木炭汽車增力機，除鋼珠軸承四具外，其他皆用國產材料，或鋼鐵料製造而成。試車長途之結果，證明馬力看，爬越高山，無須燃用絲毫液體燃料，對於減低運輸成本，大有裨益，查常木炭汽車渝筑間單程，每耗五加侖至七加侖之汽油或酒精，以為輔助燃料，今設全部客貨車皆裝此項增力機時，則其金錢節省之數字，當何如耶？

電石汽車之設計及試驗

吳　毓　崐　　誠

目　次

1.緒言
2.乙炔氣之研究
3.燃料之消耗
4.乙炔發生器之設計
5.混合器
6.壓縮比例之研究
7.乙炔氣發生率之試驗
8.長途試車
9.結論

(一)緒言

抗戰以來，汽車燃料旣生問題，國內人士，莫不競作自給之道。各種國產燃料，如代汽油，酒精，桐油等外，復有電石 CaC_2 所發出之乙炔氣 C_2H_2 所含熱量頗高，與汽油極爲相近，可利用，以作汽車燃料之代替品。乙炔氣作氣銲之應用上，原極普遍，其發生器之式樣已有多種，今此種乙炔氣改用於行駛汽車後，則氣體發生之多寡自必適合引擎之需要，始克行駛如意，又其機體旣設於行動車輛之上，尤須將普通氣銲所用之發生器大加更改，方能合用。蓋於汽車引擎本爲燃用汽油而設計，今改用乙炔氣爲燃料，自汽油不同，亦須加以變更；俾免燃燒不良過火震爆等流弊。依理論言之，每七公斤電石，可等於一加侖之汽油，按照長途試之結果，則每車公里約須需電石五公斤之四公斤與理論相差無幾。惟電石成本頗昂，經濟方面言，尚有考慮之處，此種電石汽於第一次歐戰時，瑞典業已試用。惟國內長途試車成功，則尚爲創舉也。

(二)乙炔氣之研究

按照機械工程手册之所載，乙炔氣與汽油之性能比較如下表

		汽　油	乙炔氣
每立方英尺之標準量(磅)		0.2177	0.0725
每容積單位之燃料，燃燒時需用空氣之容積單位(容積燃燒比例)		35.80	11.93
每重量單位之燃料，燃燒時需用空氣之重量單位(重量燃燒比例)		13.26	13.26
每磅之熱能含量(B.T.U)	最高	18050	21600
每磅之熱能含量(B.T.U)	最低	17380	21020
每立方英尺之熱能含量(B.T.U.)	最高	3700	1437
每立方英尺之熱能含量(B.T.U.)	最低	3560	1437
每立方英尺適合燃燒之混合氣含熱量(B.T.U.)		100	112
燃燒溫度(絕對溫度)		5000°F	6000°F
着火溫度(絕對溫度)		1089°F	932°F(10…
			635°F(50…

電石與水遇合所生之化學變化如下：

$$CaC_2+2H_2O \longrightarrow Ca(OH)_2+C_2H_2$$

子重量　64　36　26

故每磅電石所需之水為$\frac{36}{64}=0.56$磅。

而每磅電石所生乙炔氣為$\frac{26}{64}=0.41$磅。

依照機械工程手册每磅電石可發生5.00 .83立方英呎之乙炔氣今以其比重推算，重量如下：

5.00×0.0725=0.362磅。

5.83×0.0725=0.422磅。

為以適當數字計，茲將每磅電石之乙炔氣發生量定為

0.35磅或4.8立方英呎

茲再將兩種燃料之含熱量作一比較以誤計算：磅之乙炔氣

$\frac{21020}{17380}=1.2$ 磅之汽油，而每磅汽油

$\frac{17380}{21020}=0.836$磅之乙炔氣或

$\frac{0.836}{0.350}=2.39$磅之電石。

每加侖之汽油重6.152磅。

故每加侖之汽油$=6.152\times2.39=14.7$電石

或$14.7\times0.35=5.15$磅之乙炔氣。

或$5.15\div0.0725=71.0$立方英呎之乙炔氣。

今假定每加侖汽油平均行駛十個車公里

則每14.7磅之電石自亦可行駛十個車公

故每噸之電石可以行駛 $2240\div1.47=$ 車公里。

假定全國電石之總產量為每月250噸，供給電石汽車行駛$1520\times250=380,000$里。如每車每日可行175公里，則每日動之車輛為$380,000\div(175\times30)=72$輛輛均以載重三噸計重慶貴陽間為500 公里，其運輸之總噸為2280噸，如運輸之方向為單程，一方面係空駛時；則如以全部電石供給駛車每月可由重慶運輸1120噸至貴陽。

(三)燃料之消耗

1.平均

依照以前之算式14.7磅之電石等於一加侖之汽油故1.47磅之電石可行一公里。

今設車行速度為每小時三十公里，則每分鐘行半公里 而每分鐘之電石消耗為0.735磅。乙炔氣之消耗為 $0.735\times0.35=0.26$磅，或$0.26\div0.0725=3.59$立方英呎。每秒鐘之乙炔氣消耗量為0.59立方英呎。

2.最大數量

道奇TH型之汽車汽缸容積(Piston Displacement)為241 立方英吋，平均每分鐘引擎轉動2000轉。其時之容積效率(Volumetric Efficiency)約為75%

每分鐘混合氣之需用量

$$=\frac{241}{1728}\times2000\times\frac{1}{2}\times75\%$$

$$=105 \text{ 立方英呎}$$

燃燒混合比例應為1：12

故乙炔氣之需用量為每分鐘$105\times\frac{1}{1+12}$

$=8.0$ 立方英呎。

如引擎在每分鐘3000轉而容積效率70%時

每分鐘混合氣之需用量$=\frac{241}{1728}\times3000$

$\times\frac{1}{2}\times70\%=147$ 立方英呎

每分鐘乙炔氣之需用量為 $147\times\frac{1}{13}$

$=11.0$立方英呎。

(四)乙炔發生器之設計

發生器之設計，必須適合車輛行駛之情態，尤須及時發生適當容積之乙炔氣庶幾不致發生過量或不敷需用，此器係用大空鼓三

個裝設，採用浸水固定式樣，其內部可分爲三部份，(如附圖一所示)另有冷却濾清裝置及儲氣袋一只。

1.容水器

體高Hw=34 吋

直徑Dw=22 吋

面積Aw=380平方英吋

設第一次加水後水平面離器底之高度爲12英吋，則容水量爲$(22)^2\frac{\pi}{4}\times12\div1728$=2.65立方英呎，

而重量爲2.65×62.4=165磅

底板可以全部開啓，以便清渣，如僅換水，則可開啓放水塞門以處理之。

2.容氣器

在容水器內邊緣附着支架三個用以支持容氣器。

體高H_3=34英吋

直徑D_3=20英吋

面積A_G=314平方英吋

$A_G : A_W-A_3=314:66$

$=4.75:1$

假定在乙炔氣發生最多容量時，器內水平面降低4英吋，則容氣器與容水器間之水平面昇高4×4.75=19英吋。卽離容水器底19+12=31英吋。

故在距離底板32英吋處，加裝放水管一根，以免流溢。如是在乙炔氣發生最多容量時，容氣器內之水平面，距容水器底爲8英吋，距容氣器底爲2英吋，其時容氣器內所存儲之乙炔氣=$A_3\times H=314\times32=10,000$立方英吋，或10,000÷1728=5.3立方英呎。其時器內乙炔氣之壓力，爲內外水平高度之差額，換算爲每平方英吋之壓力，如下式：

$$\frac{23\times14.7}{32\times12}=0.83磅$$

3.容石器(見附圖二)

容石器之地位在容氣器內，其底部係網第，爲電石與水接觸之處，可以全部開啓，以便洗清之用，器之上下直徑略有不同，下面電石用去，上部卽可自行跌落，不致卡住矣。

體高 H_C=29 吋

器底直徑 D_C= 9英吋

器底面積 A_C=63.8平方英吋

假定最初水與電石之接觸高度爲1英吋，則二者同時接觸之容積爲63.8立方英吋

電石之比重爲2.22，故每立方英吋之電石重2.22×62.4=139磅，或每磅之電石1728÷139=12.4立方英吋，假定電石塊與間之空間爲實佔容積之50%，故每磅碎電石平均佔12.4×1.5=19立方英吋。如高爲1英吋，則共佔19平方英吋之面積。今底面積爲63.8平方英吋，故在最初情況下，電石與水同時接觸之重量爲63.8÷19=3.[illegible]磅。

乙炔氣之發生爲3.35×4.80=16.1立方英呎，足敷引擎最多之需用量。

容積 $V_1=29\frac{\pi}{4}(8)^2=1460$立方英吋

容 V_2積$=10\frac{\pi}{4}(8)^2=500$立方英吋

共計 1460+500=1960 立方英吋

故在最初情態可容電石 1960÷19=[illegible]磅(V_1容74磅V_2容29磅)換言之卽節於1[illegible]14.7=7 加侖之汽油足敷行駛70華公里。V_2容器，上下均有活門，故在行駛中使全部103磅之電石用罄，亦可隨時再入，不致損失容氣器內之乙炔氣，亦可行車。

在乙炔氣發生後，如引擎須用不多儲滿氣袋後，發生器內氣壓，逐漸增高氣器內之水，被壓進入二器間之空隙，水平降低後，自與容石器之下部網狀[illegible]開，亦卽不再與電石接觸，乙炔氣之發生動停止。

V_1內所儲電石之實在容積爲1460

975 立方英吋，故釋在容氣器內之儲氣為

$15.8-\frac{975}{1728}=5.3$立方英呎（壓力為每平方英吋0.83磅）縮為大氣壓力時則為

$$5.3\times\frac{15.5}{14.7}=5.6\text{ 方立英呎}$$

按照以前算式最低水平面與電石係以1吋之高度相接觸，其乙炔氣之發生最初為1立方英呎，今容氣器可容5.6立方英呎，剩除氣體之容積為

$$16.2-5.6=10.6\text{立方英呎}$$

亦即儲氣袋應有之容積也。

冷卻清潔器

乙炔氣自發生器發生後，用1英吋直徑出氣管，逐個經過冷卻清潔器三個。第一第三皆係方形鐵箱，內有隔板多塊，氣體過時，氣流方向屢變更，所含水氣及雜質粒，均得凝結跌落，下面各裝放水塞門，隨時開啓放水，第二冷卻器係利用車上原之汽油箱注存冷水而以環形氣管在水中經，俾得冷卻幾與室內溫度。

儲氣袋

乙炔氣經過最後一個冷卻器後，溫度低，雜質清除，即進入司機棚上之儲氣袋。用油綢或橡膠布製成，以不漏氣為原則。此儲氣袋之尺寸為

$$\frac{31''\times31''\times20''}{1728}=11.00\text{ 立方英呎}$$

即足敷第三節所論剩除氣體儲存之用。

(五)混合器

假定乙炔氣導管直徑$=\frac{5}{8}$英吋

長度=14英呎

轉折之數=6　　轉折之半徑=2D

折合之長度=1×6=6英呎

折合之總長度=20英呎

查 Unwin 氏公式

$$Q=K\left[\frac{(P_1-P_2)d^5}{Wl\left(1+\frac{3.6}{d}\right)}\right]^{\frac{1}{2}}$$

今$P_1=14.7$　　$W=0.0725$

$P_2=7.3$　　$K=87$

$$Q=87\left[\frac{7.3(0.625)^5}{0.0725\times20\left(1+\frac{3.6}{0.625}\right)}\right]^{\frac{1}{2}}$$

$$Q=23.30\text{立方英呎}$$

故$\frac{5}{8}$英吋直徑之輸氣導管，可以應用。

照第二節表內所列之燃燒比例為11.93。今設空氣之導管之直徑為D：

故$11.93:1=D^2:\left(\frac{5}{8}\right)^2$

$$D=2\frac{3}{16}''$$

但混合器係採用T形式，三面皆裝蝶形活門，以便調節，輸空氣導管之入口，自應再加放大，故以20:1燃燒比例計算。

$$20:1=D^2:\left(\frac{5}{8}\right)^2$$

$$D=2\frac{3}{4}\text{英吋}$$

(六)壓縮比例之研究

乙炔氣之合熱量較高，爆炸力亦較強，若引擎方面不加更動，極易發生震爆逆火，或水箱發熱等問題，今試以減低壓縮比例之方法，予以各種之試驗。

已知之道奇汽車引擎各部尺寸如下：

TH 型汽缸直徑$=3\frac{3}{8}''$

衝程$=4\frac{1}{2}''$

容積$V_2=40$立方英吋

TF RF 兩型汽缸直徑$=3\frac{3}{8}''$

衝程$=4\frac{1}{2}''$

容積$V_2=38$立方英吋

今設C=汽缸餘隙，則各型之壓縮比為

10111

5.8 故

$$5.8=\frac{C+V}{C} \text{ 或 } 4.8C=V$$

TF 型$C_3=\frac{V_3}{4.8}=\frac{40}{4.8}=8.32$立方英吋

$$C_2=\frac{V_2}{4.8}=\frac{38}{4.8}=7.93\text{立方英吋}$$

當TF或RF型之引擎改裝TH型汽缸蓋時則壓縮比變爲$\frac{V_2+C_3}{C_3}=\frac{38+8.32}{8.32}=5.42$

令汽缸墊床之厚度爲 $\frac{3}{32}''$ 其所佔之容積爲：

$$G=\frac{3}{32}\times\frac{\pi}{4}(3.375)^2=0.84\text{ 立方英吋}$$

若TF或RF 型之引擎加裝汽缸墊床一張時則壓縮比變爲

$$\frac{V_2+C_2+G}{C_2+G}=\frac{38+7.93+0.84}{7.93+0.84}=5.32$$

若 TF 或 RF型之引擎改裝TH型之汽缸蓋並加裝汽缸墊床一張時則壓縮比變爲

$$\frac{V_2+C_3+G}{C_3+G}=\frac{38+7.93+0.84}{8.32+0.84}=5.15$$

茲由試驗經驗以上三種壓縮比例互相比較，證明第二種5.32最爲適用，即將汽缸墊床加裝一張，則照實行，亦無若何困難也。

(十七)乙炔氣發生率之試驗

爲證實國產電石發生之乙炔氣是否可達標準起見，乃更作發生率之試驗。其方法即在乙炔發生器行之，先在容水器注入半滿之清水，並量水平高度。繼自雙重門投入電石一磅，乙炔氣發生後，自將內部之水排入兩器之間，超過溢流管口者即自行流去。待氣體發生完畢後，開啓雙重門，放出儲氣。使是內外器之水平復成相同，再量水平高度。由此即可計算乙炔氣之發生率，其算式如下：(參看附圖三)

$$G_1=\frac{\pi}{4}(20)^2 18.5=100\times18.5\times\pi$$
$$=5800\text{ 立方英吋}$$

$$W_3=V_2=\frac{\pi}{4}(22)^2 15.25=121\times15.2$$
$$\times\pi=5570\text{立方英吋}$$

$$15.25-d=x$$

而$A_G:A_W-A_G=4.75:1$

故$4.75d+15.25=32$

$$d=\frac{16.75}{4.75}=3.52\text{英吋}$$

$$x=15.25-3.52=11.73\text{英吋}$$

$$G_2=\frac{\pi}{4}(20)^2(40-11.73)=100$$
$$\times28.27\times\pi=8900\text{立方英吋}$$

$P_1=14.7$

$$P_2=\frac{32-x}{34\times12}\times14.7=0.73\text{磅}$$

$$G'_2(\text{變爲大氣壓力})=8900\times\frac{14.7+0}{14.7}$$
$$=9300\text{ 立方英吋}$$

在G_2 空間內之乙炔氣，尚應減去原有之空氣，即G_1。

故$V_1=G'_2-G_1=9300-5800=3$
立方英吋

乙炔氣在水內之溶解率爲1.12(68°F 大氣壓力)若假定在初投入電石狀態下，兩器間之水未有乙炔氣溶解，而其餘之水全部飽和。

內外氣間之水之容積爲：

$$W_4=\frac{\pi}{4}(22^2-20^2)\times21.5=1$$

立方英吋。

故乙炔氣之溶解於水中者爲

$$V_2=(W_3-W_4)\times1.12$$
$$=(5570-1420)\times1.12=4$$
立方英吋

故每磅電石所發生之乙炔氣爲

$$V_1+V_2=3500+4650=8150$$
英吋 或$=4.72$立方英尺

按照第二節之研究，每磅電石原可發生00--5.83立方英呎之乙炔氣，僅估定為8立方英呎，今實際試驗之結果為4.72與論理尚稱相合。

(八)長途試車

日期 上行31年9月4日至7日

下行31年9月14日至16日

2.區間 貴陽土橋間

3.距離 475公里

4.車號 黔西南5491號

5.引擎號碼T76－1549

6.載重 兩噸

7.車型車類 道奇RF型客貨兩用車

行駛紀錄：

		上行	下行	平均
行駛時間	點 鐘	29.55	25.55	27.55
行駛距離	公 里	475	472	473.5
平均速度	公里 每小時	15.9	18.3	17.1
電石消耗	公 斤	376	355	366
電石消耗率	公斤 每公里	0.79	0.75	0.77

逐日行駛詳細紀錄

上行

日期		九月四日	五日	六日	七日	共計
發站		貴陽	烏江	桐梓	東溪	
發時間		8.20	8.00	7.15	7.20	
達站		烏江	桐梓	東溪	土橋	
達時間		20.05	19.15	19.00	17.20	
行駛公里		105	116	133	121	475
停車次數		8	3	3	4	18
停車時間		5.08	2.45	3.35	3.22	14.15
行駛時間		6.37	8.30	8.10	6.38	29.55
電石消耗		84	106	100	86	376
平均速度	公里 每小時	15.8	13.6	16.3	18.2	15.9
電石消耗率	公斤 每公里	0.80	0.91	0.75	0.71	0.79

下行

日期	九月14日	十五日	十六日	共計
發站	土橋	東溪	桐梓	
發時間	12.45	6.45	6.40	
達站	東溪	桐梓	馬王廟	
達時間	21.05	18.15	20.45	
行駛公里	121	133	218	472
停車次數	3	3	4	10

耗費時間		2.00	2.45	13.10	7.55
行車時間		6.20	8.45	10.50	25.55
電石消耗		90	100	165	355
平均速度	公里/每小時	19.1	15.2	20.0	18.3
電石消耗率	公斤/公里	0.74	0.75	0.76	0.75

停車耗費之時間係用於發生器清渣，換水，小修，檢查，進食等。

按照第二節之計算，理論上每車公里消耗電石1.47磅或0.67公斤，今長途試車所得之結果為0.77公斤，為理論數字之 115%，超過尚不為多。

(九)結論（三十三年六月修正）

電石汽車，多時研究，多次試驗之結果，證明使用方面，並無任何危險，馬力可與汽油汽車相同，可以認為在學理方面係屬成功之舉。至於經濟方面之比較，三十三年六月貴陽各項燃料之市價如下：

酒 精 每加侖 760

代汽油 每加侖 950

電 石 每 噸 152,000元

每公斤 152元

行駛車輛之公里數；

酒 精 為16噸公里

代汽油為22噸公里

故燃用酒精每噸公里之燃料成本

760÷16=47.5元

燃用代汽油每噸公里之燃料成本

950÷22=43.5元。

電石汽車長途試車求得之平均消耗率為每車公里0.77公斤故每車公里之燃料成本為152×0.77=117

載重原係兩噸，故每噸公里之成本為117÷2=58.5元較之酒精每噸公里高出十一元

但電石之製造原係採用電爐燒煉而成，如能充分利用水力電廠之電源，則電力價低減，電石之成本亦降，如比則電石尚有推廣之望也！

2. 工程圖

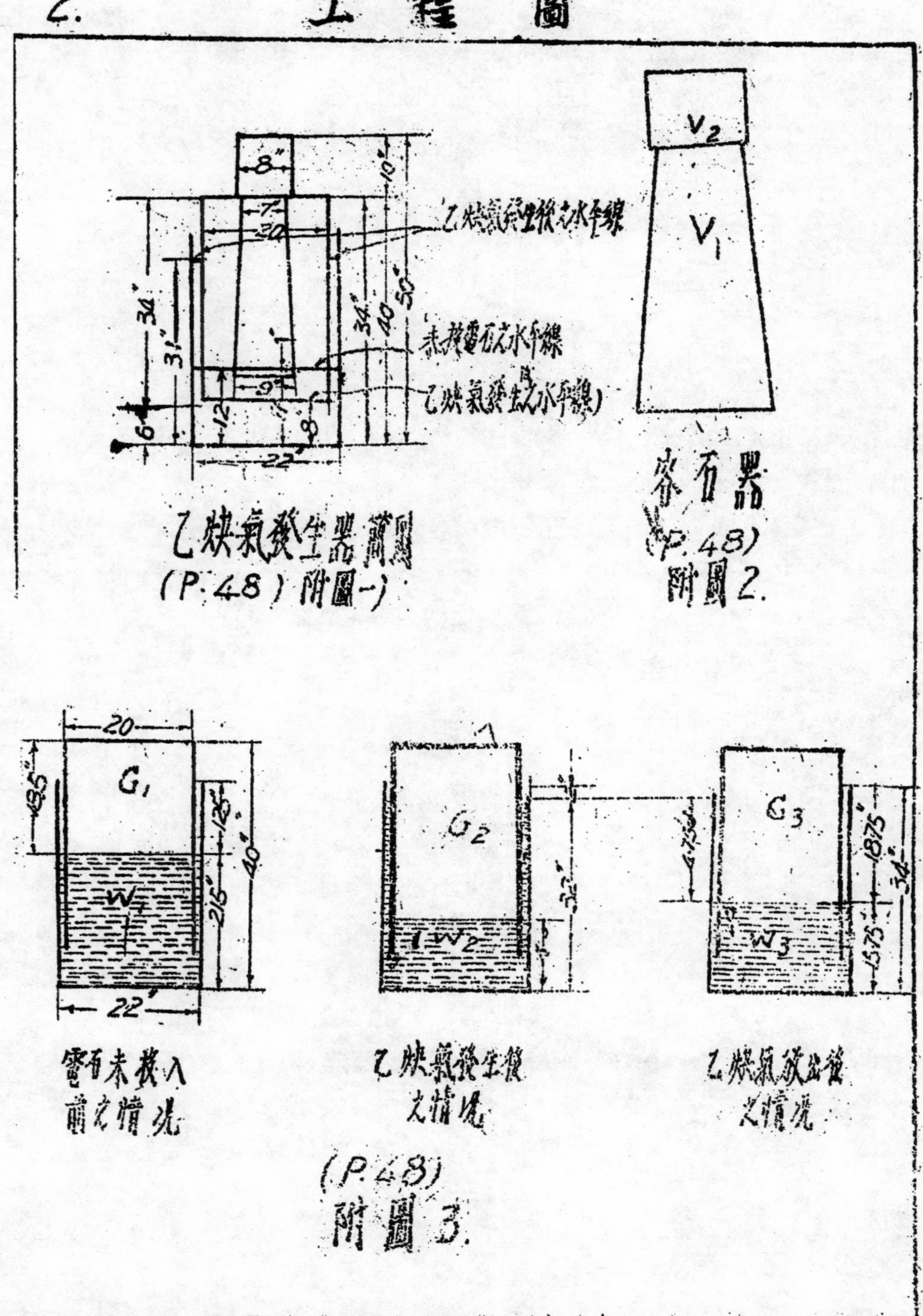

乙炔氣發生器簡圖 (P.48) 附圖一)

容石器 (P.48) 附圖2.

(P.48) 附圖3.

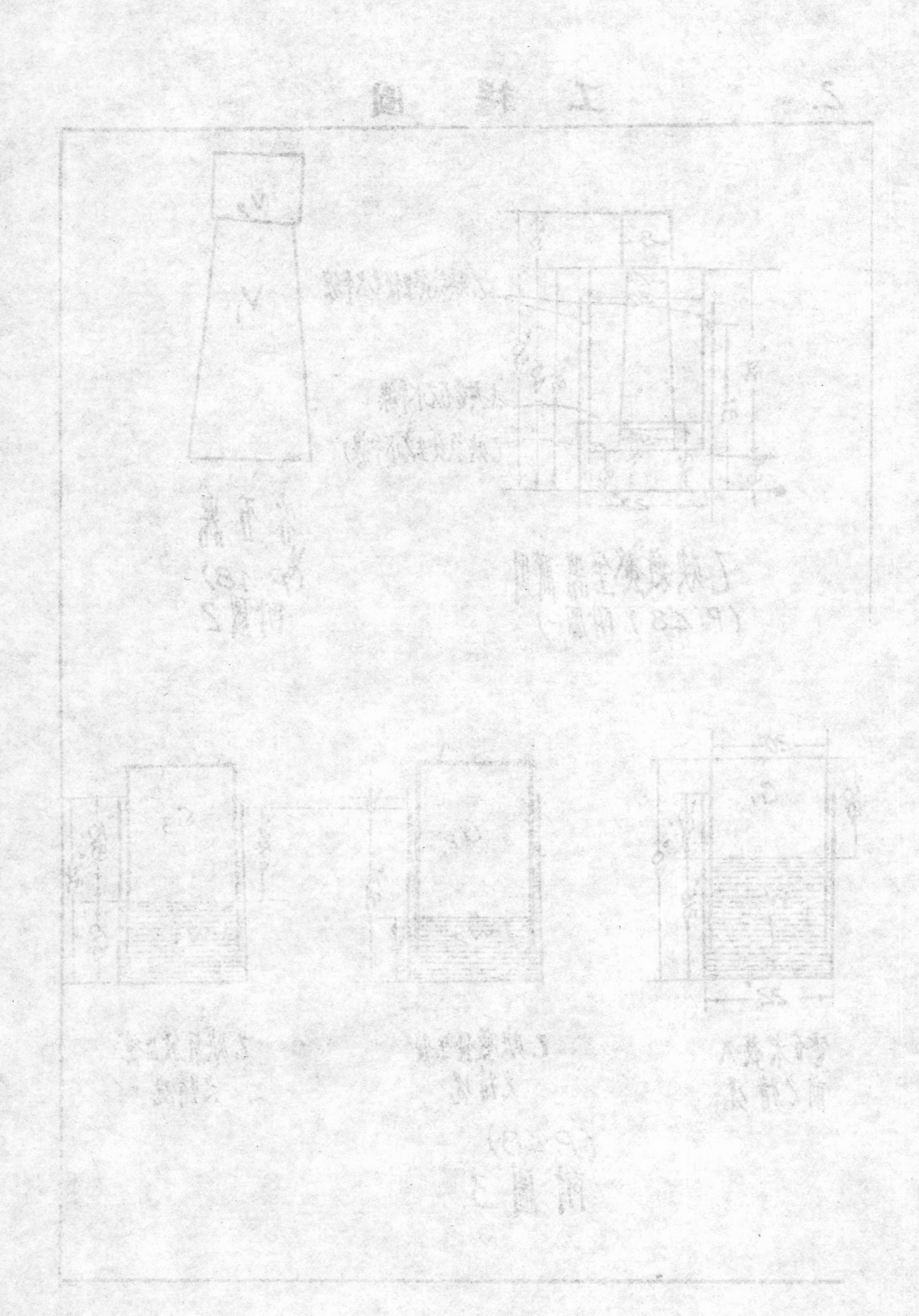

天然煤氣行車試驗及行車公路網

（甲烷之利用）

王善政

（一）緒言　　（二）工作原理及其設備

（三）石油及天然煤氣之產區及其分析　　（四）行車試驗記錄

（五）四川省天然煤氣行車公路網計劃　　八

一、緒言

[illegible]汽油[illegible]近十年來尤為[illegible]因[illegible]之軍用及商用汽車[illegible]日多，對於抗戰勝利，[illegible]吾國[illegible]不[illegible]油代用品，[illegible]代用品，[illegible]現[illegible]用者[illegible]化品，本[illegible]所用之木炭[illegible]煤[illegible]代用[illegible]試驗[illegible]報告[illegible]所報告者為利用天然煤氣之駛車試驗，此項[illegible]意大利[illegible]實際施行不過[illegible]吾國，[illegible]

二、工作原理及其設備

採用天然煤氣（即沼氣）駛車，[illegible]人Brown氏[illegible]試會，[illegible]Concordia Bergbau [illegible]公司之工程師[illegible]煤氣[illegible]沼氣（CH_4），將此沼氣[illegible]用高壓力壓縮機，裝入鋼瓶中，[illegible]大氣壓力為一五〇（現今[illegible]所用者，多[illegible]氣壓高200大氣壓）每鋼瓶重約為72—75公斤，[illegible]水容積為40公升，[illegible]一五〇大氣壓時可[illegible]沼氣[illegible]公升[illegible]24[illegible]

壓力降低至約100公厘（m.m.）水柱壓力，[illegible]再經煤氣化氣器，與空氣混合引入汽車[illegible]中[illegible]天然煤氣[illegible]一公斤汽油之用[illegible]

[illegible]試驗，所採工作原理[illegible]壓力壓縮機[illegible]閉壓力，可將天然煤氣裝入鋼瓶中至九十[illegible]氣壓[illegible]鋼瓶[illegible]用[illegible]氣之鋼瓶，其[illegible]水容積[illegible]均為47公升[illegible]為80—90公斤，[illegible]鋼瓶中之天然煤氣，[illegible]減壓器[illegible]鋼瓶[illegible]之減壓[illegible]將壓力[illegible]大氣壓力[illegible]九十[illegible]）然後再經第二級減壓器，將天然煤氣壓力由[illegible]大氣壓減低至7—10[illegible]水柱壓力，此項第三級減壓器係在[illegible]化[illegible]汽車[illegible]，天然煤氣[illegible]一具Ensign式煤氣化氣器（Ensign Gas Carburettor）引入汽車[illegible]勿須更動。[illegible]汽油化氣[illegible]而[illegible]Ensign式煤氣[illegible]

利用天然煤氣駛車[illegible]及設備[illegible]附圖一）。

由附圖一可看出利用天然煤氣駛車，所[illegible]之[illegible]高壓減壓器，低壓減壓器，煤氣化氣器[illegible]，此外則為將天然煤氣裝入鋼瓶中所需之高壓力壓縮機（High Pressure Compressor），[illegible]

三、石油溝天然煤氣之產量及其分析

石油溝位於重慶南岸，民國廿六年尚資源委員會派員在該處用新式螺旋注鑽井機打井，最初目的，在尋找石油，於民國廿八年底，井深已鑽至一仟四百公尺，並未出油；僅發現天然煤氣數層及濃度極淡之鹽水而已。

兹據液動力油料廠，於民國廿八年實際分析該井試驗天然煤氣之井口壓力，化學成份及產量估計，抄錄於下：

(A)第一層主要天然煤氣層在710—747公尺間

1. 井口煤氣封閉之壓力爲83大氣壓(Atmosp.)

2. 天然煤氣化學分析成分：

甲烷(CH_4)	89.7%
乙烷(C_2H_6)	6.13%
二氧化炭(CO_2)	0.52%
(N	3.63%

3. 比重(空氣比重爲1)0.603—0.604

4. 含硫量：每1000立方英尺含硫化氫(H_2S)爲0.035—0.172格林(Grain/1000 Cu.ft.)每1000立方英尺含R.SH爲0.00—1.44格林(Grain/1000cu.ft.)

5. 天然煤氣中含汽油量：每1000立方英尺含汽油量爲0.033—0.109加侖。

6. 第一層天然煤氣流量：(在標準壓力及温度下)
395000—445000立方英尺/24小時。

(B)第二層主要天然煤氣層在1115—1120公尺間 2)

1. 井口煤氣封閉之壓力爲106大氣壓(Atmosp.)
2. 天然煤氣之化學成份
3. 天然煤氣之比重
4. 天然煤氣中含硫量
5. 天然煤氣中含汽油量
6. 天然煤氣之發熱量

（與第一天然煤相彷）

7. 第二層天然煤氣之流量：(在標準之壓力及温度下)
600,000—650,000立方英尺24小時。

由上舉之各項記錄中，可看出石油溝天然煤氣，極適於爲開駛汽車燃料之用，可下舉數優點。

1. 石油溝距重慶市甚近，不到五十公里，且在渝貴公路之旁，有公路可直達，煤氣之運用方面，可無問題。
2. 天然煤氣之井口封閉壓力甚高，達一百餘大氣壓力，即使高壓力壓縮來到時，小規模亦有其經濟上利用價值。
3. 天然煤氣之產量豐足，幾年內可無氣量之不足，因根據上列之試驗數，兩層煤氣每日流量，共爲約一百立方英尺即約相當於每日產有一萬加侖汽油之燃料，(據此次試車記錄100立方英尺天然煤氣駛車之行程約相當於1美加侖汽油而有餘)。
4. 天然煤氣化學成份甚爲純淨，含硫物質低每1000立方英尺含硫化物僅2grain以下，故無須若何清淨之設，即可爲駛車之燃料，此外因其CH_4及C_2H_6在95%以上，而CO_2及N_2等在5%以下，故其發熱量，當甚高。

石油溝天然煤氣，既有上述諸優點，而同時國內汽油燃料之缺乏情形，又如此之嚴重，故決擬利用此氣爲駛車試驗，作者着手配製改裝零件，行車試驗，試驗記錄詳於下文：

四、行車試驗記錄

此次煤氣行車試驗，所用之卡車，係由部交通司借來福特八汽缸一九三九年式載二噸之卡車一輛，以下各項記錄，均係駛行該卡車所得者。

1. 試車之牌號：福特廠八汽缸卡車（八一七T式）一九三九年造，原用燃料爲汽油，現改用燃料爲天然煤氣，淨載重爲2公噸，引擎轉動速度每分鐘爲3800轉，估計馬力爲30匹馬力；活塞排氣量爲222立方吋；經過輪軸之齒輪減速比例爲：高速度：1:6.67；第三排1：11.27；第二排1：20.61；第一排1：42.69；倒車1：52.61。橡皮輪直徑32吋，燃料消耗每加侖汽油可走12至15公里。

此次試用天然煤氣駛車，燃料之耗量，平均每一鋼罐天然煤氣（罐內煤氣爲75大氣壓力）可駛車（以載重兩噸及平路計算 17公里，亦即相當於1.2—1.5美加侖汽油。

盛氣之鋼罐，盛水容積平均爲47公升，（Liter）或等於1.66立方英尺，鋼罐重量爲72—93公斤，試證壓力爲300大氣壓力，工作壓力爲150大氣壓力，廠品爲德國製，一九三六年造。

天然煤氣燃料與汽油之折合：鋼罐中煤氣壓力爲75大氣壓力可盛天然煤氣爲75×47約合3500公升（3.5立方公尺）或124立方英尺，約相當1.2至1.5加侖汽油，換言之，90—100立方尺天然煤氣，足可相當一加侖汽油用。

行車時間分配：駛車試驗，已用去天然煤氣二十餘罐，駛行路程三百餘公里，平均駛車速度每小時爲30公里，最高速度每小時爲70公里，每次共帶氣罐兩罐，可行35公里，每次換罐所需之時間爲30分鐘，將來尚可縮短換罐時間。

4. 鋼罐及配件之重量，所佔地方及改裝價格：

配件所用之高壓力管減壓器及煤氣化氣器，共重不過廿十磅，並不另佔地方，可勿計入。

鋼罐二具，共重185公斤，佔去載重量之百分數爲9.25%。

鋼罐二具係掛置於車身底側，故不佔車上載重地方，故佔地方爲0%。

鋼罐二具價值，估計爲美金50元。

減壓器，煤氣化氣器等配件，在國內配裝價值，每套約合國幣××××元

5. 駛車時須添改部份，無。燃料裝置須修理部份，無。

6. 駛車時打火時所需時間，與汽油同：冷車打火，且較汽油爲快，慢車駛行與汽油同；爬坡試驗與汽油同；惟僅較汽油缺加速唧筒（Acceleration PumP）略不及汽油。

7. 廢氣排出之觀察：無色無臭，無黑烟，完全燃燒，排氣內含水蒸氣成份頗高。

8. 汽缸之耗失及侵蝕情形，因駛程尚少，及缺乏儀器，無法試驗，大約與用汽油同。

9. 滑機油之消耗及變性與用汽油車同，將來預計用滑油量較汽油車爲少。

10. 駛車後機械各部之檢査，因駛程尚少仍完整如故，受影響及需修理，無。

五、四川省天然煤氣行車公路網計劃

四川省盆地內除石油溝發現天然煤氣外，其他於隆昌縣，最近亦發現大量天然煤氣（每日約爲四五十萬立方呎）自流井之火井

每日所產之天然氣在千餘萬立方呎左右，樂山五通橋火井之流氣亦均甚豐富，此區在公路之旁，根據上文之試驗記錄，茲計劃四川省天然煤氣行車公路網如附圖二所示：

四川省天然氣行車公路計劃圖（見附圖二）

1. 共有壓縮加氣站四座，即石油溝，隆昌，自流井，五通橋四地。
2. 每日壓縮裝罐天然氣六十萬立方呎（約相當六仟加侖汽油之用），可維持五百輛卡車每日行駛之燃料。
3. 每日可壓縮裝罐二千支，共備五仟支鋼罐為運轉之用。

四川省天然氣行車公路路線，有綦江一海棠溪段；海棠溪一南溫泉段，重慶一成都段，隆昌一自流井一五通橋一成都段：自流井一內江；界關一運界場一資中段：隆昌一瀘州段：隆昌一簡陽一成都段；共全長約八百餘公里。

四個壓縮天然煤氣站，每日共可壓縮天然氣六十萬立方呎裝入二仟支鋼罐，約相當六仟加侖汽油之用，可維持五百輛卡車每日所需之燃料。

由上節所述，可看出吾人之計劃並非空想，如器材能得解決，實為解決四川汽車燃料之一大計劃。根據吾人之計劃約須下列材料向國外訂購，如能得租借法案物資之贊助，則更易舉。

1. Ingersoll-rand式高壓縮機（High Pressure Compressor）八具，（附帶必需零件設備），四具較大者，每具每日壓縮天然煤氣二十萬立方呎，壓至每平方吋三千磅壓力，裝設於隆昌及自流井兩加氣站，每站用兩具，其餘兩具為備貨。四具較小者，每具每日壓縮天然煤氣十萬立方呎裝設於石油溝及五通橋兩加氣站。
2. 高壓合金鋼罐（High Pressure Steel Cylinder）共五千具，以二千具裝氣，其餘三千具為運轉之用，每具重約六十公斤，共重約為三百噸。
3. 汽車上化氣器，減壓器改裝設備共計六百套，擬採用Ensign式Gas Regulator及Gas Carburettor，為改裝六百輛大汽車之用，每套重約十公斤，共重為三噸。

上述三種機件，共重約為三百五十餘噸，均以向美國訂購為宜，如滇緬路打通，可由公路開始內運。安裝時間，則較為迅速，有數月即可完竣。

將來安裝後，每卡車可攜氣六罐，共約三百公斤，單程可行二百四十至三百公里，則石油溝至隆昌之換氣站相距甚短，……則可無問題矣。

最後關於組織機構，及實現此項計劃，亦願略提出個人意見如下：

1. 應在生產局指揮領導之下，派員赴國接洽機件之設計，訂購及內運。
2. 現在石油溝及隆昌天然氣，固於資委會所有，但自流井及五通橋天然氣，則多為本地鹽商所有，而汽車方面，又多為公路局及交通部管轄，故此項計劃之推動須與各方面均有聯絡，而組設一新機構，此項新機構似可命名為天然氣汽車供應公司。
3. 吾人現已具備之條件為已有充足之天然氣，價格甚為低廉，公路已修成，國內需油甚急，汽車，倍爲需要，……所缺者為高壓壓縮機及裝氣鋼罐及內運問題，此項問題之解決，有待於美國之協助，事前奉勸。

此項計劃如能在戰時完成，則四川汽車燃料問題，亦可解決大部，保守估計，四川境內天然氣之儲量，於若干年內，甚至百年內，將不至於消耗。

完

6. 工程圖

天然煤氣行車試驗及公路圖

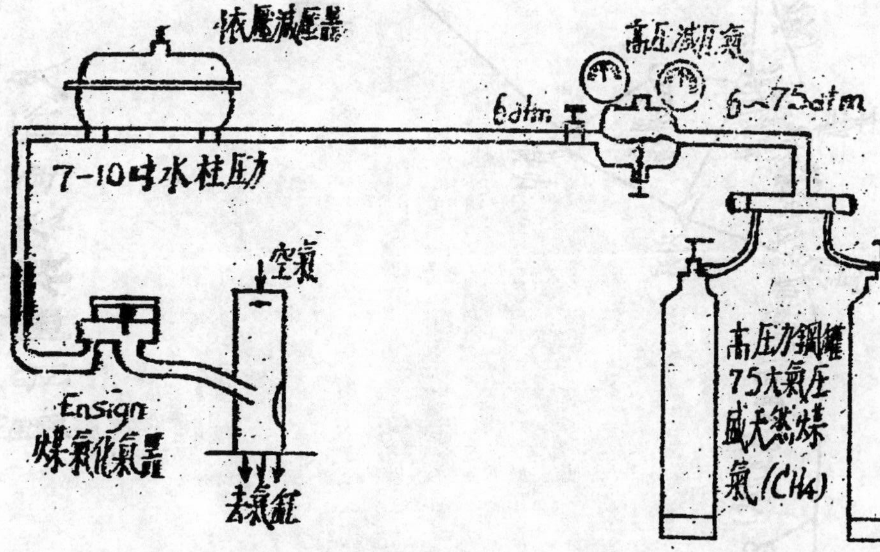

低壓減壓器

高壓減壓氣

6atm

6~75atm

7-10吋水柱壓力

空氣

Ensign

煤氣化氣器

去氣缸

高壓力鋼罐

75大氣壓

盛天然煤

氣(CH_4)

附圖一

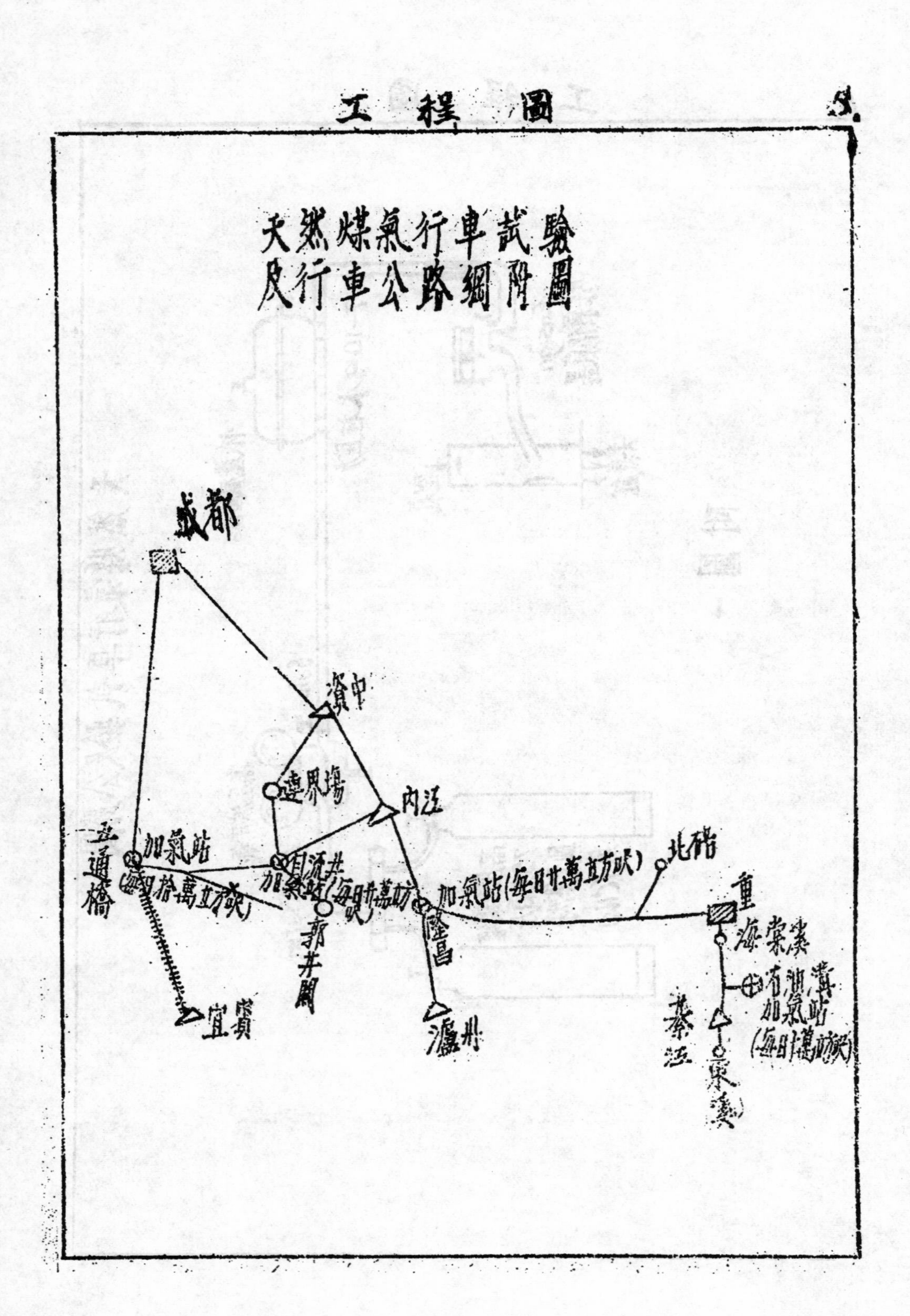

天然煤氣行車試驗
及行車公路網附圖
成都
資中
連界場
內江
五通橋
加氣站
(每日拾萬立方呎)
自流井
加氣站(每日廿萬立方呎)
隆昌
加氣站(每日廿萬立方呎)
北碚
宜賓
瀘州
海棠溪
綦江

特種淺水輪船

張 文 治

一、引起

我國河流縱橫，數目極多；但內河輪船運輸，並未發達，查其原因，實以我國河流，多未疏濬，其上流多淤淺急灘，輪船不能航行也。現我國吃水最淺之輪船，未有小於二呎者；其進行皆賴車葉，(Propeller)，但遇淤淺之處，車葉多爲損傷，馬力消耗極大，進行速度銳減。不能通過急灘，茲經長時間之研究，乃有爬行輪之設計，其動機卽鑒於普通木船過淺灘時必用撐桿推進，此爬行輪卽用四腿(見附表二)，以代撐桿，使四腿連續撐地，推船前行，茲將此特種淺水輪之要點述下：

(a)船可行於淺灘極多之河中、

(b)船行較深之處用車葉推進；船行淺灘之處用四腿推進，其機械設備之變換極爲簡[illegible]。

(c)船行淺灘之速度與行深處之速度相[illegible]。

(d)船行淺灘時，其重量仍爲水之浮力[illegible]持，前[illegible]或後[illegible]着地時，只變船之前後[illegible]（Change of Trim）

(e)船行淺灘時可利用能轉[illegible]。

二、說明

A. 船之情形，一般體水線之設計完全[illegible]貝克(Baker)之船體設計(Ship Design, [illegible]tance & Screw Propulsion 及參照[illegible]優秀輪船之水線而作，第一圖表示船身[illegible]圖(Body plans)，此特別淺水輪載重吃[illegible]2呎，排水量爲23噸 空船時之吃水爲1[illegible]吋排水量爲16噸，故此輪可載重7噸，第[illegible]表示船之水力曲線圖(Hydrostatic Cu[illegible])，第三圖爲船之佈置總圖，此輪以吃[illegible]淺，載客之位置不能過高，其後部頂蓬[illegible]意放低，使客只能座於艙內，不使其坐[illegible]板之上，但兩旁過路之高度人可通行。[illegible]表示煤氣爐，煤炭櫃在甲板上，如是則[illegible]地。

B. 機器情形，機器二部，原爲汽油機，後加預熱器改爲柴油機，現又改爲煤氣機，機器汽缸直徑5½吋，行程7½吋，4缸4行程式，轉數每分鐘600，馬力50匹。現爲新設計煤氣爐二部及附屬之冷水洗淨器(Scrubber)，乾燥器(Dryer) 此外又另加加力機(Supercharger)。煤氣爐之設計乃參考最新之汽車所裝式樣，燃燒無烟煤或木炭均可。爐身及附屬[illegible]等皆體積甚小[illegible]量甚輕，加力機之設計乃參考最新之飛機[illegible]式樣，機器改燒煤氣後預計每[illegible]轉數每分鐘600，馬力45匹，此輪爲民生公司之民[illegible]輪，卽將完成。今以船及機器非在本題範圍之內，故不克詳述。

C. 船之爬行，一見第四圖，船中機器二部轉動左右二地軸s_1（圖上只表明一部）地軸s_1經皮帶轉動天軸s_2。s_2上之前後八字輪G_1轉動八字輪G_2。八字輪G_2轉動[illegible]拐cs。每腿L上端連於cs彎拐上。L腿上有槽，槽中卡有滑塊，[illegible]拐cs旋轉，而L槽依滑塊滑動。[illegible]下部之腳前後上下移動，如獸之四腳行路然。設船底平面靠於地面(見第五圖)，則腳在G點着地，[illegible]拐cs旋轉時，腳移動於GBG'C行跡上：B點低於船底四吋，腳爲地所阻，不能下降，故船須抬高4吋，向前移動，照OBO" 行迹。[illegible]腿連續不斷移動，船身將不[illegible]前後[illegible]，左[illegible]傾斜，腳只向後撐地。如木船之撐桿然，乃使船向前進行。

D.車葉推動與腿推動之互換—見第四圖，地軸 後部有齒盤c_2齒盤c_1與c_2連接時，動尾軸s_1'與s_1同時轉動，尾軸s_1'裝有車葉，航行較深處時，即如平常輪船然，機器轉動地軸車葉使船前進也。手輪W可轉動於90度之圓弧內，輪後有二孔在前後二端，P針穿入W輪一眼內，人可將P針提起使輪轉動。當手輪反轉(自船內向外看)至P針插入左眼時，則發生以下三種動作：(1)手輪軸之外端連一連桿L_1。此連桿L_1與前後二連桿L_2，L_3相連，L_2及L_3又連腿上滑槽中之滑塊，由於手輪轉動，則使L_2及L_3牽動滑塊在圓弧RP槽中由垂直位置至平行位置，腿乃抬起。失其撐地作用；(2)手輪之下端有一桿K_1。當P針插入左眼時，則K反轉(Countreclockwise)使連桿R_5撥動皮帶由s_2軸之皮帶輪P_2至P_3，P_2與s_2有鍵背，P_3與s_2則無。在此情形下皮帶輪P_3滑轉於s_2上，s_2並不轉動；當R_1反轉時，連桿R_3之下端正轉，使連桿K_4帶動齒盤c_1向右運與c_2相合，如是則中地軸，[illegible]轉，由於以上三種動作，則車葉轉動，腿失去作用，同時腿皆抬起，高出水面，航行之阻力未增。當手輪正轉(Clockwise)至P針插於右眼時，則發生以下三種動作：(1)L_1，L_2，L_3牽動滑塊在Rb槽中由平行位置至垂直位置腿乃落下地；(2)R_1，R_2，R_5撥動皮帶由s_2軸上P_3至P_2，如是則[illegible]轉動S_2，S_2轉後則G_1G_2[illegible]皆轉動，使腿發生前進作用；(3)R_1，R_3，R_4帶動F撥動c_1向左退與c_2離開，如是則尖軸及車葉不轉，由於以上三種動作，則車葉不轉。腿運行撐地前進，故變換車葉及腿之推動，卽將手輪正轉或反轉而已，工作極為簡單，機械之設備極為靈敏。

三、原理

A.船之爬行。—見第五圖。船爬行時，前後二腿在運動時間之差為180度，左右二腿為90度，前腿着地則後腿抬，後腿着地則前腿抬起，每腿着地時，則船抬高4吋，設將船高抬之力為F，則每腿着地之力為F，即當曲拐cs[illegible]轉時，劍腿使P點向上力為F，腿在G點撐地力為F，由於上下力F加於腿上，則腿發生一反轉力矩(Couple)F·s。此反轉力矩等於曲拐繞。轉動之正轉扭力(Torque)，當此力矩發生時，因G點着地，不能繞動。P點必須繞G點動搖，P點及O點因[illegible]於船身，每步P點繞G點轉至P'時船卽進2s。

B.變更船首尾俯仰力F(Force to Change Trim)，當此輪載重時(即吃水2呎)，其變前後俯仰1吋時之力矩(Moment to change Trim 1 inch)Mct=4.05呎噸(由第二圖上得)，當爬行時，腿可將船支起4吋，即可使其前後俯仰約4吋，其力矩為4×4.05=16呎噸，設前後腿相距42呎，則每腿距船心約21呎。

$$F=\frac{16.2\times2240}{21}=1730\text{磅}$$

C.船爬行時應用之馬力(見第五圖)

設　C=力矩(Couple)，T=扭力(Torque)

W=工作(Work)。

每腿發生之Couple為F·s

$$C=F\cdot s=F\cdot BP\cos\theta\sin\theta$$

由　Couple C發生之工作為

$$dWc=Cd\theta=FBP\cos\theta\sin\theta$$

$$Wc=\int F\cdot BP\cos\theta\sin\theta d\theta$$

以腿設計時前後可開出23°，每步工作

$$Wc=\int_{23^\circ}^{-23^\circ}F\cdot BP\cos\theta\sin\theta d\theta$$

$$=\frac{F\cdot BP}{2}\int_{23^\circ}^{-23^\circ}\sin2\theta d\theta$$

由上式觀，船步行工作=0，由圖出，船行s距離時，卽腿轉23度時，船(或頭部)抬高B'O'；及船又行s距離時腿轉-23度時，船尾部(或頭部)放低即表明船行第一s距離時，機器工作與船BBʹθ；船行第二s距離時，船放低BOʹ出相同之工作。故船步行2s距離時，腿作之工作等於零也。故船爬行時，除增加牛之摩擦工作外，並未增加其他工作；機所發之馬力，仍大部消耗於船在水中航行之循阻力，摩擦阻力，旋渦阻力，波浪力，空氣阻力。

D．船爬行時之速度，—彎拐轉前半轉，則後腿進行一步；當其轉後半，則前腿進行一步；即彎拐cs每轉船行，機器燃煤氣時每分鐘600轉，地軸s_1每亦轉600轉，皮帶輪P_1直徑為12"，P_2 7"，天軸i_2每分鐘轉$600\times12/27=267$，八字輪G_1節圓直徑為5.5"，G_2為彎拐cs每分鐘轉$267\times5.5/7=210$轉，計圖腿行一步為2'，則彎拐每轉船行4呎故船每分鐘行$210\times4=840$呎，船每小速度為

$$\frac{840\times A}{6080}=8.3\text{海里}$$

船用車葉航行時之速度為

$V=\sqrt[3]{\frac{C\times HP}{\Delta^{2/3}}}$　C＝海軍係數(Admiral Const.)

淺水輪50至100

$=\sqrt[3]{\frac{60\times90}{23^{2/3}}}$　此處用c＝60

$=8.20$海里　　HP＝馬力＝90

Δ＝排水量＝23噸

故船用腿爬行之速度與用車葉航行之速約相同。

E．船爬行時之轉彎。——各腿爬行時間隔90°，故任何時只一腿着地，即只一支能仍靈活旋使船轉彎自如。

四、設計

A．彎拐cs之設計。

T＝Torgue，C＝Couple，M＝Bending Moment

$$T=C=F\cdot BP\cos\theta\sin\theta$$

$$\frac{dT}{d\theta}=F\cdot BP(\cos^2\theta-\sin^2\theta)$$

$$=F\cdot BP\cos2\theta=0$$

$2\theta=90°$，$\theta=45°$

$$\frac{d^2T}{d\theta^2}=-2F\cdot BP\sin2\theta$$

BP＝腿長＝3.5呎

當$\theta=45°$，$\frac{d^2T}{d\theta^2}=-2F\cdot BP$，∴T最大

$T_{max}=F\cdot BP\cos45°\sin45°=1730\times3.5\times.707^2=3030$呎磅。

但由圖上觀出θ最大為23°，

$T_{max}=1730\times3.5\times.391\times.92=2080$呎磅

腿之最大支力為

$$R=\frac{F}{\cos23°}=\frac{1730}{.92}=1880\text{磅}$$

由第四圖上，可查出彎軸cs受力之尺度如下：

R 1880磅；R_1 ← $4\frac{5}{8}$" →；← $9\frac{1}{8}$" → R_2

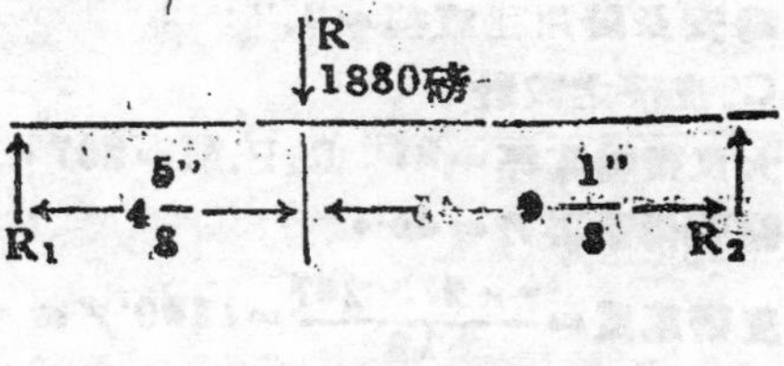

$$M=\frac{1880\times4.625\times9.125}{12\times13.75}=480\text{呎磅}$$

$$T_e=M\sqrt{1+\left(\frac{T}{M}\right)^2}$$

$$=480\sqrt{1+\left(\frac{2080}{480}\right)^2}=2135\text{呎磅}$$

$$d^3=\frac{16T_e}{\pi S_s}=\frac{16\times2135}{\pi\times5000}=2.175$$

$d=1.295"$。

為安全及減短軸承長度計用$d=2\frac{1}{2}"$。

設許可摩擦壓力(Allowable Bearing pressure)＝120#/in²，負荷(Load)＝1880磅

$$\therefore\text{軸承共長}=\frac{1880}{2.5\times120}=6"$$

10125

每軸用軸承二只每只長3 吋。

設軸針(Crank Pin)上承受摩擦壓力＝180 井/in^2。

∴軸針長$=\frac{1880}{2.5\times 180}=4''$。

B.腿直徑之計算(照 Bragg: Design of Marine Steam Engines)

腿全長＝4',負荷＝1730磅

$F=\frac{2Wn}{\pi c}$, W＝1730, n＝安全率＝12,

c＝最大應力＝48000 井/in^2。

$F=\frac{2\times 1730\times 12}{\pi\times 48000}=0.276$

$D^2=\sqrt{\frac{1.8FcI^2}{E}+F^2}+F$

$=\sqrt{\frac{1.8\times .276\times 48000\times 48^2}{28000.000}+.276^2}$

$+0.276=1.71$ D＝1.31."

為安全計用腿直徑＝2."

C.皮帶之設計

大皮帶輪直徑＝27' R.P.M＝267。

需要傳動馬力＝45。

皮帶速度$=\frac{\pi\times 27\times 267}{12}=1890'/m$

$=31.5'/S$

根據Kimball &Bar 機械設計，每平方吋所傳動之馬力

$\frac{HP}{in^2}=(t_1-Z)\frac{Cv}{550}$

$Z=\frac{12Wv^2}{g}=\frac{12\times .035\times 31.5^2}{32.2}$

$=12.92$, v＝31.5/S

$\mu=.54-\frac{140}{500+1890}=0.481$

由圖上查出 θ＝160.°

$C=\frac{10^{0.0076\mu\alpha}-1}{10^{0.0076\mu}}=.739$

設 t_1＝300井/in^2. 則皮帶每平方吋所傳之馬力爲

$HP=(300-12.92)\frac{.739\times 31.5}{550}$

$=20.6$.

共需皮帶切面面積$=\frac{45}{20.6}=2.185$ in^2

用雙層重皮帶，厚$=\frac{45''}{64}$ 或 .391",

皮帶寬$=\frac{2.185}{.391}=5.74$

用5¾"寬皮帶。

D.八字牙齒輪(Bevel Gears)之設計

傳動馬力＝45,小輪直徑＝5.5",

大輪直徑＝7"齒寬＝1¾",齒速

$=\frac{\pi\times 5.5\times 267}{12}=384ft./min.$

當量負荷(Equivalent Load)

$We=\frac{45\times 33000}{384}=3866$井

$\frac{W_2}{We}=\frac{3(r_2-r_1)r_2^2}{r_2^3-r_1^3}$, 用$r_1=\frac{2}{3}r_2$

$\frac{W_2}{We}=1.4$

$W_2=1.4W_e=1.4\times 3868=5420$井

D＝當量齒輪直徑＝5.5secθ＝5.5sec36°＝5.5×1.236＝6.8"用 鎳鋼合金 s_1＝100000井/in^2.

$S=\frac{600s}{600+v}=\frac{600\times 100000}{600+384}$

$=61000$井/in^2.

$Pd=\frac{S}{W_2}\left(.194+\sqrt{.038-\frac{2.15W_2}{S\times D}}\right)$

$=\frac{61000}{5420}\left(.194+\sqrt{.038-\frac{2.15\times 5}{61000\times}}\right)$

$=5.75$.

爲保險起見，用Pd＝4.

大輪齒數＝4×7＝28，小輪齒數＝4×5.5＝22.

使壓角(Pressure Angle)＝14½°

齒頂高(Addendum)＝.25". 全高＝.538"

E.滑塊之計算，

船行速度＝840ft/min.，有效

$=32.4$

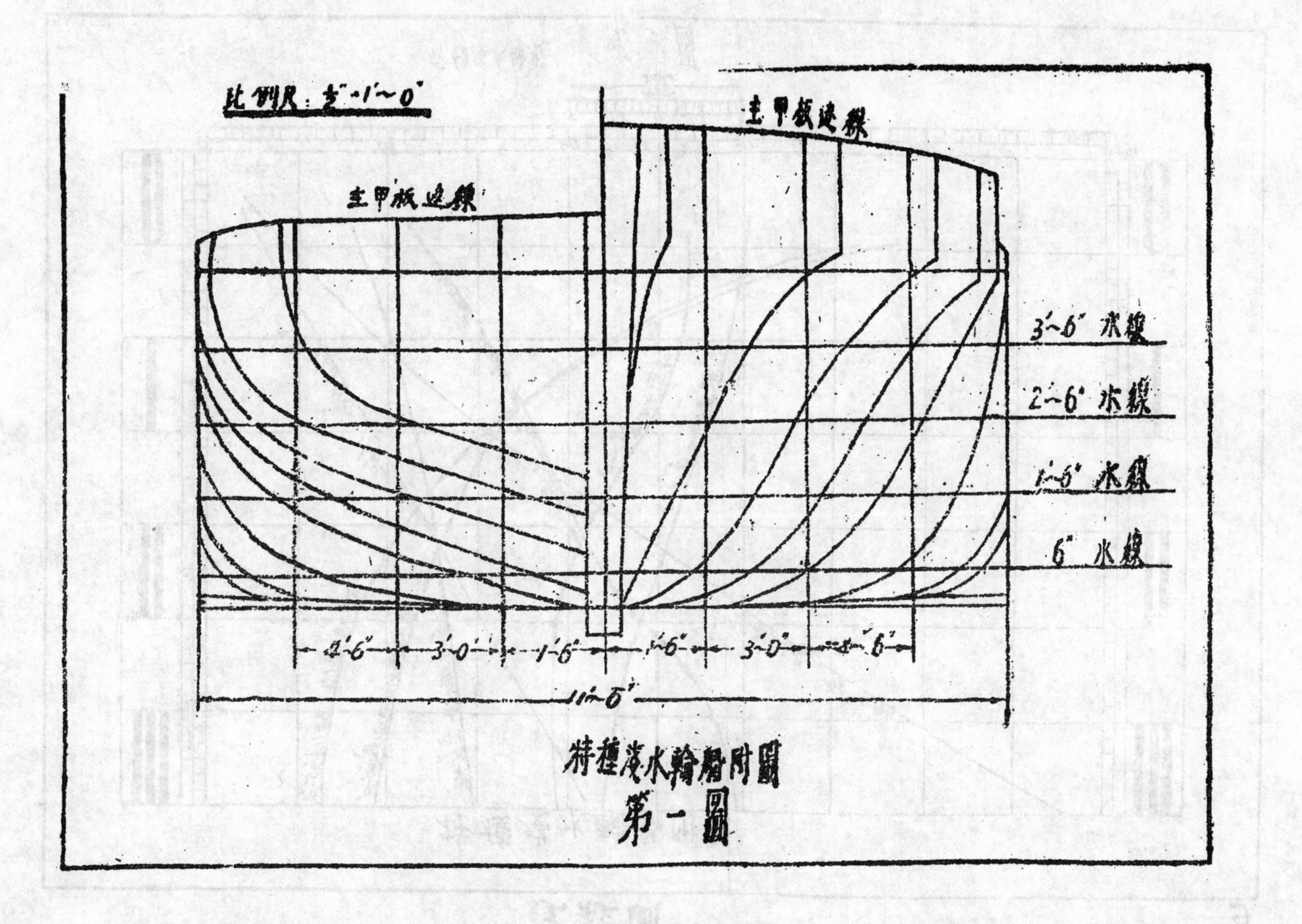

特種淺水輪船附圖
第一圖

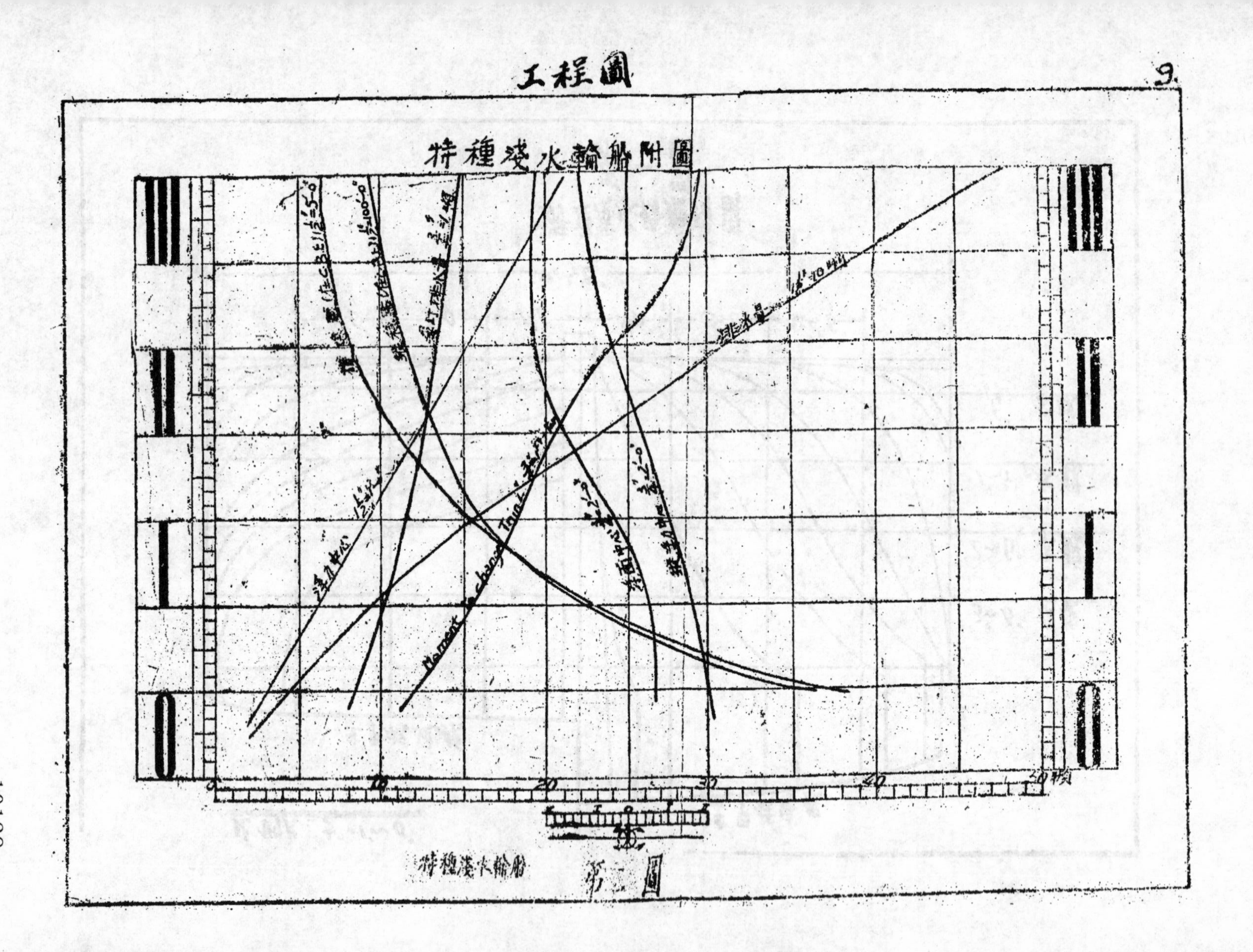

工程圖
9.
特種淺水輪船附圖
0
10
20
30
40
50
特種淺水輪船

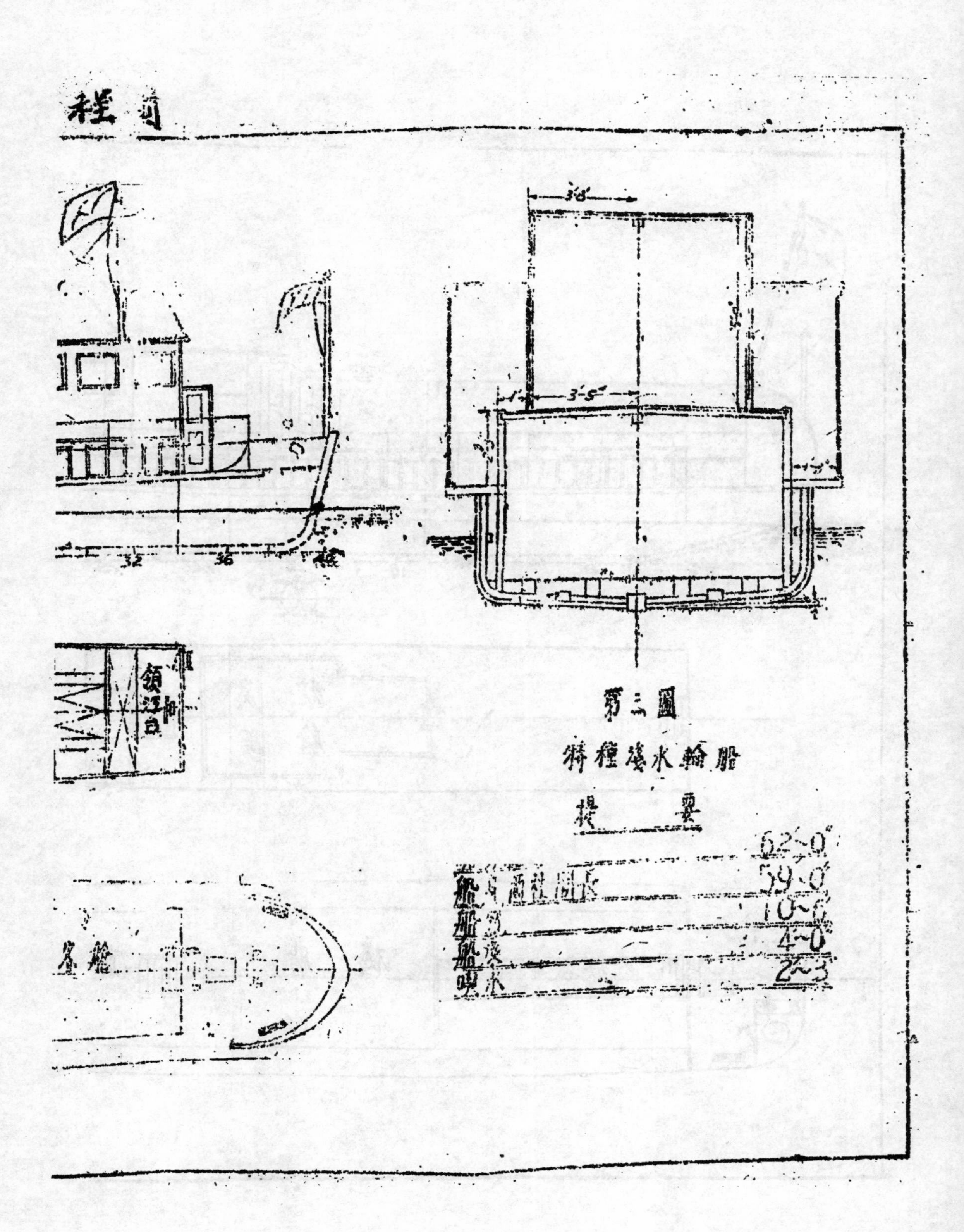

3'-8"
3'-5"
32
36
40
領港台
客艙
第二圖
特種淺水輪船
提要
62'-0"
59'-0"
10'-6"
4'-0"
2'-3"

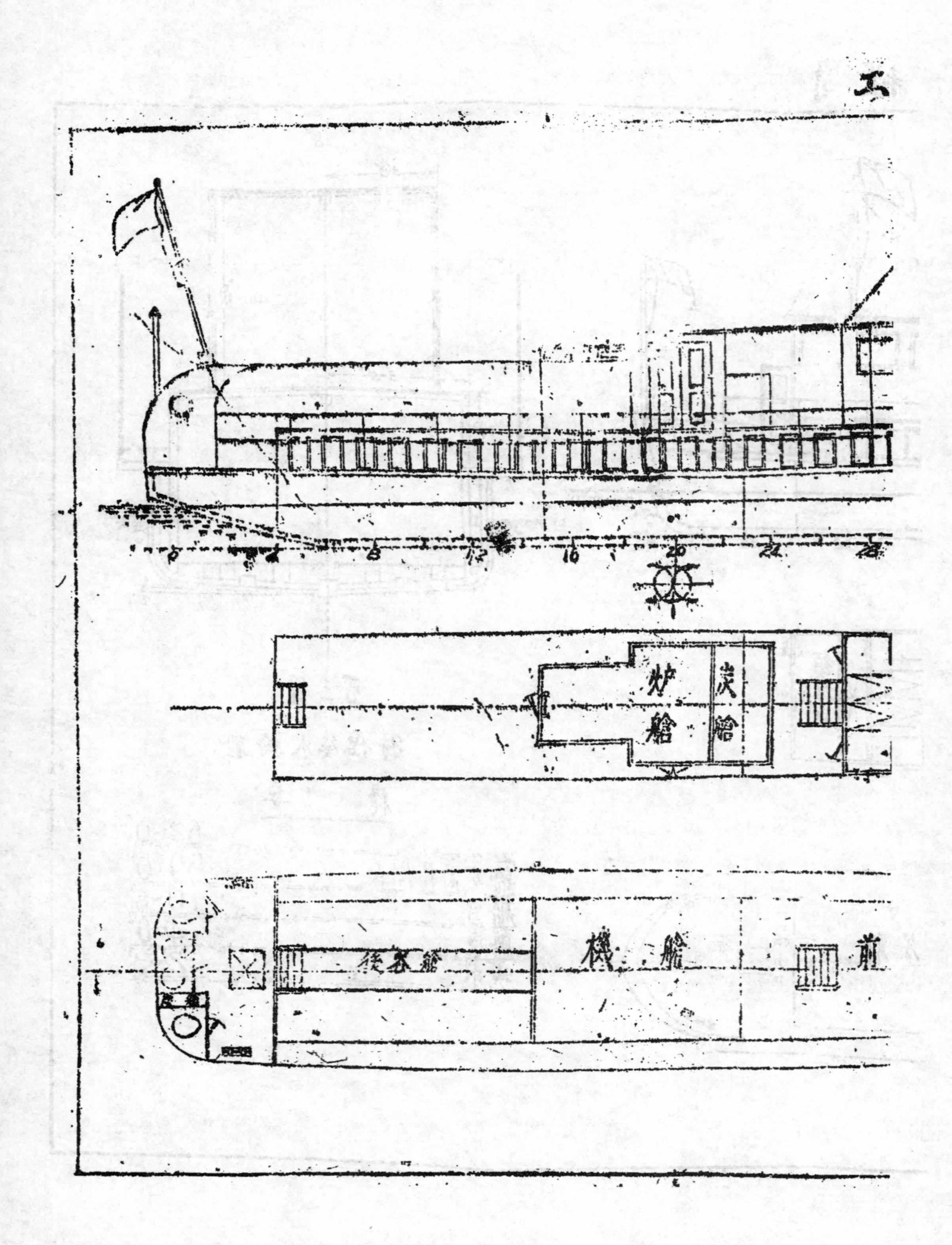
炉舱
炭舱
後客舱
机舱
前

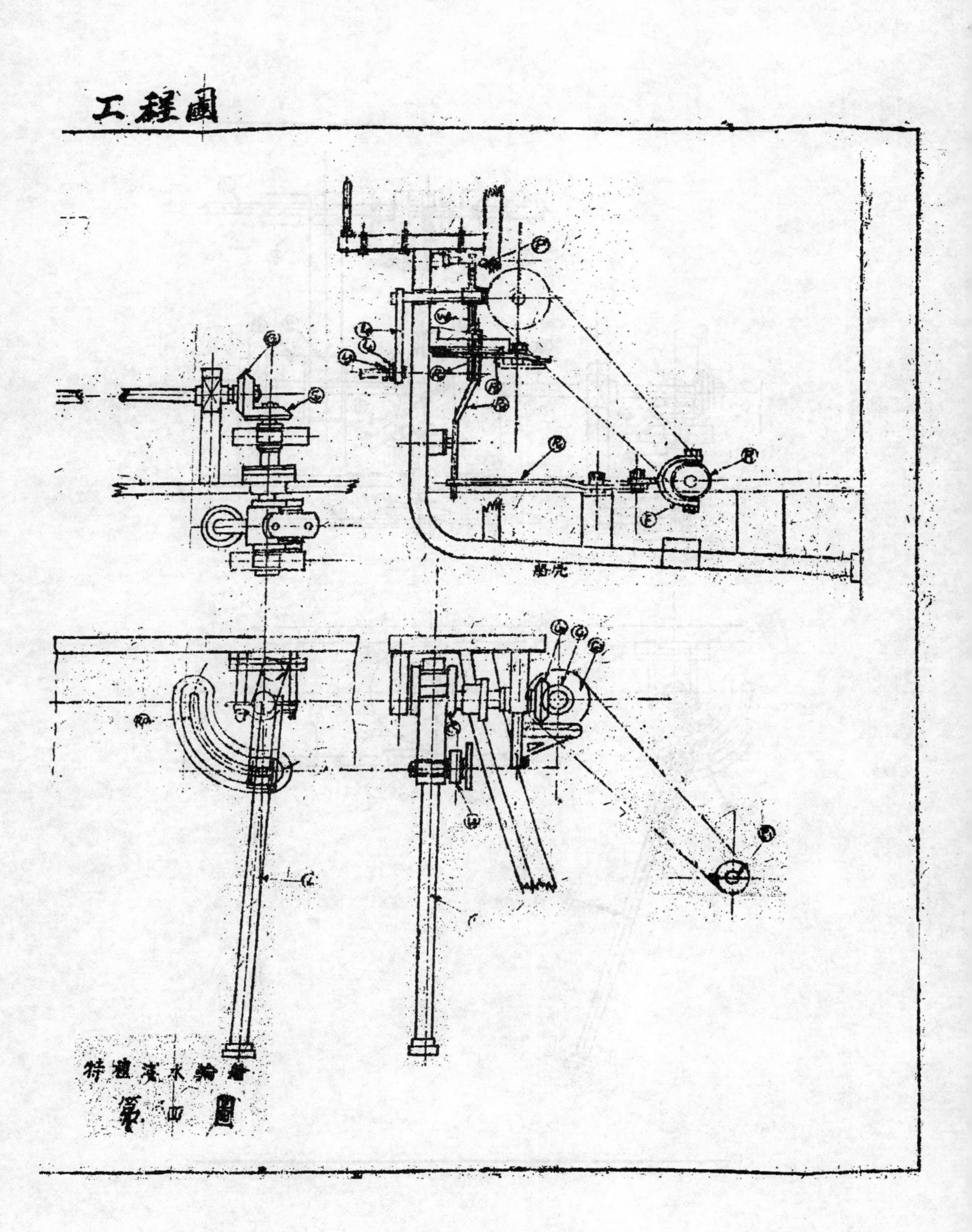
工程圖
船虎
特種淺水輪船
第四圖

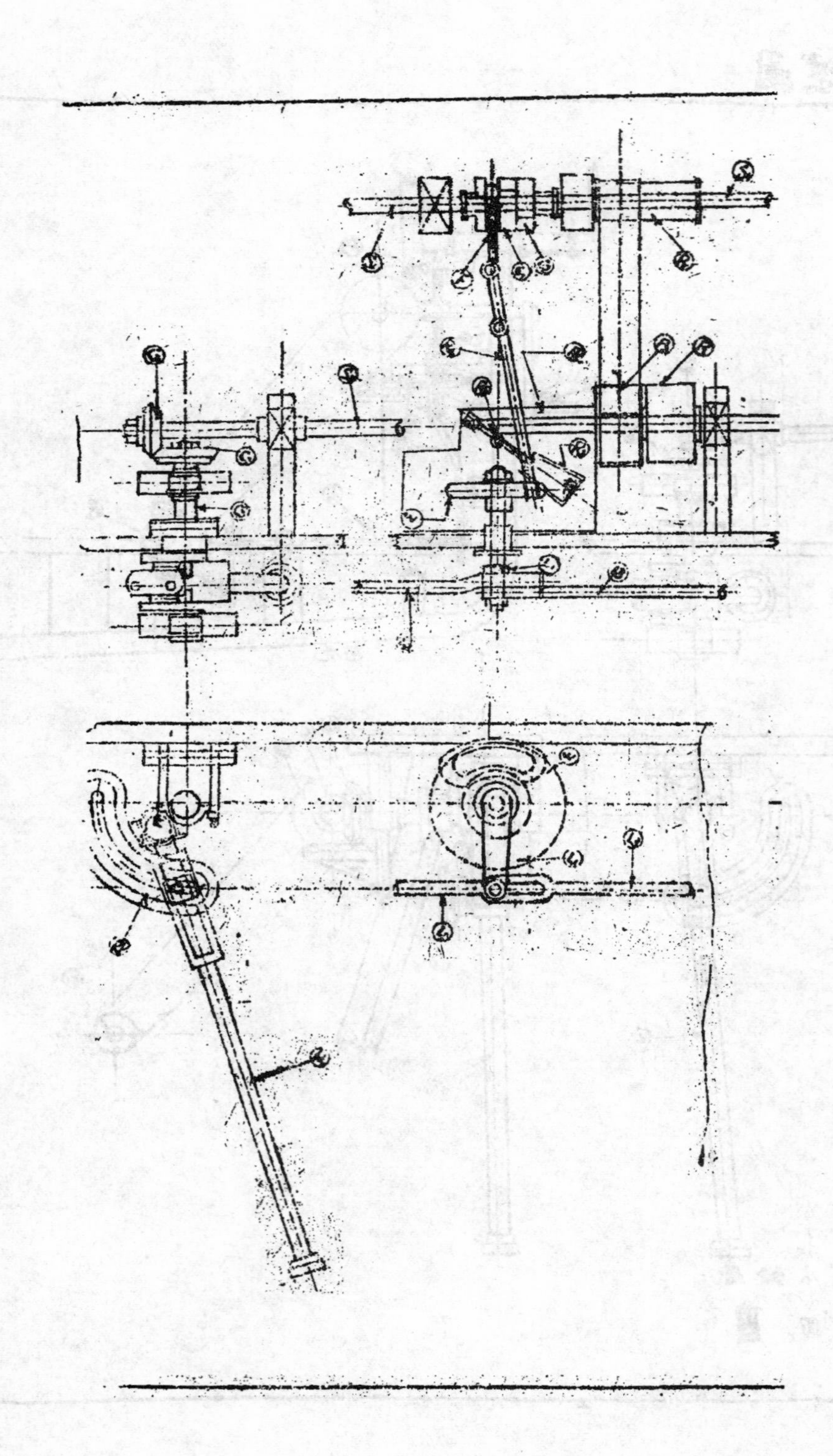

特種淺水輪船附圖

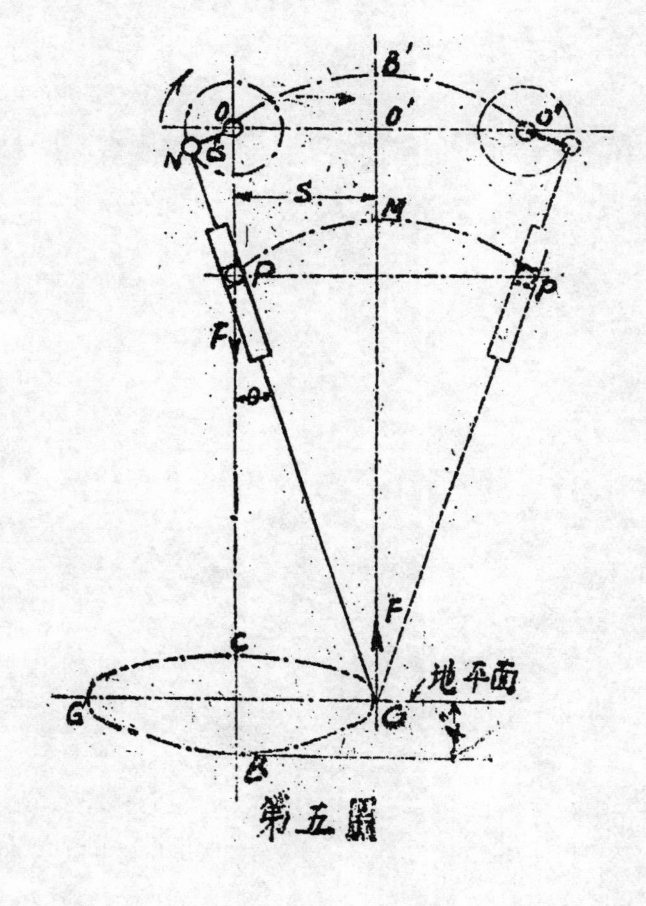

第五圖

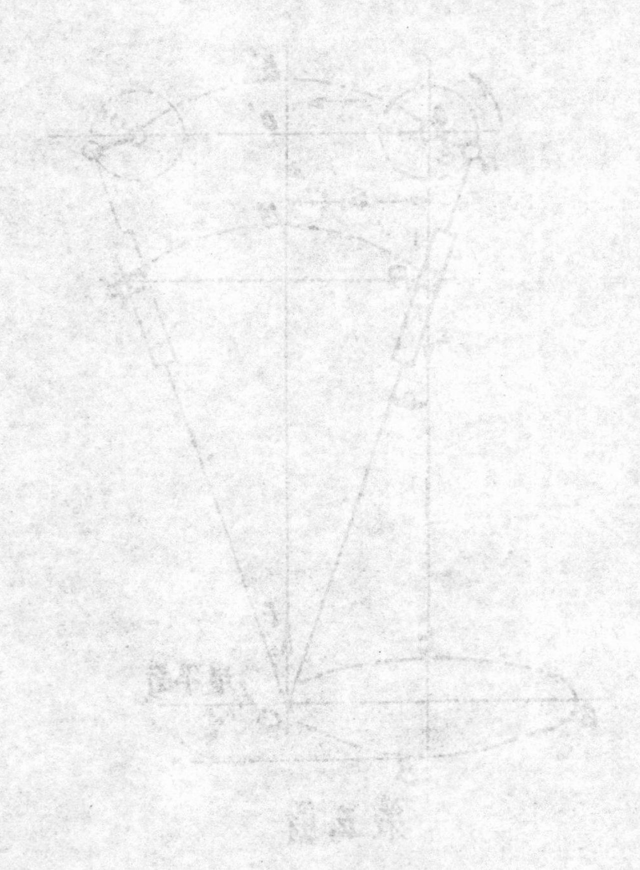

有效前進推力$=\frac{32.4\times 33000}{840}=1273$井

設此推力完全施於一只滑塊上，並設滑塊所受單位壓力不超過150井/in^2。則滑塊

面積$=\frac{1273}{150}=8.48\,in^2$.滑塊大小應爲

$8'\times 2\frac{8'}{4}$

五、結論

爬行船爲世界之創舉，純爲發明性質，製造試驗時，或有阻礙發生，及必須更改之處，余[illegible]船加此設備必能爬行無疑，以作者曾作此[illegible]機件之模型試驗也。此種爬行設備以用於船體愈小吃水愈淺者，則功效愈佳。船體較大輪船，恐與陸互換之時地，恐每脛吃力太大，欲克服此困難，可增加脛數。

改良淺水航輪推進器

金叉民

推進器通論：

近世各國航行推進器，多採用螺旋推進器；因其結構簡單且較經濟，故曾以無需新設計另一推進器來替代，有範圍較大之試驗場中，經將旁輪推進器(Radproreller)加以驗究，其實此項推進器乃一例外，僅能應用於淺水河（而最少須有二十英尺河面者為宜），否則其航行之效率有驚人之低減。茲先就螺旋推進器與旁輪推進器於工作時之情形，與效能率比較如下：

旁輪推進器係藉輪葉板於水中打擊，其發生之阻力能推進航輪。螺旋推進器，則為利用輪葉轉動時，所發生之浮力推進航輪。前者所發生之阻力，與輪葉轉動方向相反，故永與能力損失相關；後者所發生之浮力，則與輪葉轉動方向垂直，根本不與能力損失相關。然就上述，則未能顯然表明旁輪推進器之推進能率比螺旋推進器為低落，因效能率係直接與推進器之大小有關，如旁輪推進器以輪葉大小而定；螺旋推進器則以螺旋圓面積而定。但若利用阻力之設備，則比利用浮力之設備工率較差，蓋旁輪推進器之週速，比航駛速率不能過大，而螺旋推進器之週速可數倍大於航行速度。

新式之福氏推進器。

(Voith Schneider Propeller)為德國福氏(Voith)所發明，並經試用效率特著，現航行者計有十餘艘，無論海洋河江皆能暢行，其效率比螺旋推進器為佳；尤以淺水河江中（不論河面寬狹）為著；最近英國造成之淺水輪"Victa"裝有福氏推進器兩座，其直徑為1.8公尺，每分鐘轉數185：為直接與引擎相聯，每座用馬力650匹拖動，該船全長199.6呎寬30.2呎艙高10.32呎，最大吃水6呎，能淨載重362.5噸，每小時航速32哩。引擎與推進器效率比為百分之九十三，較之通常螺旋推進器，似覺優良多矣。

茲將福氏推進器與螺旋推進器之優劣點比較如下：

福氏推進器與螺旋推進器係同樣利用引擎托或輪葉之浮力作用，故亦能免除其一切旁輪推進器之劣弱點；但其輪葉之設備及轉動方向，則與螺旋推進器各異，其動作之原理可由第一圖解說之。

每當推進器旋轉一週時，其輪葉則各自圓週作迴轉運動一次，每一輪葉各用細軸(Zapfen)在推進器之週上相符結，如此則輪葉得能在以O為中心之圓週上自由迴轉，並桿(L)部亦能繞總紐點P (Gemeinsamen-Punkt)週圍抽移，而P點則可隨意變動地位。如第一圖(I)若總紐點P與圓心O相附合時，輪葉迴轉則無推進力發生，除此船隻即告停止，(II)當總紐點P垂直船行方向左移動時，輪葉迴轉即發生浮力作用，使船前進，(III)總紐點愈向左移動時，輪葉愈生更大之推進力(IV)若總紐點向右轉移動則有相反之浮力作用，俾使船倒後退。(V)總紐點P向船行方向135°線上移動時，輪葉迴轉，即能使船首向左轉。(VI)總紐點P向船行方向45°線上移動時，能使船首向右。

今將推進原理解釋如下：假設輪葉為一平面（其實與螺旋推進器之切面相同）而與導桿垂直，若輪葉迴轉至AB點時，則輪葉斷面對BOA線之地位角(Anstellwinkel)為零，故該時輪葉無浮力作用，其餘圓週上各點都有相當之地位角，故有相當之浮翼，發生船行方向之分力，使其推進航行。

氏推進器(Kirsten Boing Propeller)

與螺旋推進器之比較，茄氏推進器(圖二)與螺旋推進器相似，所不同者：惟茄氏推進器之輪翼因其工作時擺動搖而仍使得前進力。茄氏輪翼迴轉至B點時其地位角為90°，至A點時其地位角為0°，故欲利用阻力推進，亦有同樣之困難。總上所述，可知茄氏推進器，對於船行之推進，優點甚多，其最值者為航輪駛行時，方向之轉變與螺旋推進器較迅速，此可於第一圖中甚易詳見。如總紐點之P，從左邊或右邊移動，即可得推進方向相反之結果，再若將P點向前或後移動，即可從垂直於船身之力，能使航輪轉變方向。由此觀之用茄氏推進器之船，為節省螺旋推進器之全部舵機，可免用舵之船能及航途中失能之危險，航輪在停進時亦可轉變其方向，除以上主要點外，有較高之推進能率，且最適用於淺水航行，此為其特別之優點。

茄氏推進器之特別機構：茄氏推進器在事方面之基本原理：

若推進器之迴轉角度速率為ω，其迴轉半徑為r，則輪葉在圓週上之迴繞速率為 $r \times \omega$，除此速率之外推進器尚有隨船向前駛行速率v，用幾何之向力法將 $\bar{u}$ 與 $\bar{v}$ 加，則得絕對速率C，(第三圖)當總紐點P向左移s距離時，由從兩相似之角形，可得 $\frac{s}{r} = \frac{v}{u}$ 之式(輪翼切斷面中心線與絕對速率C附合在同一線上)，由此可知P點之偏心距，即相當於螺旋推進器輪翼斜度，若將輪翼與槳桿轉成某一相當角度，卻使輪翼與迴轉時所發生之浮力在半徑方向，(P點與O點合併時)則推進器前方與後方對稱；其所發生之半徑方向浮力互相抵消，結果遂無推動力發生，故要發生航行推力時，須將P點之偏心比例變更，即當 $\frac{s}{r} > \frac{v}{u}$。此時輪翼對水流(相對的)成一地位角，使推進器前方發生正的推進力，後方發生負的推進力，而在A.B.兩點為另。前後所發生之力，皆相近於半徑方向，故前方之力為向外推；後方為向內推，兩者皆有分力推進船行。

迄今始能找出茄氏與螺旋推進器之異點，以兩者皆在不發生推進力時作出發點，推進器具有下列兩性能。

(1)可將全部輪翼轉一相當角度。

(2)可變換輪翼成一相當程度，(Steigung)選擇另一前進率 $\frac{v}{u}$。螺旋推進器對一二兩能無甚分別；二者皆在直徑方向改變輪葉斜度角(其法將輪翼根端之迴軸角大於輪翼末端)，皆能使後水(Nachstrom)比較少號，但螺旋推進器旋轉一週時，其輪翼切面方向之轉程，皆在強烈交流之後水範圍中。故其後水之適合程度、只限於直徑方向，而不沿轉程之圓週方向；然茄氏推進器，雖只具有第二種性能，其輪翼之傾斜不並行於軸，故輪翼之迴轉形狀，非柱形體，而為上小下大之錐形體，則輪翼尖端之週速u大於輪翼根端。$\frac{v}{u}$ 之比率能保其常數，如是能使後水甚慢，且橫流至極遠，故其對於後水之適合能力比螺旋推進器較優。

又當偏心S比推進器繞週半徑r小時，輪翼對相對水流(Relativströmung)之地位角約為 $\alpha \approx \frac{S-S_0}{r} \sin \varphi$。式中 S_0 為推力為另時之偏心距。φ 為OA與O至輪翼半徑方向之角度。吾人皆知浮力與α角成正比，故半徑方向之向外推力，亦與 $\sin \varphi$ 成正比，向推進方向之分力應與 $\sin^2 \varphi$ 成正比，現今若將此推進力從推進器之圓週上投影至直徑AB上，則可得一推進力之散佈曲線於直徑AB上(如圖4)

10137

然在推進器理論學上說，欲發生最高理論之推進效率，推進力於不顧水流之迴旋及有限翼輪之下，應極匀的分佈於推進器面積上。此點福氏推進器似覺不利，但福氏推進器能成另一種之分佈法，影響於效率甚微，况螺旋推進器亦未用過無限數之輪葉，故其推進力向輪葉尖方向亦減少甚多，因螺旋推進器輪葉尖之迴轉面積為圓環形，而福氏推進器，則為矩形（如圖5）則可顯見螺旋推進器之不利範圍較大也。

今再將兩種推進器之效率略述於下：

螺旋推進器輪葉之任何點，由阻力而成之部份效率度可如下式

$$\eta_s = \frac{1-\varepsilon \frac{v}{u_r}}{1+\varepsilon \frac{u_r}{v}} \approx \frac{1}{1+\varepsilon \frac{u_r}{v}}$$

式中 u_r 為所選翼切面之迴轉速度，以依之不同半徑而異

ε 為阻力與浮力之比數亦稱"切面係數"(Profil Gleitzahl)

福氏推進器之效率計算可先假定阻力為一常數W浮力 $A=A_o \sin \varphi$

推進方向之分力 $K=A_o \sin^2 \varphi$

則n個輪翼之推進力 $S=n\cdot\frac{A_o}{2}$

行程錯之有效工作為 $S\cdot v=n\cdot A_o\cdot\frac{v}{2}$

由阻力而損失之工作為 $n\cdot W\cdot u$

所以效率度 $\eta_F=\frac{S\cdot v}{S\cdot v+n\cdot W\cdot u}$

$$\approx\frac{1}{1+2\frac{W}{A_o}\cdot\frac{u}{v}}$$

與螺旋推進器之 η_s 相比，非常相似。$\frac{W}{A_o}$ 是福氏推進器最低係數；$2\frac{W}{A_o}$ 為中級係數，$\frac{u}{v}$ 在福氏推進器是常數；在螺旋推進器是隨半徑大小而異。但其平均值約在2/3之迴轉半徑。假若福氏推進器之迴轉速率 u_r 等於螺旋推進器在 $\frac{2}{3}$ 半徑處之 u_r，而螺旋推進器之係數 ε_r 等於福氏推進器之中級係數 $2\frac{W}{A_o}$ 時，則兩者之 η 完全相同，或許吾人能疑惑，螺旋推進器之係數，不等於福氏推進器之中級係數，而為較低係數？

對此點可加詳解，當螺旋推進器輪葉尖之浮力係數，等於福氏推進器之最大浮力係數時(Auftriebsbeiwert)兩者效率度確有相等可能。在實際上亦有各種理由可證明福氏推進器常用最高之浮力係數來工作，故在之中級係數 $2\frac{W}{A_o}$ 與螺旋推進器之係數相近。其最大原因為(一)福氏推進器工作時浮力係數(Auftriebsziffer)，比推進器之尖端浮力係數為大。

(二)螺旋推進器之浮力係數常因穴蝕作用(Kavitation)及停止作用(Stoppverr en)而低減。然福氏推進器則絕不致發生此項作用，故浮力係數絕不受影響。除此外，福氏推進器尚有一特別本性。即水流經過該器之輪翼次列時，因福氏推進器輪翼轉動方向，與前列輪翼相反，除能受到橫方向之速度，亦依次時又用一次，此適與螺旋推進器之有二個相向之輪翼裝備者，同一功用。即能從形之水流裡變成向線形推流之速度；使得大之推進能力，惟此無論如何須有較大切面傾斜度亦即須較小之 $\frac{u}{v}$ 比例方可。福氏推進器則適於此條件，因福氏推進器能保持較小之 $\frac{u}{v}$ 而工作，使輪翼推進效能率改良也。

福氏推進器工作範圍之特性前所論係兩種推進器之根本機構區別，其實見諸『推進器有效之範圍』，因此點與推進之效能率直接有關，而為福氏推進器

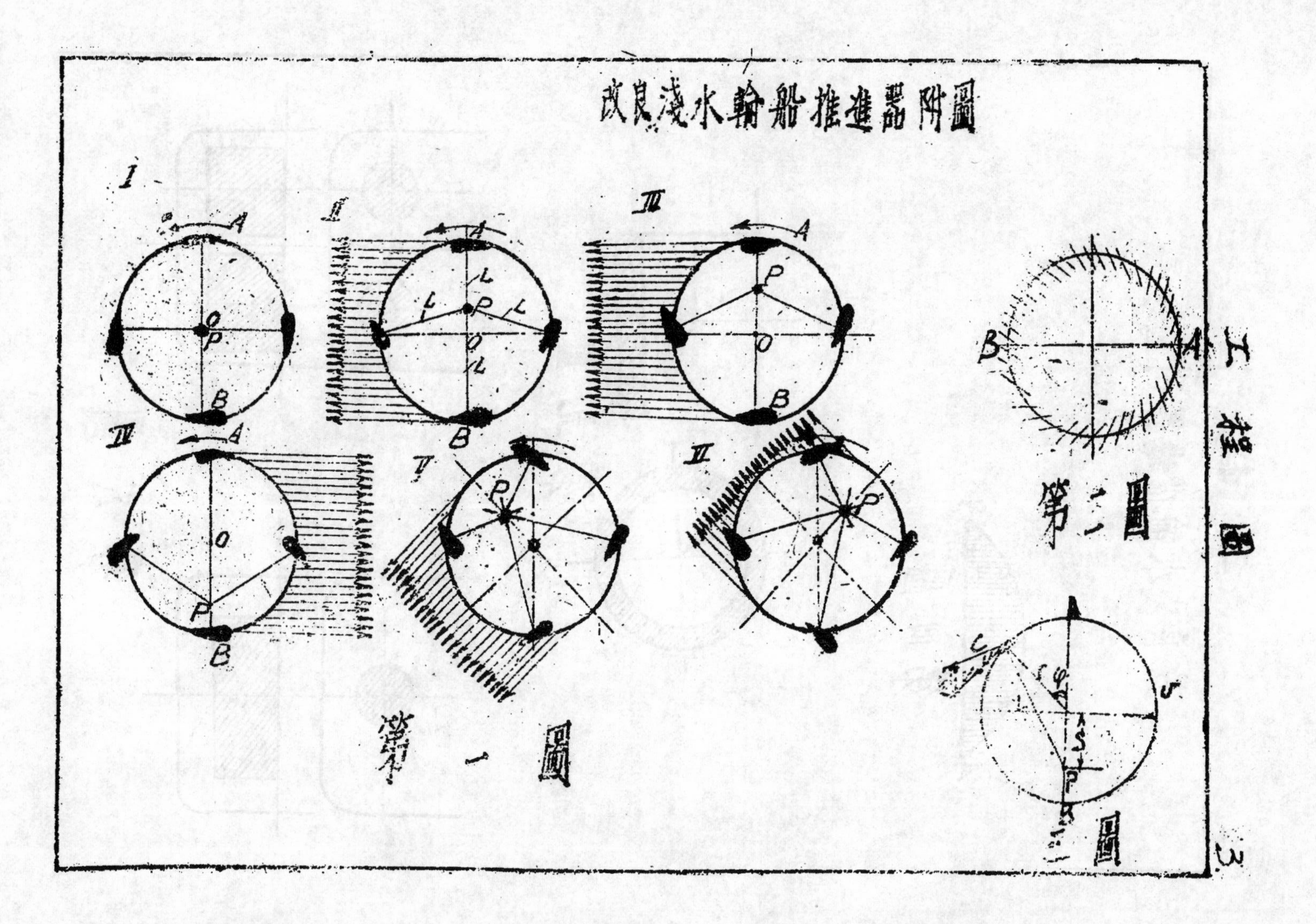
改良淺水輪船推進器附圖
I
II
III
IV
V
VI
A
B
O
P
L
第一圖
第二圖
C
S
φ

改良淺水輪推進器附圖

A B

第四圖

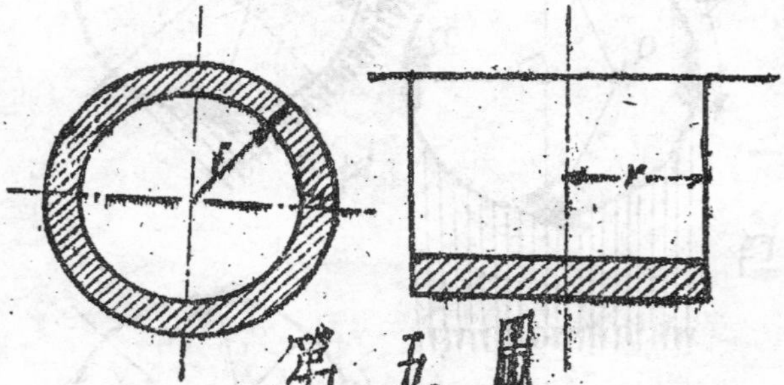

r r

第五圖

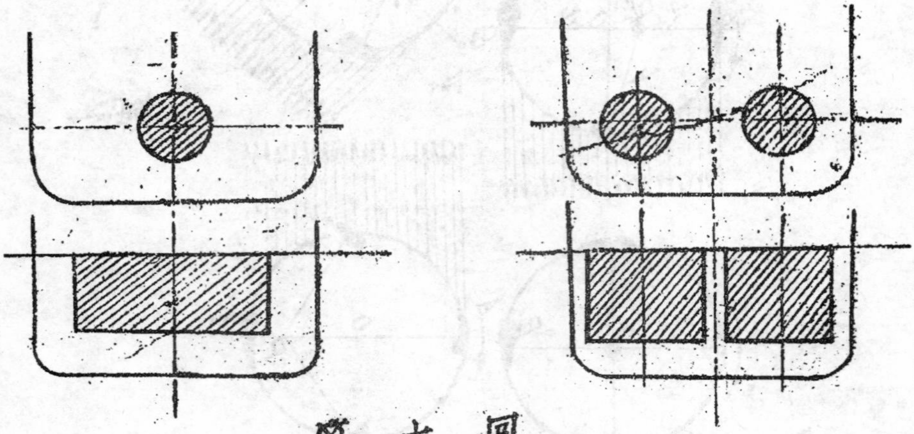

第六圖

之點，船舶駛行時尤在淺水江河中，稍因水之深淺限制致螺旋推進器之直徑大小有所止；雖可多用數個，以補推進之力，然其用於船後肋骨面積，仍屬小部份，若用壐推進器來推進，則其利用面積幾可等於船全部肋骨面積。（見圖六）此點非特能減輕進器之電力，且有實際優等之效能率故壐推進器若於淺水航輪或拖輪上有特著之利，又雖有多數之螺旋推進器，船舶，其機之及口及軸跨能等皆能發生極大之阻力，減低不少推進力。但壐氏推進器則可全免此第六圖即壐氏推進器與螺旋推進器裝置及雙推進器之有效推進面積比較圖。

壐氏推進器之優點除上述外，若能將推器之直徑尺寸增大，則能使浸入水中之輪面積加大，若再用較高之浮力係數來工，則其應當之推進力，可用較低之迴轉速，而達優良之推進效能率，因由較大之輪面積，及較低之迴速能絕免穿水作用之危Kavitation）。壐氏推進器除上述之優良能範圍外，尚有一特別之收獲。即能利用，此點乃為顯明而易見之，吾人若能使推進器在船尾有阻力之餘水中順利工作可節省極可觀之效能。淺水輪尤其無轉（指船舶裝有壐氏推進器者）其餘水存水者，皆通較大後下層，吾人欲盡量利用，則為在船列餘水處（水面附近）多負推進能力；用壐氏推進器之船舶此目的極易達到，只將輪翼上端（翼根）較下端（翼尖）稍增為寬，或將輪翼製成錐形（前已述及）使輪翼根端有較大之跑位角，則工作時自可在餘水層中產生較大之推進力矣。

結　論

總括上述，吾人可得一結論。壐氏推進器唯一之不利點，乃為構造複雜。而他之利益則甚多，船舵之免省，轉動之靈敏，以及免除航海中失舵之危，且再有較良之水中工作面積，及利用餘力之餘水。致能獲得超越之推進效能率。其優劣相比，何者為宜，則視經濟及經驗而定，然吾人決可斷定。倘拖船之需要極強推進力而受吃水深度之限止者。用壐氏推進器來節省能力，則甚值得，又需要極靈便之航性船舶如平底淺水河船等，亦可用壐氏推進器為佳，然壐氏推進器，究能發展至如何深度，則須視其用途範圍而定之。

此文專論壐氏推進器之理論性質，對於其實際任務及適用問題，則視社會人仕目光而異，因吾人常有研究此物。而發展至他物者，故普通所用之螺旋推進器，或於不久之將來，亦有改進之可能也。

閘門橫樑之設計

毛 煉 夫

閘門之設置，在水利工程上，幾乎為不可缺之用水防水之設備；如航運中之船閘，治河防洪中之洩洪閘，自流渠灌溉工程中之進水閘，沖刷閘，節制閘，以及各種引水工程中之閘門等。甚至一項工程系統之中，所需用閘門之處，多者可達數十座。而組成閘門之主要部分，厥為閘板及橫樑。而依[illegible]之原則，以定各橫樑之位置，則計算至為繁雜。茲即以微積分或代數方法所得之公式，便可知其[illegible]易錯也明矣。故筆者引導公式以後，復核算[illegible]列數表，以便查用。[illegible]閘門[illegible]水面之情形[illegible]概別為二：(一)上游有水，下游無水；(二)上下游均有水。前者自上游水面與閘門頂齊平，以至超越閘頂[illegible]均屬之，[illegible]普通設計[illegible]此[illegible]特詳論之。

本篇採用符號：

D＝閘門上游水深

H＝閘門高

n＝[illegible]橫樑之[illegible]

r＝1，2，3……，n－1，n 等之數。

h＝D－H＝上游水面高出閘門頂之[illegible]

h_1＝自水面至門上水壓力第一分段之下線之距離，(如圖一)。

h_2＝自水面至門上水壓力第二分段之下線之距離。

……………………………………………

h_r＝自水面至門上水壓力第r分段之下線之距離。

h_n＝自水面至門上水壓力第n(或最末一)分段之下線之距離。

Z_1＝自閘門頂至第一橫樑之距離

Z_2＝自閘門頂至第二橫樑之距離

……………………………………………

Z_r＝自閘門頂至第r橫樑之距離

Z_n＝自閘門頂至第n(或最末一)橫樑之距離

今為便于敘述起見，設各橫樑之斷面質或能承受之力全同，則求其排列之位置，即將閘門所受之水推力n等份之，再求各段之壓心(Center of Pressure)即得。如第一圖所示：

水推門之總力為

$$\frac{1}{2}(D+h)(D-h)=\frac{1}{2}(D^2-h^2),$$

n等份之，則

$$\frac{1}{n}\cdot\frac{1}{2}(D^2-h^2)$$

$$=\frac{1}{2}(h_1+h)(h_1-h)$$

$$=\frac{1}{2}(h_2+h_1)(h_2-h_1)$$

$$=\frac{1}{2}(h_r+h_{r-1})(h_r-h_{r-1})$$

……………………………………

故 $\frac{1}{n}(D^2-h^2)=h_r^2-h_{r-1}^2$

$$故\ h_r=\left(\frac{D^2-h^2}{n}+h^2_{r-1}\right)^{\frac{1}{2}} \quad \cdots\cdots(1)$$

當r＝1時，$h_{r-1}=h$，

繞水面求r分段之力矩。

$$\frac{1}{n}(h+Z_r)=\frac{h_r^2}{2}\cdot\frac{2}{3}h_r-\frac{h^2_{r-1}}{2}\cdot\frac{2}{3}h_{r-1},$$

$$故\ Z_r=\frac{2n}{3(D^2-h^2)}(h_r^3-h^3_{r-1})-h \quad \cdots\cdots(2)$$

當 $r=1$ 時，$h_{r-1}=h$ ……………………(28)

如水面與門頂齊平，或D＝H，依同理可求得一較簡單之公式

$$Z_r=\frac{2}{3}\frac{H}{\sqrt{n}}\left[r^{3/2}-(r-1)^{3/2}\right]\cdots$$

茲以超出門頂之水深，與全水深之比，h／D表示水面之情形，引用公式(1)，(2)計算橫樑排列之位置，列表于左：

閘門橫樑排列表(參看第二圖)

D＝上游水深

H＝閘門高

h＝上游水面超出門頂之水深

n＝橫樑之數

r＝1，2，3，………，n等定數

Zr＝閘門頂至r橫樑之距離

設D＝1

h／D＝O，上游水面與閘門頂齊平，即D＝H，

Z_r \ n r	1	2	3	4	5
1	0.677	0.471	0.387	0.333	0.298
2		0.861	0.707	0.609	0.545
3			0.916	0.789	0.700
4				0.934	0.836
5					0.948

h／D＝O.4

Z_r \ n r	1	2	3	4	5
1	0.343	0.201	0.142	0.110	0.093
2		0.485	0.363	0.281	0.328
3			0.542	0.426	0.364
4				0.544	0.462
5					[illegible]

h／D＝

Z_r \ n r	1	2	3	4	5
1	0.573	0.389	0.295	0.248	0.216
2		0.793	0.609	0.517	0.451
3			0.810	0.687	0.609
4				0.838	0.742
5					0.845

hD＝0.5

Z_r \ n r	1	2	3	4	5
1	0.296	0.173	[illegible]	[illegible]	0.080
2		0.419	0.308	0.248	0.210
3			0.457	0.363	0.309
4				0.474	0.398
5					0.843

(32)

h/D=0.2

Z_r r \ n	1	2	3	4	5
1	0.489	0.389	0.233	0.189	0.161
2		0.668	0.520	0.430	0.369
3			0.714	0.803	0.622
4				0.736	0.643
5					0.740

h/D=0.6

Z_r r \ n	1	2	3	4	5
1	0.217	0.120	0.081	0.062	0.054
2		0.314	0.231	0.178	0.141
3			0.344	0.273	0.198
4				0.354	0.29
5					0.36

h/D=0.3

Z_r r \ n	1	2	3	4	5
1	0.413	0.240	0.182	0.144	0.122
2		0.556	0.434	0.355	0.301
3			0.618	0.512	0.433
4				0.640	0.552
5					0.637

h/D=0.7

Z_r r \ n	1	2	3	4	5
1	0.159	0.084	0.054	0.040	0.03
2		0.224	0.165	0.122	0.10
3			0.257	0.200	0.16
4				0.267	0.22
5					0.27

該表筆者係以對數計算，概取三位小數，結果較取四位小數計算稍有出入，其末位數之最大差誤約為正負三，祇用于門高五公尺以下者，還屬準確。今舉二例以明之。

例1. 設閘門高2.8m，門寬2.0m，洪水時上游水深4.0m，今欲用鋼樑工字鋼三個以作橫樑，問其尺寸及排列位置如何？

〔解〕本鐵門之總力為

$1/2(1.2+4.0)\times2.8\times2.0\times1000=14560$kg.

每樑荷重，$\frac{1}{3}\times14560=4850$kg.

按均匀荷重(uniform load)計算橫樑之最大撓曲力矩(Max. bending moment)

$$M=\frac{1}{8}wl^2=\frac{1}{8}\times\frac{4850}{2}\times2^2$$

$=1213.5$ m-kg.

$=105,000$ #

我國流行市面之鋼鐵材料多為英制，故檢查英制手冊。

斷面係數(Section-modulus)

$$I/c=\frac{M}{f}=\frac{105,000}{16,000}=6.56 \text{ in}$$

檢鋼鐵手冊，可選得適宜之工字鋼。

$I/D=1.2/4.0=0.3$，檢上表則得橫樑之排列位置為：

第一橫樑距門頂$=0.182D$

$=0.182\times4.0$

$=0.728$ m.

第二橫樑距門頂$=0.434D$

$=0.434\times4.0$

$=1.736$ m.

第三橫樑距門頂$=0.618D$

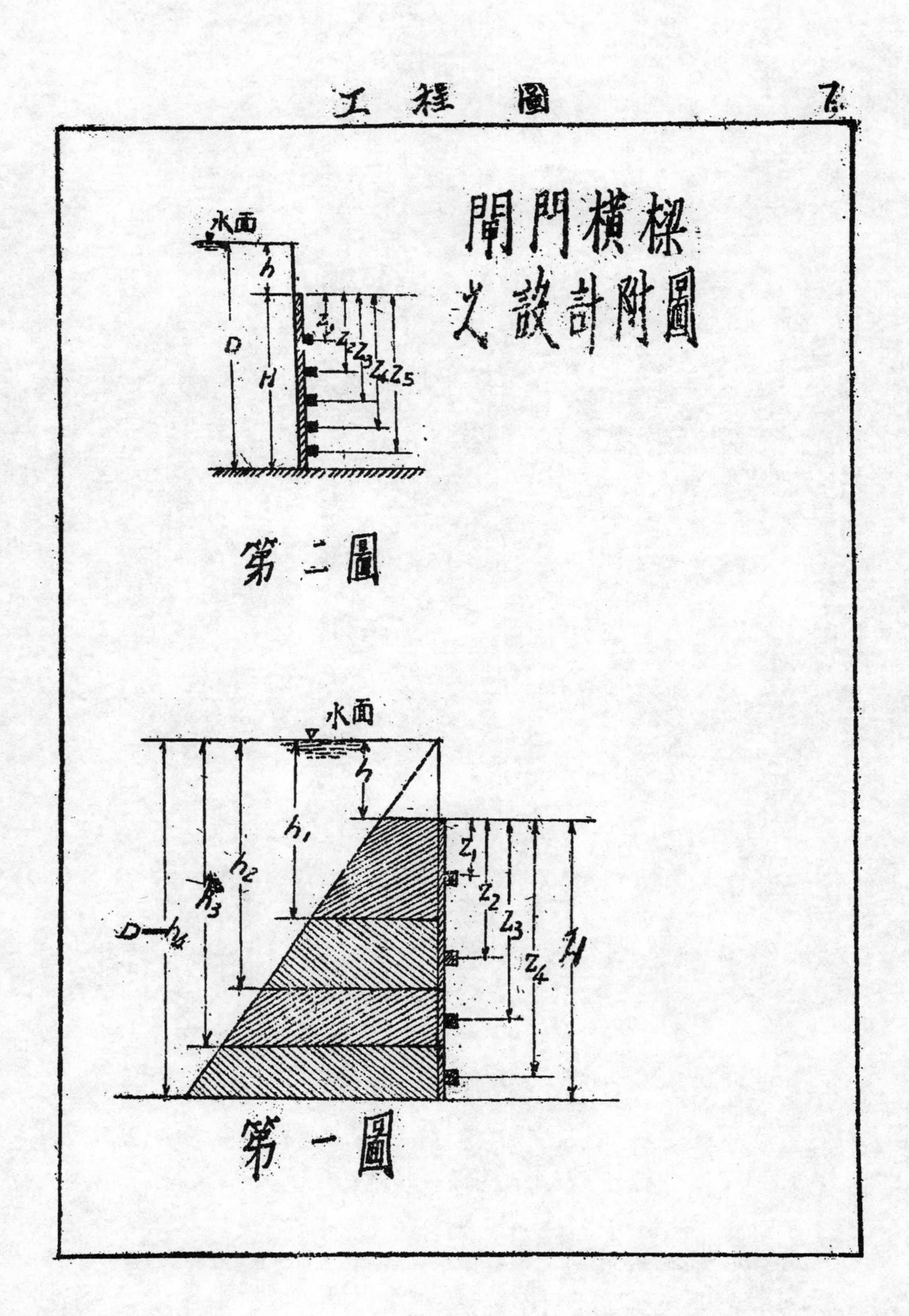
閘門橫樑
之設計附圖
水面
h
D
H
Z1
Z2
Z3
Z4
Z5
第二圖
水面
h
h1
h2
h3
D=h4
Z1
Z2
Z3
Z4
H
第一圖

$=0.618\times4.0$

$=2.472^{m}$.

例2. 設欲利用舊有鐵軌(每碼重75磅者)爲閘門橫樑之用，閘門高3.2m.，寬3.5m.，上游洪水位高出門頂0.8m，問需橫樑幾根？排列如何？

［解］ 檢手册得該種鐵軌之斷面係數爲9.10in³，

最大抗撓曲力矩(Max. Resisting Bending Moment)爲9.10×16,000

$=146,000$''in.lb.$=1680^{m-kg}$.依理論設最大撓曲力矩等于最大抗撓曲力矩，則

$1/8wl^2=1680$，因 $l=2.5$

故 $w=2150^{kg}/m$.

每樑可荷重 $2150\times2.5=5375^{kg}$.

水推門之總力爲 $1/2(0.8+4.0)\times3.2\times2.5\times1000=19200^{kg}$.

横樑之數應爲19200/5375

$=3.57$，故用四根。

$h/D=0.8/4.0=0.2$，檢上表爾得橫樑之位置爲：

$Z_1=0.189\times4.0=0.756^{m}$.

$Z_2=0.430\times4.0=1.720^{m}$.

$Z_3=0.603\times4.0=2.412^{m}$.

$Z_4=0.736\times4.0=2.944^{m}$.

爲堅固起見，須于閘門上下頂端，各加一槽鐵(Channel)，至實際設計，自當考慮鉚釘孔處之斷面及兩端剪力等，該篇舉例僅用示檢表方法，未之論也。又h/D之值介乎本表二數之間者，則可以比例求之，錯誤甚微。

筆者計算n及r二項，原由一到十h/D由零到十分之九，在求大者自各種大型閘門，小者以泄斗門涵洞，均可引用本而無差誤。惟未經詳細校對，僅刊常用之數表，以供資參考而已。

10147

火藥爆發論

嚴演存

目　　錄

(I)燃燒速度
(II)爆轟速
(A)爆速之測定
(B)爆速之討論
(C)爆轟之值
(III)燃燒與爆轟之關係
(IV)爆轟之流體動力理論
(V)其他爆轟之理論
(A)自分子運動學說出發之爆轟理論
(1)Barthelot—Dixon學說
(2)Friedrich學說
(3)Schweickert學說
(B)自化學學說出發之爆轟理論
(VI)自分子運動學說解釋燃燒與爆轟
附號說明
註(參考)
中英德名詞對照表
圖十七
表八

前　　言

關於火藥爆發之理論，自 Jougnet: Mecanique des Explosifs 一書後，至近十年始有新的闡明。歐美雜誌書籍，對於此方面迄尚無系統之討論。本篇綜合現今關於此方面之理論，略加解釋而評價之，蓋欲彌補此方面文獻之缺漏也。作者稍有所演繹，則拋磚之舉，未敢遽認為是也。

I　燃燒速度

將少量無烟火藥在空氣中堆成薄層而點著之，使之燃燒。此時之情形，與普通可燃物之燃燒無大異。但倘將其置於密閉器中而點著之，則最初一瞬間，固成普通之燃燒，而時間較久，則溫度壓力均漸增昇增速。此種漸速之燃燒，一般仍簡名為燃燒，與普通之燃燒，實有分別。(參照V)實際上無烟火藥在藥筴中即作燃燒而分解，賦予子彈之速度，暨在槍砲膛中所生之壓力，均與燃燒快慢有關。故燃燒之快慢，研究之必要。

假設火藥全體仍由許多顆粒所組成。點著其一粒之表面，漸漸向內燃燒；同時火又蔓延其他各粒之表面，其他各粒亦各自向內逐層燃燒。故燃燒之時有兩種進行方向：

各藥粒表面之着火

各藥粒各個之逐漸燃燒

前者之速度稱曰着火速度，後者之速度稱曰燃燒速度。一般對於燃燒速度，有詳盡研究；而對於着火速度，則頗乏數字的研究。蓋燃燒唯於發射藥爲重要，而發射藥在砲筴中，一般藥粒大而粒數有限。各粒間空隙甚多，故各藥粒表面之着火，頗爲迅速，而藥粒本身之燃燒，則頗費時間，兩者相較，支配燃燒過程中者，主爲藥粒本身之燃燒速度，着火速度，佔次要地位。反之。例如壓碎之硝化纖維素，則藥粒甚小，粒間空隙亦小，此時藥粒表面之着火速度，反較重要。實用上罕有用此種藥粒燃燒者，故不研究耳。

故燃燒之定義曰：將一藥粒，自表面着火，t時間內燒進一層，其厚爲e，則燃燒速度爲e/t。

惟事實上測定時不使用一整塊之火藥，用者每爲許多同形之藥粒。此時可忽略藥粒表面之着火時間，換言之，假定各藥粒同時着火，此乃Piobert—vielle諸氏以來公認之假定，大致尚可成立。

實驗結果，將同一火藥，置於大小不同之器中，則燃速不同，器小者燃速較大。此可如次解釋：燃燒速度與壓力有關，壓力大則燃燒愈快；器小則所生壓力大，故燃速較大也。換言之，燃速當爲壓力之函數。

1855年Mitchell發現導火索中黑藥，在高山上燃燒較慢。1861年Frankland,在實驗室證明之。(註一)其後De Saint—Robert及Phelps 等上測定黑藥之燃燒速，證明燃燒速與壓力之⅔方成正比例。其時尚無法研究高壓下之燃燒速。至1893年Vielle發明測壓力之密閉爆發器，可測出火藥燃燒過程中壓力與時間之關係。得一曲線，自此可計算各壓力之燃速，其法如下：(註二)

自密閉爆發實驗所得之曲線乃壓力時間之函數曲線。

$$P=F(t) \qquad (1)$$

其中P乃燃燒過程間任何時間t之壓力，又藥片燒去一定厚之層e，則其燒去量一定，壓力亦可算出，即

$$P=F'(e)$$

第(2)式一般即可用Abel式；或將該火藥預先在密閉爆發器中，以各種裝填比重，測其壓力，從而得(2)式之關係式。

用(1)(2)式

$$\therefore \frac{de}{dt}=\psi(P) \cdots\cdots\cdots\cdots (3)$$

事實上計算時，可自開始燃燒起，假定一時間，(例如0.001秒),自(1)式得壓力P.自壓力之值及(2)式，得算出在此0.001秒中燒去之藥片之厚，亦即此時之$\frac{de}{dt}$。此燃速相當於開始燃燒後 0.0005 秒之壓力，換言之，即得一對P及$\frac{de}{dt}$之值。以後照此類推。

用此方法，可自實驗所得密閉爆發器中壓力曲線，計算各種壓力下之燃速。第一圖(a)(b)(c)(d)乃Vielle氏所得50％三硝酸丙三醇，50％硝化纖維素之柯達脫之燃速(註三)

(a)藥爲片狀 2.7×2.15×0.236厘米

裝填密度=0.3

(b)片狀 2.7×2.15×0.236厘米

裝填密度=0.2

(c)片狀 1.45×1.8×0.325厘米

裝填密度=0.3

(d)片狀 2.09×2.48×0.075厘米

裝填密度=0.3

(e)(f)(g)乃 Mansell 測得「改良柯達脫」之燃速

(e)藥之溫度80°F(=26.5°c)
(f)藥之溫度60°F(=21.5°c)}棒狀
(g)藥之溫度80°F(=26.5°c) 管狀

不同成分之火藥燃速不同，此點由圖上顯然可以看出。火藥燃燒前之溫度亦有影響，自60°F增至80°F時在高壓下之燃燒速約增9%，低壓下時相差較小。按此項影響既不甚大，而火藥燃燒前之溫度，事實上不致相差甚多，故一般忽略此項影響。又圖中(a)(b)(c)(d)四者為同一成分之火藥。(e)(f)(g)亦然。倘嚴格遵Piobert—Vielle之假定，應重合各成一曲線。今實際不然，可見著火速度實際上尚不能完全忽略，惟一般為簡單計，亦未能不忽略之，即將(a)(b)(c)(d)四線取一平均線以代表之，於是一種成分之火藥，不論其藥粒之大小形狀，一定壓力僅有一種燃燒速度。例如第一圖 I—V 五曲線，乃如此求得者也(註五)。

(I)含58%三硝酸丙三酯之烟藥。
(II)含40%三硝酸丙三酯之無烟藥。
(III)不含三硝酸丙三酯之無煙藥。
(IV)槍用黑藥
(V)棕色棱形藥。

此等曲線雖然亦可給以一實驗式，為簡便計，每給予

$\psi(P)=AP^{\beta}$ 或 $AP+B$ 之形式 (4)

例如第一圖各曲線之方程式為

(a)	$0.51P^{0.55}$	或 $8.29+0.01226P$	(a')
(b)	$1.15P^{0.46}$	或 $18.77+0.008813P$	(b')
(c)	$0.23P^{0.66}$	或 $8.09+0.01316P$	(c')
(d)	$0.51P^{0.54}$	或 $11.68+0.00857P$	(d')
(e)	$0.7112+0.17924P$		
(f)	$0.7112+0.02543P$		
(g)	$1.1888+0.022674P$		

(a)(b)(c)(d)式及(a')(b')(c')(d')乃Wolff與Vielle兩傳之結果算得者(註六)。無論用(a)或(a')，(b)或(b')……，在某範圍內均相當準確，但倘僅欲用一個公式同時表示(a)(b)(c)(d)四曲線，則雖勉強可用 $0.4224P^{0.577}$ 而未很準確。

(e)(f)乃Mansell氏所算得者，原來單位乃英制，此處換算為公制。(g)式乃仿者自Mansell之實驗結果算出者。按照本稿燃燒理論，燃燒速度應與形狀無關，而管狀管狀者似燃燒較速Mansell，以為此乃因管孔內之氣體最初不易逃出，致管孔內壁受較高之壓力，而吾人計算時則乃假定管內壓力同於管外者，故算出結果似乎不盡符，倘吾人計算時假定管孔內之壓力比管外壓力高少許，則管狀藥即可用棒狀藥同樣之公式計算。在外徑=0.0965吋，內徑=0.04575吋之管狀藥，管孔內之壓力應算高4.85噸/方吋。在外徑0.25037吋內徑0.09003吋時應算高1.93噸/平方吋，管孔愈小，則應高之壓力愈大，此頗為合理因孔小則氣不易逃出也。故在此種解說之下，燃燒速與形狀無關，其燃燒速度均可用(3)(4)式表示，

$$\frac{de}{dt}=AP^{\beta} \qquad (5)$$

或
$$\frac{de}{dt}=AP+B \qquad (6)$$

此兩式乃「內彈道學」中必須應用者，一般或用前式，或用後式。用前式時所用 β 亦各家不同，或根據實驗，或根據理論；或則僅為數學上之方便，而取簡單之值。以下乃各家所取之值；(註七)

用(5)式者：

De St. Robert, Gossot—Liouville	$\beta=2/3$
Roux, Sarrau	$\beta=1/2$
Rövel	$\beta=1/4$
Casten	$\beta=0.6$

Sebert, Hugoniot, Moissony Mata, ……
Wirch, Charbonnier……

Schmitz, Lorenz, Mache, Nowakowski
Schweickert, Tefang, Hadcock, Hendersone

Vielle 槍用黑藥　$\beta=\frac{1}{3}$

……綠色棱形藥　$\beta=\frac{1}{4}$

不含三硝酸甘油三醋之無煙藥　$\beta=\frac{2}{3}$

含30%三硝酸甘油三醋藥　$\beta=0.55$

巴立斯的脫　$\beta=0.6$

(6)式者：

Mansell, Lees—Petavel, Crow—Grimshaw, Proudman, ……等。

Crow—Grimshaw(註八)以為燃燒速並非比例於壓力而乃比例於外界氣體之……按做為理想氣體，壓力與密度成正比……但火藥發生……並非理想氣體，有餘容之……故兩者不復成比例。燃速則比例於密度即可化為(d為氣體密度)

$$\frac{de}{dt}=Kd=AP+B$$

Hunt—Hinds(註九)以為不含三硝酸之無烟藥，其燃速比例於氣體密度，含……三酯者之燃速，則比例於壓力。……our(註)以為無論何種無烟藥，其燃……可用AP+B之式示之。例如一種含三硝……三酯之無烟藥，其燃速為

$$\frac{de}{dt}=5.5+0.0547P\text{ 厘米/秒}(8)$$

……人由氣體燃速比例於壓力，且以分……子之……說證明燃速公式如下：

$$\frac{de}{dt}=\frac{K}{\sqrt{T}}e^{\frac{P}{RT}-\frac{E}{RT}}\text{ 厘米}(9)$$

其中 $\log K=4.2432$

$\frac{E}{R}=-188$ ……

T 係爆溫。

T' 為火藥本來之溫度。

此式已將火藥溫度之影響包括在內，火藥成分之影響，則已包括於爆溫T之中。

自氣體分子運動，可以說明……且無論用AP+B抑AP式均可加以解釋詳見(VI)

以上所述均乃發射藥之燃速，他種火藥亦可以數厘米/秒之速度燃燒，例如乾硝化纖維素，壓至1.6比重則成角質狀，燃燒速度與無烟火藥相近(註十二)但其燃燒速度究為多少，是否亦與發射藥受同樣定理之支配，凡此迄今尚無研究者，此一方面固因實驗上有若困難，然火藥燃速亦無須顧及；另一方面，則因此等火藥，均僅應用其爆轟，初無應用上無研究其燃燒之必要耳。但如欲闡明爆發理論，則此種研究，往者亦均係有必要。

(II)爆　　速

普通炸藥如三硝基甲苯，不易燃燒，但如以雷汞引爆，則其時分解極快，例如其裝於長約3米之藥筒中，以雷管引爆其一端，則不及半秒已爆至他端。此種現象稱為爆轟，炸藥中傳導爆轟之速度曰爆炸速，簡曰爆速。

(A)爆速之測定。

爆速之測定，原理上均乃使一藥柱爆轟，例如第六圖中AB間距離已知，測爆轟自A傳至B間之時間即可，所用方法，約有下列數種。

(a)Le Boulonge 法：在A、B兩處，各繞以可斷電線，……懸一磁石……，第一……斷……後，使……棒落下；第二電……斷後……刀突出而劃痕於此棒上，爆速知在此時間內……棒落下之距離，乃可計算

力加速度算出時間 t。此即一般用以測槍砲彈初速之方法，以前亦曾欲用以測爆速。在原則上本無不可，但自下列計算，欲其結果精確，AB 必甚大，使用上殊不便。

$$t=\sqrt{\frac{2s}{g}} \qquad (10)$$

欲SV1厘米

則 $t > \frac{1}{22}$ 秒。

而爆速1000～9000米／秒

故AB間必40～400米！殊不能實用矣。

(2)火花(法Siemens—Mettagang法)AB處亦各繫以易斷電路，此電路斷後，各因感應圈之作用而生一火花；此兩火花均射於高速回轉之鼓上，而鼓之回轉數乃已知者，現今市場已有測回轉速之器具。自鼓之回轉數及其直徑大小，並量出兩火花所成痕跡之距離，即可算出兩火花間之時間，此法今一般用者最多。用此法時 AB 長約須0.2－1米

Friedrich法：將藥作成爆索，使爆炸後，在一高速回轉之金屬筒上，刻出兩端之痕，自此亦可算出爆速，此法需要藥柱長 8 米左右。

(4)放電法　用第二圖之電流器，A電路斷，則電流經G，至B電路斷時則又停止。G乃一衝擊電流計。其針之擺動比例於電量。而因電流一定，故亦即比例於時間，此法需要藥柱長0.02－0.1 米。Pouillet Cranz，Roth諸氏曾用之。

(5)蓄電器法　(Jones，Rumpff法)此法之電路繫法如附圖三。

$$t=R\cdot C\cdot \ln \frac{q_0}{q_t} \qquad (11)$$

式中之 q_0 乃電表上最初之電荷 q_t 乃最後之電荷，此法需要藥柱之長僅為 0.02－0.1米。

(6)照相法(Mallard,Le Chatelier,Dixon,Laffite，Rerros，Gawthorp，Jones，Payman，Shepherd，Woodhead)等用之。以照相攝下爆時所生之光，底片以高速運動，其運動之方向與爆轟之方向垂直。故所成之痕為一斜線如第四圖。設照片之回轉速為 u 則

$$爆速=\frac{u}{\tan} \qquad (12)$$

如第四圖甲為德國中央化工研究所試「彼特脫導爆索」所得之實際結果，此法要藥柱之長為0.2－1米。其優點乃不但可測AB間之平均爆速，且可測出其間任何之爆速。

至於底片之所以能高速運動者，或乃於一高速回轉之鼓筒內藉離心力緊貼之，或則底片不動，而光線射於一高速往復搖擺之鏡上，自此射於底片上(註十三)如第五圖所示是也。

(7)Dautriche 抵消法。此乃間接測爆速之方法，如第六圖，其法在 AC 間另用一爆速已知之導爆索，此導爆索放於鉛板上，設藥自A起爆，則爆轟之方向，一方自A至B至C一方面自A至C至B，兩者交於一點，此點在鉛板上可以看出，按 AC 間爆炸之時間，必等於 ABC 間者；設導爆索已用其他方法之一測知，則AC及BC間爆炸之時間可知。而AB 間之時，可算出，爆速亦可知矣。此法僅需0.2－1米藥柱。且簡單易行。

(B)爆速之討論

以一長列火藥測其列中各段之爆速之結果，除最初少許之一段爆速較小外，爆速常終不變，例如以2厘米直徑之「苦味酸」藥包，用二號雷管引爆時，在200厘米間爆速為2080米／秒；250－630 厘米，爆速為 2685米／秒；630—730 厘米爆速為6045米／秒；自此以後則爆速約為6050米／秒左右，不復變矣。

爆速與溫度及外界壓力無關，雖至199°C仍如常。但火藥之密度則極有影響，單純成分之火藥。密度愈大，則爆速愈

代拿枚及他種礦用之複成分之火藥。則密大過1.5左右時，爆速又反減，第七至第圖乃實驗結果之例也。

Friedrich 根據其實驗所得結果，認爆為縱標，密度與該火藥最大密度之比為橫，所得曲線近乎為直線。第九，第十圖。速與密度之關係蓋乃(註十四)

$$D=D_1\frac{5\frac{d}{d_1}+1}{6}\qquad(13)$$

中 D 為爆速，d 為火藥之密度，D_1 為大密度 d_1 時之爆速。惟在低密度時，自

此算出之爆速稍嫌太低。

自(B)式可知d 趨小達d＝O 之極限時，爆速趨於$\frac{1}{6}D_1$之極限Friedrich企圖以分子運動學說解釋之，以為爆速即為火藥爆發後所生氣體之分子速度。在密度最小時，其在空間之運動有六自由度，密度最大時，僅有一自由度。故得上述關係，但此說尚未能自圓其說。

Schwal 研究結果，以為爆速與密度間有下列關係，(註十五)

$$D=\frac{1}{m+n\sqrt{d}}\qquad(14)$$

第　一　表

	m	n
硝化四硝?戊甲硝基雙巳醇	0.000538	0.0003744
三硝基酚	0.0000117	0.0004084
特出兒	0.0003290	0.0003439
弃特脫	0.0051.0	0.0003299

d>1.5 時，自此式算出之結果略嫌太大

倘火藥乃許多藥粒所組成，則支配爆速，並非各個藥粒之密度，而乃火藥全體重量所佔體積(連同藥粒間之空隙！)之比，即物學中所謂假密度。例如將1.6密度之三硝基甲苯，切成小塊，均勻裝滿於管中，其總體積為100立方厘米，其所裝三硝基甲苯140克，則此時其爆速與密度與1.4之三硝基甲苯相同。故討論爆速時不願及火藥之密度，與燃燒極不同也。

除密度外，火藥之密閉情形(即存空氣中抑在管中，管壁之堅實程度如何等。)亦有關係；愈密閉則爆速愈大，又藥包之直徑愈大則爆速大；又引爆藥之力愈大，則爆速亦隨之大。惟以上三項影響：(密閉，藥包直徑，引爆力)均有一最高界限。密閉達某程度，直徑在某一大小以上，引爆力在某程度以上。則一定密度之火藥，爆速為一定，故吾人可云；在此界限以上，爆速乃火藥常數，僅視乎密度；在此以下則可云爆轟尚未完全。惟亦不無例外者，如三硝酸丙三酯有高低兩爆速。在極密閉之下或用極強引爆劑，可達高爆速，在引爆力不甚足直徑不甚大之時則達某一低爆速，在高低兩者間之爆速，則罕發現。

關於爆速，有許多表面上似頗離奇不可解之現象；

(1)含10%水之火藥棉，爆速大於乾燥之火藥棉。

(2)含石臘之雷汞，爆速大於不含石臘者。

(3)弃特脫加石臘後，爆速不變小(註十六)

(4)二硝基甲苯之爆速比三硝基甲苯小：而三硝基甲苯中加二硝基甲苯後爆速并不比純三硝基甲苯為小(註十七)例如：

三硝基甲苯90%二硝基甲苯10%密度1.56 爆速6500—6720米/秒

三硝基甲苯 密度1.57 6680

三硝基甲苯50%二硝基甲苯50%密度1.52—1.52 6250

三硝基甲苯 密度1.52—1.53 6660

(5)三硝酸丙三酯吸於矽藻土後爆速變大

此種現象大部分可自IV節之理論解釋之。

(C)爆速之值

下表乃幾種火藥之爆速，文獻中此等數字，殊不一致。推其原因，或以試驗時，所用引爆藥藥力不夠強，藥包不夠大，而周之包圍不能強，致尚未達最高爆速；或因各試樣之密度略微不同，或則因所用藥樣之化學組成或純度略微不同。

第二表

火藥名	密度	爆速米/秒	文獻
$C(NO_2)_4-C_6H_5CH_3$	1.46	~9000	Stettbacher; Schiess—u. Sprengstoffe
86.5/13.5	1.45(鐵管)	8100	Jahresbericht der Chem.—techn. Reichsanstalt
	1.45(玻管)	7450	
$NO_2-C_6H_5NO_2$ 70/30	1.33	~8500	Stettbacher, etc.
液態氧炸藥	0.8	3700—4700	Stettbacher, etc.
(27.3%烟末,72.7%氧)			
同上(24.8%,75.2%)	1.06	5600	Stettbacher, etc.
爆膠(91.67/8.33)	1.63	7500	Stettbacher, etc.
	1.63	7800	Friedrich: Zt. d. ges. Schiess—u. Sprengs, 1929 S.41
同上	1.45	8000	Schmidt; Zt d. ges. Schiess—u.
			Sprengs, 1929, S.41
同上(92/8)	1.53	6800	Beyling—Drekorp: Spreng—u. Zuendstoffe
三硝酸精基異丁三酯	1.68	~8000	Stettbacher, etc.
三硝酸乙二酯	1.50	8250	Naoum: Zt. d. ges. Schiess—u. Sprengs., 1931, S.188
	1.50	7800	Beyling—Drekorp etc.
三硝酸丙三酯	1.60	8500	Naoum, etc.
		8050液	Friedrich, etc.
		8180冰	同上
[illegible]		7500	Beyling—Drekorp, etc.

10154

		745000	Jahresbericht der chem. - tech. Reichsanstalt, 1928.
	1.74	8100冰	
三硝基 二酚鉛	2.	5200	Stettbacher, etc.
雷　汞	4.2	5400	同
疊 化鉛	4.6	5300	同上
四疊氮化三聚氰	1.54	7500	同上
阿摩那爾	1.6	5400	Paarman: Chem. des Waffen—u. Maschinenwensenss. 1936.
		4170	Escales: Ammonsalt—Peter—Sprengstoffe
六硝酸巳六酯	1.7	8260	Stettbacher, etc.
三硝酸丙三酯無烟藥	1.6	3000	同上
(48%三硝酸丙三酯) (52%硝化纖維素)			
膠化拿枚一	1.6	6100	同上
65%三硝酸丙三酯		6400	Friedrich, etc.
	1.63	6500	Beyling - Drekorp, etc.
火藥棉13.5%氮	1.3	6800	Stettbacher, etc.
黑索近	1.7	6380	Kast, etc
	1.56	7890	Tonegutti: Zt. d. ges. Schiess—u. Sprengs. 1938 S. 93.
奔特兒	1.7	8400	Kast, etc
	1.56	7630	Tonegutti. etc.
		6500	Bofors廠之說明案.
	1.68	8150	Jahresbericht, etc.
甲醛凡拉薩立特	1.1	3200	Beyling - Drekorp, etc.
57%硝酸銨			
12%三硝酸丙三酯			
1.5%木炭			
2%木屑			
2.75%氯化鈣			

乙種兇推諾與立脫	1.7	5650	Beyling-Drekorp, etc.
26.5%硝酸銨			
20%三硝酸丙三酯			
3%50%硝酸鈣溶液			
0.5%木屑			
40%氯化鈉			
第一號阿摩尼脫	1.1	4850	同上
80%硝酸銨			
4%植物粉			
12%三硝基甲苯			
4%三硝酸丙三酯			
銨膠錫	1.53	2880	同上
25%三硝酸氯丙二酯			
47%硝酸銨			
1%木屑			
2%二硝基甲苯			
5%三硝酸丙三酯			
8%三硝基甲苯			
12%氯化鈉			
乙種凡雷但特鮑脫	1.05	3100	同上
72%硝酸銨			
4%三硝酸丙三酯			
2%二硝基甲苯			
3%木屑			
19%氯化鈉			
奔特尼脫	1.72	8400	Stettbacher, etc.
80 $\frac{11.5}{8}$ 6.5			

六硝酸二縮戊四醇	1.63	7400	同上
特出兒	1.65	7250	同上
六硝基二苯胺	1.67	7150	同上
三硝基酚	1.69	7250	同上
三硝基[illegible]	1.63	7000	同上
三硝基甲苯	1.59	6800	同上
二硝基苯	1.50	6100	同上
黑藥	1.2	400	同上
硝酸銨	1.1	2500	同上
過氯酸銨	1.2	3000	同上
啓代脫	1.3	3000	同上
獨那立脫	1.1	4000	同上
三號克羅拉的脫	1.6	3350	Beyling—Drekorp, etc.
（[illegible]米特取安基脫）			
二號卡而錫尼脫	1.25	43 0	同上
20%三硝酸丙三酯			
66%硝酸鈣			
9%木屑			
5%液態烴			
凡推立格諾爭脫	1.04	5260	同上
82%硝酸銨			
4%三硝酸丙三酯			
1.5%二硝基苯			
1%木屑			
0.5炭粉%			
11%氯化鉀			

無烟火藥		7000	Urbański, Zt.d.ges Schiess-u.
（純硝化纖維素系）※			
無烟火藥		7500	Sprengs, S. 103 1939
（含三硝酸甘三酯系）※			

※其爆速與藥片放置之方向有關

（未 完）

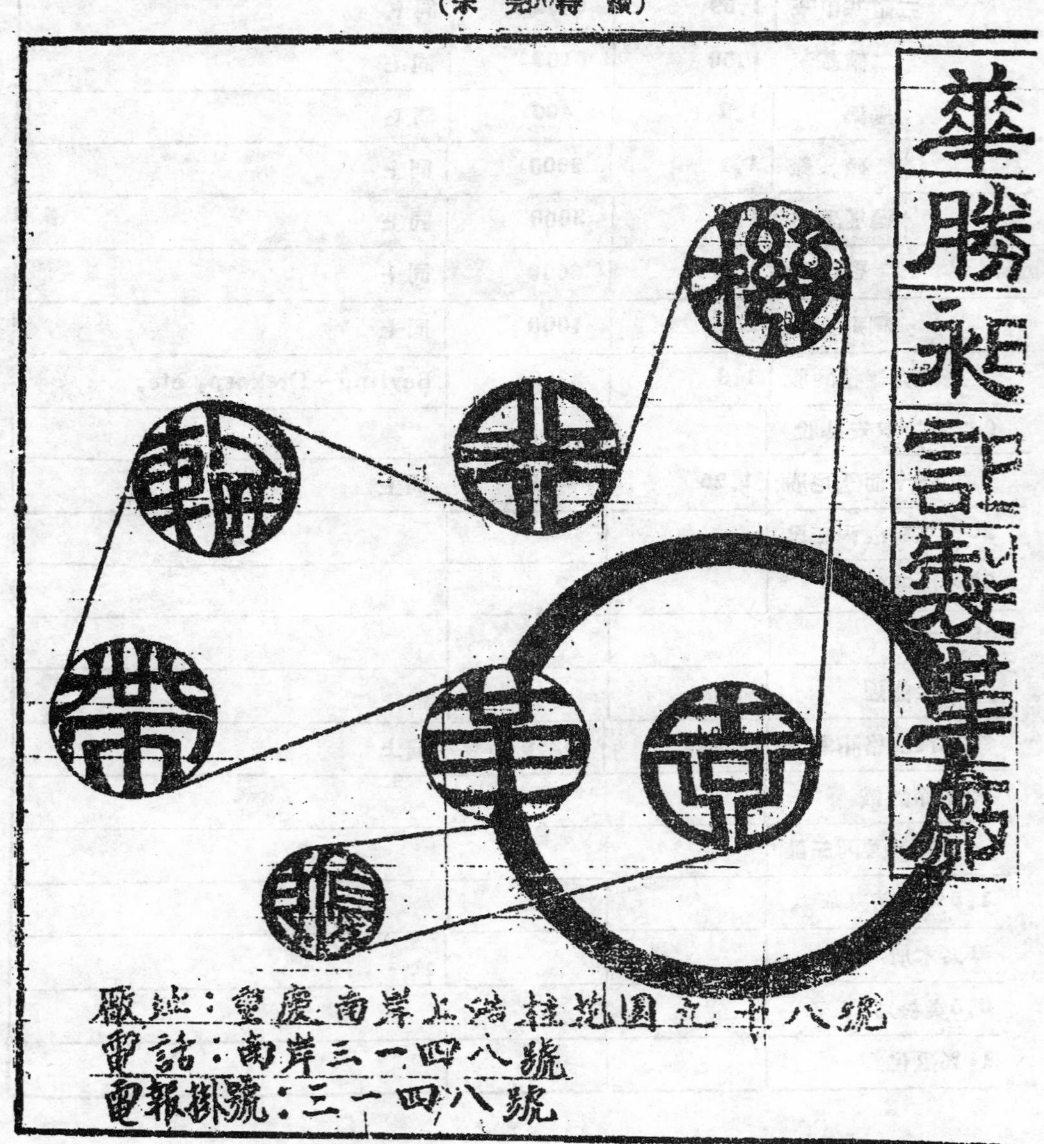

工程圖

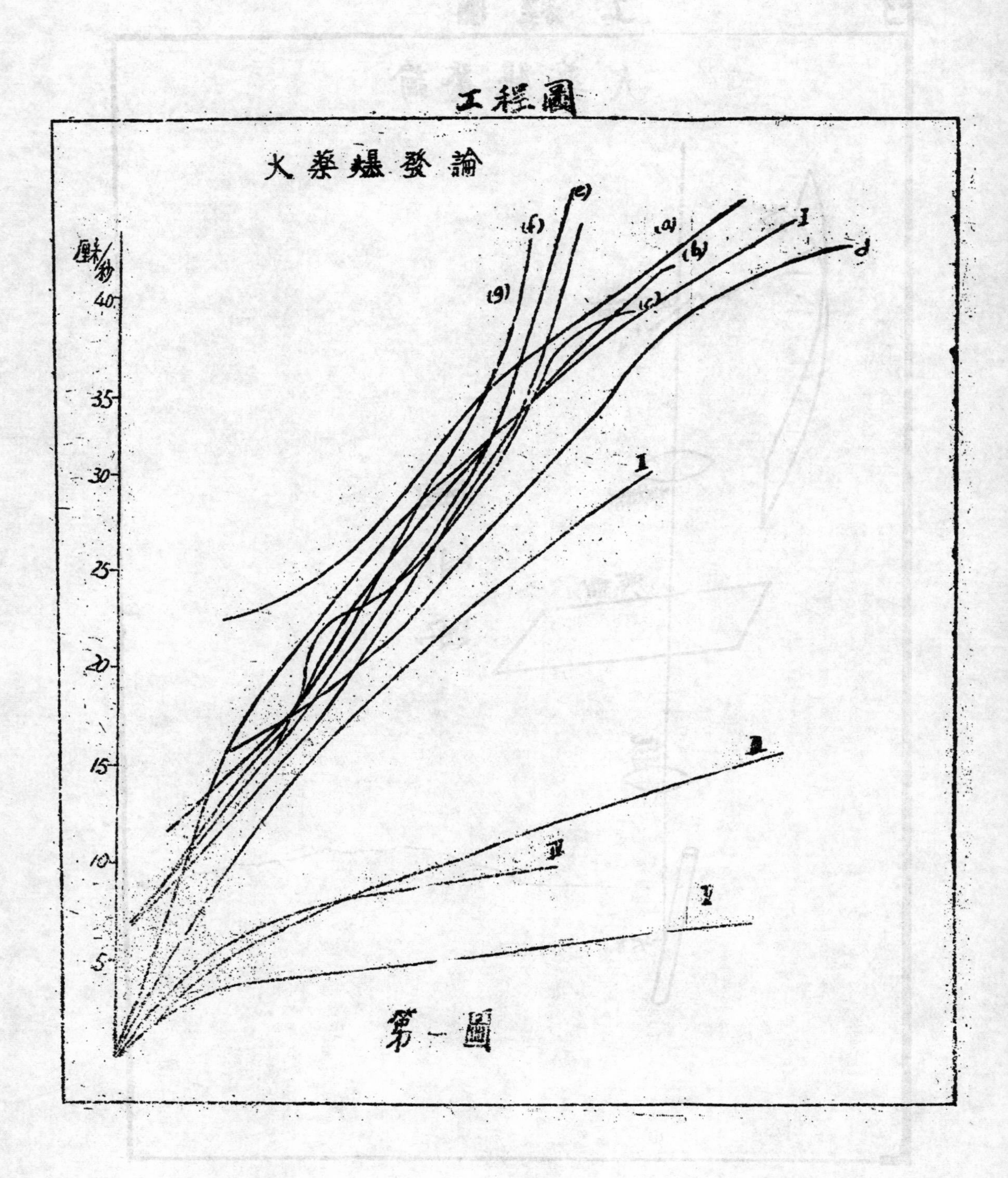

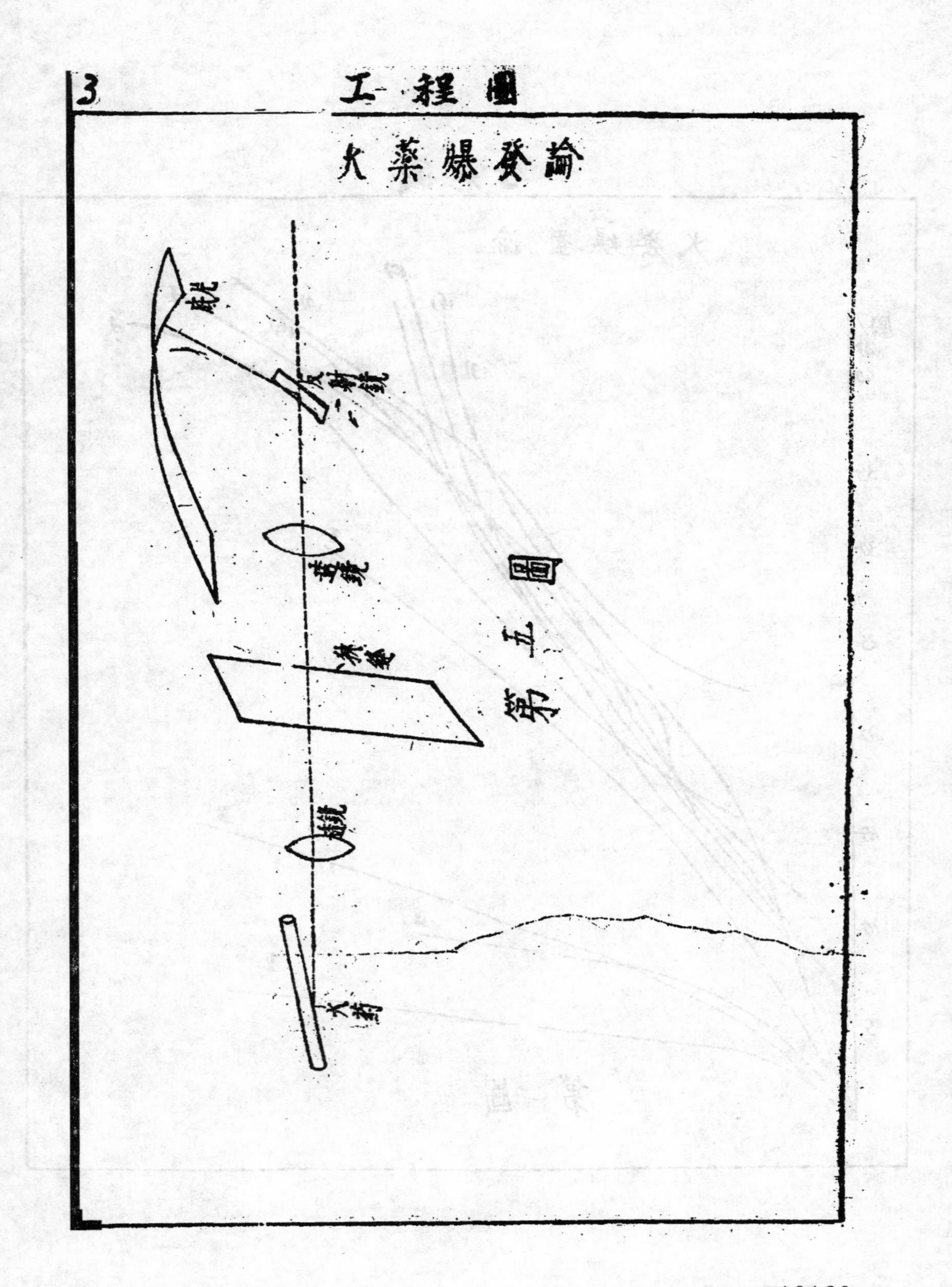
3 工程圖
火藥爆發論
反射鏡
第五圖
火藥

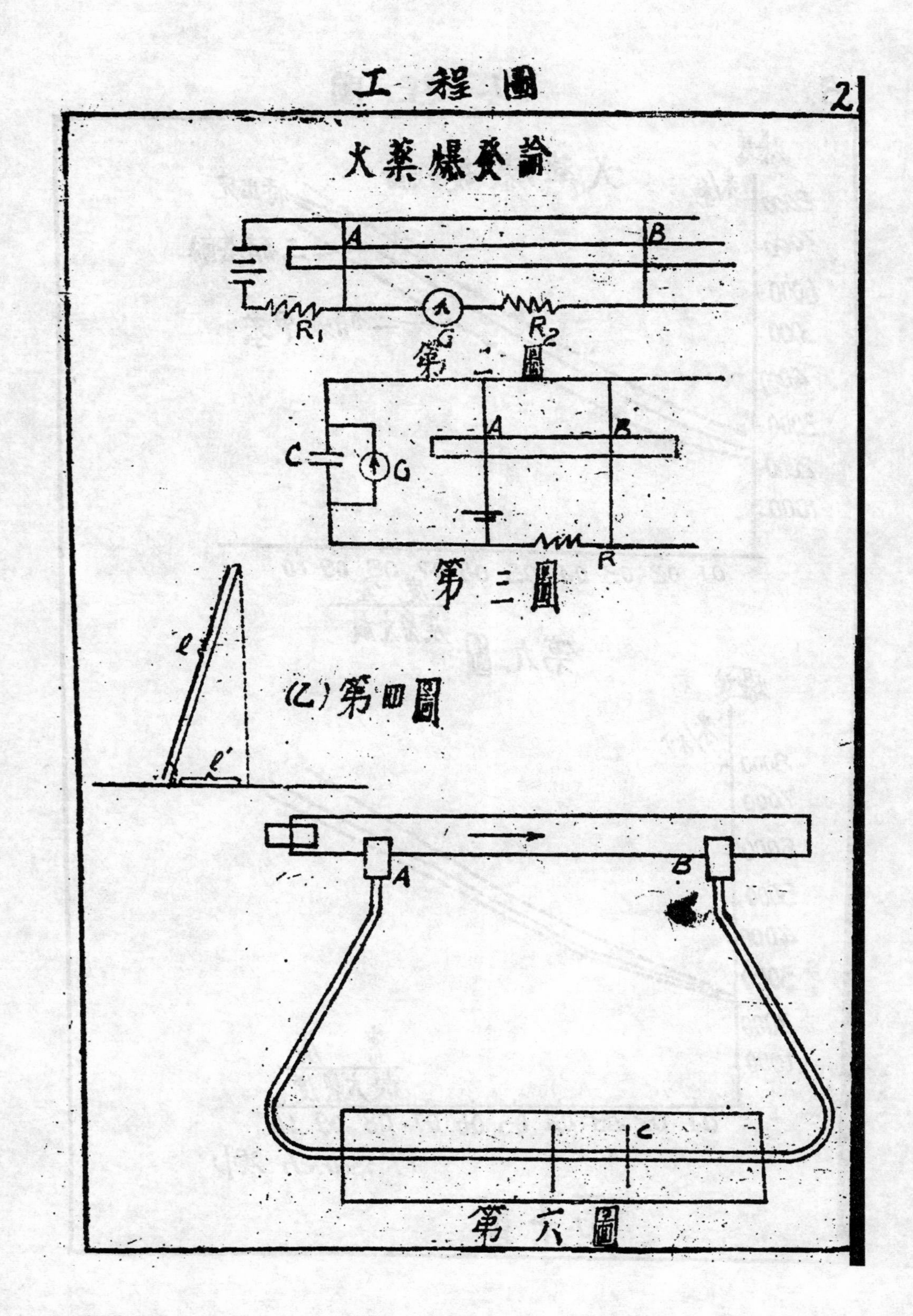
火藥爆發論
A
B
R1
G
R2
第二圖
A
B
C
G
R
第三圖
l
l'
(乙)第四圖
A
B
C
第六圖

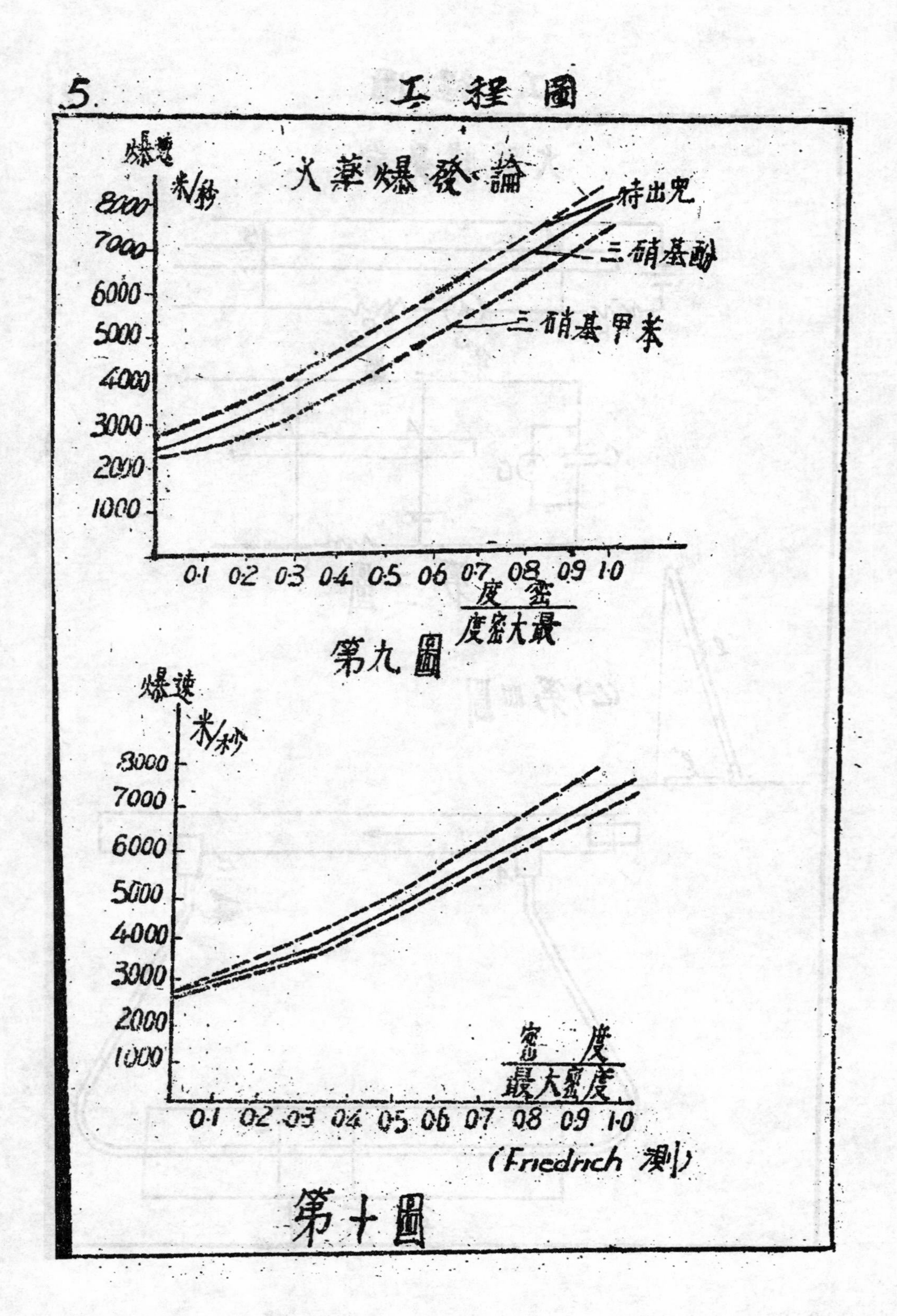
火藥爆發論
爆速
米/秒
8000
7000
6000
5000
4000
3000
2000
1000
特出兜
三硝基酚
三硝基甲苯
0.1 0.2 0.3 0.4 0.5 0.6 0.7 0.8 0.9 1.0
密度
最大密度
爆速
米/秒
8000
7000
6000
5000
4000
3000
2000
1000
密度
最大密度
0.1 0.2 0.3 0.4 0.5 0.6 0.7 0.8 0.9 1.0
(Friedrich 測)

第九圖

第十圖

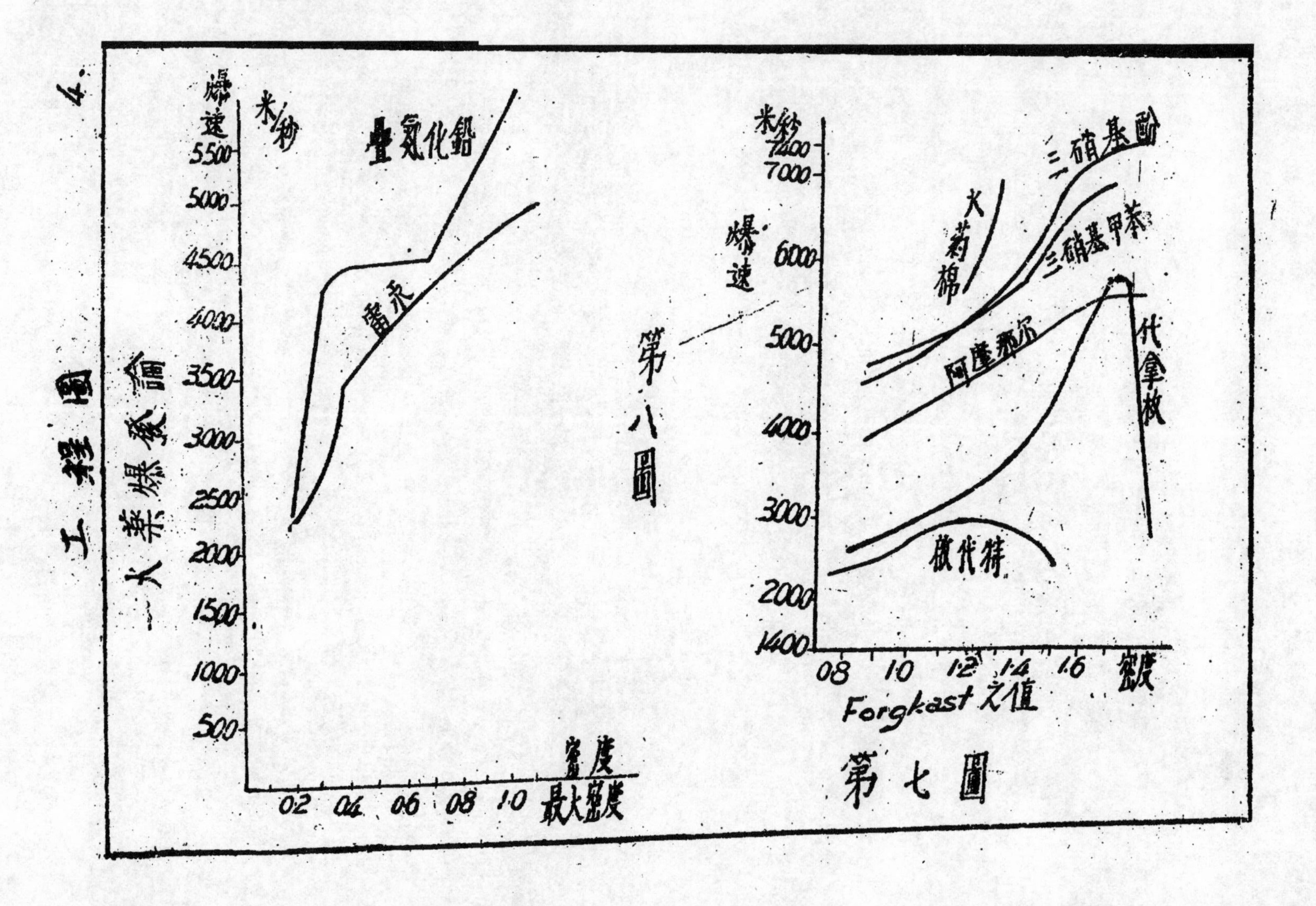
工程圖
4.
一火藥爆發論
爆速
米/秒
5500
5000
4500
4000
3500
3000
2500
2000
1500
1000
500
疊氮化鉛
雷汞
02
04
06
08
1.0
密度
最大密度
第八圖
米/秒
7400
7000
6000
5000
4000
3000
2000
1400
爆速
火藥棉
三硝基酚
三硝基甲苯
阿摩那爾
代拿枚
戴代特
08
10
12
14
16
密度
Forgkast之值
第七圖

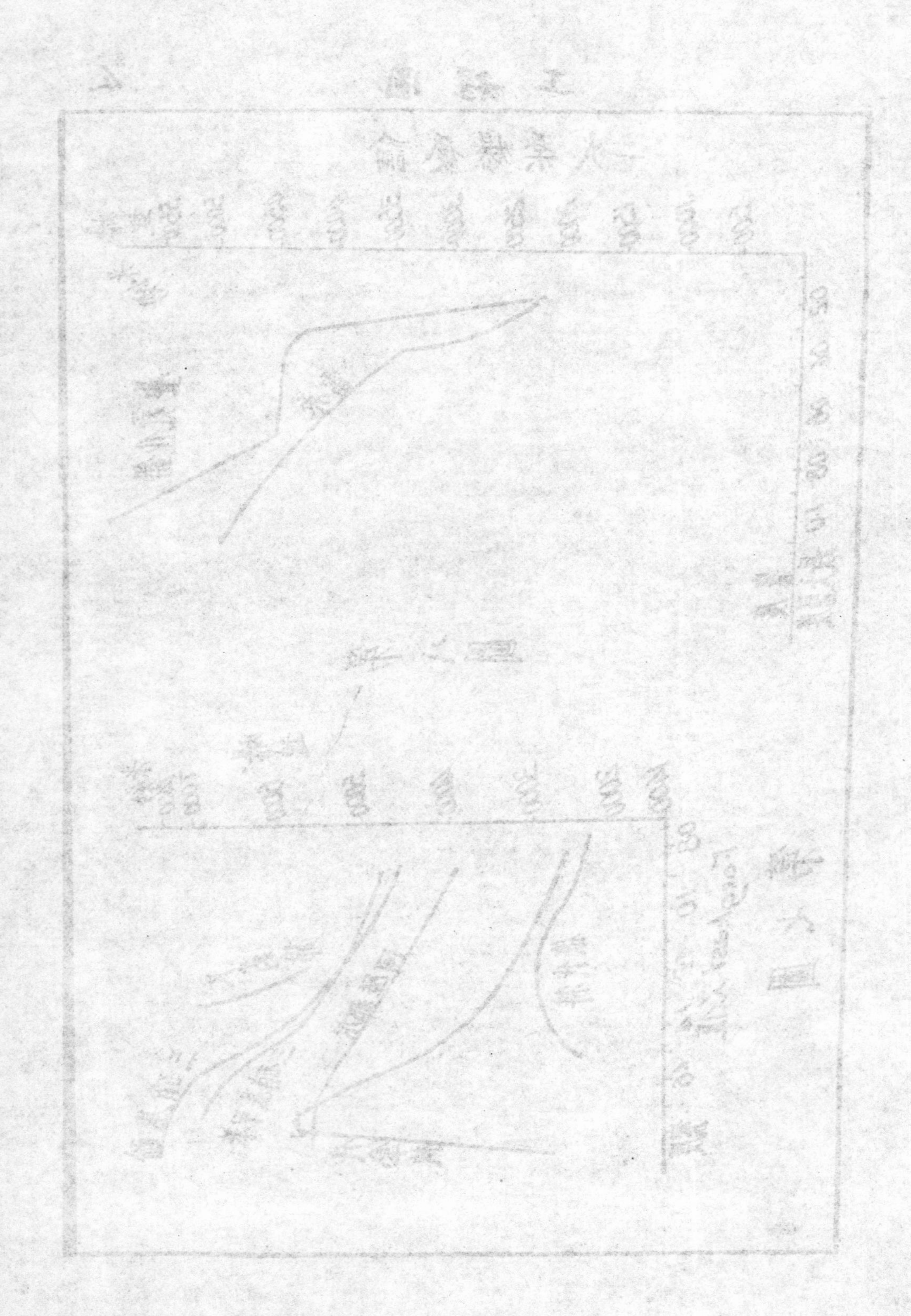

金質提取在選冶過程中所生困難之研究

李丙璽

壹　金粉之處理

(一)金粉之來源計分三類

1. 在錆化法中，其由鋅屑沉澱所得之粉。

2. 鋅質沉澱後之金泥，以酸質鍊治精之金粉。

3. 金粉經酸調治後，以烘焙方式使其凝固結。

(二)處理時所生之困難

1. 金粉在沉澱金質部分之困難，其主點爲在含金溶液中，加鋅沉澱時，及在沉澱，關於廢溶液之移去。質言之，即金質吸與淋濾之困難問題也。

2. 加酸調治之金粉，其主要困難，爲鋅質溶解及鋅質與其他能以酸溶解之雜質清除。

3. 至烘焙凍結之金粉，其主要困難，爲烘焙及熔化。因其多有硫化物及硫酸物在也。硫化物之存在於烘焙凍結之金粉者，其主要原因：一則因其未能完全烘焙，一則因烘焙之溫度過高，致使硫化物爲粉質包圍，以致不能有完善之養化。至未經養化之硫礦，每以其還原作用，構成鹼性之金銀錠，關於以上困難，可於熔化時之熔劑中，加足量之養化劑，並以緩慢加熱熔化之方式以補救之。

(三)困難之原因及應行注意各點

1. 熔化時之困難及原因：硫酸物之構成多係在金粉中存有硫化鉛，不能在稀硫酸中溶解，至烘焙時則變爲硫酸鉛。或因在不完善之加酸調治，與不完善之洗濯，致存有硫酸鋅及硫酸鈣所致也。

設含有硫酸物之金粉，在熔化時溫度過高，其硫酸物則易爲分解，而放出二養化硫，並因其還原作用，而構成鹼性金銀錠，如硫酸物在烘焙之金粉中存在過多時，其熔化時應以低溫度爲較宜，且過量之加鹼須絕對禁止。

例一、

	金	銀	鉛		鋅	鐵	鋁	鈣	硫酸物（硫）	硫化物（硫）	矽
%	21.70	1.65	3.42	1.00	4.08	2.48	——	[illegible]	26.74	0.82	11.76

養氣	硫酸鈣	硫酸鉛	硫化鉛	養化鉛	硫酸鋅	養化鋅
6.75	32.59	12.03	6.00	——	——	——

以上爲金粉中之分析結果。其主要困難爲硫化鉛及硫酸鈣分解放出之二養化鉛硫而構成之鹼性金銀錠，但在熔化時如採低溫度，則困難即可減除也。

例二、

	金	銀	鉛	銅	鋅	鐵	鋁	鈣	硫酸物（硫）	硫化物（硫）	矽
	31.09	3.30	19.11	1.10	6.42	3.37	——	5.20	27.30	0.15	4.90

養氣	硫酸鈣	硫酸鉛	硫化鉛	養化鉛	硫酸鋅	養化鋅
1.52	7.68	16.96	——	7.60	15.85	——

以上金粉內含少量之硫化物，及較多之硫酸鈣硫酸鉛及硫酸鋅，該種金粉在低溫度時熔化，除增加熔化費用外，亦不生任何難。

例三、

	金	銀	鉛	銅	鋅	鐵	鋁	鈣	硫酸物（硫）	硫化物（硫）	矽
%	31.00	3.35	36.40	3.98	1.70	0.79	1.39	.830	9.58	2.75	6.50

養氣	硫酸鈣	硫酸鉛	硫化鉛	養化鉛	硫酸鋅	養化鋅
1.73		27.11	20.58	——	——	——

以上金粉為不完全之烘焙內含大量之硫化鉛，每易構成酸性金銀錠，其在熔化前在烘焙爐中，必須將其消除方能消除其困難。

例四、

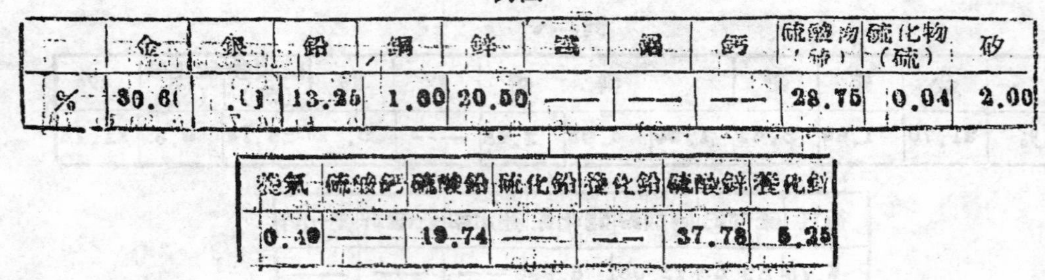

	金	銀	鉛	銅	鋅	鐵	鋁	鈣	硫酸物（硫）	硫化物（硫）	矽
%	30.6(	.()	13.25	1.60	20.50	——	——	——	28.75	0.04	2.00

養氣	硫酸鈣	硫酸鉛	硫化鉛	養化鉛	硫酸鋅	養化鋅
0.40	——	19.74	——	——	37.78	5.25

以上金粉含過量之硫酸鋅，係因其以酸洗潔時，其酸質過濃，致使硫酸鋅沉澱而混入於烘焙之金粉質也。其熔化在溫度無難，但費用則較為增高耳。

例五、

	金	銀	鉛	銅	鋅	鐵	鋁	鈣	硫酸物（硫）	硫化物（硫）	矽
%	49.60	4.46	15.96	3.57	8.09	0.25	——	——	13.48	0.75	1.72

養氣	硫酸鈣	硫酸鉛	硫化鉛	養化鉛	硫酸鋅	養化鋅
2.12	——	16.26	5.60	——	1.40	3.00

以上為價值較高之烘焙金粉，其在熔化不生任何困難，並能以較低之熔化費用，得到成分較高之金銀錠也。

經酸調治之金粉，在調治時，須有足量以溶解其鋅質及鈣質，並能使酸類在溶構成，假如酸力太弱，則硫酸鋅及硫酸易由溶液中沉澱而出，該種沉澱物質，以水洗滌，卻使體積逐漸增加，取出既爲不便，又易構成鹼性金銀錠，而使熔化費用增高。

經酸調治之金粉，其在烘焙前與烘焙後之成分稍有不同，若欲減除硫酸物之存在，則以用水洗濯為主要之工作也。

金粉經過加酸調治及烘濯程序，其逐項變化可以左列各例證明之。

例一

金粉內所含之原質	未處理前 %	加酸處理及利用壓力淋濾	烘焙 %
金	19.30	52.00	51.00
銀	1.88	4.58	4.55
鉛	8.74	24.23	23.61
銅	0.47	1.49	1.43
鋅	48.17	4.32	3.24
鐵	0.10	0.20	0.20
鎳	0.15	0.12	0.15
鈣	2.63	——	——
硫化物之硫磺(S)	4.19	2.63	——
硫酸物之硫磺(SO_4)	微量	8.75	13.27
矽	0.90	1.36	1.86
有機質	2.64	——	——
未經證明之物質	10.93	0.32	0.68

10167

例二

金粉內所含之原質	未處理前 %	經酸調治及利用壓力淋濾之%	烘 焙 %
金	17.78	25.76	24.08
銀	1.50	2.37	2.19
鉛	26.64	40.34	27.98
銅	0.79	1.39	1.23
鋅	21.97	6.80	5.83
鐵	0.17	0.28	0.29
鎳	0.10	0.18	0.15
鈣	3.1 2	1.78	1.50
硫化物之硫質(S)	5.90	6.37	0.22
硫酸物之硫質 (SO_4)	0.30	3.92	23.00
砂	4.00	5.06	4.06
有機質	2.60	2.90	
綠化物等	16.13	2.85	——
硫酸鉛	——	——	35.60
硫化鉛	08.02	46.00	——
硫酸鋅	5.4	3.50	9.40
硫化鋅	——	6.30	——
白沉澱物	3.[illegible]	——	——
金屬鋅質	17	——	——

關於第一種金粉，在烘焙後，可構成含金較高之成分，其主要原因，爲因其中含少量之鉛質，且在加酸調治時，其鋅質已全部清除矣。至第二種金粉，雖其在處理前之所含金質與第一種相似，但其烘焙後所得之結果，內含金質僅第一種之一半，其主要原因，爲因內含大量之硫化鉛，因其不能溶於稀硫酸中，至在烘焙時，其硫化物則變成硫酸物質也。

下列金粉爲由鋅粉沉澱後之粉狀物，內含高量之硫酸鉛及硫酸鋅，直接施以烘焙之手續者。

[illegible]	金	[illegible]	[illegible]	[illegible]	[illegible]	[illegible]		[illegible]	硫化物 [illegible]	[illegible]	硫酸鉛
%	21.94	1.71	21.11	0.91	14.45	2.79	微量	33.75	微量	1.20	30.91

硫酸鋅	硫酸鈣
28.13	6.17

以上金粉雖經靜置之洗滌，其硫酸鉛硫酸鋅及硫酸鈣仍舊存在，倘若加以調治，其實鋼質亦不能清除，以致精煉金粉時起之[illegible]金粉。在實際情形上，除有用[illegible]化費用費途徑之外，其他之處理方法均較困難。

以上所舉主要為內含硫酸鈣及硫酸鋅，第一步工作應設法消除。硫酸鋅可以冷水洗滌淨盡，至硫酸鈣清除之方法則非熱水及稀酸洗滌不可。例如業經冷水洗之原金粉中，含硫酸鈣為百分之三五．九，若以熱水洗滌之可減除百分之一九．七，若以百分之二之稀硫酸洗滌之，則可以消除，即百分之三五．六九也。根據以上結果，可知熱硫酸溶液之效率較熱水為高。但未經洗滌之金粉，若以冷硫酸洗滌，消除之效率甚微，以硫酸鋅存含硫酸鋅之冷硫中，不易溶解也。金粉中之硫酸鈣，其主要來源為含金溶液中，每因有炭酸鈣構成，故須防止該項物質之構成，須在溶液中保持其充足之酸性，並使其不與空氣接觸，但該項含金溶液，其沉澱金質，每發生些微困難，不過如能相當注意，在該項低壓氣之溶液中，施以足量鋅質，亦能得到良好之結果也。

含金淋濾時之困難及原因：含金溶液沉澱後，其廢溶液之[illegible]，每發生重大之困難，故宜將淋濾機增加其真空強度，以便其淋濾需使其充分消除。在淋濾處所中之困難，含金溶液之分析，每不能證明，惟在濾頁上之沉澱物，若以強光檢查之則知其有有機物質將淋布之細孔充塞，致淋濾時發生困難也。茲將淋濾之含金溶液分析結果舉例如左：

	%	%	%
金	17.44	91.30	13.50
銀	12.67	9.28	9.77
鋅	33.29	30.09	36.27
硫化物(硫酸)	3.33	3.57	4.13
石灰	24.76	2.84	14.60
有機質體	8.18	5.62	0.86

以上三樣含金溶液，皆係由同一礦石取出，第一二號[illegible]係在細砂中[illegible]，第三號係細砂中以輕便淋濾機淋出，其分砂機內之者，第一與第二項含金溶液，其淋濾時發生困難，每使三四日，即須淋布充塞，至第三項溶液淋濾時則不生困難，每能於淋至十四日而不致充塞，其主要淋濾困難之原因，為因內含有有機物質故也。該項有

機質之消除，可利用氧化劑消除之。有機物質之來源，多係由礦洞中混入礦石之碎爛木質，此種物質，殊不易避免，但對淋濾時之妨礙則甚大也。

金粉中如含過量之膠狀石英質，對淋濾時亦發生相當困難，該項石英如經過王水(Agua regia)之溶解，則可於淋濾時控制，但加入酸性藥水停頓餘時，則復發生結

例1

			%
金	15.14	硫化物(硫磺)	2.94
銀	6.00	硫酸物(硫黃)	0.41
銅	微量	石灰	6.38
鉛	11.12	膠狀石英	8.68
鋅	17.60	有機質	1.66
鐵	10.39	不能證明之物質	23.18
鈣(CaO)	7.31		

兩種成分尙有不同之金礦石所得之金粉，其淋濾時，一則發生良好現象，第二則發生困難現象。

	甲	種	乙	種
	1.	2.	1.	2.
金	19.30	21.20	25.70	23.40
銀	1.38	1.69	4.28	4.38
[illegible]	[illegible].74	[illegible].57	22.15	30.17
銅	0.47	0.46	微量	微量
[illegible]	48.17	41.64	16.20	16.09
[illegible]	1.10	微量	0.24	0.24
[illegible]	0.06	1.94	1.12	2.96
[illegible]	1.63	0.28	0.[illegible]07	[illegible].22
硫化物硫黃	4.19	3.11	2.5[illegible]	3.49
硫酸物硫黃	微量	微量	微量	0.62
[illegible]	[illegible].90	0.06	3.76	3.42
有機物	2.64	3.32	3.40	3.04
不能證明之物質	11.93	12.33	15.36	12.92

根據以上二續，在甲井中所得之金粉：

第一樣淋濾時間，可繼續達至十五日，最後施以23"之真空以促進之。

第二樣其淋濾時間可繼續達七日，最後施以24"之真空促進之。

在乙續中所得之金粉，其第一樣淋濾時可繼續至十日而不生困難，第二樣可繼續至七日，但開始時須以(Kieselguhr)促之。

根據以上二種金粉之比較，在甲續中含金較高之鋅質，並於二樣中有極顯著不同量之硫化物硫質，在乙井中則含較高之鉛質，其餘則大致無甚差異也。再加進一步之分析，以證其各種物質連接之狀況，其結果如下：

	甲續 %	甲續 %	乙續 %	乙續 鋅鉛化合物 %	乙續 %
鋅鉛化合物	44.55	37.17	Zn15.12 Pb13.52	16.20 44.00 8.20	37.77
硫化鋅	11.90	21.06	1.51	——	
硫化鉛	4.94	7.50	9.21	18.60	
金屬鋅質	7.69	2.00	——	——	
金屬鉛質	7.05	2.00	——	5.9	

以上金粉內含多量之硫化物質，一為百分之八．五六，一為百分之一八．六其淋濾之所以發生困難者，係因硫化物之物理作用，其調治之方法，可於淋濾前設法將硫化鉛清除，並加入純淨化鉀溶液，使硫化鋅構成，蓋以硫化鋅在純淨化溶液中不能沉澱也。

在沉澱過程中，關於硫化鉛之構成，須注意，蓋以該種硫化物，除使淋濾時發生困難外，並不溶解於稀硫酸中，故在加酸時亦不能清除，每致最後熔化時發生障礙。

化物中之硫質，可於漂清前，加能溶劑，使其清除，但須注意其不爲過量之鉛質化合物構成後，非但消耗其鹼性，其鉛質亦不宜多，因其易爲充塞淋布也。又在沉澱金質過程中，硫化物之構成，係由次亞硫酸物，(Thiosulphate)還原作用而生。該溶液中含有足量之鉛質，以滿足硫積質之需要，則硫化物極易構成，但假如溶液中缺乏溶解之鉛質及不足量之鋅化鉀，則硫化鋅將爲沉澱，而發生極大之障礙也。又硫化鋅之沉澱，如有氰化物存在，則可協助其構成易爲淋濾之硫化物，例如沉澱硫化鋅，若加入氰化鈉則可使其淋濾時不生任何困難，是應爲注意者也。

根據以上之情形，其所以能消除淋濾時，所發生之困難者，係因構成之硫化物，其中在適當之情形下，爲鉛質所包圍，致自覺鋅質及鹼性易爲保持也。

（四）簡速定性分析

關於金質經過鋅屑沉澱後，其他隨時所發生之困難，若以普通之化驗分析，則每嫌手續複雜，且時間上亦不能迅速，茲特對於鋅金混合之粉質，以最簡速之方式，作定性分析之程序簡述於左，以便隨時可證明其困難之原因。

簡速定性分析之程序

1. 由沉澱過濾中，取出鋅金混合粉質，約當乾態時一克之重量，加入一五〇c.c.百分之十之醋酸鉛溶液並加熱。

2. 將加熱之液體，施以淋濾，其淋過之濾液，加入五c.c.之稀硫酸，如發現硫酸鉛之白色沉澱，則證明硫化鉛外，另有其他之鉛質化合物存在其中，至其含量，可略為估計之。

3. 將硫酸濾出，在溶液中加入亞莫尼亞，再加入硫化鈉之結晶體，設有硫化鋅之白色沉澱構成，則證明粉質中有鋅質化合物存在，其含量之多寡，亦可粗為證明，並估計其鋅質量。該項沉澱粉質，不溶解於醋酸錏，於冷卻時加百分之五之稀硫酸，硫化鋅即能分解，並放出硫化氫氣體，極易以臭味證明，故鋅質之存在量，可以硫化氫氣體之放出量而為證明。至未溶解之粉質，則係含硫化鉛，金屬鉛質及金銀質之混合體。

4. 在混合粉質中，若加濃硝酸，可以其放出之紅色養化氮氣體(NO_2)而證明硫化鉛之存在量，再加水使其變稀後淋濾之，其淋出之濾液，加入硫酸並將硝酸使其蒸發，冷卻後再加水變稀，則硫酸鉛沉澱，其含量之多寡，即可粗為估定之。

有機物質之檢定較為困難，其程序如左：

1. 取一克乾燥金粉質，加最低量之王水並加熱至70°—80°c，並繼續加入王水，使除有機質，石英，氯化銀，及小量之氯化鉛外，其全部粉質均為溶解，將該項熱溶液淋濾之，並將該項金質全部洗出，再將氯化銀，加稀大亞硫酸鈉之冷溶液以溶解之，如有鉛質存在，則繼加醋酸錏之熱溶液，其殘餘物質[illegible]有機物與石英質也。在該種情形下，其有機質極易檢定，以視其近於膠或近於人體內之物質，並可視其防礙淋濾否。

2. 淋出濾紙上之物質，加熱至94°將其重量秤出，再將濾紙加火烘燒，將[illegible]量準確秤出，則其餘重量，即為有機質，但有機物質在該檢方式中，[illegible]一部改變其毀損，因易為養化之有機質，在[illegible]性之養化溶液中，極易損毀也。

3. 有機質普通有一部份溶解於阿摩尼亞，輕養化鈉，及[illegible]質中，但加入醋[illegible]為沉澱也，有機質普通為木質組織，膠[illegible]人體內之物質，但當其成膠狀膠質時，[illegible]淋濾時，每發生充塞之障礙，又有機質[illegible]清時，有時與因[illegible]力分解之鈣質鈉質化[illegible]混合，而透過濾清器，亦有時在成膠狀[illegible]能透過之，該種情形極關重要，故頗應[illegible]焉。

普通一般人多認為綠化時之困難，[illegible]用之高低為第一要義，殊不知在淋濾時之困難，致使溶液不易透過之狀態，尤[illegible]要。許多專家曾研究各種方式以防止[illegible]象之發生，然相當時間後，其困難復[illegible]，主要因子，為由於已達飽和狀態及[illegible]作用之所致也。故將綠化溶液設[illegible]更換之，則極為有利之工作。

又有機質不論直接間接，每使[illegible]，故應以普通金屬之化合物，將其先[illegible]之。

(五)由Merrill方式取出鋅金粉[illegible]

[illegible]較

例：

	1.%	2.%	3.%	4.%	5.%	6.%
金及銀	25.2	29.7	20.1	33.1	32.1	19.1
石英	6.4	0.8	0.7	0.4	0.3	1.2
金屬鋅質	18.6	6.3	22.4	2.5	2.8	19.6
鹼性炭酸鋅 (2$ZnCO_3$·3$Zn(OH)_2$)	30.4	34.8	39.2	6.4	32.3	24.6
輕養化鋅 ($Zn(OH)_2$)	—	—	—	21.7	—	—
次亞硫酸鋅 (2$ZnSO_3$5H_2O)	—	—	—	9.6	—	—
硫化鋅 (ZnS)	9.0	9.1	5.5	7.8	4.6	3.0
硫化鉛 (PbS)	8.3	11.1	6.6	3.0	17.1	14.7
硫化銅 (CuS)	2.5	1.2	1.8	0.9	1.9	2.7
硫化鐵 (FeS)	0.2	0.6	0.3	0.2	0.3	0.2
硫化鎳 (NiS)	0.4	0.3	0.4	0.3	0.3	
炭酸鈣 ($CaCO_3$)	4.0	4.1	2.0	8.7	7.0	2.9
硫酸鈣 ($CaSO_4$·2H_2O)	0.4	0.5	0.2	4.7	0.8	0.7
炭酸鎂 ($MgCO_3$)	0.3	0.2	0.2	0.2		
						油類 0.2
有機質	—	Diff. 1.3	Diff. 0.5	0.1	0.3	1.8
共計	99.7	100	100	99.7	99.8	100.00

所有以上結果，均係將粉樣先置於蒸汽
將其蒸燥，其第一樣可繼續淋濾至十四
但第三樣僅能繼續三十六小時，第四樣
懸游之細微物質清除後，其分析結果如

在加鋅質沉澱前，在含金錆化溶液中清
懸游物質，

石英及不溶解物質（粉） 3.7
輕養化鐵 1.6
硫化鉛 14.3
輕養化鉛 23.9
鹼性炭酸鋅 5.7
輕養化銅 0.3
炭酸鈣 7.0
硫酸鈣 6.2
氯化鈉 0.2
錆質化合物 微量
油類 9.6
有機質及水質混合餘(Diff.)
該有有機質大部 34.2
為木滿中之來源 （以上共%100）

在由金粉提取金質中，主要困難約分二

（1）係由沉澱後之金粉中，能於煉化時，得到含金較高之金銀錠。

（2）係在鋅屑沉澱箱中發生其淋濾時發生遲緩不良之現象。

關於第一項全係化學作用，至第二項則其原因較為複雜也，舉例以明之。

淋濾上所生之困難，在淨化時所採之粗砂細砂淨化程序中甚為顯著，但最近所採之全部細砂提金程序，則困難漸減少見也。同時在粗砂調治與細砂調治之分別處理時，其淋濾困難，則亦發現於粗砂之溶液中，至細砂調治則係利用氣壓作用，將其提取後之取精細[illegible]之溶液，淋出之溶液再使其經細砂層過濾。其在未消耗前之溶液量，其在細砂池停留者，約當粗砂過程中之二倍。設粗砂與細砂混合時，則所需之溶液量為其平均值也。另有一種遲緩，其細砂淋出之溶液，具有各種困難，但其淋濾部份之面積，如充足時，則困難即易克服也。

以上困難經化學分析，其主要原因係含有，（1）有機物質（2）礬質若矣粉（3）碳化物中之碳質，但亦有時其淋濾之衡分，並不因化學成分之不同，而為差別，蓋彼在金粉之易為膠質洗除者，在淋濾情形不同時往往採用不同種之Kieselughr用為淋頁之塗蓋，或加入不同量之硝酸鉛，及鋅質之關係故也。

有機質之存於金粉者為不同之物質，究其為膠質之懸游體，或為能溶解之化合物，尚待證明，例如某一井礦之試驗，用真空淋頁，將另一井礦之合金液經行漂清，其沉積於淋頁上之物質證明為有機質，但其為鉛鹽之沉澱而出者無疑，故倘非以物理及化學方式同時試驗，不易證明也。

設有由粗砂調治及細砂調治混合之合金溶液（比例為4½：1）施以金質沉澱，其開始時以高真空之迅速抽取，待發生相當障礙，致清取時間達七日之久，並於中間加添水之沖洗，以致處理工作量甚為減低，關後其溶液注入淋濾頁上之速度，加以變化，並將弱鹼性或弱鋅質或液體質均逐加試驗，但均無補於困難之消除，而尤以在沉澱時之工作情形為尤劣也。

以上關於混合溶液之還原作用，以鍋爐做試驗，約超過細粉所得溶液之百分之四十，經[illegible]至一月以上[illegible]其還原作用，仍為保留，無若何變化，茲將有關情形及其採用之方法之實例摘錄於後：

（1）水液係抽調原來者，約為全部百分之四十，在其入淨化前，加入過量之石灰使完全溶解鹼性水質其中約含石灰百分之〇〇四，再其他全部溶解劑之沉澱所需之石灰為百分之〇．〇二五

（2）原硝酸鉛在粗砂調治之過程中，加入固體藥品，其方式係將溶液淋出後，再納池，其藥品繼續加入，現則係將硝酸鉛液繼續滴入於抽水機部份，使同水質混合入砂池內。

（3）關於石灰之加入於源水質中，須加硝酸鉛變化前，在一週或三週之時間，理完善，同時在加硝酸鉛變化後約十日時其一切處理，均能得到滿意之結果。在粗金粉之沉積於淋頁上者，須在每四十頁之淋濾機在壓超液溶四乘噸至五十噸可除，但現已可達一五〇〇〇噸而毋須加水沖洗也。溶液亦同時發生變化，在池中其透明清度，[illegible]入眼之深度，[illegible]混合溶液表面發生變化後，其粗砂溶液之還原作用，可減去百分之四至五[illegible]一切性質可溶解與細粉溶液之還原作用，先是不起若何變更，但自將粗砂以直與細粉溶液相等時，則溶液之還原作用亦為下降，但其下降程度，超過百分之十也，以上改善之主要原因須經過化學及物理之分析後，始得證明增加硝酸鉛能證實其發生之變化，則可能溶解之硫化物質，為困難之主要原因

[illegible]滴之硫化物者再增加硝酸鉛注入[illegible]試驗[illegible]證明溶液中之膠狀物質已[illegible]

[illegible]硫化物[illegible]有存在[illegible]溶液中含有多量之養氣[illegible]物不易存在，以硫化物在精化溶液中消[illegible]耗[illegible]其他消耗養物質存[illegible]溶液中，則能溶解之硫化物有存在之可能也。又溶液中如有溶解相當[illegible]能溶解之硫化鈉，不易存在，[illegible]硫化鋅在精化溶液中，沉[illegible]，故仍存在於溶液而構成能溶解之物

[illegible]困難多屬於粗砂調治之溶液中，[illegible]以[illegible]故對於石中之有害[illegible]作用也

加石灰	0.024 %	0.032 %	0.064 %	0.096 %	0.128 %
Reaction to Rosolic acid	0.002 % H_2SO_4	Neutral	0.004 % CaO	0.017 % CaO	0.028 % CaO
乾燥後之沉積泥質[illegible]	0.021 %	0.029 %	0.058 %	0.083 %	0.104 %

以上試驗在最大沉積泥質，其所需石灰百分之〇．〇二八與Mr. Cairn's試驗，溶解鹽類全部沉澱之所需石灰量為之〇．〇二五者相近。在過量之石灰加[illegible]溶解之有機質構成非溶解物質，[illegible]游之膠質聚集而同時沉澱之。是其減少[illegible]作用也。又能溶解鉛[illegible]在加入[illegible]中，其聚集作用亦甚強，是以其加[illegible]後，可證其有[illegible]漂清作用；設之[illegible]池中，則效率為高也。

[illegible]具有還原性之選廠中，其使用前，[illegible]質完全處理，甚為重要，非但能減除[illegible]困難，並可數濟過量精質消耗及增加[illegible]率也。

以[illegible]細砂[illegible]吸收[illegible]砂之作用，其功效頗與黏土[illegible]相似，但粗砂[illegible]非經[illegible]，則無該項作用也。[illegible]近代之選廠，多係採[illegible]細[illegible]治，繼之以淋濾，以減除[illegible]所生之困難。近有廠用Merrill方法所生之[illegible]困難，以粗砂淋下之溶液，與未經沉澱金泥之細砂[illegible]混合，使經過漂清[illegible]沉澱[illegible]消除也。

[illegible]之舉例[illegible]係在[illegible]於使用前加入石灰，及將硝酸鉛加入[illegible]入砂池中以減少[illegible]，[illegible]水質[illegible]，[illegible]時[illegible]，[illegible]高於中性時[illegible]適合之狀態。(例如[illegible]0.0[illegible]百分之[illegible]。三者之硫[illegible]應加[illegible]之石灰[illegible]%CaO)[illegible]使其沉積，其石灰量[illegible]

貳 精化溶液中之溶解鹽類

與精化鋼發生之關係[illegible]

[illegible]：

精化溶液中之溶解鹽類，與提取金銀及沉澱金質均有密切之關係，尤以在[illegible]中之[illegible]砂，更為顯著。[illegible]砂堆之中含[illegible]自0.035英兩至0.115英兩[illegible]之工作[illegible]，開始時係用水[illegible]，係將[illegible]沙堆[illegible]下，注入溶液[illegible]混合成含[illegible]之[illegible]之砂漿，再以[illegible]淋濾機實行淋濾。其淋下之溶液使經過[illegible]漂清，再[illegible]之淋買漂清，至淋濾機上之泥質，則再與溶液混合構成砂漿[illegible]砂堆，[illegible]溶液則循迴使用之。

[illegible]精化溶液[illegible]含0.015% KCN及0.[illegible]%CaO[illegible]人認為其能提出之金質[illegible]於[illegible]砂堆上之[illegible]溶解部份，故[illegible]

漂清部份，使含金溶液增加𥋇質至0.02%以利金質沉澱。

四、最近清水洗滌，已改用含溶解鹽類之水質，其來源係由烘焙燒結之富厚砂，以清水洗滌後，其內容含相當量之𥋇質及鹽類，並有溶解之銅質，其中溶解之固體，約百分之七，該項水質再與𥋇溶液混合，在使用前加石灰調治，其提出之金質量，可增至百分之四十五至百分之五十五，並使銀質之提出量增加十倍。

五、另外沉澱時所生之困難，可全部消除，在過去鹼性應使含石灰量不超過0.002%CaO以防極養化鎂沉澱於淋頁上，但目前可增至0.004%CaO而無沉澱時之困難也。

在以上情形，其全部化學分析之詳細作用，甚難證明，但氯化鈉之存在為極有利之物質，故加氯化鈉於𥋇質溶液中，可增加金質之提取率，並可減少金質沉澱之困難也。

叁 炭質鑛物之𥋇質多以木炭關係而爲沉澱

在日久之砂中，其金質提取之方式，應採用極適合之方法，方爲有效。

例：

原石由含少量之銅質及硫化鉛，與金質，但經相當日期之堆放，則極易混合炭質及動物中之廢物，該項物質久則將硫化物質發生變化，同時炭質亦不能以浮油方法漂浮矣，至金質雖因𥋇化法尚未應用，但其中仍有相當量溶解，而銅着於炭質上。故炭質中之金質，其應設法提取者，誠爲必須之途徑也。

其最合理之方法，爲第一部利用分砂機，在極稀之砂漿中，將炭質同廢砂粉浮出，炭質以比重關係，其體積較大，故極易以篩選由細砂粉中將其分出，該項炭素取出後，加火燃燒，再將炭質以𥋇化溶液處理之，至分砂機之粗砂部份，與篩後砂粉混合重爲碾軋，至相當細度，以浮油法將其硫化銅及鉛質分選之，蓋銅質消耗𥋇質甚烈，且鉛質與金銀混合故也。至經浮油分選後之細砂，有施以𥋇化法以提取其金銀質收數甚宏。

廢砂堆中之有機質，多係因動物體之分解發出多量之氣體，該項氣體對處理時發生重要之困難，該種困難之消除，可以將加熱之炭質放入溶液以減除溶解於水中之氣質，同時其氣體亦因之而減少也。

肆 業經風化粉粹變爲土質碎石之含金鑛石之處理

該項石之沉積多半係爲無其含金石英脈，及石英脈伸出者，經風化粉粹而成也。其金質係因上部之含金碎石繼續下落與含金脈風化後混合而使含量增加富厚。該種富厚之碎石在過去係採用盤洗搖床及用水冲洗方式。後以無有長期具有壓力水源，並日因金質過細而易爲遺失，致使困難逐漸發生。

含金碎石平均含金量約每噸爲0.0…兩，且其金質極細。其含於碎石中者與…無異法經試驗結果以汞取法，𥋇化法，浮油法，均不能作滿意提取。

其以汞取法提取時，多以水銀易為…，且有大部粉質將汞板面積遮蓋，而減少工作效率致提金率減低。

其以浮油法提取時，亦因多量之礦…礙而困難殊多，以散佈之細粉質使浮油…效能減低，而不能使較高之金質漂…。

其以𥋇化法提取者，在普通攪搗𥋇化法，可以將全部金質溶解，但因粘土…石，其沉積，濃聚，淋濾均甚困難…含金溶液與細砂分出之功效極微。

根據以上各點，汞取法，浮油法，…法，均不能爲有利之工作。

其較爲妥當之方法爲：

(1)其金質以𥋇化溶液溶解之。

2）使溶解之金質以炭質沉澱。

（3）在沉澱金質之後，炭質以浮油法取出。

關於類似粘土之含金碎石其顏色爲自淡棕色至紅色，主含自由金質，茲舉例以證其經過。

	顏色	鑛石種類	每噸含金兩數
例1.	深棕色	少量之黃鐵鑛，閃鋅鑛，黃銅鑛，及自由金鑛與褐鐵鑛，石英，方解石，	0.106
例2.	淡棕色	少量之雲母，與石英褐鐵鑛，赤鐵鑛，及自由金質。	0.028
例3.	淺棕色	與例2同	0.022
例4.	淺棕色	磁鐵鑛，自由金質與黃鐵鑛，及石英，赤鐵鑛褐鐵鑛，黃鑛石	0.062

其主方式爲精化法與浮油法

例1. 係用普通精化法攪擣至二十小時其濃度爲百分之二十五之固體重量，溶液則爲錯質及石灰，其溶液濃度爲0.053%CN及0.011%CaO該項方式可使金質溶至49.35%，但使砂漿濃至50%之固體，所需最低之沉沙機面積，爲每二十四小時處理鑛石，須六十平方英尺，故每日工作需沉沙機面積二〇〇〇〇平方

例1. 係以浮油法採取其最佳之提金量為21.70%至浮油富厚砂之含金量爲每噸30兩，因原鑛石之計算含金量爲每噸0.[illegible]兩故富厚部份無任何作用，但其功用則劑無漂浮之方式所致也。

若由炭質將其沉澱後，再爲漂浮，其提可爲增高，其方式，係將精化溶液攪擣四小時，引入浮油機中，加入木炭攪擣分鐘，再以鹽氣浮油藥劑將木炭浮出，出之金質可達75%或以上，至浮油富厚之含金量爲每噸0.50至1.0兩，該項含之高低，以所需木炭量爲轉移。

關以上方式之應用其須注意之各點分列：

1）木炭所需木材之種類

2）木炭構成所需之溫度

（3）木炭應在構成中之何部分填加

（4）漂浮含金木炭之鹽氣藥劑，及促進藥劑。

其結果應爲：

（1）普通松木爲極佳之造炭原料

（2）造炭溫度爲800°c．但更高其炭質則更佳

（3）關於炭質加入精化溶液之開始與中間或最終其結果無甚區別。

（4）浮油藥劑以Aerofloat及松油Cresylic acid之鹽氣劑爲最佳，但對木炭之漂浮浮油藥劑並非緊要因子也。

結　　論

金質之含於礦石者，其比例量甚微，故其選冶之方式，亦甚精細，若以普通方法而不注意研究其所生之困難，every致提取效率甚低，貨棄於地，甚爲可惜。故對選冶過程中應特別注意，設法補救，方爲有效也。又金質在選冶過程中，其與化學，冶金選鑛以及機械之運用，均有密切之關係，本文係就原理及試驗經過略爲介述，至機械之運用，則本文並未詳細開列也。

讀吳祖塏氏熒光粉劑中活性素之研究後

陳 厚 封

本人拜讀吳祖塏先生所著「熒光粉劑中活性素之研究」一文後，以見識不廣，稍具疑義，願從簡論舉如下；請原著者及對此道有興趣的同志備教。

1. 吳先生對於鈴式模型假說認為違反司道克定律，故不擬採取，而自創一新穎之假說。就本人所知鈴式假說曾於RCA Review, Oct. 1940, H.W.Leverenz: Cathodoluminecence as applied in Television 一文中所提出，尚能解釋熒光粉劑之多種作用現象。其中一節亦曾論及鈴式模型不幸與司道克定律相左；但又云反乎司道克定律之例外，並不足稱奇。（原文第141頁：Exceptions to Stoke's law are unimportantly rare.）又高等物理學亦載熒光現象，可分三類：(一)吸收電能之頻率與放射電能之頻率相同；(二)吸收電能之頻率較放射電能頻率高（此卽所謂司道克定律）；(三)與(二)相反（所謂反司道克定律）。 情形全都可以用量子論來解釋。

2. 反乎吳先生所擬初次及二次熒光假說，卽加入活性素之熒光粉劑，較未加，其發光譜，並不向長波方面移動的例子多。例如上述RCA Review中一文第14 第六圖中最下面的一個曲線：熒光粉劑加Ag活性素後，其放射頻率較未加時 。又最近Proc. of the I.R.E. May 1 H.W. Leverenz又發表一文名Phosph Versus the Period System of the E ents篇中所公佈的很多試驗結果，亦有 份是這種情形。該文中設想有一Mr.Q. 很多條規律都能從試驗中找得證明；但 果「例外」佔了 部份。

3. 上文結尾 意說：熒光粉劑的機 用複雜微妙，目下尚難設一定理以解釋 之結果；是故在此一方面研究，不能單 憑偏頗策略「科學的直覺」(Scientific uition)。引此作結，聊為「拋磚」罷了。

附　錄

日本製鐵會社皖省馬鞍山製鐵場概況

敵人由於戰線延長，戰勢日趨持久，因鋼鐵消耗量大增，而國內各製鋼鐵工場之生產量已飽和，深感求過於供之苦。故積極企圖在我國各佔領區，開掘礦藏，建設小型鐵爐，就地製鐵，再轉統製運回本國煉化，供給製造軍械，以謀在其日暮途窮時最後之掙扎。由是之故，命日本製鐵株式會社八幡及廣畑二製鐵場，派出大批技術人員，先後至我國各被佔領區內，秘密建築工場，用暴力強迫我萬千同胞牛馬工作，故其建築之速，常求縮預定之時間。安徽省馬鞍山製鐵場，即其中之一也。馬鞍山製鐵場，即日本製鐵株式會社中支總局馬鞍山製鐵所，簡稱日鐵馬鞍山製鐵場，與鄂省石灰窯冶製鐵場，同屬敵中支總局，（總辦事處上海北京路二號經緯大樓）管轄。場址險要，三面環水，前臨長江，後有江南鐵路，（南京至蕪湖）水陸交通，極感便利。於抗戰軍興前，吾國本設有開礦公司，實業部亦有建造熔鐵爐之計劃。該礦公司已被侵佔，並大事擴充，改名為華中礦業公司，在南山鳳凰山鐵山櫻桃園等鐵山，日夜開採，其每日產量，已達三千餘噸。至於馬鞍山製鐵場之範圍，六七倍於該礦業公司，其創建過程，先在南京龍蟠路寶蓮巷，設立建設事務所，由八幡派遣來華中之廣瀨技師主持籌劃，及設計全部工程。全體技術人員，共約三十餘人，急趕繪製各種工程詳圖，至民國三十二年初，全部工程擬就完畢，於是一方面由敵軍部用四百至八百元之代價，將十數方里田地，強迫收買。一方面將各種工程分批承包給與敵人所設之各公司，計鶴見公司承包土建橋樑碼頭開山等工程，鐵合祥株式會社承包熔鐵爐自來水機械等工程，竹中公司承包發電所電線裝置電話等工程。此外尚有高山組高石組等公司承包運輸等零星工程，在被佔領區迫募工人五六千名，日夜工作，如是未及三日，各部工程雖形已成，將一片荒蕪之地，變為一近代化之製鐵工場焉。今將該場之組織，技術設備，生產量、人事管理等概況，分別略述於後。

一、組織系統及各課負責人備考（見下頁）

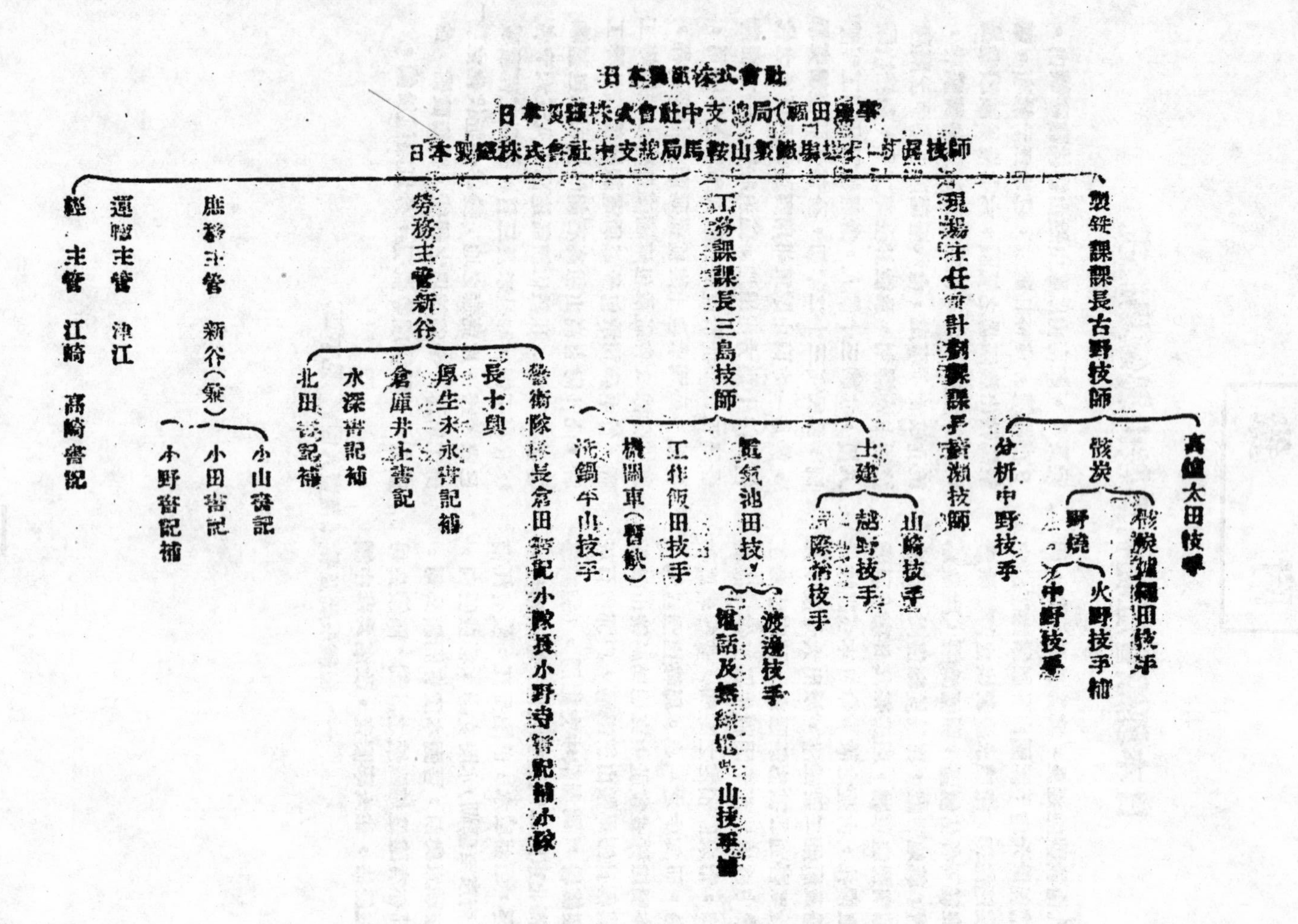
日本製鐵株式會社
日本製鐵株式會社中支總局（福田理事）
日本製鐵株式會社中支總局馬鞍山製鐵場
製銑課課長古野技師
高爐太田技手
骸炭
野燒
火野技手補
中野技手
分析中野技手
現場主任兼計劃課課長
工務課課長三島技師
土建
山崎技手
越野技手
隈部技手
電氣池田技手
渡邊技手
工作飯田技手
機關車（暫缺）
洗鋼平山技手
勞務主管新谷
長士與
厚生末永書記補
倉庫井上書記
水深書記補
北田書記補
警衛隊隊長倉田書記
總務主管 新谷（兼）
小山書記
小田書記
小野書記補
運輸主管 津江
經理主管 江崎 高崎書記

註：上表所指技師，等於吾國之總工程，技手等於工程師，技手補等於副工程師，主管等於主任，書記等於科長，書記補等於副科長。

二、技術及設備方面之概況

（一）製鐵課　製鐵課課長，兼代理場長，為八幡派遣來之技師，年已五十三歲，經驗極為豐富，負責熔爐焦煤分析室三處之督企劃工程。

（1）熔礦爐　熔礦爐由太田技手負責，小型熔礦爐二十隻，先完成十隻。每熔礦爐有無氣燃送風機，（一百五十四馬力）捲揚機等設備每爐二十四小時。出鐵量約十八、十噸，銑鐵中之成份為（F.C4.80%，Si0.40%，Mn1.86%，P0.35%，S0.026%）較高，以備煉製特種鋼之用，管理熔爐之工，除少數日人外，大部係戰前大冶製鐵之熟手同胞。

茲將於此等二十公噸小型熔礦爐，及其附屬機械之操作順序，與效能，大概情況如下：

a.熔礦爐　此處所用之熔礦爐係由華北運來，在此裝配完竣，需時一月半，達二十，該爐高約二公尺爐腹直徑約3公尺，一日出鐵八次，計每三小時一次，每次出鐵二公噸，其操作情形，為先以捲揚機裝入礦石約二公噸，煤約二公噸半，石灰石〇·七公噸，及適當量之錳礦。（以上各料，為求效率圓，精確，依照各種成分加入，）同用熱風，由風口吹入爐內，燃燒焦煤，在風口前面，發生攝氏一六〇〇度以上之高溫度，焦煤在此部分燃燒，發生二氧化炭氣體，此氣體接觸白熱之焦煤起還原作用，變生一氧化炭，此一氧化炭由爐床（Hearth）上昇，灼熱礦石，使之還原，爐腹下部之溫度，約為攝氏九百度，礦石，殆為還原已還原之鐵，再下部分，錳燐等還原，而溶入鐵中，另方面灰，焦煤中之灰分，礦石中之砂酸等物質，化合而成礦滓（Slag）係與滓浮昇，達爐上後，銑鐵便可由流出口（hotch）放出，流入海氣型之砂製模型中，澆水使其冷卻，一定量之銑鐵流出後，其後之流出物，乃為礦滓，使其導入別處。

b.熱風爐　此處係採用二通式之克浦式熱風爐，（Cowper type hot stove）應用時，通入燃燒氣體及空氣，在燃燒室內燃燒上昇，通過火磚之格子間，經此道達煙囪，如是數十分鐘後，被通過之火磚已熱，而生高溫，隨卽閉空氣瓣及燃燒瓣，由送風機吹入冷風，通過火磚，使成為熱風，作熔礦爐內化鐵用。

c.送風機　送風機使用之種類，有蒸氣送風機，氣體送風機與旋式送風機（Turbo-blower）三種。此處所採用者為後述者之送風機，其有一二〇馬力之工作率工作時，用〇·五至〇·九大氣壓力（8lbs/.in²—13lbs/in²）之空氣壓力，吹入冷風，在三小時內吹入量。假用含固定碳85%之焦煤，則需約340,050ft³ 其計算法乃根據下述之原理求得。

一完全氧化一磅碳，需氧一·三三磅，需空氣五，七八磅，卽等於空氣七一·四四立方呎，所以此每次出鐵二公噸半之熔礦爐，每次需要空氣量。（假定用含固定碳85%之焦煤，則

(2.5×2240×85×71.44)/100≒340,050ft³。

d.捲揚機　捲揚機，係用作裝入礦石及燃劑，每熔爐附有一具電力昇降機。

e.除塵室　熔爐之熔礦爐氣，倘含多量之一氧化炭，可為燃料及動力用，由爐頂以鐵管導入除塵室，除去氣中大部分塵，以供熱風爐冷風加熱用，然此處多餘之60—70%熔礦氣，與焦煤爐氣，同樣不收取而廢棄之。因當前急需增加出鐵速度而已，不顧及其他種種也。

（2）焦煤　焦煤用焦煤爐（Bee Hive

10181

Coke Oven）及野燒爐二種方法煉製。焦煤爐共有四隻，出產量不詳。野燒爐共二百隻，普通每爐用煤二十噸煉製，約需二星期，可産十五噸左右之焦煤。野燒爐分由上海南京天津三地工人煉製，其中以天津工人之出品最良。用野燒爐法所製焦煤之黏性，較焦煤爐者為優。至於焦煤用之煤炭來源，為中興，淮南，萊蕪，開平等礦。

煉鐵爐用之焦煤，須具有下列條件，方為優良。

a.須有相當強度，不致在煉鐵爐中粉碎。

b.其組織須不甚緻密，而具40—50%之有孔率。

c.含灰量在10%以下，含硫在1%以下。含水量在1%以下。

d.有亞金屬光澤，呈銀色，擊之發類似金屬之聲。

由上列各點，知作煉焦用之煤。須富粘結性，含揮發份20—30%，灰份少。且少硫之瀝青炭最為合宜，本廠前用開平，中興，萊蕪，大汶溝，淮南等各礦所產之煤，煉成焦煤後，經分析後之結果，以中興煤為最佳。今將其最近分析記錄，表列於後。

成份＼方法	焦煤爐法 Bee Hive Coke Oven	野燒爐法
水份	0.78%	0.81%
揮發份	0.34%	0.30%
灰份	8.22%	7.01%
固定炭	90.02%	92.20%
硫	0.62%	0.50%
比重	1.82	1.80
有孔率	43.0%	46.0%

（3）分析　分析室負責人，為中野技手，一切設備，可稱完善，所用分析方法，參照日本標準規格的，及八幡製鐵場之迅速分析法。目前主要分析物，為鐵鑛煤炭鐵錳礦等。

（二）計劃課　計劃課課長，為一年前畢業於東京之鷲田技師。該課現有各科技術人員二十餘人，專門設計工場內一切工程。實為馬鞍山製鐵場之靈魂，又於將大冶製鐵廠之二號熔礦爐，（已被吾軍在撤退前破壞。每爐日出鐵二百五十噸）全部拆除，運至馬鞍山復建裝配，若此計劃完成，每日可增加出鐵量五百噸。

（三）工務課　工務課課長三島技師因病返東京治療，此課分土建工務二部

（1）土建　土建可分土木建築水道，由山崎建野田藤治（負責人）三技手負責。

a．土木　土木專司開山填河鋪橋等工作，工程十分浩大，目前在工場內已築汽車公路十餘里，與通南京及蕪湖路貫通，場內除已有輕型鐵軌外，與江路相接之重量鐵路，亦已完工，將來由南京蕪湖等處運來之原料，可以火車直至場內，成品之運出，亦以此路為依。

b．建築　建築為監督建築房屋及廠

織，民國三十二年一年中，共建房數百幢在長江岸畔，已築成可泊大船之碼頭四處現設計中之工作甚多，全部工程約至三十年底可完成。

c.水道　水道卽吾國之自來水，除在山頂築成鋼骨水泥之大型蓄水池五個外，並在面建有容積甚大之貯水池二處，水管通達場，水源全用電力從長江中吸取。

（2）工務　工務有電氣工作汽鍋機關車部

a.電氣　電氣又分發電所修裝電話及無電等。

1.發電所　在預定計劃中之發電所有三，第一發電所早已發電，全部發電機，係上海英商怡昌泰織廠掠來，發電量為4000 V.A.電壓一百十伏特，與華中鐵業公司電所（發電量2200K.V.A.）有線路相通有三十餘里長之鋁質高壓線（3300V）直向山礦之發電所，以防在第一發電所，發故障時，可對工作上不發生影響，第二發所現在建造中，發電機係從上海同華紗廠上此，發電量亦相當大，尚有第三發電所以上觀察，三發電所完成後之全部發電總和，約在10,000K.V.A左右，然現僅用電量2200K.V.A.已足，可見日人吾國資源之計劃實甚鉅大。

2.電話及無線電　電話與上海南京蕪湖之領事館，及敵領事館直接通達，作隨聞及通知各廠情形用，在場內設有手搖處，約有二十多單位，不久卽將調換自話機，以增效率，無線電方面，與華中公司合設電台一座，專事收拍電報，通地及吾國各被佔領區，此外在各課將公裝設擴音器一具，以便聽取場長訓話作命令，及緊急措置等事項。

3.修裝　修裝部現有職員二十餘人，負修事務作業及有線電線等工作，以場工程由其他公司承包，故人數未見不敷場內電桿林立，線路各處通暢。

b.工作　工作係由金工翻砂鐵工三部組成，金工室已裝置大型車床四部，此外刨床鑽床等機械俱備，專司各課添配用具翻砂工作，現因缺乏技工，故在招募。打鐵室僱有吾國江蘇籍之技工甚多，工作繁忙，從事製補充各種工具

c.汽鍋　汽鍋部負責各發電所之汽鍋，單第一發電所，有大汽鍋三隻，均設自動加煤器。

d.機關車　機關車卽吾人所謂之火車頭，已僱有前在津浦鐵路服務多年之司機技工多人，場內備有小型機關車二輛，運輸各種材料，大機關車室亦已建造，有多輛大機關車從敵國運來。

技術設備，除上述外，尚有石灰窯煉磚窯多處，皆具相當規模，其場內一切設施方法，可供抗戰勝利建設時之借鏡。

三、人事管理概況

馬鞍山製鐵場，旣為敵在吾被佔領區內之掠奪資源之一，故對人事管理組織，自當十分嚴密，一切大權，俱操於勞務課課長一人之手，中支鐵局局長福田，係一財閥，並為日本製鐵株式會社現任董事之一，深知勞務課課長之主要，故特請東京鐵局主管階級之新谷担任此主任職，年約四十歲左右，為人精明幹練，深悉吾國情形，時與吾國職員接觸，徵求各種意見，善用政治手腕，明柔暗剛，欲吾國同胞甘心為其出力，以增加工作效率，其心地十分陰險，茲將勞務課之近況簡述於後：

1.華人苦力之管理　由於製鐵場範圍廣大，將來全部完成時，最少需要苦力萬名，如此龐大數目之苦力，在管理上極感困難，現採用工頭制，在每三百名苦力中，選出工頭一名助手員三四名，負責調度工作，及分配糧食，每日工作約十至十二小時，除供膳外，每名每日僅得偽幣十五至三十元，加之敵人督工兇狠，稍不如意，卽

袍們慘狀，故此輩同胞，因生計所迫，不得不忍氣吞聲，在此黑地獄中工作，至最近該總課長深知此種手段，無異自殺，故曾下令改善，以圖媚善感情。

2. 人苦力之招募 近來場內工作繁忙，所有苦力，不敷應用，故於三十二年終時，命北田書記補撥款一百八十萬，去山東及開封招募苦力，預定四千名，然經月餘之招募，僅有千餘人，因[illegible]之故，三十三年二月下旬，再度往上[illegible]二地追募。

3. 厚生 厚生部乃處理場內工作人員一切福利之組織，例如病院物質配給，宿舍[illegible]管理等事項。

a. 病院 預定購[illegible]器械及藥品等設備費，為數軍票一百萬元（折合偽幣五百五十萬）現正在興建中，現設臨時病院於場內，有醫師藥劑師各一名，看護六名，將來病院築成後，約需三四倍[illegible]之人員，在場內工作人員，每人[illegible]須接受強迫注射霍亂防疫針二次，牛痘針一次，傷寒防疫針一次，否則不得入場工作。

b. 配給 配給僅以職員及技工為對像，每年每人可得作業服二套，新入場工作人員，可領棉被一條，蚊帳一床，每人每月配給紙烟五十小包，糖一斤，香皂一塊，洗衣皂二塊。洋火十小匣，間或配給[illegible]類，取費除香烟每小包偽幣一元外，餘皆免收，此外設有配給所，專售一切日用品，定有限價，然每人每[illegible]所購之之物品數目，亦有規定。

c. 宿舍 宿舍現有日人新宅，華人職員住宅，華人工員住宅，警備隊舍宅，苦力住宅，設備各異，凡有家屬者不論屬於何種階級，俱可得獨住一室，否則每室住二人至五人不等，除苦力外，各有大浴室一間，以便[illegible]日下[illegible]後洗澡，此外尚設有理髮室，洗衣[illegible]數處。

d. 公堂 職員及職員家屬，有指定之共食堂，每人每月取費按階級而定，約在偽幣六十五[illegible]至一百元之間[illegible]家屬同[illegible]工人無眷屬者，有工員食[illegible]，如有家屬，則依人口按月分發[illegible]鹽柴，至於苦力，無論有否家屬，[illegible]免收食費。

e. 倉庫 現有倉庫，約十餘所，儲[illegible]種日用品，糧食原料機械等，為[illegible]鉅，各課備有領物簿，需要物品[illegible]由課長或負責人蓋章後，即可直[illegible]倉庫領取。

f. 警備隊 馬鞍山除駐有敵憲兵三[illegible]人外，幾全為製鐵場警備隊勢力[illegible]，現有隊員三百名左右，除二三[illegible]寇外，幾全為由東北募來者，該[illegible]有重機槍二挺輕機槍五挺，手槍[illegible]甚多，依軍隊組織情形成立，每[illegible]以軍事訓練，並特別選拔一部[illegible]務隊，担任特務工作，該警備隊[illegible]觀之，似僅為防衛之組織，若詳[illegible]內幕者其暴行令人[illegible]然。

隊長倉田書記，謹掛一名義而已[illegible]隊上負責人為小隊長小野寺，[illegible]籍王興二人 小野寺原為敵憲兵[illegible]曾受特殊訓練，精通晉[illegible]各地方[illegible]本在蘇州担任特務工作，馬鞍山[illegible]後，特邀之為警備隊主幹，王[illegible]二十四五歲，深通日語，先任[illegible]隊為特務員，後入鄂省大冶鐵[illegible]警備隊小隊長，後調至馬鞍山[illegible]時便衣或喬裝工人或苦力調查[illegible]特務人員稍見可疑者，即用武[illegible]特務隊，用種種毒刑逼出口供[illegible]是非，常深夜用繩捆後，拋入[illegible]如此結果，自三十二年四月至[illegible]

止，在其秘密文件上，已載有我方忠勇之特務人員十餘人犧牲。

庶務課　庶務課課長，現由勞務課課長新谷□任，該課□理各種物質購置消耗數，及出產量之統計，出差人事調動等項，事務十分繁忙。

運輸課　運輸課現有運輸汽車十輛，每月開往南京蘇州當塗采石磯等地裝運物品，然大宗貨物，則依火車及汽船運輸，至將來機關車行駛時，即屬此課管□。

經□課　經理課專事銀錢出納，核辦薪給，聞三十二年一年中支付各工種□之工資一頁（材料不在內），所耗約偽幣二萬□□之譜，故場內工程之大，由此可見一般矣。

綜上所述，僅其簡略情形，論其建設，不可謂不鉅，加之該場工作人員，每日工作十至十二小時，尤其在熔鑛爐焦煤發電所三處，每日工作十二小時，日夜輪流，每二星期日夜班調換一次，即事務人員每日亦需工作九小時，每月諡有二天休息，其工作不可謂不緊張，吾人□□其加緊增加生產量之原因，無非在其迴光返照時，尚欲作最後之努力已。

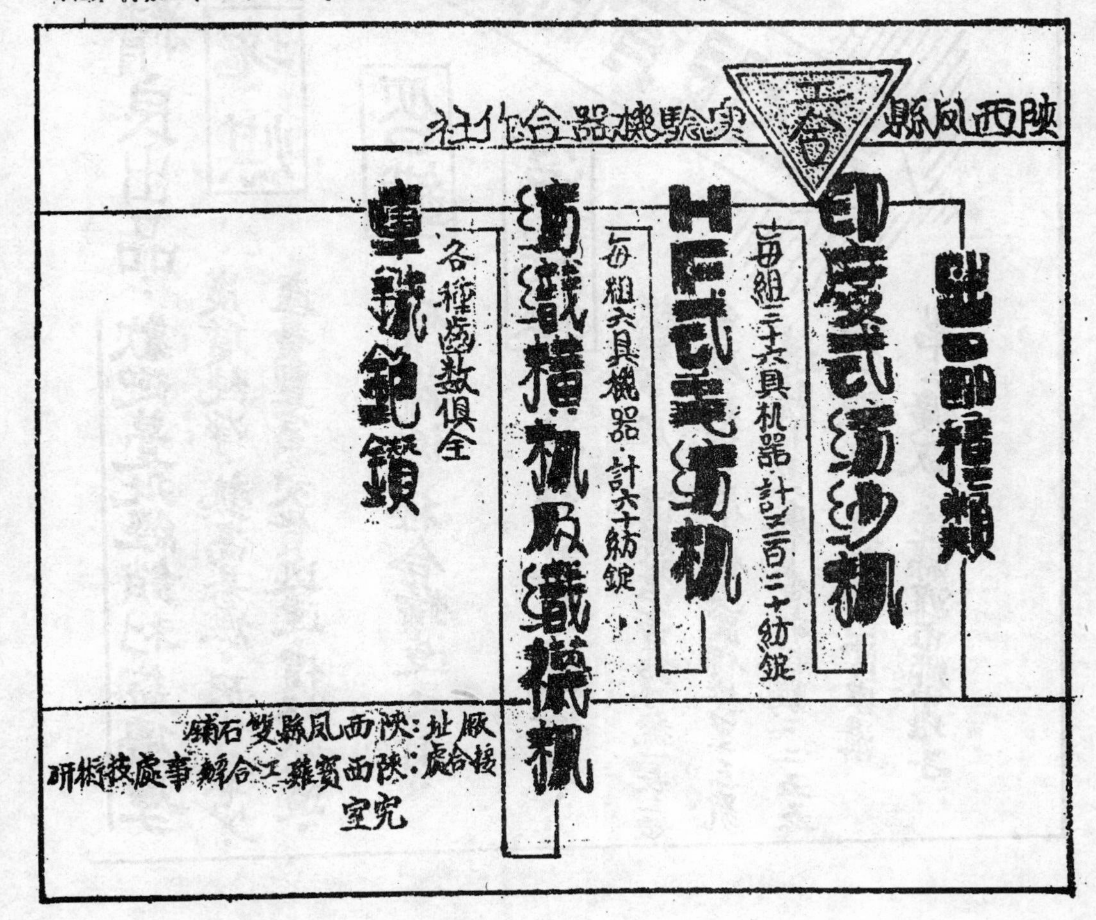

渠江鑛冶股份有限公司
四川渠河上游唯一現代設備之大鑛，產量最富，品質最好
精良出品，歡迎躉批經銷利益優厚
塊煤
炭質純淨，熱高易燃，灰份最少，
產量豐富，交貨迅速，價格公道。
灰口鐵
矽高硫低，極合鑄造之用。
冶金洗焦
粘性強，熱力大，灰份少。
總辦事處——達縣塔沱電話呼號一長三短
重慶辦事處——保安路保安里三號
達縣——重慶——電報掛號二二五五
第一鑛廠：達縣鐵山陳家溝
第二鑛廠：達縣渡市鄉中堆子

10186

勘誤表

欄	行	字	誤	正
左	10	倒6	觀	設
左	12	倒3	慷	慨
左	13	倒1	達	無此字
左	倒10	倒9	海	濟
左	倒9	倒1	Ad	Ad-
右	7	倒1	Servie	Servi-
右	8	1	e	ce
右	9	3	Pablic Enteprise	Public EnterPrise
[illegible]	倒13	3	[illegible]	不要
右	倒12	倒1	盜白	將
右	倒10	倒2-4	界說一	界說的一
右	倒9	3	的	失
右	倒9	8	一	第
右	倒4	倒4-5	增「	「增
右	倒4	倒1	人	民
右	倒3	4-5	,的	目的」
右	倒3	倒8	」	入
右	倒1	倒3-4	核傷	傷核
左	12	1	程	要
左	14	倒7	梁	染
左	16	2-3	物貨	貨物
左	18	倒3	冏	個
左	19	3	區	鄉
左	20	2	朗	查

頁	欄	行	字	誤	正
2	左	21	2	份	交
	左	26	倒3	在	嘗
2	右	1	倒5	%	%
2	右	2	3	[illegible]	[illegible]
2	右	3	倒3-4	08	80
2	右	6	1-3	念一觀	觀念一
2	右	12	3		鄉
2	右	19	1-3	所以工	所以公共工
3	左	13	5	Inter-Cnatnenta	Inter-Continental
3	左	15	5	Extra-notiunal	Extra-national
3	左	17	5	Infra-natiurnal	Supra-national
3	左	19	5	ntearational	Internat-ional
3	左	倒16	3	此	比
3	左	倒1	8-9	工輕	輕工
3	右	2	倒8	世	無此字
3	右	8	5	潤	澇
4	左	1	7	杓	約
4	廣告	4	倒	林 路	林 路
5	左	倒10	倒1	的	無此字
6	左	倒1	倒8	乎	於
2	右	倒3	倒7	饒	餘
5	右	倒10	倒4	り、	內
5	右	倒4	6	鑑	誌

頁	邊	列	字	誤	正
5	右	倒	7	茉	酶
6	右	1	倒1	字	字
6	表	2	倒7-8	界｜袞	界袞
6	左	倒9	9	張	漲
6	左	3	倒7	增	增加
6	左	5	1	裘	裘
6	左	4	1-3	利的	勝利的獲得。
6	右	倒1	倒6	勛	務
7	本頁以後各頁之統計數字，其字間之「·」，均改為「，」，例如左邊2列 1936—31.700.000.000 改為 1936—31,700,000,000				
7	左	6	5	6	9
7	左	7	6-8	51.7	19,5
7	左	16	3	機	機械
7	左	倒13	倒4	充	無此字
7	右	倒5	5	列	兩
7	左	倒7	9	軍	軍
7	左	倒6	倒8	主	主廠
7	左	倒4	3-4	代替	替代
7	左	倒2	5	矩	短
7	右	3	倒1-2	代替	替代
7	右	5	倒3	有	有如
7	右	12	倒1	銘	銘
7	右	13	1	銅	鈕
7	右	15	倒5	巴	巴菲
7	右	18	倒1	銅	鈕
7	右	20	6	鋁	鋁
7	右	倒17	1	，	鎢
7	右	倒16	倒1-2	鋪一	千工
7	右	倒16	3	‖	鈕
7	右	倒15	倒1-2	千工	一
7	右	倒13	倒1-2	現·	·現
7	右	倒7	倒2	就	無此字
7	右	倒3	6	6	3
8	左	15	8	三	三十
8	左	15	倒7	雅	豁
8	左	倒13	倒3	·	梁
8	左	倒12	倒3	·	o
8	左	倒6	倒1-4	實在提議	等，中
8	右	3	5	二	二十
8	右	6	2	鉛	鉛
8	右	6	倒9	鋁	鉛
8	右	6	倒1-5	38000	308,00
8	右	8	倒7	廣	廣·
8	右	11	3-4	代替	替代
8	右	倒7	10	鋪	桶
8	右	倒5	倒6	替	皆
8	右	倒2	4	同	同，
9	表	1	4	807	87
9	表	5	倒2	34.000	34,00
9	左	8	倒1	250.	250,
9	左	10	倒9	五	五，
9	左	10	倒4	·	百
9	左	12	9	值，	值
9	左	13	倒1	貝	負
9	左	16	倒1	1.32	1,32.
9	左	17	1	8.181	8,13

頁	邊	列	字	誤	正
[illegible]	左	19	倒2	260,090,000	260,000,000
[illegible]	左	倒8	倒1	5,0	5,0—
[illegible]	左	倒7	6	輛	輛．
[illegible]	左	倒6	倒7	最	最
[illegible]	左	倒5	倒1	六	大
[illegible]	左	倒3	倒8	謂	爲
[illegible]	右	11	倒6	製	造
[illegible]	右	19	7	活	產
[illegible]	右	19	8	一	一爲
[illegible]	右	倒3	1	(三)	(三)
[illegible]	左	6	8	具	且
[illegible]	左	7	倒6	本	木
[illegible]	左	7	倒1	[illegible]	鋁
[illegible]	左	10	1	織	組織
[illegible]	左	10	倒1	與	與時間甚多。
[illegible]	左	23	5	甚	數甚
[illegible]	左	23	7	法	法．
[illegible]	左	26	1	〔〕	一
[illegible]	左	28	3	光	一光
[illegible]	左	28	倒7	方	一方
[illegible]	左	28	倒9	里	里．
[illegible]	左	倒4	倒8	十	千
[illegible]	左	倒1	倒1	手	學
[illegible]	右	6	倒1	多	多年
[illegible]	右	9	1-4	上應用直	飛機上應用甚
[illegible]	右	9	倒1	一	一種
[illegible]	右	15	倒3	機	機機
[illegible]	右	18	倒9	三	二
10	右	18	倒7	萬	萬，
10	右	19	倒5	材	材層
10	右	26	倒7	茱	桊
10	右	倒6	倒1	整	整個
10	右	倒5	2	活	產
10	右	倒4	7	10月	11月
11	左	3	倒3-5	祥幾行	造事件
11	左	8	6	比	葷比
11	左	9	3-4	英美	美英
11	左	10	1	988	1938
11	左	11	3	28600	28,660
11	左	13	1	,941	1941
11	左	13	3	85,949	85,940
11	左	14	1	,942	1942
11	左	20	倒3	極	業
11	右	11	倒5	甚	其
11	右	19	倒6-9	目更爲	自爲更
11	右	21	倒2-4	開移輕	開移轉
11	右	22	3	造	造三萬
11	右	30	倒4	潤	關
11	右	倒2	8	之	之重
12	右	3	1	工	衍文
12	左	2	倒4	能	能處
13	左	3	倒7	內	關
13	左	6	倒7	辨	無
13	左	9	3-5	縱操	操縱
13	左	10	1	togil—o	togiro
13	左	10	倒3	種	種，

頁	邊	列	字	誤	正
13	左	13	1	等	帶
13	左	13	9	輕耐	製
13	左	13	12	推	挺
13	左	16	2	軍	車
13	左	16	9	大	久
13	左	17	倒1	Laum	Laun-
13	左	19	倒1-3	Pelrocgy ven Kad-man	Pelrocgy von Kad-man
13	左	20	5	,160	160
13	左	21	1	Oehmichen	Oehmicken
13	右	2	5	十	十五
13	右	2	倒4	聯	製
13	右	3	4	守	於
13	右	3	7	後·	後方
13	右	5	倒5	耐	製
13	右	7	倒8	漿	槳
13	右	7	倒6	較	校
13	右	7	倒1	轉	挺
13	右	10	4	制	制器
13	右	11	倒6	著	若
13	右	12	倒7	Helicab	Helicad
13	右	14	4	或	或
13	右	18	1-6	國進中市城家	進國家城市中
13	右	21	7	復	願
13	右	23	10	市	作
14	左	2	7	糖	穩
14		6	倒3	本	年
14		8	1	早	早應
14	左	21	倒1	70,006	70,000
14	左	22	4	(-133磅)	(=133磅
14	右	11	3	光	電光
14	右	17	倒1	500 0	500,0-
14	右	22	倒1	加	加情形
14	表	第三欄第二列		67,838	67,338
15	表	1列2欄		70,705	70,703
15	表	5列4欄		40,438	40,438
15	表	9列2欄		112,223	112,92
15	表	10列3欄		130,430	130,480
15	表	14列4欄		113,748	113,74
15	表	16列2欄		89,889	89,389
15	表	17列4欄		18,150	116,15
15	表	13列4欄		107,780	107,78
15	表	22列3欄		108,108	108,10
15	左	7	倒3	0,6	0.6
15	左	倒4	1	80,000	30,000
15	左	倒3	10	種	種種
15	左	倒1	7-8	直植	植
15	左	倒1	倒1-2	十四	四
15	右	倒6	2	聽	一聽
16	左	1	1-4	作戰	作地
16	左	3	1-3	及 正	及大
16	右	6	1-4	一八一八	一九一
16	左	7	1-4	趨 廠	趨向
16	左	16	3	90,000	900,
16	右	2	5-6	八三	八一
16	右	8	3	90	90%

邊	列	字	誤	正
右	7	倒1	，影	影
右	8	1	釋	釋。
右	9	7-8	五六	五——六
右	12	倒1	第	第一
右	13	7-8	品後	套
右	14	倒4-6	，面積	面積，
右	15	1	術	術。
右	16	6	粗	粗

第17頁之表，其數字間之「。」，均改為「，」

邊	列	字	誤	正
表	3列1欄	1914		1913
表	5列4欄	209		290
表	9列3欄	3.705		3,367
表	14列3欄	6.873		6,873
右	19	倒1	Labima	Labaina
右	26	倒5	——	——
右	27	倒7	三	。二
右	倒5	9	年	年夏
右	倒7	7-8	種品	品種
右	倒3	倒2	提	調力極
	13	倒2	36.P	36,P.
	14	3	105。	105,
	14	7-11	161.ROT.234。	161,P.O.T.234,
	18	1	——	——
	20	7	武，	此
	34	3-4	2714.R.	2714,P.
	36	倒5	——	——
	27	4	一	至
	28	7	一	至

頁	邊	列	字	誤	正
17	右	28	倒3	——	——
17	右	倒4	倒10	亦	亦
17	右	倒3	5	——	——
17	右	倒2	倒5	至	致
17	右	倒1	2	——	——
17	右	倒1	9	——	——
18	左	2	4	植	租
18	左	2	9以後	P.O.T.2714.P.O.T.272	P.O.T.2714,P.O.T.272—
18	左	5	倒1	27	27—
18	左	6	1	25。	25,
18	表	1列1欄		總	種
18	表	1列2欄	1-5	種植總面積	種植總面積
18	表	3列1欄		1943	1924
18	表	3列3欄		64.240	64,242
18	表	4列1欄		1915	1925
18	表	4列2欄		98327	98,327
18	表	5列2欄		89.617	89,617

18頁之表，除第四欄（旱植％）外，其餘之數字中間之「。」，均改為「，」。

頁	邊	列	字	誤	正
18	左	倒18	1-2	維持	持
18	左	倒17	1-2	植相	時植
18	左	倒14	8	溉，	溉、
18	左	倒14	倒8	之程	工程
18	右	5	7-8	收當	當收
18	右	6	8-11	植歷二十	植，歷十二
18	右	7	10-11	驗試	試驗
18	右	9	5-6	者均	者
18	右	10	倒3	較	較之
18	右	倒19	倒5	入，	入、

頁	邊	列	字	誤	正
18	右	倒11	倒3	年	九
19	左	2	3	翻	廣
19	左	7	1	料	料廠
19	右	2	倒1	總	總總
19	右	3	1	督	督
19	右	4	7-10	另	擬 聘人士從
19	右	4	倒3	正	式
19	右	5	3	[illegible]	三井
19	右	5	倒1	新	新式
19	右	6	4	革	[illegible]）
19	右	7	7	會	會社
19	右	11	3	積	積極
19	右	12	10	書	使
19	右	12	倒1-3	鋪牌匾	鋪之招牌
19	右	13	8-9	中堅	

19頁之表格，及20,21,22,23兩頁統計表，除「自來鐵道」欄外，其餘各欄之數字中間之「・」均應改為「，」。

頁	邊	列	字	誤	正
19	下表	2列1欄	4	廠	料
19	下表	3列1欄	2	手	仔
19	下表	5列3欄	3	42	41
19	下表	7列1欄	2	倏	總
19	下表	9列1欄	3	乾	燐
20	表	3列1欄	2	埃	炭
20	表	4列4欄		800	850
20	表	4列6欄		8,030	6,012
20	表	7列7欄		66,79	60,79
20	表	9列7欄		443,42	448.42
20	表	11列3欄		（明治86）	（明治38）
20	表	11列6欄		7,377	7,377
20	表	13列7欄		2,632	26,32
20	表	15列1欄	3	株	林
20	表	16列3欄		（明治40）	（明治4[illegible]）
20	表	17列1欄	1	蘇	蘇
20	表	18列7欄		2.72	27.72
20	表	21列1欄	3	會	會社
20	表	23列1欄	1	社新	新
20	表	23列4欄	2	560	550
20	表	26列2欄	3	港	溝
21	表	3列4欄		（空白）	5,250
21	表	9列3欄		1952	1912
21	表	11列7欄		17.30	41.10
21	表	12列7欄		17.33	17.39
21	表	[illegible]4列7欄		（空白）	9.68
22	表	4列3欄		（大正3）	（大正[illegible]）
22	表	7列4欄		2870	2370
22	表	9列3欄		（未產5）	（大正5
22	表	13列1欄	7	所	廠
22	表	14列1欄		總計	總計54
22	表	14列7欄		1,543.04	1,548
22	左	倒13	1	步	進步
22	左	倒13	倒1	舉	學
22	左	倒12	倒1	——(	——三
22	左	倒11	倒8	四・九〇・	四・ナ
22	左	倒4	2	——87	——3
22	右	倒5	3	催	匹
22	右	倒5	倒4	電機	電動[illegible]

邊	列	字	誤	正
右	倒4	倒1	72	72"
右	倒3	7-8	42×72'	42"×72"
右	倒1	倒3	2.5000	2,500
左	5	倒3	平	立
左	10	倒4	6.000	6,000
左	18	倒2	平	立
左	22	1	析	無
左	2[illegible]	倒1	1,940	1,940
左	27	4	分	分)
左	31	4	積(	積
左	31	8	尺	呎
左	32	7	尺	呎
右	1	4	精	[illegible]
右	1	6	2,690	2,690
右	2	倒1	尺	呎
右	3	1	1.000	1,000
右	3	倒4	2,200	2,200
右	5	3	75	7.5
右	12	3		
右	12	7	75	7.5
右	12	倒4	唧筒	水唧筒
右	14	4	進	運
右	15	倒2	75	7.5
右	16	倒7	75	7.5
右	19	1	1,080	1,000
右	21	1	22	6
右	22	1	16	12
右	23	1	9	28

頁	邊	列	字	誤	正
23	右	25	1	1,0000	1,000
23	表	1列2	2		精
23	表	2列6		3,352,945	3,353,943
23	表	3列3		16,6267	166,267
23	表	3列4		74,710	74,716
24	表	4列5		410,140	410,104
24	表	7列6		3,673,260	3,673,290
24	表	9列2		629,93	62,993
24	表	9列5		368,115	363,115
24	表	13列2欄		129,085	129,058
24	表	15列7欄		14.51	14.31
24	表	16列6欄		4,351,828	4,462,631
24	表	16列4欄		327.582	327,582
24	表	17列4欄		314,127	341,127
24	表	20列5欄		728,946	727,946
24	表	20列4欄		378,08	378,108
24		倒4	1	歷	歷年

24頁下表，其數字中間之「·」，均改爲「，」。

頁	邊	列	字	誤	正
24	下表	2列2欄		9,104	98,104
24	下表	2列6欄		3,660,153	3,660,154
24	下表	3列8欄		4,349,264	4,349,204
25	上表	1列8欄		6,430,264	6,110,594
25	上表	2列2欄		160,942	160,492
25	上表	2列6欄		6,270,002	6,270,202
25	上表	5列2欄		192,41	192,418
25	上表	6列6欄		7,127,958	6,928,335
25	上表	6列8欄		7,1 7,958	7,127,958
25	上表	9列6欄		12,457561	12,487,562

頁	邊	列	字	誤	正
25	上表10列3欄			950,1	1,059
25	上表12列6欄			9,320,696	9,830,696
26	下表5列1欄			1922	1928
26	上表2列9欄			59,530	59,594
26	上表3列3欄			1,5 4	1,514
26	下表5列3欄		3-4	41—43	43—44
26	下表5列3欄		2	鬪	治
26	下表12列2欄			15,84	15,534
26	下表13列3欄			大正13,3,又	大正1,2,3,
				開度	度開
27	上表1列1欄		3-5	品費評	品評費
27	上表4列1欄		4	閒上	閘.
27	左	倒12	倒2	二	三
27	右	倒9	倒1	管	管理
27	右	倒8	1	嶽	嶽
28	左	2	5	甘	甘蔗
28	左	2	倒2	勵	獎勵
28	左	倒8	倒6	維	雄
28	右	倒5	1-4	Vol,34 No.6.	Vol.34, No.6,
29	左	8	8	曉	曉
29	左	倒7	倒1	空白	現
29	右	4	6	明	明，
29	右	6	8	xy,	x,y
29	右	9	公式	不清楚	$\frac{\delta^4X}{\delta x^4}+2\frac{\delta^4X}{\delta x^2\delta y^2}+\frac{\delta^4X}{\delta y^4}$
29	右	倒9	公式	$\overset{\frown}{xy}=$	$\overset{\frown}{xy}=-$
29			頁數	2	29
30	左	4	1	位	部位
30	左	7	1	空白	由
30	左	9	9	孫	松
30	左	15	1	線	須
30	左	20	1	空白	實
30	左	倒11	倒6-7	與不	不與
30	左	倒8	1-2	空白	較相
30	左	倒5	2	孫	松
30	左	倒3	6至8	不清楚	爲線而
30	左	倒2	7-10	不清楚	形相仿，
30	左	倒1	2	孫	松
30	右	1	9	孫	松
30	右	9	2	數	數。
30	右	9	8	明	明，
30	右	21	倒6	空白	致
30	右	23	3	之	之謂
31	左	5	公式	不清楚	$-2y\tan^{-1}-$
31	左	15	公式係數	$\frac{1}{4}$	$-\frac{1}{4}$
31	左	倒6	1	$(\xi\eta)$	(ξ,η)
31	左	倒3	8-9	端兩	兩端
31	右	11	倒2	木	本
31	右	23	公式	W=。	W。=−
31	右	25	10	分	分，
32	左	16	倒6	此	此
32	左	25	倒7	以	已

頁	邊	列	字	誤	正
2	左	倒4	8	Hollond	Holland
2	左	倒2	4	Fouriar	Fourier
2	右	3	11	七	（七）
3	右	6	倒1-2	互交	交互
3	右	18	2	合	蓋
3	右	21	倒3	空白	數
3	右	倒6	6	得	得之
4	左	9	5	蝸	蝸箭
4	左	21	公式	右方不清楚	$-\frac{1}{2}G \times \frac{2\theta\cos 2\alpha-\sin 2\theta}{2\alpha\cos 2\alpha-\sin 2\alpha}$
	左	25	倒7	邊	短
	右	4	2	Pippord	Pippard
	右	17	1-4	踝鏇繁復	步踝鏇繁複
	右	倒11	3-4	空白	形平板
	右	倒10	2	空白	賞探
	右	倒3	倒1	文	為
	右	倒2	倒1-2	褒斫	斫褒
		2	5-6	名評	評名
		7	倒1	Inverersion	Inversion
	左	10	1	Elasticity	Elasticity.
	左	13	倒2-3	一第	第一
	左	19	倒1	Distributon	Distribution
	左	21	倒2	Plare	Plate
	右	倒4	4-5	14號8471	148號471
	右	11	3	一（	（一）
	右	18	3	235	265
	右	倒4	2-3	Phil Trans,	Phil. Trans.

頁	邊	列	字	誤	正
34	右	倒3	2	349	49
34	右	倒2	倒2	Steveson	Stevenson
35	左	5	4	Serics	Series
35	左	倒3	2-3	dand Chiffy	and Chitty
35	左	倒1	2	Loaods	Loads
35	右	1	倒1	vol.	7 vol.
35	右	2	2	1933	19
35	右	7	3-5	5號334	52號384
35	右	倒2	2-3	十三	三十
35	右	倒1	1	中	分
36	左	倒7	倒2	Effciehcy	Efficiency
36	左	倒5	3	加	加．
36	左	倒2	倒1	Volume	Volume—
36	右	倒1	1-2	tric Effici-ehcy	tric Effici-ency
36	右	倒7	倒1	到	達
36	右	倒6	1	達	到
37	左	6	倒7	方	方能
37	左	10	倒7-9	混合之	之混合
37	左	22	倒1	Wei	Wei—
37	左	23	2	尺	術文
37	左	23	倒5	英	英呎
37	左	倒2	2	P.	P_1
37	左	倒2	9	磅	磅．
37	右	1	1	磅	磅．
37	右	9	倒1	18.7	8.7磅
37	右	12	4-6	勵力 Absolnte	壓力 Absolute
37	右	21	公式	$v_1P_1=100\times(p_1+4)$	$v_1P_1=100\times(P_1+4)$

10195

頁	邊	列	字	誤	正
[illegible]	右	倒10	12	Efficie	Efficie—
38	右	倒12	算式分子	80×24500	80×2456
38	左	3	5	灰	炭
38	左	16	1	馬	立
38	左	21	4	增	加
38	右	1	倒1	十	4
38	右	9	1-2	N_2空白	$N_2$48.5
38	右	20	算式內	(	)
38	右	22	算式	0.07×4.3-000,000	0.07×4,3-00,000
38	右	倒17	算式分母	π×10.000	π×10,000
39	左	1	4	輛	輸
39	左	8	倒2	1070	10700
39	右	8	倒1	滅	減氫
40	右	5	倒5	下列	附圖所示
41	表	2	倒3	280	230
41	表	3	倒2	8.10	8.01
41	表	5	倒1	空白	82
41	廣告	二行	1-2 字	務業	業務
43	左	倒6	7	空白	尤須精
42	左	倒13	倒2	量	重量
42	左	倒5	7	熱	熱
42	右	倒6	倒1	1,37	1477
44	左	倒8	倒5	5.3	5.8
44	右	倒16	2-3	V_2積	積V_2
45	右	4	算式分子	7.3(0.625)^5	(14.7—7.3)(0.625)^5
45	右	8	5	之	衍文
45	右	12	3	円	門
46	左	15	1	著	若
46	右	12	2	4.7	14.7
46	右	倒10	3	氣	器
47	表	倒14	5	3	8
48	右	倒2	2-3	低試	試低
49	右	5	倒3-4	然天	天然
49	右	倒10	倒3	Ensigh	Ensign
49	右	倒9	4	空白	得
49	最下	頁數		94	49
50	左	9	2 3	據根	根據
50	右	9	1	600.000	600,000
50	右	倒10	1	空白	2
51	左	3	2	空白	欧
51	左	20	4	算	算)
52	左	5	1-2	四	(使用
52	左	9	倒4	用(	用
52	左	10	倒1	料	料)
52	左	15	2,5	空白	
52	左	15	9	空白	告
52	左	16	7	空白	擠
52	左	20	2	空白	十
52	左	倒1	3	其	案
52	右	7	倒3	空白	平
53	右	倒14	倒3	十	上
53	右	倒3	2	OBO	OBO
54	左	倒1	倒3	空白	起，4
54	右	6	3	o	0
55	左	2	倒2	BO'	B'O'

頁	邊	列	字	誤	正
	右	倒7	公式分母	不淸楚	ws
	右	倒3	1	ressure	Pressure
	左	13	算式	+9.276	+0.276
	左	20	5	Bar	Barr
	右	3	倒1	0.391'	0.391"
	右	4	倒1	5.74'	5.74"
	右	5	2	5¾'	d5¾"
	右	8	倒3	1本'	1本"
	左	表	4	8.48 n²	8.48in²
	左	8	倒2	光	先
	左	12	1	空白	發生
	左	倒10	2	空白	可
	右	3	1	82	32
	右	14	倒6	徭	附
	右	16	8	組	紐
	右	21	倒4	s	今
	左	15	7	從	得
	左	倒10	倒4	之	三
	右	3	倒1	另	零
	右	6	倒2-3	進船	船進
	右	9	3	其	具
	右	倒7	3	另	爲零
	左	倒1	倒3	週	週
	右	5	倒3	彼	級
	右	13	倒4	Auftribse-iffer.	Auftribsziffer.
	右	倒6	2	概	豈
	右	倒3	5	進	進
	左	8	倒8	施	拖
	左	10	3-4	及口	架
	右	倒8	1	可	以
	左	倒2	4	閑	間
	右	2	倒1-2	離距	距離
	右	4	2-3	離距	距離

頁	邊	列	字	誤	正
62	右	15	倒1	h_i(	(h_i)
62	右	16	倒1	h_{i-1}(	(h_{i-1})
62	右	倒4	公式左邊	$\frac{1}{n}(h+Z_r)$	$\frac{1}{n}\cdot\frac{D^2-h^2}{2}\times(h+Z_r)$
63	右	1	1	(20)	(2a)
63	表	倒11	倒1	0.328	0.238
63	表	倒10	倒3	0.542	0.524
63	表	倒7	2	hD	h/D
63	表	倒5	3	0.369	0.383
63	表	倒4	倒3	0.808	0.308
64	右	倒13	1	亦	須
64	右	倒11	1	h/c	F/c
64	右	倒9	1	I'/D	h/D
65	左	5	2	3.5	2.5
65	左	15	算式	$\frac{1}{2}wl^2$	$\frac{1}{8}wl^2$
65	左	18	算式	½(0.8+34.3)	$\frac{1}{8}$(0.8+[illegible])
65	右	倒3	倒1	空白	致
65	廣告	5行		交貨速迅	交貨迅速
67	右	16	2	作	猜
67	右	11	公式後	空白	(2)
68	左	19	倒2	烟	無烟
68	右	10	3	Manesll	Mansell
68	右	12	9	Mansell	Mansell
69	表	3	1	Schmifz	Schmitz
69	左	倒1	1	$\frac{E}{R}$	$\frac{E}{R}=$
69	右	17	3	若	若干
70	左	6	2	SVI	S>1
70	左	11	4	(法	法(
70	左	19	1	空白	(3)
70	左	倒1	1	Laffite	Laffitte
70	右	6	公式	$-\frac{ul}{l}$	$-\frac{ul}{l'}$

頁	邊	測	字	誤	正
70	右	10	1	空白	据
71	左	3	9	例	數例
71	左	10	1	空白	最
71	左	倒11	倒3	與	爲
71	右	4	倒1-2	發爆	爆發
71	右	倒11	4	象；	象：
72	左	7	2	瑕	蜂
72	左	9	7-8	之藥	藥之
72	右	7	4	能	夠
72	表	倒5四欄	13	etc.	etc.
72	表	倒4四欄	2	etc.	etc.
72	表	倒2三欄	1	8180	8130
73	表	倒二欄		2.	2.9
73	表	1 四欄		Maschinen-wensenss	Maschine-nwesens
73	表	15一欄	4-6	13.5%	(13.5%)
74	表	倒2四欄	2	etc.	etc.
75	表	15三欄		43 0	4350
77	表例一	2四欄		3.42	13.42
77	表例一	2九欄		不清楚	0.60
78	表例4	2二欄		80.60	30.60
78	右	倒5	倒5	溫	使溫
79	右	8	倒5	濯	焯
80	例二表	4四欄		37.98	37.98
80	例二表	16二欄		08.02	30.80
80	例二表	19二欄		不清楚	33.00
80	例二表	20二欄		17	1.7
81	表	2三欄		1,71	1.71
81		11	8	硫	衍文
81		倒2	倒5	與	及與
81		5	2	硫	硫酸
82		左上角		26	82
82	上表	4列四欄		8.68	8.63
83	左	20	1	空白	其
83	右	表下3	3	鑛	銷
85	右	頂5	倒1	9.6	2.9
86	左	1	1	空白	端
86	左	6	倒5	舉	在舉
86	右	6	倒2	錫	過
87	右	倒15	2	特	孤
88	右	4	倒3	數	效
89	表	二列三欄		黃鉾鑛	菱鉾鑛
89	表	二列三欄		金鑛	金質
89	左	表下6	3	49.35	94.35
89	左	表下15	4	無	與
89	右	2	倒7	門	價
89	右	倒8	3	治	冶
89	右	倒6	倒4	治	冶
91	右	4	倒6	英	莢
91	右	11	9	括	衍文
91	右	倒6	倒7	日	月
93	左	倒15	6	二	十一
94	左	倒12	3	備	設備
94	右	倒5	1	跡	路
95	左	倒3	4-5	零僅	僅零
95	右	18	5	空白	理
95	右	23	倒6	空白	理
97	左	倒6	倒4	礎	衍文

工程雜誌第十八卷第一期

民國三十四年四月一日出版

內政部登記證　警字第 788 號

編輯人　吳承洛

發行人　中國工程師學會 羅 英

印刷所　軍政部兵工學校印刷所

經售處　各大書局

本刊定價表

每兩月一期全年一卷共六冊逢雙月一日發行	
會員預定全年 幣一百八十	訂購時須有本總會或分會證明
機關預訂全年國幣 六	訂購時須有正式關章

廣告價目

刊登廣告每期三千元

繪圖製版費另加

詳情請函洽

華新水泥股份有限公司

供給抗建大業所需要的水泥
是我們的責任也是我們努力的目標

六年來我們生產的水泥用在

國防工程 40%　工業建設 18%

交通工程 35%　水利工程 7%

自辦工廠：華中水泥廠　昆明水泥廠

合辦工廠：江西水泥廠　貴州水泥廠

總公司：昆明大觀路第一四〇號

電報掛號：昆明三〇五五

中央汽車配件製造廠

產品特點

材料精選　　尺度準確

施工審慎　　檢驗嚴格

主要業務

木炭爐及附件

合金鋼鐵鑄件

修車工具機器

汽車五金配件

主要出品

軸承鋼板汽缸套

銅套水泵活塞環

梢子齒輪頂車機

活塞汽門打氣機

廠址

重慶化龍橋廠　重慶化龍橋龍隱路五號　電話6020

重慶雞公塘廠　重慶南岸澳洞溪九號信箱

重慶二塘廠　重慶南岸二塘

貴陽分廠　貴陽禹門外街四十二號　電話557